新形态立体化精品系列教材

Office
办公高级应用

Office 2016 | 慕课版 | 第2版

钟滔 冷德伟 / 主编

张燕玲 童设坤 于众 / 副主编

人民邮电出版社

北京

图书在版编目（CIP）数据

Office办公高级应用 : Office 2016 : 慕课版 / 钟滔，冷德伟主编. -- 2版. -- 北京 : 人民邮电出版社，2024.1
新形态立体化精品系列教材
ISBN 978-7-115-63373-6

Ⅰ. ①O… Ⅱ. ①钟… ②冷… Ⅲ. ①办公自动化—应用软件—教材 Ⅳ. ①TP317.1

中国国家版本馆CIP数据核字(2023)第239968号

内 容 提 要

本书通过项目任务的形式，全面介绍Office 2016 办公软件中的Word、Excel 和PowerPoint 3个组件的使用方法和技巧。全书共10个项目，包括创建和编辑文档、美化文档、高级排版、编辑Excel表格数据、计算Excel表格数据、管理Excel表格数据、分析Excel表格数据、创建和编辑演示文稿、设计和美化演示文稿及展示演示文稿等内容。通过完成各个项目，读者可以全面、深入、透彻地理解Office 2016的3个组件的使用方法和技巧，提高在工作中制作各种文件的效率。

本书可以作为高等院校、职业院校、培训学校“Office 办公高级应用”课程的教材，也可作为Office 初学者的学习参考书。

◆ 主　　编　钟　滔　冷德伟
副 主 编　张燕玲　童设坤　于　众
责任编辑　马小霞
责任印制　王　郁　焦志炜

◆ 人民邮电出版社出版发行　　北京市丰台区成寿寺路11号
邮编　100164　　电子邮件　315@ptpress.com.cn
网址　https://www.ptpress.com.cn
北京联兴盛业印刷股份有限公司印刷

◆ 开本：787×1092　1/16
印张：17.75　　2024年1月第2版
字数：430千字　　2024年12月北京第5次印刷

定价：59.80元

读者服务热线：(010)81055256　印装质量热线：(010)81055316
反盗版热线：(010)81055315
广告经营许可证：京东市监广登字20170147号

前 言

党的二十大报告提出“教育、科技、人才是全面建设社会主义现代化国家的基础性、战略性支撑。”为了让学生快速掌握Office 2016办公高级应用，人民邮电出版社充分发挥在线教育方面的技术优势、内容优势、人才优势，潜心研究，为学生提供一种“纸质图书+在线课程”的全方位学习Office 2016办公高级应用的解决方案。学生可根据个人需求，利用图书和“人邮学院”的在线课程进行系统而方便的学习，以便全面地掌握Office 2016办公高级应用。

一、如何学习慕课课程

为了方便学生学习，现将慕课课程的使用方法介绍如下。

1. 学生拿到本书后，刮开粘贴在书封底的刮刮卡，获得激活码。

2. 登录人邮学院网站（www.rymooc.com），或扫描封面上的二维码，使用手机号码完成网站注册。

3. 完成注册后，返回网站首页，选择页面右上角的“学习卡”选项，进入“学习卡”页面，输入激活码，即可获得该慕课课程的学习权限。

4. 获得该慕课课程的学习权限后，学生可随时随地使用计算机、平板电脑、手机学习本课程的任意项目，可根据自身情况自主安排学习进度。

5. 在学习慕课课程的同时，阅读本书相关内容，巩固所学知识。本书既可与慕课课程配合使用，也可单独使用，书中主要内容旁均放置了二维码，学生扫描二维码即可观看相应内容的视频讲解。

二、本书特点

“Office办公高级应用”作为普通高校计算机专业的一门必修课程，其用途和意义重大。从目前大多数学校对这门课程的教授情况来看，本课程可操作性强，对专业能力要求较高。编者在写作时，综合考虑了目前专业课程教育的实际情况和Office在实际工作中的实践应用，采用项目式的讲解方式，以任务形式带动知识点的学习，激发学生的学习兴趣，提高其实际应用能力。

本书的内容

本书内容紧跟当下的主流技术，重点讲解Office办公软件中3个组件的使用方法和技巧。

- Word文档编辑（项目一～项目三）：该部分主要通过制作和打印通知、制作劳动合同、制作会议相关表格和文档、制作个人简历表、制作课堂笔记文档等案例，讲解文档的创建和编辑；通过制作公司简介、制作招聘流程文档、制作工作计划、制作工作简报等案例，讲解文档的美化；通过制作公司规章制度、制作客户邀请函、制作市场调查报告等案例，讲解文档高级排版的相关知识。

- Excel电子表格制作（项目四～项目七）：该部分主要通过制作考研日程安排表、制作办公用品申领单等案例，讲解Excel表格数据的编辑；通过制作绩效考核表、制作销售统计表等案例，讲解Excel表格数据的计算；通过制作文书档案管理表、制作产品库存明细表、制作商品配送信息表等案例，讲解Excel表格数据的管理；通过制作客服管理表、制作材料采购表、制作投资计划表等案例，讲解Excel表格数据分析的相关知识。
- PowerPoint演示文稿制作（项目八～项目十）：该部分主要通过制作大学生职业规划演示文稿、制作中层管理人员培训演示文稿、制作薪酬管理制度演示文稿等案例，讲解演示文稿的创建和编辑；通过制作饮料广告策划案演示文稿、制作企业电子宣传册演示文稿、制作市场营销策划案演示文稿等案例，讲解演示文稿的设计和美化；通过制作竞聘报告演示文稿等案例，讲解展示演示文稿的相关知识。

本书的特色

本书旨在帮助学生循序渐进地掌握Office 2016办公高级应用，并能在完成任务的过程中融会贯通。本书具体有以下特点。

（1）立德树人，提升素养

本书精心设计，因势利导，依据专业课程的特点在任务中自然融入中华传统文化、科学精神和爱国情怀等元素，弘扬精益求精的专业精神、职业精神和工匠精神，培养学生的创新意识，将“为学”和“为人”相结合。

（2）校企合作，双元开发

本书由高校教师和企业工程师共同开发，由中慧云启科技集团有限公司提供真实项目案例，由常年深耕教学一线、有丰富教学经验的教师执笔，将项目实践与理论知识相结合，体现了“做中学，做中教”的教育理念。

（3）项目驱动，产教融合

本书精选企业真实案例，再现实际工作过程，有效地培养学生的项目开发能力，提升学生的学习热情。

（4）配套齐全，资源丰富

本书为新形态立体化教材，除了有配套的视频讲解，还有丰富的教辅资源，包括PPT课件、电子教案、题库软件等，并且还在不断更新。

编者

2023年9月

目 录

项目一
创建和编辑文档

情景导入

米拉刚刚成功加入一家公司，为了让她在短时间内快速成长，公司专门委派老员工洪钧威（人称老洪）对她进行一对一指导。米拉抓住这个宝贵的机会，希望从老洪身上学到更多实用的办公知识和技能。

这天，老洪让米拉阅读一些公司文件，米拉看到这些文件后，就问老洪:“这些文件都是用什么软件制作的？看上去既专业又美观。”老洪告诉她:“绝大部分的文件都是用Word制作的。你先认真阅读这些文件内容，然后我教你如何使用Word进行制作。”米拉为难地说:“我掌握的基础知识不多，一时半会儿恐怕无法完成制作吧！”老洪笑道:“即便是零基础，只要认真学习，我也能保证你可以在短时间内掌握Word的基本操作，并能够制作出这些专业且美观的文件。”

听了老洪这句话，米拉像吃了定心丸，开始认真阅读起来……

学习目标

- 掌握在Word中设置字符格式和段落格式的方法
- 了解宏的录制与使用
- 熟悉样式、拼写和语法检查等功能的使用
- 掌握Word中表格和文本框的使用
- 掌握移动办公与协同办公的实现方法

素质目标

- 端正做事细致、严谨、一丝不苟的态度
- 养成在学习和工作中主动查漏补缺的良好习惯
- 培养团队协作的意识，提高工作效率

任务一　制作和打印通知

一、任务目标

Word是处理文档的常用工具之一，应用范围很广。下面通过制作和打印通知，介绍Word 2016的基本操作。

通知是日常事务中广泛运用的知照性公文，主要用于发布法规和规章；转发上级机关、同级机关和其他机关的公文；批转下级机关的公文，以及要求下级机关办理某项事务；等等。

就排版而言，通知文档应做到格式规范、段落层次清晰。图1.1所示为将要制作的通知文档排版前后的对比效果，主要涉及字符格式设置和段落格式设置等操作。其中，设置合理的段落格式可以使通知易于阅读，本任务主要对段落对齐方式、段落缩进、项目符号和编号等进行了设置。

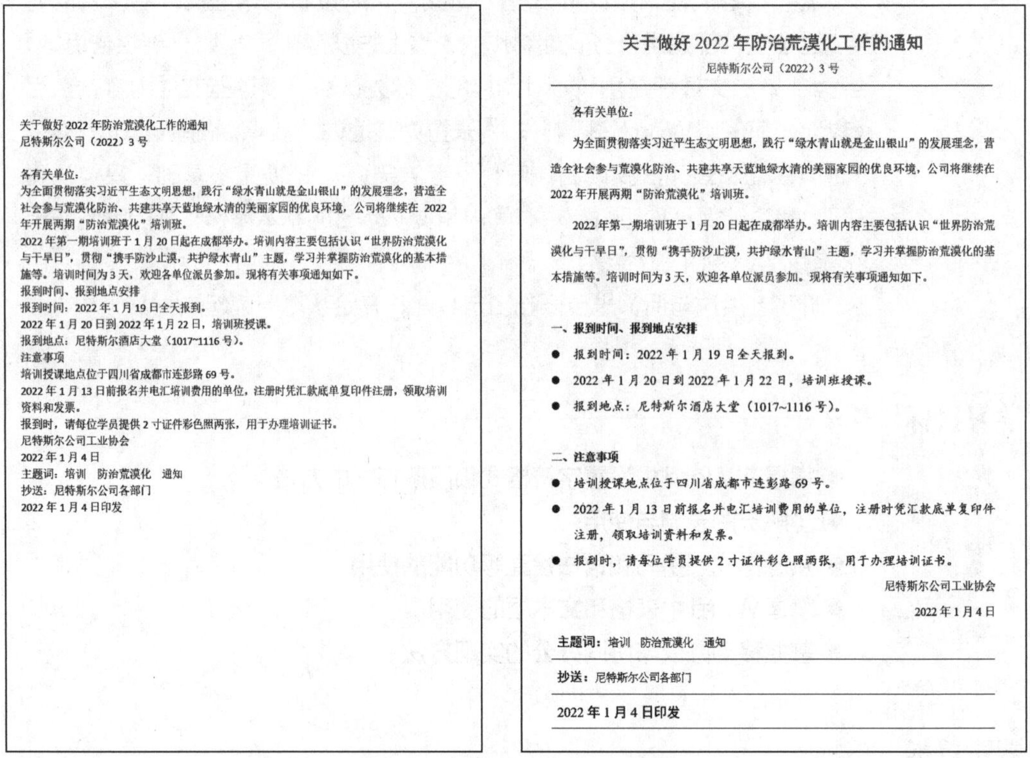

关于做好2022年防治荒漠化工作的通知
尼特斯尔公司（2022）3号

各有关单位：
为全面贯彻落实习近平生态文明思想，践行“绿水青山就是金山银山”的发展理念，营造全社会参与荒漠化防治、共建共享天蓝地绿水清的美丽家园的优良环境，公司将继续在2022年开展两期“防治荒漠化”培训班。
2022年第一期培训班于1月20日起在成都举办。培训内容主要包括认识“世界防治荒漠化与干旱日”，贯彻“携手防沙止漠，共护绿水青山”主题，学习并掌握防治荒漠化的基本措施等。培训时间为3天，欢迎各单位派员参加。现将有关事项通知如下。
报到时间、报到地点安排
报到时间：2022年1月19日全天报到。
2022年1月20日到2022年1月22日，培训班授课。
报到地点：尼特斯尔酒店大堂（1017~1116号）。
注意事项
培训授课地点位于四川省成都市连彭路69号。
2022年1月13日前报名并电汇培训费用的单位，注册时凭汇款底单复印件注册，领取培训资料和发票。
报到时，请每位学员提供2寸证件彩色照两张，用于办理培训证书。
尼特斯尔公司工业协会
2022年1月4日
主题词：培训　防治荒漠化　通知
抄送：尼特斯尔公司各部门
2022年1月4日印发

关于做好2022年防治荒漠化工作的通知

尼特斯尔公司（2022）3号

各有关单位：

为全面贯彻落实习近平生态文明思想，践行“绿水青山就是金山银山”的发展理念，营造全社会参与荒漠化防治、共建共享天蓝地绿水清的美丽家园的优良环境，公司将继续在2022年开展两期“防治荒漠化”培训班。

2022年第一期培训班于1月20日起在成都举办。培训内容主要包括认识“世界防治荒漠化与干旱日”，贯彻“携手防沙止漠，共护绿水青山”主题，学习并掌握防治荒漠化的基本措施等。培训时间为3天，欢迎各单位派员参加。现将有关事项通知如下。

一、报到时间、报到地点安排

- 报到时间：2022年1月19日全天报到。
- 2022年1月20日到2022年1月22日，培训班授课。
- 报到地点：尼特斯尔酒店大堂（1017~1116号）。

二、注意事项

- 培训授课地点位于四川省成都市连彭路69号。
- 2022年1月13日前报名并电汇培训费用的单位，注册时凭汇款底单复印件注册，领取培训资料和发票。
- 报到时，请每位学员提供2寸证件彩色照两张，用于办理培训证书。

尼特斯尔公司工业协会
2022年1月4日

主题词：培训　防治荒漠化　通知

抄送：尼特斯尔公司各部门

2022年1月4日印发

图1.1　通知文档排版前后的对比效果

下载资源

素材文件：项目一\公司通知.docx

效果文件：项目一\公司通知.docx

二、任务实施

（一）设置字符格式

打开“公司通知.docx”文档，由于整篇文档没有设置字符格式，不便于阅读，因此需要先设置字符格式，具体操作如下。

1 打开“公司通知.docx”文档，选择文档中的标题文本与副标题文本，在【开始】/【字体】组中设置字体为“黑体”，设置标题字号为“三号”，设置副标题字号为“五号”，设置标题和副标题的字体颜色为红色，如图1.2所示。

2 按住【Ctrl】键选择第12～14行与第16～19行文本，通过【字体】组设置字体为“楷体”，字号为“小四”，如图1.3所示。

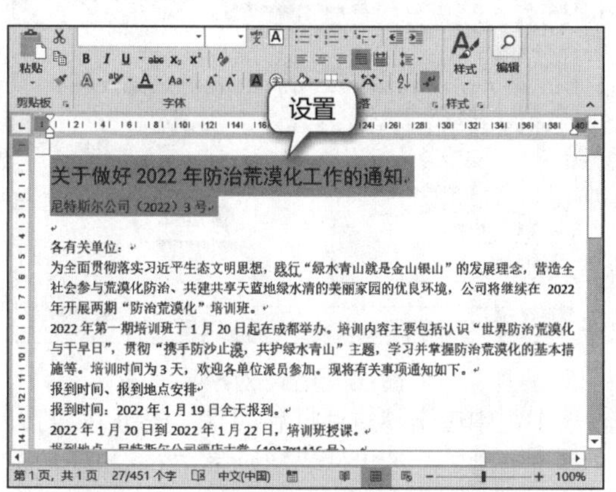

图1.2　设置标题与副标题文本字体格式

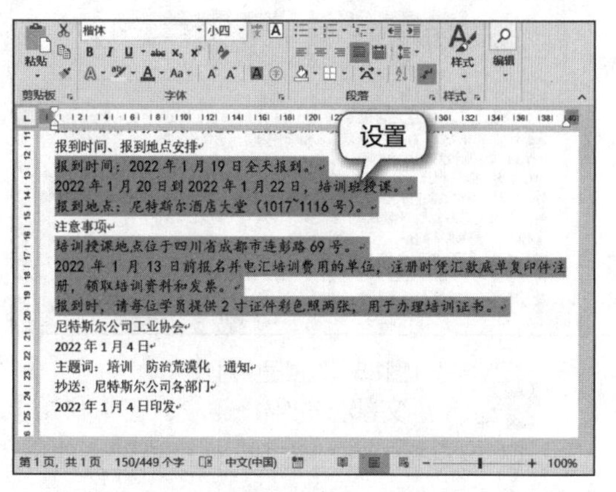

图1.3　设置正文文本字体格式

3 在【插入】/【插图】组中单击“形状”按钮，在打开的下拉列表中选择“线条”栏中的“直线”选项，按住【Shift】键的同时按住鼠标左键，在第3行绘制直线。选择直线，单击鼠标右键，在弹出的快捷菜单中选择“设置形状格式”命令，在界面右侧打开“设置形状格式”窗格，单击“颜色”右侧的下拉按钮▾，在弹出的颜色面板中选择颜色为“红色”，在“宽度”数值框中设置宽度为“1.25磅”，单击×按钮，如图1.4所示。

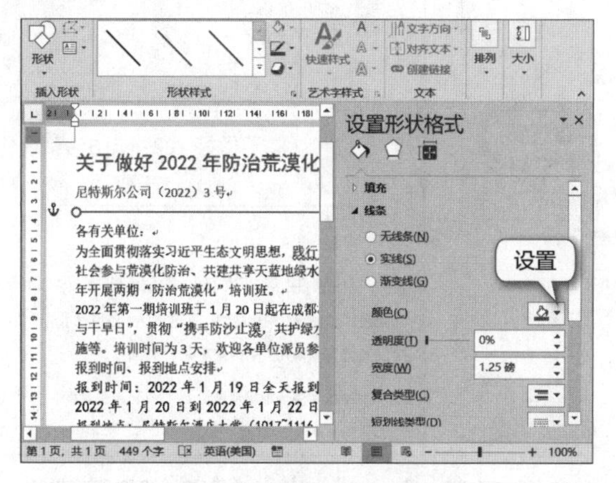

图1.4　设置线条颜色和宽度

（二）设置段落格式

文档中的标题应居中对齐，正文使用默认的两端对齐，落款为右对齐，文档中的正文应设置为首行缩进2字符，并根据内容的多少和用途设置行距及段间距，具体操作如下。

1 选择标题与副标题文本，单击【段落】组中的“居中”按钮，使标题文本居中对齐，如图1.5所示。

2 选择文档末尾的落款文本，单击【段落】组中的“右对齐”按钮，使落款文本右对齐，如图1.6所示。

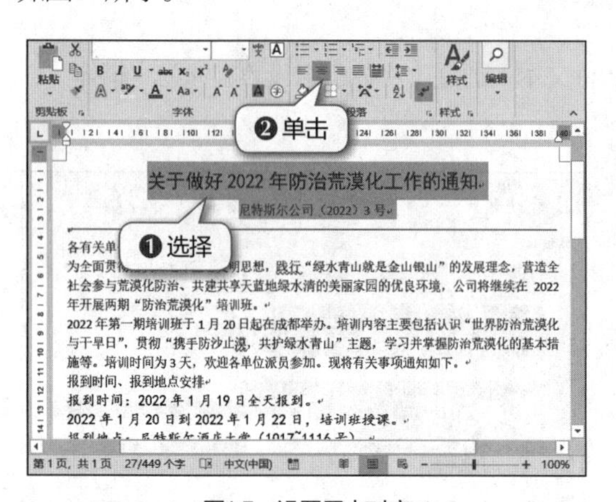

图1.5　设置居中对齐

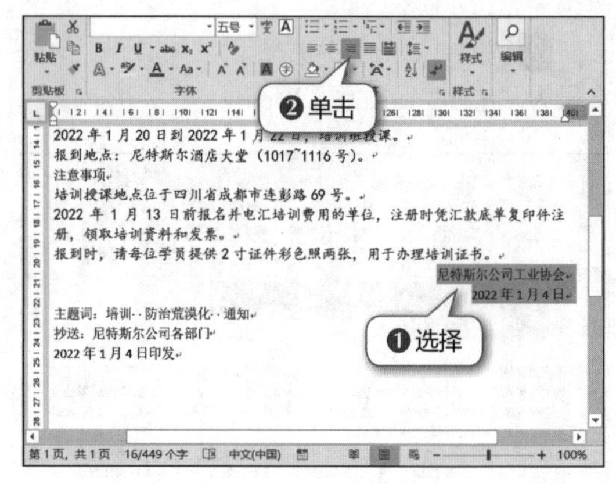

图1.6　设置右对齐

3 选择正文部分的第1～3段，在【开始】/【段落】组中单击“对话框启动器”按钮，打开“段落”对话框，在“缩进”栏中设置特殊格式为“首行缩进”，缩进值为“2 字符”，设置段前和段后间距为“0.3 行”，完成后单击确定按钮，如图1.7所示。

4 保持文本的选择状态，单击【段落】组中的“行和段落间距”按钮，在打开的下拉列表中选择“1.5”选项，将行距由默认的1倍调整为1.5倍，如图1.8所示。

图1.7　设置首行缩进和段前、段后间距

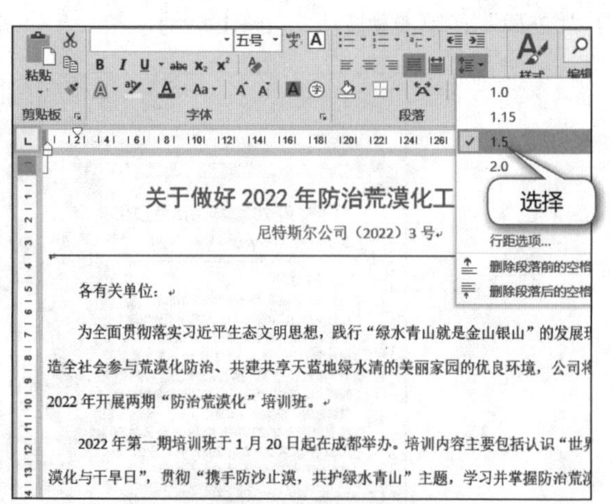

图1.8　设置段落行距

（三）设置编号与项目符号

文档中的部分文字，可利用编号与项目符号进行排列，并以列表形式显示，从而使文档结构更加合理。下面为文档中的指定段落设置编号与项目符号，具体操作如下。

1 选择“报到时间、报到地点安排”和“注意事项”文本段落，单击【字体】组中的“加粗”按钮B，设置字体加粗。在【段落】组中单击“编号”按钮右侧的下拉按钮，在打开的下拉列表中选择“一、二、……”编号格式，在选择的段落上单击鼠标右键，在弹出的快捷菜单中选择“调整列表缩进”命令，打开“调整列表缩进量”对话框，在“编号之后”下拉列表中选择“不特别标注”选项，单击确定按钮，如图1.9所示。

2 选择编号列表下方的段落，单击【段落】组中的“项目符号”按钮右侧的下拉按钮，为其设置圆点项目符号样式，并设置其行和段落间距为“1.5”，如图1.10所示。

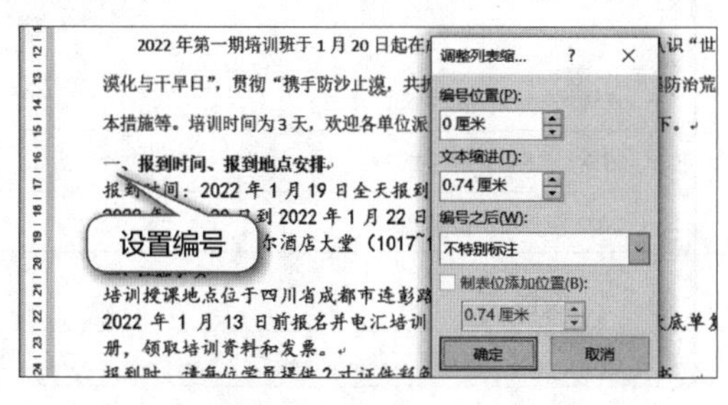

图1.9 设置编号

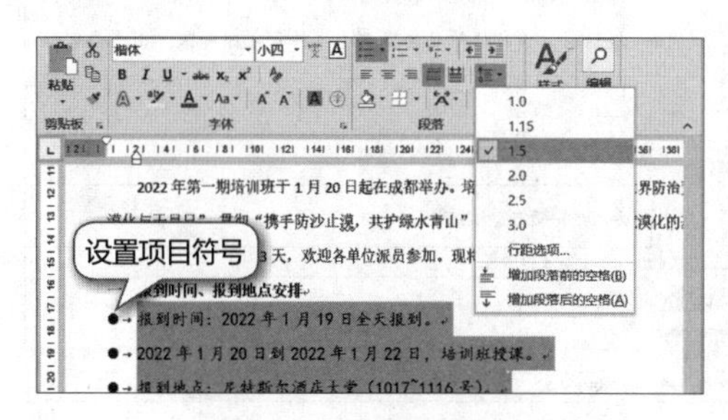

图1.10 设置项目符号

（四）设置主题词、抄送和英文字体

对于正式的公文，可标1～5个主题词，最多不超过5个，主题词之间不用标点分隔，而是彼此间隔一个字的距离。主题词和抄送格式应通过表格制作，下面设置主题词、抄送格式，具体操作如下。

1 将光标定位到“主题词”文本前，在【插入】/【表格】组中单击“表格”按钮，在打开的下拉列表中选择“插入表格”选项，打开“插入表格”对话框，在“列数”数值框中输入“1”，在“行数”数值框中输入“3”，单击确定按钮，插入一个3行1列的表格，如图1.11所示。

2 单击表格左上角的按钮，选择整个表格，在【表格工具-设计】/【边框】组中单击“边框”按钮下方的下拉按钮，在打开的下拉列表中依次选择“上框线”“左框线”“右框线”，只保留下框线，如图1.12所示。

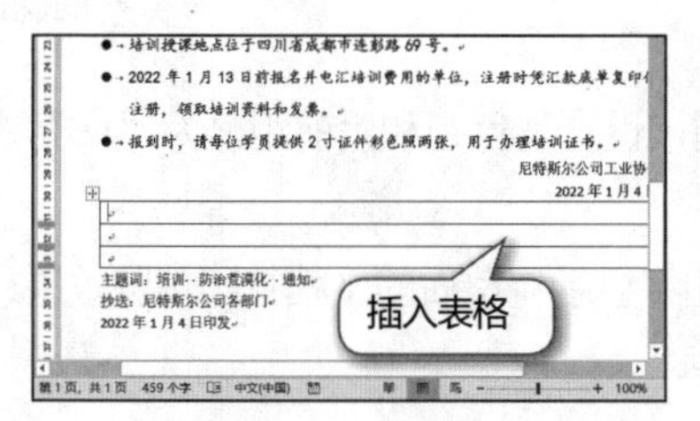

图1.11 插入表格

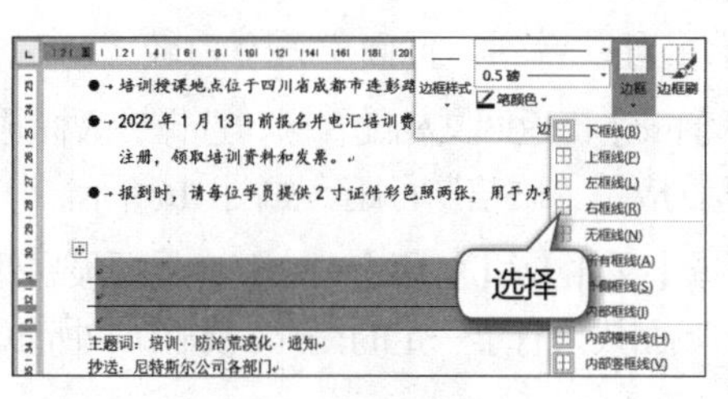

图1.12 隐藏边框线

3 选择主题词行的文本，按【Ctrl+X】组合键剪切文本，将光标定位到表格第1行，按【Ctrl+V】组合键，将文本移动至表格中。使用相同的方法，将抄送行的文本移动至表格第2行，将最后一行文本移动至表格第3行，将冒号及冒号前的字符格式设置为“小四号、黑体”，冒号后的字符格式设置为“10号、方正宋一简体”，如图1.13所示。

4 将表格最后一行文字的字符格式设置为“黑体、12.5号”，如图1.14所示。按【Ctrl+A】组合键全选文档内容，将字体设置为“Times New Roman”，即可设置所有的英文字体和数字字体，中文字体将保持不变。

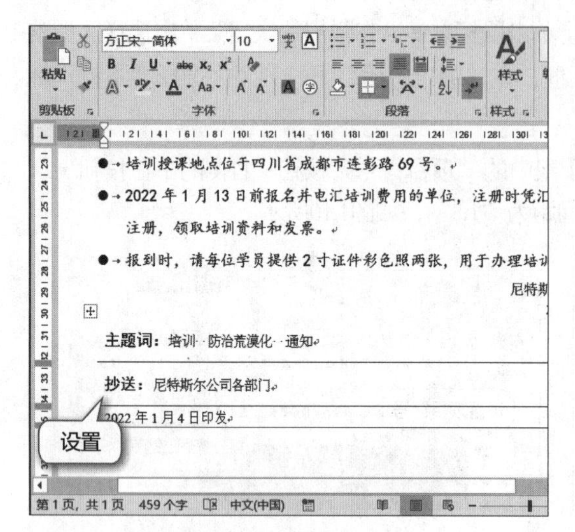

图1.13 设置字体格式

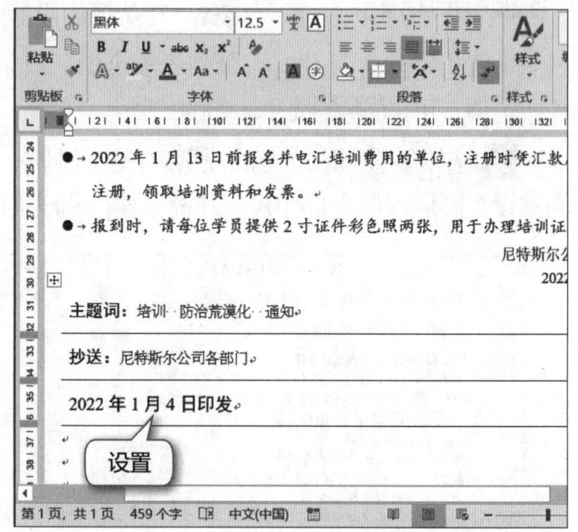

图1.14 设置最后一行文字的字符格式

> 提示：根据文档性质的不同，英文字体设置也不同，中文文档中的英文字体一般设置为“Times New Roman”。

（五）预览和打印文档

编辑完通知文档的内容后，可打印预览文档，并根据预览效果调整文档的字号和行距等，确认无误后即可打印，下发至各部门。下面预览和打印文档，具体操作如下。

1 选择【文件】/【打印】命令，此时在界面中间列表框中显示页面的大小和打印设置等，在界面最右侧显示文档的预览效果，如图1.15所示，可以看到，页面下方空白较多。

2 按【Esc】键返回文档编辑区，选择二级标题，设置其行距和段前距离为“1.5”，并为主题词上方的落款应用“1.5倍”行距，如图1.16所示。

3 选择【文件】/【打印】命令，在界面最右侧将显示调整后的文档打印预览效果，可以看出文档内容的版面效果有了一定的提升，如图1.17所示。

4 在中间的列表框中设置打印参数，在“份数”数值框中输入打印份数，在“打印机”下拉列表中选择要使用的打印机，如图1.18所示，在打印机中放入纸张，在Word中单击“打印”按钮开始打印文档。

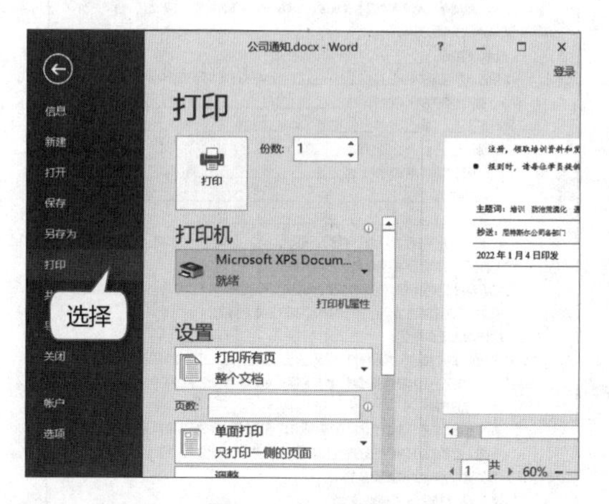

图1.15　打印预览

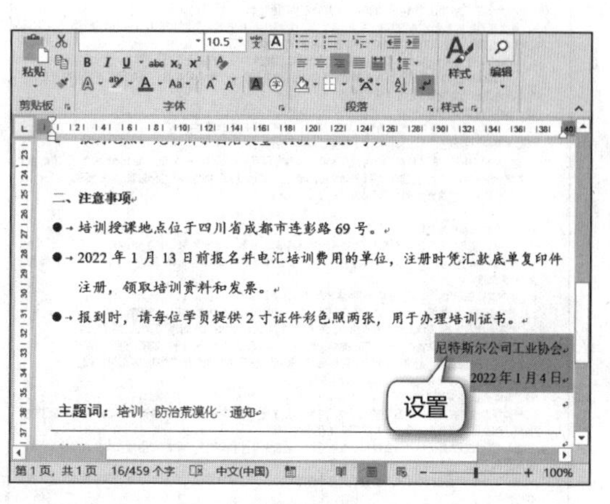

图1.16　设置行距

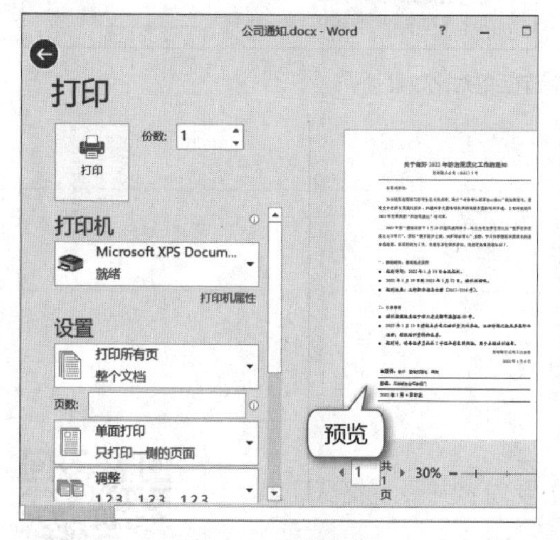

图1.17　预览文档效果

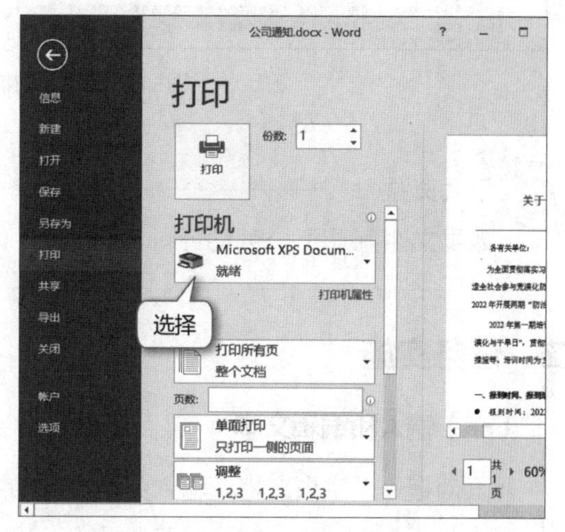

图1.18　选择打印机

任务二　制作劳动合同

一、任务目标

合同是平等主体的自然人、法人、其他组织之间设立、变更、终止民事权利义务关系的协议。签订合同的主体就某个事项，依据共同利益、权利和义务协商的最终结果签订合同，合同一经签订，即受法律保护。在工作中，为了达成受法律保护的工作关系，需要签订劳动合同。图1.19所示为劳动合同排版前后的对比效果。制作劳动合同时，需要在文档的不同部分设置字符格式、段落缩进和下划线等。

劳动合同
甲方：
乙方：
甲、乙双方根据中华人民共和国有关法律、法规规定，在平等自愿、公平公正、协商一致、诚实信用的基础上，签订本合同。
一、劳动合同期限
（一）甲乙双方约定按下列 种方式确定“劳动合同期限”。
a. 有固定期限的劳动合同：自 年 月 日起至 年 月 日止，其中试用期自 年 月 日起至 年 月 日止。
b. 无固定期限的劳动合同：自 年 月 日起，其中试用期自 年 月 日起至 年 月 日止。
c. 以完成工作任务为劳动合同期限，自 年 月 日起至完成本项工作任务之日即劳动合同终止日。
（二）乙方与用工单位所签订的劳务派遣协议约定的派遣期限先于本条约定的合同期限届满的，则劳务派遣协议约定的派遣期届满之日本合同终止。
二、工作内容及工作地点
（一）乙方根据甲方要求，经过协商，从事 工作。甲方可根据工作需要和对乙方业绩的考核结果，按照合理诚信原则，变动乙方的工作岗位，乙方服从甲方的安排。
（二）甲方安排乙方所从事的工作内容及要求，应当符合甲方依法制订的并已公示的规章制度。乙方应当按照甲方安排的工作内容及要求履行劳动义务，按时完成规定的工作数量，达到规定的质量要求。
（三）甲乙双方约定劳动合同履行地为。
（四） 。
三、工作时间和休息休假
（一）甲乙双方在工作时间和休息方面协商一致选择确定 条款，平均每周工作四十小时。
a. 甲方实行每天 小时工作制。具体作息时间，甲方安排如下：每周周 至周 工作，上午 ，下午 ；每周周 为休息日。
b. 甲方实行三班制，安排乙方实行 班 运转工作制。
c. 甲方安排乙方的 工作岗位，属于不定时工作制，双方依法执行不定时工作制规定。
d. 甲方安排乙方的 工作岗位，属于综合计算工时制，双方依法执行综合计算工时工作制规定。
（二）甲方严格遵守法定的工作时间，控制加班加点，保证乙方的休息与身心健康，甲方因工作需要必须安排乙方加班加点的，应与工会和乙方协商同意，依法给予乙方补休或支付加班加点工资。
（三）甲方为乙方安排带薪年休假： 。
四、劳动保护和劳动条件
（一）甲方对可能产生职业病危害的岗位，应当向乙方履行如实告知的义务，并对乙方进行劳动安全卫生教育，防止劳动过程中的事故，减少职业危害。
（二）甲方必须为乙方提供符合国家规定的劳动安全卫生条件和必要的劳动防护用品，安排乙方从事有职业危害作业的，应定期为乙方进行健康检查。
（三）乙方在劳动过程中必须严格遵守安全操作规程。乙方对甲方管理人员违章指挥、强令冒险作业，有权拒绝执行。
（四）甲方按照国家关于女职工的特殊保护规定，对乙方提供保护。
（五）乙方患病或非因工负伤的，甲方应当执行国家关于医疗期的规定。
五、劳动报酬
甲方应当每月至少一次以货币形式支付乙方工资，不得克扣或者无故拖欠乙方的工资。乙方在法定工作时间内提供了正常劳动，甲方向乙方支付的工资不得低于当地最低工资标准。
（一）甲方承诺每月 日为发薪日。

劳动合同

甲方：____________
乙方：____________
甲、乙双方根据中华人民共和国有关法律、法规规定，在平等自愿、公平公正、协商一致、诚实信用的基础上，签订本合同。
一、劳动合同期限
（一）甲乙双方约定按下列________种方式确定“劳动合同期限”。
a. 有固定期限的劳动合同：自____年____月____日起至____年____月____日止，其中试用期自____年____月____日起至____年____月____日止。
b. 无固定期限的劳动合同：自____年____月____日起，其中试用期自____年____月____日起至____年____月____日止。
c. 以完成工作任务为劳动合同期限，自____年____月____日起至完成本项工作任务之日即劳动合同终止日。
（二）乙方与用工单位所签订的劳务派遣协议约定的派遣期限先于本条约定的合同期限届满的，则劳务派遣协议约定的派遣期届满之日本合同终止。
二、工作内容及工作地点
（一）乙方根据甲方要求，经过协商，从事________工作。甲方可根据工作需要和对乙方业绩的考核结果，按照合理诚信原则，变动乙方的工作岗位，乙方服从甲方的安排。
（二）甲方安排乙方所从事的工作内容及要求，应当符合甲方依法制订的并已公示的规章制度。乙方应当按照甲方安排的工作内容及要求履行劳动义务，按时完成规定的工作数量，达到规定的质量要求。
（三）甲乙双方约定劳动合同履行地为________________。
（四）________________。
三、工作时间和休息休假
（一）甲乙双方在工作时间和休息方面协商一致选择确定________条款，平

图1.19 劳动合同排版前后的对比效果

下载资源
效果文件：项目一\劳动合同.docx

二、任务实施

（一）输入和编辑文本

输入和编辑文本

下面新建一个空白文档，输入劳动合同的主要内容并设置格式，具体操作如下。

1 新建“劳动合同.docx”文档。在【布局】/【页面设置】组中单击“对话框启动器”按钮，打开“页面设置”对话框。在“页边距”栏设置所有页边距为“2厘米”，如图1.20所示。单击 确定 按钮，确认并返回文档。

2 在空白文档中输入劳动合同的内容，由于劳动合同中的一些内容要手写，因此可在需要手写的地方输入空格代替。选择文档全部内容，设置字号为“五号”，设置合同标题的字符格式为“一号、加粗、居中”，设置二级标题的字符格式为“加粗”，如图1.21所示。

提示：签订合同的双方称为甲方和乙方，一般情况下，将制订合同的一方称为甲方，签约的一方称为乙方，即在劳动合同中，单位为甲方，劳动者为乙方；在买卖合同中，买家为甲方，卖家为乙方。

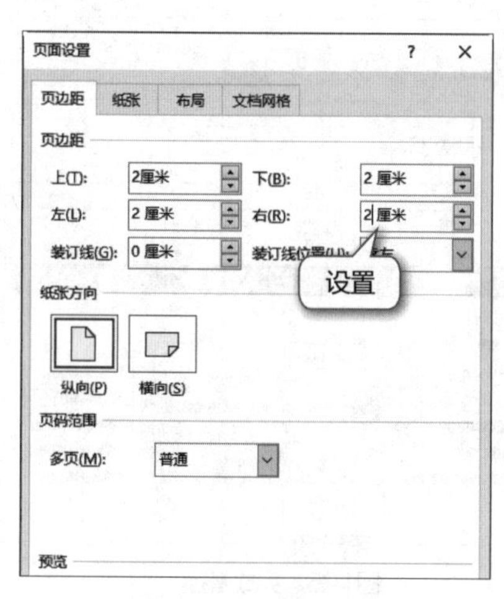

图1.20 设置文档页边距

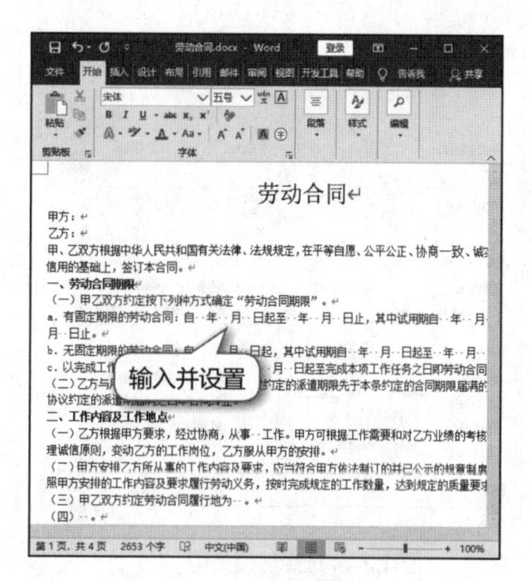

图1.21 输入并设置文档文本

（二）添加下划线

劳动合同有不少需要手写的地方，因此应在需要留空白的位置添加下划线，具体操作如下。

1 在【开始】/【编辑】组中单击替换按钮，打开“查找和替换”对话框，在“替换”选项卡中的“查找内容”文本框中输入空格，如图1.22所示。

2 将光标定位到“替换为”文本框中，单击更多(M)>>按钮，打开隐藏选项，单击格式(O)▾按钮，在打开的下拉列表中选择“字体”选项，如图1.23所示，打开“查找字体”对话框。

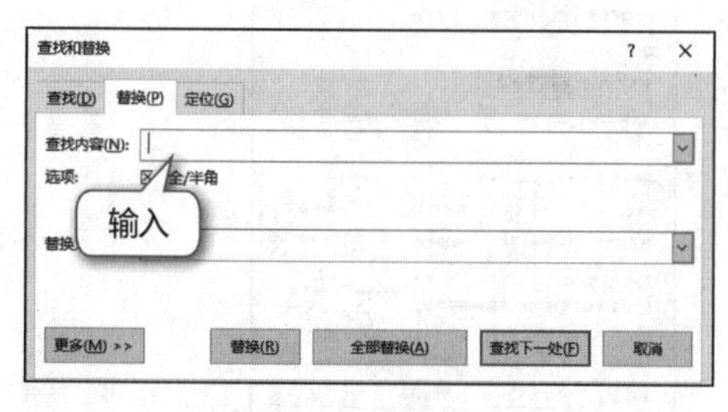

图1.22 输入查找内容

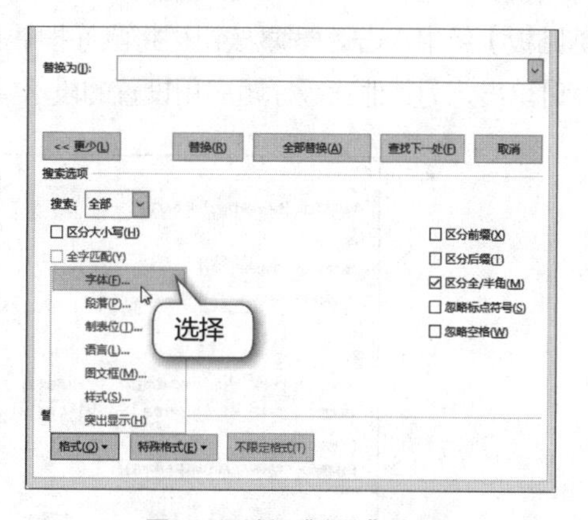

图1.23 选择“字体”选项

3 在“下划线线型”下拉列表中选择需要的下划线类型，如图1.24所示。单击确定按钮确认设置，返回“查找和替换”对话框，在“替换为”文本框下出现“下划线”文本。

4 在“替换为”文本框中输入20个空格（根据所需下划线长度而定），单击查找下一处(F)按钮，系统自动检测文档中的第1个空格，单击替换(R)按钮，将文档中的第1个空格替换为设置的下划线，依次查找文档中的所有空格并将其替换为下划线，或者单击“全部替换”按钮，系统打开提示对话框提示已完成文档中所有空格的替换，单击确定按钮，如图1.25所示。

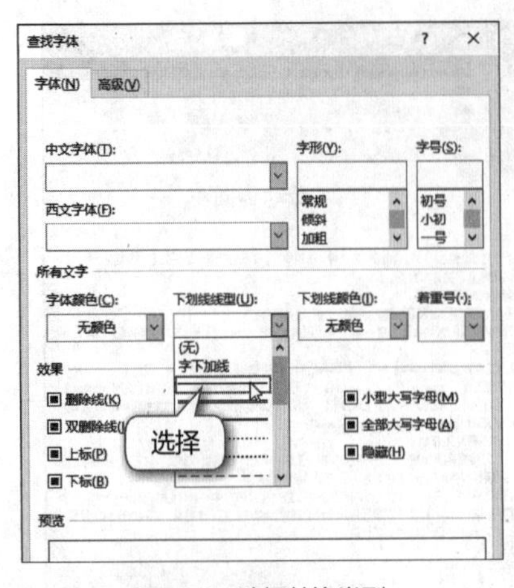

图1.24　选择替换类型

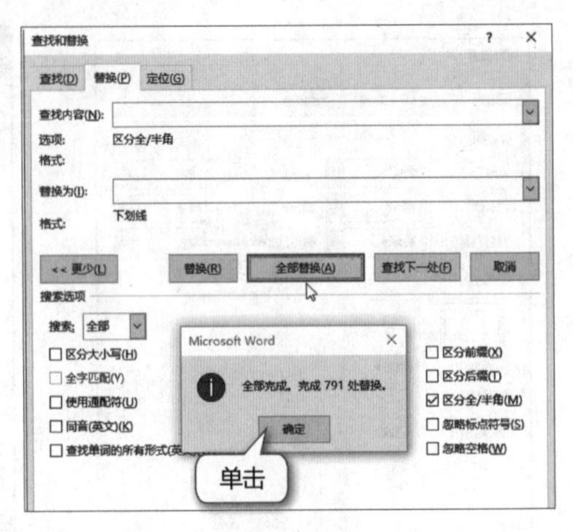

图1.25　完成替换

（三）设置段落缩进

统一合同的格式需要设置统一的段落缩进，如正文和各级编号的段落缩进格式等，可通过格式刷来统一格式，具体操作如下。

1 按【Ctrl+A】组合键全选文档，在【开始】/【段落】组中单击“对话框启动器”按钮，打开“段落”对话框。在“缩进”栏中设置特殊格式为“首行缩进”，缩进值为“2字符”，设置行距为“1.5倍行距”，如图1.26所示。

2 将光标定位到三级标题中，打开“段落”对话框，在“缩进”栏中设置左侧为“2字符”，特殊格式为“悬挂缩进”，缩进值为“3字符”，单击 确定 按钮，如图1.27所示。在【开始】/【剪贴板】组中双击 格式刷 按钮，将鼠标指针移动到其他三级标题所在位置，当鼠标指针变为形状时单击，为其他三级标题应用设置的段落格式。

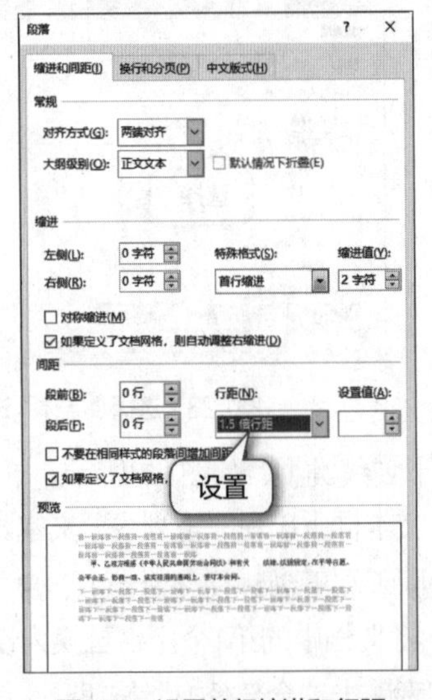

图1.26　设置首行缩进和行距

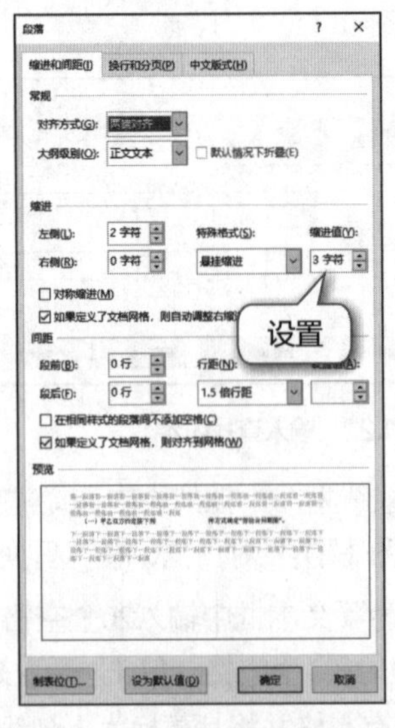

图1.27　设置左缩进和悬挂缩进

3 将光标定位到四级标题中，打开“段落”对话框，在“缩进”栏中设置左侧为“5字符”，特殊格式为“悬挂缩进”，缩进值为“1字符”，单击[确定]按钮，如图1.28所示。双击[格式刷]按钮，将鼠标指针移动到其他四级标题所在位置并单击，为其他四级标题应用设置的段落格式。

4 各标题和内容的段落缩进设置完成后，检查文档的排版，适当调整内容，效果如图1.29所示。

图1.28　设置段落缩进

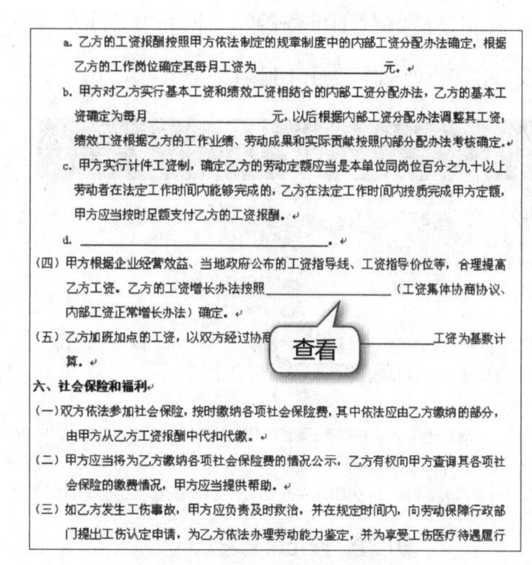
a. 乙方的工资报酬按照甲方依法制定的规章制度中的内部工资分配办法确定，根据乙方的工作岗位确定其每月工资为________元。

b. 甲方对乙方实行基本工资和绩效工资相结合的内部工资分配办法，乙方的基本工资确定为每月________元，以后根据内部工资分配办法调整其工资；绩效工资根据乙方的工作业绩、劳动成果和实际贡献按照内部分配办法考核确定。

c. 甲方实行计件工资制，确定乙方的劳动定额应当是本单位同岗位百分之九十以上劳动者在法定工作时间内能够完成的，乙方在法定工作时间内按质完成甲方定额，甲方应当按时足额支付乙方的工资报酬。

d. ________________。

（四）甲方根据企业经营效益、当地政府公布的工资指导线、工资指导价位等，合理提高乙方工资。乙方的工资增长办法按照________（工资集体协商协议、内部工资正常增长办法）确定。

（五）乙方加班加点的工资，以双方经过协　　　________工资为基数计算。

六、社会保险和福利

（一）双方依法参加社会保险，按时缴纳各项社会保险费，其中依法应由乙方缴纳的部分，由甲方从乙方工资报酬中代扣代缴。

（二）甲方应当将为乙方缴纳各项社会保险费的情况公示，乙方有权向甲方查询其各项社会保险的缴费情况，甲方应当提供帮助。

（三）如乙方发生工伤事故，甲方应负责及时救治，并在规定时间内，向劳动保障行政部门提出工伤认定申请，为乙方依法办理劳动能力鉴定，并为享受工伤医疗待遇履行

图1.29　查看文档设置效果

（四）录制和使用宏

落款的制作需要使用“宏”功能，制作好的宏都将保存在“宏”对话框中，为其设置快捷键后，可快速应用宏。下面进行宏的录制和使用，具体操作如下。

1 将光标定位到文档最后，打开“段落”对话框，在“缩进”栏中设置特殊格式为“无”。在【视图】/【宏】组中单击“宏”按钮下方的下拉按钮，在打开的下拉列表中选择“录制宏”选项，打开“录制宏”对话框。在“宏名”文本框中输入“落款”，单击“键盘”按钮，如图1.30所示，打开“自定义键盘”对话框。

2 光标自动定位在“请按新快捷键”文本框中，同时按主键盘区的【Ctrl】键和小键盘区中的【0】键，单击[指定(A)]按钮确认快捷键的设置，如图1.31所示。单击[关闭]按钮关闭对话框，系统自动启动“宏”的录制，此时鼠标指针变为“磁带”形状。

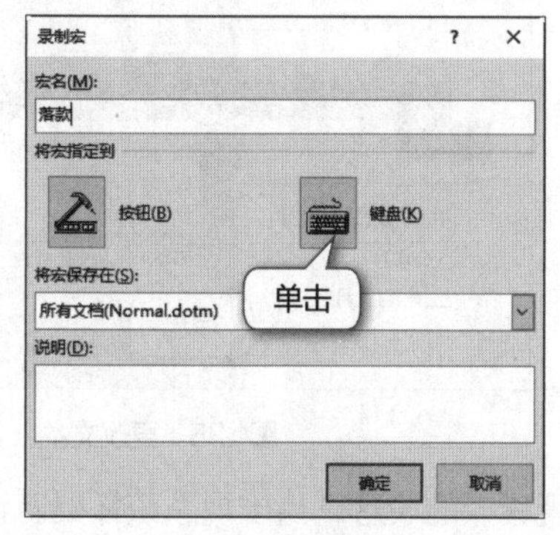

图1.30　创建宏

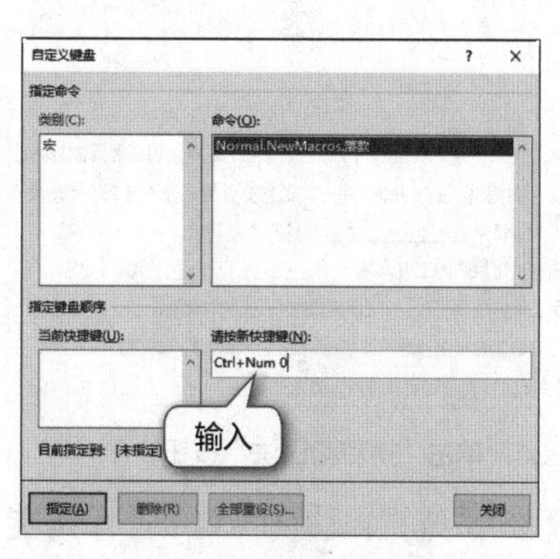

图1.31　设置快捷键

3 在【开始】/【字体】组中单击“加粗”按钮**B**，直接在文档中输入落款的文本，输入完成后，再次单击“加粗”按钮**B**，取消加粗格式。单击“宏”按钮下方的下拉按钮，在打开的下拉列表中选择“停止录制”选项，如图1.32所示。

4 单击“宏”按钮下方的下拉按钮，在打开的下拉列表中选择“查看宏”选项，打开“宏”对话框，在此对话框中可查看录制的“落款”，如图1.33所示。返回文档，按【Ctrl+0】组合键可快速在文本中插入制作好的加粗格式的落款。

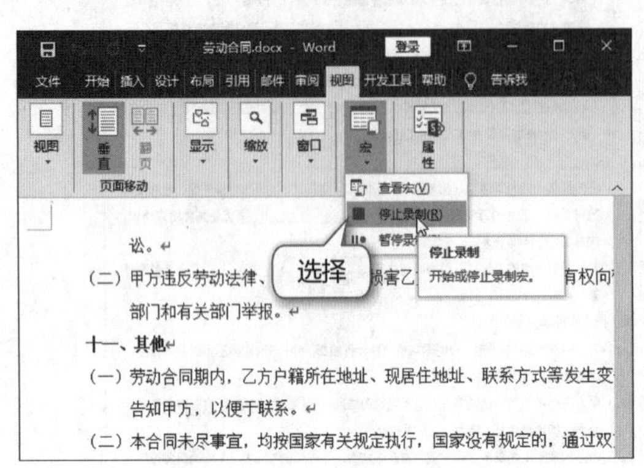

图1.32 停止录制宏

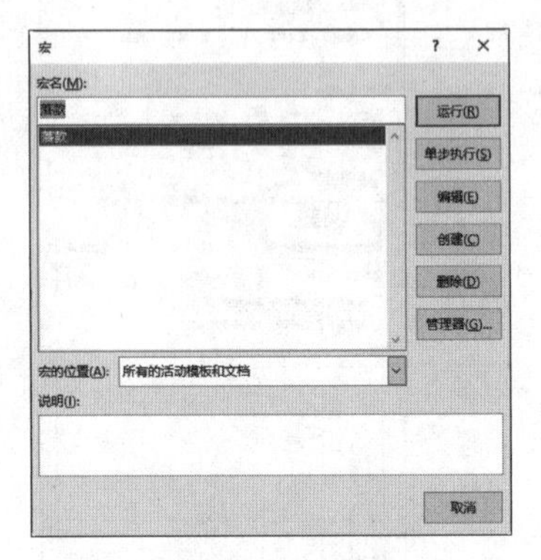

图1.33 查看宏

（五）使用拼写和语法检查

Word 2016会自动检测文档中输入错误的文字或出现的语法问题，并在有上述问题的文本下显示红色或蓝色的波浪线，提示出现错误。下面检查“劳动合同.docx”文档中的拼写和语法错误，具体操作如下。

1 选择【文件】/【保存】命令，在打开的对话框中设置保存位置和名称，单击保存(S)按钮。保存文档后，在【审阅】/【校对】组中单击“拼写和语法”按钮，如图1.34所示。

2 在打开的“语法”窗格中显示出可能存在语法错误的文本，并在下方列表框中显示系统建议使用的文本，单击更改(C)按钮将其更改为系统建议的文本“签证”，如图1.35所示。

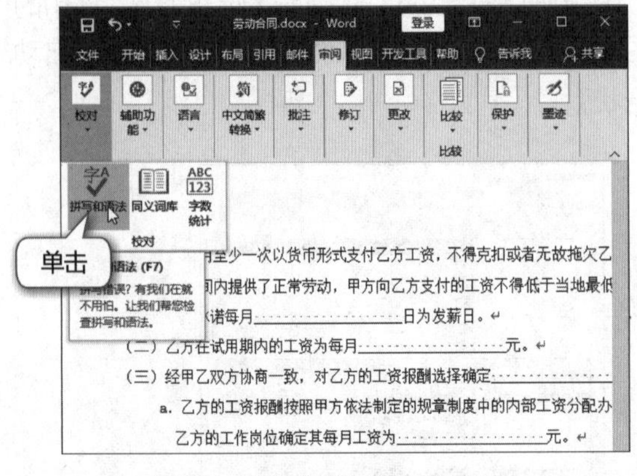

图1.34 单击“拼写和语法”按钮

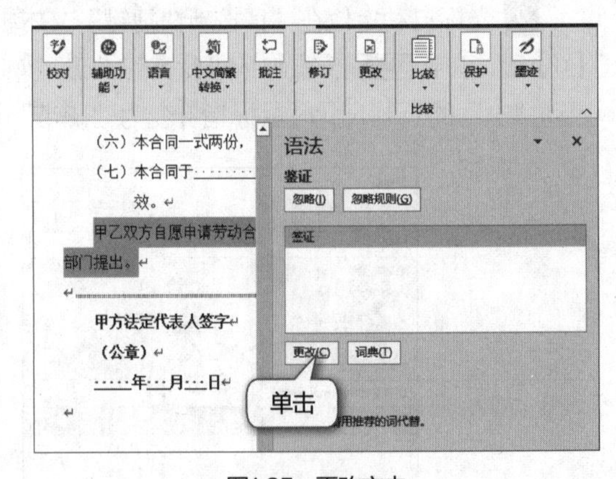

图1.35 更改文本

3 更改后，系统将自动跳转到下一个可能出现错误的段落，当出现系统怀疑有语法错误的字词时，若无须更改错误，则可直接单击[忽略(I)]按钮，如图1.36所示。

4 依次检查修改所有可能有误的句子，完成后打开提示对话框，提示拼写和语法检查完成，单击[确定]按钮即可，如图1.37所示。

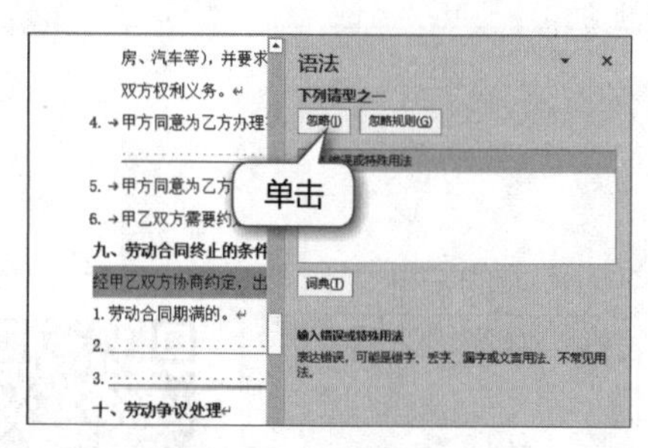

图1.36　确认语法是否错误

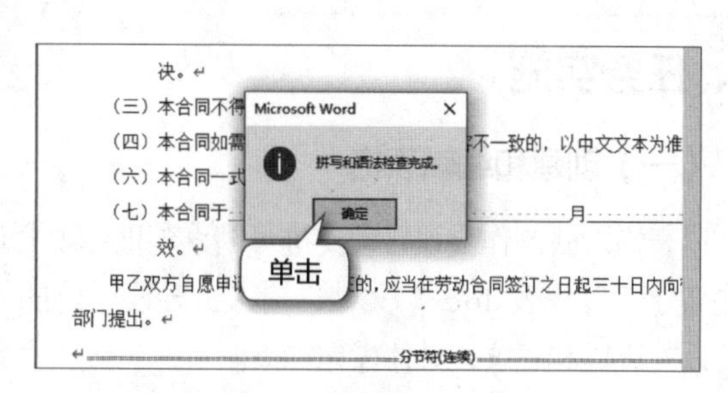

图1.37　完成拼写和语法检查

任务三 制作会议相关表格和文档

一、任务目标

要安排好公司会议，必须了解会议的基本流程，学会撰写会议发言稿和编写会议记录等，这样才能高效、合理地安排好会议。图1.38所示为安排公司会议涉及的4个文档的效果，每个文档都需在编写内容后设置字符格式和段落格式，主要包括字体、字号、颜色和对齐方式等字符格式，以及段落对齐方式、段落缩进、项目符号和编号等段落格式。

会议日程安排表

经公司工作部署，为分析总结公司上半年工作并对下半年工作做出安排计划，特召开公司总结性工作会议。相关事宜通知如下。

会议时间	2022年6月22日14：00–17：00	
会议地点	综合办公会议室	
会议议程	14：00–14：15	与会人员签到入席
	14：15–14：30	开场/主持人介绍会议及目的
	14：30–14：45	董事长发言
	15：15–16：45	各部门就上半年工作做总结陈词，并介绍下半年工作计划和目标

关于召开公司上半年工作总结会议的通知

各部门经理：

为落实公司工作部署，对公司上半年工作做出分析总结，明确、落实下半年工作计划、预计效益和实现目标，特召开公司总结性工作会议。各部门需做好会议前的相关工作准备。

会议时间：2022年6月22日

会议地点：综合办公会议室

会议主要内容：

1. 董事长发言；
2. 各部门经理对上半年工作做总结性报告；
3. 各部门经理提出下半年经营管理方案、营销计划和实现目标；
4. 董事长就各部门发言做总结评论。

上半年工作总结会议销售部经理发言稿

各位领导，各位同事：

在集团公司领导的亲切关怀下，在集团公司各单位、部门的大力支持、积极配合下，销售部的全体干部、员工克服了市场需求接近饱和所带来的重重困难，用心血和汗水为公司的发展写下了浓重的一笔。鲜花和荣誉的背后是我们广大基层领导、一线工人、各级管理人员所付出的极大的努力。当新的一天的阳光真真切切地照在我们身上的时候，也许很多人并没有意识到，今天升起的太阳同昨天落下去的太阳有什么两样。在2022年，我们以灵活的营销策略和保质保量的供货赢得了市场上的主动，遏制了竞争对手的发展，但是，只要今天我们在激烈的市场竞争中稍有懈怠，给竞争对手以喘息的机会，那么对手的回击就势必会给我们明天的市场前景蒙上厚厚的阴影。

公司上半年工作总结会议记录

时间：2022年06月22日
地点：综合办公会议室
主持人：王薇
参加人：公司领导、各部门经理、各厂和事业部代表

会议议题：

1. 各部门上半年工作报告；
2. 各部门上半年工作总结；
3. 有关下半年的工作计划；
4. 预期下半年所达目标。

讨论结果：

1. 各部门上半年工作认真，通过不断地创新，为公司业绩创造了新的纪录；
2. 在上半年的工作中，企划部的表现尤为出色；设计部也推陈出新，新设计的品牌商标很快申请并投入使用；客服部等部门的工作也有重大突破；
3. 虽然取得了成绩，但各部门仍需坚守自己的工作岗位，为公司和自己创造更多的利益；
4. 各部门提交的工作计划得到了公司领导的支持，希望在某些细节上着重强调；
5. 对下半年工作目标需要再细化，并在会议后三个工作日内重新上呈至董事长办公室。

尼特斯尔公司行政办公室
2022年06月23日

图1.38　公司会议安排所需文档的效果

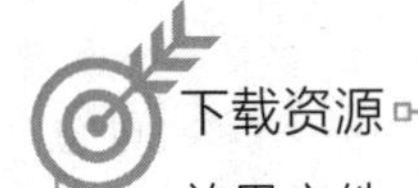

下载资源

效果文件：项目一\日程表.docx、发言稿.docx、会议通知.docx、会议记录.docx

二、任务实施

（一）创建和编辑表格

以表格形式制作会议日程安排可以直观地体现会议各时间段的安排。下面先新建"日程表.docx"文档，输入引导语后再插入表格，并编辑表格文本及设置边框和底纹，具体操作如下。

扫一扫

创建和编辑表格

1 新建"日程表.docx"文档，输入"会议日程安排表"文本，设置其字符格式为"黑体、小二、居中"，如图1.39所示。

2 输入引导语内容，设置段落格式为"首行缩进2字符"。按两次【Enter】键空出一行后，插入一个9行3列的表格，并合并单元格、调整行距，最终效果如图1.40所示。

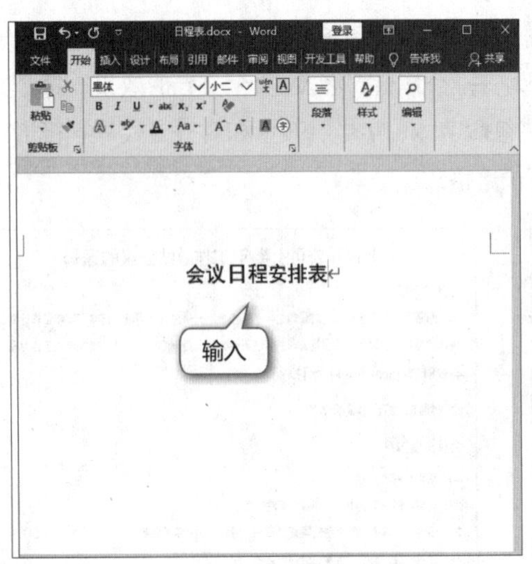

图1.39 输入文档标题文本

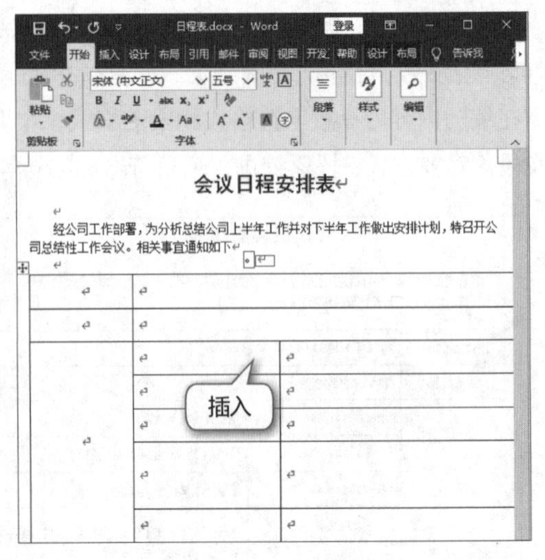

图1.40 插入表格并编辑

3 输入表格内容，选择第一列单元格，在【表格工具-布局】/【对齐方式】组中单击"水平居中"按钮，选择第二、第三列单元格，在【表格工具-布局】/【对齐方式】组中单击"中部两端对齐"按钮，如图1.41所示。

4 设置时间、地点和有关要求等重要部分的文字为加粗格式。选择整个表格，在【开始】/【段落】组中单击"边框"按钮右侧的下拉按钮，在打开的下拉列表中选择"边框和底纹"选项，如图1.42所示，打开"边框和底纹"对话框。

提示：在为表格设置边框和底纹时，应对比表格底纹颜色与表格内文本的颜色，一般来说，深色底纹搭配浅色文本，浅色底纹搭配深色文本。

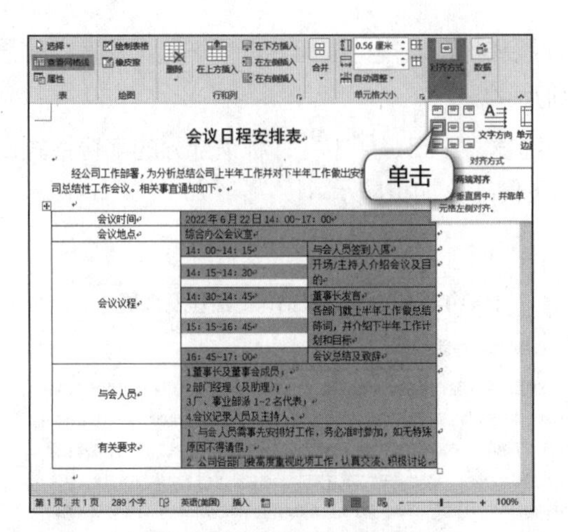

图1.41 设置单元格对齐方式

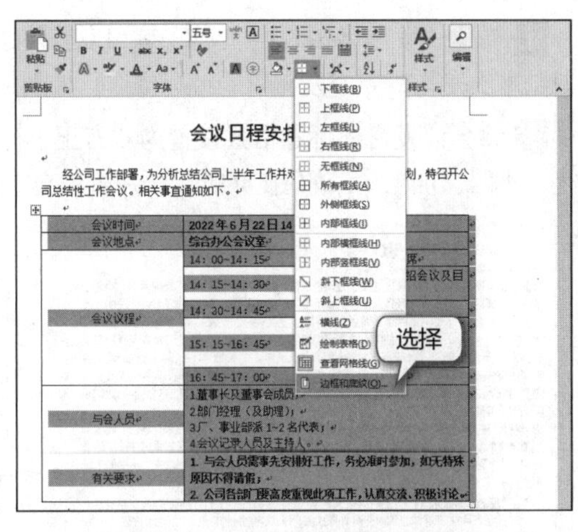

图1.42 选择“边框和底纹”选项

5 在“边框”选项卡中单击⊞和⊞按钮取消表格左右两侧的边框，将边框宽度设置为“0.75磅”。在“底纹”选项卡中设置表格底纹为“白色，背景1，深色5%”，单击 确定 按钮，应用设置，效果如图1.43所示。

6 在表格下方换行输入备注文本，并设置备注文本的字符格式为“宋体、五号、左对齐、加粗、下划线、红色”，如图1.44所示。对文档进行适当的调整后保存文档。

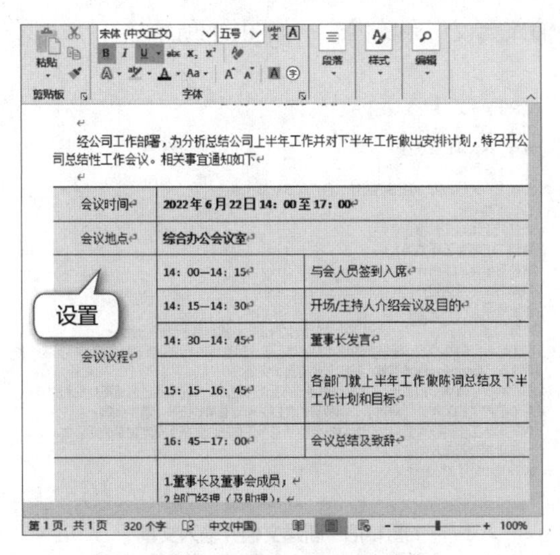

图1.43 设置表格边框和底纹

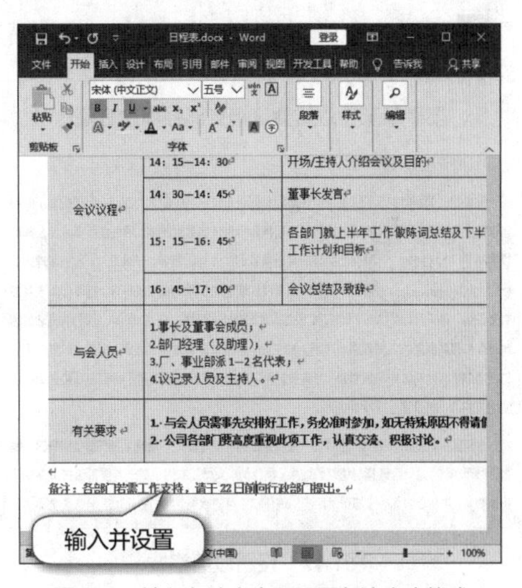

图1.44 输入备注文本和设置备注文本格式

（二）设置字符和段落格式

会议发言稿的格式和语言风格必须简洁明快，可以将自己的观点、经验及体会融入其中。一般情况下，会议发言稿是部门发言人对工作的总结性报告。会议记录文档是整理会议过程中的各种资料形成的记录式文档，除了包含会议的基本信息外，还应包含本次会议的最终结果。下面讲解会议发言稿和会议记录的编写、格式设置方法，具体操作如下。

扫一扫

设置字符和段落格式

1 新建“发言稿.docx”文档，编写发言稿的标题和称谓。换行编写发言稿正文。在发言稿最后总结本次发言，完成发言稿的编写操作，如图1.45所示。

2 将会议发言稿标题格式设置为“方正小标宋简体、小二、居中”，称谓部分的字符格式设置为“小四、加粗”，如图1.46所示，并将正文中的条例部分加粗显示。

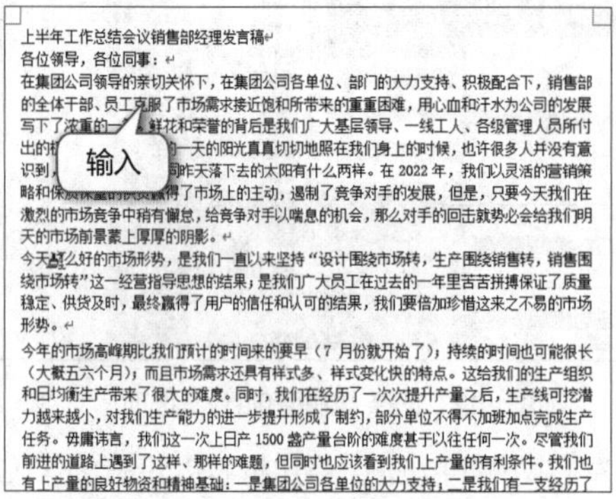
上半年工作总结会议销售部经理发言稿
各位领导，各位同事：
在集团公司领导的亲切关怀下，在集团公司各单位、部门的大力支持、积极配合下，销售部的全体干部、员工克服了市场需求接近饱和所带来的重重困难，用心血和汗水为公司的发展写下了浓重的一……鲜花和荣誉的背后是我们广大基层领导、一线工人、各级管理人员所付出的……一天的阳光真真切切地照在我们身上的时候，也许很多人并没有意识到，……同昨天落下去的太阳有什么两样。在 2022 年，我们以灵活的营销策略和保……得了市场上的主动，遏制了竞争对手的发展，但是，只要今天我们在激烈的市场竞争中稍有懈怠，给竞争对手以喘息的机会，那么对手的回击就势必会给我们明天的市场前景蒙上厚厚的阴影。
今天……么好的市场形势，是我们一直以来坚持“设计围绕市场转，生产围绕销售转，销售围绕市场转”这一经营指导思想的结果；是我们广大员工在过去的一年里苦苦拼搏保证了质量稳定、供货及时，最终赢得了用户的信任和认可的结果，我们要倍加珍惜这来之不易的市场形势。
今年的市场高峰期比我们预计的时间来的要早（7 月份就开始了）；持续的时间也可能很长（大概五六个月）；而且市场需求还具有样式多、样式变化快的特点。这给我们的生产组织和日均衡生产带来了很大的难度。同时，我们在经历了一次次提升产量之后，生产线可挖潜力越来越小，对我们生产能力的进一步提升形成了制约，部分单位不得不加班加点完成生产任务。毋庸讳言，我们这一次上日产 1500 盏产量台阶的难度甚于以往任何一次。尽管我们前进的道路上遇到了这样、那样的难题，但同时也应该看到我们上产量的有利条件。我们也有上产量的良好物资和精神基础：一是集团公司各单位的大力支持；二是我们有一支经历了

图1.45　新建文档并输入文本

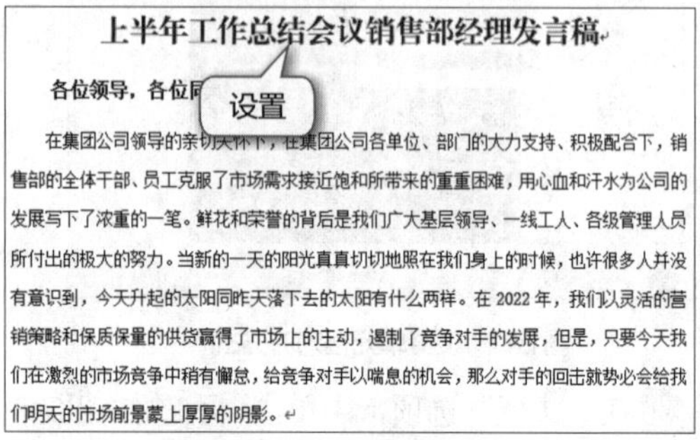
上半年工作总结会议销售部经理发言稿
各位领导，各位同……
在集团公司领导的亲切关怀下，在集团公司各单位、部门的大力支持、积极配合下，销售部的全体干部、员工克服了市场需求接近饱和所带来的重重困难，用心血和汗水为公司的发展写下了浓重的一笔。鲜花和荣誉的背后是我们广大基层领导、一线工人、各级管理人员所付出的极大的努力。当新的一天的阳光真真切切地照在我们身上的时候，也许很多人并没有意识到，今天升起的太阳同昨天落下去的太阳有什么两样。在 2022 年，我们以灵活的营销策略和保质保量的供货赢得了市场上的主动，遏制了竞争对手的发展，但是，只要今天我们在激烈的市场竞争中稍有懈怠，给竞争对手以喘息的机会，那么对手的回击就势必会给我们明天的市场前景蒙上厚厚的阴影。

图1.46　设置标题文本字符格式

3 选择正文部分，在【开始】/【段落】组中单击“对话框启动器”按钮，打开“段落”对话框。设置行距为“1.5倍行距”，特殊格式为“首行缩进”，缩进值为“2字符”，单击 确定 按钮，如图1.47所示。

4 新建“会议记录.docx”文档。根据资料输入会议记录的内容，如图1.48所示。

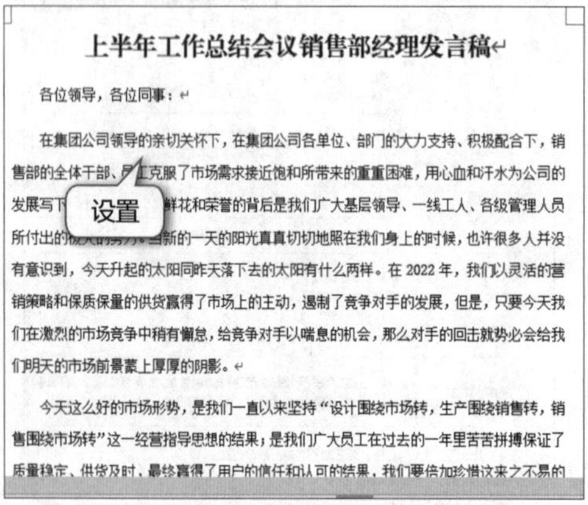
上半年工作总结会议销售部经理发言稿
各位领导，各位同事：
在集团公司领导的亲切关怀下，在集团公司各单位、部门的大力支持、积极配合下，销售部的全体干部、员工克服了市场需求接近饱和所带来的重重困难，用心血和汗水为公司的发展写下……鲜花和荣誉的背后是我们广大基层领导、一线工人、各级管理人员所付出的……新的一天的阳光真真切切地照在我们身上的时候，也许很多人并没有意识到，今天升起的太阳同昨天落下去的太阳有什么两样。在 2022 年，我们以灵活的营销策略和保质保量的供货赢得了市场上的主动，遏制了竞争对手的发展，但是，只要今天我们在激烈的市场竞争中稍有懈怠，给竞争对手以喘息的机会，那么对手的回击就势必会给我们明天的市场前景蒙上厚厚的阴影。
今天这么好的市场形势，是我们一直以来坚持“设计围绕市场转，生产围绕销售转，销售围绕市场转”这一经营指导思想的结果；是我们广大员工在过去的一年里苦苦拼搏保证了质量稳定、供货及时，最终赢得了用户的信任和认可的结果，我们要倍加珍惜这来之不易的

图1.47　设置段落格式

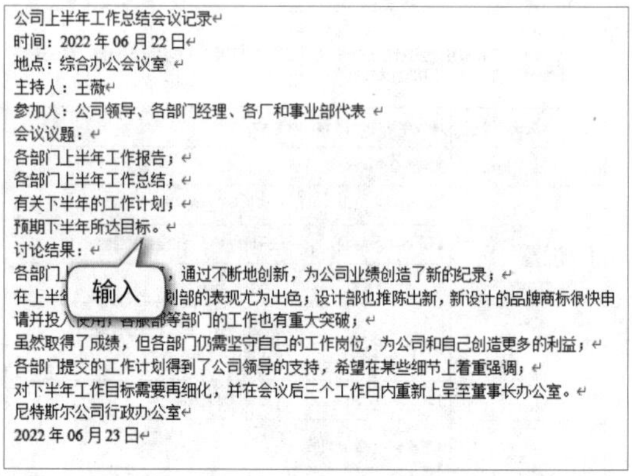
公司上半年工作总结会议记录
时间：2022 年 06 月 22 日
地点：综合办公会议室
主持人：王薇
参加人：公司领导、各部门经理、各厂和事业部代表
会议议题：
各部门上半年工作报告；
各部门上半年工作总结；
有关下半年的工作计划；
预期下半年所达目标。
讨论结果：
各部门上……，通过不断地创新，为公司业绩创造了新的纪录；
在上半……划部的表现尤为出色；设计部也推陈出新，新设计的品牌商标很快申请并投入……等部门的工作也有重大突破；
虽然取得了成绩，但各部门仍需坚守自己的工作岗位，为公司和自己创造更多的利益；
各部门提交的工作计划得到了公司领导的支持，希望在某些细节上着重强调；
对下半年工作目标需要再细化，并在会议后三个工作日内重新上呈至董事长办公室。
尼特斯尔公司行政办公室
2022 年 06 月 23 日

图1.48　新建文档并输入文本

5 为第一段文字应用“标题”样式。选择文档中的“时间”“地点”等文字，设置其字符格式为“小四、加粗、首行缩进2字符”。为“会议议题”和“讨论结果”文本设置加粗，并为其下的内容分别应用编号格式。设置落款和日期的字符格式为“小四、加粗”，并使其右对齐，效果如图1.49所示。

提示：某些公司习惯将会议记录制作成表格式的文档；表格式的文档与文字性文档相比效果更为直观，但内容大致相同，都包含会议的基本内容和最终结果等；一些公司还会在表格式的会议记录文档最后附上会议记录人员的签章等，以表示会议记录的真实性。

公司上半年工作总结会议记录

时间：2022年06月22日
地点：综合办公会议室
主持人：王薇
参加人：公司领导、各部门经理、各厂和事业部代表

会议议题：

1. 各部门上半年工作报告；
2. 各部门上半年工作总结；
3. 有关下半年的工作计划；
4. 预期下半年所达目标。

讨论结果：

1. 各部门上半年工作认真，通过不断地创新，为公司业绩创造了新的纪录；
2. 在上半年的工作中，企划部的表现尤为出色；设计部也推陈出新，新设计的品牌商标很快申请并投入使用；客服部等部门的工作也有重大突破；
3. 虽然取得了成绩，但各部门仍需坚守自己的工作岗位，为公司和自己创造更多的利益；
4. 各部门提交的工作计划得到了公司领导的支持，希望在某些细节上着重强调；
5. 对下半年工作目标需要再细化，并在会议后三个工作日内重新上呈至董事长办公室。

尼特斯尔公司行政办公室
2022年06月23日

图1.49 设置文本格式后的效果

（三）应用样式和发送文档

会议通知与前面制作的通知格式大致相同，但需根据制作完成的会议日程安排表确定通知的具体内容，包括会议时间、会议地点、与会人员、会议议程和注意事项等。制作好会议通知后应发送给相关人员。下面讲解应用样式和发送文档的方法，具体操作如下。

1 新建“会议通知.docx”文档。根据通知格式编写通知的内容，如图1.50所示。

2 将光标定位到标题中，在【开始】/【样式】组中选择“标题”选项。将光标定位到第一段文本中，打开“段落”对话框，在“缩进”栏中设置特殊格式为“首行缩进”，缩进值为“2字符”，如图1.51所示。

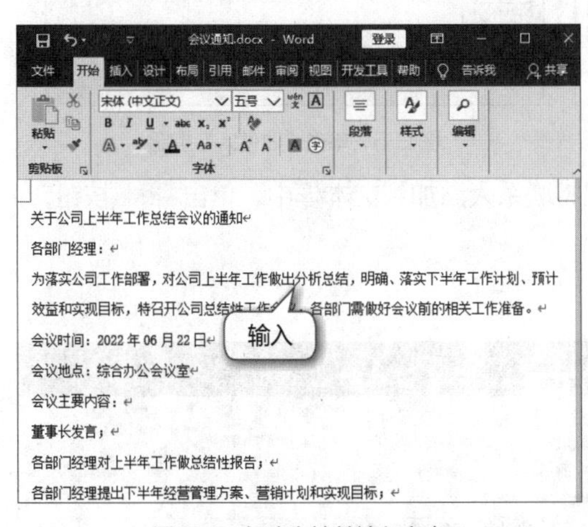

图1.50 新建文档并输入文本

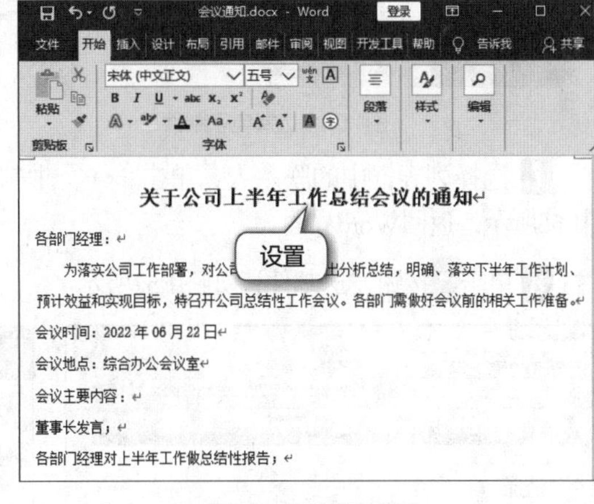

图1.51 设置文本样式

3 设置“会议时间”“会议地点”等重点部分的字符格式为“小四、加粗”。选择“会议主要内容”下的4段文本，在【开始】/【段落】组中单击“编号”按钮右侧的下拉按钮，在打开的下拉列表中选择一种编号格式，如图1.52所示。

4 选择“有关要求”的内容，在【段落】组中单击“项目符号”按钮右侧的下拉按钮，在打开的下拉列表中选择一种项目符号样式。设置落款和日期的字符格式为“小四、加粗”，段落格式为文本右对齐，如图1.53所示。

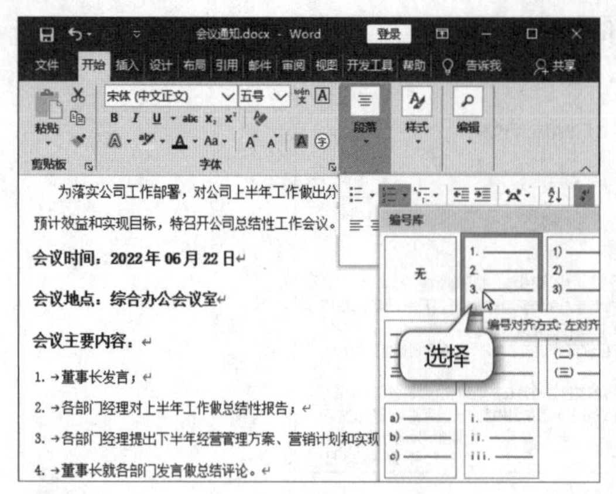

图1.52　设置段落编号

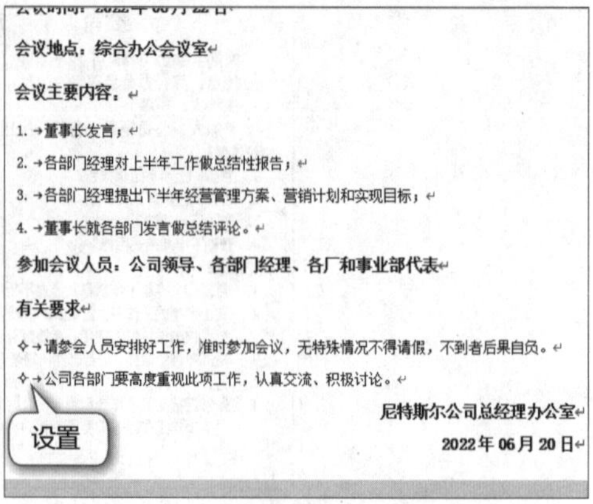

会议地点：综合办公会议室

会议主要内容：

1. 董事长发言；
2. 各部门经理对上半年工作做总结性报告；
3. 各部门经理提出下半年经营管理方案、营销计划和实现目标；
4. 董事长就各部门发言做总结评论。

参加会议人员：公司领导、各部门经理、各厂和事业部代表

有关要求

◇ 请参会人员安排好工作，准时参加会议，无特殊情况不得请假，不到者后果自负。

◇ 公司各部门要高度重视此项工作，认真交流、积极讨论。

尼特斯尔公司总经理办公室

2022年06月20日

设置

图1.53　设置段落项目符号、落款及日期

5 文档格式设置完成后，单击“保存”按钮保存文档。在【文件】/【共享】命令下选择“电子邮件”选项，在右侧单击“作为附件发送”按钮，如图1.54所示。

6 打开发送邮件的界面，会议通知文档将自动上传至附件，单击 收件人... 按钮，如图1.55所示。

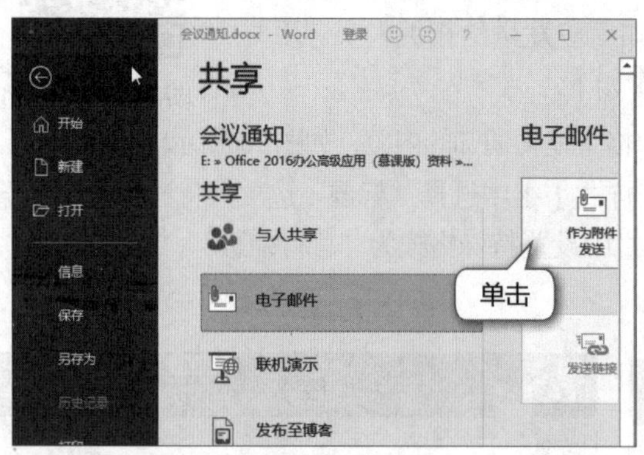

图1.54　选择电子邮件

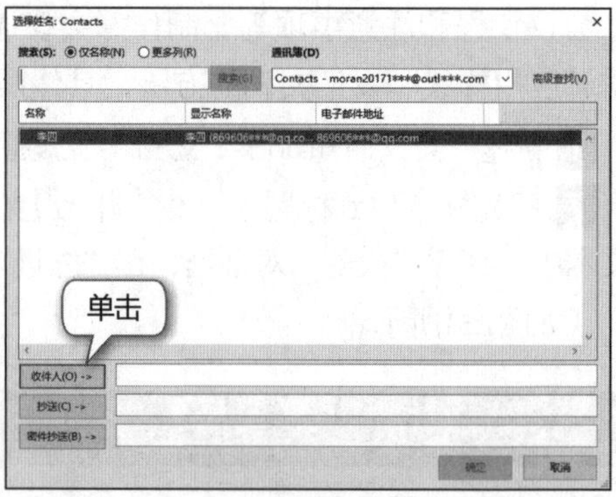

单击

图1.55　单击“收件人”按钮

7 选择列表框中的联系人，单击 收件人... 按钮将联系人添加到文本框中，单击 确定 按钮，如图1.56所示，返回Word界面。

8 单击 按钮发送邮件，如图1.57所示。

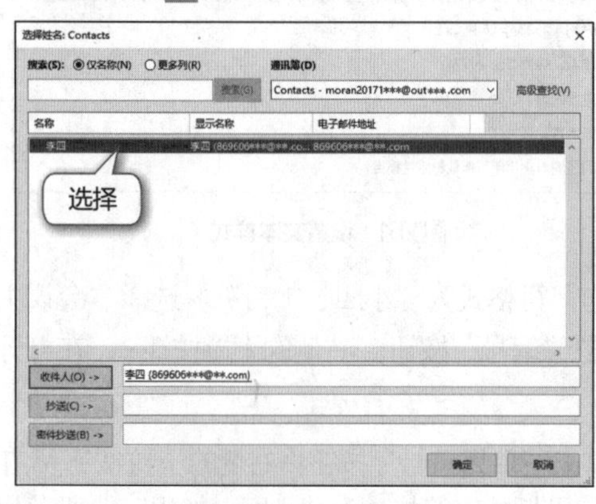

图1.56　选择收件人

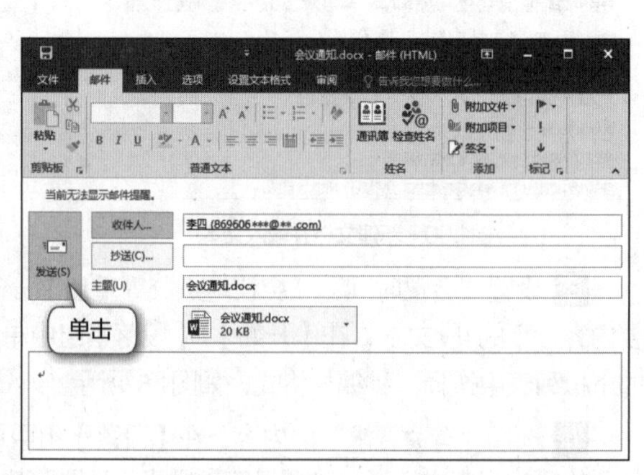

图1.57　发送邮件

任务四 制作个人简历表

一、任务目标

个人简历表是求职者向招聘单位展示的一份简要自我介绍，包含自己的基本信息，如姓名、出生年月、民族、婚否、联系电话、邮箱、地址，以及教育背景、工作经历、技能证书、自我评价等。求职者需认真填写，既不要夸大事实，也不要自吹自擂。

本任务的目标主要是利用Word的文本框和形状功能，制作出版面灵活、简洁、美观的个人简历表。图1.58所示为制作完成的“个人简历表”的效果。

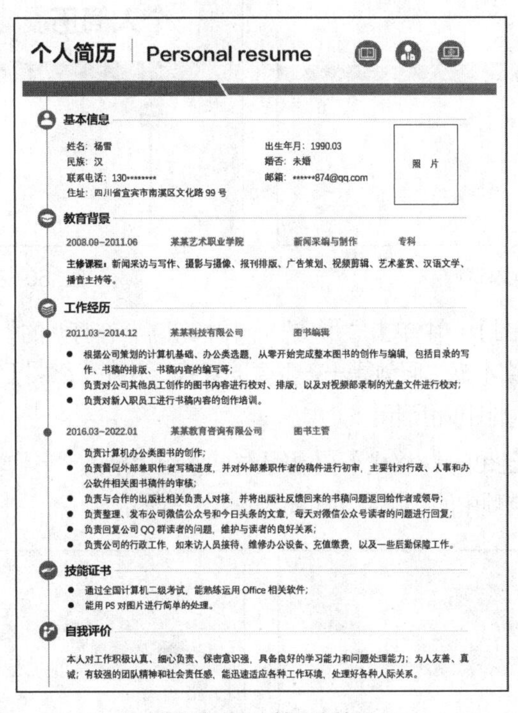

个人简历 | Personal resume

基本信息

姓名：杨雪　出生年月：1990.03
民族：汉　婚否：未婚
联系电话：130********　邮箱：******874@qq.com
住址：四川省宜宾市南溪区文化路 99 号
照　片

教育背景

2008.09~2011.06　某某艺术职业学院　新闻采编与制作　专科

主修课程：新闻采访与写作、摄影与摄像、报刊排版、广告策划、视频剪辑、艺术鉴赏、汉语文学、播音主持等。

工作经历

2011.03~2014.12　某某科技有限公司　图书编辑

- 根据公司策划的计算机基础、办公类选题，从零开始完成整本图书的创作与编辑，包括目录的写作、书稿的排版、书稿内容的编写等；
- 负责对公司其他员工创作的图书内容进行校对、排版，以及对视频部录制的光盘文件进行校对；
- 负责对新入职员工进行书稿内容的创作培训。

2016.03~2022.01　某某教育咨询有限公司　图书主管

- 负责计算机办公类图书的创作；
- 负责督促外部兼职作者写稿进度，并对外部兼职作者的稿件进行初审，主要针对行政、人事和办公软件相关图书稿件的审核；
- 负责与合作的出版社相关负责人对接，并将出版社反馈回来的书稿问题返回给作者或领导；
- 负责整理、发布公司微信公众号和今日头条的文章，每天对微信公众号读者的问题进行回复；
- 负责回复公司 QQ 群读者的问题，维护与读者的良好关系；
- 负责公司的行政工作，如来访人员接待、维修办公设备、充值缴费，以及一些后勤保障工作。

技能证书

- 通过全国计算机二级考试，能熟练运用 Office 相关软件；
- 能用 PS 对图片进行简单的处理。

自我评价

本人对工作积极认真、细心负责、保密意识强，具备良好的学习能力和问题处理能力；为人友善、真诚；有较强的团队精神和社会责任感，能迅速适应各种工作环境，处理好各种人际关系。

图1.58　个人简历表效果

下载资源

素材文件：项目一\个人简历表.docx

效果文件：项目一\个人简历表.docx

二、任务实施

（一）创建文本框和形状

下面在个人简历表文档中创建文本框和直线作为文档的标题，具体操作如下。

1 打开“个人简历表.docx”，在【插入】/【文本】组中单击“文本框”下拉按钮，在打开的下拉列表中选择“绘制文本框”选项，在文档上方按住鼠标左键并拖曳鼠标指针绘制文本框，释放鼠标左键后在文本框中输入“个人简历”，将字符格式设置为“方正兰亭中黑简体、26号”，如图1.59所示。

2 按相同方法创建英文标题，将字符格式设置为“方正兰亭中黑简体、22号”，拖曳文本框边框，将其位置调整到中文标题文本框右侧，如图1.60所示。

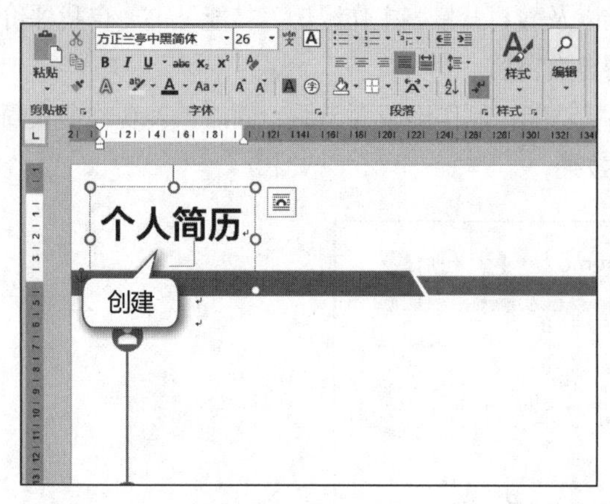

图1.59　中文标题

图1.60　英文标题

3 在【插入】/【插图】组中单击“形状”下拉按钮，在打开的下拉列表中选择“直线”选项，拖曳鼠标指针在两个文本框之间创建一条垂直的直线，并在【绘图工具-格式】/【大小】组中将高度设置为“1厘米”，如图1.61所示。

4 选择直线，在【绘图工具-格式】/【形状样式】组中单击“形状轮廓”按钮，在打开的下拉列表中选择“粗细”选项中的“1磅”选项，如图1.62所示。

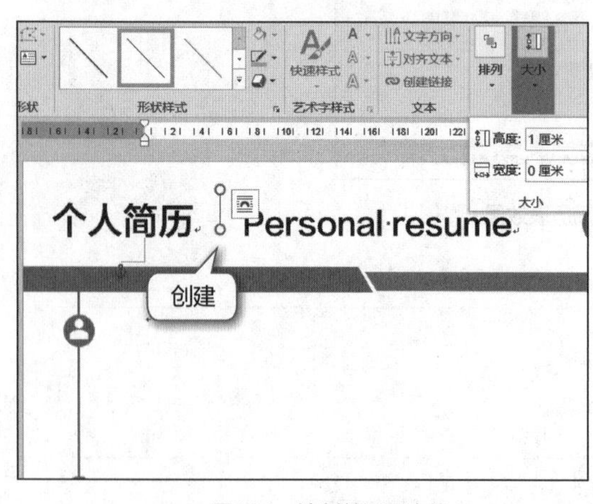

图1.61　绘制并设置直线

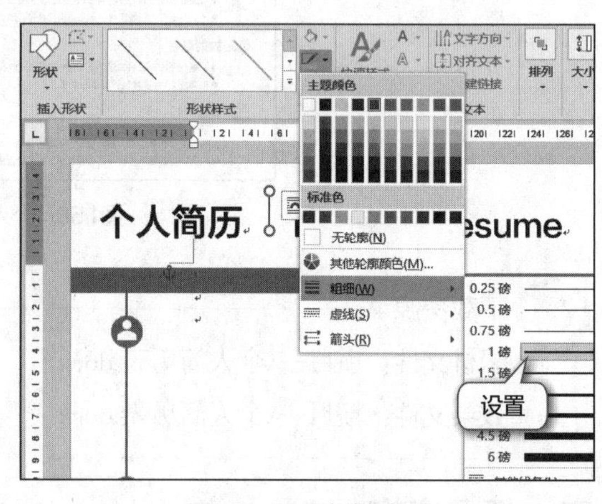

图1.62　设置直线粗细

5 单击“形状轮廓”按钮，在打开的下拉列表中选择“其他轮廓颜色”选项，打开“颜色”对话框，单击“自定义”选项卡，将红色、绿色和蓝色的参数分别设置为“41”“169”“226”，单击确定按钮，如图1.63所示。

6 拖曳直线，将其移至两个文本框中间，使其下方与文本下方对齐，如图1.64所示。

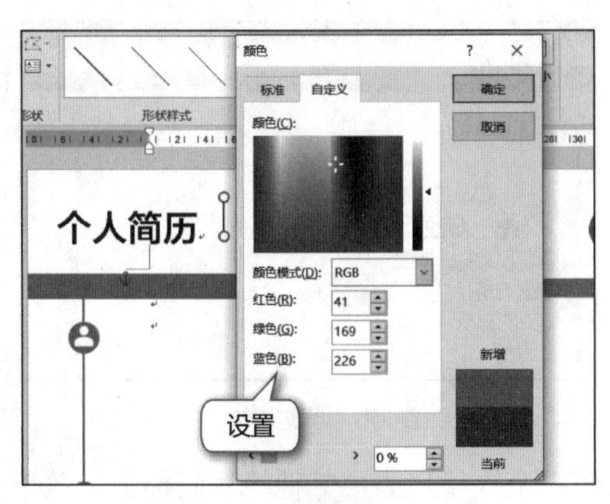

图1.63　设置直线颜色

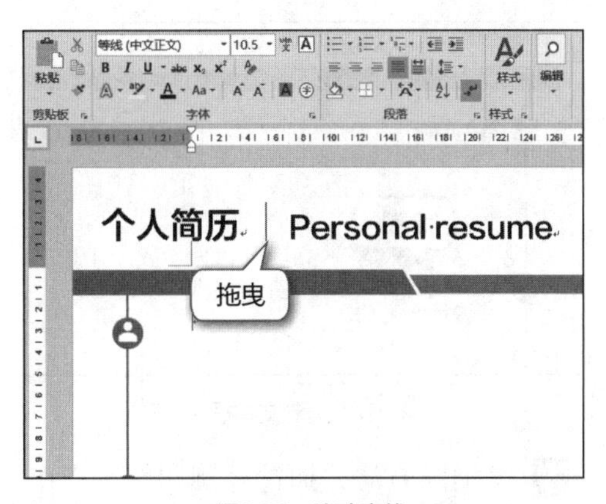

图1.64　移动直线

（二）创建并复制对象

接下来将参照文档左侧图形对象的位置，继续利用文本框和直线创建个人简历表的栏目，具体操作如下。

1 创建“基本信息”文本框，将字符格式设置为“方正兰亭中黑简体、14号”，将其放在图1.65所示的位置。

2 绘制水平直线，将宽度设置为“15厘米”，颜色设置为“灰色-25%，背景2”，粗细设置为“0.5磅”，将其移至“基本信息”文本框右侧，如图1.66所示。

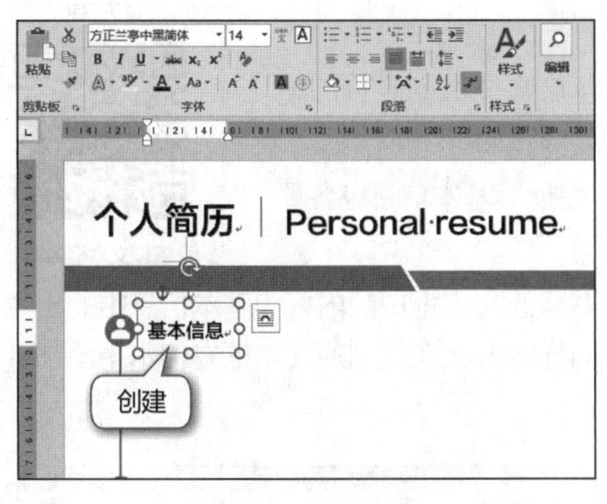

图1.65　创建文本框

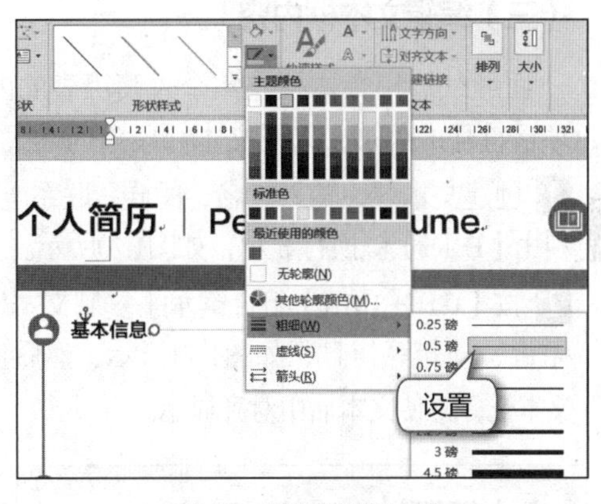

图1.66　绘制并设置直线

3 选择“基本信息”文本框，按住【Shift】键选择右侧的灰色水平直线，在按住【Ctrl+Shift】组合键的同时，向下拖曳选择的文本框，将其垂直复制到图1.67所示的位置。

4 将文本框中的“基本信息”修改为“教育背景”，快速制作出另一个栏目的标题，如图1.68所示。

> 提示：在复制所选对象时，【Ctrl】键的作用在于复制对象，【Shift】键的作用在于垂直移动对象，因此按【Ctrl+Shift】组合键就能够实现垂直复制操作；这个技巧同样适用于Office办公软件中的其他组件，如在Excel或PowerPoint中利用该技巧，也可以对所选对象进行垂直或水平复制操作。

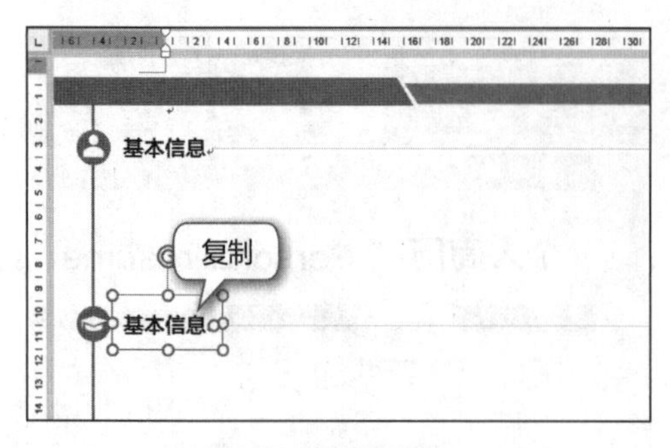

图1.67 复制文本框

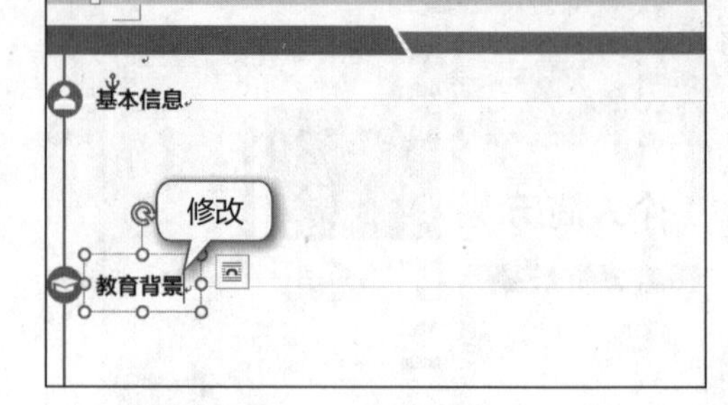

图1.68 修改文本

5 按相同方法，通过复制和修改操作，制作出个人简历表中其他栏目的标题，效果如图1.69所示。

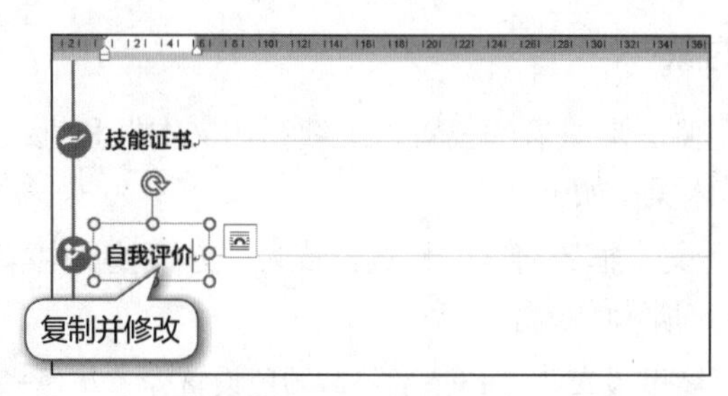

图1.69 制作其他栏目的标题

（三）编辑文本框内容

下面继续利用文本框充实个人简历表的内容，这将涉及制表符的输入、项目符号的添加，以及文本和段落的格式设置，具体操作如下。

1 创建文本框，输入姓名、民族、联系电话、住址等基本信息，各项信息利用【Enter】键换行显示，如图1.70所示。

2 按【Ctrl+Shift】组合键水平复制文本框，并修改文本框中的内容为基本信息中的出生年月、婚否、邮箱等信息，如图1.71所示。然后使用同样的方法在复制的文本框右侧水平添加“照片”文本框，并使文本居中对齐显示。

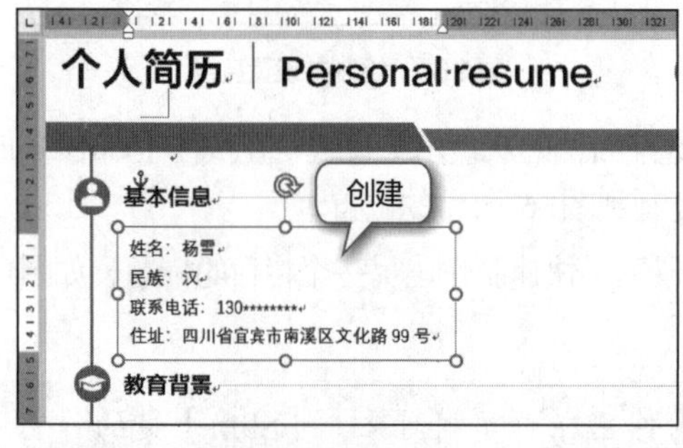

图1.70 创建文本框

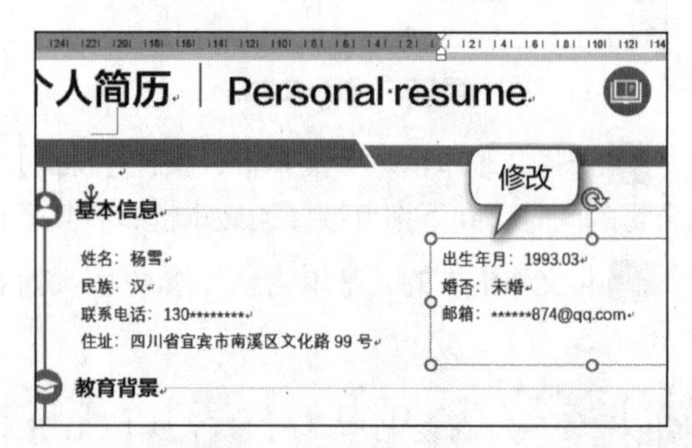

图1.71 复制文本框

3 按【Ctrl+Shift】组合键垂直复制“基本信息”栏中左侧的文本框，修改其中的文本内容，在文本框第1段文本中利用【Tab】键输入若干制表符，调整日期、学院、专业、学历等文本之间的距离，如图1.72所示。

4 选择该段文本，按【Ctrl+B】组合键加粗显示，通过最近使用的颜色快速为其应用设置为蓝色，如图1.73所示。

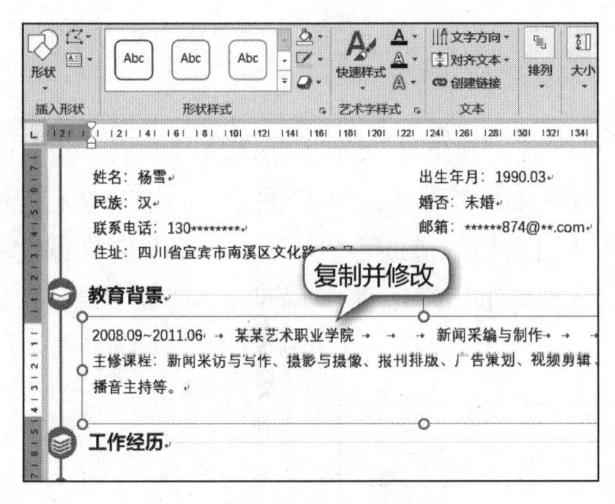

图1.72 复制文本框并修改

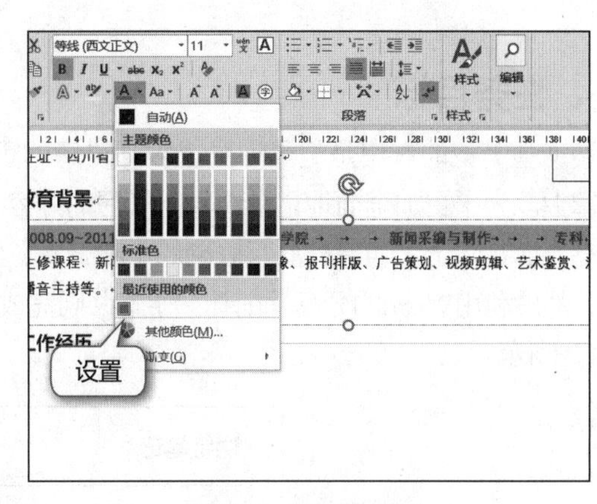

图1.73 设置文本格式

5 将该文本框中第2段的“主修课程：”文本加粗显示，将段前距离设置为“0.5行”，如图1.74所示。

6 向下复制文本框至“工作经历”栏，修改其中的内容，各项工作经历之间空一行，并为具体的工作内容添加项目符号，如图1.75所示。

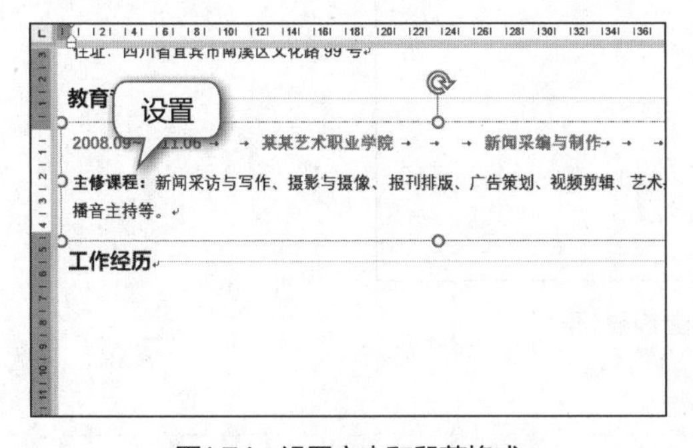

图1.74 设置文本和段落格式

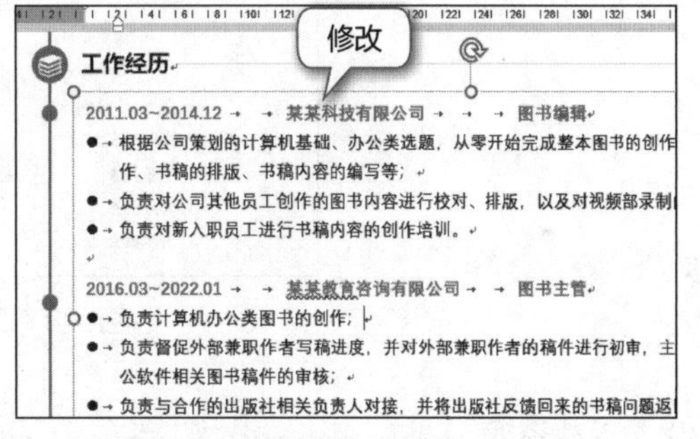

图1.75 复制文本框并修改文本及其格式

7 将各项工作经历下第1个项目符号段落的段前距离设置为“0.5行”，如图1.76所示。

8 通过复制和修改的方法完善“技能证书”和“自我评价”栏目中的内容，如图1.77所示。

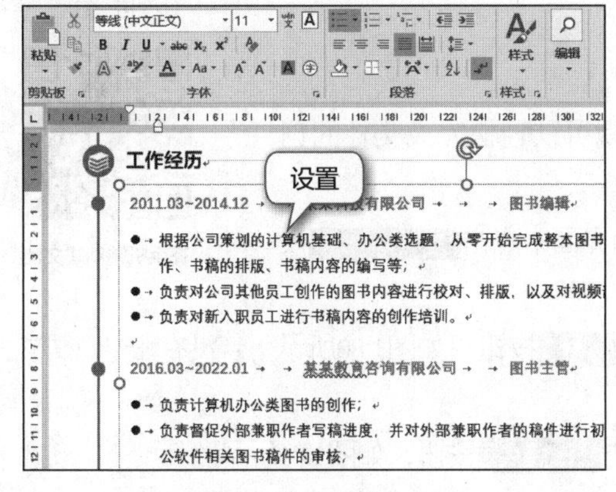

图1.76 设置段落格式

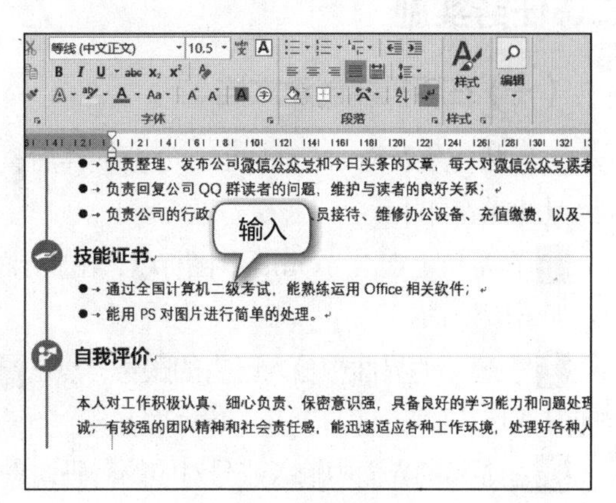

图1.77 完善内容

任务五 制作课堂笔记文档

一、任务目标

课堂笔记的作用是记录课堂上教师讲解的重点内容，从而方便学生在课余时间进一步复习和掌握。为了更加全面地记录课堂上学习的内容，学生有时需要在课后借阅其他同学的笔记进行补充。而实际上，随着移动互联网的不断普及，学生可以充分借助手机等移动终端来制作课堂笔记，然后利用Word的分享功能让学生们共同完成笔记内容的填写，最终得到完整的课堂笔记，如图1.78所示。

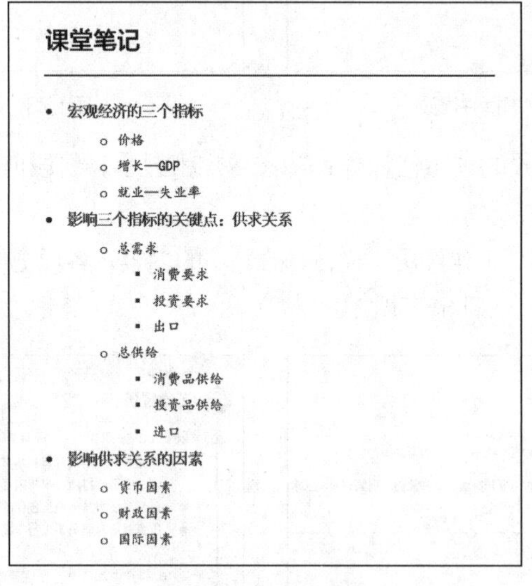

图1.78 课堂笔记效果

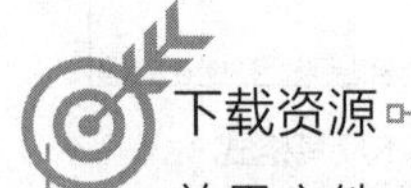

下载资源
效果文件：项目一\课堂笔记.docx

二、任务实施

（一）在手机端创建文档

在手机上安装Microsoft Office办公软件后，就可以轻松完成文档的创建，具体操作如下。

1 在手机上点击“Office”图标，在显示的界面中点击“登录”按钮，如图1.79所示。

2 在显示的界面中输入已有的账号，点击“下一步”按钮，如图1.80所示。若没有账号，可在此界面中单击“创建一个！”文本超链接。

3 在显示的界面中输入账号对应的密码，点击“登录”按钮，如图1.81所示。

图1.79　登录手机端的Office

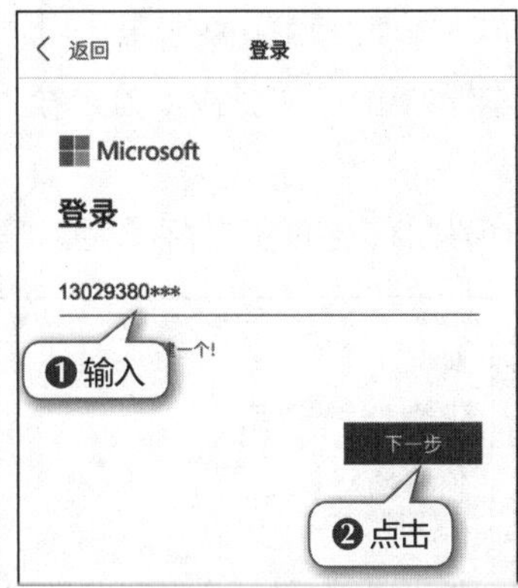

图1.80　输入账号

图1.81　输入密码

4 成功登录手机端的Office后，点击界面下方的“创建”按钮⊞，如图1.82所示。

5 在弹出的界面中点击“Word”图标，如图1.83所示。

6 在显示的界面中点击“从模板创建”按钮，如图1.84所示。

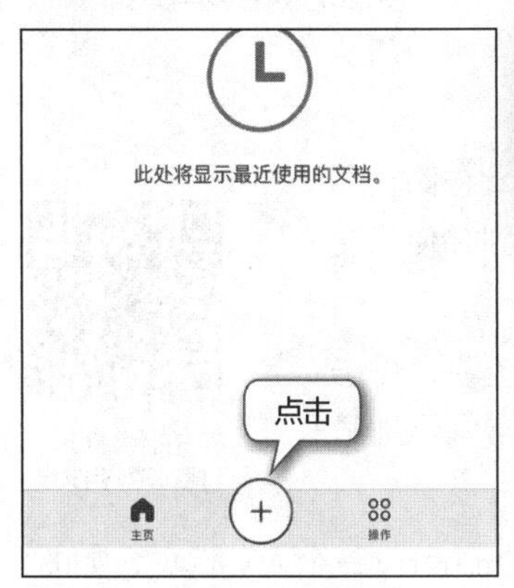

图1.82　创建文件

图1.83　创建Word文档

图1.84　利用模板创建文档

7 显示“新建”界面，点击“做笔记”缩略图，如图1.85所示。

8 创建Word文档，点击标题，利用手机键盘删除原文本，输入标题文本，如图1.86所示。

9 按相同方法输入课堂笔记的具体内容，点击左上角的“返回”按钮，如图1.87所示。

图1.85　选择模板

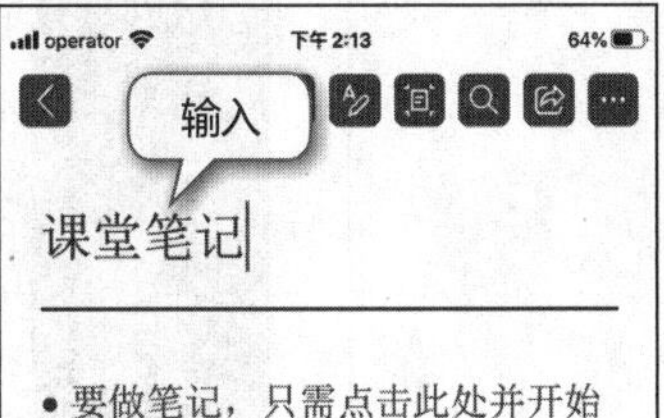

图1.86　输入标题文本

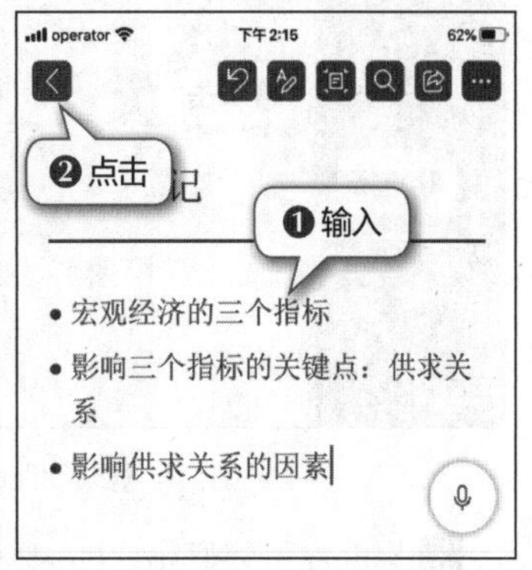

图1.87　输入笔记内容

10 在显示的界面中选择“保存”选项，如图1.88所示。

11 在界面上方的“名称”文本框中输入文档名称，在“个人”栏中选择“OneDrive-个人”选项，如图1.89所示。

12 保持默认的保存位置，选择界面右上角的“保存”选项，如图1.90所示。

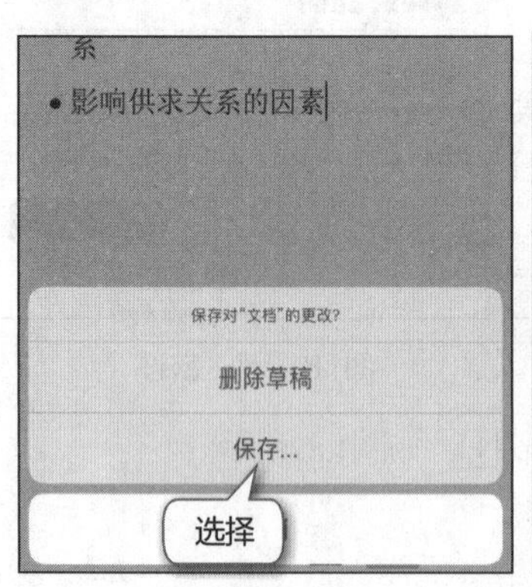

图1.88　保存文档

图1.89　输入名称并选择云存储空间

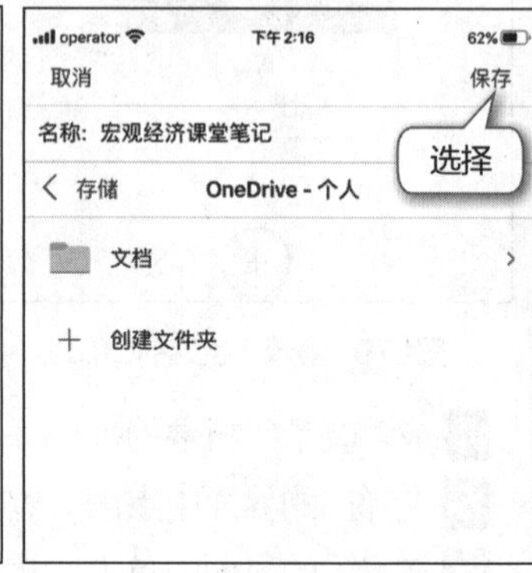

图1.90　执行保存操作

（二）在计算机上找到并使用手机端创建的文档

由于手机端创建的Word文档保存到了“OneDrive”这个云存储空间上，因此可以在计算机上登录Office，并在该云存储空间中找到并使用文档，具体操作如下。

扫一扫

在计算机上找到并使用文档

1 在计算机上启动Word 2016，选择左侧的“账户”选项，单击 登录 按钮，如图1.91所示。按照在手机上登录Office的方法，依次输入账号和密码进行登录。

2 成功登录后，选择界面左侧的“打开”选项，选择“OneDrive-个人”选项，如图1.92所示。

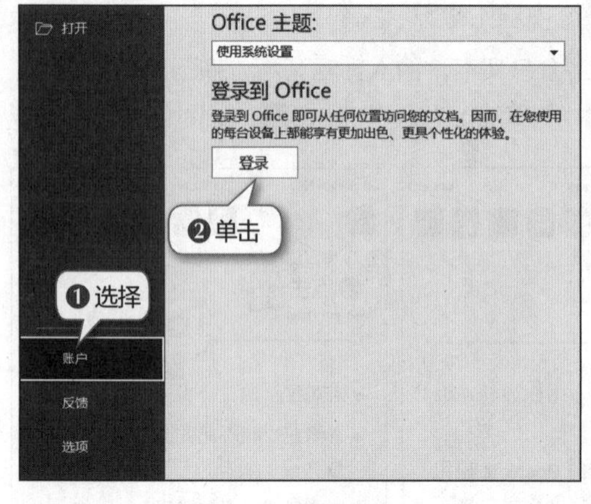

图1.91　登录Office

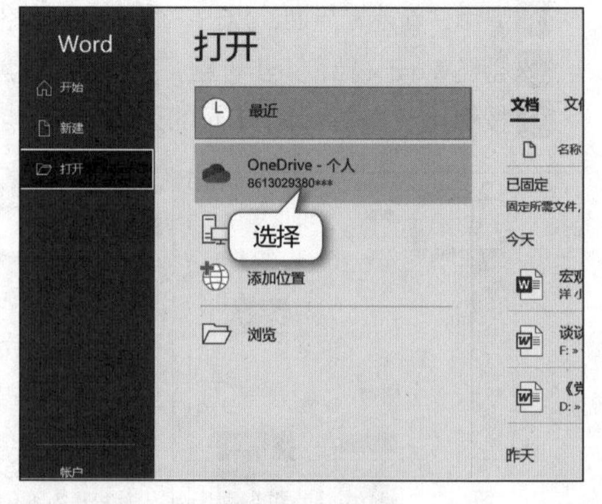

图1.92　打开OneDrive

3 界面右侧将显示“OneDrive-个人”账号上的所有文档内容，选择需要的文档即可访问，如图1.93所示。

4 此时在计算机上也可以对文档内容进行修改，这里在第一个项目符号段落下利用【Tab】键创建了3个二级项目符号段落，并对标题和文本内容的字体格式进行适当设置，如图1.94所示。

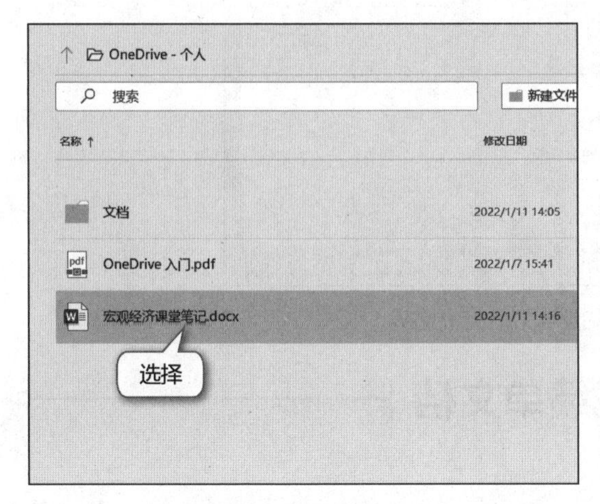

图1.93　访问文档

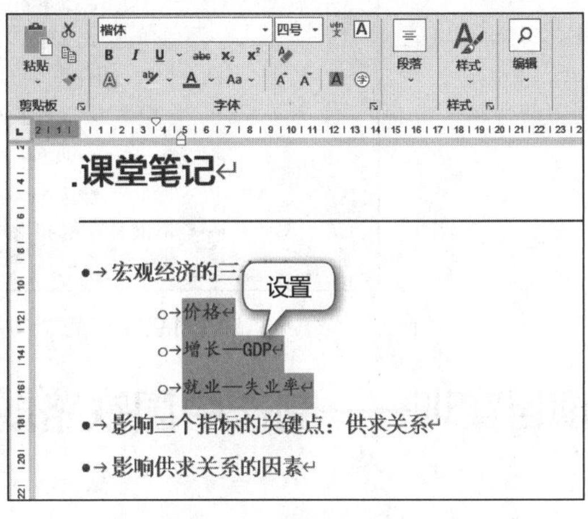

图1.94　打开并修改内容

（三）协同编辑文档

协同编辑文档可以将文档共享给指定用户，让大家一起编辑文档内容，提高工作效率，具体操作如下。

1 确保当前文档已经保存到“OneDrive–个人”云存储空间。选择【文件】/【共享】命令，选择“与人共享”选项，并单击“与人共享”按钮，如图1.95所示。

2 Word将打开“共享”窗格，在“邀请人员”文本框中输入用户的邮箱地址，单击 共享 按钮便可将当前文档共享给指定的用户，如图1.96所示。

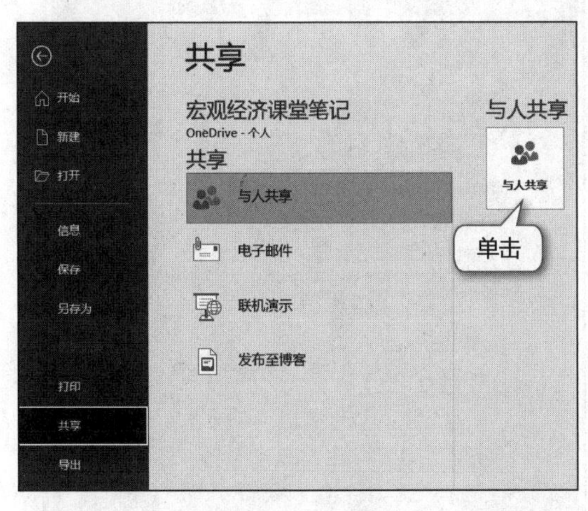

图1.95　共享文档

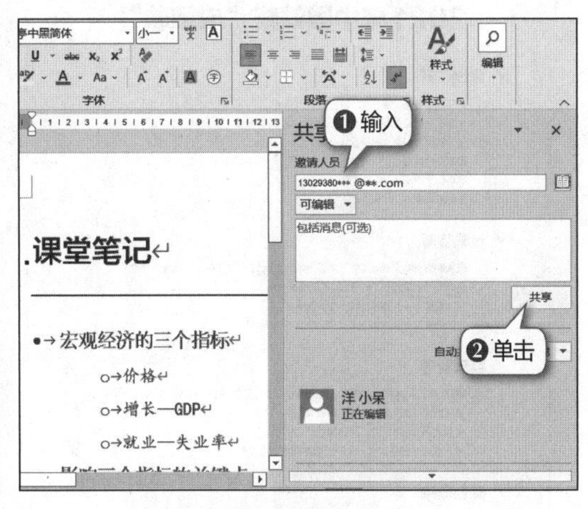

图1.96　邀请人员并共享

3 被邀请用户的Word界面的右下角将显示提示信息，内容为“某某用户邀请你编辑某某文档”，单击该信息后将启动计算机上的浏览器并登录网页，在网页中便可编辑文档内容。编辑文档后，共享文档的用户可以同步看到编辑后的结果，如图1.97所示。

o→总需求↵
▪→消费要求↵
▪→投资要求↵
▪→出口↵
o→总供给↵
▪→消费品供给↵
▪→投资品供给↵
▪→进口↵
●→影响供求关系的因素↵
第1页，共1页　101个字　中文(中国)　100%

图1.97　共享文档并指定用户编辑后的效果

项目实训——制作中国铁路成绩单文档

一、实训要求

结合本项目所学知识，充分利用格式设置和形状创建功能来制作“中国铁路成绩单.docx”文档。

扫一扫

制作“中国铁路成绩单”文档

二、实训思路

（1）新建一个Word文档，根据需要在文档中输入内容。

（2）设置内容格式，包括字体、段落格式等，效果如图1.98所示。

（3）利用形状美化和丰富文档内容，并调整文本颜色，效果如图1.99所示。

（4）制作完成并确认无误后，预览并打印文档。

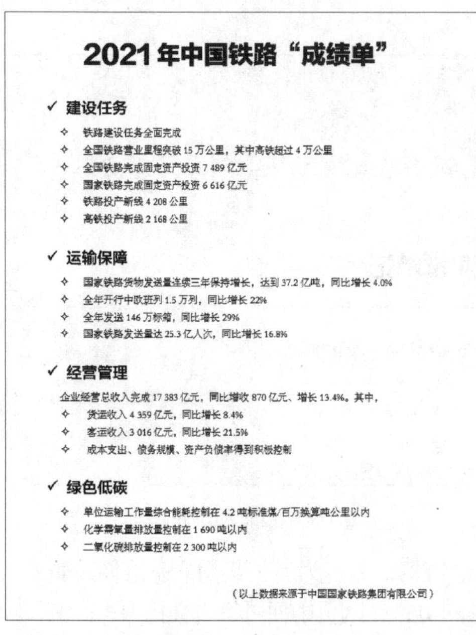

2021年中国铁路“成绩单”

✓ 建设任务

- 铁路建设任务全面完成
- 全国铁路营业里程突破15万公里，其中高铁超过4万公里
- 全国铁路完成固定资产投资7 489亿元
- 国家铁路完成固定资产投资6 616亿元
- 铁路投产新线4 208公里
- 高铁投产新线2 168公里

✓ 运输保障

- 国家铁路货物发送量连续三年保持增长，达到37.2亿吨，同比增长4.0%
- 全年开行中欧班列1.5万列，同比增长22%
- 全年发送146万标箱，同比增长29%
- 国家铁路发送量达25.3亿人次，同比增长16.8%

✓ 经营管理

企业经营总收入完成17 383亿元，同比增收870亿元、增长13.4%。其中，

- 货运收入4 359亿元，同比增长8.4%
- 客运收入3 016亿元，同比增长21.5%
- 成本支出、债务规模、资产负债率得到积极控制

✓ 绿色低碳

- 单位运输工作量综合能耗控制在4.2吨标准煤/百万换算吨公里以内
- 化学需氧量排放量控制在1 690吨以内
- 二氧化硫排放量控制在2 300吨以内

（以上数据来源于中国国家铁路集团有限公司）

图1.98　设置格式

2021年中国铁路“成绩单”

✓ 建设任务

- 铁路建设任务全面完成
- 全国铁路营业里程突破15万公里，其中高铁超过4万公里
- 全国铁路完成固定资产投资7 489亿元
- 国家铁路完成固定资产投资6 616亿元
- 铁路投产新线4 208公里
- 高铁投产新线2 168公里

✓ 运输保障

- 国家铁路货物发送量连续三年保持增长，达到37.2亿吨，同比增长4.0%
- 全年开行中欧班列1.5万列，同比增长22%
- 全年发送146万标箱，同比增长29%
- 国家铁路发送量达25.3亿人次，同比增长16.8%

✓ 经营管理

企业经营总收入完成17 383亿元，同比增收870亿元、增长13.4%。其中，

- 货运收入4 359亿元，同比增长8.4%
- 客运收入3 016亿元，同比增长21.5%
- 成本支出、债务规模、资产负债率得到积极控制

✓ 绿色低碳

- 单位运输工作量综合能耗控制在4.2吨标准煤/百万换算吨公里以内
- 化学需氧量排放量控制在1 690吨以内
- 二氧化硫排放量控制在2 300吨以内

（以上数据来源于中国国家铁路集团有限公司）

图1.99　添加形状并调整文本颜色

下载资源

效果文件：项目一\中国铁路成绩单.docx

拓展练习

1. 制作工匠精神宣传文档

某集团需要通过劳动者的先进事迹在集团内部弘扬工匠精神，请根据这个要求，制作简洁易读的工匠精神宣传文档，效果如图1.100所示。

弘扬工匠精神

沧州市运河区环境卫生管理站站长、党支部书记李德在 20 岁的时候就进入了环卫系统，在市区解放路上扫大街。1985 年，李德进入运河区环卫局维修车间工作，开始接触环卫车辆。当时车辆的变速箱拆装不方便，几个大小伙子一起抬都非常吃力，李德靠着一股子冲劲钻研出变速箱绞车，实现了一人拆装的效果。2004 年，沧州市运河区成立公厕管理站，李德当上站长，他下决心要让工人们告别肩背、手提粪桶的现状，开始钻研小型粪便机械作业车。经过不断摸索和尝试，李德成功研制了一辆作业车，工人只需按动操作阀门，就可以轻松完成粪便从清掏到倾倒的全过程。

看到工人们因为疏通下水道而使手上磨出了水泡，李德发明了多功能高压冲洗车，既能疏通管道，又能洒水、冲洗；看到小型吸污车无法进入平房区，每次都得靠几十米长的管子连接厕所吸污，他发明了手摇绞盘；看到环卫工开着小型吸污车，冬冷夏热太受罪，李德和汽车制造商又共同为小型吸污车加装了空调……

在环卫系统这么多年，李德有多次机会离开，有的单位看中他的能力要将他调走，有的厂家看中他的才干让他去做技术指导，有的机构想高薪聘他任教，但李德始终坚守初心，一直奋战在环卫一线上。

图1.100　工匠精神宣传文档效果

下载资源

效果文件：项目一\工匠精神.docx

2. 制作员工档案表

公司需要更新员工档案，请根据前面所学知识制作公司员工档案表，可以不填写其中的内容信息，效果如图1.101所示。

员工档案表

工 号		姓 名		性 别		照片
出生年月		婚 否		籍 贯		
民 族		学 历		工 龄	年	
身份证号码						
家庭住址						
毕业院校			专 业			
毕业时间			外语情况		进公司时间	
所属部门			现任职务		手机	
紧急联系人			与本人关系		联系电话	
联系地址						
前一份工作经历（单位名称、任职期间、职务、证明人、联系电话）						
身份证复印件					证件审核： （ ）正确 （ ）待确认 （ ）过期 （ ）不符 审核人：________ 日 期：________	
员工承诺栏						
（一）上述员工基本资料均正确无误，如有欺骗，本人负相关法律责任，并赔偿所有损失。 （二）本人入职所提供的各项证件真实有效，绝无冒用、持假证之事，如有不实，愿意依政府相关法律接受处罚，并赔偿公司的一切损失。 员工签名：________日期：________						

制表：________ 人事主管：________ 日期：________

图1.101 员工档案表效果

提示：公司的员工档案表会作为公司员工个人的初始档案记载，进入个人人事档案，并附带个人身份证、学历证书、资格证书、公立医院出具的健康证（体检表）、暂住证和离职证明复印件各一份。

下载资源

效果文件：项目一\档案表.docx

项目二 美化文档

情景导入

经过老洪的指导与自己的努力，米拉果然在短时间内就掌握了文档的基本制作方法，并且也能够制作出合格的Word文档。前不久，由她制作的环保倡议书还得到了领导的肯定，但美中不足的是领导觉得文档内容有些单调，建议米拉增加一些图形图像等对象来美化文档内容，这又把米拉给难住了。

好在老洪看出了米拉的心思，只见他手里拿着许多文件，胸有成竹地来到米拉面前并告诉她："这些是值得你参考和学习的文件，你可以看看这些文件的内容，看看常见的用于美化文档的对象有哪些。"米拉快速地翻阅了一遍，面露难色地说："这些文件中的对象看上去不太像是使用Word制作出来的。"老洪微笑着说："我收集的这些文件，没有一个不是使用Word制作出来的，你大可以相信Word所拥有的'实力'，只要灵活运用学到的知识，就能编排出美观且专业的文档。"

学习目标

- 掌握图片、SmartArt图形在文档中的应用方法
- 巩固表格、文本框的使用
- 熟悉艺术字的创建与设置操作
- 掌握设置页面的基本方法
- 熟悉页眉与页脚的添加

素质目标

- 通过文档的美化设置，提升自己的审美能力
- 在任务制作过程中，加深对中华优秀传统文化的热爱

任务一　制作公司简介

一、任务目标

企业在宣传时，常需要制作公司简介。公司简介的内容一般比较简单，只需在文字信息中添加一定数量的图片，然后设置文字和图片的格式美化文档。文档也可以包含公司组织结构图，从而形象地反映组织内各机构、岗位之间的关系，组织结构图是公司组织结构最直观的反映，也是对组织功能的一种侧面诠释。图2.1所示为制作完成的公司简介文档的效果。

XXX有限责任公司 致力打造全国优秀绿色健康粮油品牌

公司简介

✧ 公司规模

×××有限责任公司是一家集食品再加工、食品包装、食品销售于一体的现代化大型食品加工企业。公司自1989年创建之初起投资1.2亿元，兴建了园林化工厂，占地67亩，建筑面积达11万平方米，在职员工578人。厂区采用欧洲统一标准设计建成无死角、每2小时通风一次的生产车间，并从日本进口了先进的不锈钢加工设备。公司以“管理规范化、生产程序化、现场标准化”为原则，建立了ISO9001:2000质量体系，通过了QS、HACCP体系认证，先后荣获“四川省著名商标”“四川省农业产业化市级龙头企业”等数十项荣誉，获得了良好的市场口碑和经济效益。

✧ 公司理念

公司秉承“卫生为先、质量为本、绿色健康、顾客满意”的经营理念，大胆开拓、锐意进取，开创了纯天然植物油系列、非转基因植物油系列、劲道面粉和粒粒香大米系列等产品，是四川省最大的食品再加工企业之一。

公司与山东、陕西、河北、河南、新疆和内蒙古等顶级农产品生产基地有长期合作关系，以优秀农产品为原料，结合二十余年的食品加工经验，对原料进行加工生产、再加工再生产，最终形成独树一帜的产品特色。

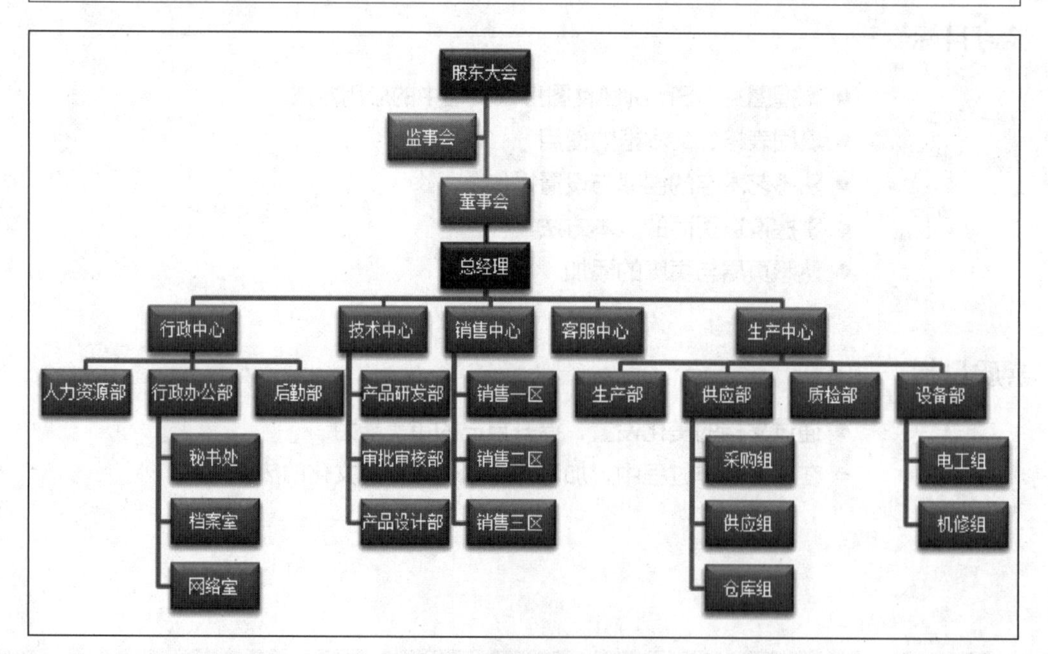

图2.1　公司简介文档的效果

下载资源

素材文件：项目二\1.jpg、2.jpg 、3.jpg、4.jpg、5.jpg、6.jpg

效果文件：项目二\公司简介.docx、组织结构图.docx

二、任务实施

（一）输入文本并设置字符格式

新建“公司简介.docx”文档，设置页眉后，打开“页面设置”对话框设置页面，具体操作如下。

1 新建“公司简介.docx”文档。双击文档顶部，进入页眉编辑状态，输入页眉内容，如图2.2所示。双击文档空白部分，退出编辑。

2 在【布局】/【页面设置】组中单击“对话框启动器”按钮，打开“页面设置”对话框，在“页边距”栏中将上、下页边距设置为“3厘米”，左、右页边距设置为“2.5厘米”，如图2.3所示。

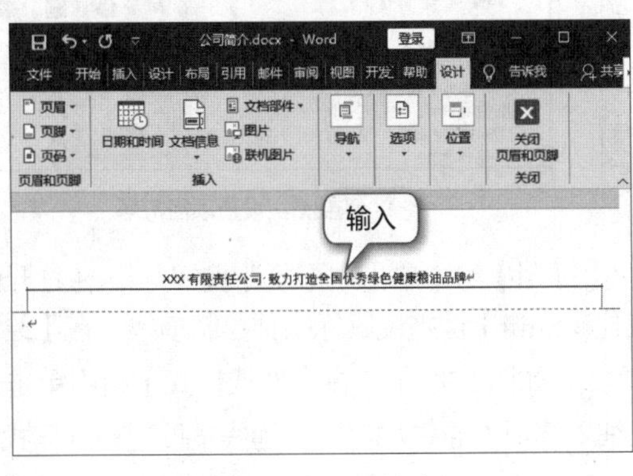

图2.2 输入页眉内容

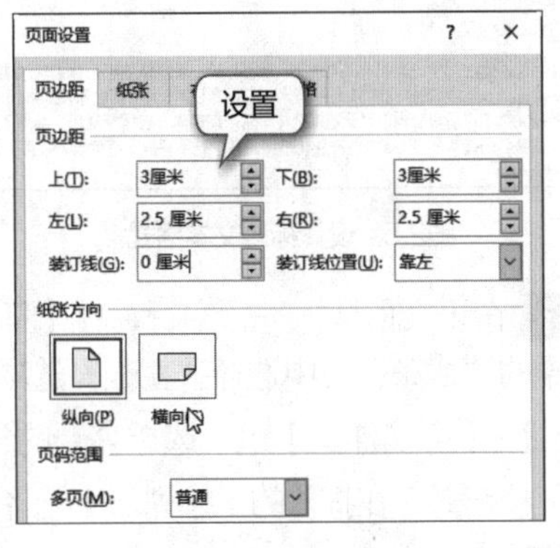

图2.3 设置页边距

3 单击“纸张”选项卡，在“纸张大小”栏中设置宽度为“30厘米”，高度为“20厘米”，单击 确定 按钮确认设置，如图2.4所示。

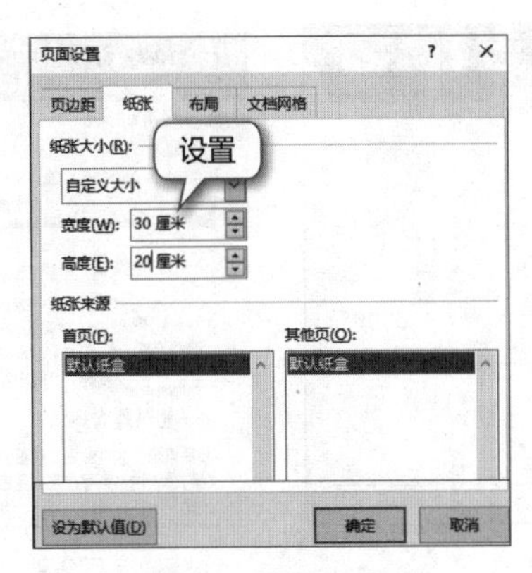

图2.4 设置纸张大小

（二）插入形状和图片

文档的编排可参考公司定位来进行，其中要突出显示“公司名称”“公司简介”字样，文档的整体风格要一致，颜色设置也不宜太过复杂。编排文档的具体操作如下。

1 输入“公司简介”文本和公司简介的主要内容。设置“公司”文本格式为“方正中雅宋简、小初”，设置“简介”文本的格式为“方正中雅宋简、一号”，文本颜色都为“蓝色，个性色1，深色25%”，如图2.5所示。

2 按住【Ctrl】键选择“公司规模”和“公司理念”文本，在【段落】组中单击“项目符号”按钮右侧的下拉按钮，在打开的下拉列表中选择需要的项目符号，为正文中的各小节标题应用项目符号，如图2.6所示。

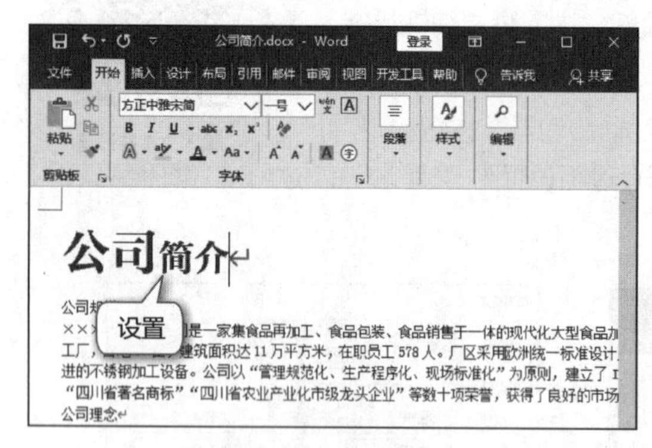

图2.5 设置标题文本格式

图2.6 设置项目符号

3 在正文前插入一行空行，在【插入】/【插图】组中单击“形状”按钮，在打开的下拉列表中的“线条”栏中选择“直线”选项。按住【Shift】键拖曳鼠标指针绘制横线，在【绘图工具-格式】/【形状样式】组中选择需要的直线样式，如图2.7所示。在【形状样式】组中单击“形状轮廓”按钮，在打开的下拉列表中选择“粗细”选项中的“4.5磅”，为线条设置粗细样式。

4 将正文中小标题的字符格式设置为“方正姚体、加粗、四号”，颜色设置为“蓝色，个性色1，深色25%”。将光标定位到已设置格式的小标题段落，在【开始】/【剪贴板】组中单击“格式刷”按钮，通过格式刷将格式复制到其他小标题处，如图2.8所示。

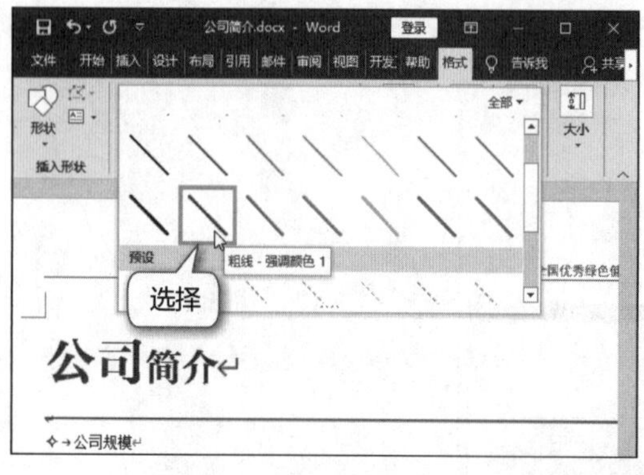

图2.7 绘制和设置直线

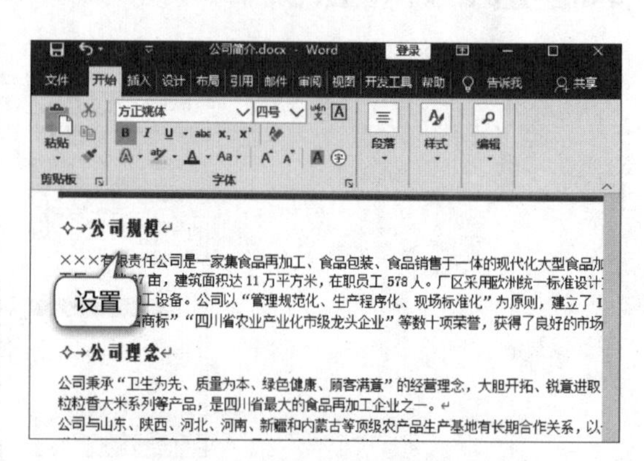

图2.8 用格式刷复制标题文本格式

5 选择正文部分，设置段落格式为“首行缩进2字符”，设置文档的行距为“1.5倍行距”，单击 确定 按钮，如图2.9所示，将文本颜色设置为“蓝色，个性色1，深色25%”。

6 将文档最后的标语格式设置为“方正苏新诗柳楷简体、小三、蓝色”，如图2.10所示。

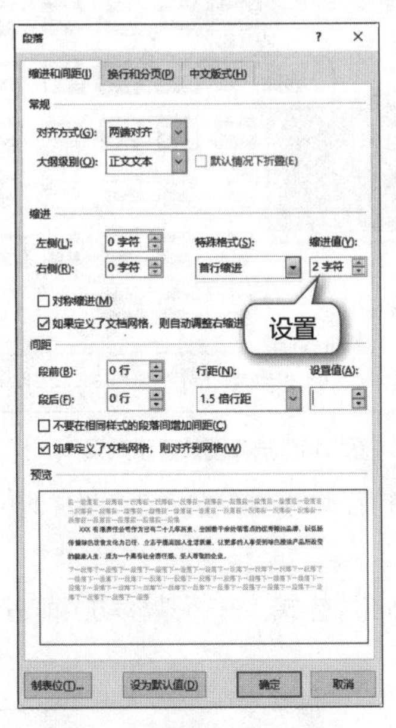

图2.9 设置首行缩进和行距

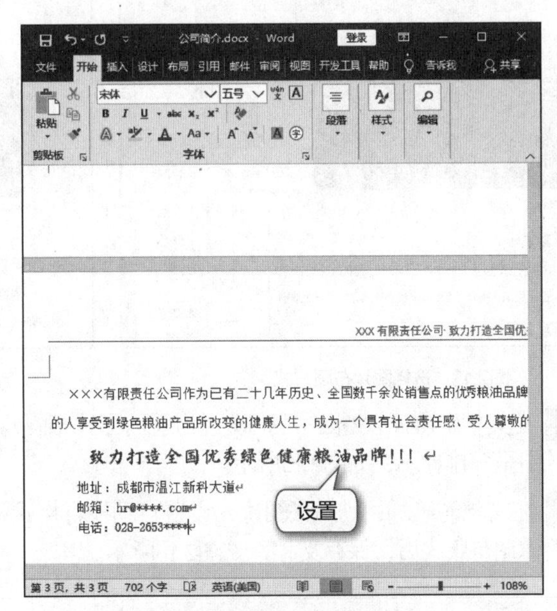

图2.10 设置文本格式

7 选择地址、邮箱、电话3行内容文本，在【开始】/【段落】组中单击“项目符号”按钮右侧的下拉按钮，在打开的下拉列表中选择项目符号，为选择的文本添加项目符号，并设置行距为1.5倍，颜色为蓝色，如图2.11所示。

8 将光标定位到“公司形象”标题文本的前一行中，在【插入】/【插图】组中单击“图片”按钮，打开“插入图片”对话框，选择要插入的图片，单击 插入(S) 按钮，并适当调整图片大小，如图2.12所示。

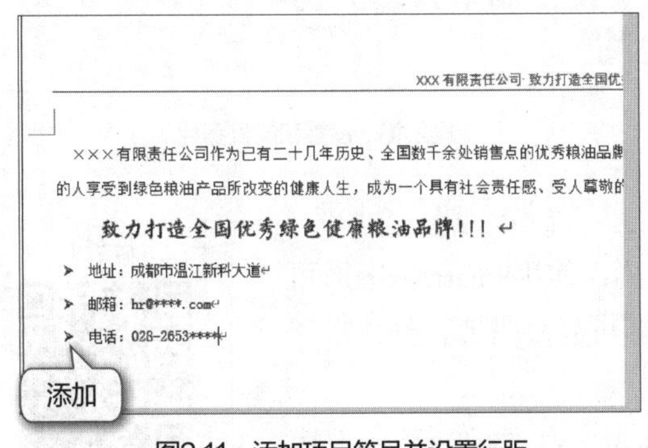

图2.11 添加项目符号并设置行距

图2.12 选择插入图片

9 选择图片，单击图片右上角出现的按钮，在打开的列表中选择“嵌入型”选项，设置图片的布局方式，如图2.13所示。

10 选择图片，在【图片工具-格式】/【图片样式】组中单击“快速样式”按钮，在打开的下拉列表中选择图片样式为“简单框架，白色”，如图2.14所示。

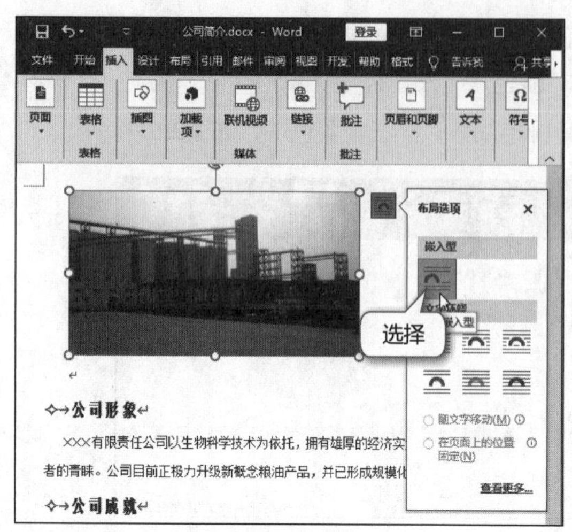

图2.13 选择图片布局方式

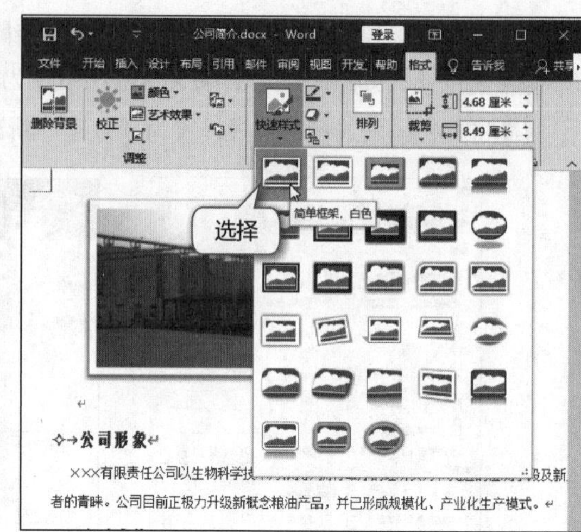

图2.14 选择图片显示效果

11 在文档中再插入2张图片，设置与前面图片相同的布局和图片样式，调整图片的位置，使其在文档中呈一排显示，如图2.15所示。

12 在文档的第2页添加3张图片，设置自动换行格式和图片样式，并将其移动至前3张图片的下方，整体调整版式后，保存文档，如图2.16所示。

图2.15 插入其他图片

图2.16 设置和调整图片

（三）添加组织结构图

公司组织结构图可以直观地反映公司的结构，使用SmartArt图形可以快速制作组织结构图，对图形进行适当编辑即可满足需要，具体操作如下。

1 新建“组织结构图.docx”文档，设置纸张宽度为“30厘米”，高度为“25厘米”，如图2.17所示。双击文档顶部，进入页眉和页脚的编辑状态，为文档制作页眉。

2 输入文档文本内容，并设置与“公司简介”相同的格式，再将标题字号设置为“二号”，如图2.18所示。

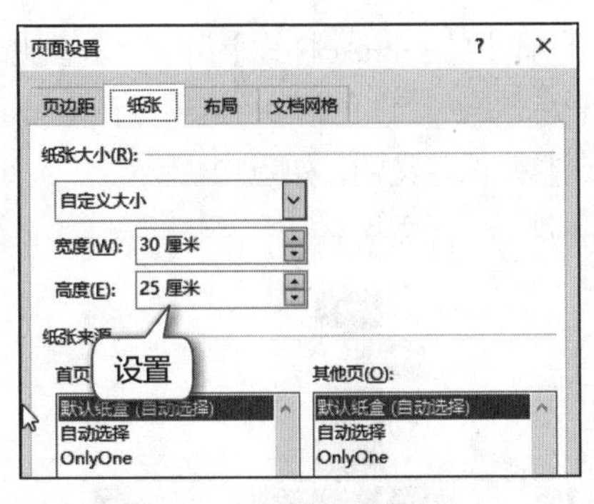

图2.17　设置页面纸张

图2.18　设置文本格式

3 在【插入】/【插图】组中单击“SmartArt”按钮，打开“选择SmartArt图形”对话框，在“层次结构”选项卡中选择“组织结构图”选项，单击确定按钮，如图2.19所示。

4 在组织结构图的形状中直接输入文本内容，如图2.20所示，选择多余形状，按【Delete】键将其删除。

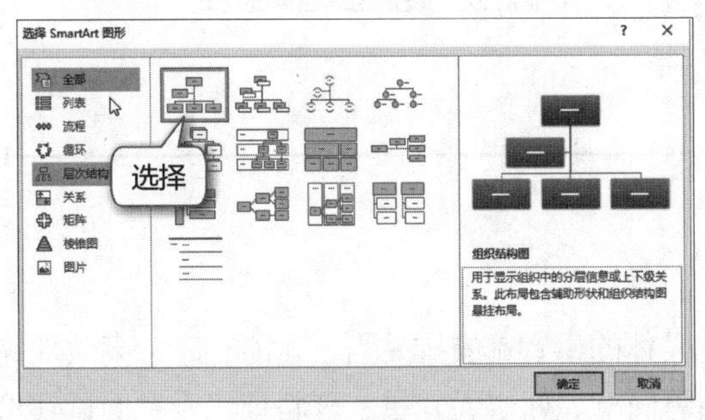

图2.19　选择图形

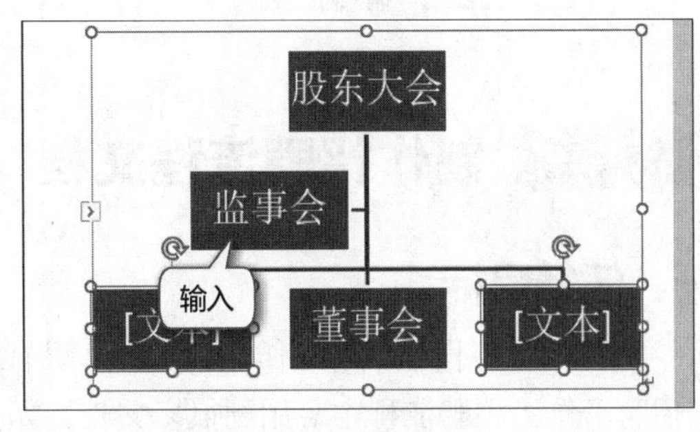

图2.20　输入文本

5 选择组织结构图中最下层的“董事会”形状，单击鼠标右键，在弹出的快捷菜单中选择“添加形状”命令，在弹出的子菜单中选择“在下方添加形状”命令，如图2.21所示，系统自动添加形状并呈选择状态。

6 连续执行两次“在下方添加形状”命令。选择中间的空白形状，执行“在后面添加形状”命令。继续执行“在下方添加形状”和“在后面添加形状”两种命令，制作组织结构图的主框架，如图2.22所示。

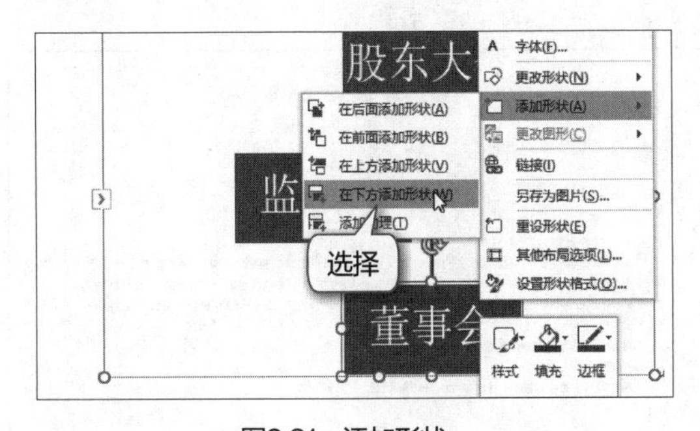

图2.21　添加形状

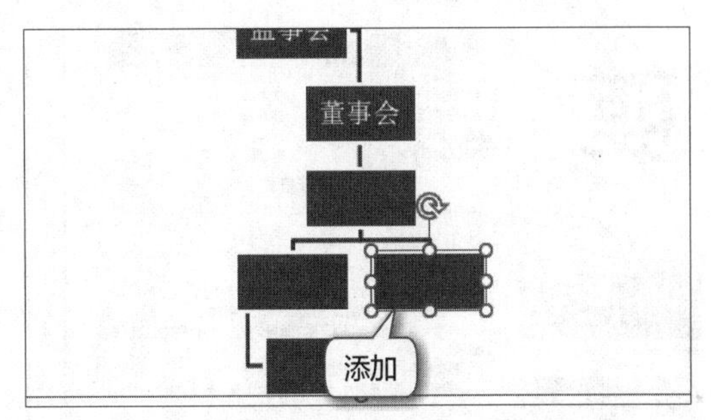

图2.22　继续添加形状

7 形状添加完成后，根据制作的草稿文档，在每个形状中添加部门名称，如图2.23所示。选择组织结构图，设置布局格式为“四周型环绕”，调整组织结构图在文档中的位置。

8 选择组织结构图中的所有形状，在【SmartArt工具-设计】/【SmartArt样式】组中单击“更改颜色”按钮，在打开的下拉列表中选择“彩色”栏中的“彩色范围-个性色2至3”选项，在【SmartArt样式】组中的列表框中选择“强烈效果”形状样式，适当调整并保存文档，如图2.24所示。

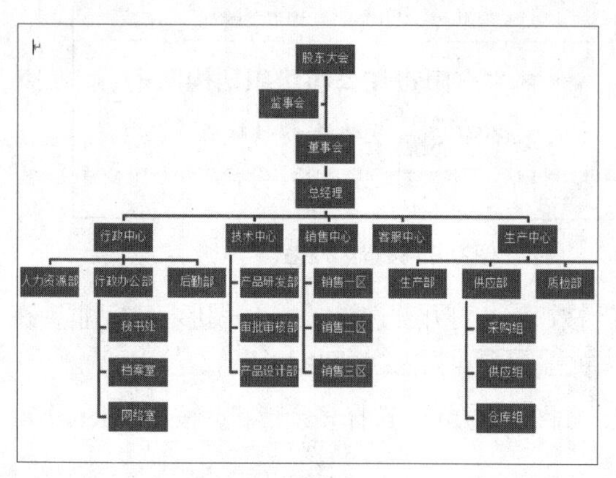

图2.23　输入部门名称

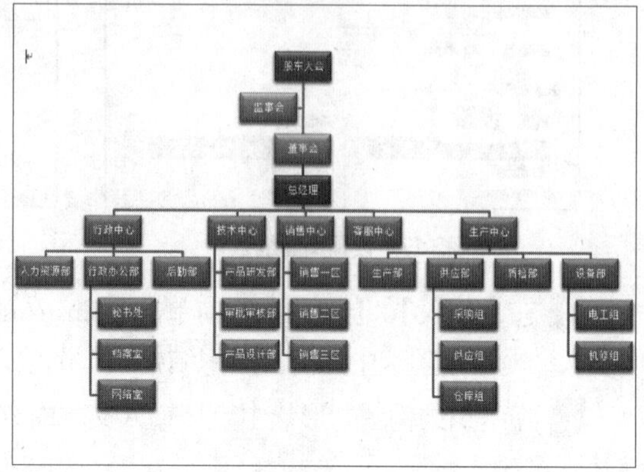

图2.24　设置组织结构图样式

任务二　制作招聘流程文档

一、任务目标

制订招聘流程是招聘工作的第一步，只有把具体的事宜都安排妥当，才能有序、高效地完成招聘工作。招聘流程中会用到很多文档，如招聘简章、面试通知单、应聘登记表、面试评价表等。图2.25所示为招聘流程中所需文档的参考效果。

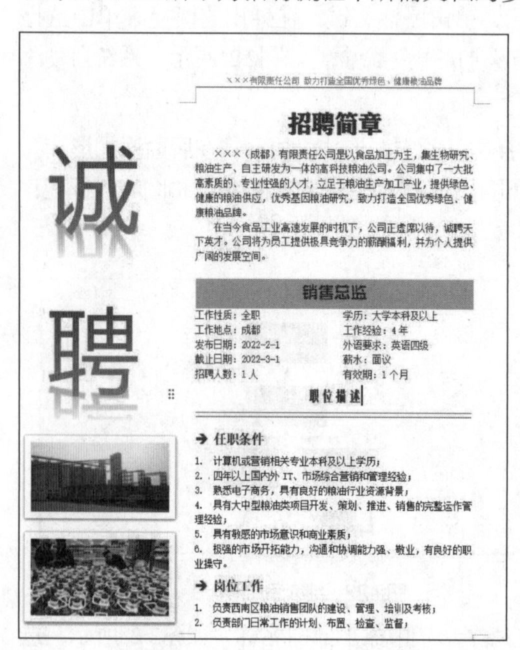

×××有限责任公司 致力打造全国优秀绿色、健康粮油品牌

诚聘

招聘简章

×××（成都）有限责任公司是以食品加工为主，集生物研究、粮油生产、自主研发为一体的高科技粮油公司。公司集中了一大批高素质的、专业性强的人才，立足于粮油生产加工产业，提供绿色、健康的粮油供应，优秀基因粮油研究，致力打造全国优秀绿色、健康粮油品牌。

在当今食品工业高速发展的时机下，公司正虚席以待，诚聘天下英才。公司将为员工提供极具竞争力的薪酬福利，并为个人提供广阔的发展空间。

销售总监

工作性质：全职	学历：大学本科及以上
工作地点：成都	工作经验：4年
发布日期：2022-2-1	外语要求：英语四级
截止日期：2022-3-1	薪水：面议
招聘人数：1人	有效期：1个月

职位描述

➔ 任职条件

1. 计算机或营销相关专业本科及以上学历；
2. 四年以上国内外IT、市场综合营销和管理经验；
3. 熟悉电子商务，具有良好的粮油行业资源背景；
4. 具有大中型粮油类项目开发、策划、推进、销售的完整运作管理经验；
5. 具有敏感的市场意识和商业素质；
6. 极强的市场开拓能力，沟通和协调能力强、敬业，有良好的职业操守。

➔ 岗位工作

1. 负责西南区粮油销售团队的建设、管理、培训及考核；
2. 负责部门日常工作的计划、布置、检查、监督；

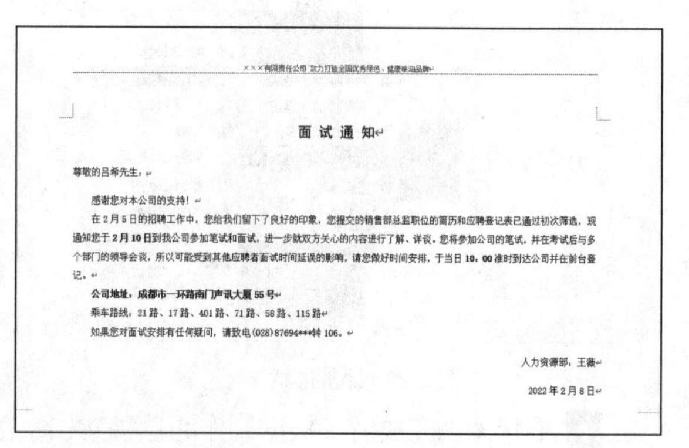

×××有限责任公司 致力打造全国优秀绿色、健康粮油品牌

面 试 通 知

尊敬的吕希先生：

感谢您对本公司的支持！

在2月5日的招聘工作中，您给我们留下了良好的印象，您提交的销售部总监职位的简历和应聘登记表已通过初次筛选，现通知您于**2月10日**到我公司参加笔试和面试，进一步就双方关心的内容进行了解、详谈。您将参加公司的笔试，并在考试后与多个部门的领导会谈，所以可能受到其他应聘者面试时间延误的影响，请您做好时间安排，于当日**10：00**准时到达公司并在前台登记。

公司地址：成都市一环路南门声讯大厦55号

乘车路线：21路、17路、401路、71路、58路、115路

如果您对面试安排有任何疑问，请致电(028)87694***转106。

人力资源部：王薇

2022年2月8日

图2.25　招聘流程中所需文档的参考效果

×××有限责任公司 致力打造全国优秀绿色、健康粮油品牌

应聘登记表

姓名		性别		出生日期			
政治面貌		民族		籍贯		婚姻状况	□未婚
				户口所在地			□已婚
国籍		应聘岗位				期望月薪	
联系方式	家庭电话：		手机：		E-mail：		
通信地址				紧急联络人及电话			
个人专长/爱好				座右铭			

×××有限责任公司 致力打造全国优秀绿色、健康粮油品牌

面试评价表

评价人姓名：　　　　面试时间：

姓名		性别		年龄		编号	
应聘职位		原单位					
评价方向	评价要素		评价等级				
			1（差）	2（较差）	3（一般）	4（较优）	5（优秀）
	1.仪容						
	2.表达能力						
	3.亲和力和感染力						
	4.诚实度						

图2.25　招聘流程中所需文档的参考效果（续）

下载资源

素材文件：项目二\1.jpg、3.jpg

效果文件：项目二\招聘简章.docx、应聘登记表.docx、面试通知单.docx、面试评价表.docx

二、任务实施

（一）创建和美化文档

扫一扫

创建和美化文档

招聘简章必须包含公司信息，让应聘者对公司有大致的了解；面试通知单主要用于通知应聘者；笔试试卷是测试应聘者能力的文档。招聘简章和笔试试卷的制作可以参考之前公司简介文档的制作，具体操作如下。

1 新建“招聘简章.docx”文档，打开“页面设置”对话框，在“页边距”栏中将左边距设置为“7厘米”，如图2.26所示。

2 单击“纸张”选项卡，设置纸张宽度为“21厘米”，高度为“25厘米”，如图2.27所示，单击 确定 按钮确认设置。

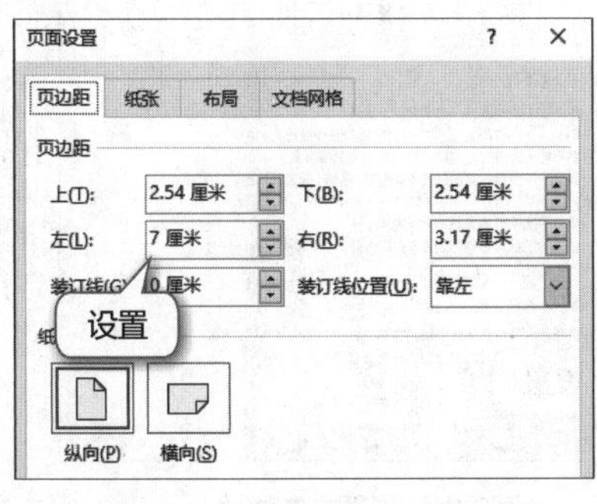

图2.26　设置文档页边距

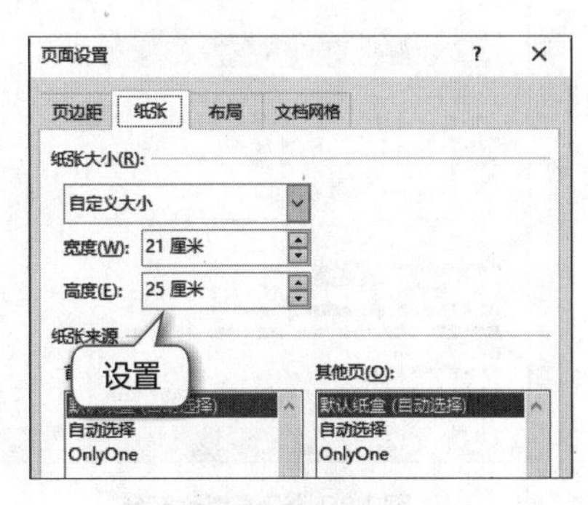

图2.27　设置纸张大小

3 输入招聘简章的具体内容，包括招聘职位、任职条件和岗位工作内容等，可适当增加公司简介和职位需求等内容。设置标题的字符格式为“方正粗黑宋简体、一号、加粗”，标题居中显示；添加页眉文本，设置底纹颜色为“蓝色，个性色1，深色25%”，如图2.28所示。

4 设置第1段和第2段的段落格式为“首行缩进2字符”，为“销售总监”“销售人员”文本应

用字符格式“方正水柱简体、小二、加粗”，并居中显示。选择“销售总监”“销售人员”文本（注意文本后的段落标记要一起选择），单击“边框”按钮右侧的下拉按钮，在打开的下拉列表中选择“边框和底纹”选项，在打开的“边框和底纹”对话框的“底纹”选项卡中设置底纹颜色，如图2.29所示。

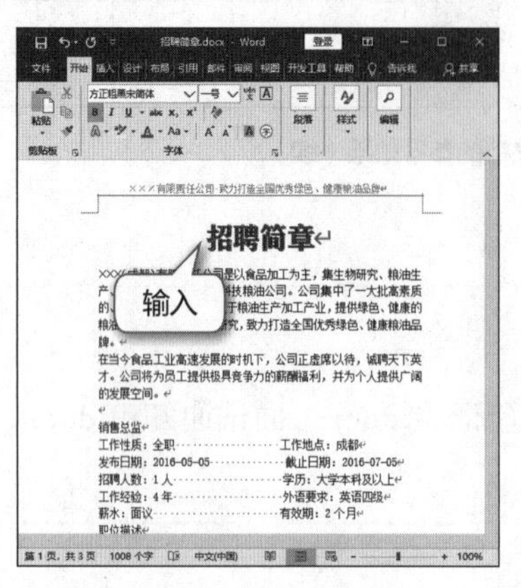

图2.28　输入并设置文本格

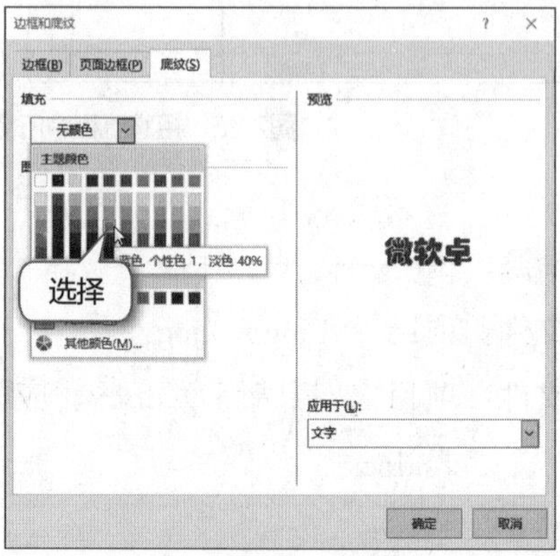

图2.29　设置文本底纹颜色

5 选择“销售总监”“销售人员”下的职位要求文本，在【布局】/【页面设置】组中单击“栏”按钮，在打开的下拉列表中选择“两栏”选项。将“职位描述”文本字符格式设置为“方正姚体、小三、加粗”，并居中显示。插入“直线”形状，复制“直线”形状，并调整为双横线样式，设置颜色为“蓝色，个性色1，深色25%”，如图2.30所示。

6 将“任职条件”和“岗位工作”文本字符格式设置为“四号、加粗”，添加右箭头项目符号，并设置为与其他标题相同的颜色。为其下的内容应用编号格式，如图2.31所示。

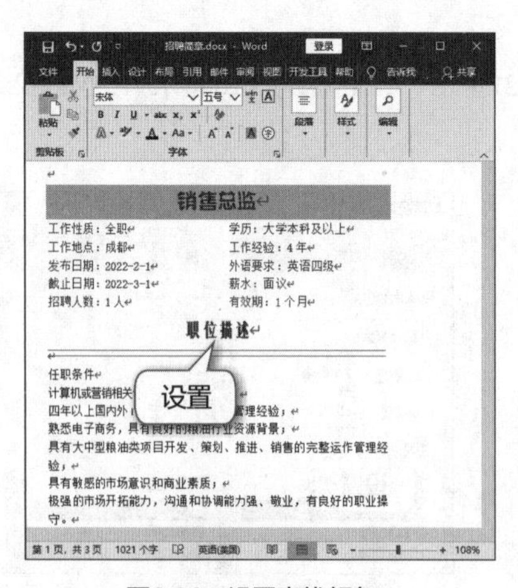

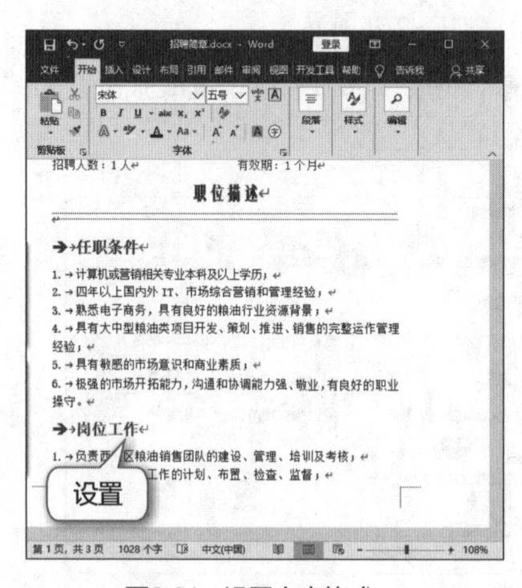

图2.30　设置直线颜色

图2.31　设置文本格式

7 设置后面文本的字符格式，使用相同的方法设置“应聘方式”栏中的文本。为所有正文内容设置颜色为“蓝色，个性色1，深色25%”，如图2.32所示。

8 在文档首页左侧空白处插入艺术字“诚聘”，设置字符格式为“方正显仁简体、100”，并使其居中显示。选择艺术字，单击“艺术字样式”按钮，在打开的下拉列表中选择所需样式，为艺术字快速应用样式“渐变填充：水绿色，主题色5；映像”，如图2.33所示。

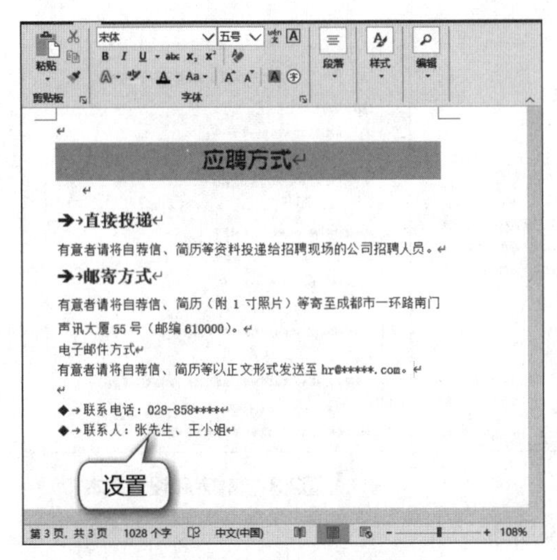

图2.32 设置文本格式

图2.33 插入艺术字并设置格式

9 在艺术字下方插入图片，设置布局方式为“紧密型环绕”，图片样式为“简单框架，白色”，并调整图片所在位置。复制艺术字和图片到文档的后面几页，适当调整位置，使其与首页相同，如图2.34所示。

10 新建“面试通知单.docx”文档。设置上页边距为“4厘米”，下页边距为“2.5厘米”，左、右页边距为“3厘米”，页面方向为“横向”，并设置页眉文本，如图2.35所示。

图2.34 插入并设置图片

图2.35 设置文档页面和页眉

11 输入文档标题，设置字符格式为“黑体、小二”，并居中显示。输入称谓，换行输入通知的正文、落款和日期，设置除标题外所有文本的字号为“小四”，设置正文的段落格式为“首行缩进2字符”，行距为“1.5倍行距”，落款和日期“右对齐”。设置公司地址、应聘日期和时间等重要信息文本为加粗显示，如图2.36所示。

12 新建“笔试试卷.docx”文档，添加页眉。输入试卷的标题和内容，设置标题的字符格式为“黑体、三号”，并居中显示；设置内容的字符格式为“宋体、11.5”，如图2.37所示。

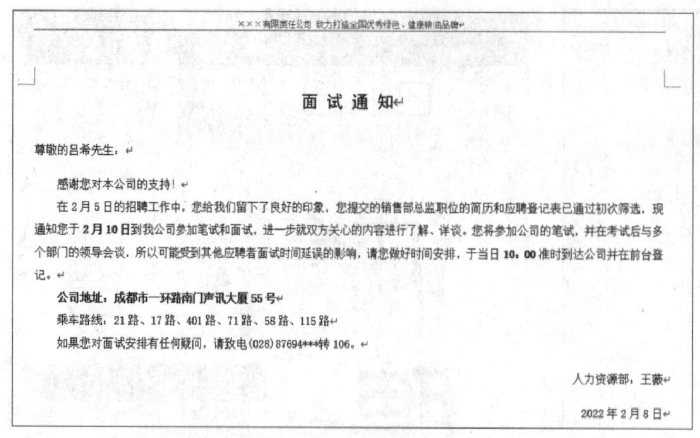

×××有限责任公司·致力打造全国优秀绿色、健康精品品牌

面 试 通 知

尊敬的吕希先生：

感谢您对本公司的支持！

在2月5日的招聘工作中，您给我们留下了良好的印象，您提交的销售部总监职位的简历和应聘登记表已通过初次筛选，现通知您于**2月10日**到我公司参加笔试和面试，进一步就双方关心的内容进行了解、详谈。您将参加公司的笔试，并在考试后与多个部门的领导会谈，所以可能受到其他应聘者面试时间延误的影响，请您做好时间安排，于当日**10：00**准时到达公司并在前台登记。

公司地址：成都市一环路南门声讯大厦55号

乘车路线：21路、17路、401路、71路、58路、115路

如果您对面试安排有任何疑问，请致电(028)87694***转106。

人力资源部：王薇

2022年2月8日

图2.36 输入和设置文本内容

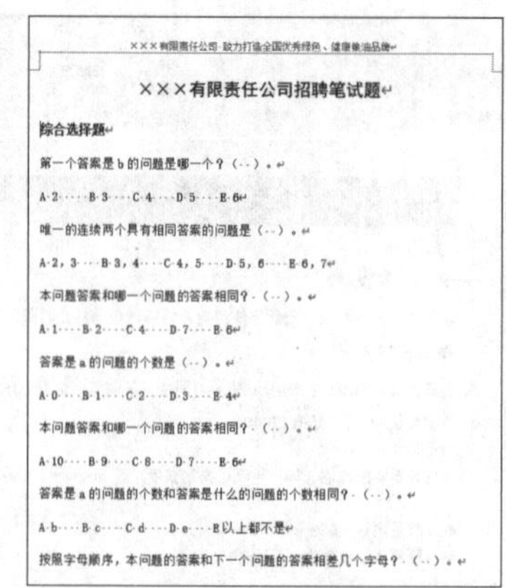

×××有限责任公司·致力打造全国优秀绿色、健康精品品牌

×××有限责任公司招聘笔试题

综合选择题

第一个答案是b的问题是哪一个？（ ）。

A 2 B 3 C 4 D 5 E 6

唯一的连续两个具有相同答案的问题是（ ）。

A 2，3 B 3，4 C 4，5 D 5，6 E 6，7

本问题答案和哪一个问题的答案相同？（ ）。

A 1 B 2 C 4 D 7 E 6

答案是a的问题的个数是（ ）。

A 0 B 1 C 2 D 3 E 4

本问题答案和哪一个问题的答案相同？（ ）。

A 10 B 9 C 8 D 7 E 6

答案是a的问题的个数和答案是什么的问题的个数相同？（ ）。

A b B c C d D e E以上都不是

按照字母顺序，本问题的答案和下一个问题的答案相差几个字母？（ ）。

图2.37 输入和设置文本

13 为大标题添加“一、”编号格式，如图2.38所示。

14 为正文中的所有题目添加“1.”编号格式，如图2.39所示，注意不同题目类型需重新编号（在编号文本上单击鼠标右键，在弹出的快捷菜单中选择“设置编号值”命令即可重新编号）。

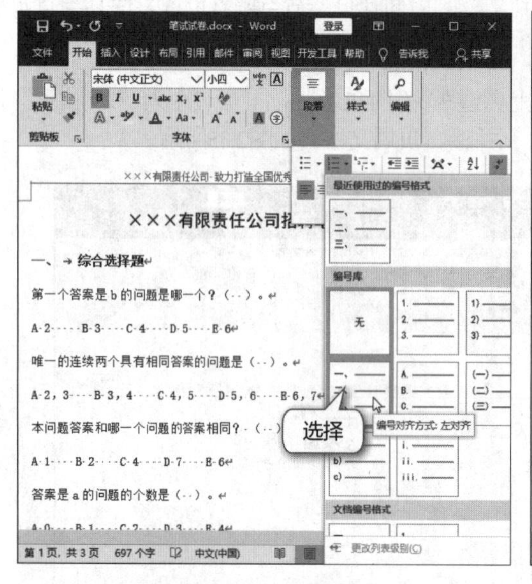

图2.38 为大标题设置编号

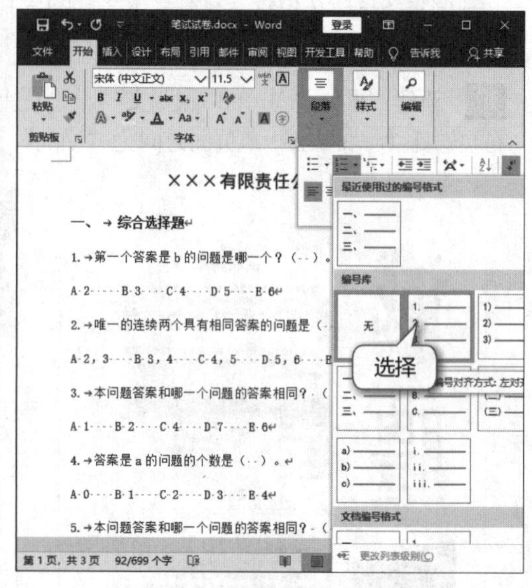

图2.39 为题目文本设置编号

（二）创建表格文档

应聘登记表用于应聘者填写相关信息，面试评价表用于公司对应聘者进行综合评定。根据公司要求的不同，可为这两个文档添加不同的内容，具体操作如下。

1 新建“应聘登记表.docx”文档。设置上、下页边距为“2厘米”，左、右页边距为“1.5厘米”；添加页眉；在文档中输入标题，设置字符格式为“方正中倩简体、小二、加粗”，并居中显示，效果如图2.40所示。

2 按【Enter】键换行，在文档中插入一个18行8列的表格，然后在【表格工具-布局】/【绘图】组中单击“绘制表格”按钮，在表格中绘制直线，添加单元格，如图2.41所示。

图2.40　输入并设置文档标题文本

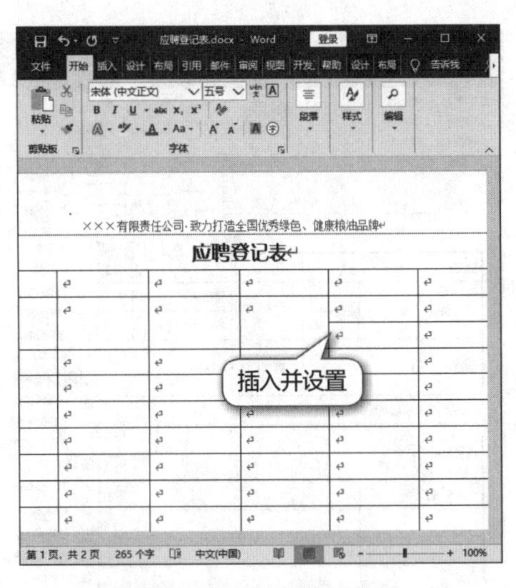

图2.41　插入并设置表格

3 输入表格内容，选择联系方式栏后的单元格，单击鼠标右键，在弹出的快捷菜单中选择“合并单元格”命令。继续输入表格内容，对需要合并的单元格执行“合并单元格”命令即可，如图2.42所示。

4 通过绘制表格和合并单元格的方法完善应聘登记表，并输入表格主要内容。表格第1页制作完成后，制作表格第2页，第2页应包括工作履历和承诺书两部分内容，如图2.43所示。

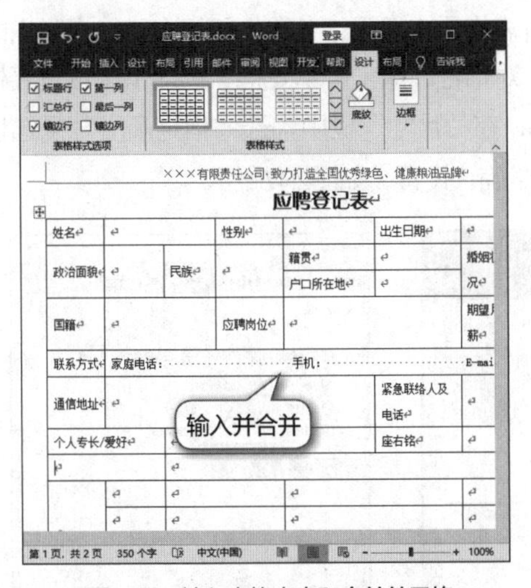

图2.42　输入表格内容和合并单元格

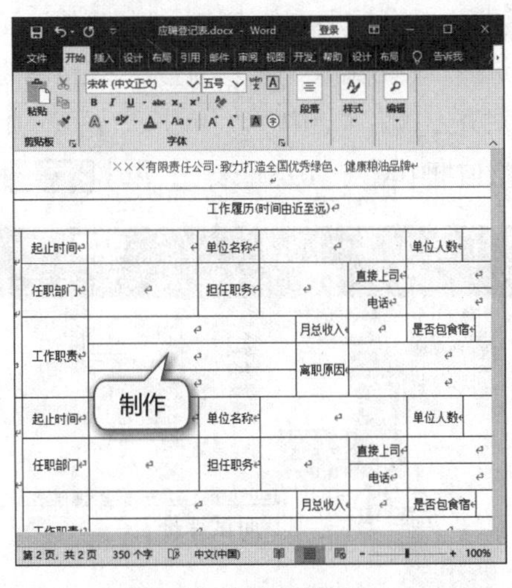

图2.43　制作表格第2页

5 选择第1页中的表格，设置框线为“1.5磅”，为其添加“外侧框线”，如图2.44所示。为第2页中的表格设置一样的外侧框线，分别在“单位1”“单位2”“单位3”中选择所有单元格，为其添加“下框线”。选择首行的“工作履历”单元格，为其添加底纹“白色，背景1，深色15%”。

6 设置表格内容文本的字号为“五号”，将第2页中的“工作履历”和“承诺书”文本字符格式设置为“四号、加粗”，并居中显示。选择表格，单击鼠标右键，在弹出的快捷菜单中选择“表格属性”命令，打开“表格属性”对话框，在“单元格”选项卡中的“垂直对齐方式”栏中选择“居中”选项，如图2.45所示，单击 确定 按钮确认操作，保存文档。

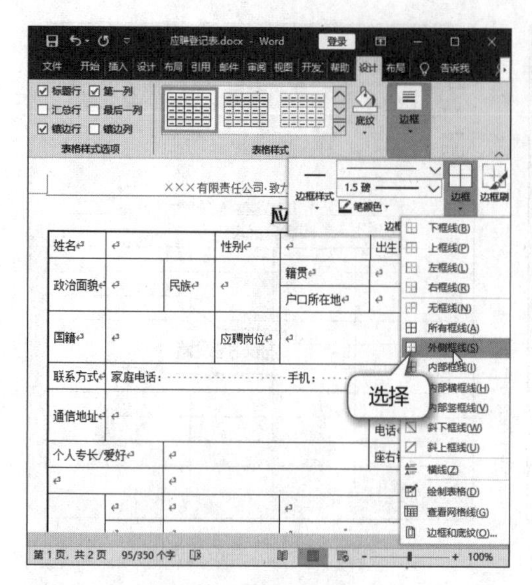

图2.44 设置表格边框

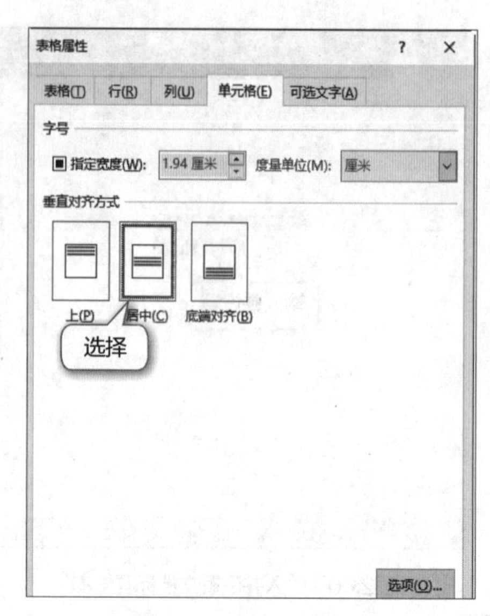

图2.45 设置对齐方式

7 新建“面试评价表.docx”文档，设置左、右页边距为“3厘米”，并添加页眉。输入表格标题，设置字符格式为“方正小标宋简体、小二”，居中显示。输入“评价人姓名：”文本，换行继续输入“面试时间：”文本，设置字符格式为“汉仪细圆简、五号”，选择“评价人姓名：”和“面试时间：”两行文本，设置分栏为“两栏”，如图2.46所示。

8 插入一个29行8列的表格。选择表格，设置表格居中显示，并单击鼠标右键，在弹出的快捷菜单中选择“表格属性”命令，打开“表格属性”对话框，单击“单元格”选项卡，设置表格内容的垂直对齐方式为“居中”。单击“行”选项卡，在“尺寸”栏中勾选“指定高度”复选框，在其后的数值框中输入“0.65厘米”，单击 确定 按钮确认设置，如图2.47所示。

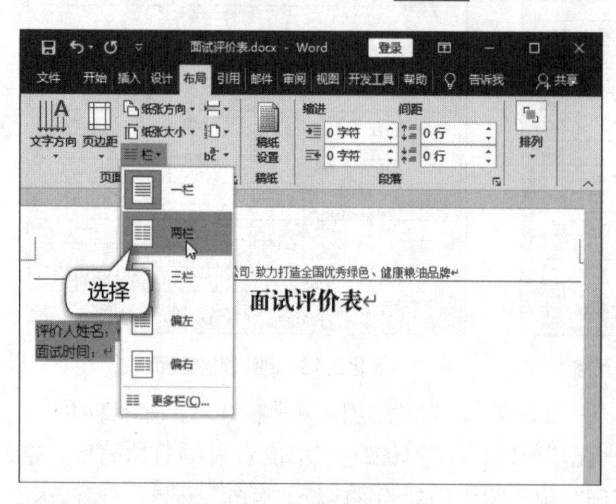

图2.46 设置文档分栏

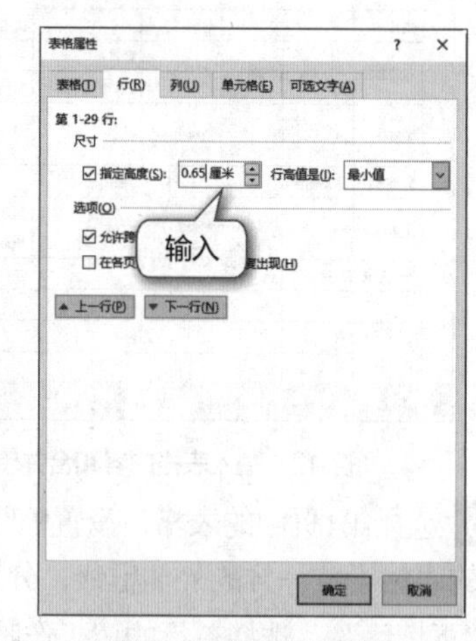

图2.47 设置表格属性

9 合并第2行的后5个单元格。在第3行的后5个单元格中绘制一条线，从表格第3行开始，合并第2列和第3列，输入表格内容，如图2.48所示，然后再使用同样的方法合并其他单元格。

10 将表格中的评价方向、评价要素、评价等级、人才优势评估和人才劣势评估等文本的字符格式设置为“汉仪细圆简、五号、加粗”，并居中显示，如图2.49所示。

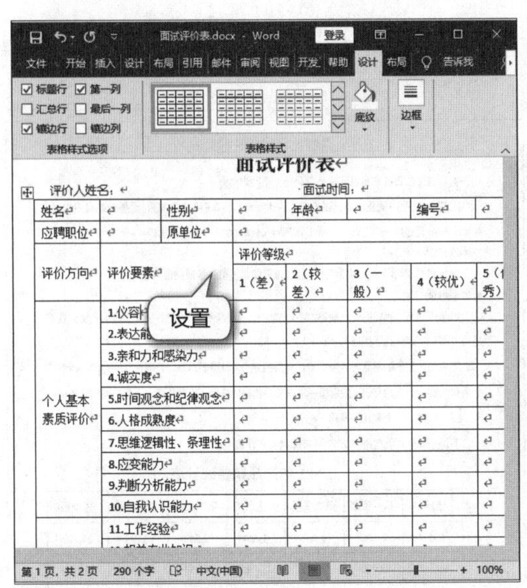

图2.48　设置单元格并输入表格内容

图2.49　设置表格文本的字符格式

11 将鼠标指针移至“2（较差）”与“3（一般）”之间的分割线上，当鼠标数值变成╫形状时，向右拖曳鼠标，使“2（较差）”文本呈一行显示，然后使用同样的方法调整其他单元格的列宽。

12 选择整个表格，设置边框线为“1.5磅”，为表格添加“外侧框线”。选择表格的表头部分，打开“边框和底纹”对话框，在“底纹”选项卡中设置填充颜色为“白色，背景1，深色15%”，效果如图2.50所示。

图2.50　设置表格边框和底纹

任务三 制作工作计划

一、任务目标

工作计划是指为完成某一时间段内的工作任务而事先对工作实施过程做出简要部署的事务

文书。工作计划具有目的性、针对性、预见性、可行性和指导性等，在日常工作中较为常用。图2.51所示为工作计划文档的参考效果。

关于2022年销售工作计划

（草稿）

随着西北区市场逐渐发展成熟，竞争日益激烈，机遇与考验并存。2022年，销售工作仍将是我公司的工作重点，面对先期投入，正视现有市场，着眼公司当前，兼顾未来发展。在销售工作中仍要坚持做到：突出重点维护现有市场，把握时机开发潜在客户，注重销售细节，强化优质服务，稳固和提高市场占有率，积极争取圆满完成销售任务。

一、 销量指标

截至2021年12月31日，西北区销售任务45 560万元，销售目标45 700万元。2022年计划销售目标52 300万元。

二、 计划拟订

◆ 年初拟订《年度销售总体计划》

◆ 年终拟订《年度销售总结》

◆ 月初拟订《月销售计划表》和《月访客户计划表》

◆ 月末拟订《月销售统计表》和《月访客户统计表》。

三、 客户分类

根据2022年度销售额度，对市场进行细分，将现有客户分为VIP客户、一级客户、二级客户和其他客户四大类，并对各级客户进行全面分析。

四、 实施措施

1. 技术交流

本年度针对VIP客户的技术部、售后服务部开展一次技术交流研讨会。

参加相关行业展会两次，其中展会期间安排一场大型联谊座谈会。

2. 客户回访

目前在国内市场上流通的相似品牌有七八种之多，与我司品牌相当的有三四种，技术方面不相上下，竞争愈来愈激烈，已构成市场威胁。为稳固和拓展市场，务必加强与客户的交流，协调与客户、直接用户之间的关系。

为与客户加强信息交流，增近感情，对VIP客户每月拜访一次；对一级客户每两个月拜

尼特斯尔公司　2022年工作计划

访一次；对于二级客户根据实际情况另行安排拜访时间。

把握形势变化，销售工作已不仅仅是销货到我们的客户方即为结束，还要帮助客户出货，帮助客户做直接用户的工作，这项工作将列入我司2022年的工作重点。

3. 网络检索

充分利用我司网站及网络资源，通过信息检索发现和掌握销售信息。

4. 售后协调

目前情况下，我司仍然以贸易为主，“卖产品不如卖服务”，在下一步工作中，我们要增强责任感，不断强化优质服务。

用户使用我们的产品如同享受我们提供的服务，从稳固市场、长远合作的角度，我们务必强化为客户负责的意识，把握每一次与用户接触的机会，提供热情、详细、周到的售后服务，给公司增加一个制胜的筹码。

下面是我司西北区市场2021年产品销售统计表。

2021年产品销售统计表

型号	第一季度	第二季度	第三季度	第四季度	平均销量	总销量
001-2	2,500	2,680	3,460	2,540	2,795	11,180
002-45	2,450	2,580	2,478	2,359	2,466.75	9,867
0026	2,789	2,790	2,800	2,690	2,219	11,095
0145	2,489	2,640	2,870	2,456	2,120	10,600
00-457	2,650	3,010	2,900	2,840	2,850	11,400
00-23	2,480	2,564	2,389	2,487	2,480	9,920
01-785	2,479	2,580	2,486	2,654	2,549.75	10,199
00330	2,589	2,470	2,890	2,398	2,135.4	10,677
00124	2,879	2,800	2,090	2,405	2,059.6	10,298
0012-456	2,690	2,500	2,457	2,078	2,431.25	9,725
合计	25,995	26,614	26,820	24,907	26,084	104,336

图2.51　工作计划文档的参考效果

下载资源

素材文件：项目二\工作计划.docx

效果文件：项目二\工作计划.docx

二、任务实施

（一）设置文档格式

打开素材文档（实际工作中需要自行编写计划的内容），发现整篇文档没有设置格式，不便于阅读，下面先设置文档格式，具体操作如下。

1 打开“工作计划.docx”素材文档，设置文档标题的字符格式为“黑体、小二、居中对齐”，如图2.52所示。设置落款文本的格式为“右对齐”。

2 选择文档正文中的“销量指标”“计划拟订”“客户分类”“实施措施”几个大标题，在【样式】组中为其应用“标题2”样式，设置为二级标题。使用同样的方法为二级标题下的“技术交流”“客户回访”等三级标题文本应用“要点”样式，如图2.53所示。

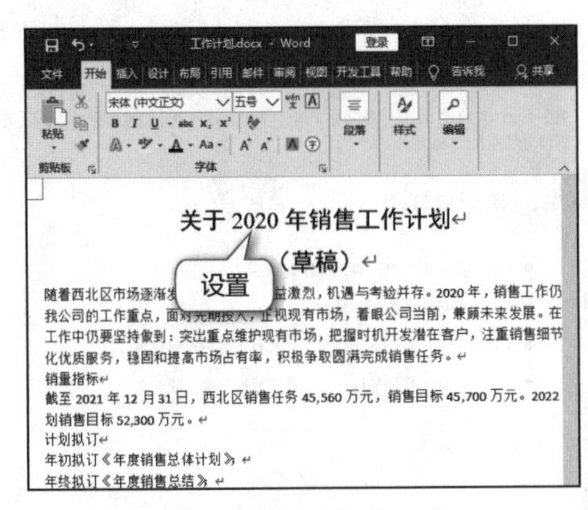

图2.52 设置文档文本

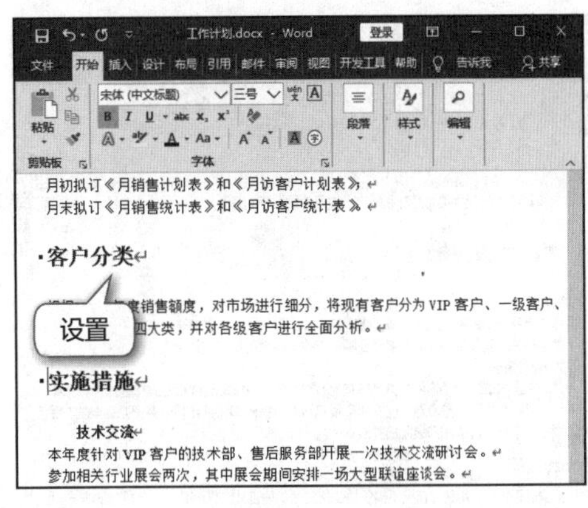

图2.53 设置文档三级标题文本

3 选择二级标题所在的段落，单击【段落】组中“编号”按钮右侧的下拉按钮，在打开的下拉列表中选择“一、”编号格式，如图2.54所示。

4 选择二级标题前的任意编号，单击鼠标右键，在弹出的快捷菜单中选择“调整列表缩进”命令，在打开的“调整列表缩进量”对话框中的“编号之后”下拉列表中选择“空格”选项，单击确定按钮，如图2.55所示。

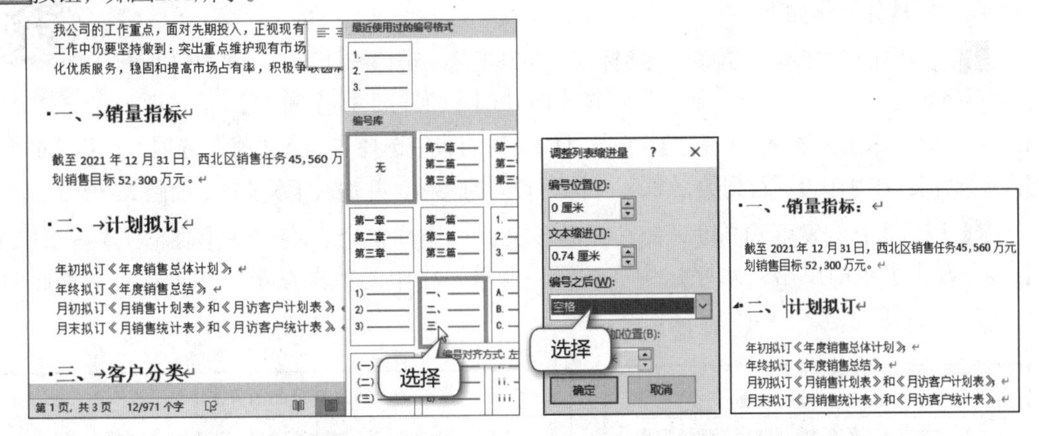

图2.54 设置段落编号

图2.55 调整列表缩进量

5 使用相同的方法为“要点”样式文本设置“1.”编号格式，同时调整列表缩进量，如图2.56所示。

6 选择正文，设置特殊格式为“首行缩进”，缩进值为“2字符”，行和段落间距为“1.5倍”。为“计划拟订”和“技术交流”文本下的段落设置项目符号，如图2.57所示，设置整个文档的英文字体为“Times New Roman”。

提示：取消Word 2016自动编号功能的方法为选择【文件】/【选项】命令，在打开的对话框左侧单击“校对”选项卡，单击自动更正选项(A)...按钮，在打开的对话框中单击“键入时自动套用格式”选项卡，在“键入时自动应用”栏中取消勾选“自动编号列表”复选框。

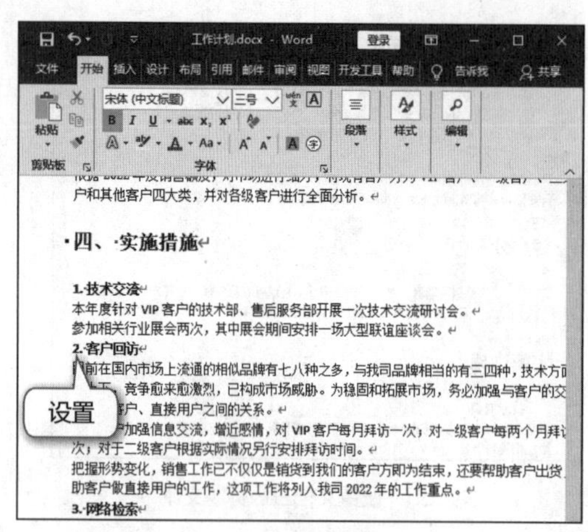

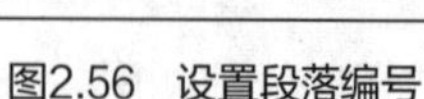

图2.56　设置段落编号

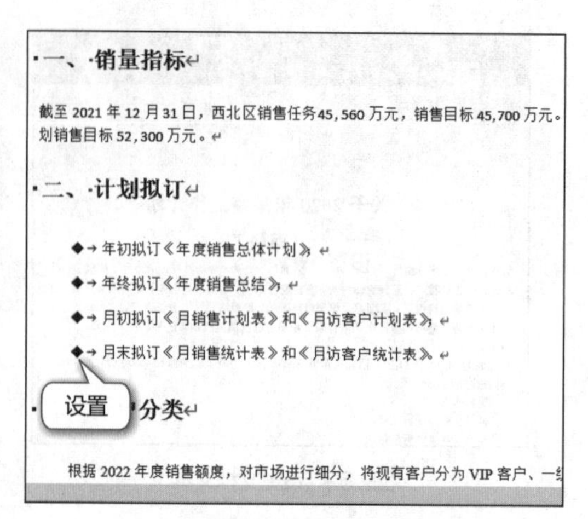

图2.57　设置项目符号

（二）创建表格

有时还需要统计公司上一年的销售额，以便明确下一年的销售目标。销售统计表用于记录和统计公司的产品在某一段时间内的销售情况，制作的具体操作如下。

1 在文档落款文本上方输入表格标题“2021年产品销售统计表”，设置字符格式为“黑体、小三、居中”。按【Enter】键换行，在【插入】/【表格】组中单击“表格”按钮，在打开的下拉列表中选择“插入表格”选项，打开“插入表格”对话框，在其中设置行列数，插入一个12行7列的表格，并输入相关文本，如图2.58所示。

2 调整表格的宽度和高度，使其充满该页面。选择整个表格，在【表格工具-布局】/【对齐方式】组中单击“水平居中”按钮，使单元格中的数据在水平和垂直方向都居中对齐，如图2.59所示。

下面是我司西北区市场2021年产品销售统计表。

2021年产品销售统计表

型号	第一季度	第二季度	第三季度	第四季度	平均销量	总销量
001-2	2,500	2,680	3,460	2,540		
002-45	2,450	2,580	2,478	2,359		
0026	2,789	2,790	2,800	2,690		
0145	2,489	2,640	2,870	2,456		
00-457	2,650	3,010	2,900	2,840		
00-23	2,480	2,564	2,389	2,487		
01-785	2,479	2,580	2,486	2,654		
00330	[illegible]	[illegible]	2,890	2,398		
00124	[illegible]	[illegible]	2,090	2,405		
0012-456	2,690	2,500	2,457	2,078		
合计	25,995	26,614	26,820	24,907		

插入

图2.58　输入文本和插入表格

2021年产品销售统计表

型号	第一季度	第二季度	第三季度	第四季度	平均销量	总销量
001-2	2,500	2,680	3,460	2,540		
002-45	2,450	2,580	2,478	2,359		
0026	2,789	2,790	2,800	2,690		
0145	2,489	2,640	2,870	2,456		
00-457	2,650	3,010	2,900	2,840		
00-23	2,480	[illegible]	[illegible]	2,487		
01-785	2,479	2,580	2,486	2,654		
00330	2,589	2,470	2,890	2,398		

设置

图2.59　设置表格宽度、高度、对齐方式

3 将光标定位到需要求和的单元格中。单击【表格工具-布局】/【数据】组中的 fx公式 按钮，打开“公式”对话框。系统在“公式”文本框中默认显示求和函数，直接单击 确定 按钮即可完成求和操作，如图2.60所示。

4 选择已求和的单元格，按【Ctrl+C】组合键复制结果，再选择其他需求和的单元格，按【Ctrl+V】组合键粘贴。取消单元格的选择，分别选择粘贴的各个求和结果并单击鼠标右键，在弹出的快捷菜单中选择“更新域”命令，重新进行求和计算并显示结果。使用相同的方法对其他单元格进行求和操作，如图2.61所示。

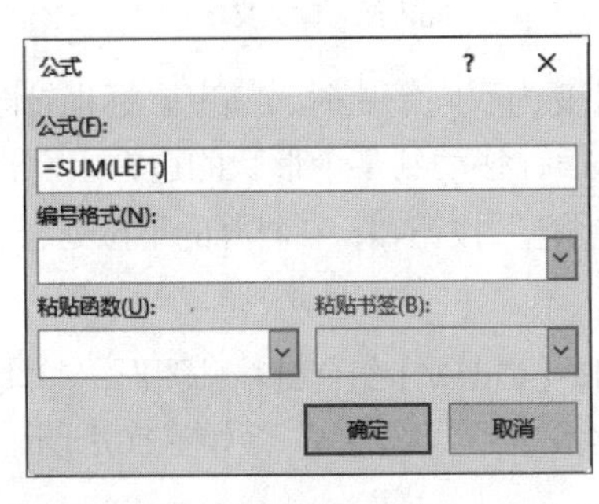

图2.60 设置公式

型号	第一季度	第二季度	第三季度	第四季度	平均销量	总销量
001-2	2,500	2,680	3,460	2,540		11,180
002-45	2,450	2,580	2,478	2,359		9,867
0026	2,789	2,790	2,800	2,690		11,095
0145	2,489	2,640	2,870	2,456		10,600
00-457	2,650	3,010	2,900	2,840		11,400
00-23	2,480	2,564	2,389	2,487		9,920
01-785	2,479	2,580	2,486	2,654		10,199
00330	2,589	2,470	2,890	2,398		10,677
00124	2,879	2,800	2,090	2,405		10,298
0012-456	2,690	2,500	2,457	2,078		9,725
合计	25,995	26,614	26,820	24,907		104,336

图2.61 计算表格数据

5 将光标定位到要求平均值的单元格中，打开“公式”对话框，将“公式”文本框中的默认公式删除，在“粘贴函数”下拉列表中选择“AVERAGE”选项。在“AVERAGE”函数的括号中输入参数“LEFT”，如图2.62所示，表示对4个季度的销量数据求平均值，单击确定按钮。

6 使用相同的方法计算其他单元格的平均值，如图2.63所示。

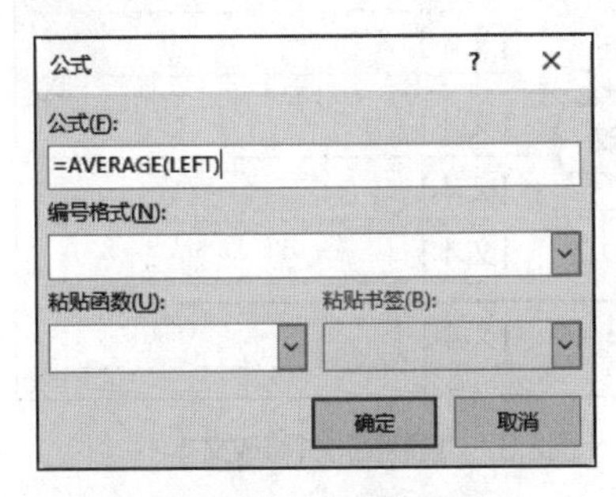

图2.62 输入函数参数

型号	第一季度	第二季度	第三季度	第四季度	平均销量	总销量
001-2	2,500	2,680	3,460	2,540	2,795	11,180
002-45	2,450	2,580	2,478	2,359	2,466.75	9,867
0026	2,789	2,790	2,800	2,690	2,219	11,095
0145	2,489	2,640	2,870	2,456	2,120	10,600
00-457	2,650	3,010	2,900	2,840	2,850	11,400
00-23	2,480	2,564	2,389	2,487	2,480	9,920

图2.63 计算平均值

（三）添加SmartArt图形

为了便于对工作计划进行补充说明，常常需要提供一个备注区。下面利用SmartArt图形快速制作备注区，具体操作如下。

扫一扫

添加SmartArt图形

1 在【插入】/【插图】组中单击“SmartArt”按钮，打开“选择SmartArt图形”对话框，在左侧单击“列表”选项卡。在中间的列表框中选择需要插入的图形，如图2.64所示。单击确定按钮关闭对话框。

2 单击图形左侧的按钮，打开“在此处键入文字”窗格，在其中输入文本，文档中的列表图会同步显示相同的内容，如图2.65所示。输入完成后单击×按钮关闭窗格。

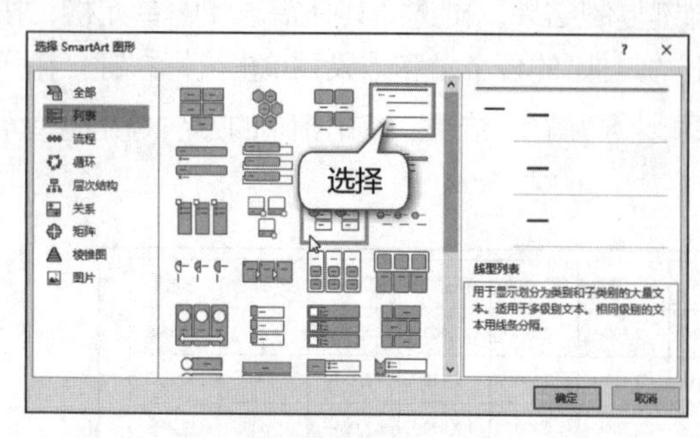

图2.64　选择插入的图形类型

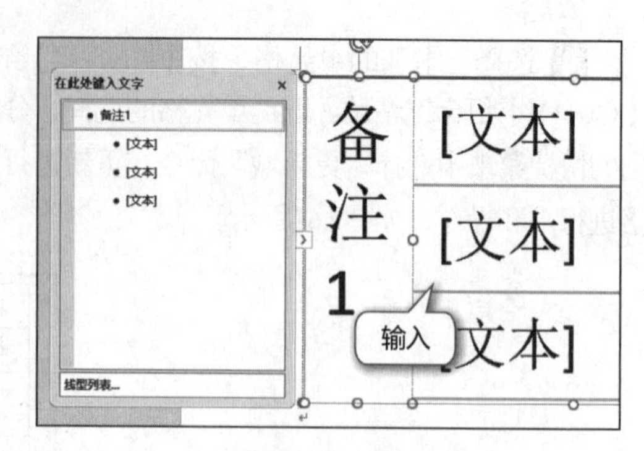

图2.65　输入文本

3 将鼠标指针移至图形周围的边框处，当鼠标指针变为双向箭头时，拖曳鼠标指针改变图形的大小，并设置图形中文本的字号为“24”。将鼠标指针移动到某个形状的边框上双击，在【SmartArt工具–设计】/【SmartArt样式】组中单击“更改颜色”按钮，在打开的下拉列表中选择需要的颜色，如图2.66所示。

4 选择整个图形，按【Ctrl+C】组合键复制图形，再按【Ctrl+V】组合键粘贴图形，一共粘贴3次，在粘贴的图形中将左侧的文本分别修改为“备注2”“备注3”“备注4”，如图2.67所示。

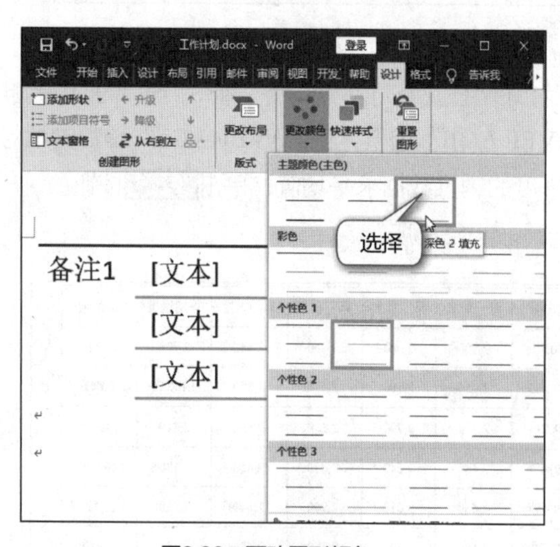

图2.66　更改图形颜色

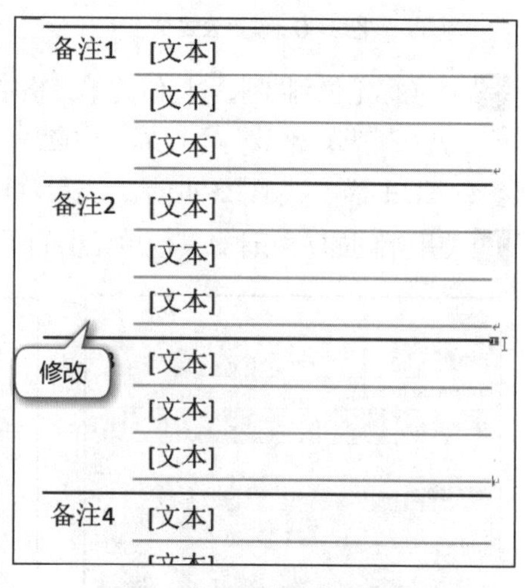

图2.67　复制图形并修改文本

（四）设置页面版式

本例制作的工作计划文档不止一页，为了便于查看，可以为文档设置页眉和页脚，具体操作如下。

扫一扫
设置页面版式

1 进入页眉的编辑状态，在页眉处输入相关的文本，并设置其字符格式为“宋体、小五”（注意整个文档的英文字体都为“Times New Roman”）。在【插入】/【页眉和页脚】组中单击“页码”按钮，在打开的下拉列表中选择“页面底端”选项，在打开的子列表中选择“加粗显示的数字3”选项，并在其后输入日期文本，字号都设置为“小五”，如图2.68所示。

2 在【布局】/【页面设置】组中单击“对话框启动器”按钮，打开“页面设置”对话框，单击“布局”选项卡，在“页眉和页脚”栏中勾选“首页不同”复选框，如图2.69所示，单击确定按钮，退出页眉和页脚编辑状态，完成本例的制作。

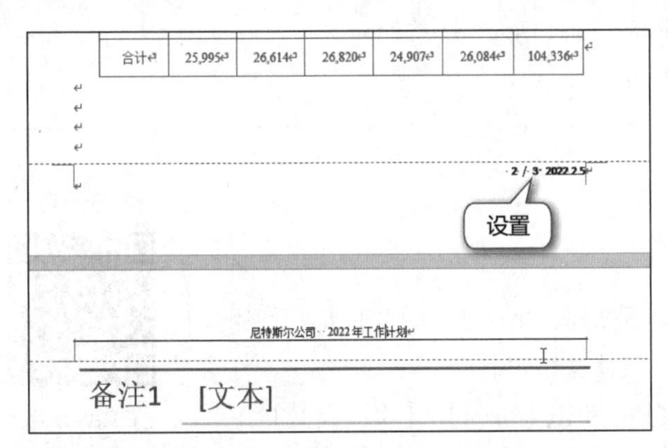

图2.68 输入日期并设置日期文本格式

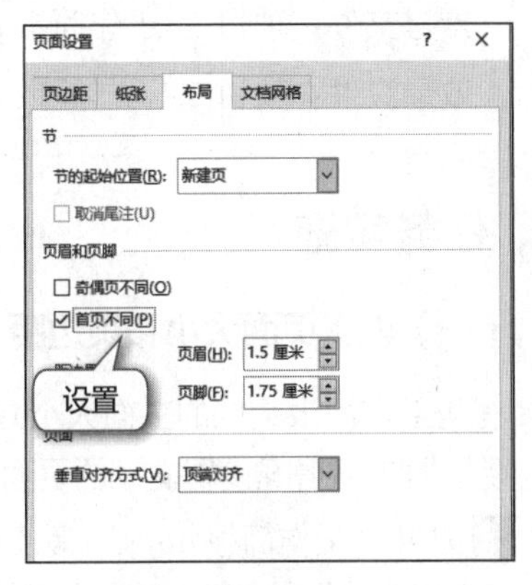

图2.69 设置页眉和页脚

任务四 制作工作简报

一、任务目标

工作简报是为推动日常工作而制作的简报，主要作用是及时反映工作情况，内容应紧紧围绕工作中心，突出重点，抓好典型。

工作简报的写作方式较为灵活，要求语言简明扼要。写好工作简报对领导及时了解工作进展状况和推动日常工作具有重要意义。图2.70所示为工作简报文档的参考效果。

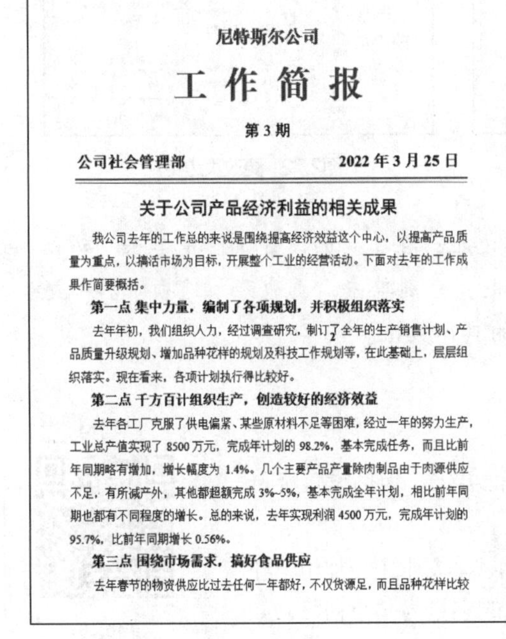

尼特斯尔公司

工 作 简 报

第 3 期

公司社会管理部 2022 年 3 月 25 日

关于公司产品经济利益的相关成果

我公司去年的工作总的来说是围绕提高经济效益这个中心，以提高产品质量为重点，以搞活市场为目标，开展整个工业的经营活动。下面对去年的工作成果作简要概括。

第一点 集中力量，编制了各项规划，并积极组织落实

去年年初，我们组织人力，经过调查研究，制订了全年的生产销售计划、产品质量升级规划、增加品种花样的规划及科技工作规划等，在此基础上，层层组织落实。现在看来，各项计划执行得比较好。

第二点 千方百计组织生产，创造较好的经济效益

去年各工厂克服了供电偏紧、某些原材料不足等困难，经过一年的努力生产，工业总产值实现了 8500 万元，完成年计划的 98.2%，基本完成任务，而且比前年同期略有增加，增长幅度为 1.4%。几个主要产品产量除肉制品由于肉源供应不足，有所减产外，其他都超额完成 3%~5%，基本完成全年计划，相比前年同期也都有不同程度的增长。总的来说，去年实现利润 4500 万元，完成年计划的 95.7%，比前年同期增长 0.56%。

第三点 围绕市场需求，搞好食品供应

去年春节的物资供应比过去任何一年都好，不仅货源足，而且品种花样比较

第八点 工作上存在的主要问题

1. 个别领导满足于现状，缺乏进取心，跟不上形势发展。
2. 有的产品质量不稳定，时好时差。
3. 某些原材料供应不足，影响生产正常进行。

附 图

图2.70 工作简报文档的参考效果

下载资源

素材文件：项目二\工作简报.docx、图片1.jpg、图片2.jpg

效果文件：项目二\工作简报.docx

二、任务实施

扫一扫

设置页面大小和页边距

（一）设置页面大小和页边距

有些工作简报文档的页面大小并不是Word 2016默认的页面大小，因此需要根据实际情况设置文档的页面，具体操作如下。

1 打开“工作简报.docx”素材文档。单击【布局】/【页面设置】组中的“纸张大小”按钮，在打开的下拉列表中选择“16开 18.4厘米×26厘米”选项，更改纸张大小（即页面大小），如图2.71所示。

2 单击【布局】/【页面设置】组中的“页边距”按钮，在打开的下拉列表中选择“中等”选项，更改页边距，如图2.72所示。

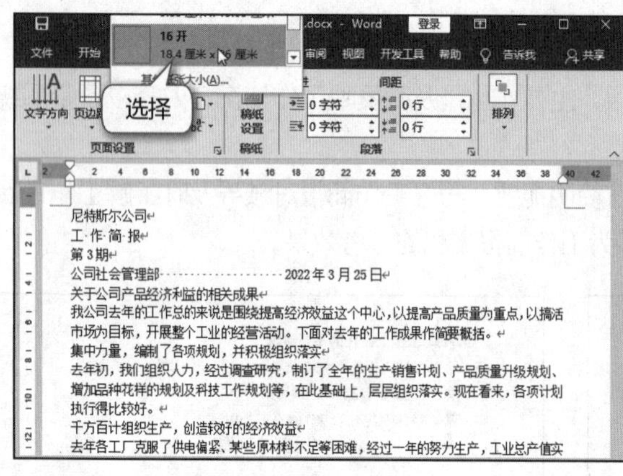

图2.71　更改纸张大小

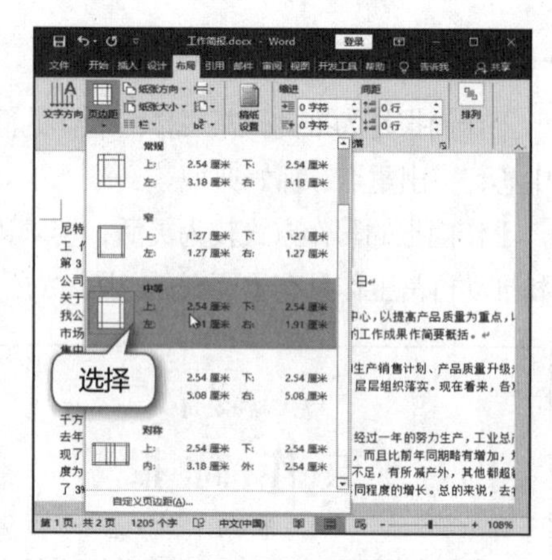

图2.72　更改页边距

提示：可以用对话框设置页面大小和页边距；在【页面设置】组中单击“对话框启动器”按钮，打开“页面设置”对话框，分别单击“页边距”选项卡和“纸张”选项卡，可分别设置页边距和纸张大小的具体数值。

（二）美化文档

扫一扫

美化文档

设置好需要的页面后，可对工作简报文档进行美化，包括设置字符格式和段落格式等，具体操作如下。

1 将标题设置为居中对齐，设置其字符格式为“华文中宋、加粗、红色”。设置上方标题的字号为“小二”，下方标题的字号为“小初”，如图2.73所示。

2 设置简报期数的字符格式为“黑体、三号”，部门和日期的字符格式为“宋体、加粗、三号”（注意空格和换行），效果如图2.74所示。

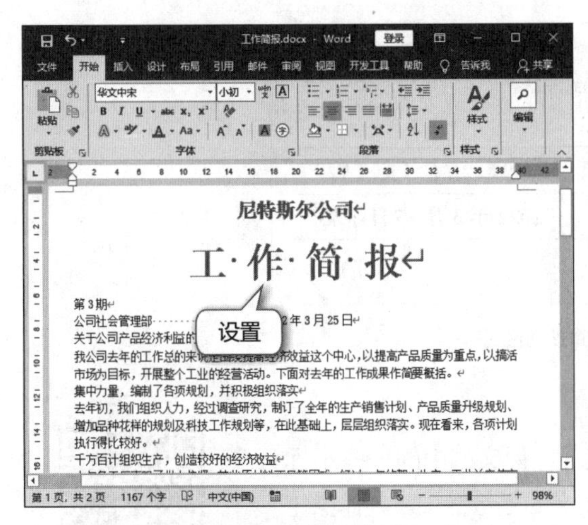

图2.73 设置文本字符格式

图2.74 继续设置文本字符格式

3 在报头下方绘制两条直线（插入“直线”形状即可），设置颜色为红色，线型宽度分别为“1.5磅”和“1磅”，如图2.75所示。设置正文中标题的字符格式为“黑体、小二、居中”。

4 选择正文（不包括标题），设置字号为“小四”。打开“段落”对话框，设置段落格式为“首行缩进2字符”，行间距为“固定值、23磅”，如图2.76所示。全选文档，设置英文字体为“Times New Roman”。

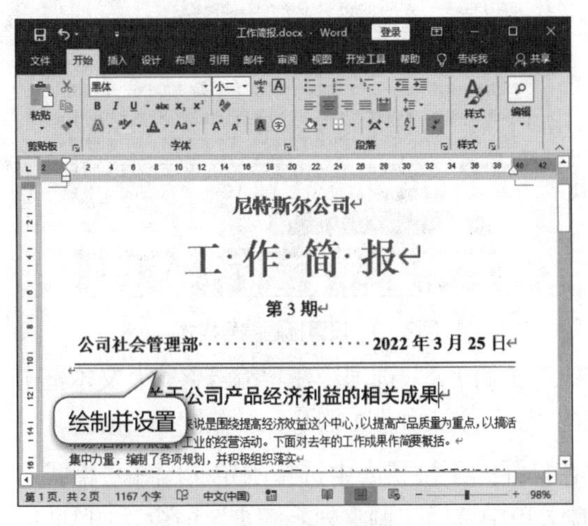

图2.75 绘制直线并设置宽度

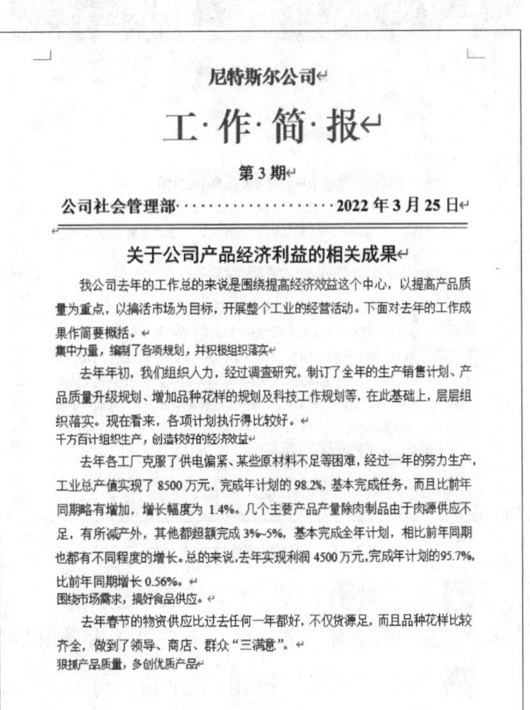

图2.76 设置段落格式

5 按照前面介绍的方法设置抄送格式。添加表格并只显示表格的下框线，并将文本移到表格中，如图2.77所示。

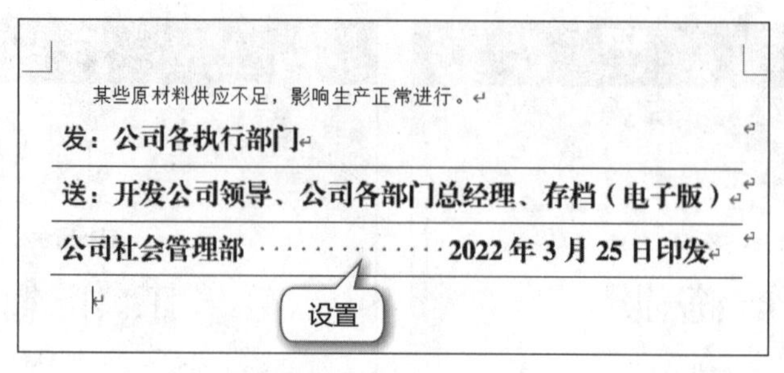
某些原材料供应不足，影响生产正常进行。

发：公司各执行部门

送：开发公司领导、公司各部门总经理、存档（电子版）

公司社会管理部 ············ 2022年3月25日印发

图2.77 设置抄送格式

（三）自定义编号格式

自定义项目编号格式

工作简报文档经过美化后，效果已经初步呈现，但文档中的一些小标题还需要添加编号。下面为文档中的标题应用自定义的编号格式，具体操作如下。

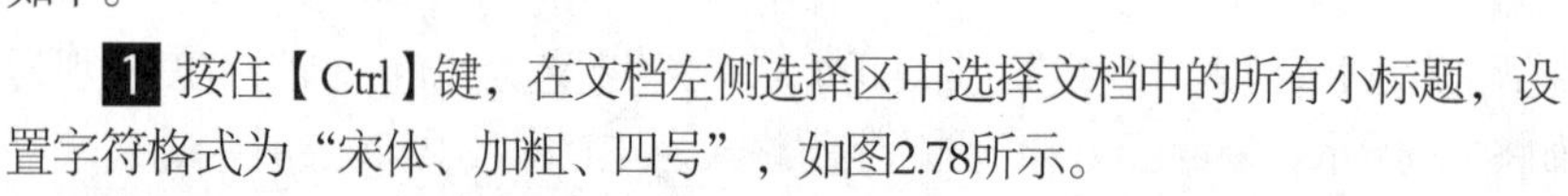

1 按住【Ctrl】键，在文档左侧选择区中选择文档中的所有小标题，设置字符格式为“宋体、加粗、四号”，如图2.78所示。

2 保持文本的选择状态，在【开始】/【段落】组中单击“编号”按钮右侧的下拉按钮，在打开的下拉列表中选择“定义新编号格式”选项，如图2.79所示，打开“定义新编号格式”对话框。

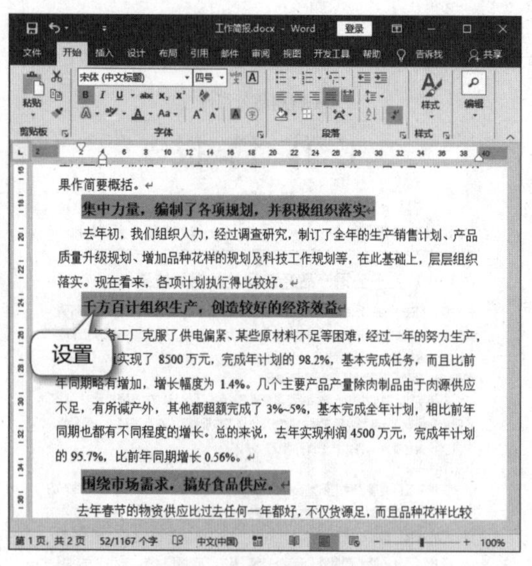

图2.78 设置标题文本格式

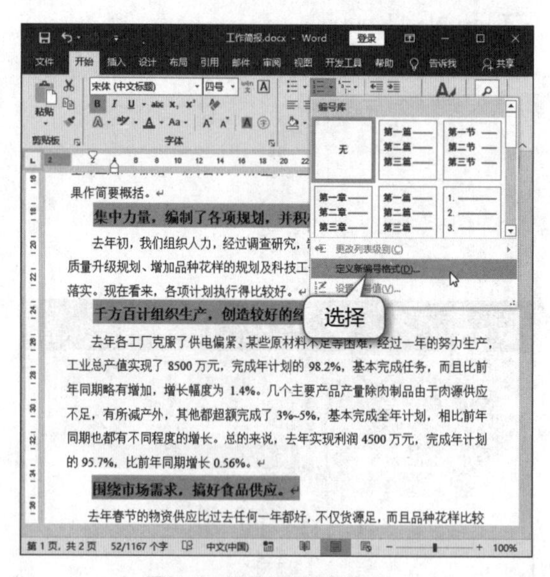

图2.79 设置标题编号格式

3 在“编号样式”下拉列表中选择“一、二、三（简）...”选项。在“编号格式”文本框中将编号格式修改为“第一点”（注意不要删除原来的“一”），如图2.80所示，单击确定按钮。

4 单击“编号”按钮右侧的下拉按钮，在打开的下拉列表中选择刚定义的编号格式。选择任意一个编号，单击鼠标右键，在弹出的快捷菜单中选择“调整列表缩进”命令，如图2.81所示。

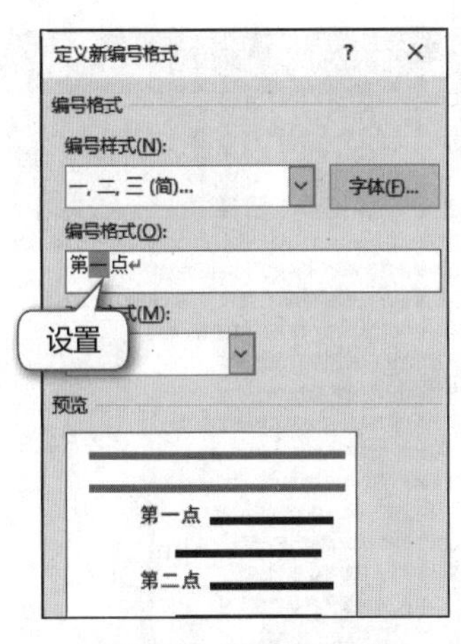

图2.80　设置编号格式

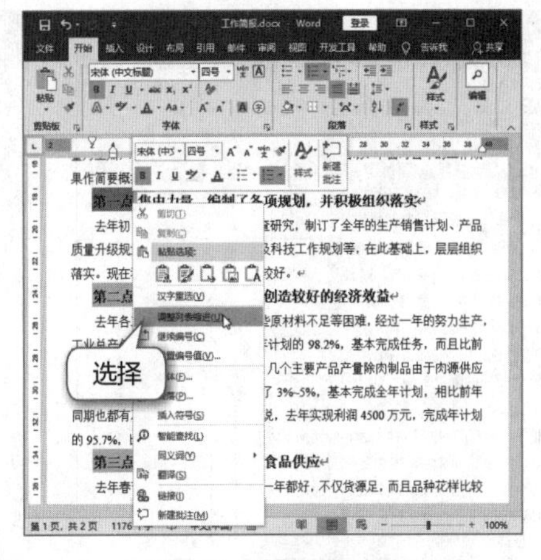

图2.81　调整列表缩进

5 在打开的“调整列表缩进量”对话框的“编号之后”下拉列表中选择“空格”选项。单击 确定 按钮，为所有添加编号格式的段落设置缩进量，如图2.82所示。

6 选择“第八点”下方的文本，设置其编号格式为“1.2.3.……”，效果如图2.83所示，使用相同的方法将“编号之后”的“制表符”设置为“空格”。

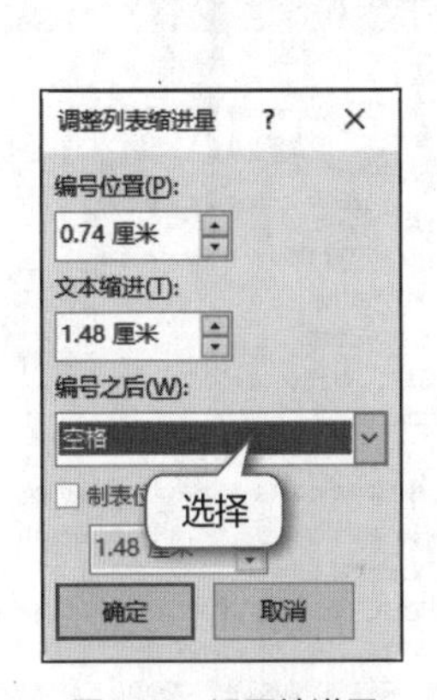

图2.82　设置缩进量

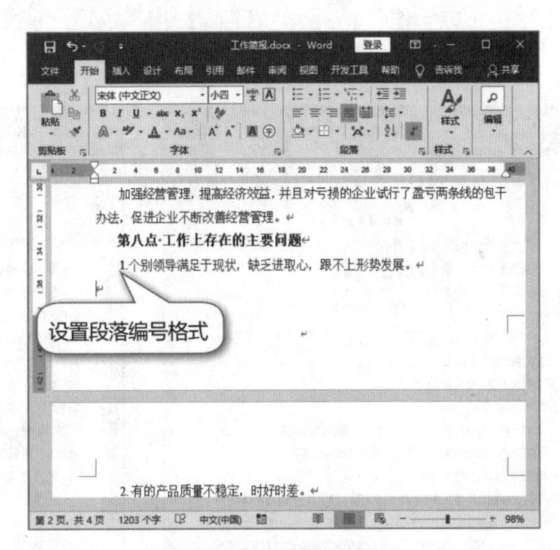

图2.83　设置段落编号格式

（四）设计小栏目

在文档中，有时需要对一个问题进行说明，若使用文本的样式进行说明会不够醒目，这时可使用文本框绘制小栏目进行说明，具体操作如下。

1 在【插入】/【文本】组中单击“文本框”按钮，在打开的下拉列表中选择“基本型引言”选项，如图2.84所示。

2 系统自动在文档当前页面插入一个文本框，选择并将其拖曳至页面的右侧，如图2.85所示。

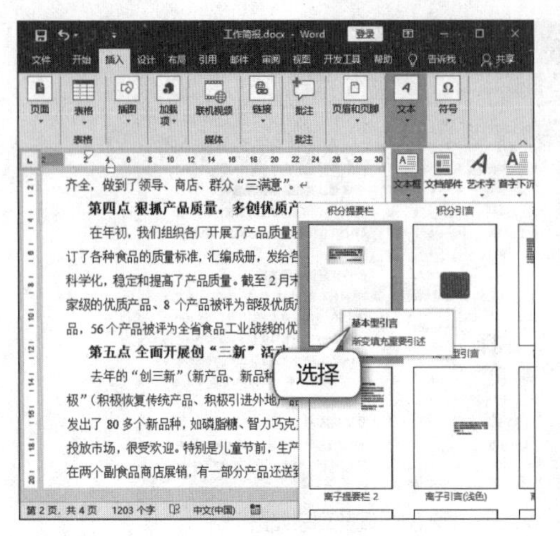

图2.84　插入文本框

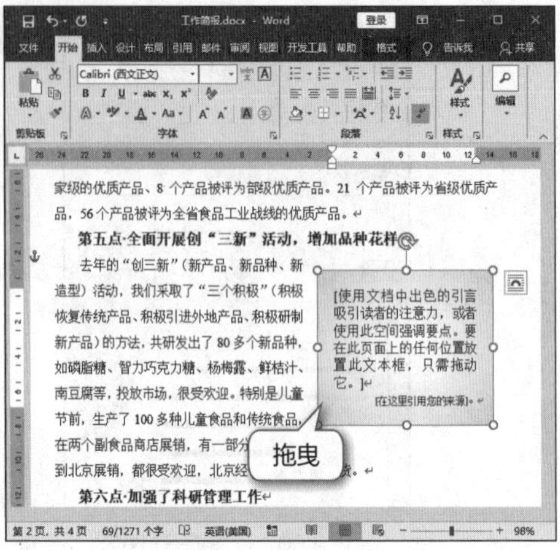

拖曳文本框图示（见下图）

图2.85　拖曳文本框

3 在文本框中直接输入需要说明的文本，并设置字体为“华文细黑”，字号为“五号”。选择文本框，在【绘图工具-格式】/【形状样式】组中单击“形状轮廓”按钮，设置形状轮廓颜色为“蓝色，个性色1，深色25%”，如图2.86所示。

4 在【绘图工具-格式】/【形状样式】组中单击“形状填充”按钮，在打开的下拉列表中选择“白色，背景1，深色5%”选项，如图2.87所示。

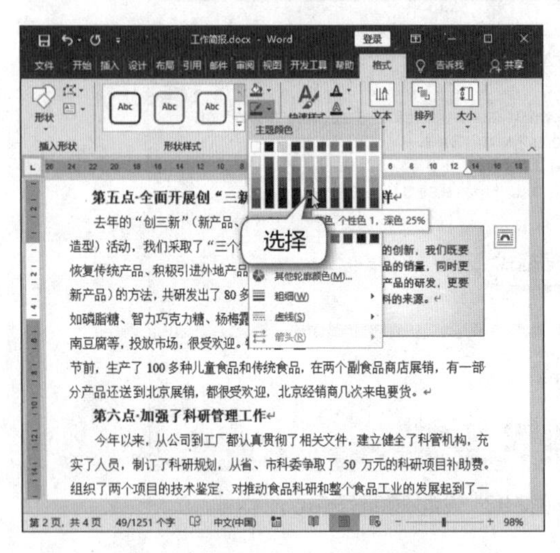

图2.86　设置文本框形状轮廓颜色

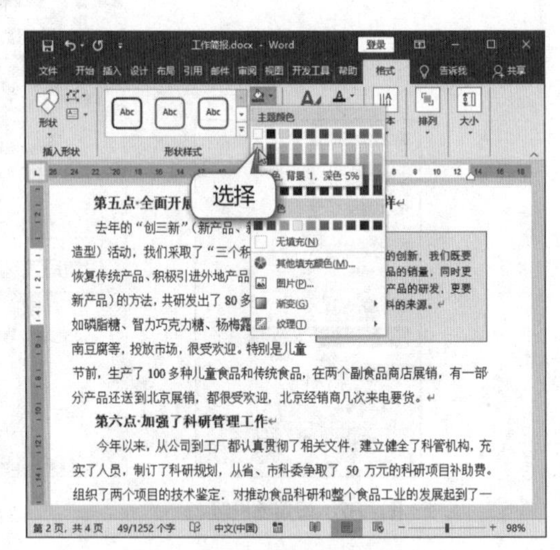

图2.87　设置文本框形状填充颜色

5 在【绘图工具-格式】/【插入形状】组中单击“编辑形状”按钮，在打开的下拉列表中选择“更改形状”选项，在打开的子列表的“基本形状”栏中选择“折角形”选项。若文本被遮挡，则拖曳文本框上的控制点进行调整，效果如图2.88所示。

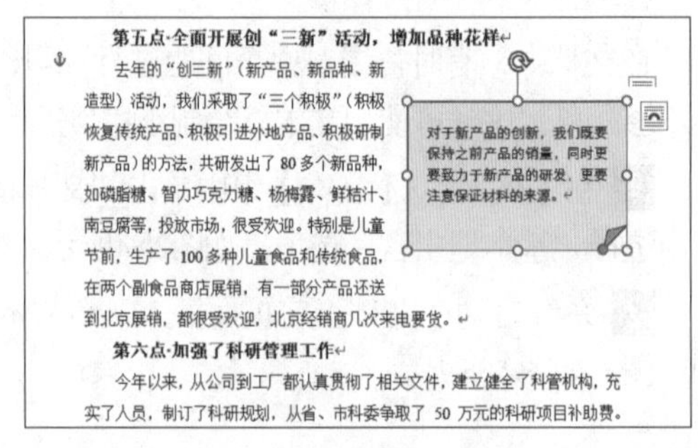

图2.88　设置文本框形状

（五）添加图片和形状

有些工作简报文档中还会附有图片和形状，用于说明文档的内容。下面在文档中添加图片和形状，具体操作如下。

1 在抄送文本上方输入“附图”文本（注意用空格隔开并换行），设置字符格式为“宋体、加粗、三号、居中”，如图2.89所示。

2 在【插入】/【插图】组中单击“图片”按钮，如图2.90所示，在打开的对话框中选择“图片1.jpg”和“图片2.jpg”素材图片。

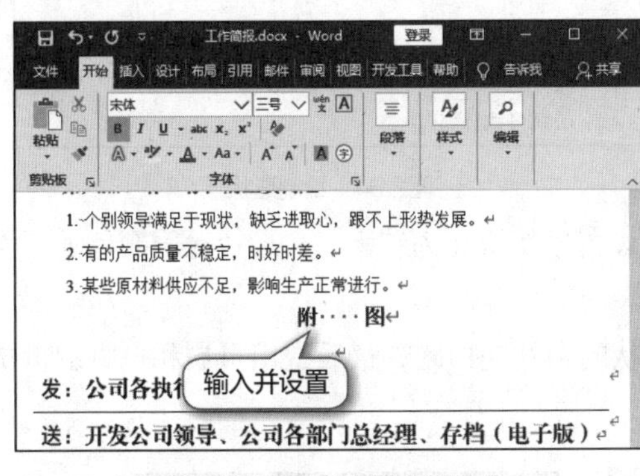

图2.89　输入文本并设置字符格式

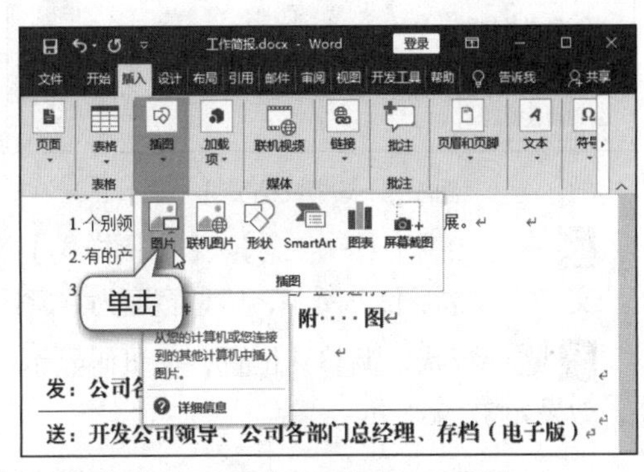

图2.90　插入图片

3 选择图片，单击其右上角出现的按钮，在打开的列表中选择“上下型环绕”选项，并将图片移动到中间位置，如图2.91所示。

4 选择图片，将鼠标指针移动到图片四周的控制点上，当其变为斜双向箭头时拖曳鼠标指针，调整图片的大小，如图2.92所示。

图2.91　设置图片排列方式

图2.92　调整图片大小

5 双击页面底部，进入页眉和页脚编辑状态。在【页眉和页脚工具-设计】/【页眉和页脚】组中单击“页码”按钮，在打开的下拉列表中选择“当前位置”选项，在打开的子列表中选择“普通数字”选项，并设置为居中显示，如图2.93所示。

6 在【插入】/【插图】组中单击“形状”按钮，在打开的下拉列表的“星与旗帜”栏中选择“前凸带形”选项。按住【Shift】键并拖曳鼠标指针，绘制形状，系统会自动为形状添加背景，如图2.94所示。

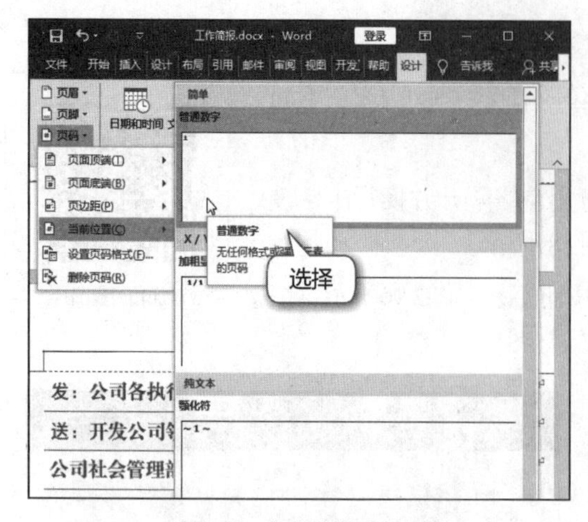

图2.93　设置文档页码

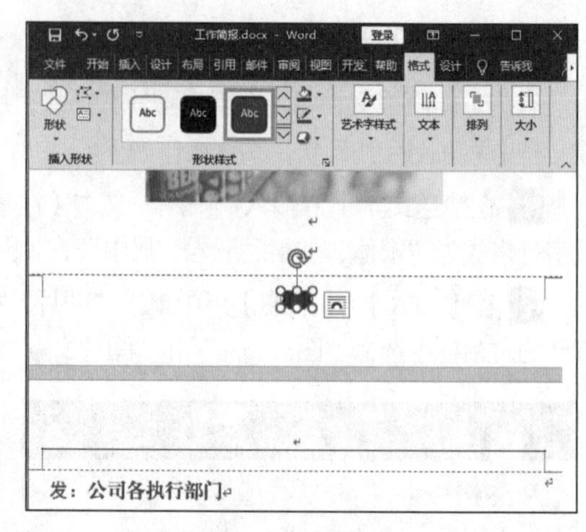

图2.94　绘制形状

7 在【绘图工具-格式】/【形状样式】组中设置形状填充为“无”，形状轮廓颜色为“深蓝，文字2”，如图2.95所示，线型宽度为“1磅”。

8 选择形状，调整其位置，使页码显示在形状的中间空白区，最后退出页眉和页脚编辑状态，效果如图2.96所示。

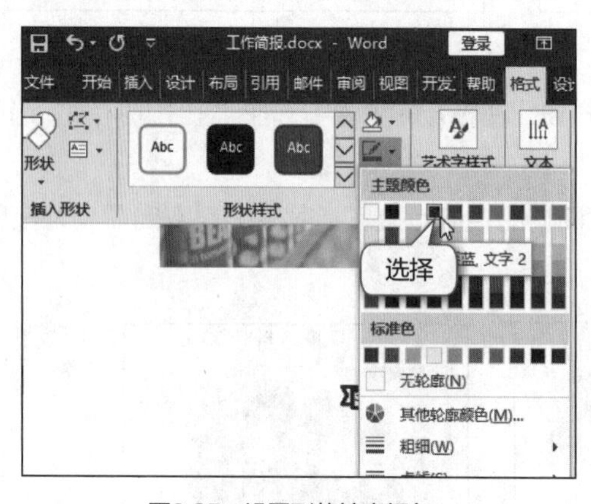

图2.95　设置形状轮廓颜色

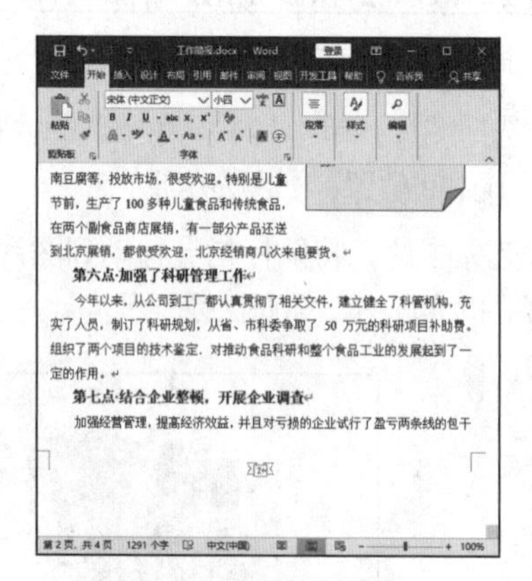

图2.96　调整形状位置

项目实训——制作元宵节海报

一、实训要求

合理使用图片、形状、艺术字、文本框等对象，制作精美且版式灵活的元宵节海报。

扫一扫

制作元宵节海报

下载资源

素材文件：项目二\元宵节背景.jpg、元宵.png

效果文件：项目二\元宵节.docx

二、实训思路

（1）新建Word文档，调整页面大小，插入“元宵节背景.jpg”图片，设置图片环绕文字方式并翻转图片，制作海报的背景，效果如图2.97所示。

（2）利用矩形、圆角矩形、弧形等形状制作灯笼，利用艺术字制作灯笼名称，并插入“元宵.png”图片修饰灯笼，效果如图2.98所示。

图2.97 制作海报背景

图2.98 制作灯笼

（3）使用文本框制作元宵节介绍文本，如图2.99所示。

（4）使用文本框在海报上方、下方添加海报的标题和祝福语，如图2.100所示。

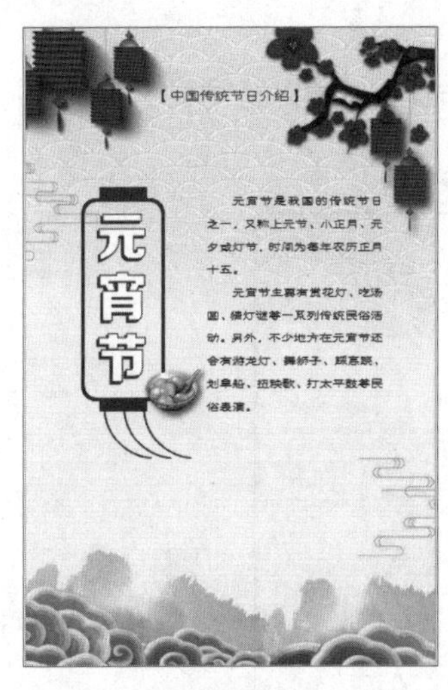

图2.99 制作元宵节介绍文本

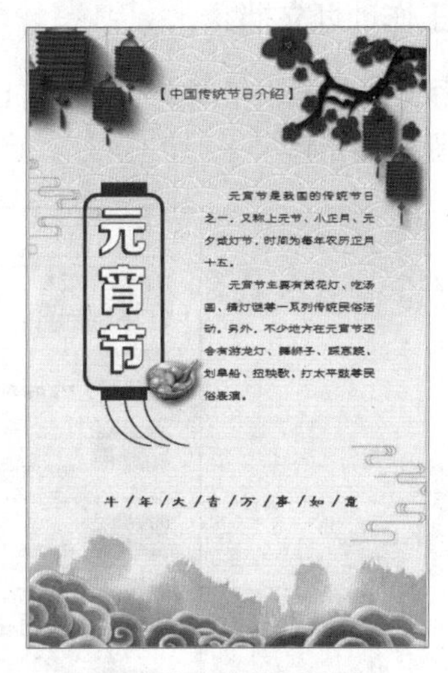

图2.100 添加标题和祝福语

拓展练习

1. 制作孙思邈介绍文档

公司最近开展了“学习中华名家”活动，现需要利用搜集到的图片和文字素材，制作孙思邈介绍文档，参考效果如图2.101所示。

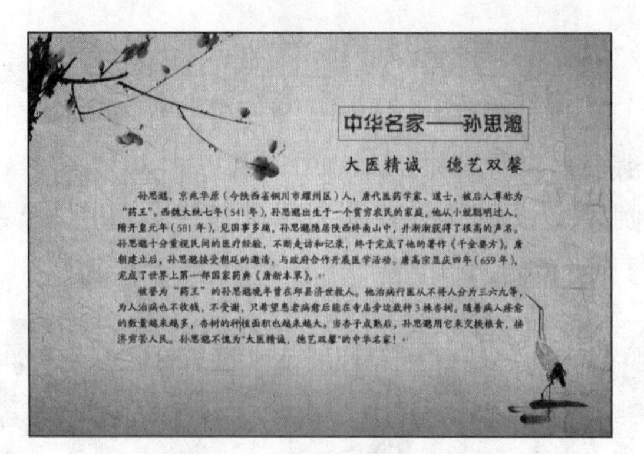

中华名家——孙思邈

大医精诚　德艺双馨

孙思邈，京兆华原（今陕西省铜川市耀州区）人，唐代医药学家、道士，被后人尊称为"药王"。西魏大统七年（541年），孙思邈出生于一个贫穷农民的家庭，他从小就聪明过人。隋开皇元年（581年），见国事多端，孙思邈隐居陕西终南山中，并渐渐获得了很高的声名。孙思邈十分重视民间的医疗经验，不断走访和记录，终于完成了他的著作《千金要方》。唐朝建立后，孙思邈接受朝廷的邀请，与政府合作开展医学活动。唐高宗显庆四年（659年），完成了世界上第一部国家药典《唐新本草》。

被誉为"药王"的孙思邈晚年曾在邛县济世救人。他治病行医从不将人分为三六九等，为人治病也不收钱，不受谢，只希望患者病愈后能在寺庙旁边栽种3株杏树。随着病人痊愈的数量越来越多，杏树的种植面积也越来越大。当杏子成熟后，孙思邈用它来交换粮食，接济穷苦人民。孙思邈不愧为"大医精诚，德艺双馨"的中华名家！

图2.101　孙思邈介绍文档参考效果

下载资源

素材文件：项目二\孙思邈背景图片.jpg

效果文件：项目二\孙思邈.docx

提示：首先新建文档并调整页面大小（宽度为21厘米，高度为14厘米）；然后插入图片，进行设置后将其作为背景；最后输入文本并设置格式。

2. 制作周工作计划文档

公司要求员工在每周五下午提交下周的周工作计划。请以公司员工的身份制作周工作计划文档，参考效果如图2.102所示。

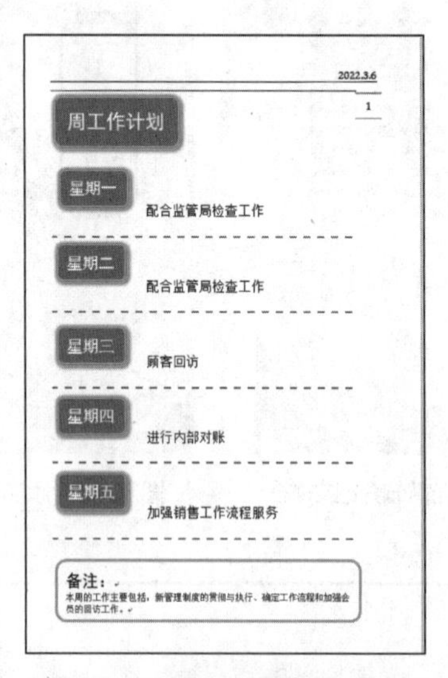

2022.3.6

1

周工作计划

星期一

配合监管局检查工作

星期二

配合监管局检查工作

星期三

顾客回访

星期四

进行内部对账

星期五

加强销售工作流程服务

备注：

本周的工作主要包括，新管理制度的贯彻与执行、确定工作流程和加强会员的回访工作。

图2.102　周工作计划文档参考效果

提示：主要是利用形状对象，先设置形状的轮廓和颜色等，再添加文字，最后为文档添加页眉，设置日期信息。

项目三
高级排版

情景导入

米拉认为Word的文本处理功能主要就是文字的输入、编辑，以及版面的丰富和美化，因此经过前面的学习，她感觉自己已经掌握了Word这个工具，并准备开始大展拳脚了。

老洪看到了米拉的这种“苗头”，打算给她浇一盆“冷水”，于是把一份公司市场调查报告的初稿交给她，让她尽快将内容重新整理一下，增强报告的可读性和美观性。米拉兴奋地接受了这个任务，但做着做着就发现有些不对劲，整个报告有50来页，当需要更改标题格式或编号时，整篇报告的同级别标题都要重新修改，工作效率会非常低，这是其一；其二，如果需要为文档的每一页添加页码，手动操作起来也很麻烦。老洪看时机成熟，就告诉米拉:“处理这种长文档的技能我还没有教给你，一旦掌握了这些技巧，处理长文档就变得非常容易了。”

学习目标

- 熟悉样式的应用
- 掌握在Word中通过大纲视图编辑文档的技巧
- 熟悉为文档添加封面和目录的方法
- 了解Word的邮件合并功能
- 熟悉批注、修订和题注等功能的使用

素质目标

- 锻炼在面对繁重的工作时的耐心和恒心，勇于思考，不断学习新技能以提升自我
- 在学习大纲视图的过程中，培养自己的大局观和统筹能力

任务一　制作公司规章制度

一、任务目标

在日常工作中，工作内容经常涉及各类长文档的制作。长文档的排版具体包括设置多级标题的编号格式、文档字符样式，页眉页脚的制作，文档目录的提取及检阅长文档内容的正确性等操作。图3.1所示为公司规章制度排版前后的对比效果。

×××有限责任公司

公司管理制度

人力资源部管理制度

1.公司全体员工档案由人力资源部管理。

2.经理以下级别人员调整，由直属单位任命，经理级别及以上由公司人力资源部任聘。

3.单位部门人事调动由人力资源负责，总办同意。

4.干部任职条件：进入后备人才库，技能考核合格及考评及格。

5.人事编制，组织结构由人力资源部制定。

6.高级管理人员由总裁决定，人力资源部执行。

7.坚决服从分管副总经理的统一指挥，认真执行其工作指令，一切管理行为向主管领导负

8.严格执行公司规章制度，认真履行其工作职责。

9.负责组织对人力资源发展、劳动用工、劳动力利用程度指标计划的拟订、检查、修订及

10.负责制定公司人事管理制度。设计人事管理工作程序，研究、分析并提出改进工作意见

11.负责对本部门工作目标的拟订、执行及控制。

12.负责合理配置劳动岗位，控制劳动力总量。组织劳动定额编制，做好公司各部门车间及编工作，结合生产实际，合理控制劳动力总量及工资总额，及时组织定额的控制、分析、劳动定额的合理性和准确性，杜绝劳动力的浪费。

13.负责人事考核，考查工作。建立人事档案资料库，规范人才培养和考查选拔工作程序，期的人事考证、考核、考查的选拔工作。

14.编制年、季、月度劳动力平衡计划和工资计划。抓好劳动力的合理流动和安排。

15.制定劳动人事统计工作制度。建立健全人事劳资统计核算标准，定期编制劳资人事等定期编写上报年、季、月度劳资，人事综合或专题统计报告。

16.负责做好公司员工劳动纪律管理工作。定期或不定期抽查公司劳动纪律执行情况，及时考勤、奖惩、差假及调动等管理工作。

17.严格遵守《劳动法》及地方政府劳动用工政策和公司劳动管理制度，负责招聘，录用，签订劳动合同，依法对员工实施管理。

×××有限责任公司

第一篇　公司管理制度

第一章 人力资源部管理制度

一、公司全体员工档案由人力资源部管理。

二、经理以下级别人员调整，由直属单位任命，经理级别及以上由公司人力资源部任聘。

三、单位部门人事调动由人力资源负责，总办同意。

四、干部任职条件：进入后备人才库，技能考核合格及考评及格。

五、人事编制，组织结构由人力资源部制定。

六、高级管理人员由总裁决定，人力资源部执行。

七、坚决服从分管副总经理的统一指挥，认真执行其工作指令，一切管理行为向主管领导负

八、严格执行公司规章制度，认真履行其工作职责。

九、负责组织对人力资源发展、劳动用工、劳动力利用程度指标计划的拟订、检查、修订及

十、负责制定公司人事管理制度。设计人事管理工作程序，研究、分析并提出改进工作意见

十一、负责对本部门工作目标的拟订、执行及控制。

十二、负责合理配置劳动岗位，控制劳动力总量。组织劳动定额编制，做好公司各部门车间及定员定编工作，结合生产实际，合理控制劳动力总量及工资总额，及时组织定额的控制修订及补充，确保劳动定额的合理性和准确性，杜绝劳动力的浪费。

十三、负责人事考核，考查工作。建立人事档案资料库，规范人才培养和考查选拔工作程序，或不定期的人事考证、考核、考查的选拔工作。

十四、编制年、季、月度劳动力平衡计划和工资计划。抓好劳动力的合理流动和安排。

十五、制定劳动人事统计工作制度。建立健全人事劳资统计核算标准，定期编制劳资人事等有报表。定期编写上报年、季、月度劳资，人事综合或专题统计报告。

十六、负责做好公司员工劳动纪律管理工作。定期或不定期抽查公司劳动纪律执行情况，及时责办理考勤、奖惩、差假、调动等管理工作。

图3.1　公司规章制度排版前后的对比效果

下载资源

素材文件：项目三\公司规章制度.docx、插图.jpg、标志.jpg

效果文件：项目三\公司规章制度.docx

二、任务实施

（一）新建和修改样式

在Word中新建的文档一般包含系统自带的多个样式，如常见的“标题”样式、“副标题”样式和“正文”样式等，这些样式的格式是系统默认的，在“样式”窗格中可以修改其格式。下面先打开“公司规章制度.docx”文档，然后修改其样式，具体操作如下。

1 打开“公司规章制度.docx”素材文档。在【开始】/【样式】组中单击“对话框启动器”按钮，打开“样式”窗格。在“样式”窗格下方单击“新建样式”按钮，如图3.2所示，打开“根据格式化创建新样式”对话框。

2 单击格式(O)按钮，在打开的下拉列表中选择“编号”选项，打开“编号和项目符号”对话框。单击定义新编号格式...按钮，打开“定义新编号格式”对话框，在“编号样式”下拉列表中选择“一，二，三（简）...”选项，在“编号格式”文本框中的“一”前后分别输入“第”和“篇”，在“对齐方式”下拉列表中选择“居中”选项，如图3.3所示。依次单击确定按钮关闭“定义新编号格式”对话框和“编号和项目符号”对话框。

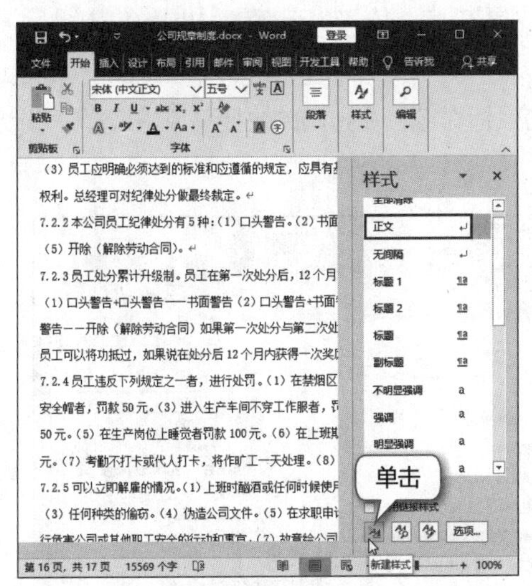

图3.2 打开“样式”窗格

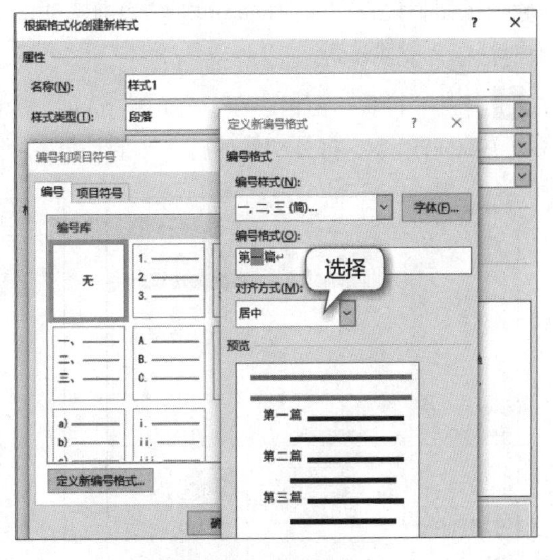

图3.3 定义新编号格式

3 返回“根据格式化创建新样式”对话框，在“格式”栏中设置字符格式为“汉仪细圆简、二号、加粗”，并居中显示，如图3.4所示。

4 单击格式(O)按钮，在打开的下拉列表中选择“段落”选项，打开“段落”对话框，在“间距”栏中设置段前和段后均为“0.2行”，行距为“1.5倍行距”，如图3.5所示，设置完成后单击确定按钮关闭对话框。

提示：在“样式”窗格中勾选“显示预览”复选框，“样式”窗格的列表框中将显示样式的具体效果。

图3.4 设置样式字符格式

图3.5 设置段落格式

5 单击 格式(O) 按钮，在打开的下拉列表中选择“快捷键”选项，打开“自定义键盘”对话框。按住【Ctrl】键和【1】键，键名将自动被输入“请按新快捷键”文本框，如图3.6所示。单击 指定(A) 按钮将设置的快捷键添加到“当前快捷键”列表框中，依次单击 关闭 和 确定 按钮。关闭所有对话框，完成设置。

6 打开“样式”窗格，在“标题1”选项上单击鼠标右键，在弹出的快捷菜单中选择“修改”命令，如图3.7所示，打开“修改样式”对话框。

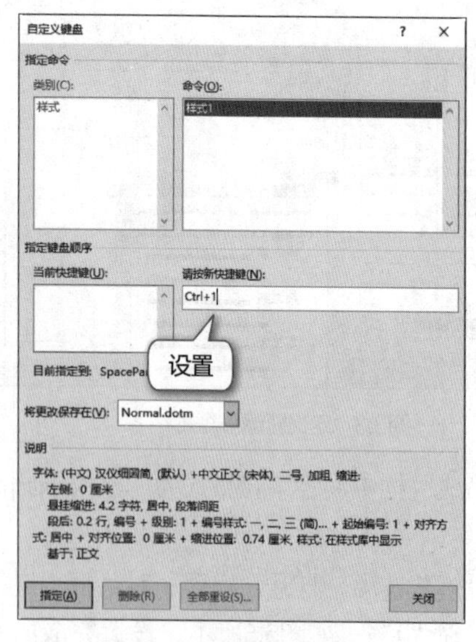

图3.6 自定义快捷键

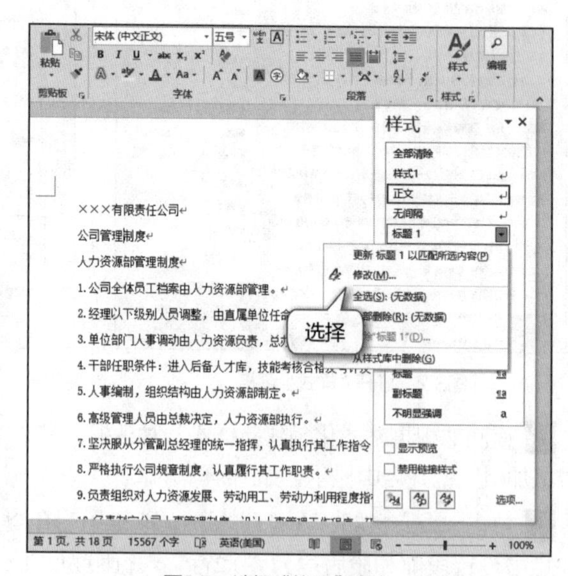

图3.7 选择“修改”命令

7 单击 格式(O) 按钮，在打开的下拉列表中选择“编号”选项，打开“编号和项目符号”对话框，在对话框中设置样式的编号格式。返回“修改样式”对话框，修改样式的名称为“标题1”，并设置字符格式为“宋体、三号、加粗”，默认对齐方式，如图3.8所示。设置该样式的快捷键为【Ctrl+2】。

8 修改“标题2”“标题3”“正文”的格式，应用相应的编号，并为每个样式设置快捷键。浏览文档，根据文档实际情况，修改其他文本类型的样式，如图3.9所示。

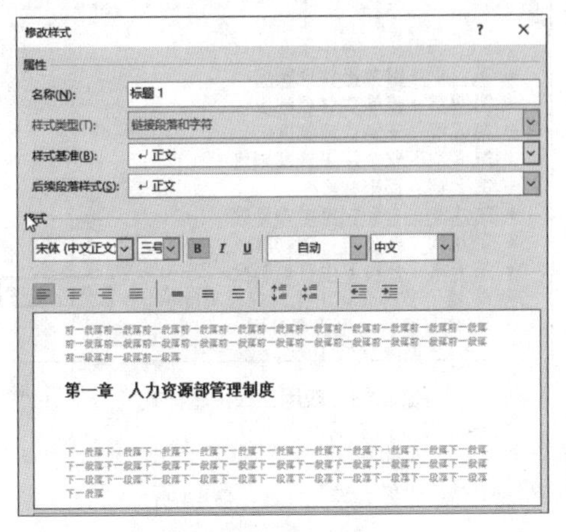

图3.8　设置标题样式

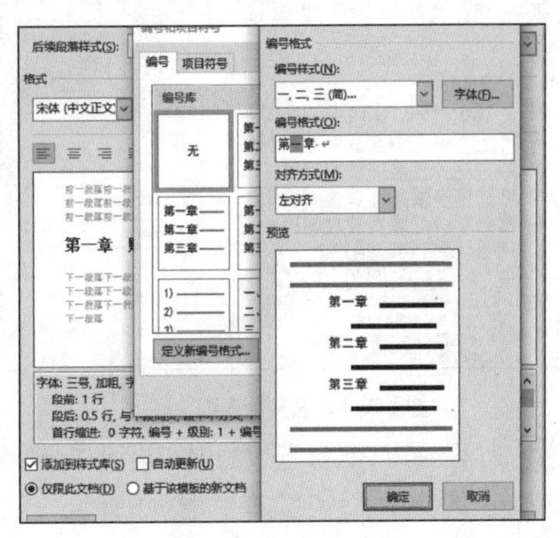

图3.9　设置编号格式

（二）在大纲视图中查阅和修改文档内容

在大纲视图中查阅和修改文档内容是指用缩进文档标题的形式代表标题在文档结构中的级别，以便处理文档各标题级别。为文档应用各种样式后，可在大纲视图中查阅和修改文档，具体操作如下。

扫一扫

在大纲视图中查阅和修改文档内容

1 打开“样式”窗格，在【视图】/【视图】组中单击“大纲视图”按钮，进入大纲视图模式，如图3.10所示。

2 将光标定位到段落中，按设置好的快捷键为段落应用“标题1”样式，给文档中的文本应用多级标题，如图3.11所示。

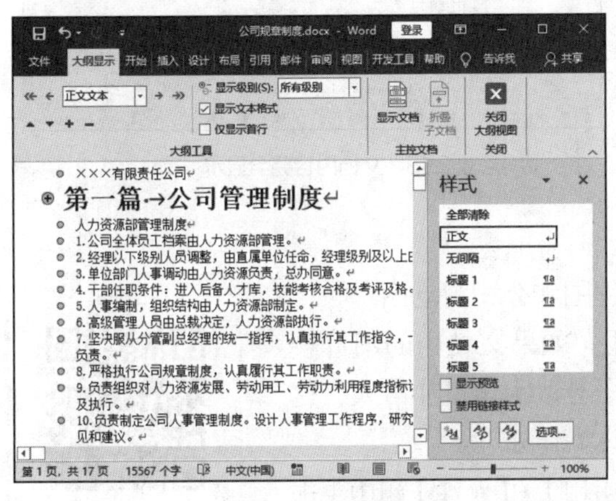

图3.10　进入大纲视图模式

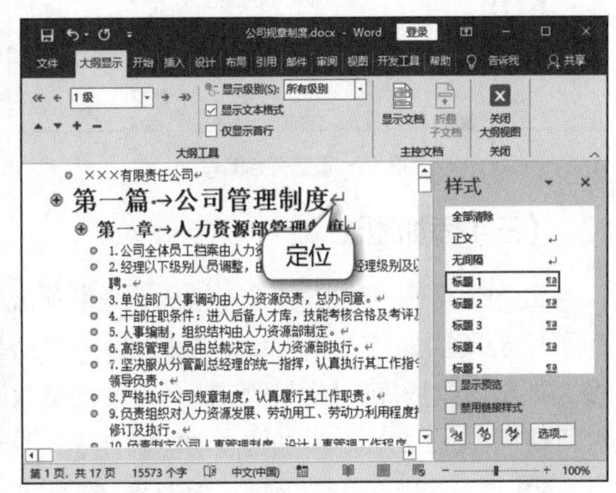

图3.11　应用多级标题

3 为文档中同级别的内容应用“标题1”样式，将光标定位到上一个标题段落，单击“折叠子文档”按钮，将该标题级别下的所有内容折叠，如图3.12所示。

4 一级标题样式应用完成后，单击“展开”按钮依次展开每个一级标题，为一级标题下的内容设置二级标题样式“标题2”，如图3.13所示。

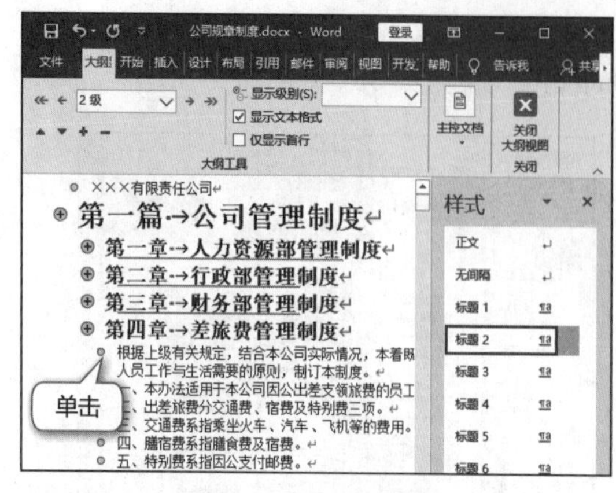

图3.12　折叠文档内容

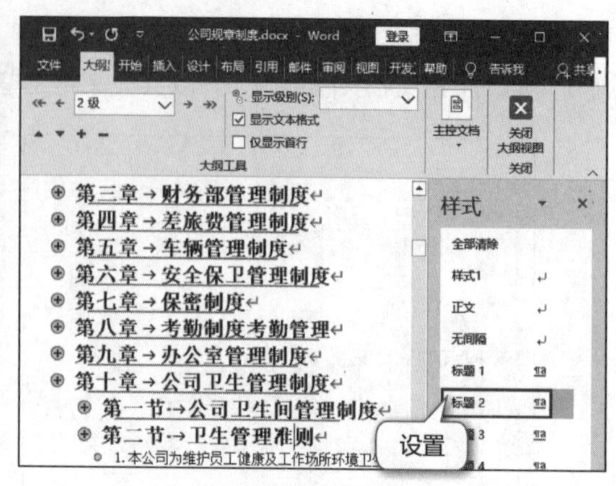

图3.13　应用二级标题样式

5 为下一个一级标题下的内容设置二级标题样式，系统自动连续编号，在编号上单击鼠标右键，在弹出的快捷菜单中选择“重新开始于一”命令，重新开始编号，如图3.14所示。

6 为文档应用多级标题样式和正文样式，完成后取消勾选“仅显示首行”复选框，使文档内容完全展示在大纲视图中，如图3.15所示。展开所有级别标题，浏览文档，依次检查样式和文档内容是否正确，并修改。单击“关闭大纲视图”按钮，退出大纲视图模式。

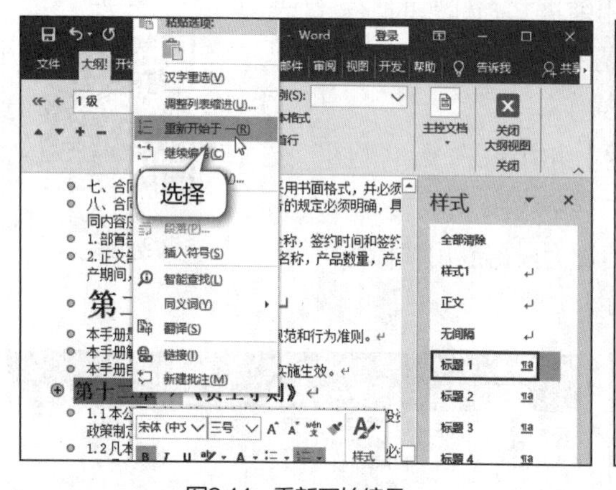

图3.14　重新开始编号

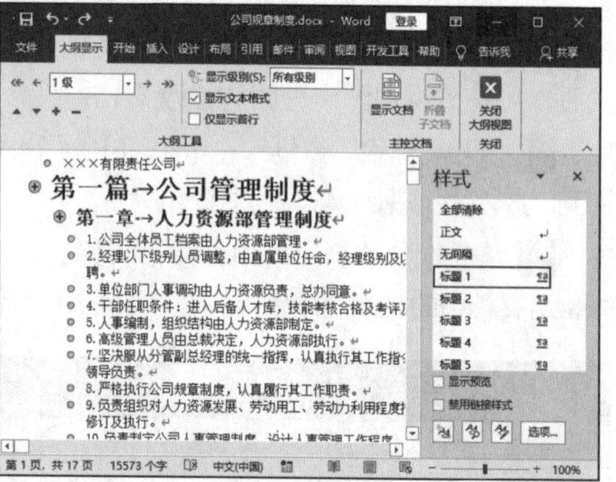

图3.15　文档内容完全显示

（三）添加题注

公司规章制度文档中通常包含一些事项流程图和公司活动图片等，为了便于阅读，往往需要给这些图片添加题注。如果文档中的图片较多，那么修改或删除图片时，就必须手动更改图号，工作量非常大，这时可使用Word 2016的添加题注功能来处理，具体操作如下。

扫一扫

添加题注

1 插入“插图.jpg”图片，选择图片，在【引用】/【题注】组中单击“插入题注”按钮，如图3.16所示；或单击鼠标右键，在弹出的快捷菜单中选择“插入题注”命令，打开“题注”对话框。

2 单击编号(U)...按钮，打开“题注编号”对话框。在“格式”下拉列表中选择“1,2,3,...”选项，如图3.17所示。单击确定按钮确认操作。

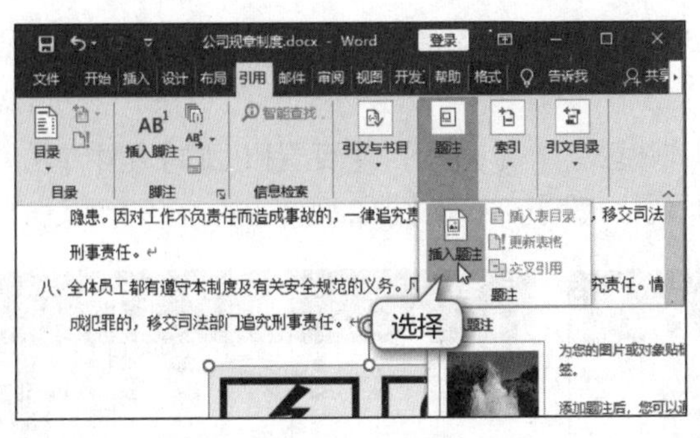

图3.16 选择“插入题注”命令

图3.17 设置题注编号

3 返回“题注”对话框，单击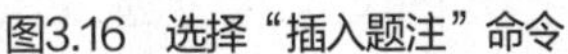按钮，打开“新建标签”对话框。在“标签”文本框中输入图注的样式，本例输入“图”文本，依次单击确定按钮确认设置，返回文档后可以查看添加题注的效果，如图3.18所示。

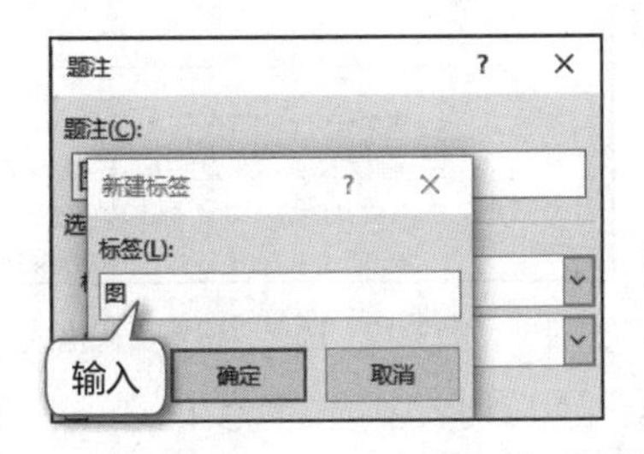

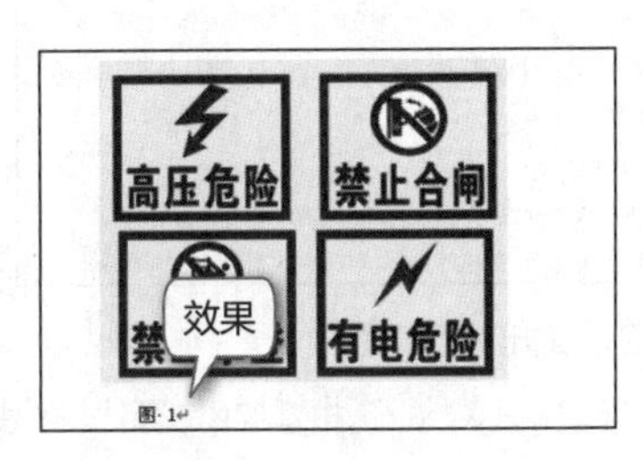

图3.18 设置题注标签及效果

（四）添加页眉和页脚

在文档中的页眉区域可以添加文字、插入图片或剪贴画，以及公司标识；而在页脚区域，则可以添加页码，具体操作如下。

1 双击文档页面顶部，进入页眉编辑状态。在【页眉和页脚工具–设计】/【插入】组中单击“图片”按钮，如图3.19所示，打开“插入图片”对话框。

2 在“查找范围”下拉列表中选择文件保存的路径，在中间的列表框中选择要插入的“标志.jpg”图片，单击插入(S)按钮确认操作，如图3.20所示。

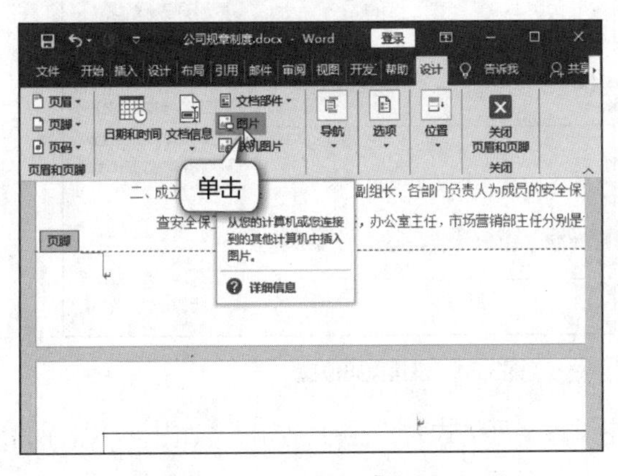

图3.19 单击“图片”按钮

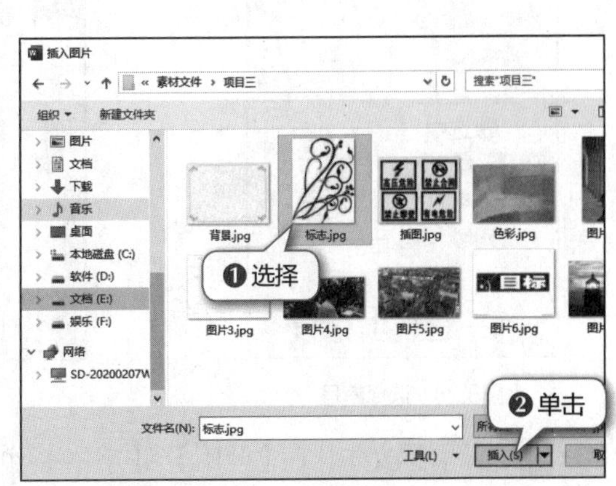

图3.20 选择插入的图片

3 将图片插入页眉后，拖曳图片四周的控制点可调整图片的大小。单击“关闭页眉和页脚”按钮退出编辑模式，如图3.21所示。

4 双击文档页面底部，进入页脚编辑模式。在【插入】/【页眉和页脚】组中单击“页码”按钮，在打开的下拉列表中选择“设置页码格式”选项，如图3.22所示。

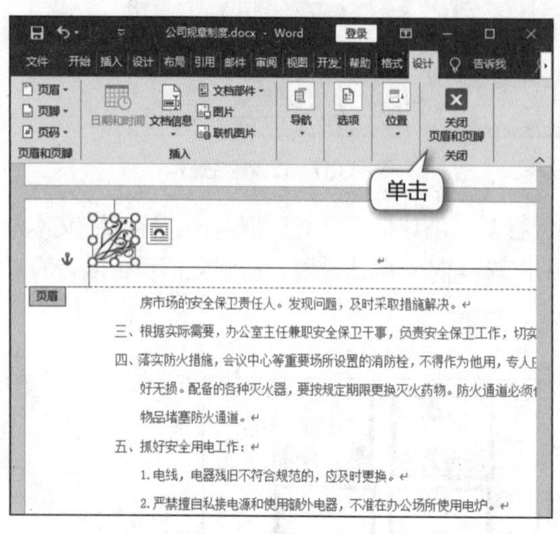

图3.21　退出编辑模式

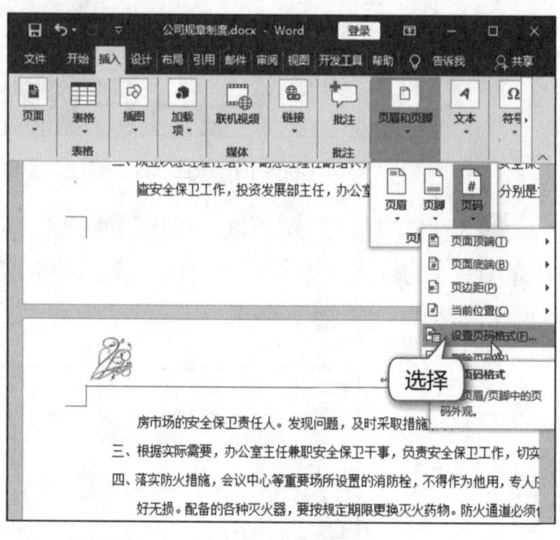

图3.22　选择“设置页码格式”选项

5 打开“页码格式”对话框，在“编号格式”下拉列表中选择需要的选项，在“页码编号”栏中选中“续前节”单选项，单击确定按钮确认设置，如图3.23所示。

6 单击“页码”按钮，在打开的下拉列表中选择“当前位置”选项，在打开的子列表中选择“普通数字”选项，如图3.24所示，页码即可插入页脚。

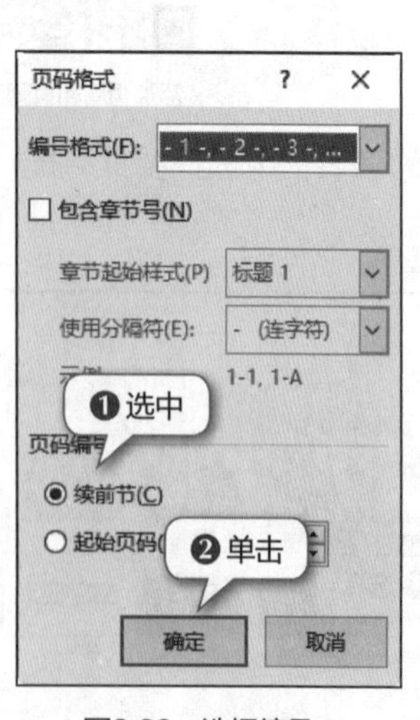

图3.23　选择编号

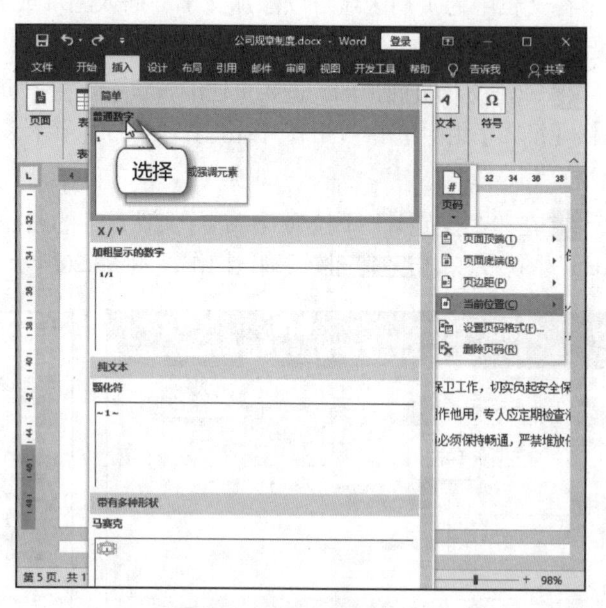

图3.24　设置页码位置

7 选择页码文本，在【开始】/【字体】组中设置字符格式为“五号、加粗”，并居中显示，如图3.25所示。最后退出页眉和页脚编辑模式。

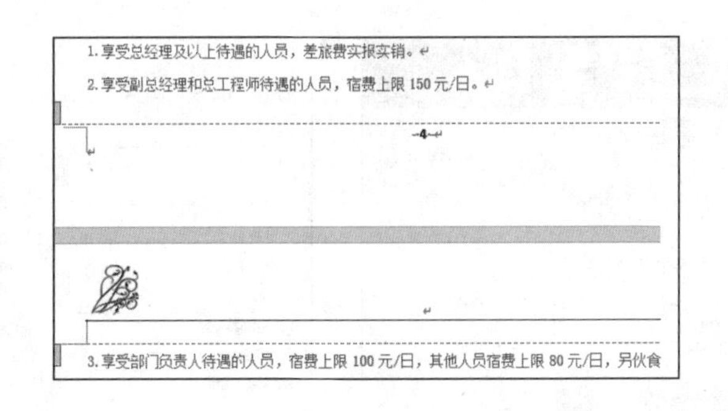

图3.25　设置页码字符格式

（五）制作封面和目录

因为公司规章制度最后要打印成册，所以在打印文档前，需要制作文档的封面并提取目录，具体操作如下。

1 在【插入】/【页面】组中单击“封面”按钮，在打开的下拉列表中的“内置”栏中选择“切片（深色）”选项，如图3.26所示，系统自动在文档开始处插入一页封面。

2 插入的封面根据模板自动生成“标题”“副标题”文本框，在各文本框中输入相应的文本。保持默认文本字号，设置字体分别为“方正粗黑宋简体”和“宋体”，颜色为白色，如图3.27所示。

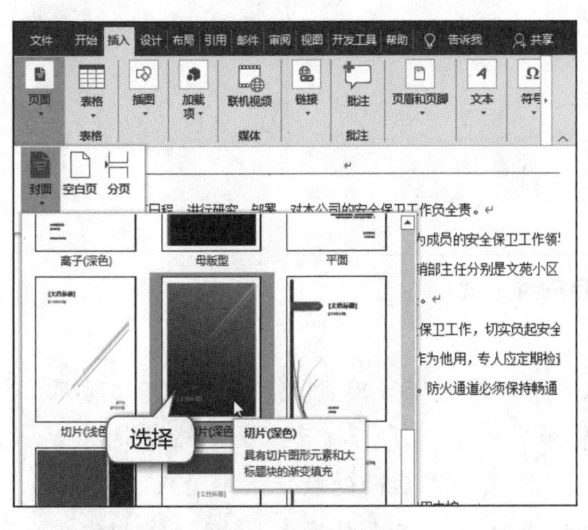

图3.26　选择封面

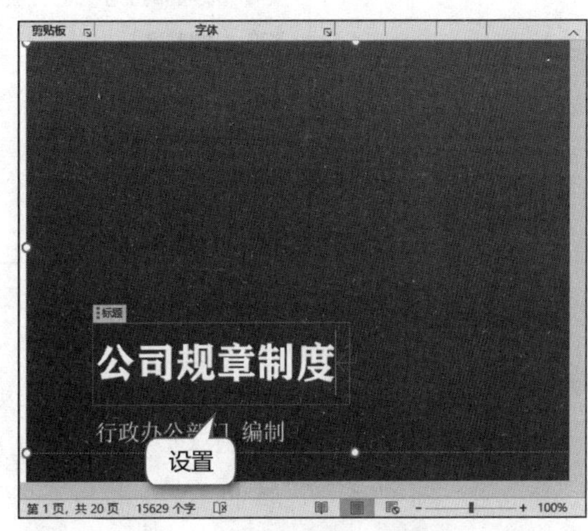

图3.27　设置封面文本字符格式

3 将光标定位到文档内容首页，在第一行中输入“目录”文本。将光标定位到下一行，在【布局】/【页面设置】组中单击“分隔符”按钮，在打开的下拉列表中的“分节符”栏中选择“下一页”选项，如图3.28所示，系统在该页前自动插入一页。

4 将光标定位到分节符前，在【引用】/【目录】组中单击“目录”按钮，在打开的下拉列表中选择“自定义目录”选项，打开“目录”对话框。勾选“显示页码”和“页码右对齐”复选框，在“常规”栏中设置格式为“正式”，显示级别为“2”，如图3.29所示，在列表框中预览目录效果，单击“确定”按钮完成设置。

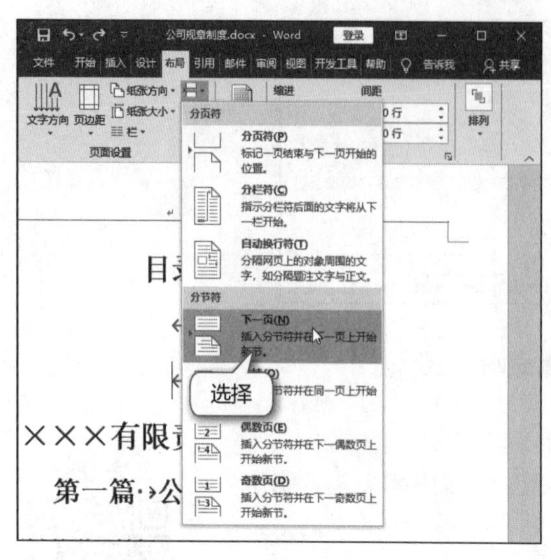

图3.28 选择分节符

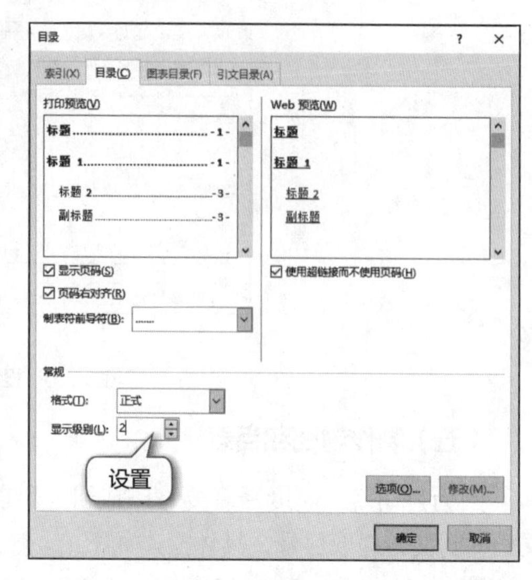

图3.29 设置目录样式

5 插入目录的第1项格式与其他不同，利用格式刷将其格式设置为与其他项相同的格式。选择全部目录，设置其字符格式为“黑体、五号、加粗”，行距为“1.5倍行距”，二级标题字号为“10”，效果如图3.30所示。

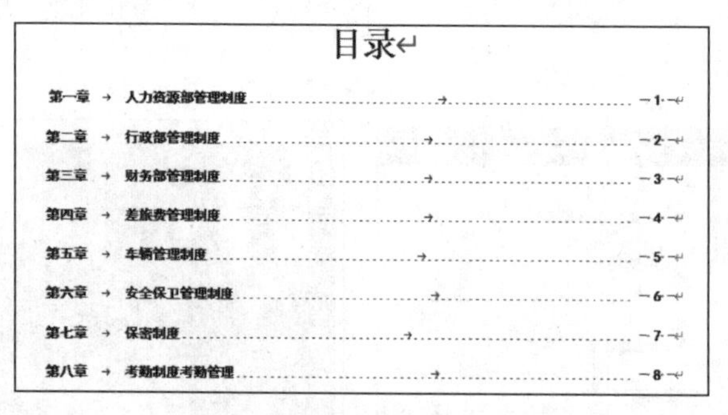

图3.30 设置目录字符格式

提示：由于插入了分节符，所以正文第1页的页码可能会变为“0”，此时只需在正文第1页的页脚处双击，进入“页眉和页脚”视图，打开“页码格式”对话框，在“页码编号”栏中选中“起始页码”单选项，在后面的数值框中输入“1”即可将起始页码设为1，之后的页码顺排；页码更改后，在【引用】/【目录】组中单击“更新目录”按钮，打开“更新目录”对话框，根据实际情况进行设置，单击 确定 按钮更新目录。

任务二 制作客户邀请函

一、任务目标

邀请分为正式和非正式两种。非正式的邀请主要是指口头邀请；而用于办公场合的邀请一般为正式邀请，需邮寄邀请函。邀请函是为了体现商务礼仪及为客户备忘而制作的。图3.31所示为制作的客户邀请函效果。

邀 请 函

尊敬的王文键先生：

您好！

感谢您一直以来对我们公司的关注，为庆祝公司成立五周年，公司决定举行周年庆祝活动晚会，在此真诚期待您的光临！具体信息如下。

时间：2022年5月20日

地点：魅九香槟大酒店

流程：领导讲话、节目表演、互动游戏、宴会合影

长樱德兰灯饰有限责任公司外联部

2022年5月10日

图3.31　客户邀请函效果

下载资源

素材文件：项目三\客户信息数据表.xlsx、客户数据表.xlsx、背景.jpg

效果文件：项目三\客户邀请函.docx、信封.docx

二、任务实施

（一）设置版式并输入文本

扫一扫

设置版式并输入文本

邀请函在形式上要美观大方，因此在制作时需要设置页面版式，具体操作如下。

1 启动Word 2016，新建“客户邀请函.docx”文档。在【布局】/【页面设置】组中单击“纸张方向”按钮，在打开的下拉列表中选择“横向”选项，如图3.32所示。

2 在【设计】/【页面背景】组中单击“页面颜色”按钮，在打开的下拉列表中选择“填充效果”选项，如图3.33所示。

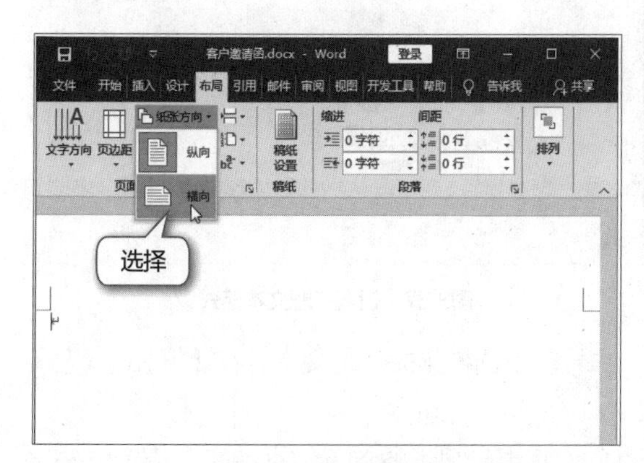

图3.32　设置文档纸张方向

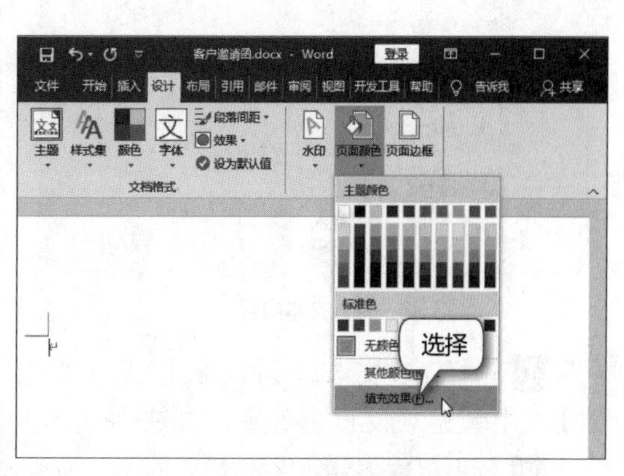

图3.33　设置文档页面背景

3 在打开的“填充效果”对话框中单击“图片”选项卡。单击选择图片(L)...按钮，如图3.34所示，在打开的“选择图片”对话框中选择需要的“背景.jpg”图片，单击插入(S)按钮返回“填充效果”对话框。

4 单击确定按钮返回文档，可以看到添加背景后的效果，如图3.35所示。

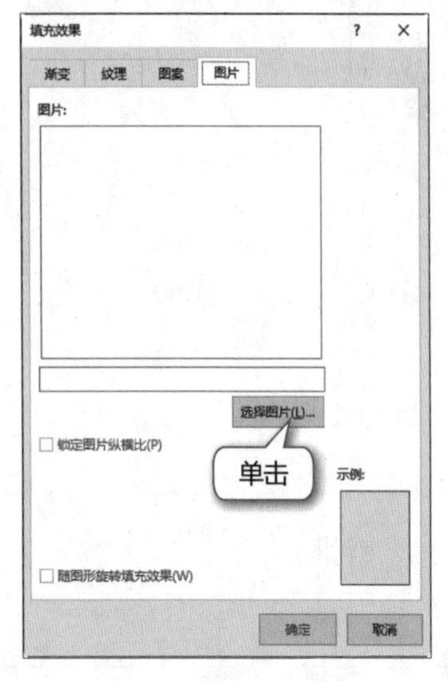

图3.34 选择背景图片

图3.35 查看背景效果

5 将光标定位到文档中，输入文本，如图3.36所示。

6 选择第1行文本，设置其字符格式为“华文隶书、48号”，文本颜色为“红色”；设置对齐方式为居中对齐，如图3.37所示。

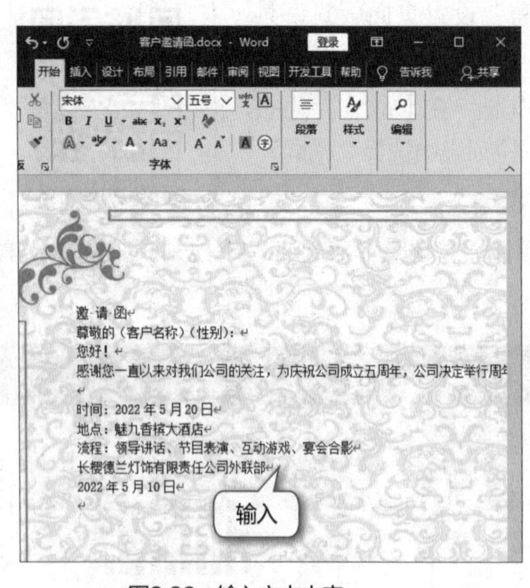

图3.36 输入文本内容

图3.37 设置标题文本格式

7 选择正文文本，设置字符格式为“宋体、15号”。选择第5～7行文本，在【开始】/【字体】组中单击“加粗”按钮B，如图3.38所示。

8 拖曳鼠标指针选择除第1行外的正文部分，向右拖曳标尺上的首行缩进按钮，设置特殊格式为“首行缩进”，缩进值为“2字符”，如图3.39所示。选择最后两段文本，设置对齐方式为右对齐。

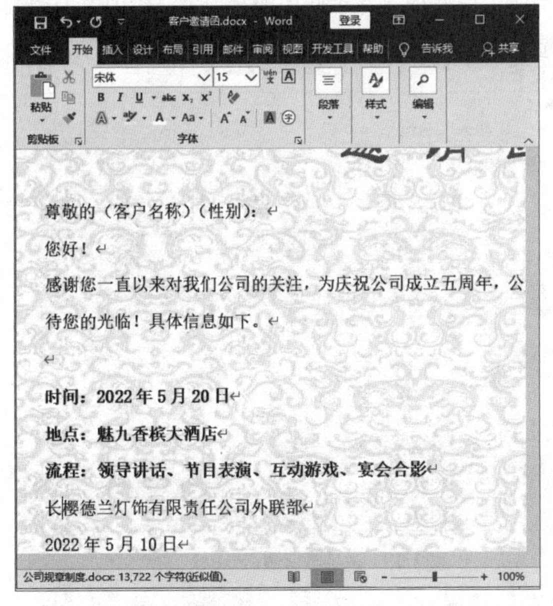

图3.38 设置字符格式

图3.39 设置首行缩进

（二）使用邮件合并功能

扫一扫

使用邮件合并功能

在Word中还可以使用邮件合并功能合并数据，批量制作出需要的文档，具体操作如下。

1 将光标定位到“尊敬的”文本后。在【邮件】/【开始邮件合并】组中单击“开始邮件合并”按钮，在打开的下拉列表中选择“邮件合并分步向导”选项，如图3.40所示。

2 打开“邮件合并”窗格，在“选择文档类型”栏中选中“信函”单选项。单击“下一步：开始文档”超链接，进入下一个步骤，如图3.41所示。

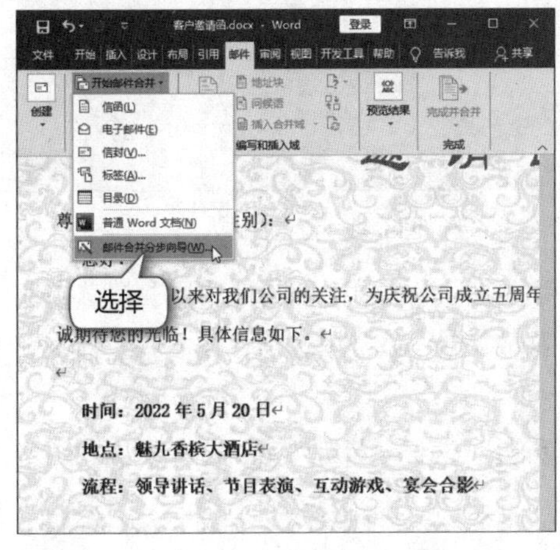

图3.40 选择“邮件合并分步向导”选项

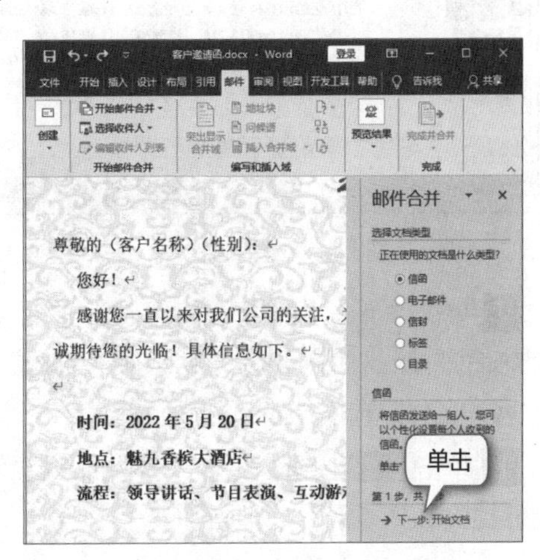

图3.41 单击超链接

3 在“选择开始文档”栏中选中“使用当前文档”单选项。单击“下一步：选择收件人”超链接，如图3.42所示。

4 在“选择收件人”栏中选中“使用现有列表”单选项。在“使用现有列表”栏中单击“浏览”超链接。在打开的“选取数据源”对话框中选择“客户信息数据表.xlsx”文件，如图3.43所示。

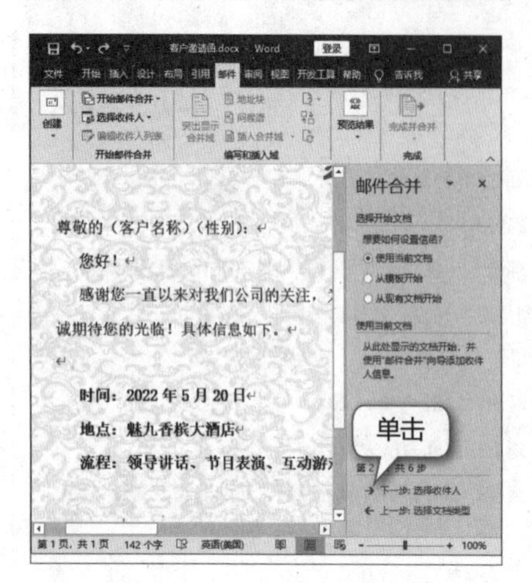

图3.42　单击超链接

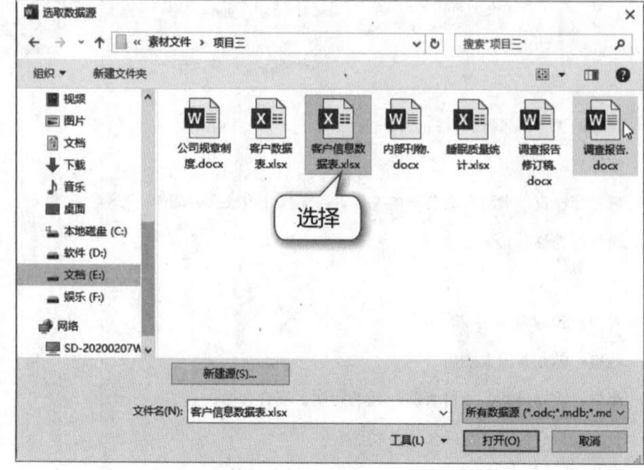

图3.43　选择数据源

5 单击[打开(O)]按钮，打开“选择表格”对话框，在其中选择“Sheet1 $”选项，如图3.44所示。

6 单击[确定]按钮打开“邮件合并收件人”对话框，如图3.45所示，直接单击[确定]按钮返回“邮件合并”窗格。

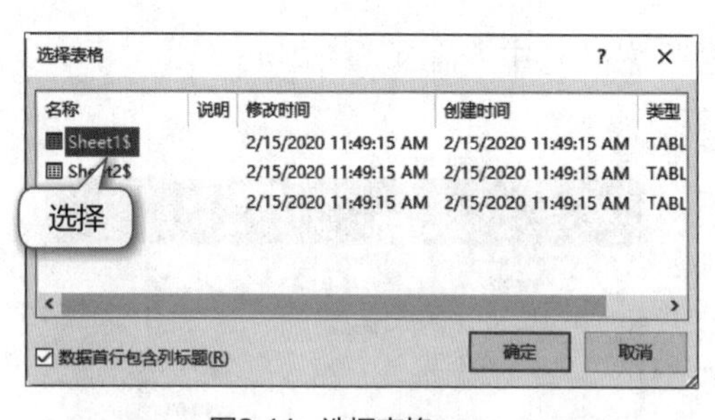

图3.44　选择表格

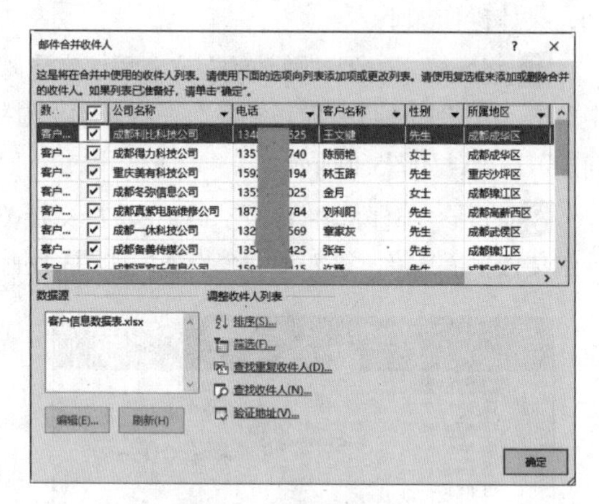

图3.45　查看收件人

7 单击“下一步：撰写信函”超链接。在“撰写信函”栏中单击“其他项目”超链接，打开“插入合并域”对话框。系统默认在“插入”栏中选中“数据库域”单选项，在“域”列表框中选择“客户名称”选项，如图3.46所示。

8 单击[插入(I)]按钮，将客户名称插入文档中的光标处。选择“性别”选项，如图3.47所示，单击[插入(I)]按钮。

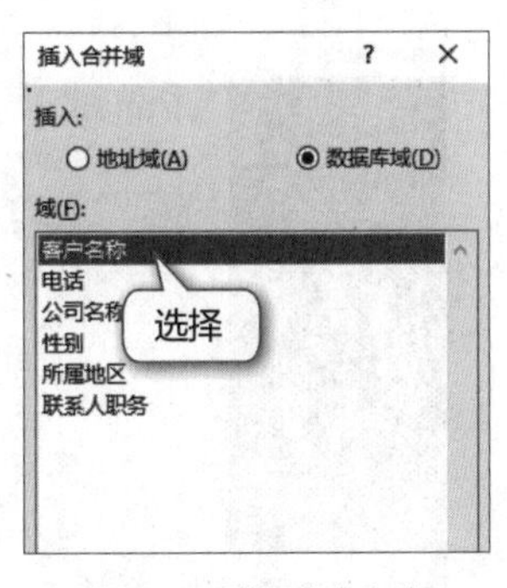

图3.46　选择客户名称

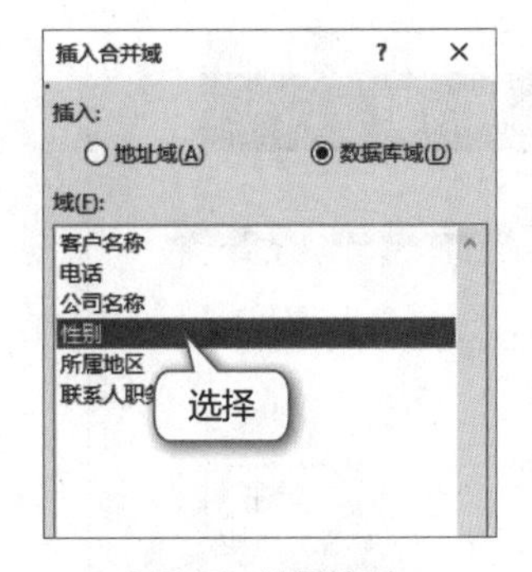

图3.47　选择性别

9 单击“关闭”按钮☒关闭“插入合并域”对话框。在“邮件合并”窗格中单击“下一步：预览信函”超链接，在“预览信函”栏中单击»按钮和«按钮可以预览下一位收件人和上一位收件人，如图3.48所示。

10 在“邮件合并”窗格中单击“下一步：完成合并”超链接完成邮件合并。单击×按钮关闭“邮件合并”窗格，如图3.49所示。

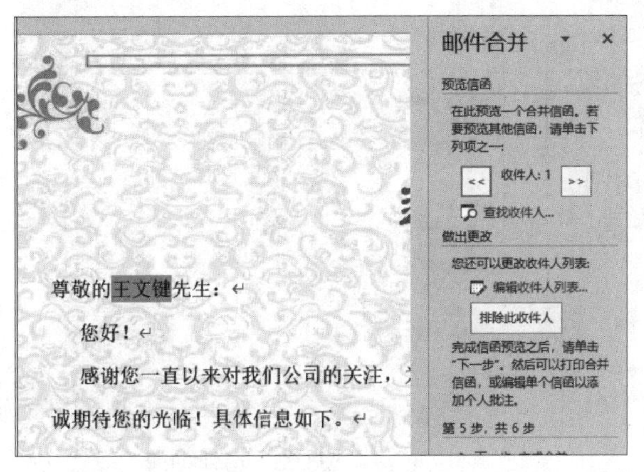

图3.48　预览收件人

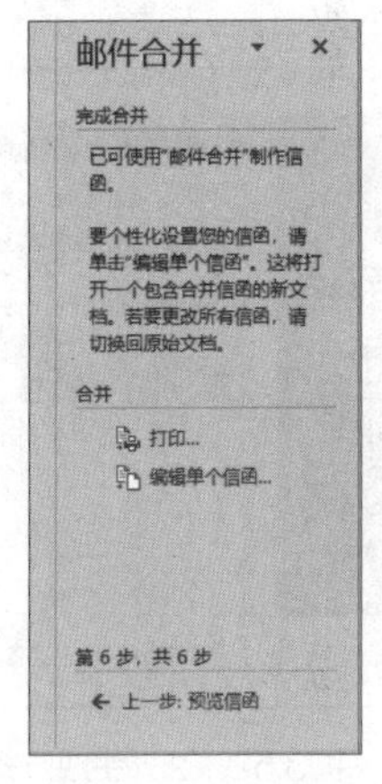

图3.49　完成邮件合并

（三）制作信封

邀请函制作好后，还需要制作相关的信封用于邮寄，可批量制作信封，具体操作如下。

1 在【邮件】/【创建】组中单击“中文信封”按钮。在打开的“信封制作向导”对话框中单击下一步(N)>按钮，如图3.50所示。

2 在“信封样式”下拉列表中选择一种信封样式，单击下一步(N)>按钮，如图3.51所示。

提示：【邮件】/【创建】组提供了“中文信封”“信封”“标签”3个选项，“中文信封”可以直接通过“信封制作向导”对话框创建和设置，“信封”和“标签”可以通过相应的对话框进行更详细的设置，如收件人地址、发件人地址等。

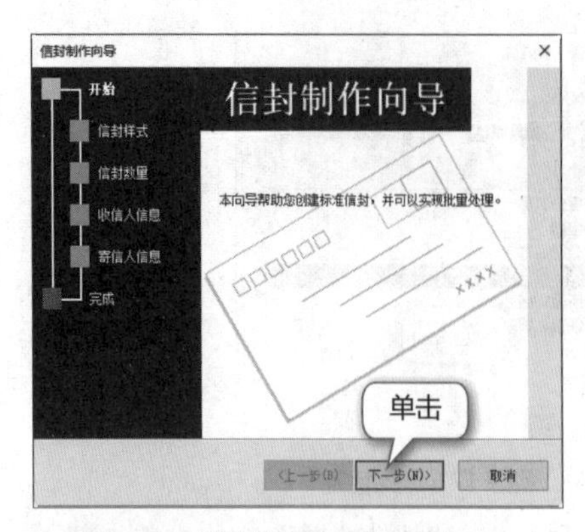

图3.50 “信封制作向导”对话框

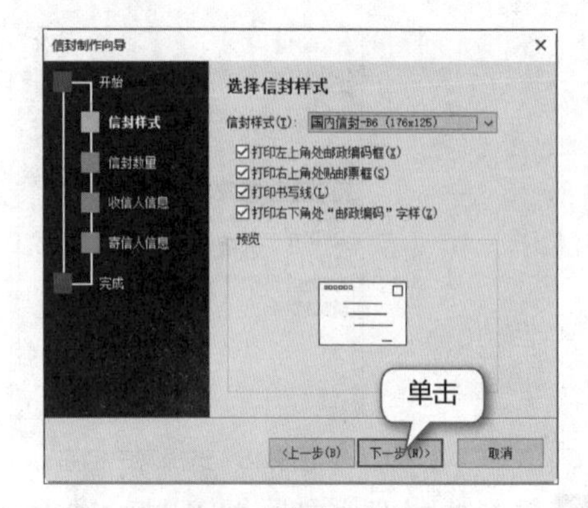

图3.51 选择信封样式

3 在对话框中选中“基于地址簿文件，生成批量信封”单选项，单击下一步按钮，如图3.52所示。

4 在界面中单击选择地址簿按钮，在打开的“打开”对话框的“文件类型”下拉列表中选择“Excel”选项，在中间列表框中选择“客户数据表.xlsx”选项，如图3.53所示。

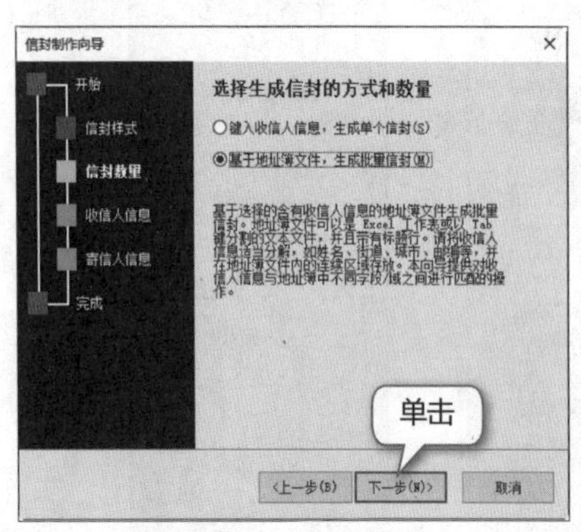

图3.52 选择生成方式

图3.53 选择地址簿

5 单击打开按钮返回“信封制作向导”对话框。在“匹配收信人信息”栏的相应下拉列表中选择对应的选项，如图3.54所示。

6 单击下一步按钮。在“输入寄信人信息”界面的相应文本框中输入数据，如图3.55所示。

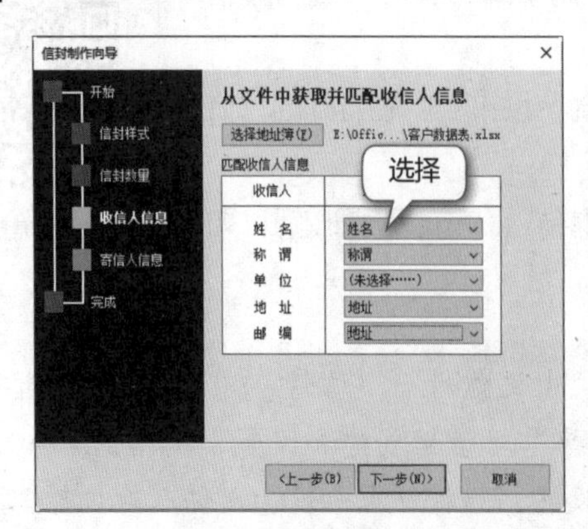

图3.54 选择收件人信息

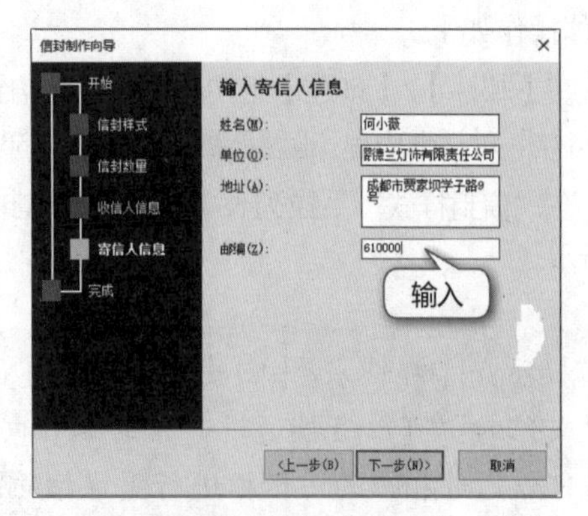

图3.55 输入寄件人信息

7 单击[下一步(N)>]按钮，单击[完成(F)]按钮，如图3.56所示。

此时Word将根据地址簿中的数据批量制作出信封，效果如图3.57所示。

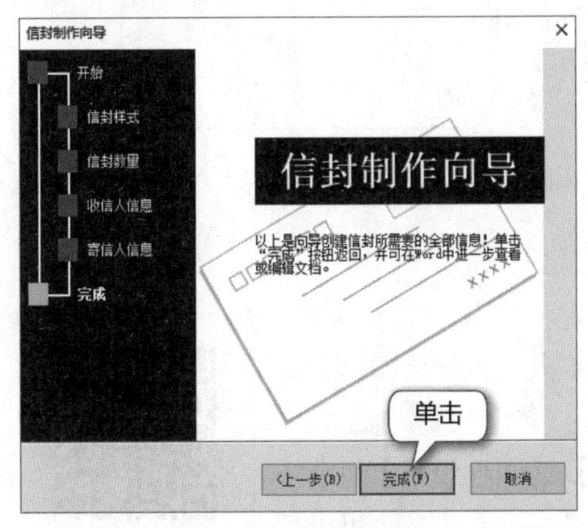

图3.56　完成向导制作

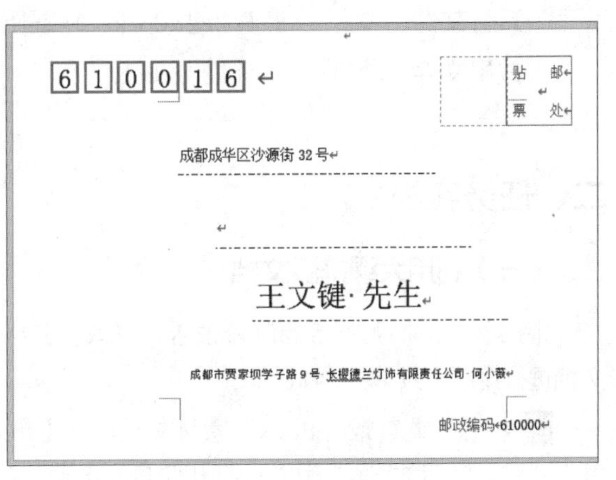

图3.57　信封效果

任务三　制作市场调查报告

一、任务目标

市场调查报告是根据在市场中进行项目调查后收集、整理和分析得来的资料确定商品需求状况的文档，即为了产品发布或销售而进行调查工作，并在工作结束后制作的报告文档。

一般情况下，市场调查报告分为标题、前言、主体内容和结尾4部分，部分市场调查报告还包含附录。附录一般是相关的调查统计图表、有关材料出处及参考文献等。图3.58所示为市场调查报告的参考效果。

市场调查报告

前　言

随着我国城镇居民食品结构日趋丰富，乳制品已开始成为家庭消费中的重要组成部分，进入各年龄消费层次。乳制品行业已经成为食品行业中最被看好的领域之一。

时局的不断变迁导致乳业市场已进入市场细分阶段，面对产品同质化和消费者需求的差异化，应制订不同的新产品策略，研制不同功能的奶制品，以适应市场的需求和发展。纵观大众消费水平和液态奶不断发展的趋势，一向倡导健康自然的大一，逐步开始关注国人的睡眠状态。近期大一乳业不惜花费巨资独家研发出一种适合睡前饮用、富含α-乳白蛋白的牛奶产品——大一舒睡奶（α-乳白蛋白是牛乳清中第二大丰富的蛋白质，不仅具有营养功能，而且也是乳糖合成酶的重要成分，它能催化乳中主要碳水化合物——乳糖的合成）。然而，上市将近大半年的“舒睡奶”，重庆市场对其熟悉的消费者却寥寥无几，为了能够更好地让大众消费者所接受，我们公司为其重庆市场做了一次调查和分析。

一、市场分析

（一）乳品市场现状及其发展

中国乳制品市场正处在一个重要的转型期：从过去的营养滋补品转变为日常消费品；消费者从过去的老、少、病、弱等特殊群体扩大为所有消费者；市场从城市扩展到城郊和乡村；产品也从简单的全脂奶粉和隔日消费的巴氏消毒奶进步到各种功能奶粉和各种保质期的液体奶、酸奶及含乳饮料。

连续几年奔走在快车道上之后，中国整个乳业市场麻烦不断。去年我国乳业市场整体上虽然能

市场调查报告

前　言

随着我国城镇居民食品结构日趋丰富，乳制品已开始成为家庭消费中的重要组成部分，进入各年龄消费层次。乳制品行业已经成为食品行业中最被看好的领域之一。

时局的不断变迁导致乳业市场已进入市场细分阶段，面对产品同质化和消费者需求的差异化，应制订不同的新产品策略，研制不同功能的奶制品，以适应市场的需求和发展。纵观大众消费水平和液态奶不断发展的趋势，一向倡导健康自然的大一，逐步开始关注国人的睡眠状态。近期大一乳业不惜花费巨资独家研发出一种适合睡前饮用、富含α-乳白蛋白的牛奶产品——大一舒睡奶（α-乳白蛋白是牛乳清中第二大丰富的蛋白质，不仅具有营养功能，而且也是乳糖合成酶的重要成分，它能催化乳中主要碳水化合物——乳糖的合成）。然而，上市将近大半年的“舒睡奶”，重庆市场对其熟悉的消费者却寥寥无几，为了能够更好地让大众消费者所接受，我们公司为其重庆市场做了一次调查和分析。

一、市场分析

（一）乳品市场现状及其发展

中国乳制品市场正处在一个重要的转型期：从过去的营养滋补品转变为日常消费品；消费者从过去的老、少、病、弱等特殊群体扩大为所有消费者；市场从城市扩展到城郊和乡村；产品也从简单的全脂奶粉和隔日消费的巴氏消毒奶转变为各种功能奶粉和各种保质期的液体奶、酸奶及含乳饮料。

图3.58　市场调查报告的参考效果

下载资源

素材文件：项目三\调查报告.docx、睡眠质量统计.xlsx

效果文件：项目三\调查报告.docx

二、任务实施

（一）利用大纲排版文档

扫一扫

利用大纲排版文档

根据素材文档调整市场调查报告，修改样式格式，并在大纲视图下对文档进行排版，具体操作如下。

1 打开“调查报告.docx”素材文档。在【布局】/【页面设置】组中单击“对话框启动器”按钮，打开“页面设置”对话框，设置上、下页边距均为“2厘米”，设置左、右页边距均为“3厘米”，如图3.59所示。

2 在【开始】/【样式】组中单击“对话框启动器”按钮，打开“样式”窗格。在“标题1”上单击鼠标右键，在弹出的快捷菜单中选择“修改”命令，如图3.60所示。

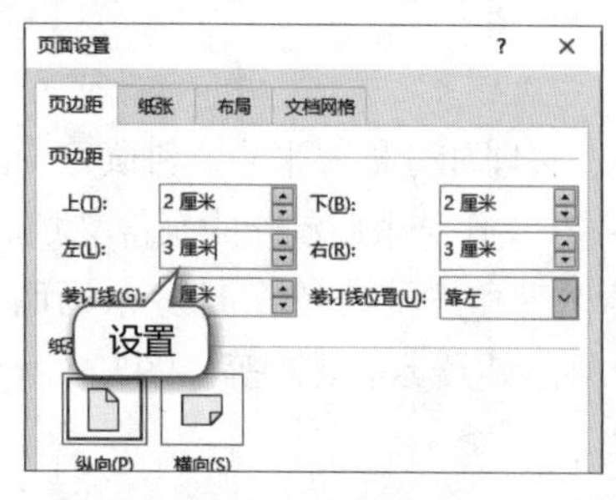

图3.59 设置文档页边距

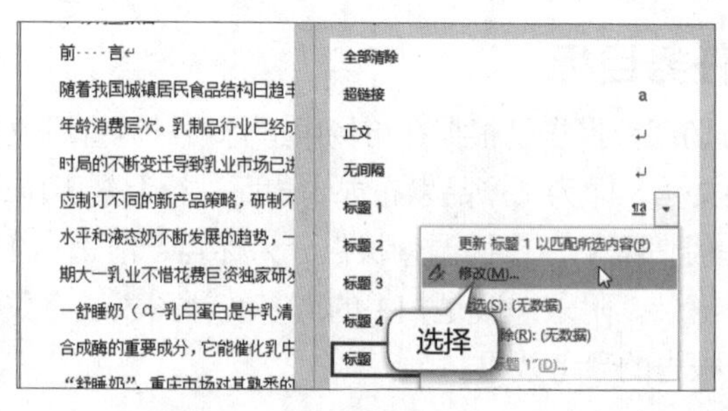

图3.60 选择“修改”命令

3 打开“修改样式”对话框，设置字符格式为“宋体、三号、加粗”，单击 格式(O) 按钮，在打开的下拉列表中选择“段落”选项，如图3.61所示。

4 打开“段落”对话框，设置行距为“1.5倍行距”，设置段前、段后间距均为“0.5行”，如图3.62所示。

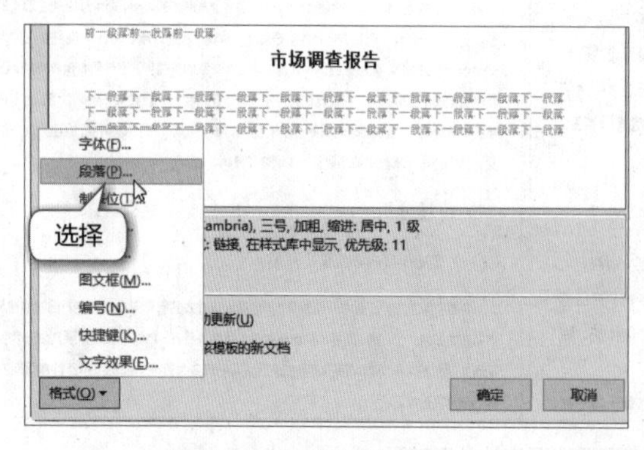

图3.61 选择“段落”选项

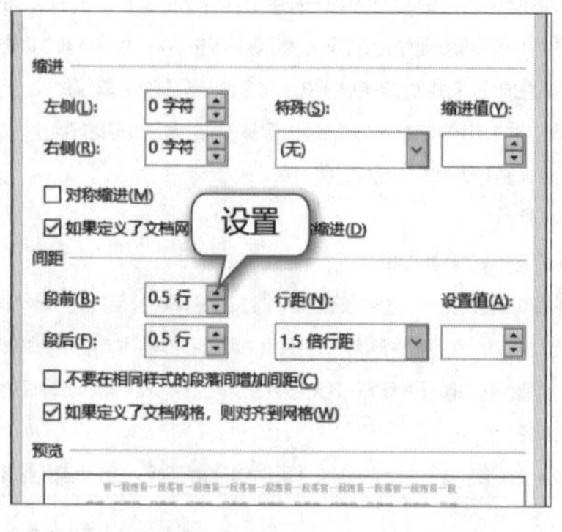

图3.62 设置“标题1”样式的段落格式

5 设置“标题2”样式的字符格式为“宋体、四号”，行距为“1.5倍行距”，段前、段后间距均为“0.5行”，如图3.63所示。

6 设置“标题3”样式的字符格式为“宋体、五号”，行距为“1.5倍行距”，段前、段后间距均为“0.5行”，特殊格式为“首行缩进”，缩进值为“1字符”，如图3.64所示。设置“正文”样式的段落间距为“1.5倍行距”，段前、段后间距均为“0.5行”，特殊格式为“首行缩进”，缩进值为“2字符”。

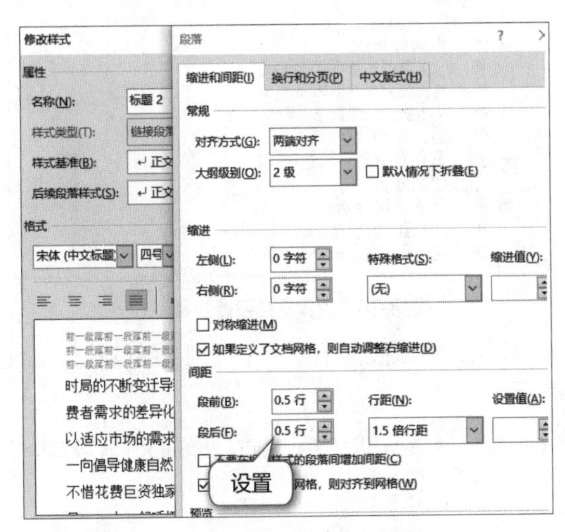

图3.63 设置“标题2”样式的段落格式

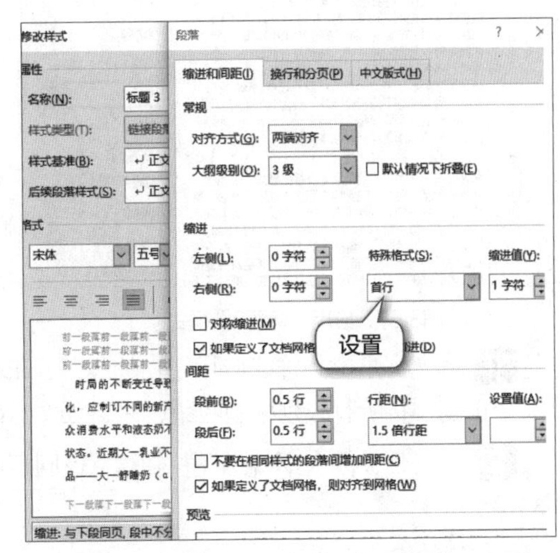

图3.64 设置“标题3”样式的段落格式

7 在【视图】/【视图】组中单击“大纲视图”按钮，进入大纲视图模式。在【大纲】/【大纲工具】组中取消勾选“仅显示首行”复选框，在“显示级别”下拉列表中选择“所有级别”选项，如图3.65所示。

8 将光标定位在“市场调查报告”所在行，为其应用“标题”样式，如图3.66所示，为“前言”段落应用“副标题”样式。

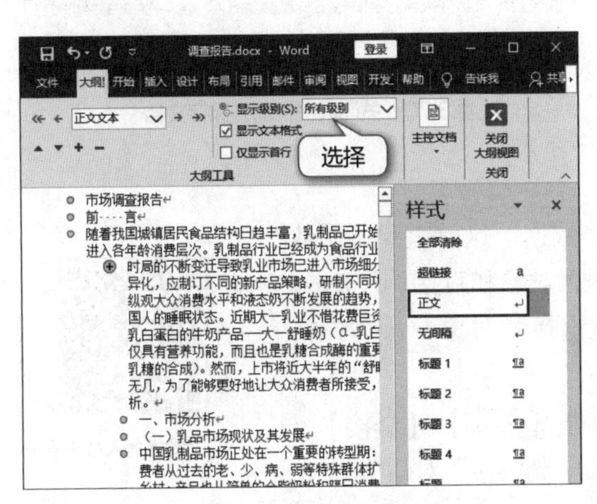

图3.65 显示所有大纲文本

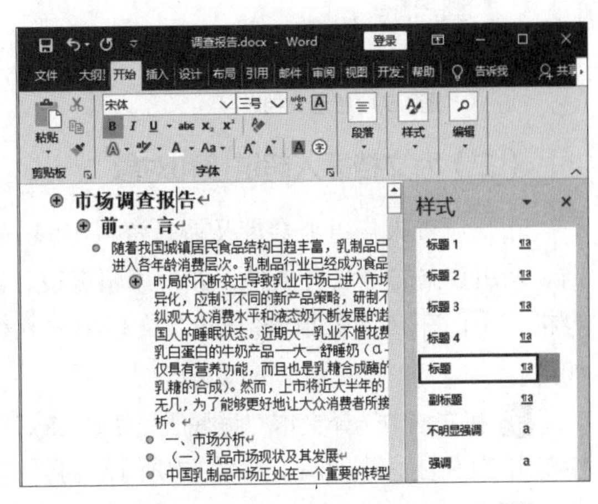

图3.66 应用“标题”样式

9 为文档中的“乳品市场现状及其发展”等标题文本应用“标题2”样式，为正文应用“正文”样式，将鼠标指针移动到“前言”文本前的⊕符号上双击，将该级别标题下的内容收缩起来，并自动在该文本下添加一条虚线，如图3.67所示。

10 为文档应用其余样式，并隐藏级别内容，让文档在大纲视图下呈整体结构显示，关闭“样式”窗格。检查文档标题级别是否应用正确，如图3.68所示。

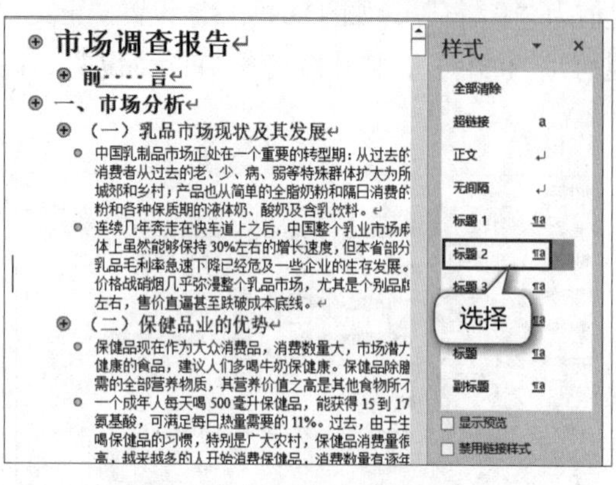

图3.67 应用“标题2”样式

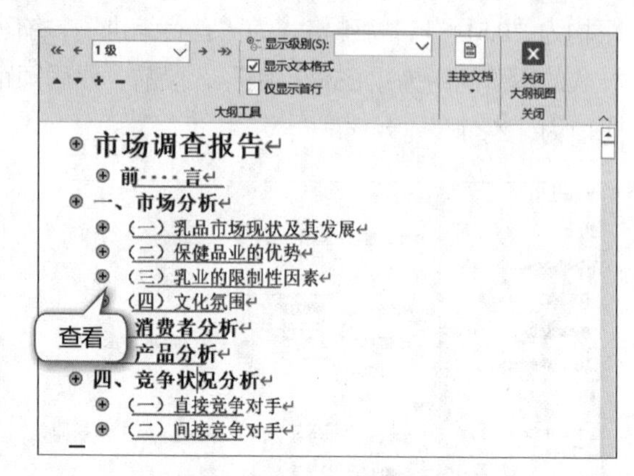

图3.68 查看文档设置效果

11 将光标定位到样式应用错误的段落，单击 ← 按钮，将该段落上升一个级别，继续检查，直到完全正确，将所有级别标题收缩起来，如图3.69所示。

12 单击“关闭大纲视图”按钮 ☒，返回页面视图，文档样式应用完成后，保存文档，效果如图3.70所示。

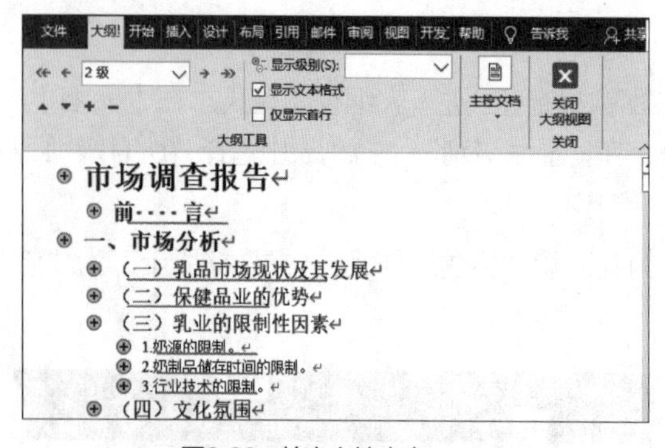

图3.69 检查文档内容

市场调查报告

前····言

随着我国城镇居民食品结构日趋丰富，乳制品已开始成为家庭消费中的重要组成部分，进入各年龄消费层次。乳制品行业已经成为食品行业中最被看好的领域之一。

时局的不断变迁导致乳业市场已进入市场细分阶段，面对产品同质化和消费者需求的差异化，应制订不同的新产品策略，研制不同功能的奶制品，以适应市场的需求和发展。纵观大众消费水平和液态奶不断发展的趋势，一向倡导健康自然的大一，逐步开始关注国人的睡眠状态。近期大一乳业不惜花费巨资独家研发出一种适合睡前饮用、富含α-乳白蛋白的牛奶产品——大一舒睡奶（α-乳白蛋白是牛乳清中第二大丰富的蛋白质，不仅具有营养功能，而且也是乳糖合成酶的重要成分，它能催化乳中主要碳水化合物——乳糖的合成）。然而，上市将近大半

图3.70 关闭大纲视图并保存文档

（二）为文档插入超链接和对象

市场调查报告可能会涉及调查资料中的一些数据，这就需要调用数据。调用数据的方法有多种，如使用超链接、插入对象和直接调用Excel表格。下面在“调查报告.docx”文档中插入超链接和对象，具体操作如下。

1 在文档中选择文本“睡眠质量统计.xlsx”。在【插入】/【链接】组中单击“超链接”按钮，如图3.71所示，打开“插入超链接”对话框。

2 在“链接到”列表框中选择“现有文件或网页”选项，在中间列表框中选择“当前文件夹”选项。在“查找范围”下拉列表中选择文档路径，选择要链接的文档，单击 确定 按钮确认操作，如图3.72所示。

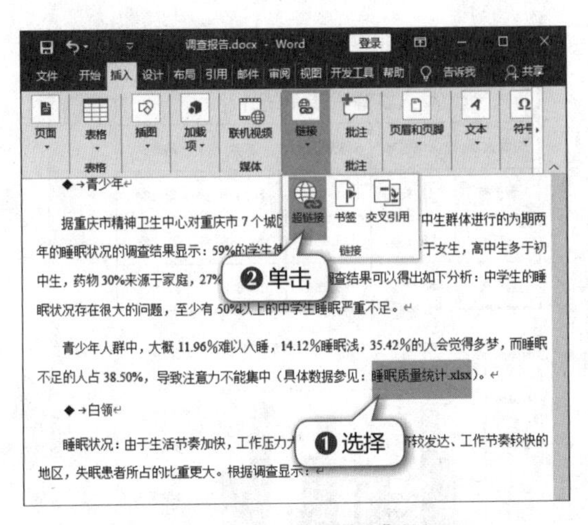

图3.71　单击“超链接”按钮

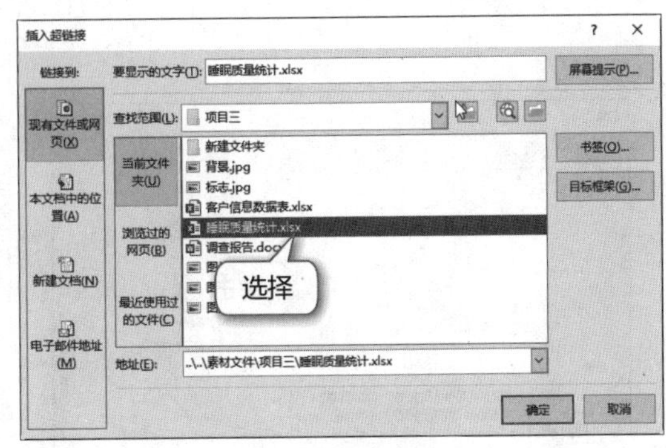

图3.72　选择链接文件

3 返回文档，选择的文本变为带下划线的蓝色文字，表示已链接到文本。按住【Ctrl】键的同时单击该超链接，可打开链接到的文本，如图3.73所示。

4 将光标定位到标题为“消费者分析”的段落后，在【插入】/【文本】组中单击“对象”按钮右侧的下拉按钮，在打开的下拉列表中选择“对象”选项，如图3.74所示，打开“对象”对话框。

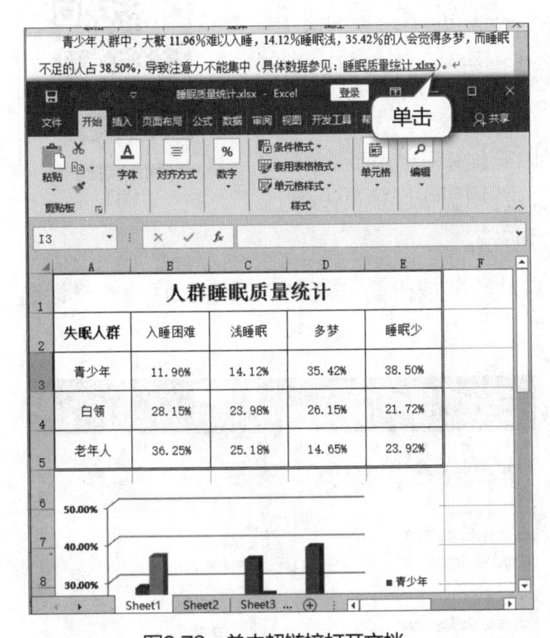

图3.73　单击超链接打开文档

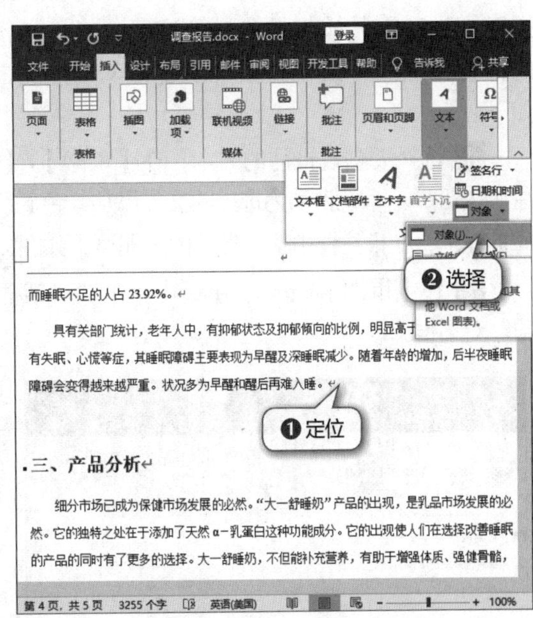

图3.74　选择“对象”选项

5 单击“由文件创建”选项卡，单击 浏览(B)... 按钮，如图3.75所示。

6 在打开的“浏览”对话框中选择数据文件保存路径，再选择要插入的睡眠质量统计文档，单击 插入(S) 按钮。返回“对象”对话框，单击 确定 按钮，将所选文档中的所有数据插入当前文档，根据需要，按照设置图片的方法调整插入对象的大小，完成后的效果如图3.76所示。

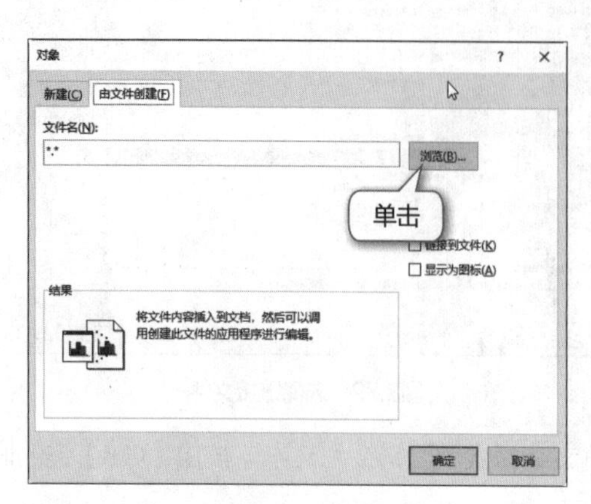

图3.75　单击“浏览”按钮

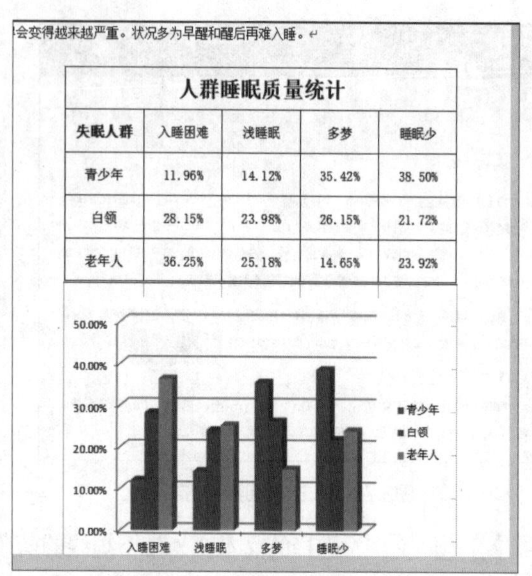
会变得越来越严重。状况多为早醒和醒后再难入睡。

人群睡眠质量统计

失眠人群	入睡困难	浅睡眠	多梦	睡眠少
青少年	11.96%	14.12%	35.42%	38.50%
白领	28.15%	23.98%	26.15%	21.72%
老年人	36.25%	25.18%	14.65%	23.92%

图3.76　在文档中插入对象

（三）创建和审阅批注与修订

为了便于联机审阅，可在文档中快速创建批注和修订。批注是指审阅时对文档添加的注释等信息，修订是指对文档做的每一处编辑的位置标记。下面在文档中创建和审阅批注，并进行修订，具体操作如下。

创建和审阅批注与修订

1 选择要创建批注的文本，在【审阅】/【批注】组中单击“新建批注”按钮。系统自动为选择的文本添加红色底纹，并用引线连接页边距上的批注框，在批注框中输入批注内容即可，如图3.77所示。

2 在【审阅】/【修订】组中单击“对话框启动器”按钮，如图3.78所示，打开“修订选项”对话框。

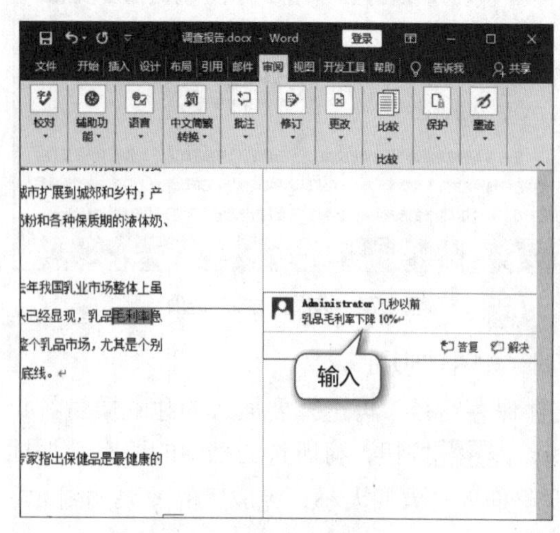

图3.77　插入并输入批注内容

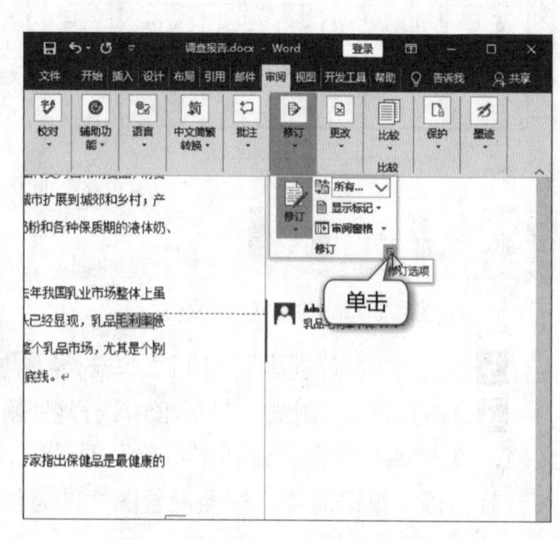

图3.78　单击“对话框启动器”按钮

3 单击高级选项(A)...按钮，打开“高级修订选项”对话框，在“标记”栏设置“插入内容”标记为“单下划线”，“删除内容”为“删除线”，“修订行”为“外侧框线”。完成后设置其他修订选项，确认设置并关闭对话框，如图3.79所示。

4 在【审阅】/【修订】组中单击“修订”按钮。选择文档中不需要的文本，将其删除，文档将自动记录删除操作，在删除的文本中间画一条红线，并以特殊颜色显示，如图3.80所示。

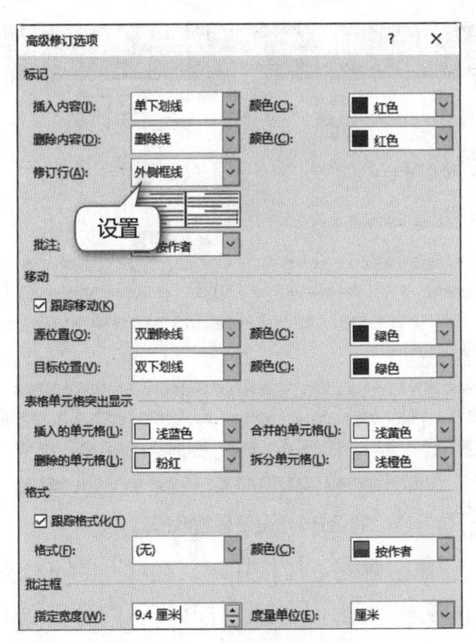

图3.79 设置修订选项

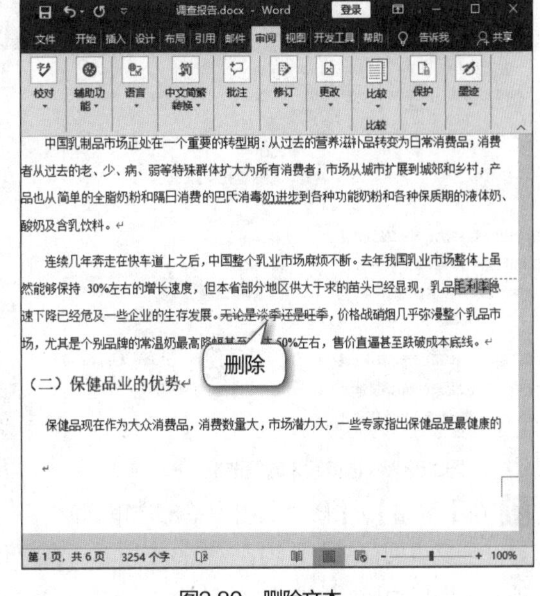

图3.80 删除文本

5 做出修改后，系统自动在该行前添加一条竖直线，表示此行有修改。添加文字信息时，添加的文本为带有下划线的红色文本，表示该内容是新添加的文本，如图3.81所示。

6 选择文本，增大文本的字号，此时系统自动在右侧页边距添加一个修订标记，并提示修改信息为“字体”。将鼠标指针移动到修改过的文本上，系统将显示提示框，提示审阅者的姓名、修订时间和修订的具体内容，如图3.82所示。

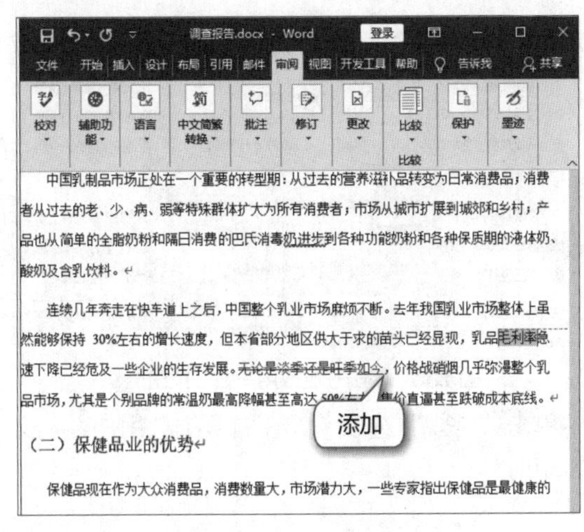

图3.81 添加修订的文本

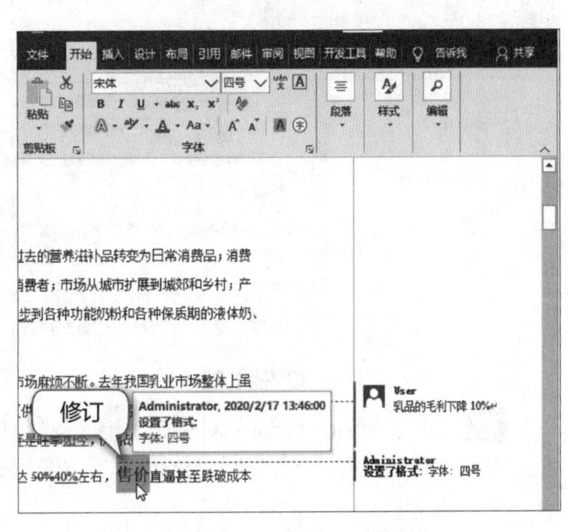

图3.82 显示修订的相关操作

7 在【审阅】/【修订】组中单击“显示标记”按钮，在打开的下拉列表中选择“特定人员”选项，在打开的子列表中，名字前有标记的表示此审阅人修订的文本为显示状态，可取消勾选审阅人的复选框，取消显示其修订标记，如图3.83所示。

8 在【审阅】/【修订】组中的“显示以供审阅”下拉列表中选择“无标记”选项，如图3.84所示，文档将自动显示进行所有修订后的最终效果，以便审阅当前文档。

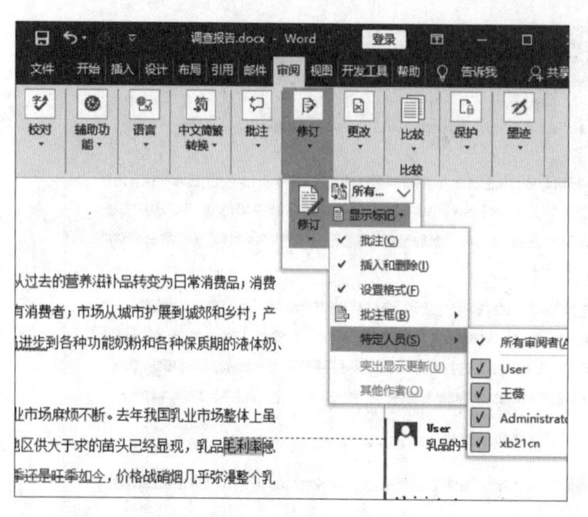

图3.83　勾选审阅人的复选框

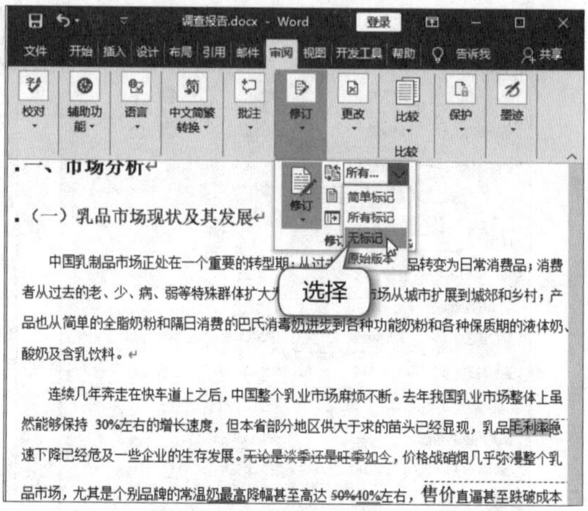

图3.84　设置最终状态

9 在【审阅】/【修订】组中单击“审阅窗格”按钮右侧的下拉按钮，在打开的下拉列表中选择“垂直审阅窗格”选项，如图3.85所示。在打开的窗格中显示所有批注和修订内容，双击修订选项，文档自动切换至文本修订处。

10 在【审阅】/【修订】组中单击“对话框启动器”按钮，在打开的“修订选项”对话框中单击更改用户名(N)...按钮，如图3.86所示。

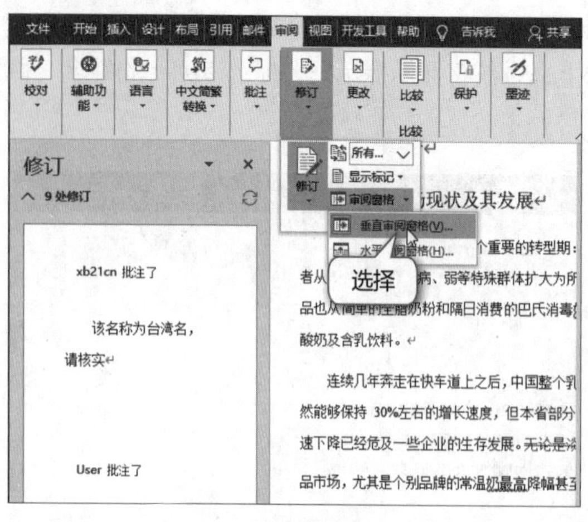

图3.85　设置修订选项

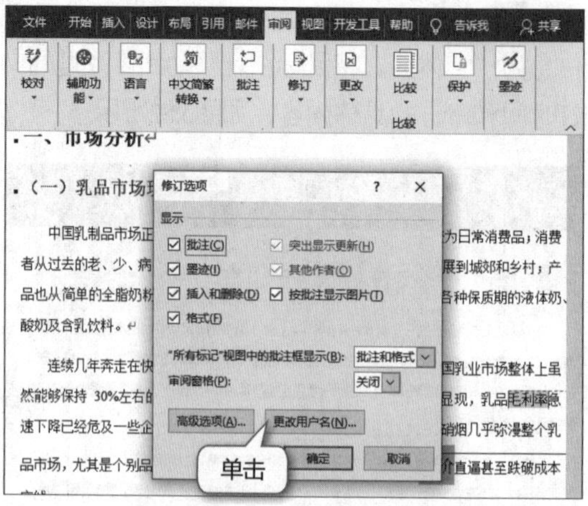

图3.86　单击“更改用户名”按钮

11 打开“Word 选项”对话框，在左侧窗格中单击“常规”选项卡，在右侧的“用户名”文本框中输入修订者的名字，如图3.87所示，确认操作即可。

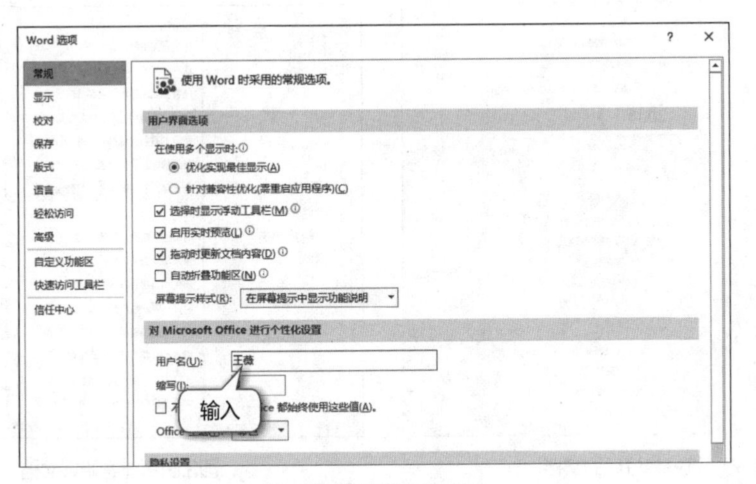

图3.87 设置修订者名称

（四）合并比较文档

审阅文档后，可对文档的修订进行合并比较，即将修改前和修改后的文档进行合并比较以查看效果，具体操作如下。

1 将修订后的文档另存为“调查报告修订稿.docx”。在【审阅】/【比较】组中选择“合并”选项，如图3.88所示，打开“合并文档”对话框。

2 单击“原文档”下拉列表后的按钮，在打开的对话框中选择修订前的文档，如图3.89所示。

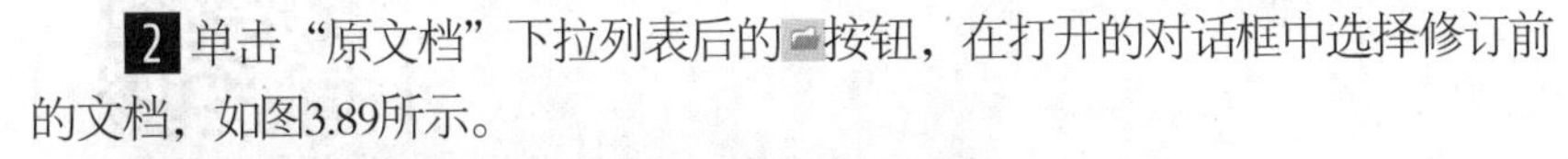

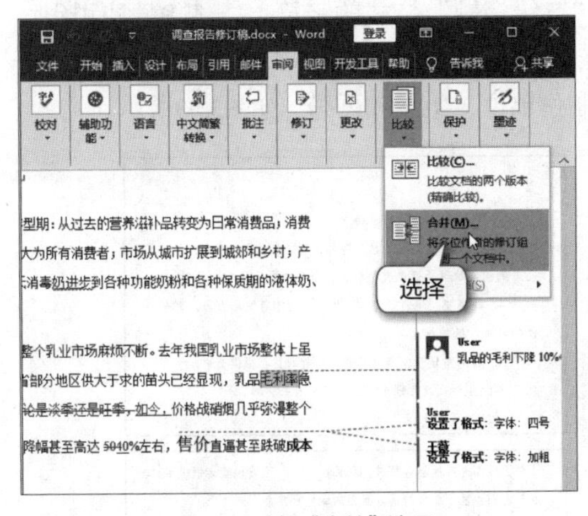

图3.88 选择“合并”选项

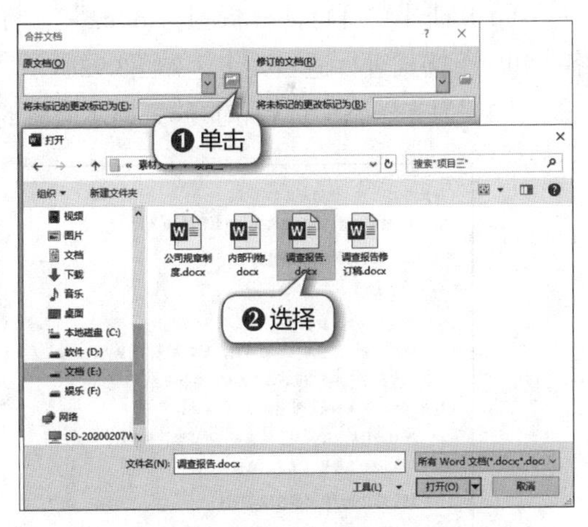

图3.89 选择修订前的文档

3 单击“修订的文档”下拉列表后的按钮，在打开的对话框中选择修订后的文档，如图3.90所示，单击确定按钮。

4 打开“保留文档格式”提示对话框，提示是否保留格式以合并该文档，单击继续合并(M)按钮，自动打开合并结果1文档，在文档中出现4个窗格，左侧为审阅窗格，中间为合并的文档，右侧上下分别为原文档和修订后的文档，如图3.91所示。

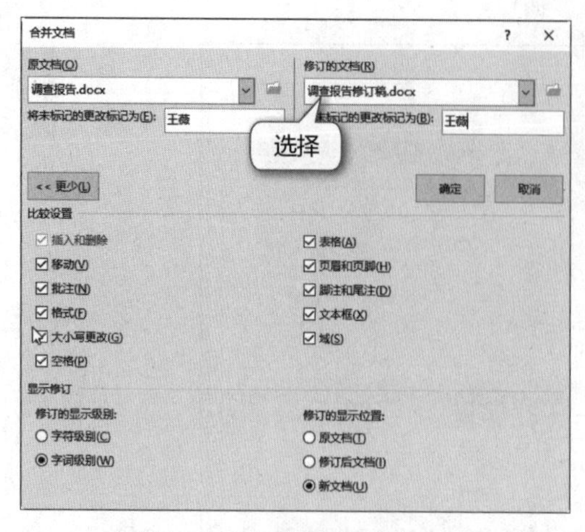

图3.90 选择修订后的文档

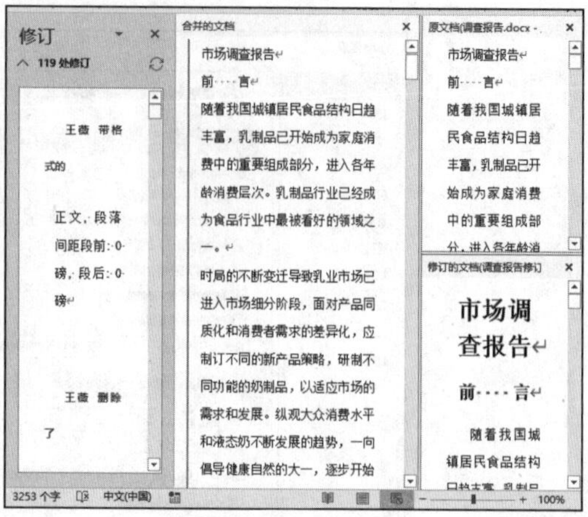

图3.91 查看修订文档

项目实训——制作创业可行性分析报告

一、实训要求

某团队需要将制作的创业可行性分析报告发送给投资者浏览，为了提高对方投资的可能，现需要调整报告的可读性，并完善报告的内容。

扫一扫

制作创业可行性分析报告

二、实训思路

（1）打开“可行性分析报告.docx”，将“二级标题”样式的字符格式和段落格式进行适当美化，如图3.92所示。

（2）为文档添加页眉和页脚，显示文档的制作单位、组织和页码，如图3.93所示。

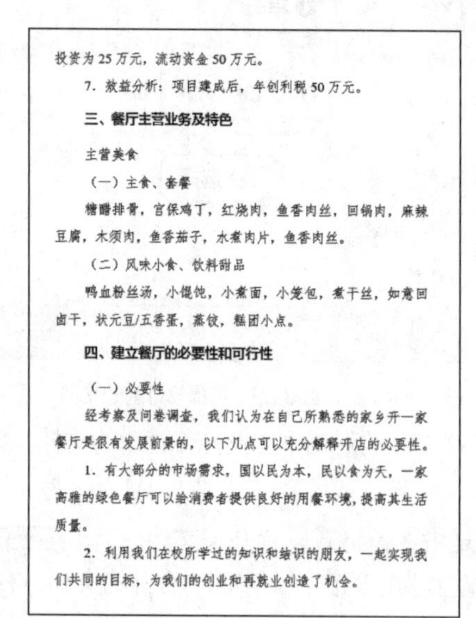

投资为25万元，流动资金50万元。

7. 效益分析：项目建成后，年创利税50万元。

三、餐厅主营业务及特色

主营美食

（一）主食、套餐

糖醋排骨，宫保鸡丁，红烧肉，鱼香肉丝，回锅肉，麻辣豆腐，木须肉，鱼香茄子，水煮肉片，鱼香肉丝。

（二）风味小食、饮料甜品

鸭血粉丝汤，小馄饨，小煮面，小笼包，煮干丝，如意回卤干，状元豆/五香蛋，蒸饺，糕团小点。

四、建立餐厅的必要性和可行性

（一）必要性

经考察及问卷调查，我们认为在自己所熟悉的家乡开一家餐厅是很有发展前景的，以下几点可以充分解释开店的必要性。

1. 有大部分的市场需求，国以民为本，民以食为天，一家高雅的绿色餐厅可以给消费者提供良好的用餐环境，提高其生活质量。

2. 利用我们在校所学过的知识和结识的朋友，一起实现我们共同的目标，为我们的创业和再就业创造了机会。

图3.92 修改样式

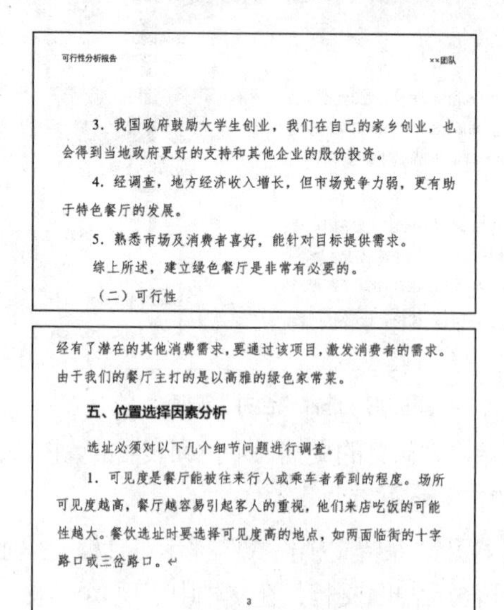

可行性分析报告 ××团队

3. 我国政府鼓励大学生创业，我们在自己的家乡创业，也会得到当地政府更好的支持和其他企业的股份投资。

4. 经调查，地方经济收入增长，但市场竞争力弱，更有助于特色餐厅的发展。

5. 熟悉市场及消费者喜好，能针对目标提供需求。

综上所述，建立绿色餐厅是非常有必要的。

（二）可行性

经有了潜在的其他消费需求，要通过该项目，激发消费者的需求。由于我们的餐厅主打的是以高雅的绿色家常菜。

五、位置选择因素分析

选址必须对以下几个细节问题进行调查。

1. 可见度是餐厅能被往来行人或乘车者看到的程度。场所可见度越高，餐厅越容易引起客人的重视，他们来店吃饭的可能性越大。餐饮选址时要选择可见度高的地点，如两面临街的十字路口或三岔路口。

3

图3.93 添加页眉和页脚

（3）在文档标题下方创建目录，并适当设置目录的字体和行距，如图3.94所示。

（4）为文档创建封面，输入标题等相关信息，如图3.95所示。

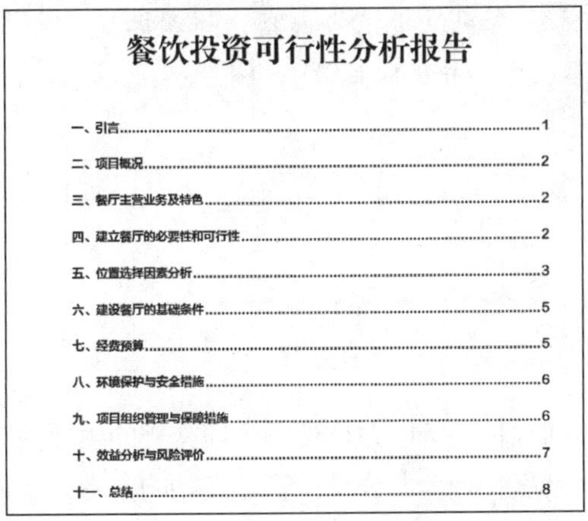

餐饮投资可行性分析报告

一、引言……1
二、项目概况……2
三、餐厅主营业务及特色……2
四、建立餐厅的必要性和可行性……2
五、位置选择因素分析……3
六、建设餐厅的基础条件……5
七、经费预算……5
八、环境保护与安全措施……6
九、项目组织管理与保障措施……6
十、效益分析与风险评价……7
十一、总结……8

图3.94 创建目录

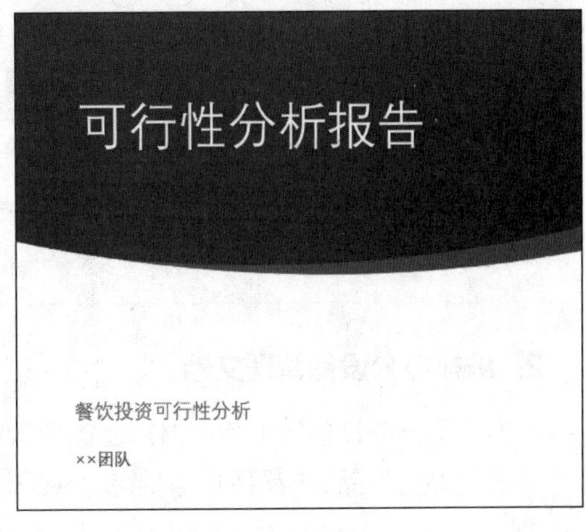

图3.95 添加封面

下载资源

素材文件：项目三\可行性分析报告.docx

效果文件：项目三\可行性分析报告.docx

拓展练习

1. 制作项目调查报告

公司想进行一次大学生就业调查，根据调查报告分析大学生和社会工作者之间的区别，以便为学校提供未来就业指导工作的资料与对策依据。参考效果如图3.96所示。

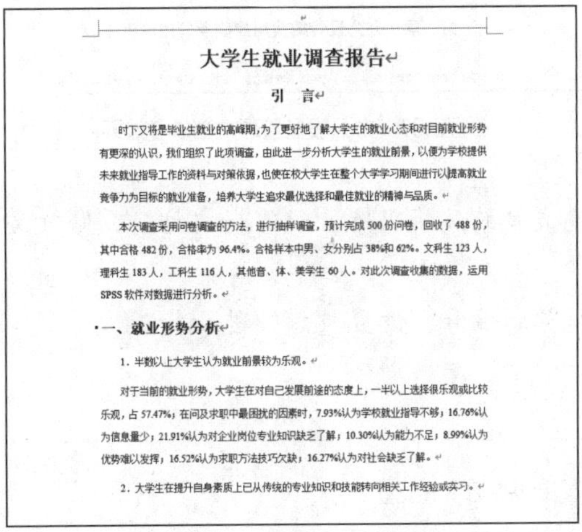

大学生就业调查报告

引 言

时下又将是毕业生就业的高峰期，为了更好地了解大学生的就业心态和对目前就业形势有更深的认识，我们组织了此项调查，由此进一步分析大学生的就业前景，以便为学校提供未来就业指导工作的资料与对策依据，也使在校大学生在整个大学学习期间进行以提高就业竞争力为目标的就业准备，培养大学生追求最优选择和最佳就业的精神与品质。

本次调查采用问卷调查的方法，进行抽样调查，预计完成500份问卷，回收了488份，其中合格482份，合格率为96.4%。合格样本中男、女分别占38%和62%。文科生123人，理科生183人，工科生116人，其他音、体、美学生60人。对此次调查收集的数据，运用SPSS软件对数据进行分析。

一、就业形势分析

1．半数以上大学生认为就业前景较为乐观。

对于当前的就业形势，大学生在对自己发展前途的态度上，一半以上选择很乐观或比较乐观，占57.47%；在问及求职中最困扰的因素时，7.93%认为学校就业指导不够；16.76%认为信息量少；21.91%认为对企业岗位专业知识缺乏了解；10.30%认为能力不足；8.99%认为优势难以发挥；16.52%认为求职方法技巧欠缺；16.27%认为对社会缺乏了解。

2．大学生在提升自身素质上已从传统的专业知识和技能转向相关工作经验或实习。

图3.96 “调查报告”参考效果

提示：（1）此文档的制作与前面介绍的市场调查报告的制作方法及注意事项、编排规则类似；

（2）新建Word文档，根据市场调查问卷和资料编排报告内容，导入调查报告文档中的标题样式和正文样式并应用，最后插入页码并提取目录。

下载资源

效果文件：项目三\项目调查.docx

2. 编排办公设备管理文档

因为公司办公设备属于公司财产，需要大家共同维护，所以办公设备管理文档的主要内容应为对各类办公用品的使用和维护制度，属于公司制度文档。办公设备管理文档的参考效果如图3.97所示。

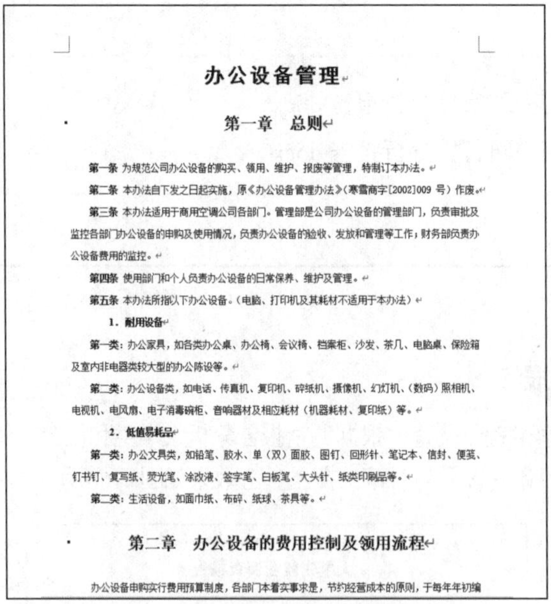

办公设备管理

第一章　总则

第一条 为规范公司办公设备的购买、领用、维护、报废等管理，特制订本办法。

第二条 本办法自下发之日起实施，原《办公设备管理办法》(寒雪商字[2002]009 号）作废。

第三条 本办法适用于商用空调公司各部门。管理部是公司办公设备的管理部门，负责审批及监控各部门办公设备的申购及使用情况，负责办公设备的验收、发放和管理等工作；财务部负责办公设备费用的监控。

第四条 使用部门和个人负责办公设备的日常保养、维护及管理。

第五条 本办法所指以下办公设备。(电脑、打印机及其耗材不适用于本办法)

1．耐用设备

第一类：办公家具，如各类办公桌、办公椅、会议椅、档案柜、沙发、茶几、电脑桌、保险箱及室内非电器类较大型的办公陈设等。

第二类：办公设备类，如电话、传真机、复印机、碎纸机、摄像机、幻灯机、(数码）照相机、电视机、电风扇、电子消毒碗柜、音响器材及相应耗材（机器耗材、复印纸）等。

2．低值易耗品

第一类：办公文具类，如铅笔、胶水、单（双）面胶、图钉、回形针、笔记本、信封、便笺、钉书钉、复写纸、荧光笔、涂改液、签字笔、白板笔、大头针、纸类印刷品等。

第二类：生活设备，如面巾纸、布碎、纸球、茶具等。

第二章　办公设备的费用控制及领用流程

办公设备申购实行费用预算制度，各部门本着实事求是，节约经营成本的原则，于每年年初编

图3.97　办公设备管理文档参考效果

提示：（1）确定文档的编排思路，编写好文档后，修改文档已有的标题样式，并应用级别标题；

（2）添加项目符号和编号，设置段落缩进和行距。

下载资源

效果文件：项目三\设备管理.docx

3. 制作并发送客户请柬

公司在举办活动时，有时也会以发送请柬的方式邀请客户，请为周年庆活动制作客户请柬，并将制作好的请柬发送给客户。客户请柬参考效果如图3.98所示。

请柬

尊敬的（客户姓名）（性别）：

兹订于2022年5月20日在魅九香槟大酒店举行公司成立5周年的周年庆活动，敬备酒宴恭候。

欢迎您的光临。

长樱德兰灯饰有限责任公司

2022年5月10日

图3.98 客户请柬参考效果

提示：（1）请柬与邀请函一样，都是邀请对方参加会议或活动的事务性文书；
（2）输入请柬文档内容并设置相应的格式；
（3）通过邮件合并功能批量制作请柬；
（4）请柬制作好后，通过电子邮件发送给客户。

下载资源

效果文件：项目三\客户请柬.docx

项目四
编辑Excel表格数据

情景导入

公司最近的统计表越来越多，米拉仅靠Word来编制越来越应付不了了。虽然她知道Office办公软件中有一个叫作“Excel”的组件是专门用来处理电子表格的，但由于对这个组件不太熟悉，所以一直也不敢“轻举妄动”。

米拉将目前的困难告诉了老洪，老洪表示自己最近事情太多，疏忽了对米拉的指导，希望米拉能够理解。同时，为了让米拉能够更快地掌握Excel的操作方法，老洪专门为米拉制订了基础的学习内容。

老洪告诉米拉：“Excel具备强大的电子表格制作、数据计算、数据分析等功能，是一款非常好用的软件，对于公司日常的表格处理工作，我们应该养成使用Excel来完成的习惯，这可以为表格后期的管理、统计等可能发生的工作打好扎实的基础，下面我们就来学习Excel的基础操作吧！”

学习目标

- 掌握表格数据的输入、编辑操作
- 掌握表格数据和表格自身的美化设置
- 了解在Excel中绘制形状的方法
- 熟悉表格的预览和打印

素质目标

- 通过输入表格数据养成认真、仔细的工作态度
- 通过项目实训了解国家脱贫攻坚项目，并能够主动深入了解与脱贫攻坚相关的信息，如取得的成绩、采取的措施等

任务一 制作考研日程安排表

一、任务目标

为了使考研复习的效率更高，许多同学会制作与考研相关的日程表或计划表。下面便利用Excel制作一个考研日程安排表，其参考效果如图4.1所示。通过完成本次任务，一方面可以掌握Excel的基本操作方法，另一方面也能够感受到Excel在编制表格方面的优越性。

考研日程安排表

2022年

月	日	复习科目	复习阶段	开始时间	重点复习书本（图书编号）	结束时间	备注
1	4	高数	第一阶段	12时30分	LSDK00235	18时00分	
1	5	线性代数	第一阶段	12时30分	DF10025	18时00分	
1	6	食品化学	第二阶段	12时30分	KLS005605	18时00分	
1	7	食品工程原理	第二阶段	12时30分	ZYMM0693	18时00分	
1	8	高数	第一阶段	12时30分	LSDK00235	18时00分	
1	9	线性代数	第一阶段	14时00分	DF10025	17时30分	
1	10	食品化学	第二阶段	12时30分	KLS005605	18时00分	
1	11	食品工程原理	第二阶段	12时30分	ZYMM0693	18时00分	
1	12	高数	第一阶段	12时30分	LSDK00235	18时00分	
1	13	线性代数	第一阶段	12时30分	DF10025	18时00分	
1	14	食品化学	第二阶段	12时30分	KLS005605	18时00分	
1	15	食品工程原理	第二阶段	12时30分	ZYMM0693	18时00分	
1	16	高数	第二阶段	14时00分	LSDK00235	17时30分	
1	17	线性代数	第二阶段	12时30分	DF10025	18时00分	
1	18	食品化学	第二阶段	12时30分	KLS005605	18时00分	
1	19	食品工程原理	第二阶段	12时30分	ZYMM0693	18时00分	
1	20	高数	第二阶段	12时30分	LSDK00235	18时00分	
1	21	线性代数	第二阶段	12时30分	DF10025	18时00分	
1	22	食品化学	第二阶段	12时30分	KLS005605	18时00分	
1	23	食品工程原理	第二阶段	14时00分	ZYMM0693	17时30分	

图4.1 考研日程安排表参考效果

下载资源

效果文件：项目四\考研日程安排表.xlsx

二、任务实施

（一）输入表格基本数据

下面先创建并保存“考研日程安排表.xlsx”工作簿，重命名工作表，然后输入表格数据，具体操作如下。

1 新建空白工作簿并以“考研日程安排表.xlsx”为名将其保存，将“Sheet1”工作表重命名为“校图书馆”，如图4.2所示。

2 在A1单元格中输入“考研日程安排表”文本，在H2单元格中输入“2022年”。在A3:H3单元格区域输入各表头文本，如图4.3所示。

图4.2　新建工作簿并重命名工作表

图4.3　输入文本

> 提示：当单元格的宽度小于其中数据的长度时，Excel 2016将只显示宽度范围内的单元格数据。要想查看完整的数据，可选择单元格后在编辑栏中查看。

3 在A4单元格中输入“1”，按【Ctrl+Enter】组合键确认输入并选择该单元格。将鼠标指针移至单元格右下角，当其变为+形状时，拖曳鼠标指针至A23单元格，快速填充相同的月份，如图4.4所示。

4 在B4单元格中输入“4”，按【Ctrl+Enter】组合键确认输入并选择该单元格。在按住【Ctrl】键的同时，拖曳该单元格右下角的填充柄至B23单元格，按递增顺序快速填充日期，如图4.5所示。

图4.4　填充相同数据

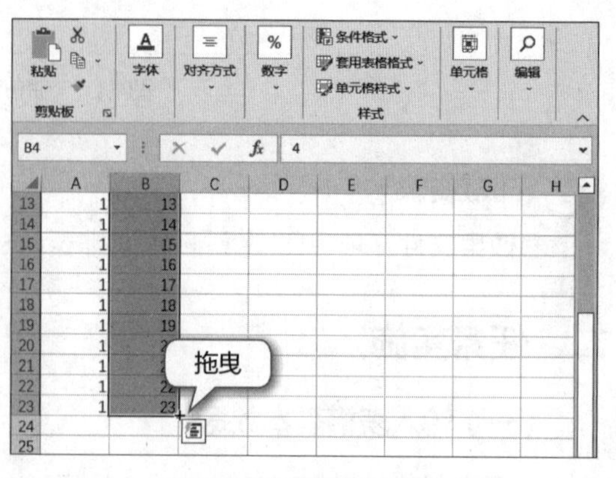

图4.5　填充递增的数据

5 在C4:C7单元格区域分别输入复习科目，并选择该单元格区域，如图4.6所示。

6 拖曳C4:C7单元格区域右下角的填充柄至C23单元格，系统将循环填充单元格区域中的数据，如图4.7所示。

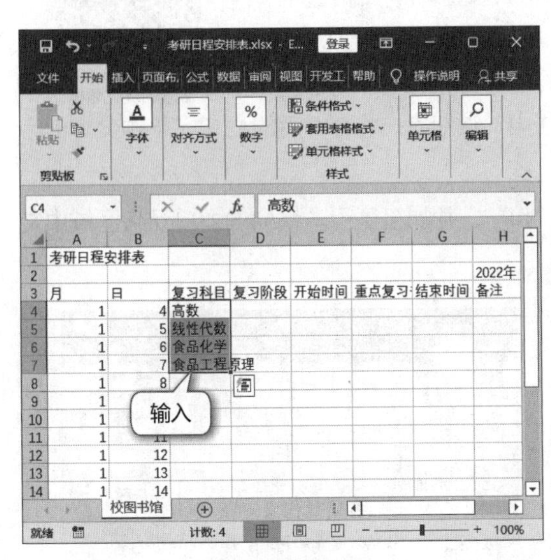

图4.6 输入数据

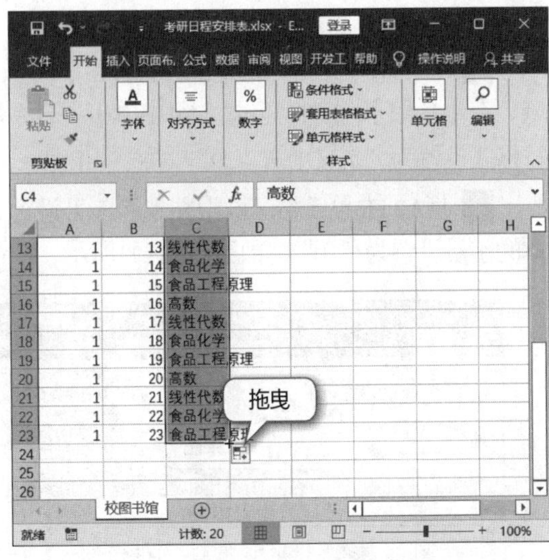

图4.7 循环填充单元格区域中的数据

7 在按住【Ctrl】键的同时依次选择F4、F8、F12、F16、F20单元格，在编辑栏中输入"LSDK00235"，按【Ctrl+Enter】组合键快速在这些不相邻的单元格中输入相同的数据，如图4.8所示。

8 按相同的方法快速输入其他复习科目对应的图书编号，如图4.9所示。

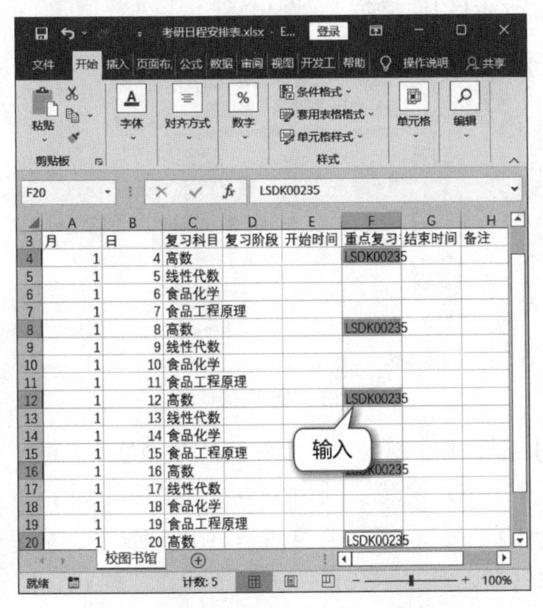

图4.8 在不相邻的单元格中输入相同数据

图4.9 输入其他数据

（二）调整并美化表格

为了更好地展示表格数据，需要对表格进行适当调整与美化，包括合并单元格、调整行高和列宽、设置单元格数据格式及添加单元格边框等，具体操作如下。

1 选择A1单元格，拖曳鼠标指针至H1单元格，即选择A1:H1单元格区域，在【开始】/【对齐方式】组中单击“合并后居中”按钮。将合并后的A1单元格中文本的字符格式设置为“华文中宋、20”，如图4.10所示。

2 将A2:H3单元格区域中文本的字号设置为“10”，并加粗显示。将A4:H23单元格区域中文本的字号设置为“10”，效果如图4.11所示。

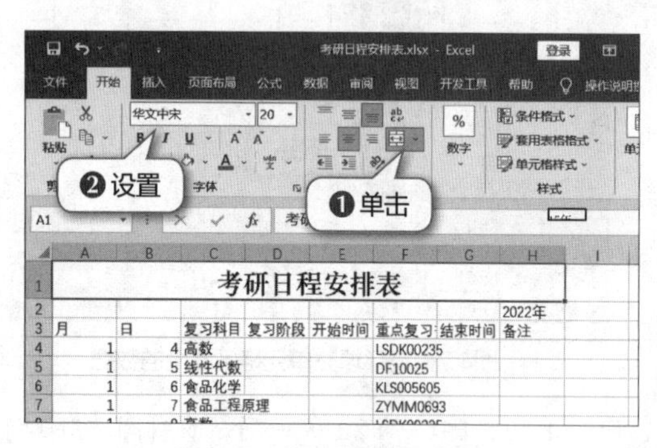

图4.10 设置表格标题格式

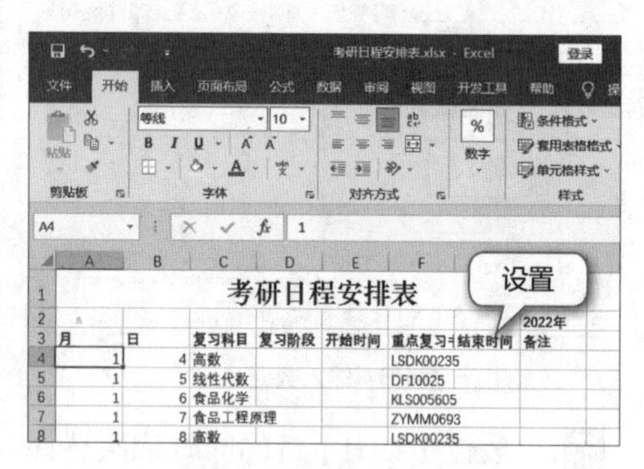

图4.11 设置文本样式

3 在第1行行号上单击鼠标右键，在弹出的快捷菜单中选择“行高”命令，打开“行高”对话框，输入“25.5”，单击 确定 按钮，如图4.12所示。按相同方法将第2行行高调整为“15.00”。

4 拖曳各列的列标，保证各列的列宽能够完整显示其中的数据，如图4.13所示。

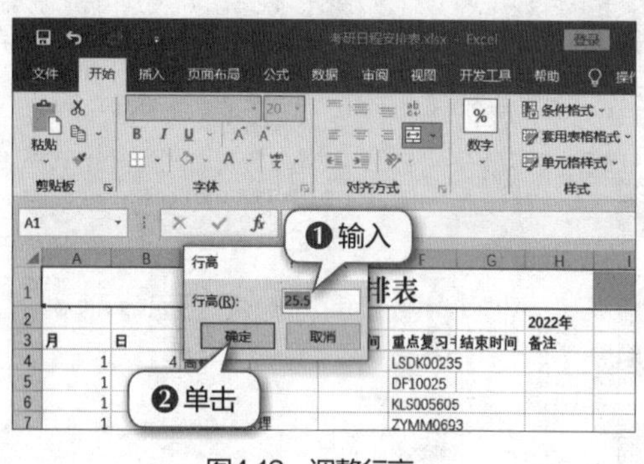

图4.12 调整行高

图4.13 调整列宽

5 选择H2单元格，在【开始】/【对齐方式】组中单击“右对齐”按钮，将H2单元格的对齐方式设置为“右对齐”，将A3:H23单元格区域的对齐方式设置为“居中对齐”，如图4.14所示。

6 选择D2:F2单元格区域，在其上单击鼠标右键，在弹出的快捷菜单中选择“设置单元格格式”命令，打开“设置单元格格式”对话框，单击“边框”选项卡，在“样式”栏中选择双直线线条样式。在“边框”栏中单击按钮，再单击 确定 按钮，如图4.15所示，为单元格区域添加上边框。

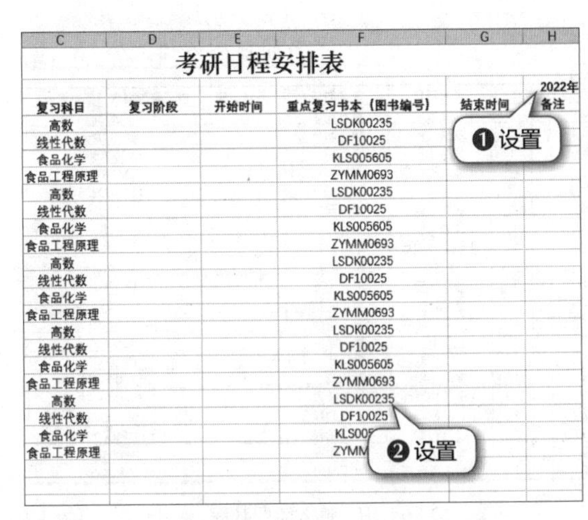

图4.14　设置数据对齐方式

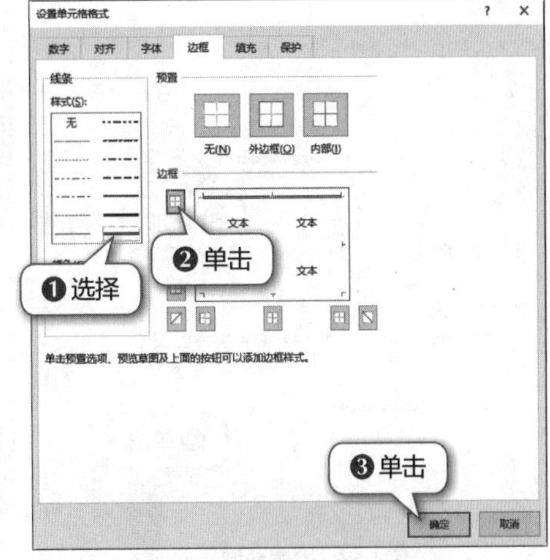

图4.15　为表格标题添加边框

7 选择A3:H23单元格区域，为其设置细直线的内边框和粗直线的外边框，如图4.16所示。

	A	B	C	D	E	F	G	H
1	考研日程安排表							
2								2022年
3	月	日	复习科目	复习阶段	开始时间	重点复习书本（图书编号）	结束时间	备注
4	1	4	高数			LSDK00235		
5	1	5	线性代数			DF10025		
6	1	6	食品化学			KLS005605		
7	1	7	食品工程原理			ZYMM0693		
8	1	8	高数			LSDK00235		
9	1	9	线性代数			DF10025		
10	1	10	食品化学			KLS005605		
11	1	11	食品工程原理			ZYMM0693		
12	1	12	高数			LSDK00235		

设置

图4.16　为数据区域设置外边框和内边框

（三）设置数据类型

不同的数据可以以不同的方式显示，设置特定的数据类型，可以提高输入数据的效率，具体操作如下。

1 选择D4:D23单元格区域，在其上单击鼠标右键，在弹出的快捷菜单中选择“设置单元格格式”命令，打开“设置单元格格式”对话框，单击“数字”选项卡，在“分类”列表框中选择“特殊”选项，在右侧的“类型”列表框中选择“中文小写数字”选项。然后重新在“分类”列表框中选择“自定义”选项，在右侧的“类型”文本框中将“第”添加在最前面，将“阶段”添加在最后面，单击确定按钮，如图4.17所示。

2 在D列下的相应单元格中输入各阶段对应的阿拉伯数字，如“1”“2”等，单元格将自动显示对应的阶段数据，如图4.18所示。

提示：需要在表格中输入身份证号码时，可以先将单元格区域的数据类型设置为“文本”，再输入身份证号码，否则Excel会以科学记数法显示输入的身份证号码数据。

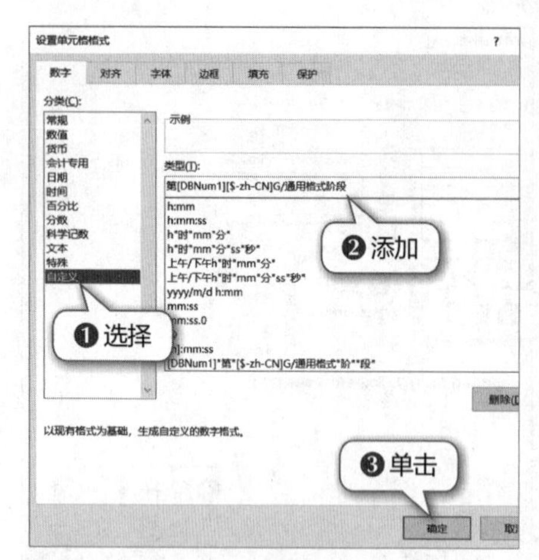

图4.17 设置数据类型

	A	B	C	D	E	F
1	考研日程安排表					
2						
3	月	日	复习科目	复习阶段	开始时间	重点复习书本（图书编号）
4	1	4	高数	第一阶段		LSDK00235
5	1	5	线性代数	第一阶段		DF10025
6	1	6	食品化学	第二阶段		KLS005605
7	1	7	食品工程原理	第二阶段		ZYMM0693
8	1	8	高数	第一阶段		LSDK00235
9	1	9	线性代数	第一阶段		DF10025
10	1	10	食品化学	第二阶段		KLS005605
11	1	11	食品工程原理	第二阶段		ZYMM0693
12	1	12	高数	第一阶段		LSDK00235
13	1	13	线性代数	第一阶段		DF10025
14	1	14	食品化学	第二阶段		KLS005605
15	1	15	食品工程原理	第二阶段		ZYMM0693
16	1	16	高数	第二阶		LSDK00235
17	1	17	线性代数	第二阶		DF10025
18	1	18	食品化学	第二阶		KLS005605
19	1	19	食品工程原理	第二阶段		ZYMM0693
20	1	20	高数	第二阶段		LSDK00235
21	1	21	线性代数	第二阶段		DF10025
22	1	22	食品化学	第二阶段		KLS005605
23	1	23	食品工程原理	第二阶段		ZYMM0693

输入

图4.18 输入阶段数据

3 分别在E列和G列中输入复习的开始时间和结束时间，如图4.19所示。

4 按住【Ctrl】键，同时选择E4:E23和G4:G23单元格区域，打开“设置单元格格式”对话框，在“分类”列表框中选择“时间”选项，在“类型”列表框中选择“13时30分”选项，单击 确定 按钮，如图4.20所示。

考研日程安排表

C	D	E	F	G
复习科目	复习阶段	开始时间	重点复习书本（图书编号）	结束时间
高数	第一阶段	12:30	LSDK00235	18:00
线性代数	第一阶段	12:30	DF10025	18:00
食品化学	第二阶段	12:30	KLS005605	18:00
食品工程原理	第二阶段	12:30	ZYMM0693	18:00
高数	第一阶段	12:30	LSDK00235	18:00
线性代数	第一阶段	14:00	DF10025	17:30
食品化学	第二阶段	12:30	KLS005605	18:00
食品工程原理	第二阶段	12:30	ZYMM0693	18:00
高数	第一阶段	12:30	LSDK00235	18:00
线性代数	第一阶段	12:30	DF10025	18:00
食品化学	第二阶段	12:30	KLS005605	18:00
食品工程原理	第二阶段	12:30	ZYMM0693	18:00
高数	第二阶段	14:00	LSDK00235	17:30
线性代数	第二阶段	12:30	DF10025	18:00
食品化学	第二阶段	12:30	KLS005605	18:00

输入

图4.19 输入时间数据

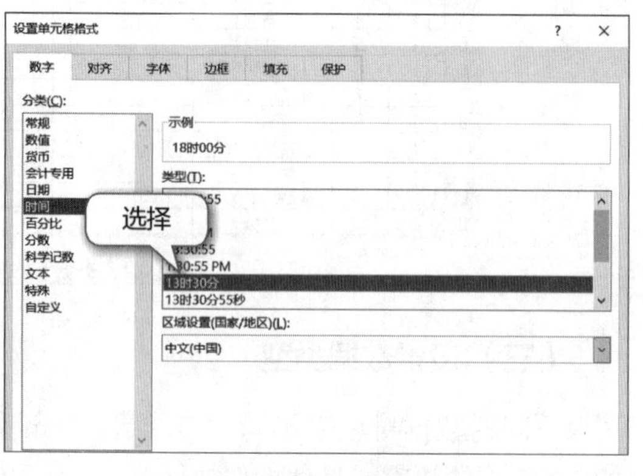

图4.20 设置时间型数据类型

（四）表格页面设置与打印

设置表格页面不仅可以使表格打印出来的效果更加美观，还能有效利用纸张，下面对制作好的表格进行页面设置与打印，具体操作如下。

扫一扫

页面设置与表格打印

1 在【页面布局】/【页面设置】组中单击“纸张方向”按钮，在打开的下拉列表中选择“横向”选项，如图4.21所示。

2 在【页面布局】/【页面设置】组中单击“页边距”按钮，在打开的下拉列表中选择“自定义页边距”选项，如图4.22所示。

提示：选择【文件】/【打印】命令后，除了可以设置和打印表格外，还可以在界面右侧同步预览表格打印后的效果，单击右下角的“缩放到页面”按钮，可使表格的预览状态在正常大小和全部显示之间切换。

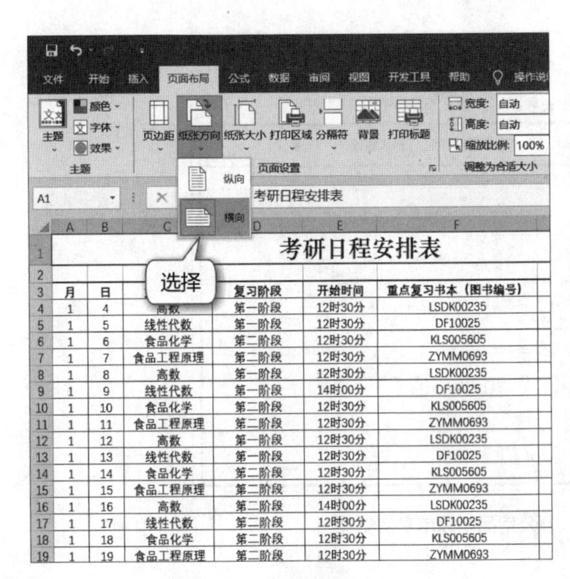

图4.21 设置纸张方向

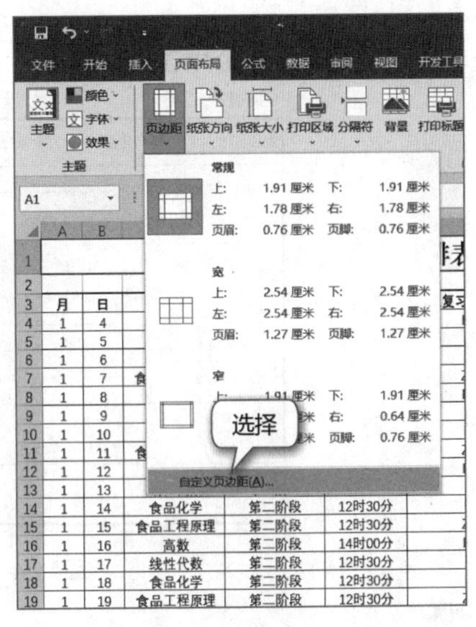

图4.22 设置页边距

3 在打开的“页面设置”对话框中单击“页边距”选项卡，将上、下、左、右页边距均设置为“2”，勾选“水平”和“垂直”复选框，单击 确定 按钮，如图4.23所示。

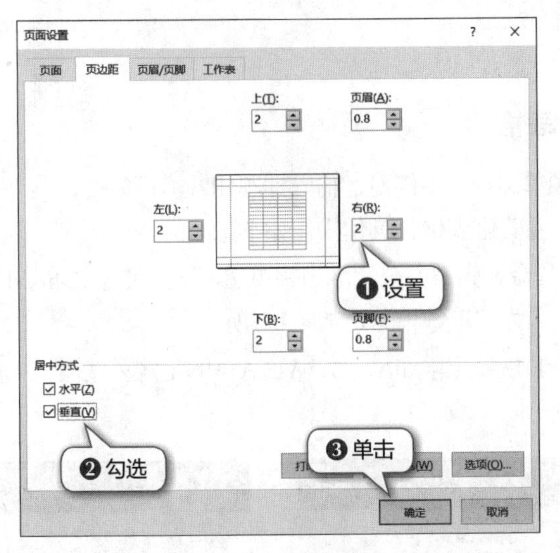

图4.23 自定义页边距

任务二 制作办公用品申领单

一、任务目标

每个公司的办公用品申领单或其他用品申领单都有可能不同，这需要根据公司实际运作情况进行调整。本任务制作的办公用品申领单主要包含一些常规的申领内容，可以很好地记录每次物品申领的实际情况，一般来说，只要申领单包含这些项目，就能适用于大部分情况。图4.24所示为办公用品申领单参考效果。

办公用品申领单　　元卓科技 YUANZHUO TECHNOLOGY

申领部门：　　编号：

物品名称	型号特征	申领日期	申领数量	申领原因	备注

经办人：　　部门负责人：

主管领导审批：

图4.24　办公用品申领单参考效果

下载资源

效果文件：项目四\办公用品申领单.xlsx

二、任务实施

（一）输入并美化表格

新建“办公用品申领单.xlsx”工作簿，输入标题和各项目数据，调整各行的高度与各列的宽度，并美化表格，具体操作如下。

1 新建工作簿并将其命名为“办公用品申领单.xlsx”，双击“Sheet1”工作表名称，并将其重命名为“申领单”，如图4.25所示。

2 在A1、A2、C2、D13单元格和A3:F3、A13:A14单元格区域输入相应的内容，如图4.26所示。

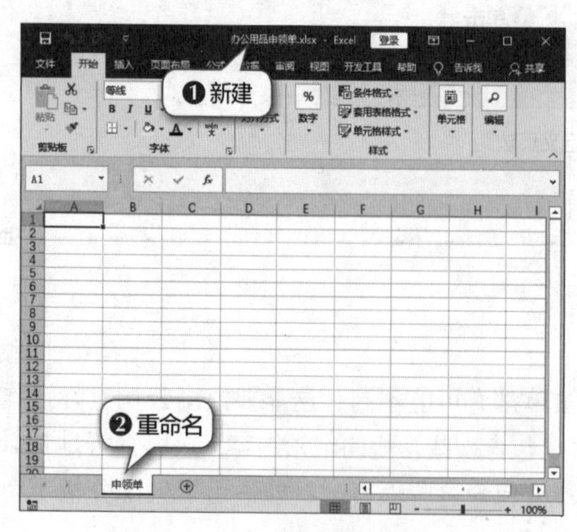

图4.25　新建工作簿并重命名工作表

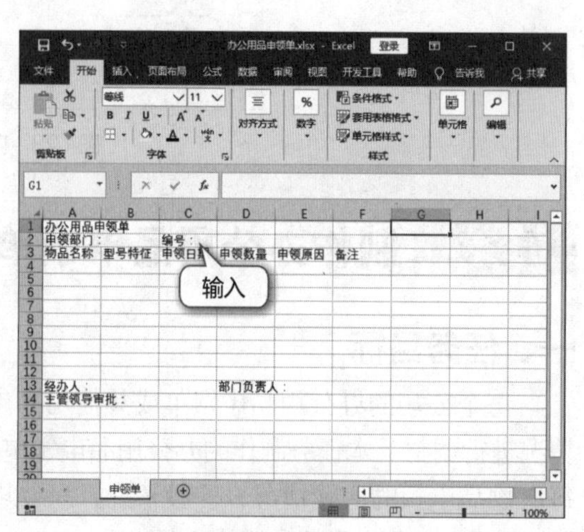

图4.26　输入数据

3 分别选择第1～第14行的单元格，调整其行高，如图4.27所示。

4 分别选择第A～第F列的单元格，调整其列宽，如图4.28所示。

图4.27 调整单元格行高

图4.28 调整单元格列宽

5 选择A1:F1单元格区域，将其合并成一个单元格，将合并后的单元格中文本的字符格式设置为“黑体、24、底端对齐”，如图4.29所示。

6 选择A2:F3单元格区域。在【开始】/【字体】组中单击“加粗”按钮B，将单元格区域的对齐方式设置为“左对齐”，将C2单元格的对齐方式设置为“右对齐”，如图4.30所示。

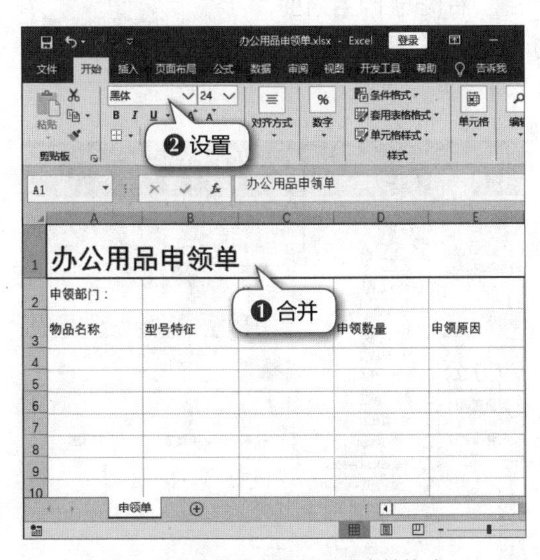

图4.29 合并单元格并设置字符格式

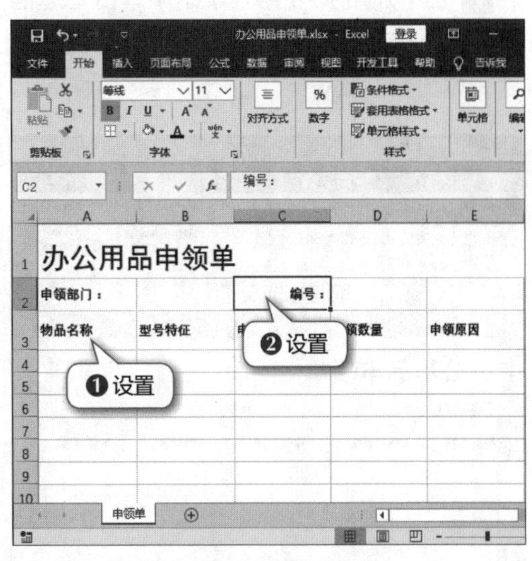

图4.30 设置单元格文本加粗和对齐

7 选择A13:F14单元格区域，将其中的文本设置为“加粗”，将对齐方式设置为“顶端对齐”，效果如图4.31所示。

提示：Office 2016某些组件的部分功能是通用的，如在Excel 2016中设置字符格式、段落格式、对齐方式等的操作方法与在Word 2016中基本一致。

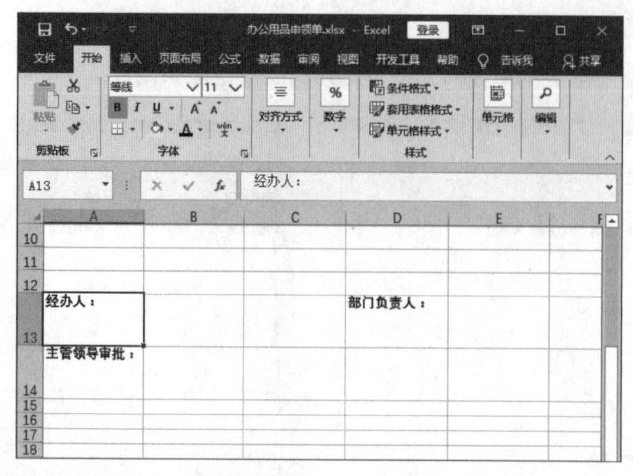

图4.31　设置单元格中文本加粗和顶端对齐

（二）为表格添加边框

为了使表格美观、有层次感，需要为其添加多种不同效果的边框样式，具体操作如下。

1 在【视图】/【显示】组中取消勾选“网格线”复选框，可以更好地查看即将添加的边框效果，如图4.32所示。

2 在【开始】/【字体】组中单击“边框”按钮右侧的下拉按钮，在打开的下拉列表中选择“线型”选项，在打开的子列表中选择一种细实线样式，如图4.33所示。

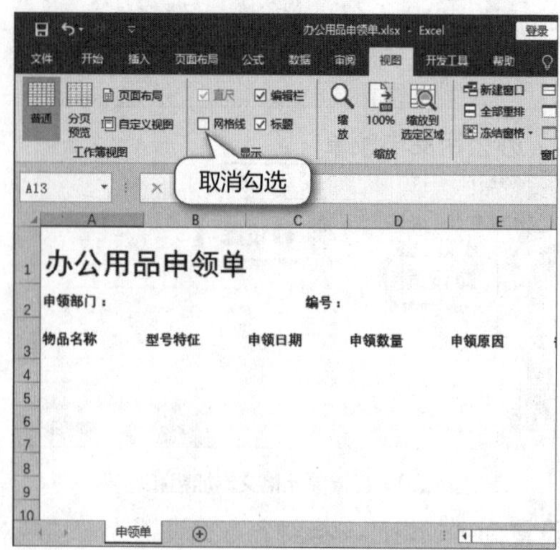

图4.32　取消网格线

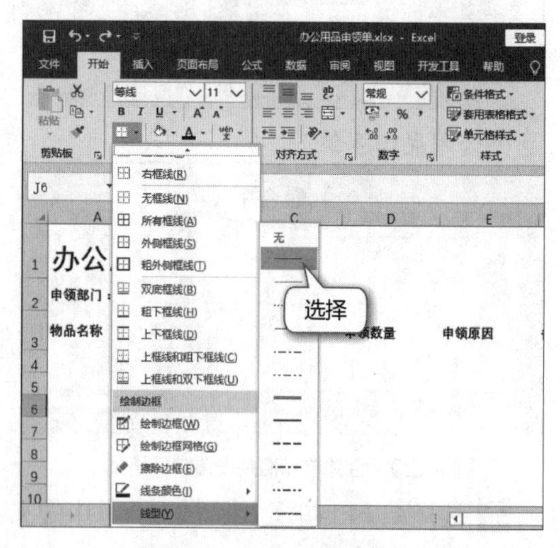

图4.33　选择边框线线型

3 当鼠标指针变成形状时，将其移动到A3单元格处并拖动鼠标指针到F3单元格，绘制一个边框，如图4.34所示。

4 将鼠标指针移动到A13单元格，拖动鼠标指针到F13单元格，为该单元格绘制边框，使用同样的方法为A14:F14单元格区域绘制边框，如图4.35所示。

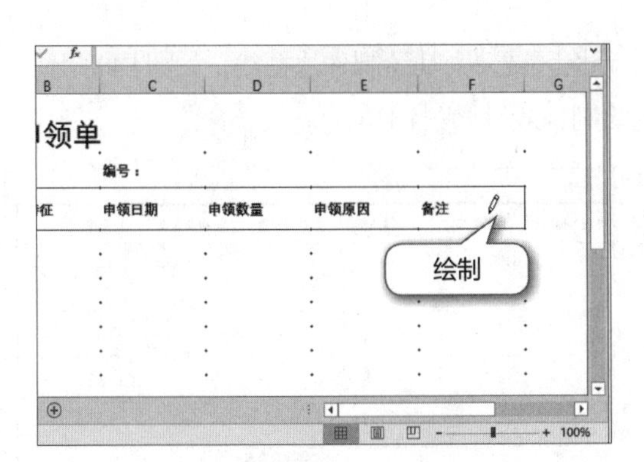

图4.34 拖动鼠标指针绘制边框

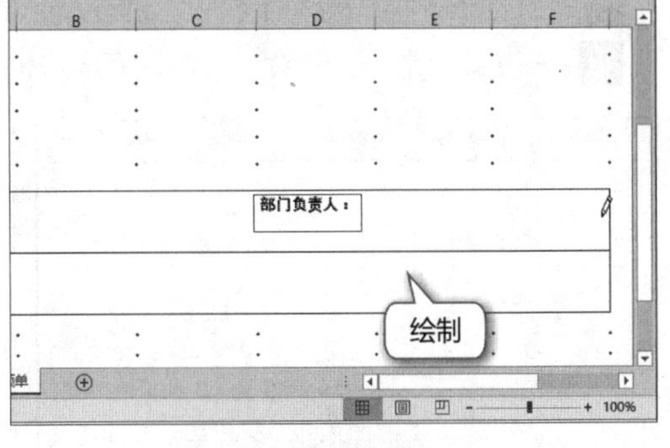

图4.35 继续绘制边框

5 单击“边框”按钮右侧的下拉按钮，在打开的下拉列表中选择“线型”选项，在打开的子列表中选择一种虚线样式，如图4.36所示。

6 单击“边框”按钮右侧的下拉按钮，在打开的下拉列表中选择“线条颜色”选项，在打开的子列表中选择“白色，背景1，深色35%”选项，设置边框线的颜色，如图4.37所示。

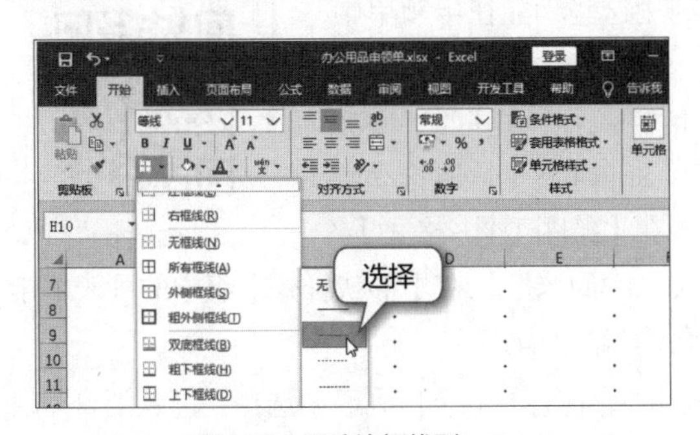

图4.36 更改边框线型

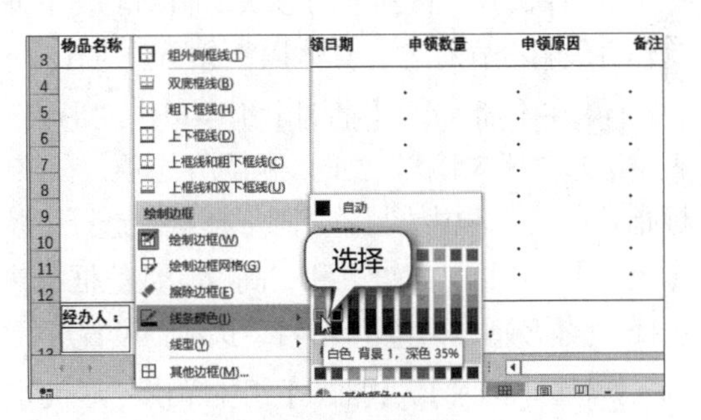

图4.37 设置边框线颜色

7 将鼠标指针移动到工作表中，分别选择A5:F5、A7:F7、A9:F9、A11:F11单元格区域，为其绘制内边框线，如图4.38所示。

8 单击“边框”按钮右侧的下拉按钮，在打开的下拉列表中选择“线条颜色”选项，在打开的子列表中选择“黑色，文字1，淡色5%”选项，在“线型”选项中选择一种粗实线，如图4.39所示。

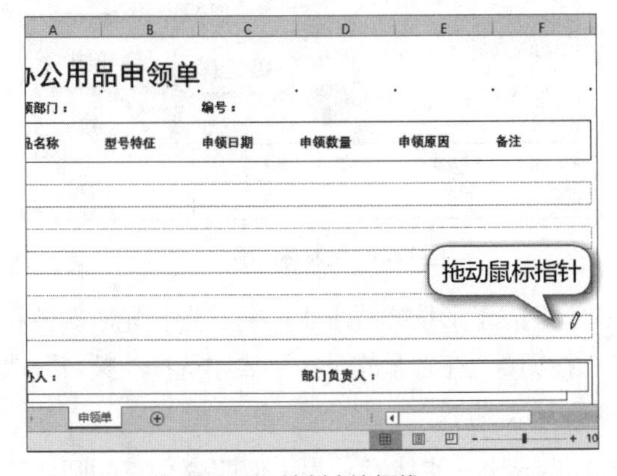

图4.38 绘制内边框线

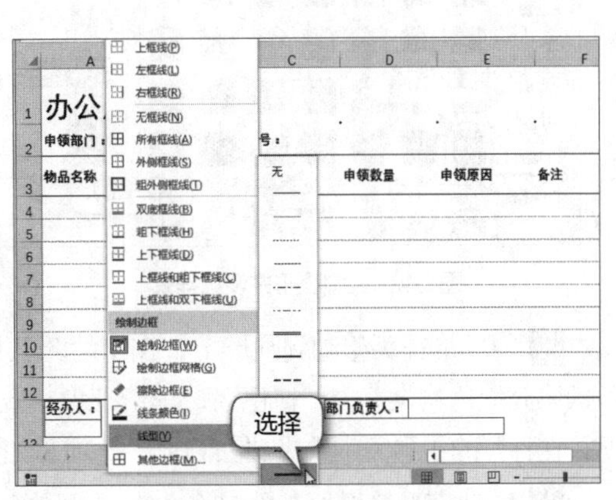

图4.39 选择外边框线线型

9 将鼠标指针移动到工作表中，选择A3:F14单元格区域，为其绘制外边框线，如图4.40所示。

10 按【Esc】键，退出绘制状态，完成边框的绘制，效果如图4.41所示。

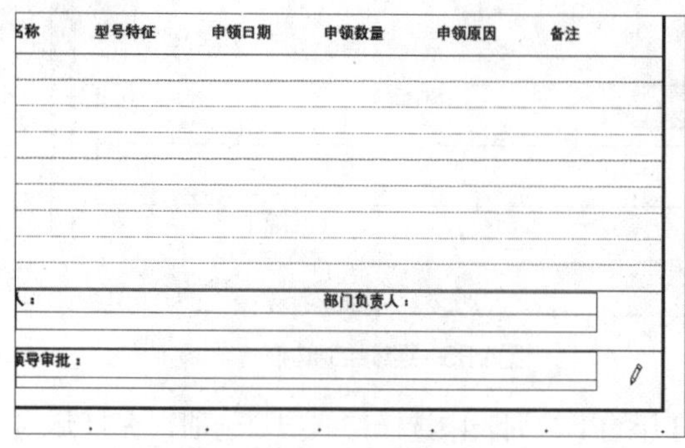

图4.40　绘制外边框线

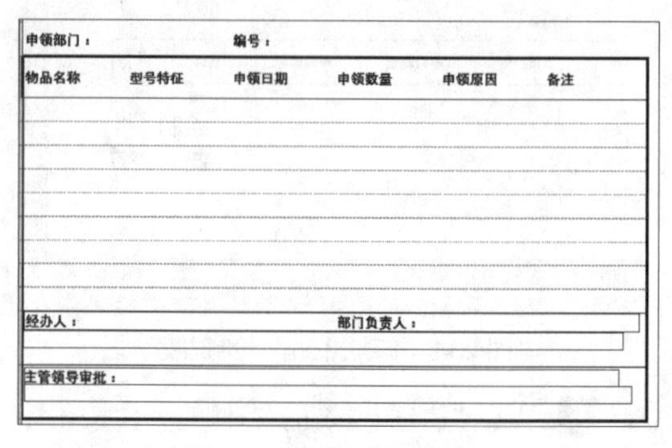

图4.41　表格边框效果

（三）绘制形状

Excel 2016具备强大的形状绘制功能，下面利用这些功能在申领单中制作并设置公司标志，具体操作如下。

1 在【插入】/【插图】组中单击“形状”按钮，在打开的下拉列表中选择“基本形状”栏的“椭圆”选项，在按住【Shift】键的同时拖动鼠标指针在工作表中绘制一个圆形形状。选择形状，在【绘图工具-格式】/【大小】组中的“宽度”和“高度”数值框中输入“1.3厘米”，在【形状样式】组中的列表框中选择“强烈效果-黑色，深色1”选项，设置形状样式，如图4.42所示。

2 在【插入】/【插图】组中单击“形状”按钮，在打开的下拉列表中选择“箭头汇总”栏中的“环形箭头”选项，在工作表中绘制一个箭头形状。在【格式】/【大小】组中将其高度和宽度均设置为“1厘米”，在【绘图工具-格式】/【排列】组中单击“旋转”按钮，在打开的下拉列表中选择“向左旋转90°”选项，旋转形状，如图4.43所示。

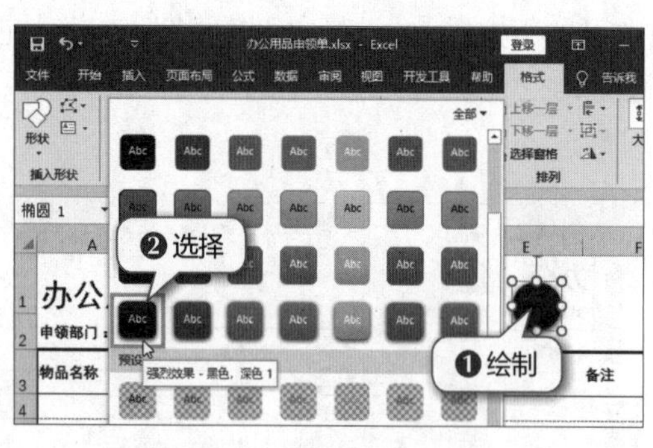

图4.42　绘制圆形并设置样式

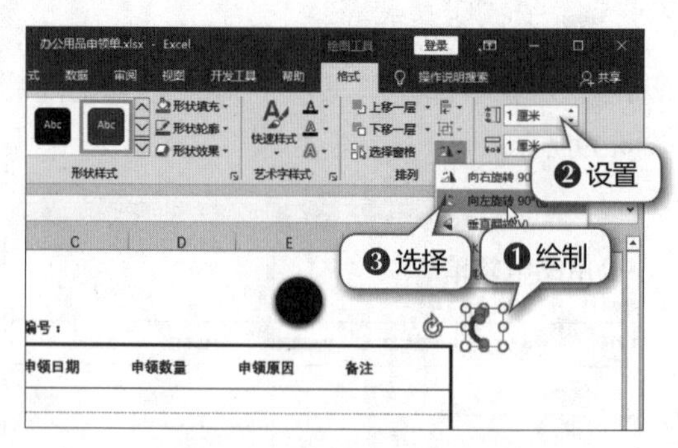

图4.43　绘制环形箭头

3 将环形箭头移动到圆形上，在【绘图工具-格式】/【形状样式】组中将其形状轮廓颜色和形状填充颜色均设置为“白色”，单击“形状效果”按钮，在打开的下拉列表中选择“棱台”选项，在打开的子列表中选择“凸圆形”选项，如图4.44所示。

4 拖动环形箭头尾部的黄色控制点调整环形箭头形状，使其显示为类似四分之三的圆形效果，如图4.45所示。

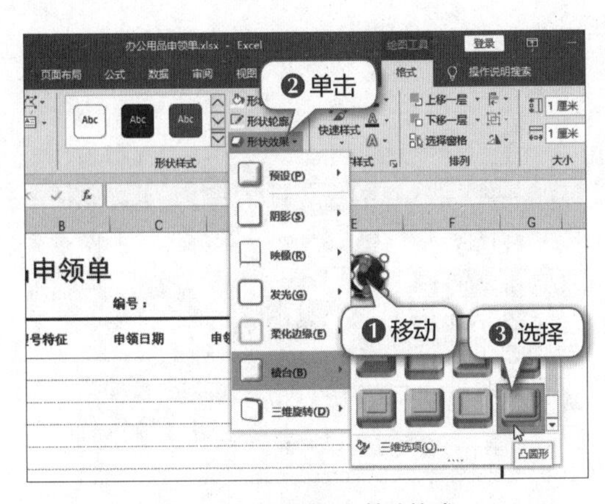

图4.44　设置环形箭头格式

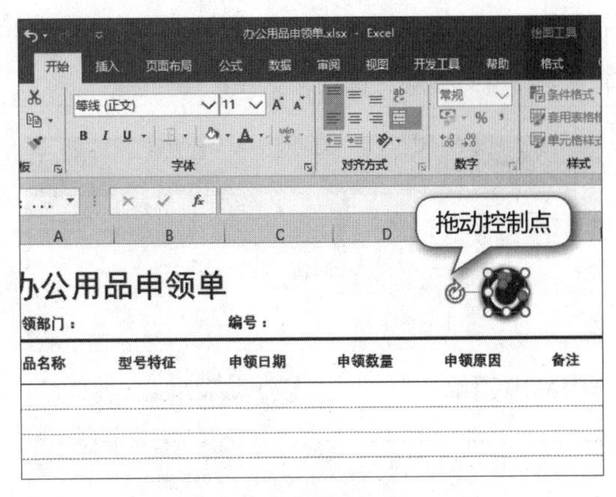

图4.45　调整环形箭头形状

5 在按住【Ctrl】键同时选择圆形和环形箭头，在【绘图工具-格式】/【排列】组中单击“对齐”按钮，依次选择“水平居中”和“垂直居中”选项，如图4.46所示。

6 保持圆形和环形箭头的选择状态，在【绘图工具-格式】/【排列】组中单击“组合”按钮，在打开的下拉列表中选择“组合”选项，将两个图形组合为一个图形对象，如图4.47所示。

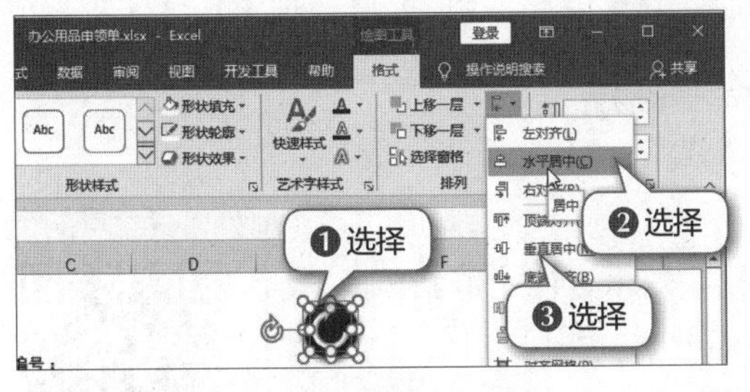

图4.46　设置对齐方式

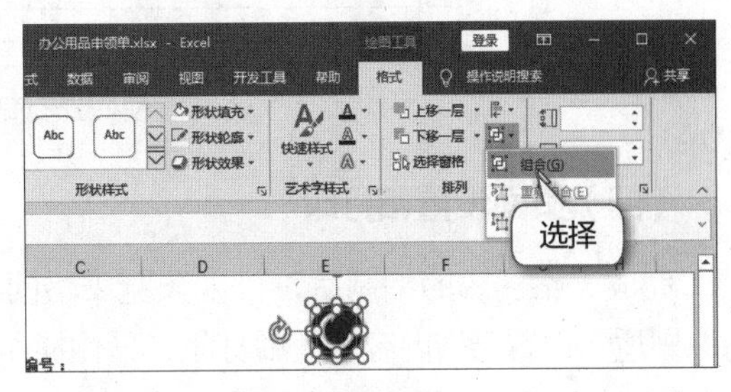

图4.47　组合图形

7 选择组合的图形，将其移动到表格标题的右侧位置，如图4.48所示。

8 在【插入】/【文本】组中单击“文本框”按钮，在组合图形的右侧绘制一个文本框，在其中输入公司名称，将文本框中文本的字符格式设置为“方正汉真广标简体、16”，在【绘图工具-格式】/【形状样式】组中取消文本框的形状轮廓颜色和形状填充颜色，如图4.49所示。

图4.48　移动组合图形

图4.49　插入文本框并设置

9 选择文本框，在按住【Ctrl】键的同时向下拖动文本框复制一个文本框。将文本框中的文本内容修改为公司的英文名称，设置文本的字符格式为“方正汉真广标简体、9”，如图4.50所示。

10 选择绘制的图形和两个文本框，将其组合为一个图形对象。在【绘图工具-格式】/【形状样式】组中单击“形状效果”按钮，在打开的下拉列表中选择“映像”选项，在打开的子列表中选择“半映像：接触”选项，如图4.51所示。

图4.50　复制并修改文本框

图4.51　添加映像效果

11 调整图形的位置，完成绘制和设置，效果如图4.52所示。

图4.52　调整图形的位置

（四）页面设置和打印

完成表格内容的编制后，可以预览表格的打印效果，以不浪费纸张为原则适当设置表格内容，然后打印，具体操作如下。

扫一扫

页面设置和打印

1 选择【文件】/【打印】命令，如图4.53所示。

2 单击界面中的“页边距”按钮，在打开的下拉列表中选择“自定义页边距”选项，如图4.54所示。

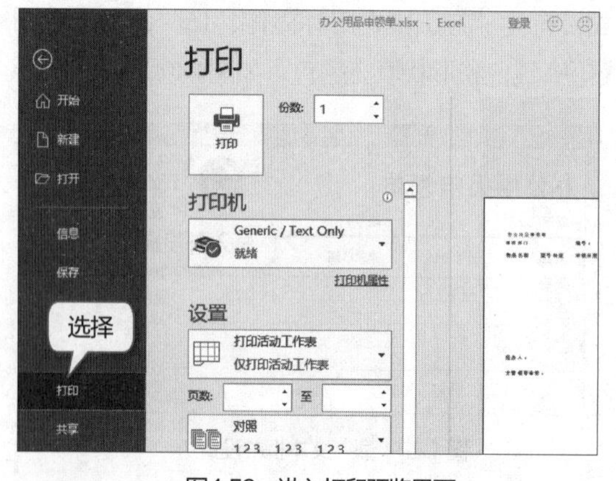

图4.53　进入打印预览界面

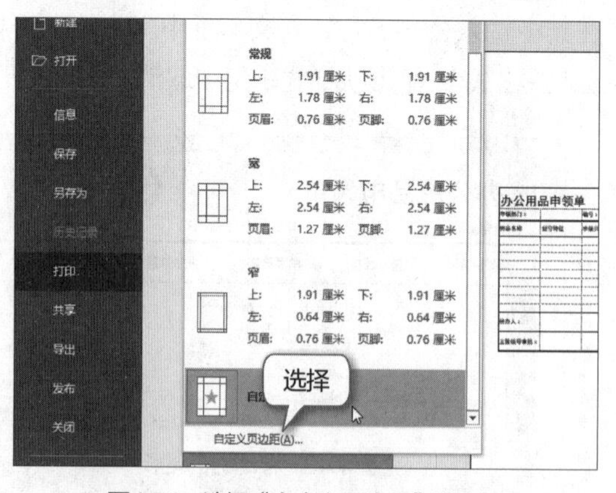

图4.54　选择“自定义页边距”选项

3 在打开的“页面设置”对话框中单击“页边距”选项卡，依次勾选“水平”和“垂直”复选框，单击确定按钮，如图4.55所示。

4 返回工作表，选择A1:F14单元格区域，按【Ctrl+C】组合键复制单元格区域中的数据，如图4.56所示。

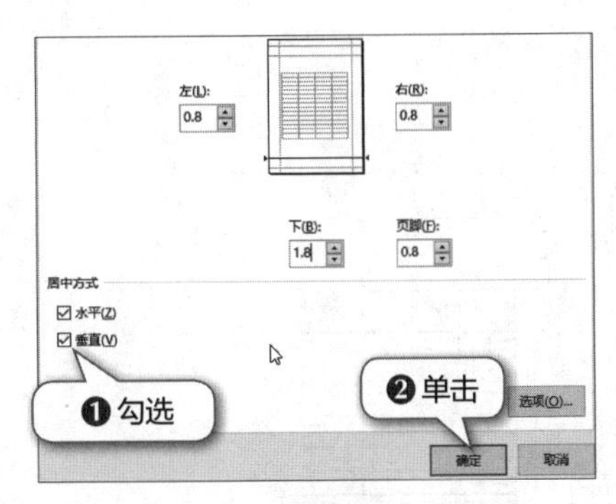

图4.55　设置页边距和居中方式

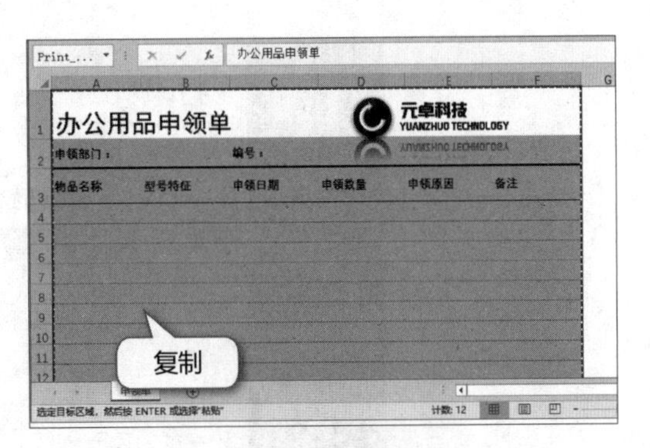

图4.56　复制单元格区域数据

5 选择A16单元格，按【Ctrl+V】组合键粘贴复制的内容，参照前面的表格调整各行的行高，如图4.57所示。

6 在第15行绘制一条直线，并将其线型设置为“长划线–点”样式，粗细设置为“1磅”，在虚线中间插入一个文本框，并输入“（裁剪线）”文本，将其形状填充颜色设置为“白色”，形状轮廓颜色设置为“无轮廓”，字符格式设置为“等线、8”，如图4.58所示。

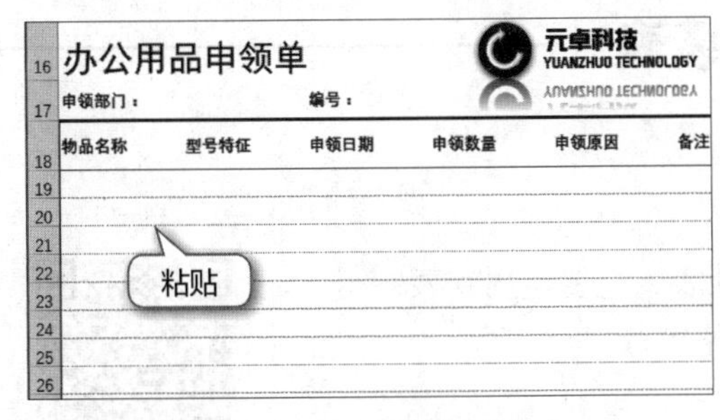

图4.57　粘贴数据并调整行高

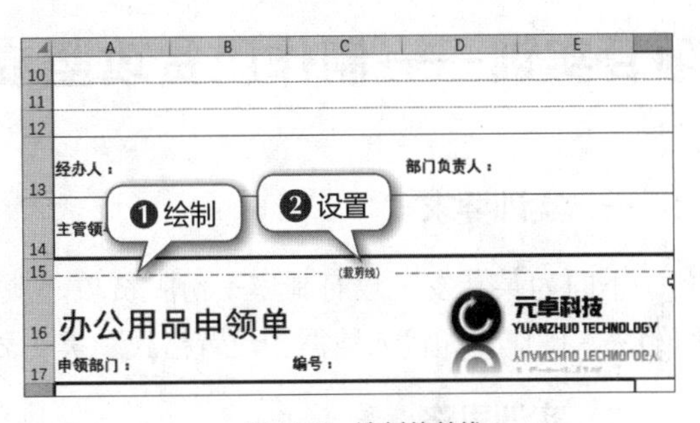

图4.58　绘制裁剪线

7 选择直线和文本框，按【Ctrl+C】组合键复制后将其粘贴到第30行的中间位置，如图4.59所示。

8 选择A1:F30单元格区域，在【页面布局】/【页面设置】组中单击“打印区域”按钮，在打开的下拉列表中选择“设置打印区域”选项，设置该单元格区域为打印区域，进入打印预览界面，单击右下角的“显示边距”按钮。拖动预览区左下方的控制点，调整页面的显示，如图4.60所示。

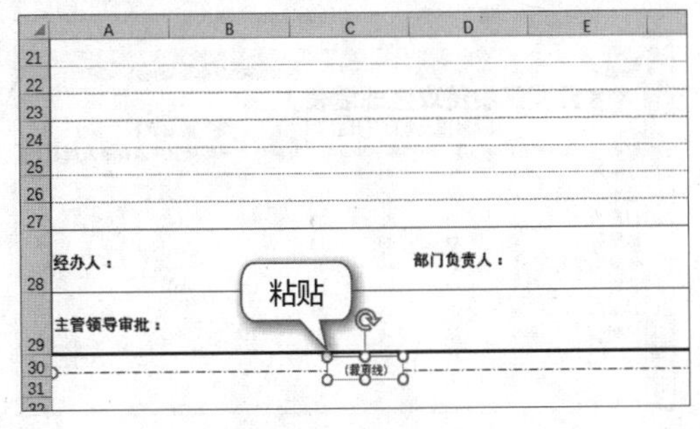

图4.59　粘贴裁剪线

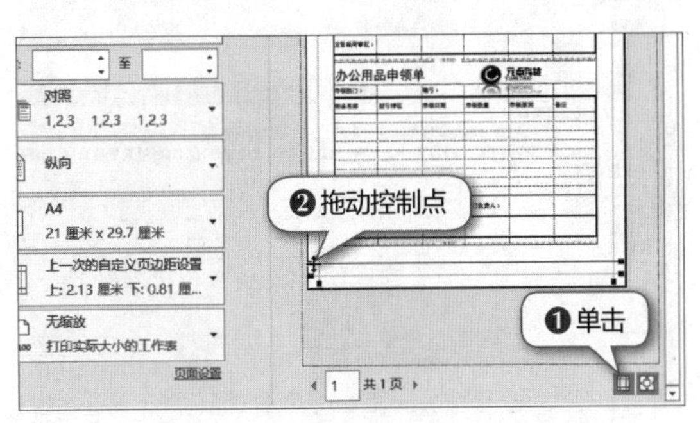

图4.60　调整页面的显示

9 确认打印效果后，在“份数”数值框中输入“20”，单击“打印”按钮🖶打印办公用品申领单，如图4.61所示。

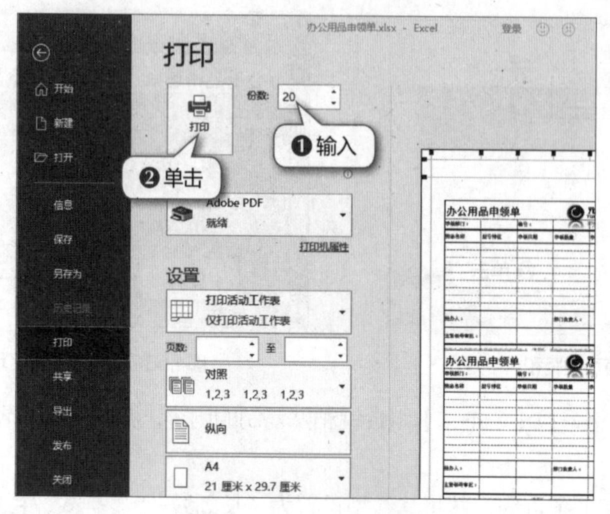

图4.61 打印办公用品申领单

项目实训——制作脱贫攻坚成绩表

一、实训要求

下面为某开发区政府制作一份脱贫攻坚成绩表，主要运用到表格制作的基本操作，如输入数据、设置格式、美化表格等。

二、实训思路

（1）新建并保存Excel工作簿，输入标题和表头，如图4.62所示。

（2）输入数据并设置数据格式，如图4.63所示。

	A	B	C	D	E	F	G	H	I	J
1	××开发区脱贫攻坚成绩表									
2			脱贫时限及年度具体脱贫数量			"五个一批"脱贫路径				
3	村名	2017年末	2018年	2019年	2020年	发展生产	易地搬迁	生态保护	发展教育	社会保
4	李家沟									
5	金屯									
6	白鹅山									
7	凤凰谷									
8	张家屯									
9	北屿									
10	五条沟									
11	总和									

图4.62 新建、保存工作簿并输入标题和表头

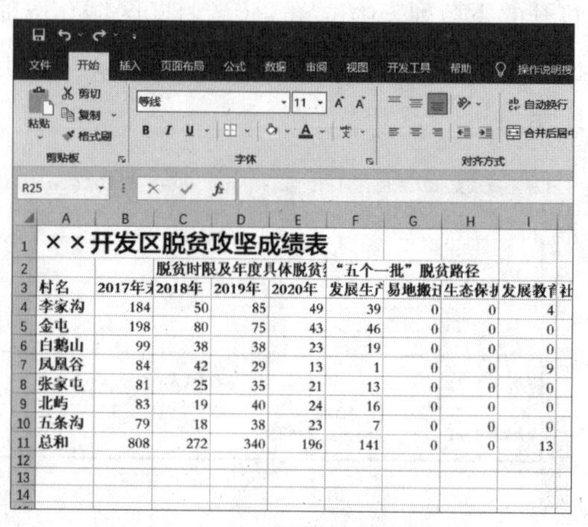

	A	B	C	D	E	F	G	H	I
1	××开发区脱贫攻坚成绩表								
2			脱贫时限及年度具体脱贫			“五个一批”脱贫路径			
3	村名	2017年末	2018年	2019年	2020年	发展生产	易地搬迁	生态保护	发展教育
4	李家沟	184	50	85	49	39	0	0	4
5	金屯	198	80	75	43	46	0	0	0
6	白鹅山	99	38	38	23	19	0	0	0
7	凤凰谷	84	42	29	13	1	0	0	9
8	张家屯	81	25	35	21	13	0	0	0
9	北屿	83	19	40	24	16	0	0	0
10	五条沟	79	18	38	23	7	0	0	0
11	总和	808	272	340	196	141	0	0	13

图4.63 输入数据并设置数据格式

（3）调整各单元格的行高和列宽，并合并一些单元格，设置单元格的对齐方式，如图4.64所示。

（4）设置单元格区域边框，并且取消显示网格线，完成表格的制作，如图4.65所示。

Q16

	A	B	C	D	E	F	G	H	I	J
1	××开发区脱贫攻坚成绩表									
2	村名	脱贫时限及年度具体脱贫数量				“五个一批”脱贫路径				
3		2017年末贫困人口	2018年	2019年	2020年	发展生产和促进就业脱贫人数	易地搬迁脱贫人数	生态保护和补偿脱贫人数	发展教育脱贫人数	社会保障兜底脱贫人数
4	李家沟	184	50	85	49	39	0	0	4	141
5	金屯	198	80	75	43	46	0	0	0	152
6	白鹅山	99	38	38	23	19	0	0	0	80
7	凤凰谷	84	42	29	13	1	0	0	9	74
8	张家屯	81	25	35	21	13	0	0	0	68
9	北屿	83	19	40	24	16	0	0	0	67
10	五条沟	79	18	38	23	7	0	0	0	72
11	总和	808	272	340	196	141	0	0	13	654
12										
13										

图4.64　设置单元格行高和列宽

××开发区脱贫攻坚成绩表									
村名	脱贫时限及年度具体脱贫数量				“五个一批”脱贫路径				
	2017年末贫困人口	2018年	2019年	2020年	发展生产和促进就业脱贫人数	易地搬迁脱贫人数	生态保护和补偿脱贫人数	发展教育脱贫人数	社会保障兜底脱贫人数
李家沟	184	50	85	49	39	0	0	4	141
金屯	198	80	75	43	46	0	0	0	152
白鹅山	99	38	38	23	19	0	0	0	80
凤凰谷	84	42	29	13	1	0	0	9	74
张家屯	81	25	35	21	13	0	0	0	68
北屿	83	19	40	24	16	0	0	0	67
五条沟	79	18	38	23	7	0	0	0	72
总和	808	272	340	196	141	0	0	13	654

图4.65　设置单元格区域边框

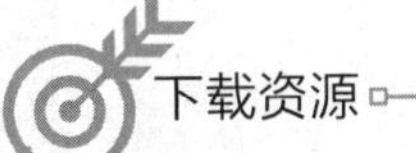

下载资源

效果文件：项目四\脱贫攻坚成绩表.xlsx

拓展练习

1. 制作值班记录表

公司为加强员工值班的管理，要求值班人员在履行职责的同时，将值班过程中发生的事项登记在案，以备日后存档检查和落实责任。请根据上述要求，制作值班记录表，参考效果如图4.66所示。

值班记录表					
序号	班次	时间	内容	处理情况	值班人
001	早班	2022年1月2日	-	-	范涛
002	晚班	2022年1月2日	凌晨3点，厂房后门出现异样响动	监视器中无异常，应该为猫狗之类的小动物	何忠明
003	早班	2022年1月3日	-	-	黄伟
004	晚班	2022年1月3日	-	-	刘明亮
005	早班	2022年1月4日	-	-	方小波
006	晚班	2022年1月4日	-	-	周立军
007	早班	2022年1月5日	-	-	范涛
008	晚班	2022年1月5日	-	-	何忠明
009	早班	2022年1月6日	-	-	黄伟
010	晚班	2022年1月6日	凌晨1点王主任返回厂房	在陪同下取回工作用的文件包	刘明亮
011	早班	2022年1月7日	-	-	黄伟
012	晚班	2022年1月7日	-	-	刘明亮
013	早班	2022年1月8日	-	-	方小波
014	晚班	2022年1月8日	-	-	周立军
015	早班	2022年1月9日	-	-	范涛
016	晚班	2022年1月9日	陈德明于12点返回厂房	在其办公室过夜	何忠明

图4.66　值班记录表参考效果

提示：（1）因为此值班记录表的作用主要是存档检查和落实责任，所以必要的项目应该包括班次、时间、值班时发生的情况（内容）、处理情况及值班人等；

（2）参照本项目制作考研日程安排表的方法制作值班记录表，涉及的操作包括输入数据、美化表格、设置数据类型等。

下载资源

效果文件：项目四\值班记录表.xlsx

2. 制作报销申请单

公司需要重新编制报销申请单，要求该表格能完整地体现涉及报销申请的所有数据，以便日后查证与管理。报销申请单参考效果如图4.67所示。

LC
蓝光重机

报销申请单

部门：	申请人：	申请日期：　年　月　日								
报销事由：		报销金额：□现金　□转账　□其他								
报销明细		千	百	十	万	千	百	十	元	角	分
1											
2											
3											
4											
5											
6											
7											
8											
9											
10											

合计（大写）：__仟__佰__拾__万__仟__佰__拾__元__角__分￥______

总经理审批：	部门经理审批：	会计主管：	出纳：	领款人：
年　月　日	年　月　日	年　月　日	年　月　日	年　月　日

图4.67　报销申请单参考效果

提示：此表格涉及3种边框样式，且表格的项目数据较多，制作时需仔细参照提供的效果文件进行操作；表格左上角的公司标志是用“L型”和“环形箭头”图形组合在一起，然后在下方插入文本框制作而成的。

下载资源

效果文件：项目四\报销申请单.xlsx

项目五
计算Excel表格数据

情景导入

米拉掌握了Excel的基本操作方法，而且已经可以使用Excel较快地绘制出电子表格了。虽然她在操作的过程中可以明显感觉到Excel的表格功能比Word更加好用，但就目前涉及的知识而言，Excel远不如老洪口中所说的那样“强大”。

老洪告诉米拉，Excel最强大的功能之一就是对数据的计算和可视化处理。具体而言，就是Excel的公式、函数和图表功能，无论是日常生活中对家庭收入、支出的统计，还是工作中对各种数据的归纳汇总计算等，都离不开它们。

米拉其实也对Excel的数据计算功能有所耳闻，今天听老洪这样一说，更加坚定了学好相关知识的决心，以便在以后的工作中让Excel助自己一臂之力。

学习目标

- 掌握使用公式计算数据的方法
- 掌握Excel函数的应用
- 熟悉使用Excel表格数据创建图表的操作

素质目标

- 通过使用公式与函数，认识效率的重要性，并培养在学习和工作中主动提高办事效率的意识
- 认识到真实、有效的数据对结果的重要性，杜绝在日常生活中出现各种弄虚作假的行为，树立诚实守信的作风

任务一　制作绩效考核表

一、任务目标

绩效管理强调企业目标和个人目标的一致性，强调企业和个人同步成长，体现“以人为本”的思想，形成“多赢”局面，绩效管理的各个环节都需要管理者和员工共同参与。绩效管理的过程是一个循环的过程，一般可分为4个环节：绩效计划、绩效辅导、绩效考核与绩效反馈。图5.1所示为绩效考核表的参考效果。

业务员绩效考核表

本月任务	本月销售额	计划回款额	实际回款额	任务完成率	评分	销售增长率	评语	回款完成率	评分	绩效
¥54,631.8	¥80,936.0	¥53,620.1	¥96,111.5	148.1%	148	9.6%	优秀	179.2%	179.2	¥2,52
¥96,111.5	¥97,123.2	¥55,643.5	¥77,900.9	101.1%	101	71.4%	优秀	140.0%	140	¥2,34
¥56,655.2	¥89,029.6	¥53,620.1	¥76,889.2	157.1%	157	1.1%	良好	143.4%	143.4	¥2,26
¥54,631.8	¥85,994.5	¥71,830.7	¥87,006.2	157.4%	157	16.4%	优秀	121.1%	121.1	¥2,21
¥51,596.7	¥61,713.7	¥55,643.5	¥91,053.0	119.6%	120	5.2%	优秀	163.6%	164	¥2,1
¥53,620.1	¥74,865.8	¥56,655.2	¥97,123.2	139.6%	140	-15.9%	差	171.4%	171.4	¥2,09
¥60,702.0	¥65,760.5	¥76,889.2	¥92,064.7	108.3%	108	20.4%	优秀	119.7%	119.7	¥1,86
¥64,748.8	¥83,971.1	¥94,088.1	¥88,017.9	129.7%	130	18.6%	优秀	93.5%	93.5	¥1,8
¥59,690.3	¥70,819.0	¥70,819.0	¥91,053.0	118.6%	119	-7.9%	合格	128.6%	128.6	¥1,79
¥75,877.5	¥91,053.0	¥91,053.0	¥101,170.0	120.0%	120	1.1%	良好	111.1%	111.1	¥1,74
¥77,900.9	¥93,076.4	¥51,596.7	¥56,655.2	119.5%	119	2.2%	良好	109.8%	109.8	¥1,73
¥94,088.1	¥100,158.3	¥56,655.2	¥62,725.4	106.5%	106	10.0%	优秀	110.7%	110.7	¥1,70
¥95,099.8	¥84,982.8	¥94,088.1	¥88,017.9	89.4%	89	42.4%	优秀	93.5%	93.55	¥1,68
¥79,924.3	¥100,158.3	¥100,158.3	¥69,807.3	125.3%	125	17.9%	优秀	69.7%	69.7	¥1,5
¥99,146.6	¥76,889.2	¥57,666.9	¥97,123.2	77.6%	78	-19.1%	差	168.4%	168.4	¥1,55
¥83,971.1	¥58,678.6	¥69,807.3	¥80,936.0	69.9%	70	9.4%	优秀	115.9%	116	¥1,4
¥51,596.7	¥61,713.7	¥72,842.4	¥65,760.5	119.6%	120	-11.6%	差	90.3%	90.3	¥1,4
¥53,620.1	¥63,737.1	¥76,889.2	¥73,854.1	118.9%	119	-18.2%	差	96.1%	96.1	¥1,3
¥99,146.6	¥95,099.8	¥69,807.3	¥50,585.0	95.9%	96	-2.1%	合格	72.5%	72.5	¥1,2
¥101,170.0	¥51,596.7	¥55,643.5	¥88,017.9	51.0%	51	-23.9%	差	158.2%	158.2	¥1,21
¥98,134.9	¥72,842.4	¥83,971.1	¥52,608.4	74.2%	74	22.0%	优秀	62.7%	62.7	¥1,1
¥53,620.1	¥64,748.8	¥90,041.3	¥89,029.6	120.8%	121	-35.4%	差	98.9%	98.9	¥1,1
¥91,053.0	¥75,877.5	¥90,041.3	¥74,865.8	83.3%	83	-20.2%	差	83.1%	83.1	¥945
¥53,620.1	¥59,690.3	¥76,889.2	¥50,585.0	111.3%	111	-34.4%	差	65.8%	65.8	¥811
¥92,064.7	¥67,783.9	¥101,170.0	¥77,900.9	73.6%	74	-27.2%	差	77.0%	77	¥722.

图5.1　绩效考核表的参考效果

下载资源

素材文件：项目五\绩效考核表.xlsx

效果文件：项目五\绩效考核表.xlsx

二、任务实施

（一）输入表格数据

输入绩效考核表的各项基础数据，然后设置数据格式，具体操作如下。

1 打开“绩效考核表.xlsx”工作簿，在A1单元格中输入“业务员绩效考核表”，在A2:M2单元格区域输入各项目名称，如图5.2所示。

2 在A3:A27单元格区域输入各业务员的姓名，如图5.3所示。

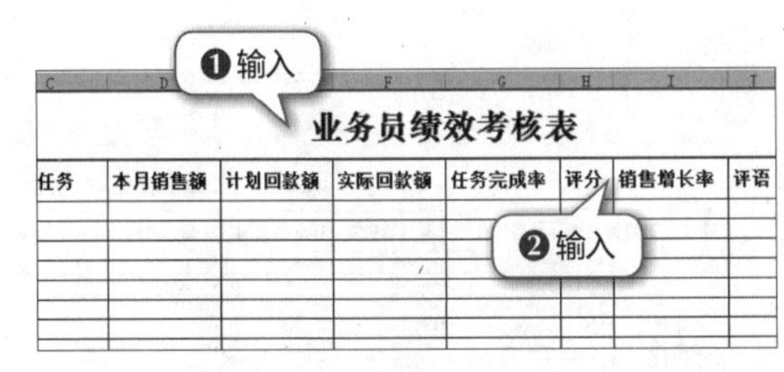

图5.2　输入标题和项目名称

2	姓名	上月销售额	本月任务	本月销售额	计划回款额	实际回款额	任务完成
3	郭呈瑞						
4	赵子俊						
5	李全友						
6	王晓涵						
7	杜海强						
8	张嘉轩						
9	张晓伟						
10	邓[illegible]						
11	李[illegible]						
12	罗[illegible]						
13	刘[illegible]						
14	周羽						

输入

图5.3　输入姓名

3 在B3:F27单元格区域输入各业务员的上月销售额、本月任务、本月销售额、计划回款额和实际回款额等数据，如图5.4所示。

4 选择B3:F27单元格区域，在【开始】/【数字】组中选择“货币”选项，如图5.5所示。

2	姓名	上月销售额	本月任务	本月销售额	计划回款额	实际回款额	任务完成
3	郭呈瑞	73854.1	54631.8	80936	53620.1	96111.5	
4	赵子俊	56655.2	96111.5	97123.2	55643.5	77900.9	
5	李全友	88017.9	56655.2	89029.6	53620.1	76889.2	
6	王晓涵	73854.1	54631.8	85994.5	71830.7	87006.2	
7	杜海强	58678.6	51596.7	61713.7	55643.5	91053	
8	张嘉轩	89029.6	53620.1	74865.8	56655.2	97123.2	
9	张晓伟	54631.8	60702	65760.5	76889.2	92064.7	
10	邓超	70819	64748.8	83971.1	94088.1	88017.9	
11	李琼	76889.2	59690.3	70819	70819	91053	
12	罗玉林	90041.3	75877.5	91053	91053	101170	
13	刘梅	91053	77900.9	93076.4	51596.7	56655.2	
14	周羽	91053	94088.1	100158.3	56655.2	62725.4	
15	刘红芳	59690.3	95099.8	84982.8	94088.1	88017.9	
16	宋科	[illegible]	[illegible]	100158.3	100158.3	69807.3	
17	宋万	[illegible]	[illegible]	76889.2	57666.9	97123.2	
18	王超	[illegible]	[illegible]	58678.6	69807.3	80936	
19	张丽丽	69807.3	51596.7	61713.7	72842.4	65760.5	
20	孙洪伟	77900.9	53620.1	63737.1	76889.2	73854.1	
21	王翔	97123.2	99146.6	95099.8	69807.3	50585	

输入

图5.4　输入数据

图5.5　更改数据类型

5 保持单元格区域的选择状态，在该组中单击“减少小数位数”按钮 ，如图5.6所示。

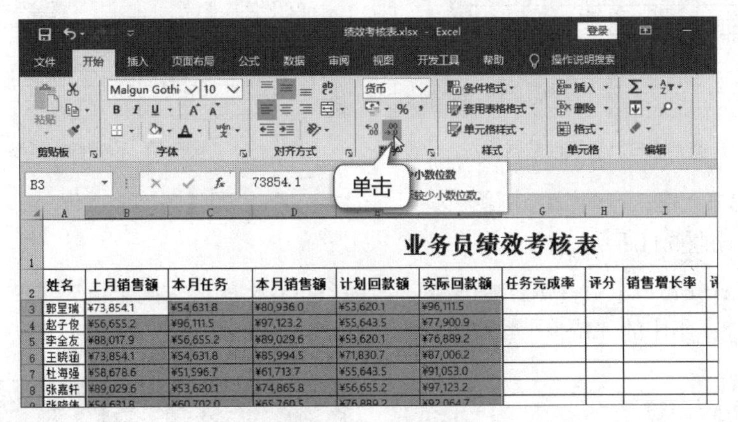

图5.6　减少小数位数

（二）计算表格数据

下面设计公式或函数依次计算表格中绩效考核的各个项目，具体操作如下。

1 选择G3单元格，在编辑栏中输入公式“=D3/C3”，如图5.7所示。

2 按【Ctrl+Enter】组合键计算结果，如图5.8所示。

SUM | =D3/C3

业务员绩效考核表

	姓名	上月销售额	本月任务	本月销售额	计划回款额	实际回款额	任务完成率
3	郭呈瑞	¥73,854.1	¥54,631.8	¥80,936.0	¥53,620.1	¥96,111.5	=D3/C3
4	赵子俊	¥56,655.2	¥96,111.5	¥97,123.2	¥55,643.5	¥77,900.9	
5	李全友	¥88,017.9	¥56,655.2	¥89,029.6	¥53,620.1	¥76,889.2	
6	王晓涵	¥73,854.1	¥54,631.8	¥85,994.5	¥71,830.7	¥87,006.2	
7	杜海强	¥58,678.6	¥51,596.7	¥61,713.7	¥55,643.5	¥91,053.0	
8	张嘉轩	¥89,029.6	¥53,620.1	¥74,865.8	¥56,655.2	¥97,123.2	
9	张晓伟	¥54,631.8	¥60,702.0	¥65,760.5	¥76,889.2	¥92,064.7	
10	邓超	¥70,819.0	¥64,748.8	¥83,971.1	¥94,088.1	¥88,017.9	
11	李琼	¥76,889.2	¥59,690.3	¥70,819.0	¥70,819.0	¥91,053.0	
12	罗玉林	¥90,041.3	¥75,877.5	¥91,053.0	¥91,053.0	¥101,170.0	
13	刘梅	¥91,053.0	¥77,900.9	¥93,076.4	¥51,596.7	¥56,655.2	
14	周羽	¥91,053.0	¥94,088.1	¥100,158.3	¥56,655.2	¥62,725.4	

❶选择
❷输入

图5.7　输入公式

G3 | =D3/C3

业务员绩效考核表

	姓名	上月销售额	本月任务	本月销售额	计划回款额	实际回款额	任务完成率
3	郭呈瑞	¥73,854.1	¥54,631.8	¥80,936.0	¥53,620.1	¥96,111.5	1.48
4	赵子俊	¥56,655.2	¥96,111.5	¥97,123.2	¥55,643.5	¥77,900.9	
5	李全友	¥88,017.9	¥56,655.2	¥89,029.6	¥53,620.1	¥76,889.2	
6	王晓涵	¥73,854.1	¥54,631.8	¥85,994.5	¥71,830.7	¥87,006.2	
7	杜海强	¥58,678.6	¥51,596.7	¥61,713.7	¥55,643.5	¥91,053.0	
8	张嘉轩	¥89,029.6	¥53,620.1	¥74,865.8	¥56,655.2	¥97,123.2	
9	张晓伟	¥54,631.8	¥60,702.0	¥65,760.5	¥76,889.2	¥92,064.7	
10	邓超	¥70,819.0	¥64,748.8	¥83,971.1	¥94,088.1	¥88,017.9	
11	李琼	¥76,889.2	¥59,690.3	¥70,819.0	¥70,819.0	¥91,053.0	
12	罗玉林	¥90,041.3	¥75,877.5	¥91,053.0	¥91,053.0	¥101,170.0	
13	刘梅	¥91,053.0	¥77,900.9	¥93,076.4	¥51,596.7	¥56,655.2	
14	周羽	¥91,053.0	¥94,088.1	¥100,158.3	¥56,655.2	¥62,725.4	

图5.8　计算结果

3 将鼠标指针移动到G3单元格的右下角，当鼠标指针变成+形状时，拖动鼠标指针到G27单元格中，复制公式，填充单元格以计算出其他业务员的任务完成率，如图5.9所示。

4 保持单元格区域的选择状态，在【开始】/【数字】组中单击“百分比样式”按钮%并单击“增加小数位数”按钮，如图5.10所示。

G3 | =D3/C3

业务员绩效考核表

	姓名	上月销售额	本月任务	本月销售额	计划回款额	实际回款额	任务完成率
3	郭呈瑞	¥73,854.1	¥54,631.8	¥80,936.0	¥53,620.1	¥96,111.5	1.48
4	赵子俊	¥56,655.2	¥96,111.5	¥97,123.2	¥55,643.5	¥77,900.9	1.01
5	李全友	¥88,017.9	¥56,655.2	¥89,029.6	¥53,620.1	¥76,889.2	1.57
6	王晓涵	¥73,854.1	¥54,631.8	¥85,994.5	¥71,830.7	¥87,006.2	1.57
7	杜海强	¥58,678.6	¥51,596.7	¥61,713.7	¥55,643.5	¥91,053.0	1.20
8	张嘉轩	¥89,029.6	¥53,620.1	¥74,865.8	¥56,655.2	¥97,123.2	1.40
9	张晓伟	¥54,631.8	¥60,702.0	¥65,760.5	¥76,889.2	¥92,064.7	1.08
10	邓超	¥70,819.0	¥64,748.8	¥83,971.1	¥94,088.1	¥88,017.9	1.30
11	李琼	¥76,889.2	¥59,690.3	¥70,819.0	¥70,819.0	¥91,053.0	1.19
12	罗玉林	¥90,041.3	¥75,877.5	¥91,053.0	¥91,053.0	¥101,170.0	1.20
13	刘梅	¥91,053.0	¥77,900.9	¥93,076.4	¥51,596.7	¥56,655.2	1.19
14	周羽	¥91,053.0	¥94,088.1	¥100,158.3	¥56,655.2	¥62,725.4	[illegible]
15	刘红芳	¥59,690.3	¥95,099.8	¥84,982.8	¥94,088.1	[illegible]	[illegible]
16	宋科	¥84,982.8	¥79,924.3	¥100,158.3	¥100,158.3	[illegible]	[illegible]
17	宋万	¥95,099.8	¥99,146.6	¥76,889.2	¥57,666.9	[illegible]	[illegible]
18	王超	¥53,620.1	¥83,971.1	¥58,678.6	¥69,807.3	[illegible]	[illegible]
19	张丽丽	¥69,807.3	¥51,596.7	¥61,713.7	¥72,842.4	¥65,760.5	1.20

图5.9　复制公式计算其他数据

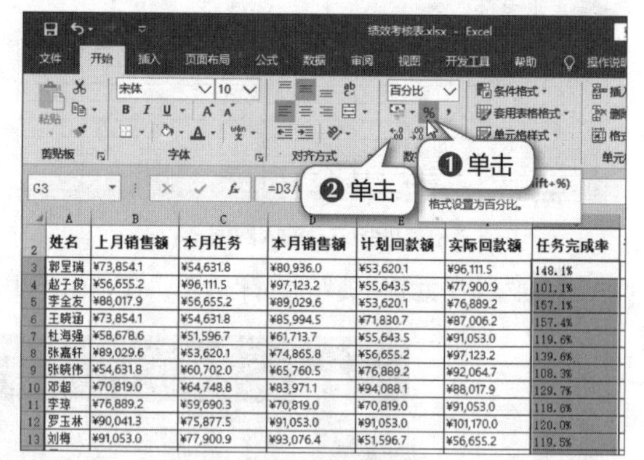

	姓名	上月销售额	本月任务	本月销售额	计划回款额	实际回款额	任务完成率
3	郭呈瑞	¥73,854.1	¥54,631.8	¥80,936.0	¥53,620.1	¥96,111.5	148.1%
4	赵子俊	¥56,655.2	¥96,111.5	¥97,123.2	¥55,643.5	¥77,900.9	101.1%
5	李全友	¥88,017.9	¥56,655.2	¥89,029.6	¥53,620.1	¥76,889.2	157.1%
6	王晓涵	¥73,854.1	¥54,631.8	¥85,994.5	¥71,830.7	¥87,006.2	157.4%
7	杜海强	¥58,678.6	¥51,596.7	¥61,713.7	¥55,643.5	¥91,053.0	119.6%
8	张嘉轩	¥89,029.6	¥53,620.1	¥74,865.8	¥56,655.2	¥97,123.2	139.6%
9	张晓伟	¥54,631.8	¥60,702.0	¥65,760.5	¥76,889.2	¥92,064.7	108.3%
10	邓超	¥70,819.0	¥64,748.8	¥83,971.1	¥94,088.1	¥88,017.9	129.7%
11	李琼	¥76,889.2	¥59,690.3	¥70,819.0	¥70,819.0	¥91,053.0	118.6%
12	罗玉林	¥90,041.3	¥75,877.5	¥91,053.0	¥91,053.0	¥101,170.0	120.0%
13	刘梅	¥91,053.0	¥77,900.9	¥93,076.4	¥51,596.7	¥56,655.2	119.5%

图5.10　设置数据类型

5 选择H3单元格，在编辑栏中输入公式“=G3*100”，即任务完成率评分等于任务完成率百分比对应数值，如图5.11所示。

6 按【Ctrl+Enter】组合键计算出结果，将H3单元格的公式向下填充至H27单元格，单击【开始】/【数字】组中的“减少小数位数”按钮，如图5.12所示。

=G3*100

月销售额	本月任务	本月销售额	计划回款额	实际回款额	任务完成率	评分	销售增长
854.1	¥54,631.8	¥80,936		¥96,111.5	148.1%	=G3*100	
655.2	¥96,111.5	¥97,123.2	¥55,643.5	¥77,900.9	101.1%		
017.9	¥56,655.2	¥89,029.6	¥53,620.1	¥76,889.2	157.1%		
854.1	¥54,631.8	¥85,994.5	¥71,830.7	¥87,006.2	157.4%		
678.6	¥51,596.7	¥61,713.7	¥55,643.5	¥91,053.0	119.6%		
029.6	¥53,620.1	¥74,865.8	¥56,655.2	¥97,123.2	139.6%		
631.8	¥60,702.0	¥65,760.5	¥76,889.2	¥92,064.7	108.3%		
819.0	¥64,748.8	¥83,971.1	¥94,088.1	¥88,017.9	129.7%		
889.2	¥59,690.3	¥70,819.0	¥70,819.0	¥91,053.0	118.6%		
041.3	¥75,877.5	¥91,053.0	¥91,053.0	¥101,170.0	120.0%		
053.0	¥77,900.9	¥93,076.4	¥51,596.7	¥56,655.2	119.5%		
053.0	¥94,088.1	¥100,158.3	¥56,655.2	¥62,725.4	106.5%		
690.3	¥95,099.8	¥84,982.8	¥94,088.1	¥88,017.9	89.4%		
982.8	¥79,924.3	¥100,158.3	¥100,158.3	¥69,807.3	125.3%		
099.8	¥99,146.6	¥76,889.2	¥57,666.9	¥97,123.2	77.6%		
620.1	¥83,971.1	¥58,678.6	¥69,807.3	¥80,936.0	69.9%		
807.3	¥51,596.7	¥61,713.7	¥72,842.4	¥65,760.5	119.6%		

输入

图5.11　计算任务完成率的评分

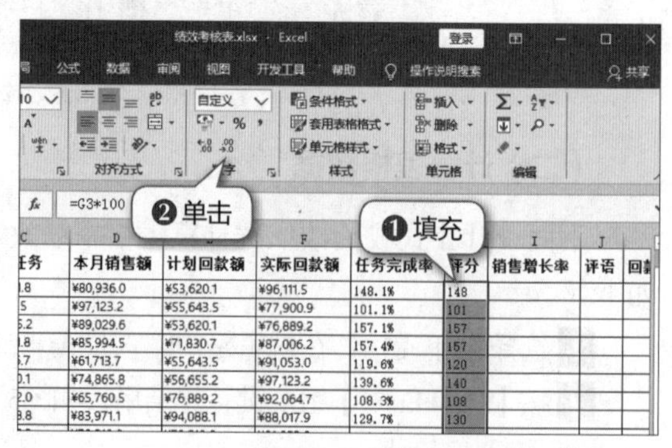

=G3*100

任务	本月销售额	计划回款额	实际回款额	任务完成率	评分	销售增长率	评语	回
.8	¥80,936.0	¥53,620.1	¥96,111.5	148.1%	148			
5	¥97,123.2	¥55,643.5	¥77,900.9	101.1%	101			
5.2	¥89,029.6	¥53,620.1	¥76,889.2	157.1%	157			
.8	¥85,994.5	¥71,830.7	¥87,006.2	157.4%	157			
.7	¥61,713.7	¥55,643.5	¥91,053.0	119.6%	120			
0.1	¥74,865.8	¥56,655.2	¥97,123.2	139.6%	140			
2.0	¥65,760.5	¥76,889.2	¥92,064.7	108.3%	108			
8.8	¥83,971.1	¥94,088.1	¥88,017.9	129.7%	130			

图5.12　计算结果并设置数据格式

7 选择I3单元格，在编辑栏中输入公式“=(D3−B3)/B3”，即销售增长率=（本月销售额−上月销售额）/上月销售额，如图5.13所示。

8 按【Ctrl+Enter】组合键计算结果，将I3单元格的公式向下填充至I27单元格，单击【开始】/【数字】组中的“百分比样式”按钮%，单击“增加小数位数”按钮，如图5.14所示。

本月[illegible]	[illegible]售额	计划回款额	实际回款额	任务完成率	评分	销售增长率
¥54,6[illegible]	[illegible]6.0	¥53,620.1	¥96,111.5	148.1%	148	=(D3-B3)/B3
¥96,111.5	¥97,123.2	¥55,643.5	¥77,900.9	101.1%	101	
¥56,655.2	¥89,029.6	¥53,620.1	¥76,889.2	157.1%		
¥54,631.8	¥85,994.5	¥71,830.7	¥87,006.2	157.4%		
¥51,596.7	¥61,713.7	¥55,643.5	¥91,053.0	119.6%		
¥53,620.1	¥74,865.8	¥56,655.2	¥97,123.2	139.6%	140	
¥60,702.0	¥65,760.5	¥76,889.2	¥92,064.7	108.3%	108	
¥64,748.8	¥83,971.1	¥94,088.1	¥88,017.9	129.7%	130	
¥59,690.3	¥70,819.0	¥70,819.0	¥91,053.0	118.6%	119	
¥75,877.5	¥91,053.0	¥91,053.0	¥101,170.0	120.0%	120	
¥77,900.9	¥93,076.4	¥51,596.7	¥56,655.2	119.5%	119	
¥94,088.1	¥100,158.3	¥56,655.2	¥62,725.4	106.5%	106	
¥95,099.8	¥84,982.8	¥94,088.1	¥88,017.9	89.4%	89	
¥79,924.3	¥100,158.3	¥100,158.3	¥69,807.3	125.3%	125	
¥99,146.6	¥76,889.2	¥57,666.9	¥97,123.2	77.6%	78	
¥83,971.1	¥58,678.6	¥69,807.3	¥80,936.0	69.9%	70	
¥51,596.7	¥61,713.7	¥72,842.4	¥65,760.5	119.6%	120	
¥53,620.1	¥63,737.1	¥76,889.2	¥73,854.1	118.9%	119	
¥99,146.6	¥95,099.8	¥69,807.3	¥50,585.0	95.9%	96	
¥101,170.0	¥51,596.7	¥55,643.5	¥88,017.9	51.0%	51	
¥98,134.9	¥72,842.4	¥83,971.1	¥52,608.4	74.2%	74	
¥53,620.1	¥64,748.8	¥90,041.3	¥89,029.6	120.8%	121	

图5.13 输入公式计算销售增长率

月任务	本月销售额	计划回款额	实际回款额	任务完成率	评分	销售增长率	评语
4,631.8	¥80,936.0	¥53,620.1	¥96,111.5	148.1%	148	9.6%	
5,111.5	¥97,123.2	¥55,643.5	¥77,900.9	101.1%	101	71.4%	
5,655.2	¥89,029.6	¥53,620.1	¥76,889.2	157.1%	157	1.1%	
4,631.8	¥85,994.5	¥71,830.7	¥87,006.2	157.4%	157	16.4%	
1,596.7	¥61,713.7	¥55,643.5	¥91,053.0	119.6%	120	5.2%	
3,620.1	¥74,865.8	¥56,655.2	¥97,123.2	139.6%	140	-15.9%	
0,702.0	¥65,760.5	¥76,889.2	¥92,064.7	108.3%	108	20.4%	
4,748.8	¥83,971.1	¥94,088.1	¥88,017.9	129.7%	130	18.6%	
9,690.3	¥70,819.0	¥70,819.0	¥91,053.0	118.6%	119	-7.9%	
5,877.5	¥91,053.0	¥91,053.0	¥101,170.0	120.0%	120	1.1%	
7,900.9	¥93,076.4	¥51,596.7	¥56,655.2	119.5%	119	2.2%	
4,088.1	¥100,158.3	¥56,655.2	¥62,725.4	106.5%	106	10.0%	

图5.14 计算结果并设置数据格式

9 选择J3单元格，在编辑栏中输入“=IF(I3<−8%,"差",IF(AND(I3>=−8%,I3<=0),"合格",IF(AND(I3>0,I3<=5%),"良好","优秀")))”，即销售增长率小于−8%的评语为差，小于等于0且大于等于−8%的评语为合格，大于0且小于等于5%的评语为良好，大于5%的评语为优秀，如图5.15所示。

10 按【Ctrl+Enter】组合键计算结果，将J3单元格的公式向下填充至J27单元格，如图5.16所示。

本月销售额	计划回款额	实际回款额	任务完成率	评分	销售增长率	评语
¥80,936.0	¥53,620.1	¥96,111.5	148.1%	148	9.6%	")))
¥97,123.2	¥55,643.5	¥77,900.9	101.1%	101	71.4%	
¥89,029.6	¥53,620.1	¥76,889.2	157.1%	157	1.1%	
¥85,994.5	¥71,830.7	¥87,006.2	157.4%	157	16.4%	
¥61,713.7	¥55,643.5	¥91,053.0	119.6%	120	5.2%	
¥74,865.8	¥56,655.2	¥97,123.2	139.6%	140	-15.9%	
¥65,760.5	¥76,889.2	¥92,064.7	108.3%	108	20.4%	
¥83,971.1	¥94,088.1	¥88,017.9	129.7%	130	18.6%	
¥70,819.0	¥70,819.0	¥91,053.0	118.6%	119	-7.9%	
¥91,053.0	¥91,053.0	¥101,170.0	120.0%	120	1.1%	
¥93,076.4	¥51,596.7	¥56,655.2	119.5%	119	2.2%	
¥100,158.3	¥56,655.2	¥62,725.4	106.5%	106	10.0%	
¥84,982.8	¥94,088.1	¥88,017.9	89.4%	89	42.4%	
¥100,158.3	¥100,158.3	¥69,807.3	125.3%	125	17.9%	
¥76,889.2	¥57,666.9	¥97,123.2	77.6%	78	-19.1%	
¥58,678.6	¥69,807.3	¥80,936.0	69.9%	70	9.4%	
¥61,713.7	¥72,842.4	¥65,760.5	119.6%	120	-11.6%	
¥63,737.1	¥76,889.2	¥73,854.1	118.9%	119	-18.2%	
¥95,099.8	¥69,807.3	¥50,585.0	95.9%	96	-2.1%	

图5.15 计算销售增长率的评语

本月销售额	计划回款额	实际回款额	任务完成率	评分	销售增长率	评语
¥80,936.0	¥53,620.1	¥96,111.5	148.1%	148	9.6%	优秀
¥97,123.2	¥55,643.5	¥77,900.9	101.1%	101	7[illegible]	优秀
¥89,029.6	¥53,620.1	¥76,889.2	157.1%	157	[illegible]	良好
¥85,994.5	¥71,830.7	¥87,006.2	157.4%	157	[illegible]	优秀
¥61,713.7	¥55,643.5	¥91,053.0	119.6%	120	5.2%	优秀
¥74,865.8	¥56,655.2	¥97,123.2	139.6%	140	-15.9%	差
¥65,760.5	¥76,889.2	¥92,064.7	108.3%	108	20.4%	优秀
¥83,971.1	¥94,088.1	¥88,017.9	129.7%	130	18.6%	优秀
¥70,819.0	¥70,819.0	¥91,053.0	118.6%	119	-7.9%	合格
¥91,053.0	¥91,053.0	¥101,170.0	120.0%	120	1.1%	良好
¥93,076.4	¥51,596.7	¥56,655.2	119.5%	119	2.2%	良好
¥100,158.3	¥56,655.2	¥62,725.4	106.5%	106	10.0%	优秀
¥84,982.8	¥94,088.1	¥88,017.9	89.4%	89	42.4%	优秀
¥100,158.3	¥100,158.3	¥69,807.3	125.3%	125	17.9%	优秀
¥76,889.2	¥57,666.9	¥97,123.2	77.6%	78	-19.1%	差
¥58,678.6	¥69,807.3	¥80,936.0	69.9%	70	9.4%	优秀
¥61,713.7	¥72,842.4	¥65,760.5	119.6%	120	-11.6%	差
¥63,737.1	¥76,889.2	¥73,854.1	118.9%	119	-18.2%	差
¥95,099.8	¥69,807.3	¥50,585.0	95.9%	96	-2.1%	合格
¥51,596.7	¥55,643.5	¥88,017.9	51.0%	51	-23.9%	差
¥72,842.4	¥83,971.1	¥52,608.4	74.2%	74	22.0%	优秀
¥64,748.8	¥90,041.3	¥89,029.6	120.8%	121	-35.4%	差

图5.16 计算结果

11 选择K3单元格，在编辑栏中输入公式“=F3/E3”，即回款完成率=实际回款额/计划回款额，如图5.17所示。

12 按【Ctrl+Enter】组合键计算结果，将K3单元格的公式向下填充至K27单元格，将数据类型设置为百分比样式，并增加一位小数，如图5.18所示。

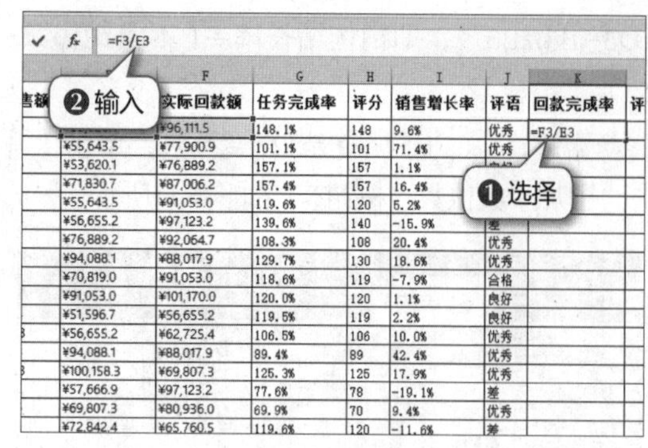

图5.17　计算回款完成率

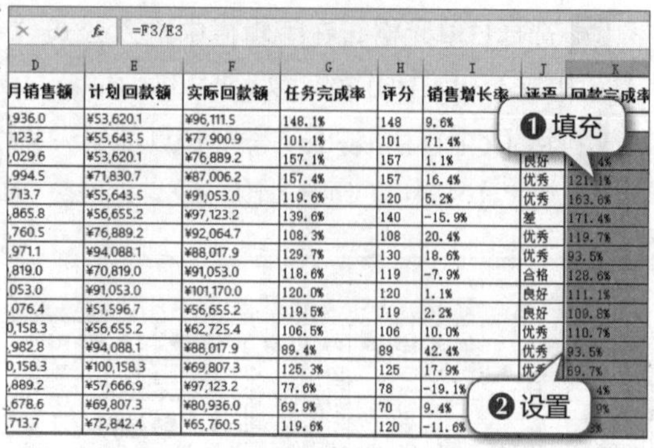

图5.18　填充公式并设置数据格式

13 选择L3单元格，在编辑栏中输入公式“=K3*100”，即回款完成率评分等于回款完成率百分比对应数值，如图5.19所示。

14 按【Ctrl+Enter】组合键计算结果，将L3单元格的公式向下填充至L27单元格，如图5.20所示。

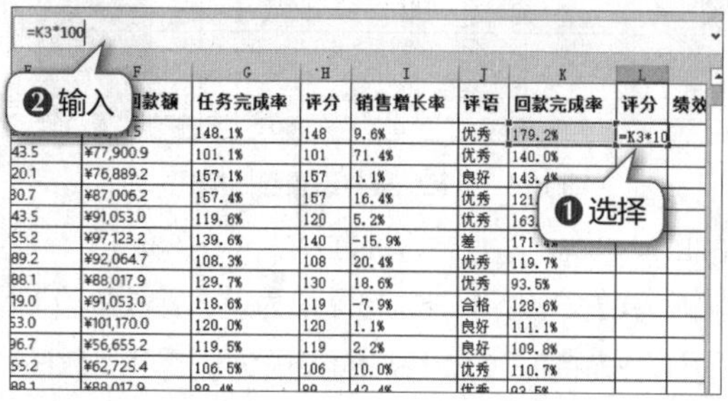

图5.19　输入公式计算评分

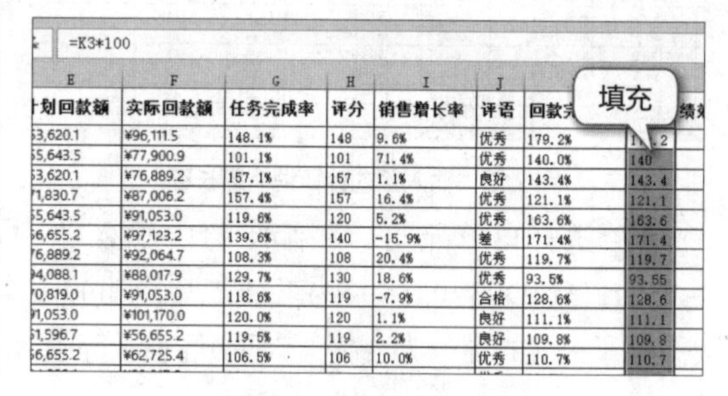

图5.20　填充公式

15 选择M3单元格，在编辑栏中输入“=(H3+L3)*7.5+IF(J3="差",I3*100*15,I3*100*7.5)”，即绩效奖金分为两部分，一部分的计算方法为任务完成率评分与回款完成率评分之和乘7.5，另一部分在计算时应视销售增长率的情况而定，销售增长率的评语为差的，以销售增长率乘100再乘15的标准计算，评语不为差时，以销售增长率乘100再乘7.5的标准计算，如图5.21所示。

16 按【Ctrl+Enter】组合键计算结果，将M3单元格的公式向下填充至M27单元格，将数据类型设置为货币样式，并减少一位小数，如图5.22所示。

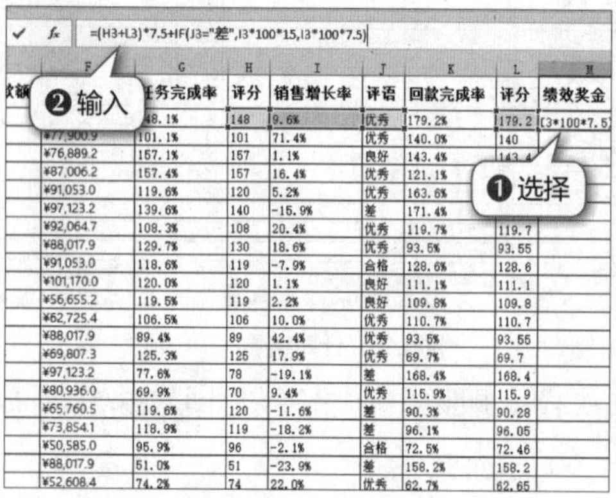

图5.21　输入公式计算绩效奖金

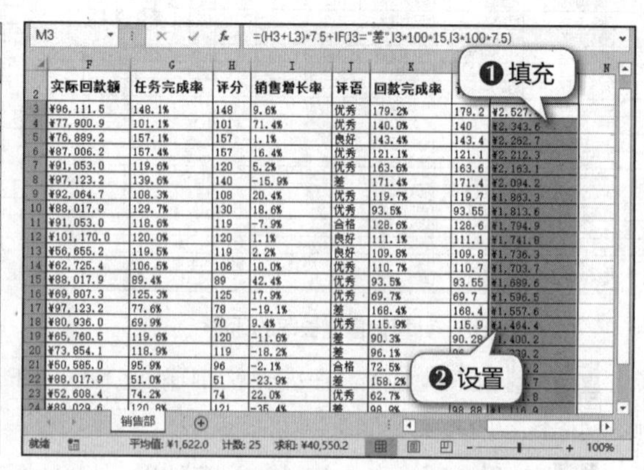

图5.22　填充公式并设置数据格式

（三）为表格数据排名

下面统计业务员的绩效奖金排名，并按排名结果升序排列数据记录，然后利用高级筛选的方法筛选出需要的数据，最后将销售增长率小于0的数据记录加粗并标红，具体操作如下。

1 在N2单元格中输入“奖金排名”文本并加粗显示，选择N2:N27单元格区域，为其添加边框效果，将单元格对齐方式设置为“居中对齐”，如图5.23所示。

2 选择N3单元格，在编辑栏中输入“=RANK(M3,M3:M27)”，如图5.24所示。

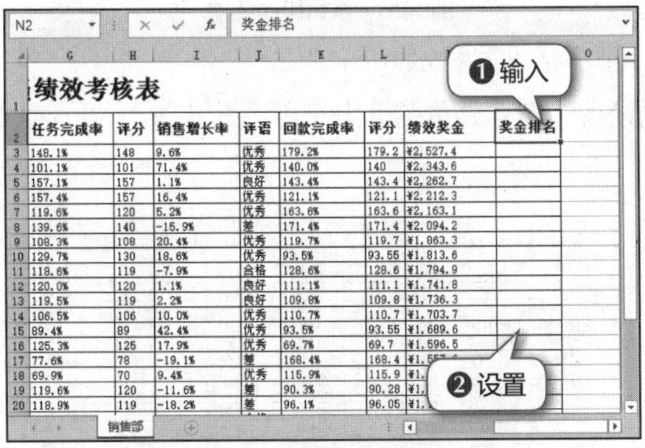

❶输入
❷设置

图5.23 输入并设置排名区域

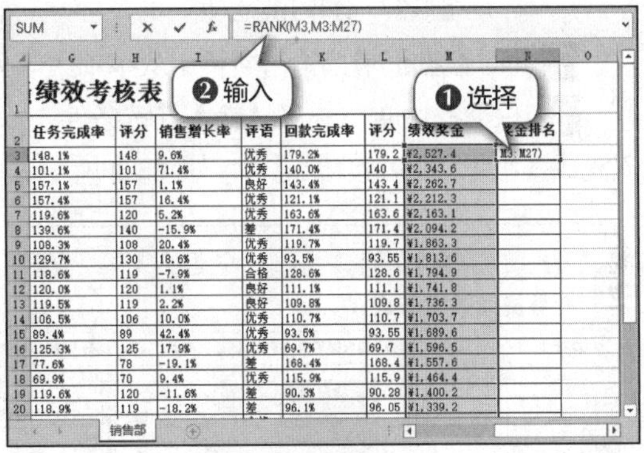

❷输入
❶选择

图5.24 输入函数

3 选择输入函数中的“M3:M27”部分，按【F4】键将其引用方式更改为绝对引用，如图5.25所示。

4 按【Ctrl+Enter】组合键返回该数据记录的排名结果，如图5.26所示。

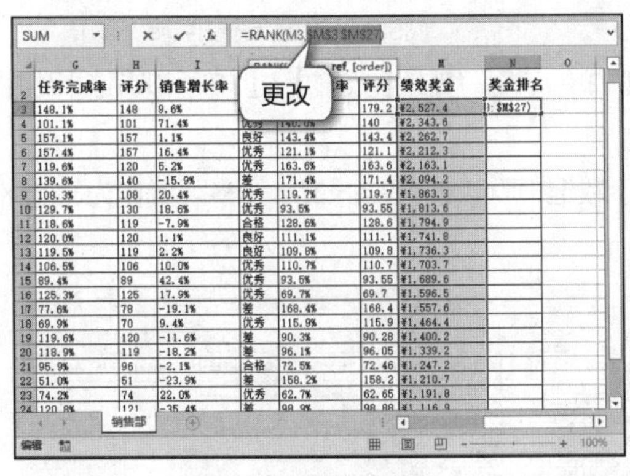

图5.25 更改引用方式

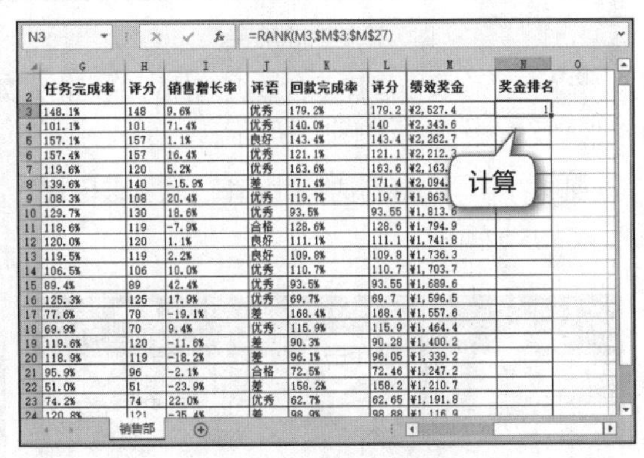

图5.26 计算出排名结果

5 将N3单元格中的函数向下填充至N27单元格，得到其他业务员的奖金排名结果，如图5.27所示。

6 选择I3:I27单元格区域，单击【数据】/【排序和筛选】组中的“升序”按钮，打开“排序提醒”对话框，选中“扩展选定区域”单选项，单击 排序(S) 按钮，如图5.28所示。

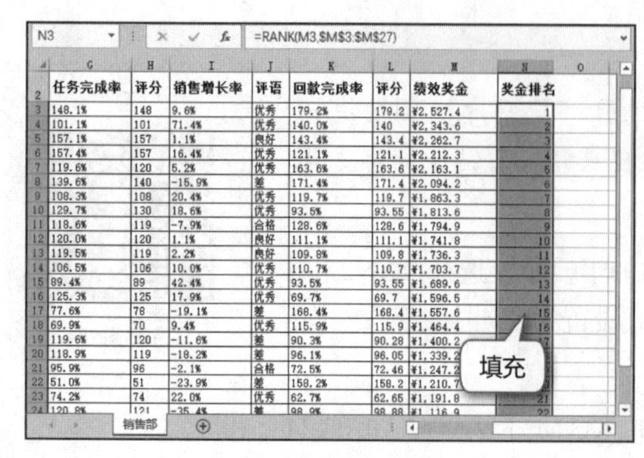

图5.27　计算出其他数据

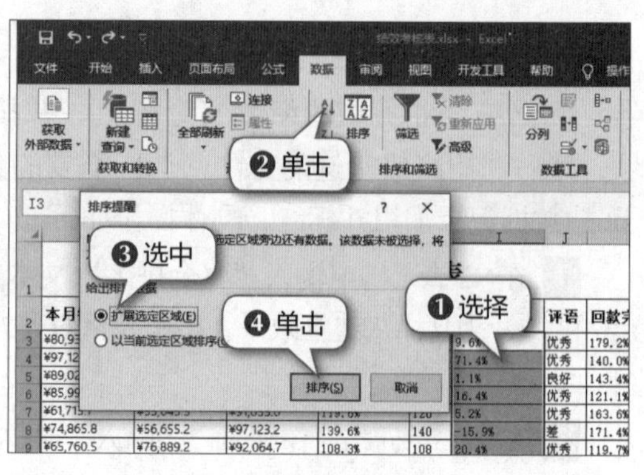

图5.28　设置排序选项

7 此时数据记录按销售增长率从小到大排列，排序结果如图5.29所示。

8 在C29:D30单元格区域输入筛选条件，本例设置的条件表示筛选出评语不是“差”，同时回款完成率小于100%的数据记录，如图5.30所示。

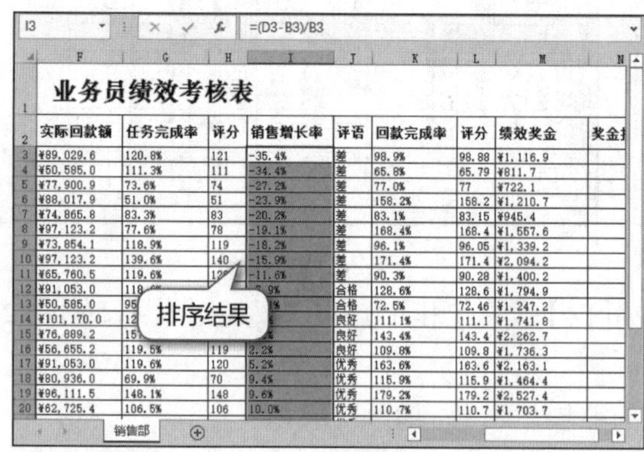

图5.29　查看排序结果

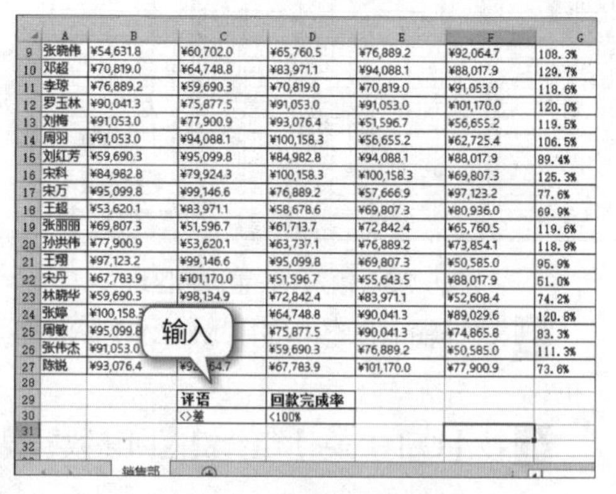

图5.30　设置筛选条件

9 在工作表中选择包含数据的任意单元格，如F2单元格，单击【数据】/【排序和筛选】组中的“高级”按钮，如图5.31所示。

10 打开“高级筛选”对话框，“列表区域”参数框中默认设置A2:N27单元格区域作为筛选区域，如图5.32所示。

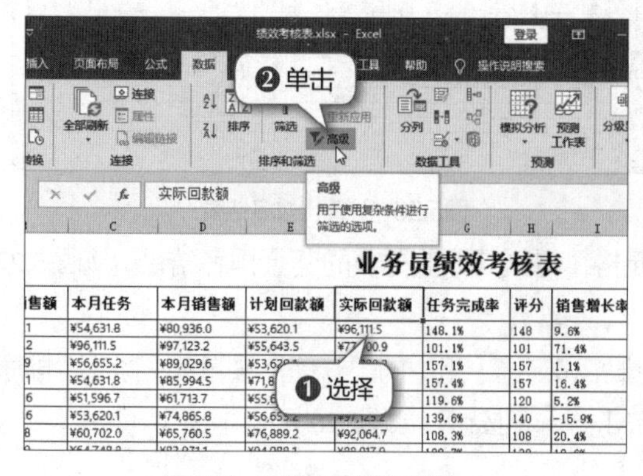

图5.31　启用高级筛选功能

图5.32　设置筛选区域

11 单击“条件区域”参数框右侧的按钮，返回工作表，设置C29:D30单元格区域为条件区域，单击 确定 按钮，如图5.33所示。

12 返回工作表，筛选出符合筛选条件的数据记录，如图5.34所示。

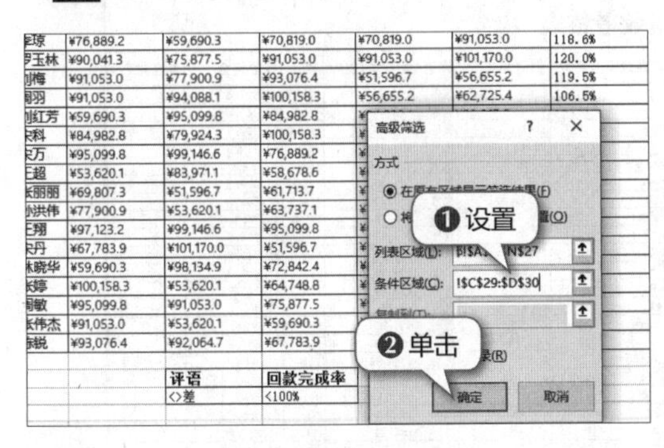

图5.33 设置条件区域

图5.34 筛选结果

13 在【数据】/【排序和筛选】组中单击“清除”按钮，如图5.35所示。

14 选择A3:N27单元格区域，单击【开始】/【样式】组中的“条件格式”按钮，在打开的下拉列表中选择“新建规则”选项，如图5.36所示。

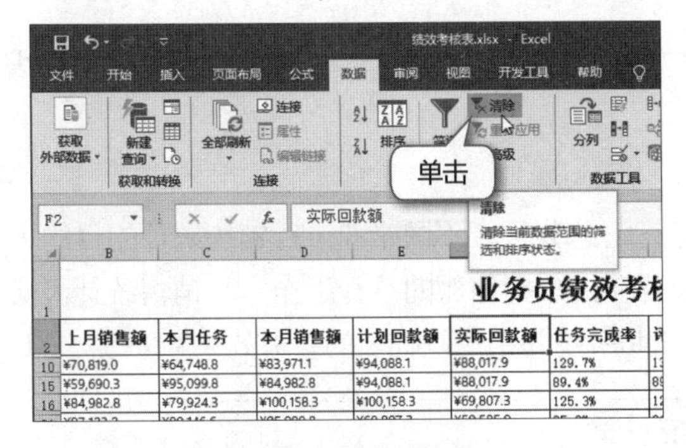

图5.35 取消筛选状态

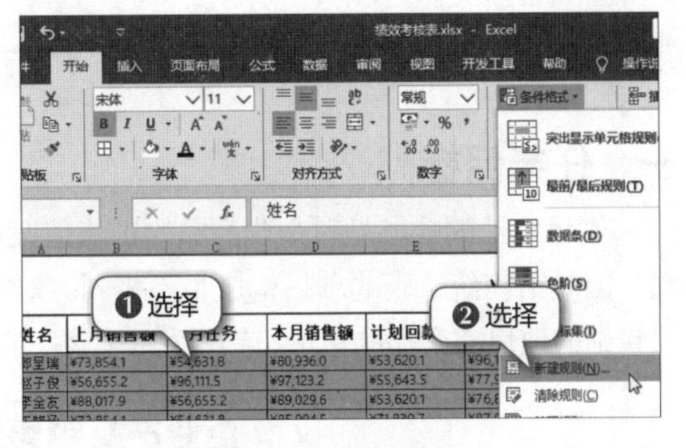

图5.36 新建规则

15 打开“新建格式规则”对话框，在“选择规则类型”列表框中选择“使用公式确定要设置格式的单元格”选项，在下方的文本框中输入“=$I3<0”，单击 格式(F)... 按钮，如图5.37所示。

16 打开“设置单元格格式”对话框，单击“字体”选项卡，在“字形”列表框中选择“加粗”选项，在“颜色”下拉列表中选择“红色”选项，单击 确定 按钮，如图5.38所示。

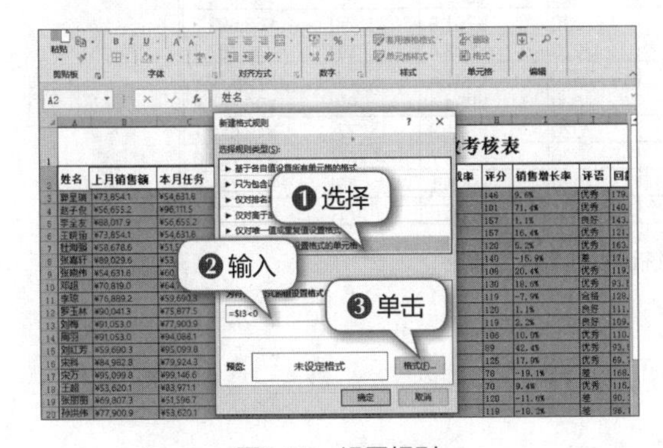

图5.37 设置规则

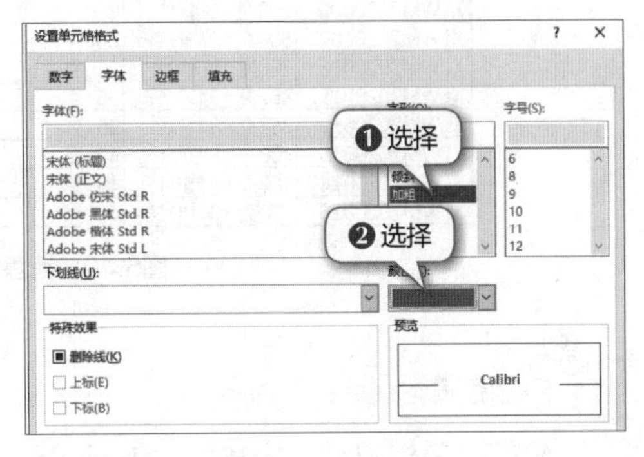

图5.38 设置格式

17 确认设置后，表格中所有销售增长率小于0的数据记录都将加粗显示并标红。适当调整某些列的列宽，使其能正常显示出数据，效果如图5.39所示。

业务员绩效考核表

姓名	上月销售额	本月任务	本月销售额	计划回款额	实际回款额	任务完成率	评分	销售增长率	评语	回款完成率	评分	绩效奖金	奖金排名
郭呈瑞	¥73,854.1	¥54,631.8	¥80,936.0	¥53,620.1	¥96,111.5	148.1%	148	9.6%	优秀	179.2%	179.2	¥2,527.4	1
赵子俊	¥56,655.2	¥96,111.5	¥97,123.2	¥55,643.5	¥77,900.9	101.1%	101	71.4%	优秀	140.0%	140	¥2,343.6	2
李全友	¥88,017.9	¥56,655.2	¥89,029.6	¥53,620.1	¥76,889.2	157.1%	157	1.1%	良好	143.4%	143.4	¥2,262.7	3
王晓涵	¥73,854.1	¥54,631.8	¥85,994.5	¥71,830.7	¥87,006.2	157.4%	157	16.4%	优秀	121.1%	121.1	¥2,212.3	4
杜海强	¥58,678.6	¥51,596.7	¥61,713.7	¥55,643.5	¥91,053.0	119.6%	120	5.2%	优秀	163.6%	164	¥2,163.1	5
张嘉轩	¥89,029.6	¥53,620.1	¥74,865.8	¥56,655.2	¥97,123.2	139.6%	140	-15.9%	差	171.4%	171.4	¥2,094.2	6
张晓伟	¥54,631.8	¥60,702.0	¥65,760.5	¥76,889.2	¥92,064.7	108.3%	108	20.4%	优秀	119.7%	119.7	¥1,863.3	7
郑超	¥70,819.0	¥64,748.8	¥83,971.1	¥94,088.1	¥88,017.9	129.7%	130	18.6%	优秀	93.5%	93.5	¥1,813.6	8
李琼	¥76,889.2	¥59,690.3	¥70,819.0	¥70,819.0	¥91,053.0	118.6%	119	-7.9%	合格	128.6%	128.6	¥1,794.9	9
罗玉林	¥90,041.3	¥75,877.5	¥91,053.0	¥91,053.0	¥101,170.0	120.0%	120	1.1%	良好	111.1%	111.1	¥1,741.8	10
刘梅	¥91,053.0	¥77,900.9	¥93,076.4	¥51,596.7	¥56,655.2	119.5%	119	2.2%	良好	109.8%	109.8	¥1,736.3	11
周羽	¥91,053.0	¥94,088.1	¥100,158.3	¥56,655.2	¥62,725.4	106.5%	106	10.0%	优秀	110.7%	110.7	¥1,703.7	12
刘红芳	¥59,690.3	¥95,099.8	¥84,982.8	¥94,088.1	¥88,017.9	89.4%	89	42.4%	优秀	93.5%	93.55	¥1,689.6	13
宋科	¥84,982.8	¥79,924.3	¥100,158.3	¥100,158.3	¥69,807.3	125.3%	125	17.9%	优秀	69.7%	69.7	¥1,596.5	14
宋万	¥95,099.8	¥99,146.6	¥76,889.2	¥57,666.9	¥97,123.2	77.6%	78	-19.1%	差	168.4%	168.4	¥1,557.6	15
王超	¥53,620.1	¥83,971.1	¥58,678.6	¥69,807.3	¥80,936.0	69.9%	70	9.4%	优秀	115.9%	116	¥1,464.4	16
张丽丽	¥69,807.3	¥51,596.7	¥61,713.7	¥72,842.4	¥65,760.5	119.6%	120	-11.6%	差	90.3%	90.3	¥1,400.2	17
孙洪伟	¥77,900.9	¥53,620.1	¥63,737.1	¥76,889.2	¥73,854.1	118.9%	119	-18.2%	差	96.1%	96.1	¥1,339.2	18
王翔	¥97,123.2	¥99,146.6	¥95,099.8	¥69,807.3	¥50,585.0	95.9%	96	-2.1%	合格	72.5%	72.5	¥1,247.2	19
宋丹	¥67,783.9	¥101,170.0	¥51,596.7	¥55,643.5	¥88,017.9	51.0%	51	-23.9%	差	158.2%	158.2	¥1,210.7	20
林晓华	¥59,690.3	¥98,134.9	¥72,842.4	¥83,971.1	¥52,608.4	74.2%	74	22.0%	优秀	62.7%	62.7	¥1,191.8	21
张婷	¥100,158.3	¥53,620.1	¥64,748.8	¥90,041.3	¥89,029.6	120.8%	121	-35.4%	差	98.9%	98.9	¥1,116.9	22
周敏	¥95,099.8	¥91,053.0	¥75,877.5	¥90,041.3	¥74,865.8	83.3%	83	-20.2%	差	83.1%	83.1	¥945.4	23
张伟杰	¥91,053.0	¥53,620.1	¥59,690.3	¥76,889.2	¥50,585.0	111.3%	111	-34.4%	差	65.8%	65.8	¥811.7	24
陈锐	¥93,076.4	¥92,064.7	¥67,783.9	¥101,170.0	¥77,900.9	73.6%	74	-27.2%	差	77.0%	77	¥722.1	25

图5.39　完善设置

任务二　制作销售统计表

一、任务目标

销售统计的功能是对企业产品的销售情况进行汇总分析，不同企业进行销售统计的目的不同，因此销售统计表的项目构成也不相同。对于旨在汇总销售额的统计工作，其销售统计表必须包括的项目有产品的单价、销量和销售额。图5.40所示为销售统计表的参考效果。

××企业产品销售统计表

产品编号	产品规格	重量	出厂年份	单价	销量	销售额
XLWM2020001	357克×84饼/件	357克	2020	¥791.8	91	¥72,053.8
XLWM2020002	357克×84饼/件	357克	2020	¥556.4	87	¥48,406.8
XLWM2020003	500克×9罐/件	500克	2020	¥1,016.5	89	¥90,468.5
XLWM2020004	400克×84片/件	400克	2020	¥791.8	76	¥60,176.8
XLWM2020005	357克×84饼/件	357克	2020	¥567.1	100	¥56,710.0
XLWM2020006	357克×84饼/件	357克	2020	¥577.8	79	¥45,646.2
XLWM2020007	357克×84饼/件	357克	2020	¥642.0	92	¥59,064.0
XLWM2020008	500克×9罐/件	500克	2020	¥791.8	74	¥58,593.2
XLWM2020009	500克×24支/件	500克	2020	¥663.4	61	¥40,467.4
XLWM2020010	250克×80块/件	250克	2020	¥952.3	74	¥70,470.2
XLWM2020011	357克×84饼/件	357克	2020	¥984.4	92	¥90,564.8
XLWM2020012	357克×84饼/件	357克	2020	¥631.3	77	¥48,610.1
XLWM2020013	400克×84饼/件	400克	2020	¥545.7	60	¥32,742.0
XLWM2020014	400克×84饼/件	400克	2020	¥995.1	58	¥57,715.8
XLWM2020015	400克×84饼/件	400克	2020	¥856.0	71	¥60,776.0

图5.40　销售统计表的参考效果

下载资源

效果文件：项目五\销售统计表.xlsx

二、任务实施

（一）输入和计算数据

首先创建并保存工作簿，然后输入数据并对数据进行适当美化，最后利用公式和函数计算各产品的销售额、总销量和总销售额等数据，具体操作如下。

1 新建并保存“销售统计表.xlsx”工作簿，单击工作表名称右侧的“新工作表”按钮⊕，新建两个工作表，将这3个工作表分别重命名为“明细”“排名”“销售比例”，如图5.41所示。

2 在“明细”工作表中输入表格的标题、字段和各产品的基本数据，适当调整行高和列宽，如图5.42所示。

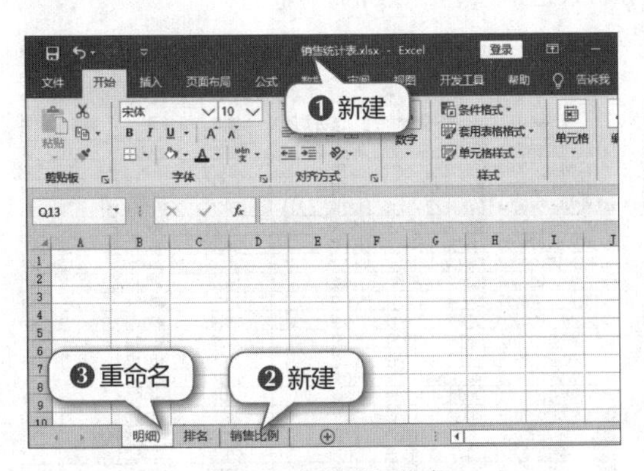

图5.41 重命名工作表

	A	B	C	D	E	F
1	××企业产品销售统计表					
2	产品名称	产品编号	产品规格	重量	年份	单价
3	357克特制熟饼	XLWM2020001	357克×84饼/件	357克	2020	
4	357克精品熟饼	XLWM2020002	357克×84饼/件	357克	2020	
5	500克藏品普洱	XLWM2020003	500克×9罐/件	500克	2020	
6	357克金尊熟饼	XLWM2020004	400克×84片/件	400克	2020	
7	357克壹号熟饼	XLWM2020005	357克×84饼/件	357克	2020	
8	357克青饼	XLWM2020006	357克×84饼/件	357克	2020	
9	357克秋茶青饼	XLWM2020007	357克×84饼/件	357克	2020	
10	500克茶王春芽散茶	XLWM2020008	500克×9罐/件	500克	2020	
11	500克传统香竹茶	XLWM2020009	500克×24支/件	500克	2020	
12	250克青砖	XLWM2020010	250克×80块/件	250克	2020	
13	357克珍藏熟饼	XLWM2020011	357克×84饼/件	357克	2020	
14	357克老树青饼	XLWM2020012	357克×84饼/件	357克	2020	
15	400克茶王春芽青饼	XLWM2020013	400克×84饼/件	400克	2020	
16	400克金印珍藏青饼	XLWM2020014	400克×84饼/件	400克	2020	
17	400克金印茶王青饼	XLWM2020015	400克×84饼/件	400克	2020	
18	357克茶王青饼	XLWM2020016	357克×84饼/件	357克	2020	
19	500克金尊青沱	XLWM2020017	500克×24沱/件	500克	2020	
20	357克早春青饼	XLWM2020018	357克×84饼/件	357克	2020	
21	500克珍藏青沱	XLWM2020019	500克×24沱/件	500克	2020	
22	357克珍藏青饼	XLWM2020020	357克×84饼/件	357克	2020	

图5.42 输入数据

3 设置表格标题、字段和数据的格式、对齐方式等，并为所有数据所在的单元格区域添加边框，如图5.43所示。

4 在F3:G23单元格区域输入各产品的单价和销量数据，将单价的数据类型设置为货币型，仅显示1位小数的样式，如图5.44所示。

××企业产品销售统计表

产品名称	产品编号	产品规格	重量	出厂年份	单价
357克特制熟饼	XLWM2020001	357克×84饼/件	357克	2020	
357克精品熟饼	XLWM2020002	357克×84饼/件	357克	2020	
500克藏品普洱	XLWM2020003	500克×9罐/件	500克	2020	
357克金尊熟饼	XLWM2020004	400克×84片/件	400克	20[illegible]	
357克壹号熟饼	XLWM2020005	357克×84饼/件	357克	[illegible]	
357克青饼	XLWM2020006	357克×84饼/件	357克	[illegible]	
357克秋茶青饼	XLWM2020007	357克×84饼/件	357克	[illegible]	
500克茶王春芽散茶	XLWM2020008	500克×9罐/件	500克	2020	
500克传统香竹茶	XLWM2020009	500克×24支/件	500克	2020	
250克青砖	XLWM2020010	250克×80块/件	250克	2020	
357克珍藏熟饼	XLWM2020011	357克×84饼/件	357克	2020	
357克老树青饼	XLWM2020012	357克×84饼/件	357克	2020	
400克茶王春芽青饼	XLWM2020013	400克×84饼/件	400克	2020	
400克金印珍藏青饼	XLWM2020014	400克×84饼/件	400克	2020	
400克金印茶王青饼	XLWM2020015	400克×84饼/件	400克	2020	

添加边框

图5.43 美化数据

××企业产品销售统计表

产品名称	产品编号	产品规格	重量	出厂年份	单价	销量
	XLWM2020001	357克×84饼/件	357克	2020	¥791.8	91
	XLWM2020002	357克×84饼/件	357克	2020	¥556.4	87
	XLWM2020003	500克×9罐/件	500克	2020	¥1,016.5	89
	XLWM2020004	400克×84片/件	400克	2020	¥791.8	76
	XLWM2020005	357克×84饼/件	357克	2020	[illegible]	[illegible]
	XLWM2020006	357克×84饼/件	357克	2020	[illegible]	[illegible]
	XLWM2020007	357克×84饼/件	357克	2020	[illegible]	[illegible]
散茶	XLWM2020008	500克×9罐/件	500克	2020	¥791.8	74
茶	XLWM2020009	500克×24支/件	500克	2020	¥663.4	61
	XLWM2020010	250克×80块/件	250克	2020	¥952.3	74
	XLWM2020011	357克×84饼/件	357克	2020	¥984.4	92
	XLWM2020012	357克×84饼/件	357克	2020	¥631.3	77
青饼	XLWM2020013	400克×84饼/件	400克	2020	[illegible]	[illegible]
青饼	XLWM2020014	400克×84饼/件	400克	2020	[illegible]	[illegible]
青饼	XLWM2020015	400克×84饼/件	400克	2020	[illegible]	[illegible]

❷设置
❶输入

图5.44 输入数据

5 选择H3单元格，在编辑栏中输入“=F3*G3”，表示该产品的销售额等于对应的单价与销量的乘积，如图5.45所示。

6 按【Ctrl+Enter】组合键计算该产品的销售额，将H3单元格中的公式向下填充至H23单元格，将H3:H23单元格区域的数据类型设置为货币型，仅显示1位小数的样式，如图5.46所示。

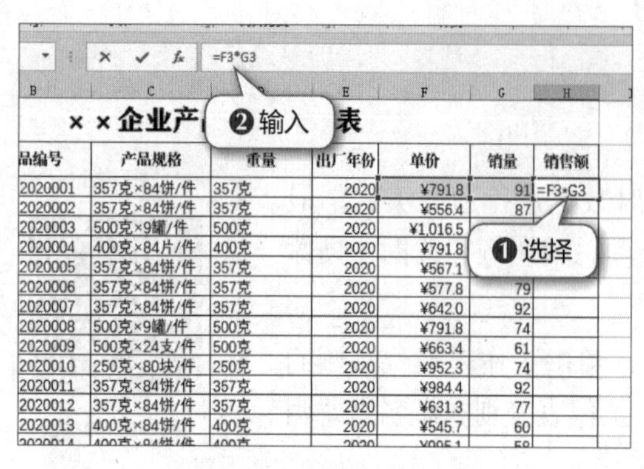

图5.45　输入公式

编号	产品规格	重量	出厂年份	单价	销量	销售额
020001	357克×84饼/件	357克	2020	¥791.8	91	¥72,053.8
020002	357克×84饼/件	357克	2020	¥556.4	8	¥48,406.8
020003	500克×9罐/件	500克	2020	¥1,016		468.5
020004	400克×84片/件	400克	2020	¥791		176.8
020005	357克×84饼/件	357克	2020	¥567.1	10	6,710.0
020006	357克×84饼/件	357克	2020	¥577.8	79	¥45,646.2
020007	357克×84饼/件	357克	2020	¥642		064.0
020008	500克×9罐/件	500克	2020	¥791		593.2
020009	500克×24支/件	500克	2020	¥663		467.4
020010	250克×80块/件	250克	2020	¥952.3	74	¥70,470.2
020011	357克×84饼/件	357克	2020	¥984.4	92	¥90,564.8
020012	357克×84饼/件	357克	2020	¥631.3	77	¥48,610.1
020013	400克×84饼/件	400克	2020	¥545.7	60	¥32,742.0
020014	400克×84饼/件	400克	2020	¥995.1	58	¥57,715.8
020015	400克×84饼/件	400克	2020	¥856.0		76.0
020016	357克×84饼/件	357克	2020	¥930.9		66.4

图5.46　计算并填充公式

7 合并A24:F24单元格区域，输入“合计：”文本，如图5.47所示。

8 选择G24单元格，在编辑栏中输入“=SUM(G3:G23)”，如图5.48所示。

品编号	产品规格	重量	出厂年份	单价	销量	销售额
2020001	357克×84饼/件	357克	2020	¥791.8	91	¥72,053.8
2020002	357克×84饼/件	357克	2020	¥556.4	87	¥48,406.8
2020003	500克×9罐/件	500克	2020	¥1,016.5	89	¥90,468.5
2020004	400克×84片/件	400克	2020	¥791.8	76	¥60,176.8
2020005	357克×84饼/件	357克	2020	¥567.1	100	¥56,710.0
2020006	357克×84饼/件	357克	2020	¥577.8	79	¥45,646.2
2020007	357克×84饼/件	357克	2020	¥642.0	92	¥59,064.0
2020008	500克×9罐/件	500克	2020	¥791.8	74	¥58,593.2
2020009	500克×24支/件	500克	2020	¥663.4	61	¥40,467.4
2020010	250克×80块/件	250克	2020	¥952.3	74	¥70,470.2
2020011	357克×84饼/件	357克	2020	¥984.4	92	¥90,564.8
2020012	357克×84饼/件	357克	2020	¥631.3	77	¥48,610.1
2020013	400克×84饼/件	400克	2020	¥545.7	60	¥32,742.0
2020014	400克×84饼/件	400克	2020	¥995.1	58	¥57,715.8
2020015	400克×84饼/件	400克	2020	¥856.0	71	¥60,776.0
2020016	357克×84饼/件	357克	2020	¥930.9	96	¥89,366.4
2020017	500克×24沱/件	500克	2020	¥535.0	79	¥42,265.0
2020018	357克×84饼/件	357克			78	¥72,610.2
2020019	500克×24沱/件	500克			84	¥73,701.6
2020020	357克×84饼/件	357克			97	¥93,411.0
2020021	500克×40包/件	500克	2020	¥738.3	88	¥64,970.4
				合计：		

明细　排名　销售比例

图5.47　合并单元格区域并输入文本

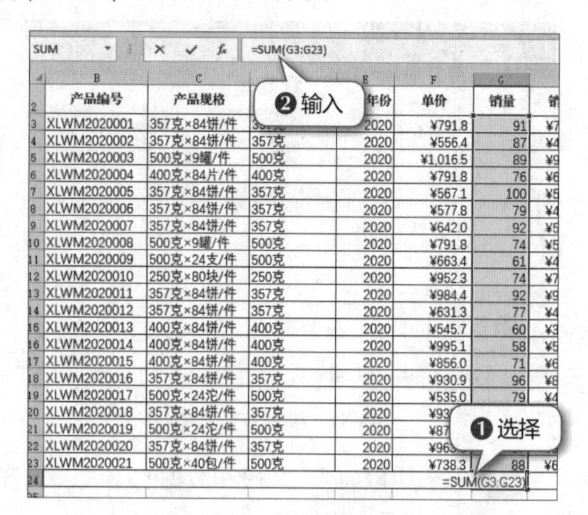

图5.48　输入计算销量函数

9 按【Ctrl+Enter】组合键计算所有产品的总销量，将G24单元格中的函数向右填充至H24单元格，计算所有产品的总销售额，如图5.49所示。

	产品编号	产品规格	重量	出厂年份	单价	销量	销售额
3	XLWM2020001	357克×84饼/件	357克	2020	¥791.8	91	¥72,053.8
4	XLWM2020002	357克×84饼/件	357克	2020	¥556.4	87	¥48,406.8
5	XLWM2020003	500克×9罐/件	500克	2020	¥1,016.5	89	¥90,468.5
6	XLWM2020004	400克×84片/件	400克	2020	¥791.8	76	¥60,176.8
7	XLWM2020005	357克×84饼/件	357克	2020	¥567.1	100	¥56,710.0
8	XLWM2020006	357克×84饼/件	357克	2020	¥577.8	79	¥45,646.2
9	XLWM2020007	357克×84饼/件	357克	2020	¥642.0	92	¥59,064.0
10	XLWM2020008	500克×9罐/件	500克	2020	¥791.8	74	¥58,593.2
11	XLWM2020009	500克×24支/件	500克	2020	¥663.4	61	¥40,467.4
12	XLWM2020010	250克×80块/件	250克	2020	¥952.3	74	¥70,470.2
13	XLWM2020011	357克×84饼/件	357克	2020	¥984.4	92	¥90,564.8
14	XLWM2020012	357克×84饼/件	357克	2020	¥631.3	77	¥48,610.1
15	XLWM2020013	400克×84饼/件	400克	2020	¥545.7	60	¥32,742.0
16	XLWM2020014	400克×84饼/件	400克	2020	¥995.1	58	¥57,715.8
17	XLWM2020015	400克×84饼/件	400克	2020	¥856.0	71	¥60,776.0
18	XLWM2020016	357克×84饼/件	357克	2020	¥930.9	96	¥89,366.4
19	XLWM2020017	500克×24沱/件	500克	2020	¥535.0	79	¥42,265.0
20	XLWM2020018	357克×84饼/件	357克	2020	¥930.9		¥72,610.2
21	XLWM2020019	500克×24沱/件	500克	2020	¥877.4		¥73,701.6
22	XLWM2020020	357克×84饼/件	357克	2020	¥963.0		¥93,411.0
23	XLWM2020021	500克×40包/件	500克	2020	¥738.3	88	¥64,970.4
24					合计：	1703	¥1,328,790.20

图5.49　计算产品的总销量并填充函数

（二）使用RANK()函数

在“排名”工作表中使用RANK()函数将产品按销售额排名，然后使用条件格式突出显示排名前10的记录，并以名次为依据对记录进行升序排列，具体操作如下。

1 切换到“排名”工作表，输入表格标题和项目字段，为表格添加边框效果，如图5.50所示。

2 将“明细”工作表中已有的数据复制到“排名”工作表的B3:F23单元格区域中，如图5.51所示。

产品销售排名情况

名次	产品名称		产品规格	重量	出厂年

❶输入
❷添加

图5.50　输入数据

产品销售排名情况

名次	产品名称	产品编号	产品规格	重量	出厂年份
	357克特制熟饼	XLWM2020001	357克×84饼/件	357克	2020
	357克精品熟饼	XLWM2020002	357克×84饼/件	357克	2020
	500克藏品普洱	XLWM2020003	500克×9罐/件	500克	2020
	357克金尊熟饼	XLWM2020004	400克×84片/件	400克	2020
	357克壹号熟饼	XLWM2020005	357克×84饼/件	357克	2020
	357克青饼	XLWM2020006	357克×84饼/件	357克	2020
	357克秋茶青饼	XLWM2020007	357克×84饼/件	357克	2020
	500克茶王春芽散茶	XLWM2020008	500克×9罐/件	500克	2020
	500克传统香竹茶	XLWM2020[illegible]	500克×24支/件	500克	2020
	250克青砖	XLWM2[illegible]	[illegible]×80块/件	250克	2020
	357克珍藏熟饼	XLWM2[illegible]	[illegible]×84饼/件	357克	2020
	357克老树青饼	XLWM2[illegible]	[illegible]×84饼/件	357克	2020
	400克茶王春芽青饼	XLWM2020013	400克×84饼/件	400克	2020
	400克金印珍藏青饼	XLWM2020014	400克×84饼/件	400克	2020
	400克金印茶王青饼	XLWM2020015	400克×84饼/件	400克	2020
	357克茶王青饼	XLWM2020016	357克×84饼/件	357克	2020
	500克金尊青沱	XLWM2020017	500克×24沱/件	500克	2020

复制

图5.51　复制数据

3 选择A3单元格，在【公式】/【函数库】组中单击“插入函数”按钮 fx，如图5.52所示。

4 打开“插入函数”对话框，在“或选择类别”下拉列表中选择“全部”选项，在“选择函数”列表框中选择“RANK”选项，单击 确定 按钮，如图5.53所示。

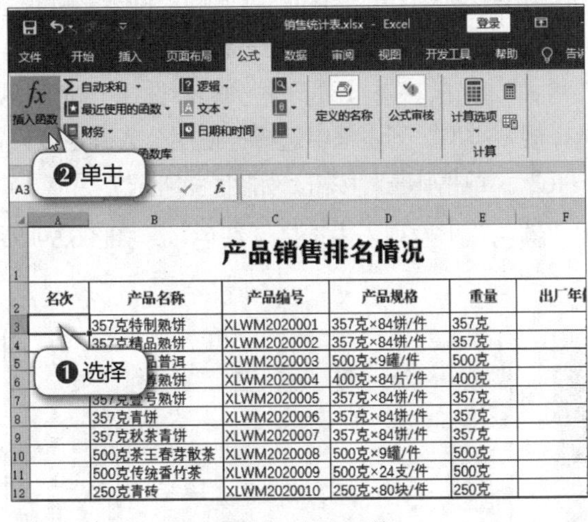

图5.52　插入函数

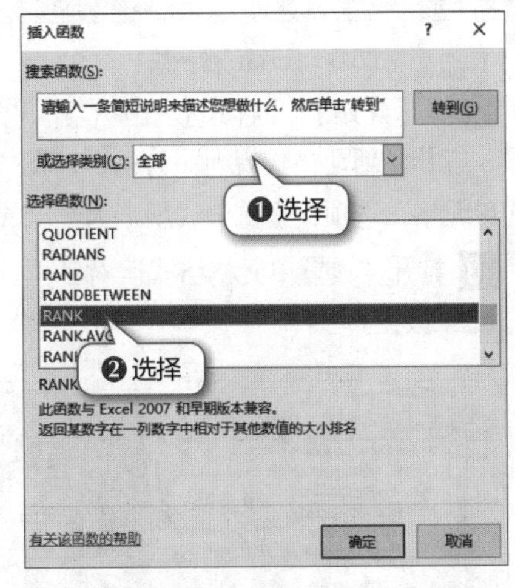

图5.53　选择函数

5 打开“函数参数”对话框，单击“Number”参数框右侧的按钮，如图5.54所示。

6 对话框将自动折叠起来，选择“明细”工作表中的H3单元格，如图5.55所示。

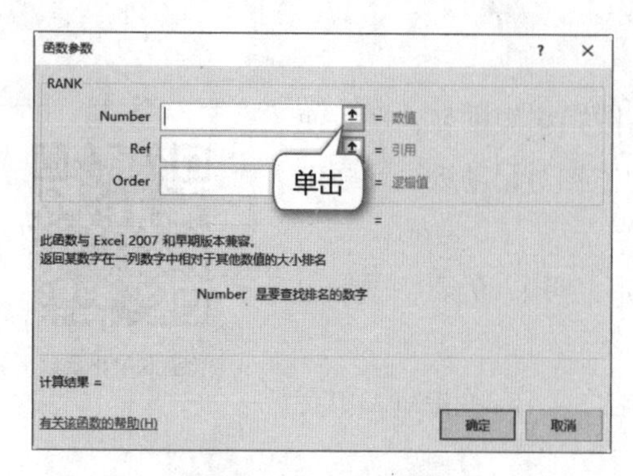

图5.54 选择函数参数

品编号	产品规格	重量	出厂年份	单价	销量	销售额
2020001	357克×84饼/件	357克	2020	¥791.8	91	¥72,053
2020002	357克×84饼/件	357克	2020	¥556.4	87	¥48,406
2020007	357克×84饼/件	357克	2020	¥642.0	92	¥59,064
2020008	500克×9罐/件	500克	2020	¥791.8	74	¥58,593
2020009	500克×24支/件	500克	2020	¥663.4	61	¥40,467
2020010	250克×80块/件	250克	2020	¥952.3	74	¥70,470
2020011	357克×84饼/件	357克	2020	¥984.4	92	¥90,564
2020012	357克×84饼/件	357克	2020	¥631.3	77	¥48,610
2020013	400克×84饼/件	400克	2020	¥545.7	60	¥32,742
2020014	400克×84饼/件	400克	2020	¥995.1	58	¥57,715
2020015	400克×84饼/件	400克	2020	¥856.0	71	¥60,776
2020016	357克×84饼/件	357克	2020	¥930.9	96	¥89,366

图5.55 选择单元格

7 展开对话框，单击“Ref”参数框右侧的按钮，在“明细”工作表中选择H3:H23单元格区域，返回对话框，在“Ref”参数框中选择“明细!H3:H23”文本，按【F4】键，设置单元格为相对引用，参数框中的“明细!H3:H23”将自动变成“明细!$H$3:$H$23”，单击按钮，如图5.56所示。

8 返回工作表，在A3单元格中计算出第一个产品的销量排名，用填充的方法，在其他单元格中计算出其他产品的销量排名，如图5.57所示。

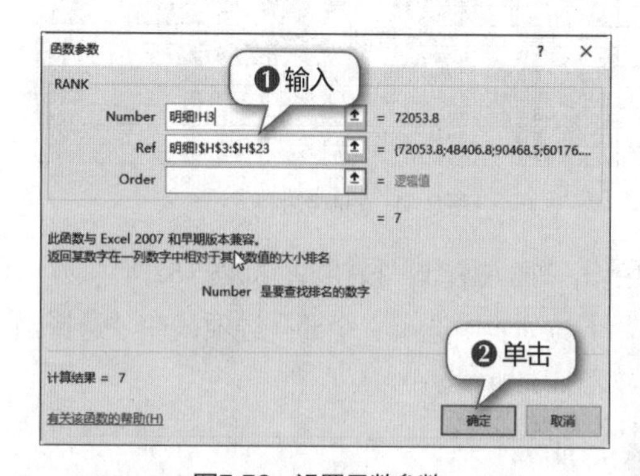

图5.56 设置函数参数

名次	产品名称	产品编号	产品规格	重量
7	357克特制熟饼	XLWM2020001	357克×84饼/件	357克
17	357克精品熟饼	XLWM2020002	357克×84饼/件	357克
3	500克藏品普洱	XLWM2020003	500克×9罐/件	500克
11	357克金尊熟饼	XLWM2020004	400克×84片/件	400克
15	357克壹号熟饼	XLWM2020005	357克×84饼/件	357克
18	357克青饼	XLWM2020006	357克×84饼/件	357克
12	357克秋茶青饼	XLWM2020007	357克×84饼/件	357克
	茶王春芽散茶	XLWM2020008	500克×9罐/件	500克
	传统香竹茶	XLWM2020009	500克×24支/件	500克
8	250克青砖	XLWM2020010	250克×80块/件	250克
2	357克珍藏熟饼	XLWM2020011	357克×84饼/件	357克
16	357克老树青饼	XLWM2020012	357克×84饼/件	357克
21	400克茶王春芽青饼	XLWM2020013	400克×84饼/件	400克
14	400克金印珍藏青饼	XLWM2020014	400克×84饼/件	400克
10	400克金印茶王青饼	XLWM2020015	400克×84饼/件	400克
4	357克茶王青饼	XLWM2020016	357克×84饼/件	357克

图5.57 计算出其他产品的销售排名

9 在【开始】/【样式】组中单击“条件格式”按钮，在打开的下拉列表中选择“新建规则”选项，打开“新建格式规则”对话框，在“选择规则类型”列表框中选择“使用公式确定要设置格式的单元格”选项，设置公式规则为“=$A3>10”，单击按钮，如图5.58所示。

10 打开“设置单元格格式”对话框，在“颜色”下拉列表中选择“红色”，如图5.59所示，单击按钮。

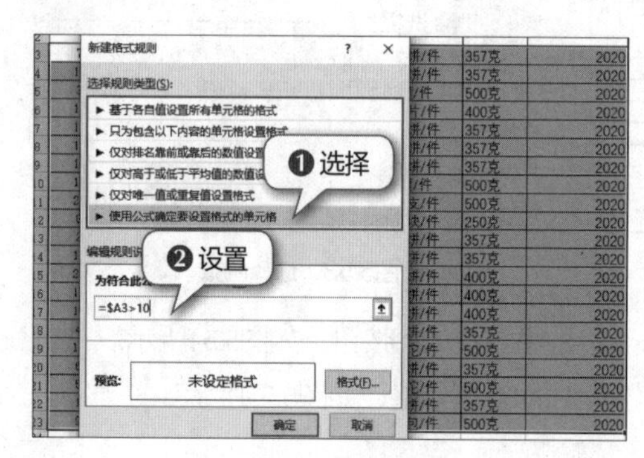

图5.58 设置条件格式

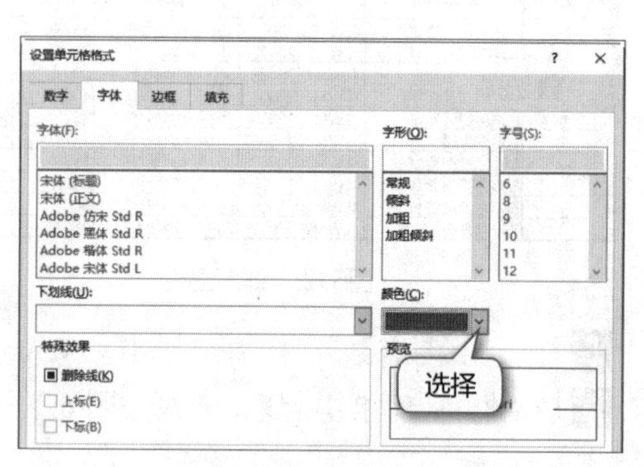

图5.59 选择颜色

11 返回工作表，排名前10的记录以红色显示，如图5.60所示。

12 选择A3:A23单元格区域，在【数据】/【排序和筛选】组中单击“升序”按钮，在打开的对话框中保持默认设置，单击 排序(S) 按钮，如图5.61所示。

	名次	产品名称	产品编号	产品规格	重量
3	7	357克特制熟饼	XLWM2020001	357克×84饼/件	357克
4	17	357克精品熟饼	XLWM2020002	357克×84饼/件	357克
5	3	500克藏品普洱	XLWM2020003	500克×9罐/件	500克
6	11	357克金尊熟饼	XLWM2020004	400克×84片/件	400克
7	15	357克壹号熟饼	XLWM2020005	357克×84饼/件	357克
8	18	357克青饼	XLWM2020006	357克×84饼/件	357克
9	12	357克秋茶青饼	XLWM2020007	357克×84饼/件	357克
10	13	500克茶王春芽散茶	XLWM2020008	500克×9罐/件	500克
11	20	500克传统香竹茶	XLWM2020009	500克×24支/件	500克
12	8	250克青砖	XLWM2020010	250克×80块/件	250克
13	2	357克珍藏熟饼	XLWM2020011	357克×84饼/件	357克
14	16	357克老树青饼	XLWM2020012	357克×84饼/件	357克
15	21	400克茶王春芽青饼	XLWM2020013	400克×84饼/件	400克
16	14	400克金印珍藏青饼	XLWM2020014	400克×84饼/件	400克
17	10	400克金印茶王青饼	XLWM2020015	400克×84饼/件	400克

图5.60 设置条件格式

排序提醒

Microsoft Excel 发现在选定区域旁边还有数据。该数据未被选择，将不参加排序。

给出排序依据

◉ 扩展选定区域(E)

○ 以当前选定区域排序(C)

单击

排序(S) 取消

图5.61 排序

13 工作表中的数据按名次升序排列，如图5.62所示。

产品销售排名情况

	名次	产品名称	产品编号	产品规格	重量	出厂年份
3	1	357克珍藏青饼	XLWM2020020	357克×84饼/件	357克	2020
4	2	357克珍藏熟饼	XLWM2020011	357克×84饼/件	357克	2020
5	3	500克藏品普洱	XLWM2020003	500克×9罐/件	500克	2020
6	4	357克茶王青饼	XLWM2020016	357克×84饼/件	357克	2020
7	5	500克珍藏青沱	XLWM2020019	500克×24沱/件	500克	2020
8	6	早春青饼	XLWM2020018	357克×84饼/件	357克	2020
9	7	特制熟饼	XLWM2020001	357克×84饼/件	357克	2020

排序

图5.62 排序结果

（三）创建数据图表

创建数据图表

在“销售比例”工作表中利用公式计算各个重量的产品销售额合计及其占总销售额的比例，然后利用计算出的数据创建饼图，并通过饼图直观地显示比例大小，具体操作如下。

1 切换到“销售比例”工作表，在A1:C6单元格区域输入数据并美化表格，如图5.63所示。

2 选择B3单元格，在编辑栏中输入公式，计算“明细”工作表中重量为357克的产品的销售额合计，如图5.64所示。

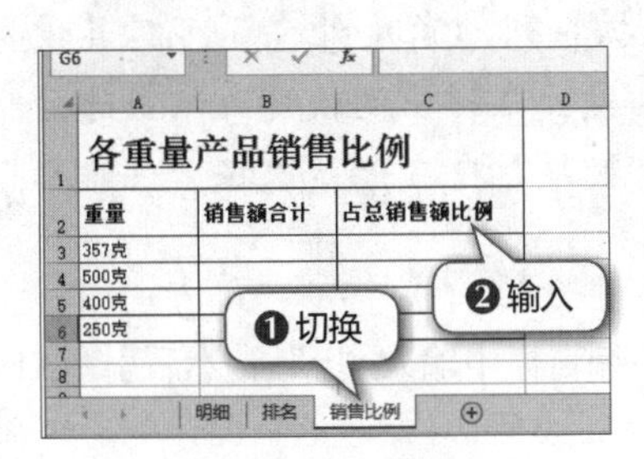

图5.63 输入数据

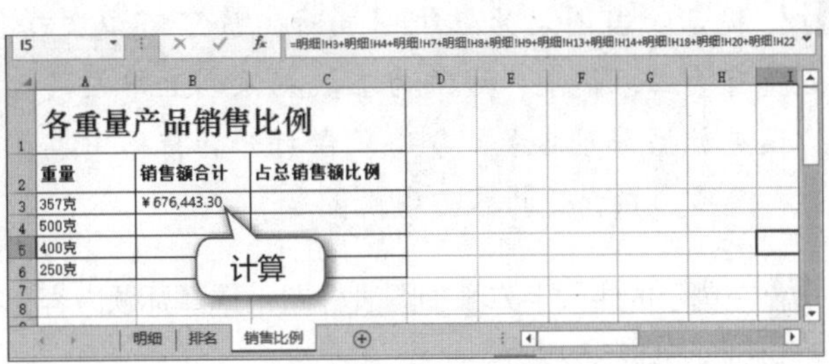

图5.64 计算销售额合计

3 使用相同的方法依次计算重量为500克、400克和250克的产品的销售额合计，如图5.65所示。

4 选择C3单元格，在编辑栏中输入公式“=B3/明细!H24”，按【Ctrl+Enter】组合键计算重量为357克的产品占总销售额比例，并将数据类型设置为百分比，仅显示1位小数，如图5.66所示。

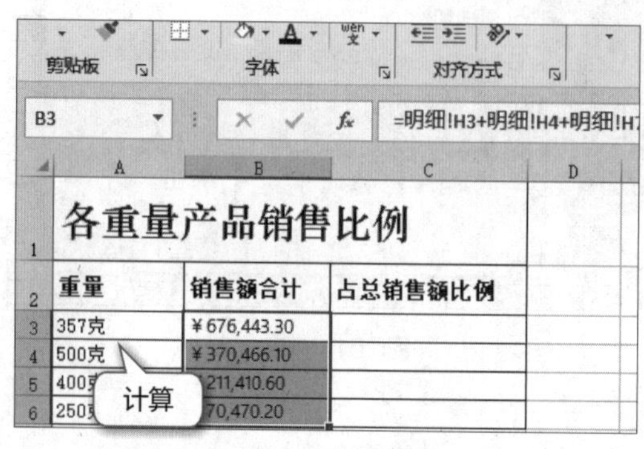

图5.65　计算其他产品的销售额合计

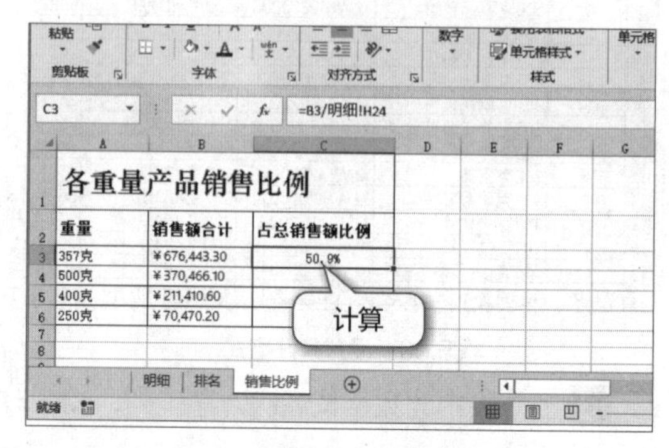

图5.66　计算占总销售额比例

5 使用相同的方法计算重量为500克、400克和250克的产品占总销售额比例，如图5.67所示。

6 选择C3:C6单元格区域，在【插入】/【图表】组中单击“插入饼图或圆环图”按钮，在打开的下拉列表中选择“三维饼图”选项，如图5.68所示。

图5.67　计算其他产品的占总销售额比例

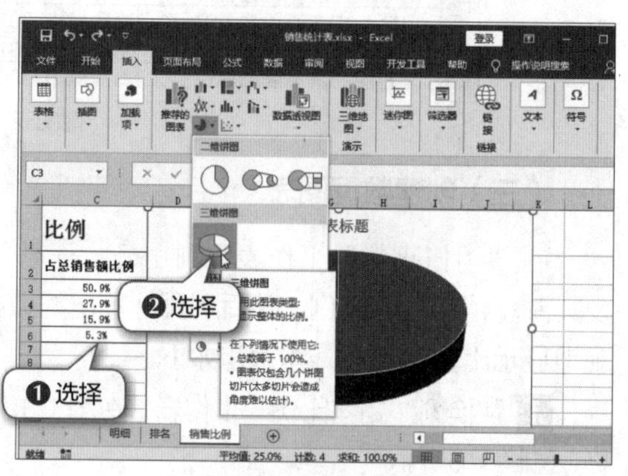

图5.68　创建饼图

提示：当图表为三维图表时，除了可以旋转数据系列的角度外，还可对其设置特有的三维格式，方法为在数据系列上单击鼠标右键，在弹出的快捷菜单中选择“设置数据系列格式”命令，在打开的窗格中单击“效果”选项卡，选择“三维格式”选项，在打开的界面中设置。

7 在创建的饼图上方添加图表标题，选择标题内容，在编辑栏中输入“=”，然后引用A1单元格的地址，如图5.69所示。

8 按【Ctrl+Enter】组合键自动引用A1单元格中的内容作为图表标题，如图5.70所示。

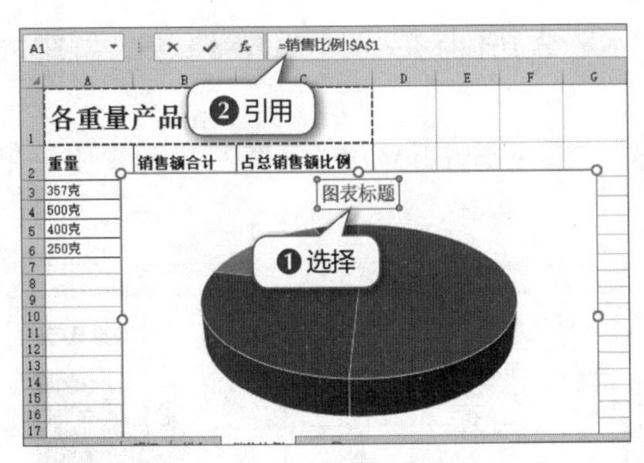

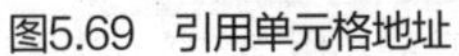
图5.69　引用单元格地址

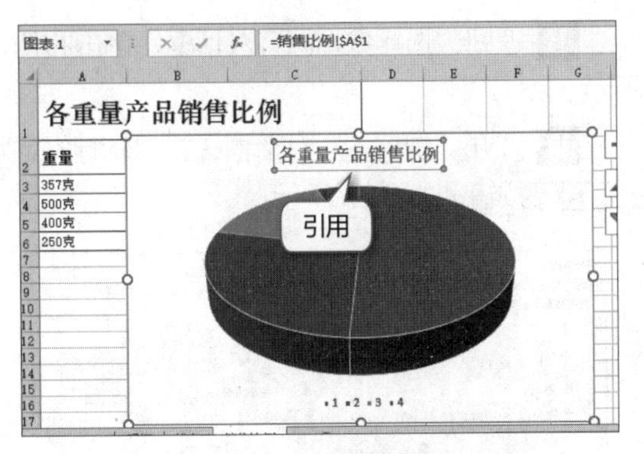

图5.70　自动引用单元格中的内容作为图表标题

9 选择整个图表，在【图表工具-设计】/【图表样式】组的下拉列表中选择“样式5”选项，如图5.71所示。

10 将图表标题文本的字体设置为“方正中雅宋简”，在饼图的数据系列上单击鼠标右键，在弹出的快捷菜单中选择“选择数据”命令，如图5.72所示。

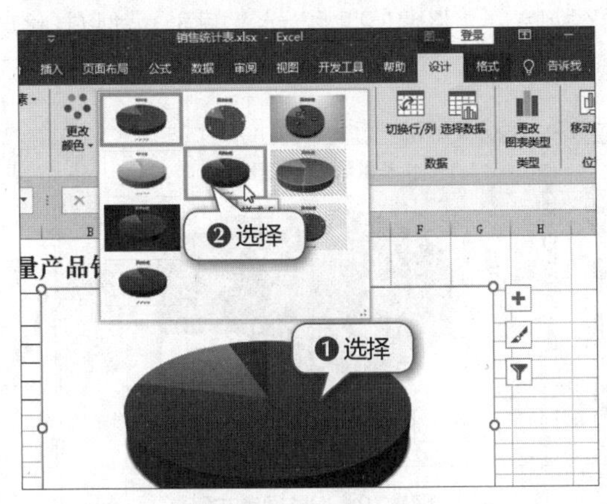

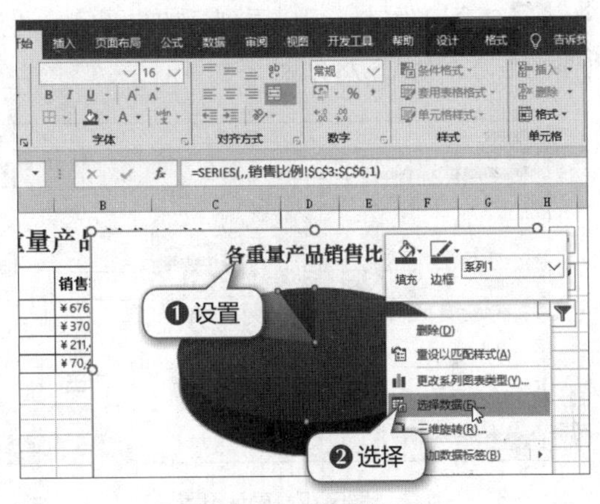

图5.71　设置图表样式

图5.72　选择数据

11 在打开的“选择数据源”对话框中单击左侧“图例项（系列）”栏中的 编辑(E) 按钮，如图5.73所示。

12 打开“编辑数据系列”对话框，将“系列名称”参数框中的内容删除，引用C2单元格中的内容，单击 确定 按钮，如图5.74所示。

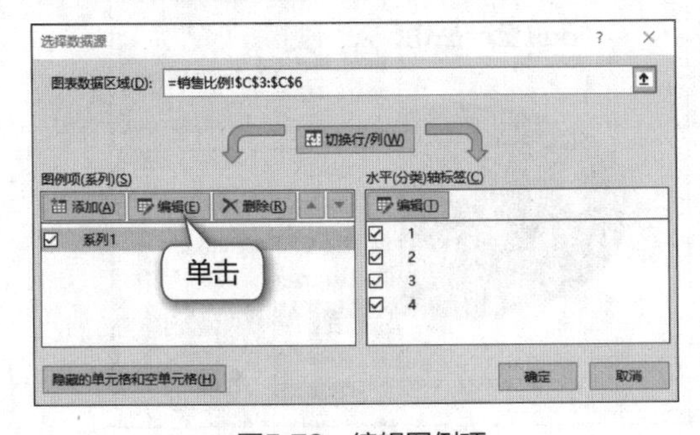

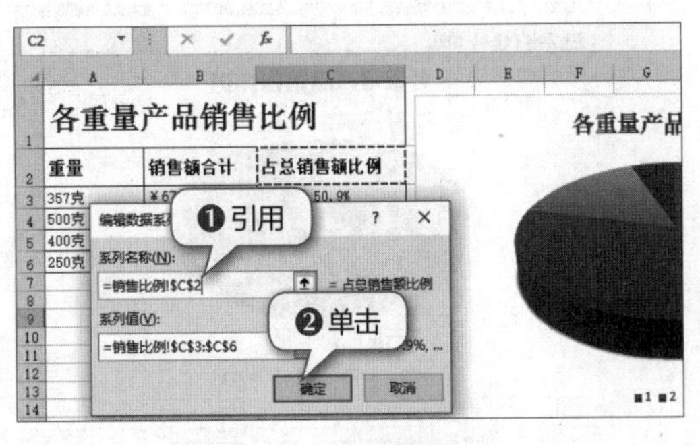

图5.73　编辑图例项

图5.74　设置系列名称

13 返回“选择数据源”对话框，单击右侧“水平(分类)轴标签”栏中的 编辑(E) 按钮，如图5.75所示。

14 打开“轴标签”对话框，在“轴标签区域”参数框中引用A3:A6单元格区域中的内容，单击 确定 按钮，如图5.76所示。

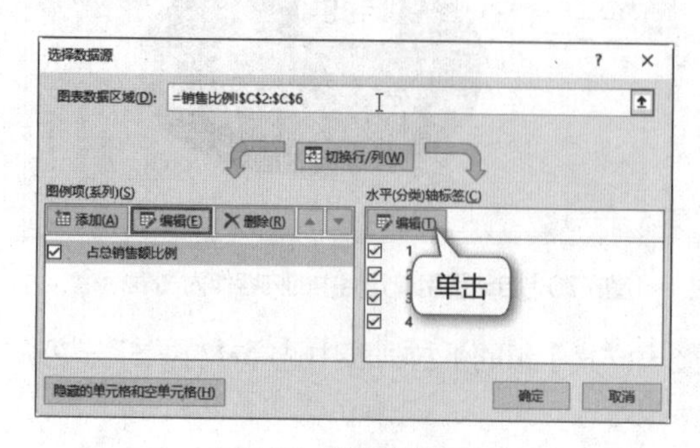

图5.75　编辑轴标签

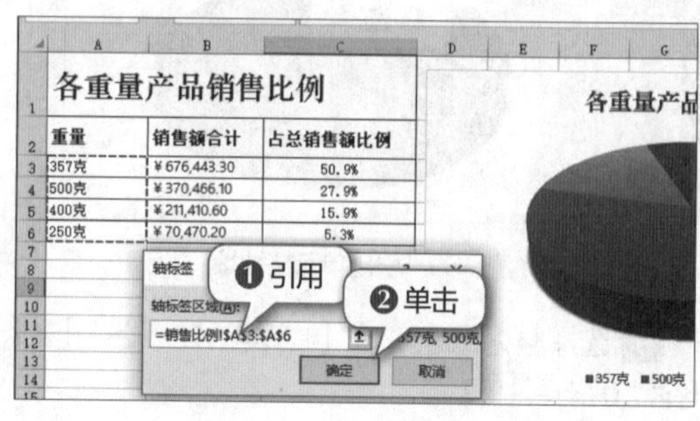

图5.76　编辑水平轴

15 返回“选择数据源”对话框，单击 确定 按钮，如图5.77所示。

16 返回工作表，可以看到添加的图例，调整图例宽度，将图例调整为水平显示，并将其移动到饼图下方，如图5.78所示。

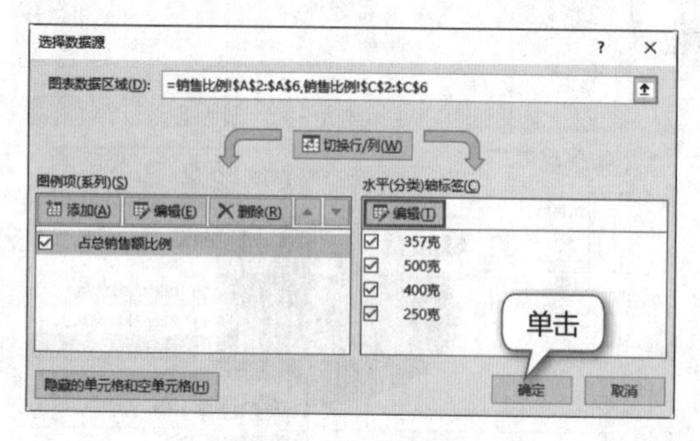

图5.77　确认设置

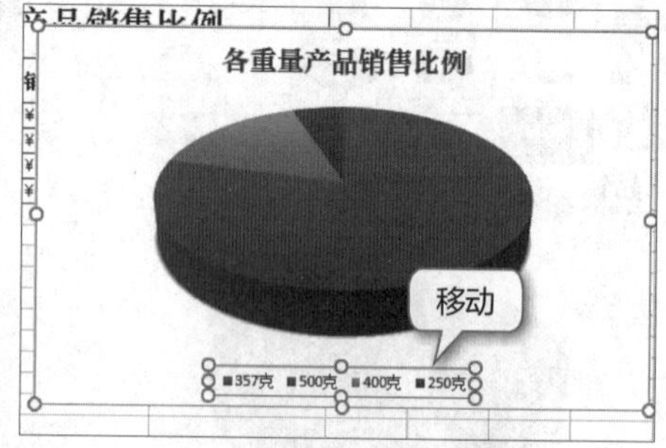

图5.78　调整图表布局

17 在饼图数据区域单击鼠标右键，在弹出的快捷菜单中选择“添加数据标签”命令，在其子菜单中选择“添加数据标签”命令，为数据区域添加数据标签，如图5.79所示。

18 在数据区域单击鼠标右键，在弹出的快捷菜单中选择“三维旋转”命令，如图5.80所示。

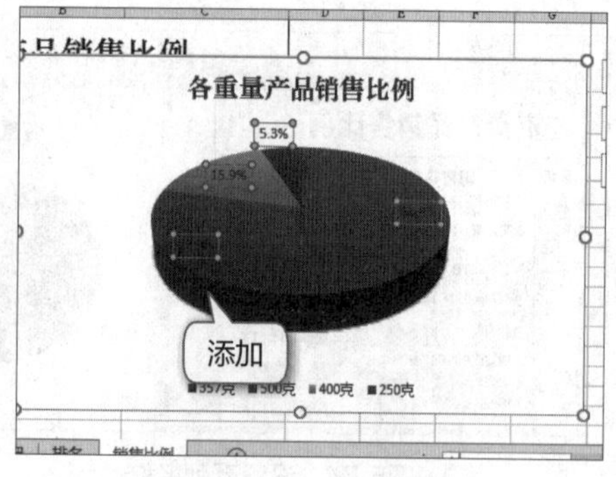

图5.79　添加数据标签

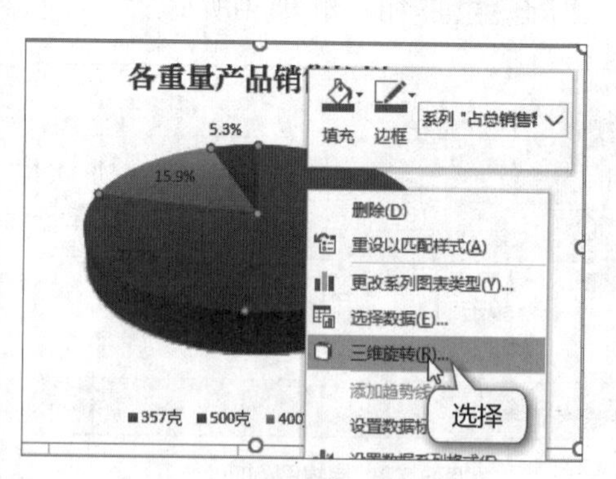

图5.80　选择三维旋转饼图

19 在右侧的“设置图表区格式”窗格中，将“Y旋转”和“透视”均设置为“25°”，完成后关闭“设置图表区格式”窗格，如图5.81所示。

20 调整饼图绘图区的大小和图例的位置，使饼图更加美观，如图5.82所示。

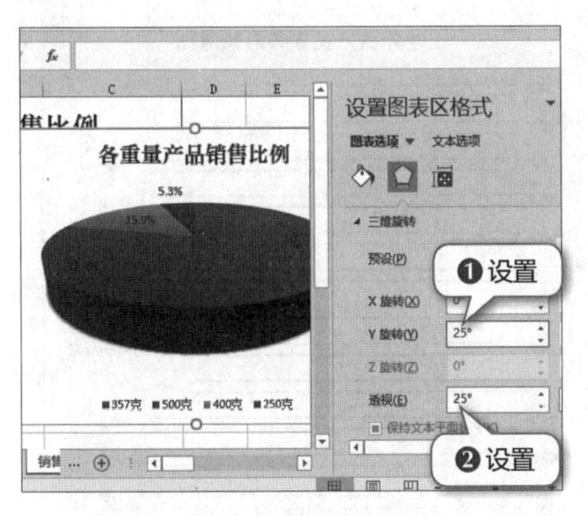

图5.81 设置旋转角度

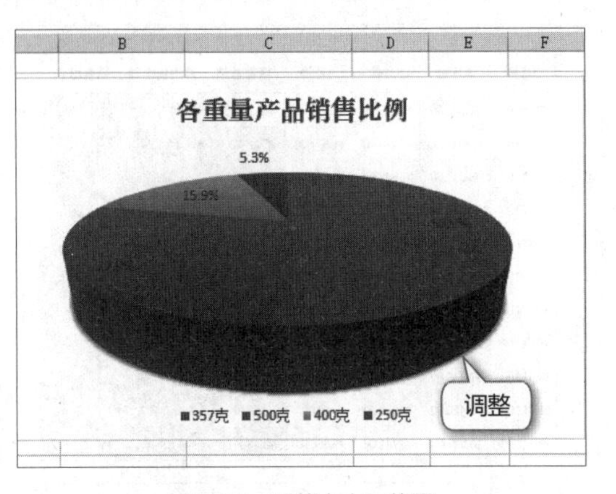

图5.82 调整大小和位置

项目实训——制作扶贫产品销售数据表

一、实训要求

充分利用Excel的数据输入、计算和图表等功能，统计某地区扶贫产品上半年的销售数据，通过表格展现各产品的销售总额、月均销售额、销售排名，并直观地对比各产品的销售总额。

扫一扫

制作扶贫产品销售数据表

二、实训思路

（1）创建“扶贫产品销售数据表.xlsx”，在其中输入相关的基础数据，如图5.83所示。

（2）适当对表格和数据进行美化设置，包括字符格式、数据类型、对齐方式、列宽和行高等，如图5.84所示。

产品编号	产品名称	1月份	2月份	3月份	4月份	5月份	6月份	销售总额	月均销售
FY01	燕麦粉	9951	6420	8988	9202	6206	8239		
FY02	玉米面	6527	10379	8239	10165	8774	6527		
FY03	当归	9737	5457	6741	8881	6848	7918		
FY04	党参	8667	8239	9416	10272	8667	7704		
FY05	甘草	8774	5457	5671	8667	10486	7276		
FY06	醋	10272	7490	6848	8132	10058	8132		
FY07	亚麻籽油	7062	10165	9844	8667	10379	5885		
FY08	黄花菜	6313	6741	9523	9630	9095	9309		
FY09	枸杞	7597	8774	9416	7918	9202	9523		
FY10	红枣	5992	5564	6313	6420	8988	8667		
FY11	瓜子	8881	5671	6741	6527	6741	5350		

图5.83 输入基础数据

产品名称	1月份	2月份	3月份	4月份	5月份	6月份
燕麦粉	¥9,951.00	¥6,420.00	¥8,988.00	¥9,202.00	¥6,206.00	¥8,239.00
玉米面	¥6,527.00	¥10,379.00	¥8,239.00	¥10,165.00	¥8,774.00	¥6,527.00
当归	¥9,737.00	¥5,457.00	¥6,741.00	¥8,881.00	¥6,848.00	¥7,918.00
党参	¥8,667.00	¥8,239.00	¥9,416.00	¥10,272.00	¥8,667.00	¥7,704.00
甘草	¥8,774.00	¥5,457.00	¥5,671.00	¥8,667.00	¥10,486.00	¥7,276.00
醋	¥10,272.00	¥7,490.00	¥6,848.00	¥8,132.00	¥10,058.00	¥8,132.00
亚麻籽油	¥7,062.00	¥10,165.00	¥9,844.00	¥8,667.00	¥10,379.00	¥5,885.00
黄花菜	¥6,313.00	¥6,741.00	¥9,523.00	¥9,630.00	¥9,095.00	¥9,309.00
枸杞	¥7,597.00	¥8,774.00	¥9,416.00	¥7,918.00	¥9,202.00	¥9,523.00
红枣	¥5,992.00	¥5,564.00	¥6,313.00	¥6,420.00	¥8,988.00	¥8,667.00
瓜子	¥8,881.00	¥5,671.00	¥6,741.00	¥6,527.00	¥6,741.00	¥5,350.00

图5.84 美化表格

（3）利用公式和函数计算各产品上半年的销售总额、月均销售额和销售排名，如图5.85所示。

（4）利用产品名称和销售总额数据创建条形图，并适当美化图表，如图5.86所示。

E	F	G	H	I	J	K
3月份	4月份	5月份	6月份	销售总额	月均销售额	销售排名
¥8,988.00	¥9,202.00	¥6,206.00	¥8,239.00	¥49,006.00	¥8,167.67	7
¥8,239.00	¥10,165.00	¥8,774.00	¥6,527.00	¥50,611.00	¥8,435.17	5
¥6,741.00	¥8,881.00	¥6,848.00	¥7,918.00	¥45,582.00	¥7,597.00	9
¥9,416.00	¥10,272.00	¥8,667.00	¥7,704.00	¥52,965.00	¥8,827.50	1
¥5,671.00	¥8,667.00	¥10,486.00	¥7,276.00	¥46,331.00	¥7,721.83	8
¥6,848.00	¥8,132.00	¥10,058.00	¥8,132.00	¥50,932.00	¥8,488.67	4
¥9,844.00	¥8,667.00	¥10,379.00	¥5,885.00	¥52,002.00	¥8,667.00	3
¥9,523.00	¥9,630.00	¥9,095.00	¥9,309.00	¥50,611.00	¥8,435.17	5
¥9,416.00	¥7,918.00	¥9,202.00	¥9,523.00	¥52,430.00	¥8,738.33	2
¥6,313.00	¥6,420.00	¥8,988.00	¥8,667.00	¥41,944.00	¥6,990.67	10
¥6,741.00	¥6,527.00	¥6,741.00	¥5,350.00	¥39,911.00	¥6,651.83	11

图5.85　计算数据

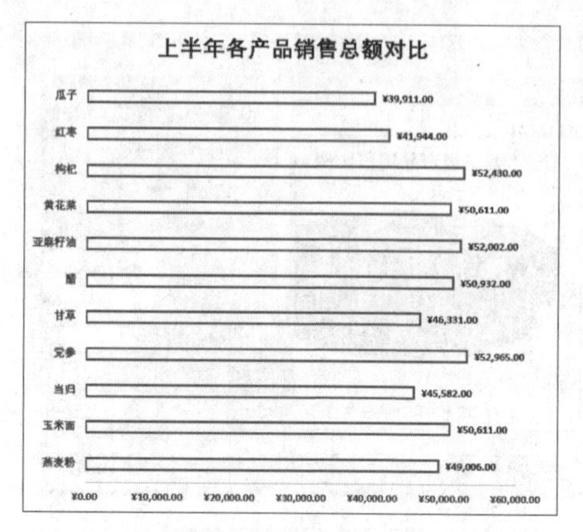

图5.86　创建条形图并美化

下载资源

效果文件：项目五\扶贫产品销售数据表.xlsx

拓展练习

1. 制作个人绩效考核表

公司需要对员工的工作能力、团队能力和加班能力等进行绩效考核，要求相关部门的人员制作个人绩效考核表，充分收集员工指定项目的绩效考核情况。个人绩效考核表参考效果如图5.87所示。

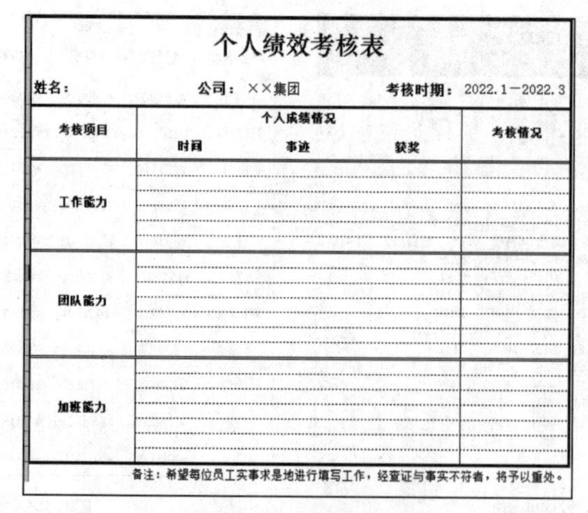

个人绩效考核表

姓名：　　公司：××集团　　考核时期：2022.1—2022.3

考核项目	个人成绩情况			考核情况
	时间	事迹	获奖	
工作能力				
团队能力				
加班能力				

备注：希望每位员工实事求是地进行填写工作，经查证与事实不符者，将予以重处。

图5.87　个人绩效考核表参考效果

提示：此表属于基本的信息收集类表格，采用典型的个人绩效考核表样式，制作时要注意边框的添加和各项目的输入；完成制作后，尝试将其打印出来查看效果。

下载资源

效果文件：项目五\个人考核表.xlsx

2. 制作产品全年销量分布图

为更好地针对不同地区和时期投放甲产品，公司需要制作该产品的全年销量分布图，通过图表观察过去一年该产品的销量分布情况，参考效果如图5.88所示。

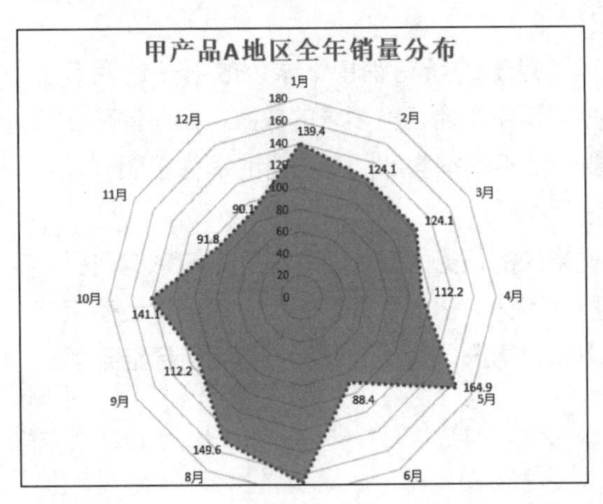

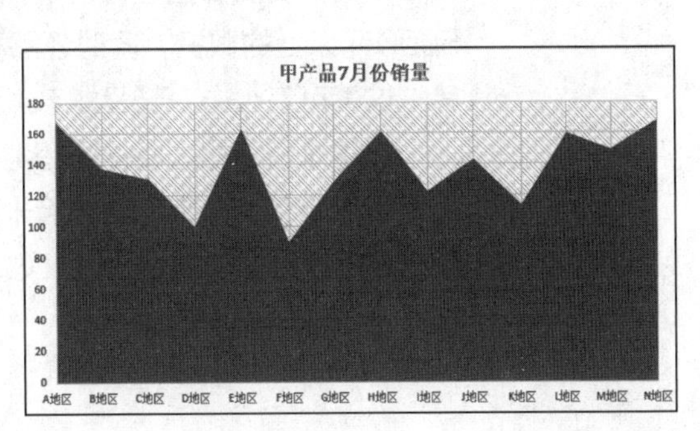

图5.88 产品全年销量分布图参考效果

提示：分别利用雷达图和面积图查看甲产品在A地区的全年销量分布及甲产品7月份在各地区的销量分布；两个图表需要通过标题来直观地显示数据内容；适当美化图表，使其中的数据清晰地反映情况。

下载资源

素材文件：项目五\销量分布统计表.xlsx

效果文件：项目五\销量表.xlsx

项目六
管理Excel表格数据

情景导入

米拉终于感受到了Excel的强大，当领导又准备派给米拉一些与表格相关的任务时，她非常自信地接受了任务，但看到表格内容和任务要求时，顿时傻了眼。

原来表格内容是公司2022年1月份的所有销售记录，数据多达两万条，米拉需要对数据进行管理，找到其中符合任务要求的数据，如销售额在5000元以上的数据，同时还需要合计不同销售部门在当月的销售总额，等等。这下可怎么办？赶紧找老洪吧！

老洪拿着表格，轻描淡写地说米拉的任务太轻松了，这让米拉感觉自己是不是听错了。原来老洪告诉米拉，不管表格的数据量多大，只要学会使用Excel管理数据的基本方法，如排序、筛选、分类汇总等，得到目标结果都是“分分钟”的事情。

学习目标

- 熟悉数据有效性的设置
- 掌握数据的排序、筛选、分类汇总操作
- 了解引用单元格的操作
- 了解嵌套函数的方法

素质目标

- 通过感受Excel对数据的精准操作，养成精益求精的习惯
- 通过项目实训中制作公共健身设施统计表的过程，养成爱护公共设施的优良意识

任务一 制作文书档案管理表

一、任务目标

文书档案管理表基本不涉及数据的计算操作，主要涉及各项数据的录入工作，因此录入数据花费的时间比较多。只有充分根据公司的管理规定选择有效的Excel功能操作，才能提高表格编制的效率和正确率。图6.1所示为文书档案管理表的参考效果。

	A	B	C	D	E	F	G
1	文书档案管理表						
2	编号	文件名称	类别	存档日期	重要性	经办人	是否永久保存
3	KMF202203015	离职手续办理程序	人事类	2022/3/12	★★★★	黄伟	
4	KMF202203016	人事招聘准则	人事类	2022/3/12	★★★★★	黄伟	
5	KMF202203018	员工调职手续	人事类	2022/3/20	★★★	黄伟	
6	KMF202203007	员工升职降职规定	人事类	2022/3/14	★★★	黄伟	
7	KMF202203022	试用人员考核方法	人事类	2022/3/12	★★★★	黄伟	
8	KMF202203012	员工培训制度	人事类	2022/3/14	★★★	黄伟	
9	KMF202203005	外派人员规范	人事类	2022/3/12	★★★★★	黄伟	
10	KMF202203019	试用员工转正通知	人事类	2022/3/12	★★★★	黄伟	
11	KMF202203014	员工续约合同	人事类	2022/3/12	★★★	黄伟	
12	KMF202203010	员工辞职规定	人事类	2022/3/10	★★★★★	黄伟	
13			人事类 计数			10	
14	KMF202203001	会计结算规定	财务类	2022/3/10	★★★★★	黄伟	永久
15	KMF202203006	财务专用章使用准	财务类	2022/3/14	★★★★	黄伟	
16	KMF202203002	财务人员准则	财务类	2022/3/14	★★★★	黄伟	
17	KMF202203003	出纳人员准则	财务类	2022/3/20	★★★★★	黄伟	永久
18	KMF202203020	工资薪酬发放制度	财务类	2022/3/25	★★★★	黄伟	
19			财务类 计数			5	
20	KMF202203001	员工行为规范	行政类	2022/3/20	★★★★★	周丽梅	
21	KMF202203008	团队协作意识规范	行政类	2022/3/25	★★★★	周丽梅	
22	KMF202203013	员工文明手册	行政类	2022/3/25	★★★	周丽梅	
23	KMF202203004	出勤明细准则	行政类	2022/3/14	★★★★★	周丽梅	
24			行政类 计数			4	
25	KMF202203011	业务质量规定	业务类	2022/3/14	★★★	周丽梅	
26	KMF202203017	业绩任务规定	业务类	2022/3/10	★★★★	周丽梅	
27	KMF202203021	员工业务培训规定	业务类	2022/3/10	★★★	周丽梅	
28	KMF202203009	报价单	业务类	2022/3/25	★★★	周丽梅	
29			业务类 计数			4	
30			总计数			23	
31							
32							
33							
34							

档案科

图6.1 文书档案管理表的参考效果

下载资源

效果文件：项目六\文书档案管理表.xlsx

二、任务实施

（一）编辑表格数据

创建“文书档案管理表.xlsx”工作簿，并重命名工作表，然后输入标题、表头字段和部分字段下的数据，具体操作如下。

1 新建工作簿并将其命名为“文书档案管理表.xlsx”，将Sheet1工作表重命名为“档案科”，如图6.2所示。

2 合并A1:G1单元格区域。在合并后的A1单元格中输入表格标题文本。将单元格文本的字符格式设置为“方正小标宋简体、22、居中对齐”，适当调整A列至G列的列宽及第1行的行高，如图6.3所示。

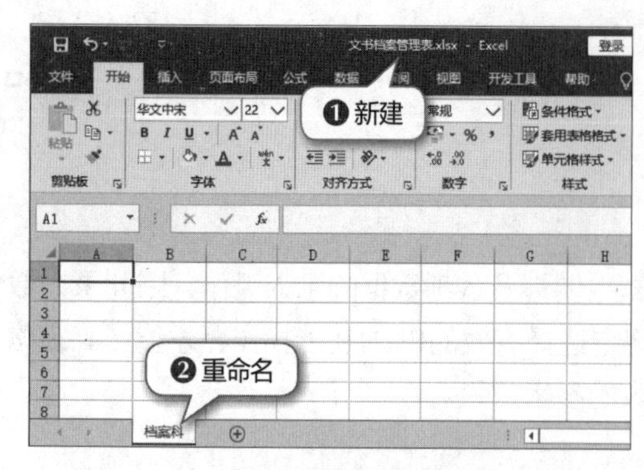

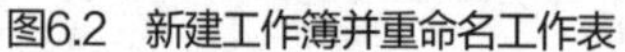

图6.2　新建工作簿并重命名工作表

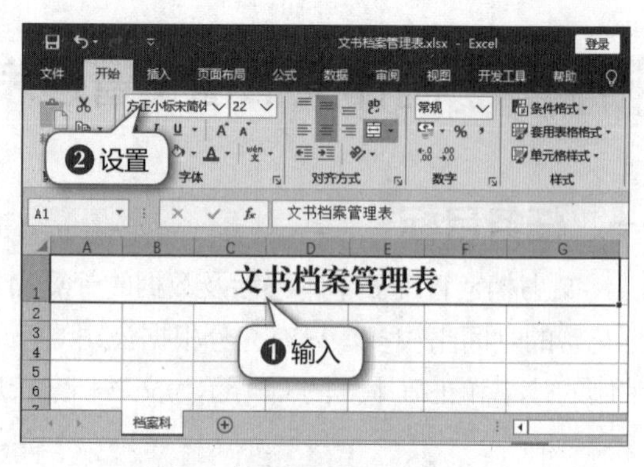

图6.3　输入标题并设置字符格式

3 在A2:G2单元格区域输入各表头字段文本。将A2:G2单元格区域的字体加粗，适当增加第2行的行高，如图6.4所示。

4 选择A1:G25单元格区域，在【开始】/【字体】组中单击“边框”按钮⊞右侧的下拉按钮▾，在打开的下拉列表中选择“所有框线”选项，为选择的单元格区域添加“所有框线”的边框效果，如图6.5所示。

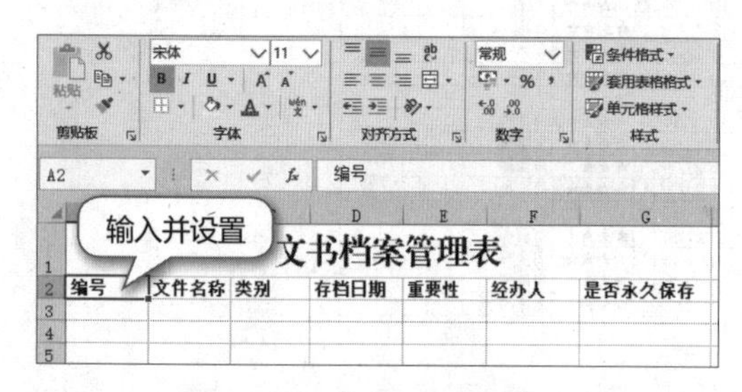

图6.4　输入表头字段并设置

图6.5　添加边框

5 在B3:B25单元格区域输入各条记录的文件名称。在D3:D25单元格区域输入各条记录的存档日期（格式为“年/月/日”），将D3:D25单元格区域中文本的字符格式设置为“10号、左对齐”，如图6.6所示。

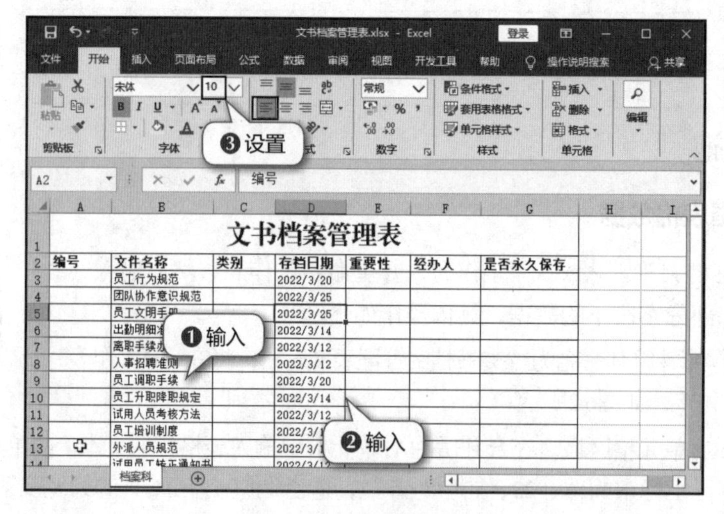

图6.6　输入字段数据

（二）设置数据类型和数据有效性

扫一扫

数据类型和数据有效性

为方便地输入文件编号和准确地输入文件类别及数据，下面使用自定义数据类型并设置数据有效性，具体操作如下。

1 选择A3:A25单元格区域。单击【开始】/【字体】组右下角的“对话框启动器”按钮，如图6.7所示。

2 在打开的“设置单元格格式”对话框中单击“数字”选项卡，在“分类”列表框中选择“自定义”选项，在“类型”文本框中输入““"KMF202203"000”，单击 确定 按钮，如图6.8所示。

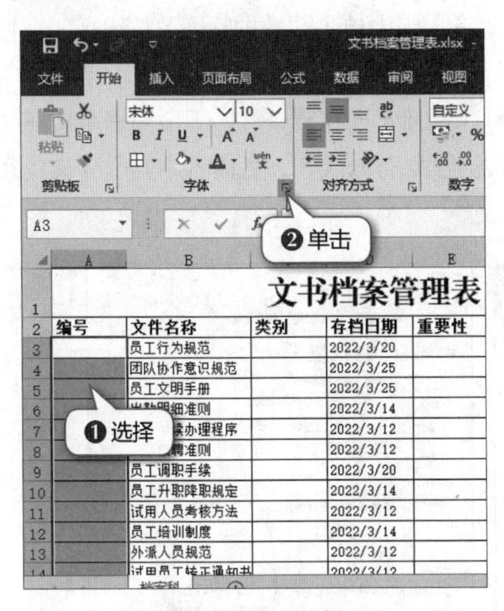

图6.7　打开对话框

设置单元格格式

数字 | 对齐 | 字体 | 边框 | 填充 | 保护

分类(C)：常规、数值、货币、会计专用、日期、时间、百分比、分数、科学记数、文本、特殊、自定义

示例

类型(T)："KMF202203"000

h:mm:ss
h"时"…
上午/下午h"时"mm"分"ss"秒"
yyyy/m/d h:mm
mm:ss
mm:ss.0
…mm:ss
"KMF201203"000
"KMF201703"000

删除(D)

以现有格式为基础，生成自定义的数字格式。

确定　取消

❶选择　❷输入　❸单击

图6.8　自定义数字类型

3 选择A3单元格，在其中输入数字“1”，如图6.9所示。

4 按【Ctrl+Enter】组合键快速得到设置的编号数据，如图6.10所示。

文书档案管理表

	A	B	C	D	E	F	
2	编号	文件名称	类别	存档日期	重要性	经办人	是否永
3	1	员工行为规范		2022/3/20			
4		团队协作意识规范		2022/3/25			
5		员工文明手册		2022/3/25			
6		出勤明细准则		2022/3/14			
7		离职手续办理程序		2022/3/12			
8		人事招聘准则		2022/3/12			
9		员工调职手续		2022/3/20			
10		员工升职降职规定		2022/3/14			
11		试用人员考核方法		2022/3/12			
12		员工培训制度		2022/3/14			
13		外派人员规范		2022/3/12			

输入

图6.9　输入数字

文书档案管理表

	A	B	C	D	E	F
2	编号	文件名称	类别	存档日期	重要性	经办人
3	KMF202203001	员工行为规范		2022/3/20		
4		团队协作意识规范		2022/3/25		
5		员工文明手册		2022/3/25		
6		出勤明细准则		2022/3/14		
7		离职手续办理程序		2022/3/12		
8		人事招聘准则		2022/3/12		
9		员工调职手续		2022/3/20		
10		员工升职降职规定		2022/3/14		
11		试用人员考核方法		2022/3/12		
12		员工培训制度		2022/3/14		
13		外派人员规范		2022/3/12		

得到编号数据

图6.10　自动转换为定义的数据类型

5 在A4单元格中输入“8”，按【Ctrl+Enter】组合键得到相应的编号数据，如图6.11所示。

6 使用相同的方法，在A5:G25单元格区域输入编号的尾数，快速得到相应的编号数据，如图6.12所示。

文书档案管理表

编号	文件名称	类别	存档日期	重要性	经办人
KMF202203001	员工行为规范		2022/3/20		
KMF202203008	团队协作意识规范		2022/3/25		
	员工文明手册		2022/3/25		
	出勤明细准则		2022/3/14		
	离职手续办理程序		2022/3/12		
	人事招聘准则		2022/3/12		
	员工调职手续		2022/3/20		
	员工升职降职规定		2022/3/14		
	试用人员考核方法		2022/3/12		
	员工培训制度		2022/3/14		
	外派人员规范		2022/3/12		

图6.11　继续输入其他编号

编号	文件名称	类别	存档日期	重要性	经办人
KMF202203001	员工行为规范		2022/3/20		
KMF202203008	团队协作意识规范		2022/3/25		
KMF202203013	员工文明手册		2022/3/25		
KMF202203004	出勤明细准则		2022/3/14		
KMF202203015	离职手续办理程序		2022/3/12		
[illegible]	人事招聘准则		2022/3/12		
[illegible]	员工调职手续		2022/3/20		
[illegible]	员工升职降职规定		2022/3/14		
[illegible]	试用人员考核方法		2022/3/12		
KMF202203012	员工培训制度		2022/3/14		
KMF202203005	外派人员规范		2022/3/12		
KMF202203019	试用员工转正通知书		2022/3/12		
KMF202203014	员工续约合同		2022/3/12		
KMF202203010	员工辞职规定		2022/3/10		

图6.12　输入表格中的其他编号

7 选择C3:C25单元格区域，在【数据】/【数据工具】组中单击"数据验证"按钮，在打开的下拉列表中选择"数据验证"选项，如图6.13所示。

8 在打开的"数据验证"对话框中，单击"设置"选项卡，在"允许"下拉列表中选择"序列"选项。在"来源"文本框中输入"财务类,人事类,业务类,行政类"，各内容中间以英文状态下的逗号分隔，单击确定按钮，如图6.14所示。

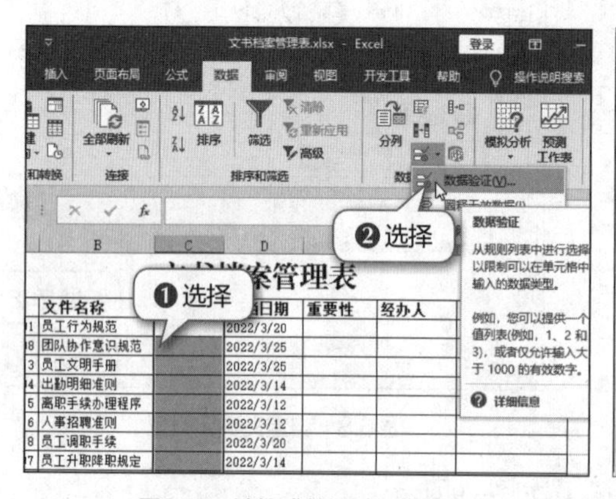

图6.13　选择"数据验证"选项

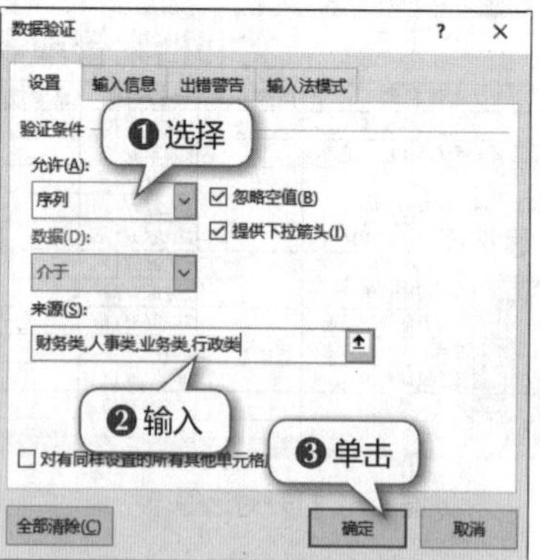

图6.14　设置数据验证选项

9 重新选择C3单元格，单击右侧的下拉按钮，在打开的下拉列表中选择"行政类"选项，如图6.15所示。

10 使用相同的方法在C4:C25单元格区域输入相应的类别数据，如图6.16所示。

文书档案管理表

编号	文件名称	类别	存档日期	重要性	经办人
KMF202203001	员工行为规范	人事类	2022/3/20		
KMF202203008	团队协作意识规范	财务类	2022/3/25		
KMF202203013	员工文明手册	人事类	2022/3/25		
KMF202203004	出勤明细准则	业务类	2022/3/14		
KMF202203015	离职手续办理程序	行政类	2022/3/12		
KMF202203016	人事招聘准则		2022/3/12		
KMF202203018	员工调职手续		2022/3/20		
KMF202203007	员工升职降职规定		2022/3/14		
KMF202203022	试用人员考核方法		2022/3/12		
KMF202203012	员工培训制度		2022/3/14		
KMF202203005	外派人员规范		2022/3/12		
KMF202203019	试用员工转正通知书		2022/3/12		
KMF202203014	员工续约合同		2022/3/12		
KMF202203010	员工辞职规定		2022/3/10		
KMF202203011	业务质量规定		2022/3/14		
KMF202203017	业绩任务规定		2022/3/10		

图6.15　选择数据

编号	文件名称	类别	存档日期	重要性	经办人	是否永久
KMF202203001	员工行为规范	行政类	2022/3/20			
KMF202203008	团队协作意识规范	行政类	2022/3/25			
KMF202203013	员工文明手册	行政类	2022/3/25			
KMF202203004	出勤明细准则	行政类	2022/3/14			
KMF202203015	离职手续办理程序	人事类	2022/3/12			
KMF202203016	人事招聘准则	人事类	2022/3/12			
KMF202203018	员工调职手续	人事类	2022/3/20			
KMF202203007	员工升职降职规定	[illegible]	[illegible]			
KMF202203022	试用人员考核方法	[illegible]	[illegible]			
KMF202203012	员工培训制度	[illegible]	[illegible]			
KMF202203005	外派人员规范	人事类	2022/3/12			
KMF202203019	试用员工转正通知书	人事类	2022/3/12			
KMF202203014	员工续约合同	人事类	2022/3/12			
KMF202203010	员工辞职规定	人事类	2022/3/10			
KMF202203011	业务质量规定	业务类	2022/3/14			
KMF202203017	业绩任务规定	业务类	2022/3/10			
KMF202203021	员工业务培训规定	业务类	2022/3/10			
KMF202203009	报价单	业务类	2022/3/25			
KMF202203001	会计结算规定	财务类	2022/3/10			

图6.16　继续输入数据

11 选择E3:E25单元格区域，打开“数据验证”对话框，在“允许”下拉列表中选择“序列”选项，在“来源”文本框中输入具体的序列内容，单击[确定]按钮，如图6.17所示。

12 重新选择E3单元格，单击右侧的下拉按钮▾，在打开的下拉列表中选择“★★★★★”选项，如图6.18所示。

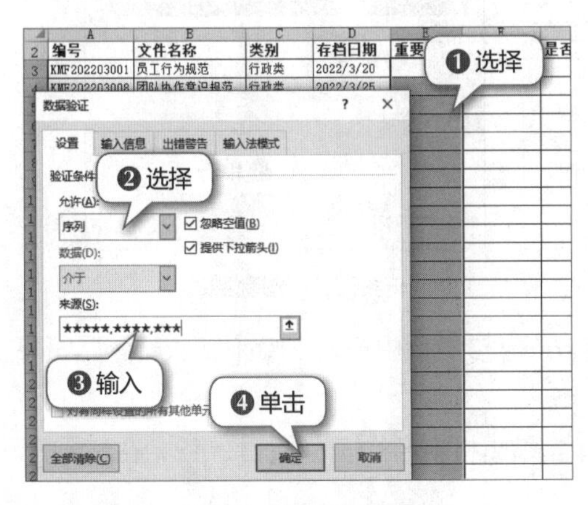

图6.17　设置数据验证

编号	文件名称	类别	存档日期	重要性	经办人
KMF202203001	员工行为规范	行政类	2022/3/20		
KMF202203008	团队协作意识规范	行政类	2022/3/25		
KMF202203013	员工文明手册	行政类	2022/3/25		
KMF202203004	出勤明细准则	行政类	2022/3/14		
KMF202203015	离职手续办理程序	人事类	2022/3/12		
KMF202203016	人事招聘准则	人事类	2022/3/12		
KMF202203018	员工调职手续	人事类	2022/3/20		
KMF202203007	员工升职降职规定	人事类	2022/3/14		
KMF202203022	试用人员考核方法	人事类	2022/3/12		
KMF202203012	员工培训制度	人事类	2022/3/14		
KMF202203005	外派人员规范	人事类	2022/3/12		
KMF202203019	试用员工转正通知书	人事类	2022/3/12		
KMF202203014	员工续约合同	人事类	2022/3/12		
KMF202203010	员工辞职规定	人事类	2022/3/10		
KMF202203011	业务质量规定	业务类	2022/3/14		
KMF202203017	业绩任务规定	业务类	2022/3/10		
KMF202203021	员工业务培训规定	业务类	2022/3/10		
KMF202203009	报价单	业务类	2022/3/25		
KMF202203001	会计结算规定	财务类	2022/3/10		
KMF202203006	财务专用章使用准则	财务类	2022/3/14		
KMF202203002	财务人员准则	财务类	2022/3/14		
KMF202203003	出纳人员准则	财务类	2022/3/20		
KMF202203020	工资薪酬发放制度	财务类	2022/3/25		

★★★★★
★★★★
★★★
选择

图6.18　选择数据

13 使用相同的方法在E4:E25单元格区域输入相应的重要性数据，如图6.19所示。

编号	文件名称	类别	存档日期	重要性	经办人	是否永久保存
KMF202203001	员工行为规范	行政类	2022/3/20	★★★★★		
KMF202203008	团队协作意识规范	行政类	2022/3/25	★★★★		
KMF202203013	员工文明手册	行政类	2022/3/25	★★★		
KMF202203004	出勤明细准则	行政类	2022/3/14	★★★★★		
KMF202203015	离职手续办理程序	人事类	2022/3/12	★★★★		
KMF202203016	人事招聘准则	人事类	2022/3/12	★★★★★		
KMF202203018	员工调职手续	人事类	2022/3/20	★★★		
KMF202203007	员工升职降职规定	人事类	2022/3/14	★★★		
KMF202203022	试用人员考核方法	人事类	2022/3/12	★★★★		
KMF202203012	员工培训制度	人事类	2022/3/14	★★★		
KMF202203005	外派人员规范	人事类	2022/3/12	★★★★★		
KMF202203019	试用员工转正通知书	人事类	2022/3/12	★★★★		
KMF202203014	员工续约合同	人事类	2022/3/12	★★★		
KMF202203010	员工辞职规定	人事类	2022/3/10	★★★		
KMF202203011	业务质量规定	业务类	2022/3/14	★★★		
KMF202203017	业绩任务规定	业务类	2022/3/10	★★★★		
KMF202203021	员工业务培训规定	业务类	2022/3/10	★★★		
KMF202203009	报价单	业务类	2022/3/25	★★★		
KMF202203001	会计结算规定	财务类	2022/3/10	★★★★★		

输入

图6.19　继续输入其他重要性数据

（三）设置函数快速返回数据

公司要求黄伟经办财务类和人事类文件，周丽梅经办业务类和行政类文件，且仅对类别为财务类、重要性为五星的文件实行永久保存。根据这些客观条件，考虑利用IF()函数结合OR()函数和AND()函数来输入数据，完成后，利用条件格式自动将需要永久保存的数据记录标红显示，具体操作如下。

1 选择F3单元格，单击编辑栏左侧的“插入函数”按钮f_x，如图6.20所示。

2 打开“插入函数”对话框，在“或选择类别”下拉列表中选择“逻辑”选项，在“选择函数”列表框中选择“IF”选项，单击[确定]按钮，如图6.21所示。

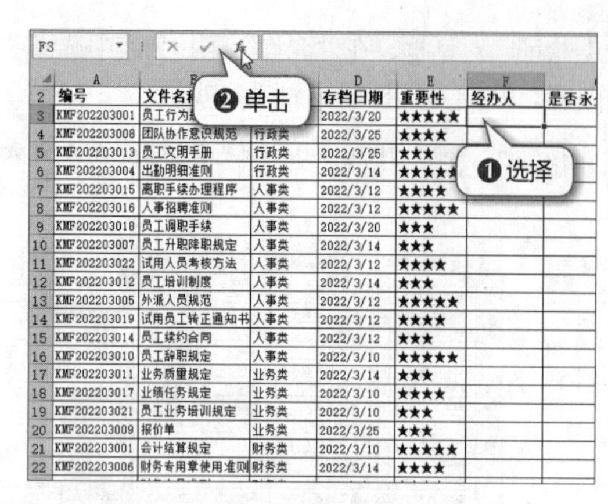

图6.20 插入函数

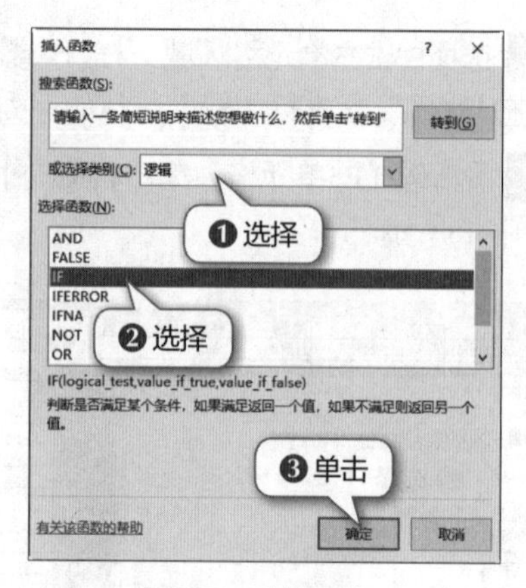

图6.21 选择函数

3 打开“函数参数”对话框，在“Value_if_true”参数框中输入“"黄伟"”，在“Value_if_false”参数框中输入“"周丽梅"”，如图6.22所示。

4 将光标定位到“Logical_test”参数框中，单击编辑栏中名称框的下拉按钮▾，在打开的下拉列表中选择“OR”选项，如图6.23所示。

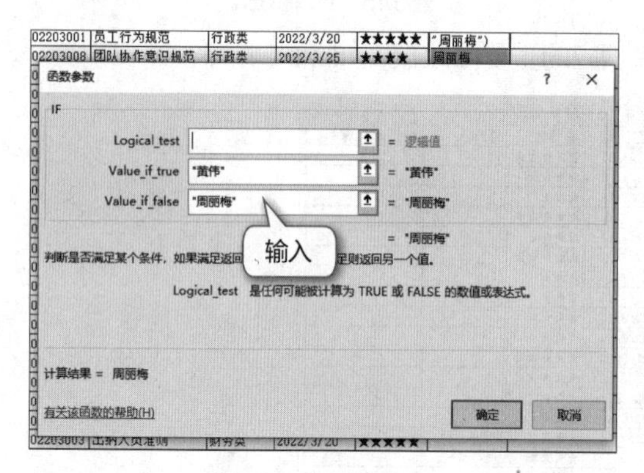

图6.22 设置参数

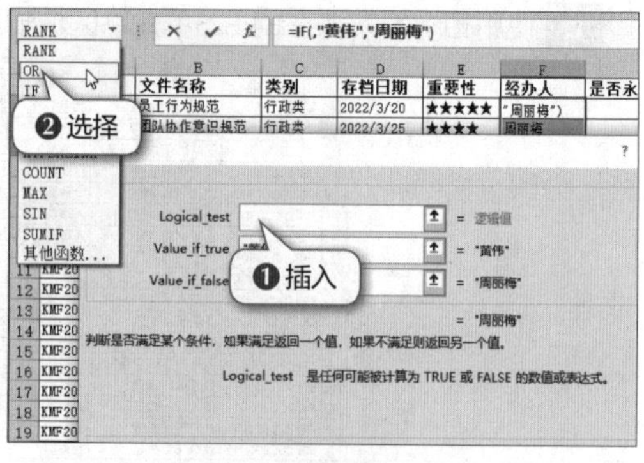

图6.23 选择嵌套函数

5 打开“函数参数”对话框，在“Logical1”文本框中输入“C3="财务类"”，在“Logical2”文本框中输入“C3="人事类"”，单击 确定 按钮，如图6.24所示。

6 此时F3单元格中返回“周丽梅”数据，如图6.25所示。即如果文件的类别为财务类或人事类，则经办人为黄伟，否则经办人为周丽梅。

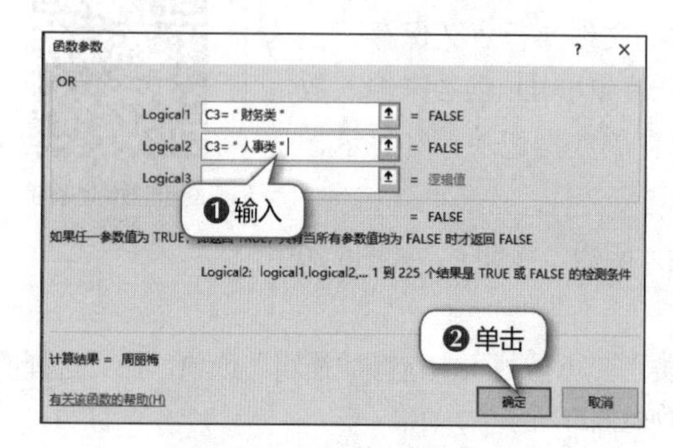

图6.24 设置函数参数

图6.25 返回结果

7 拖动F3单元格右下角的填充柄至F25单元格，快速返回其他经办人数据，如图6.26所示。

8 选择G3单元格，在编辑栏中输入“=IF(AND(C3="财务类",E3="★★★★★"),"永久","")”，即只有同时满足类别为财务类，且重要性为五星时，才返回数据“永久”，否则返回空值，如图6.27所示。

	A	B	C	D	E	F	G
2	编号	文件名称	类别	存档日期	重要性	经办人	是否永久
3	KMF202203001	员工行为规范	行政类	2022/3/20	★★★★★	周丽梅	
4	KMF202203008	团队协作意识规范	行政类	2022/3/25	★★★★	周丽梅	
5	KMF202203013	员工文明手册	行政类	2022/3/25	★★★	周丽梅	
6	KMF202203004	出勤明细准则	行政类	2022/3/14	★★★★★	周丽梅	
7	KMF202203015	离职手续办理程序	人事类	2022/3/12	★★★★	黄伟	
8	KMF202203016	人事招聘准则	人事类	2022/3/12	★★★★★	黄伟	
9	KMF202203018	员工调职手续	人事类	2022/3/20	★	黄伟	
10	KMF202203007	员工升职降职规定	人事类	2022/3/14		黄伟	
11	KMF202203022	试用人员考核方法	人事类	2022/3/12	★★★★	黄伟	
12	KMF202203012	员工培训制度	人事类	2022/3/14	★★★	黄伟	
13	KMF202203005	外派人员规范	人事类	2022/3/12	★★★★★	黄伟	
14	KMF202203019	试用员工转正通知书	人事类	2022/3/12	★★★★	黄伟	
15	KMF202203014	员工续约合同	人事类	2022/3/12	★★★	黄伟	
16	KMF202203010	员工辞职规定	人事类	2022/3/10	★★★★★	黄伟	
17	KMF202203011	业务质量规定	业务类	2022/3/14	★★★	周丽梅	
18	KMF202203017	业绩任务规定	业务类	2022/3/10	★★★★	周丽梅	
19	KMF202203021	员工业务培训规定	业务类	2022/3/10	★★★	周丽梅	
20	KMF202203009	报价单	业务类	2022/3/25	★★★	周丽梅	
21	KMF202203001	会计结算规定	财务类	2022/3/10	★★★★★	黄伟	
22	KMF202203006	财务专用章使用准则	财务类	2022/3/14	★★★★	黄伟	

图6.26　返回结果

文件名称	类别	存档日期	重要性	经办人	是否永久保存
会计结算规定	财务类	2022-3	★★★★★	黄伟	=IF(AND(C3="财务类",E3="★★★★★"),"永久","")
离职手续办理程序	人事类	2022-3-12	★★★★	黄伟	
业务质量规定	业务类	2022-3-14	★★★	周丽梅	
财务专用章使用准则	财务类	2022-3-14	★★★★	黄伟	
人事招聘准则	人事类	2022-3-12	★★★★★	黄伟	
员工调职手续	人事类	2022-3-20	★★★	黄伟	
财务人员准则	财务类	2022-3-14	★★★★	黄伟	
业绩任务规定	业务类	2022-3-10	★★★★	周丽梅	
员工行为规范	行政类	2022-3-20	★★★★★	周丽梅	
员工升职降职规定	人事类	2022-3-14	★★★	黄伟	
试用人员考核方法	人事类	2022-3-12	★★★★	黄伟	
出纳人员准则	财务类	2022-3-20	★★★★★	黄伟	
员工业务培训规定	业务类	2022-3-10	★★★	周丽梅	
团队协作意识规范	行政类	2022-3-25	★★★★	周丽梅	
员工培训制度	人事类	2022-3-14	★★★	黄伟	
外派人员规范	人事类	2022-3-12	★★★★★	黄伟	
员工文明手册	行政类	2022-3-25	★★★	周丽梅	
试用员工转正通知书	人事类	2022-3-12	★★★★	黄伟	
报价单	业务类	2022-3-25	★★★	周丽梅	
出勤明细准则	行政类	2022-3-14	★★★★★	周丽梅	
员工续约合同	人事类	2022-3-12	★★★	黄伟	
工资薪酬发放制度	财务类	2022-3-25	★★★★	黄伟	
员工辞职规定	人事类	2022-3-10	★★★★★	黄伟	

图6.27　输入函数

9 按【Ctrl+Enter】组合键返回G3单元格的结果，如图6.28所示。

10 拖动G3单元格右下角的填充柄至G25单元格，快速返回该列其他行的结果，如图6.29所示。

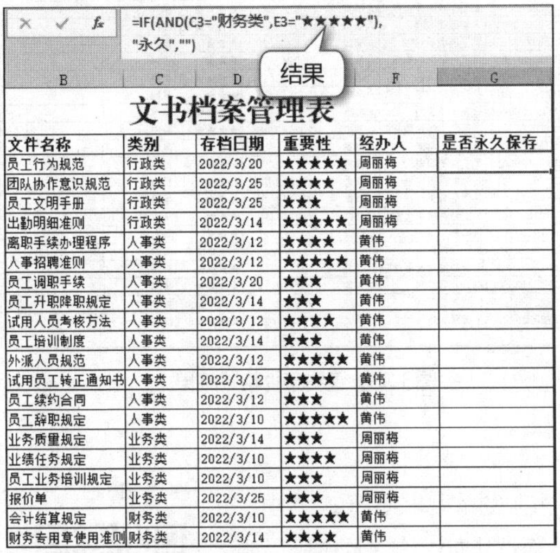

文件名称	类别	存档日期	重要性	经办人	是否永久保存
员工行为规范	行政类	2022/3/20	★★★★★	周丽梅	
团队协作意识规范	行政类	2022/3/25	★★★★	周丽梅	
员工文明手册	行政类	2022/3/25	★★★	周丽梅	
出勤明细准则	行政类	2022/3/14	★★★★★	周丽梅	
离职手续办理程序	人事类	2022/3/12	★★★★	黄伟	
人事招聘准则	人事类	2022/3/12	★★★★★	黄伟	
员工调职手续	人事类	2022/3/20	★★★	黄伟	
员工升职降职规定	人事类	2022/3/14	★★★	黄伟	
试用人员考核方法	人事类	2022/3/12	★★★★	黄伟	
员工培训制度	人事类	2022/3/14	★★★	黄伟	
外派人员规范	人事类	2022/3/12	★★★★★	黄伟	
试用员工转正通知书	人事类	2022/3/12	★★★★	黄伟	
员工续约合同	人事类	2022/3/12	★★★	黄伟	
员工辞职规定	人事类	2022/3/10	★★★★★	黄伟	
业务质量规定	业务类	2022/3/14	★★★	周丽梅	
业绩任务规定	业务类	2022/3/10	★★★★	周丽梅	
员工业务培训规定	业务类	2022/3/10	★★★	周丽梅	
报价单	业务类	2022/3/25	★★★	周丽梅	
会计结算规定	财务类	2022/3/10	★★★★★	黄伟	
财务专用章使用准则	财务类	2022/3/14	★★★★	黄伟	

图6.28　返回结果

B	C	D	E	F	G
员工行为规范	行政类	2022/3/20	★★★★★	周丽梅	
团队协作意识规范	行政类	2022/3/25	★★★★	周丽梅	
员工文明手册	行政类	2022/3/25	★★★	周丽梅	
出勤明细准则	行政类	2022/3/14	★★★★★	周丽梅	
离职手续办理程序	人事类	2022/3/12	★★★★	黄伟	
人事招聘准则	人事类	2022/3/12	★★★★★	黄伟	
员工调职手续	人事类	2022/3/20	★★★	黄伟	
员工升职降职规定	人事类	2022/3/14	★★★	黄伟	
试用人员考核方法	人事类	2022/3/12	★★★★	黄伟	
员工培训制度	人事类	2022/3/14	★★★	黄伟	
外派人员规范	人事类	2022/3/12	★★★★★	黄伟	
试用员工转正通知书	人事类	2022/3/12	★★★★	黄伟	
员工续约合同	人事类	2022/3/12	★★★	黄伟	
员工辞职规定	人事类	2022/3/10	★★★★★	黄伟	
业务质量规定	业务类	2022/3/14	★★★	周丽梅	
业绩任务规定	业务类	2022/3/10	★★★★	周丽梅	
员工业务培训规定	业务类	2022/3/10	★★★	周丽梅	
报价单	业务类	2022/3/25	★★★	周丽梅	
会计结算规定	财务类	2022/3/10	★★★★★	黄伟	永久
财务专用章使用准则	财务类	2022/3/14	★★★★	黄伟	
财务人员准则	财务类	2022/3/14	★★★★	黄伟	
出纳人员准则	财务类	2022/3/20	★★★★★	黄伟	永久
工资薪酬发放制度	财务类	2022/3/25	★★★★	黄伟	

图6.29　继续返回结果

11 选择A3:G25单元格区域，在【开始】/【样式】组中单击“条件格式”按钮，在打开的下拉列表中选择“新建规则”选项，如图6.30所示。

12 在打开的“新建格式规则”对话框的“选择规则类型”列表框中选择“使用公式确定要设置格式的单元格”选项，在下方文本框中输入“=$G3="永久"”，单击格式(F)...按钮，如图6.31所示。

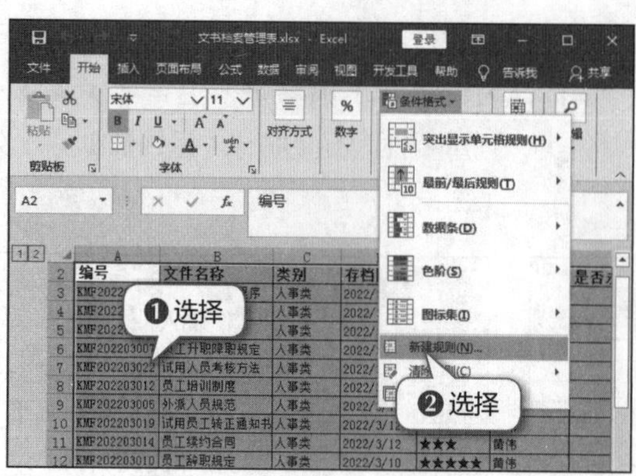

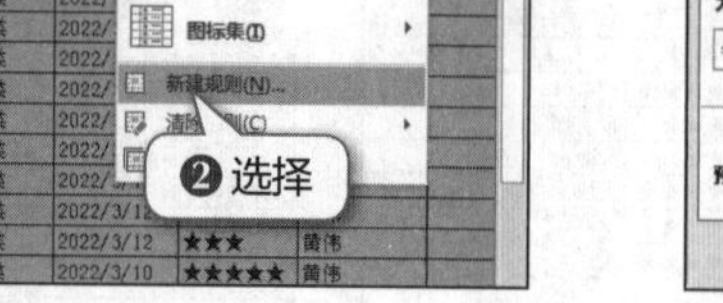

图6.30　新建条件规则

图6.31　新建条件格式规则

13 打开“设置单元格格式”对话框，单击“字体”选项卡，在“颜色”下拉列表中选择“红色”，单击[确定]按钮，如图6.32所示。

14 返回“新建格式规则”对话框，单击[确定]按钮，此时需要永久保存的数据记录都呈红色显示，如图6.33所示。

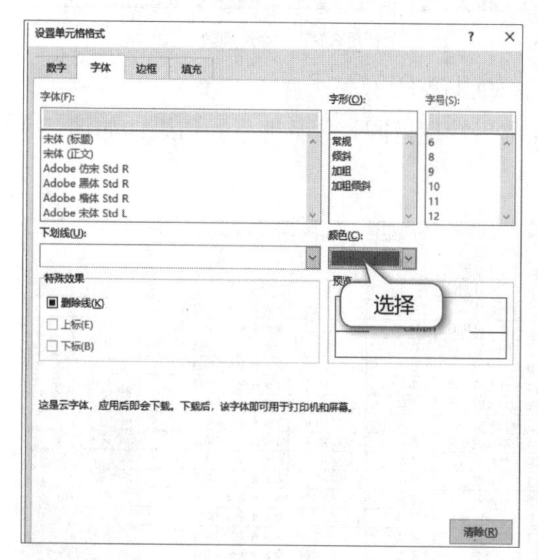

图6.32　设置颜色

	A	B	C	D	E	F	G
3	KMF202203001	员工行为规范	行政类	2022/3/20	★★★★★	周丽梅	
4	KMF202203008	团队协作意识规范	行政类	2022/3/25	★★★★	周丽梅	
5	KMF202203013	员工文明手册	行政类	2022/3/25	★★★	周丽梅	
6	KMF202203004	出勤明细准则	行政类	2022/3/14	★★★★★	周丽梅	
7	KMF202203015	离职手续办理程序	人事类	2022/3/12	★★★★	黄伟	
8	KMF202203016	人事招聘准则	人事类	2022/3/12	★★★★★	黄伟	
9	KMF202203018	员工调职手续	人事类	2022/3/20	★★★	黄伟	
10	KMF202203007	员工升职降职规定	人事类	2022/3/14	★★★	黄伟	
11	KMF202203022	试用人员考核方法	人事类	2022/3/12	★★★★	黄伟	
12	KMF202203012	员工培训制度	人事类	2022/3/14	★★★	黄伟	
13	KMF202203005	外派人员规范	人事类	2022/3/12	★★★★★	黄伟	
14	KMF202203019	试用员工转正通知书	人事类	2022/3/12	★★★★	黄伟	
15	KMF202203014	员工续约合同	人事类	2022/3/12	★★★	黄伟	
16	KMF202203010	员工辞职规定	人事类	2022/3/10	★★★★★	黄伟	
17	KMF202203011	业务质量规定	业务类	2022/3/14	★★★	周丽梅	
18	KMF202203017	业绩任务规定	业务类	2022/3/10	★★★★	周丽梅	
19	KMF202203021	员工业务培训规定	业务类	2022/3/10	★★★	周丽梅	
20	KMF202203009	报价单	业务类	2022/3/25	★★★	周丽梅	
21	KMF202203001	会计结算规定	财务类	2022/3/10	★★★★★	黄伟	永久
22	KMF202203006	财务专用章使用准则	财务类	2022/3/14	★★★★	黄伟	
23	KMF202203002	财务人员准则	财务类	2022/3/14	★★★★	黄伟	
24	KMF202203003	出纳人员准则	财务类	2022/3/20	★★★★★	黄伟	永久
25	KMF202203020	工资薪酬发放制度	财务类	2022/3/25	★★★★	黄伟	
26							

图6.33　查看条件格式结果

（四）排列、筛选并汇总数据

按类别对文书档案进行排序，可能得到的顺序与实际需求不符，下面自定义类别的顺序，然后按此顺序排列数据，之后筛选出2022年3月15日以后存档的文书档案记录，最后利用分类汇总的方法，统计出每种类别文书档案的数量及总数量数据，具体操作如下。

扫一扫

排列、筛选并汇总数据

1 选择任意数据记录所在单元格，如C3单元格，在【数据】/【排序和筛选】组中单击“排序”按钮，如图6.34所示。

2 打开“排序”对话框，在“主要关键字”下拉列表中选择“类别”选项，在“次序”下拉列表中选择“自定义序列”选项，如图6.35所示。

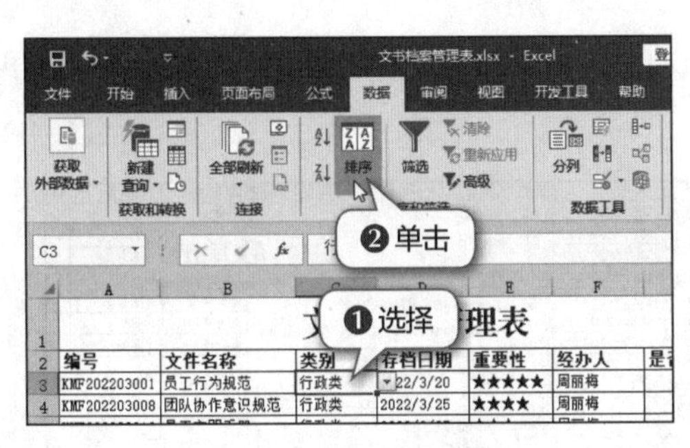

图6.34　启用排序功能

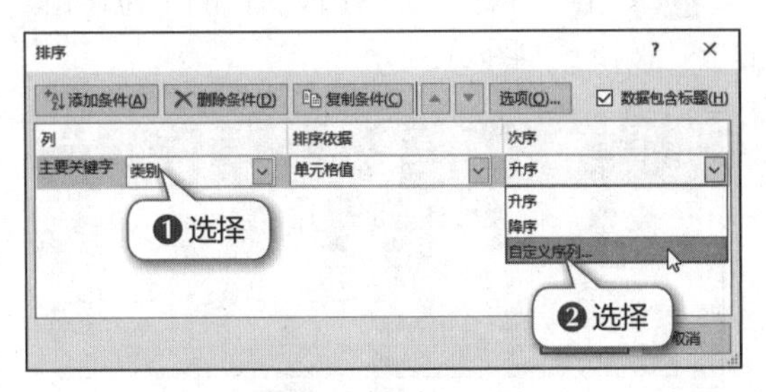

图6.35　自定义序列

3 打开“自定义序列”对话框，在“输入序列”列表框中输入表格包含的所有类别数据，每个数据按【Enter】键分段，单击添加(A)按钮将输入的序列内容添加到左侧的“自定义序列”列表框中，单击确定按钮，如图6.36所示。返回“排序”对话框，单击确定按钮。

4 此时表格中的数据记录将以设置的类别顺序为依据重新排列，如图6.37所示。

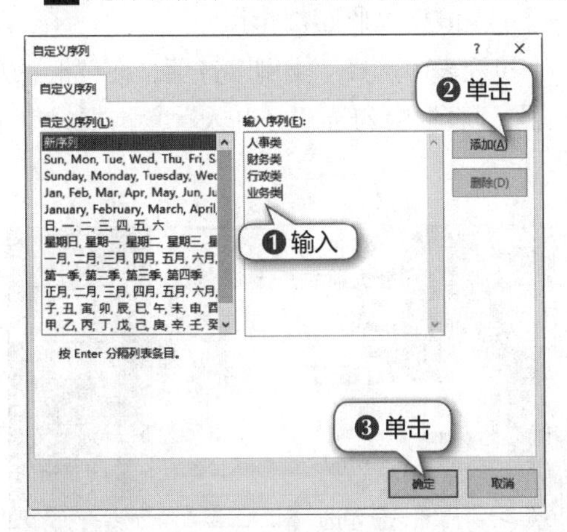

图6.36　设置序列内容

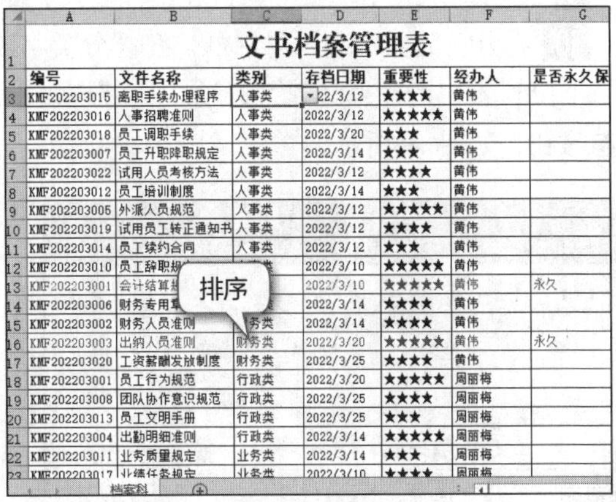

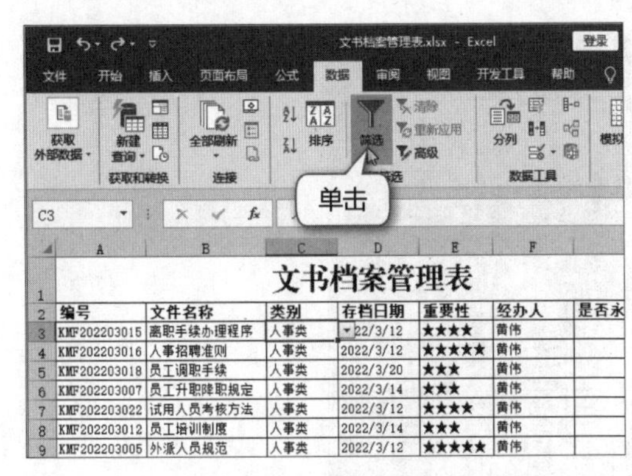

图6.37　排序结果

5 在【数据】/【排序和筛选】组中单击“筛选”按钮，如图6.38所示。

6 单击“存档日期”字段右侧出现的下拉按钮，在打开的下拉列表中取消勾选“全选”复选框，勾选“20”和“25”复选框，单击确定按钮，如图6.39所示。

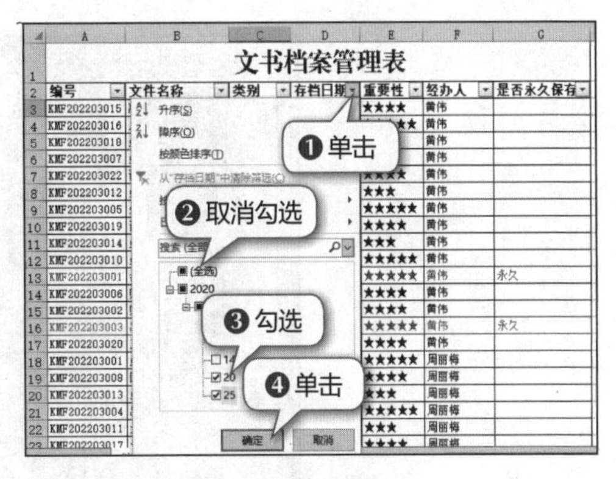

图6.38　启用筛选功能

图6.39　设置筛选条件

7 此时表格中仅显示存档日期在2022年3月15日以后的文书档案记录，如图6.40所示。

8 单击“存档日期”字段右侧的下拉按钮，在打开的下拉列表中勾选“全选”复选框，单击 确定 按钮，如图6.41所示。

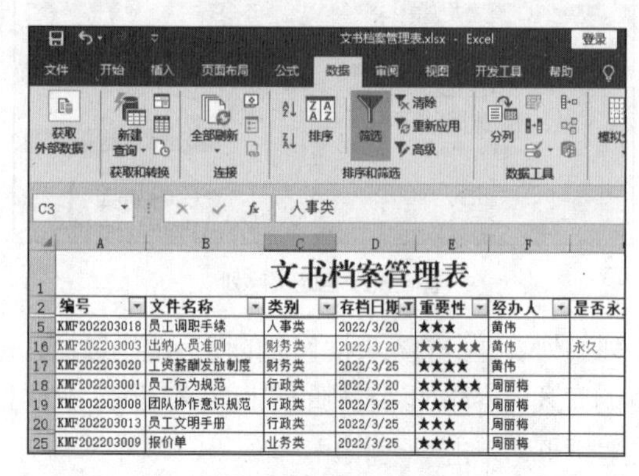

图6.40 查看筛选结果

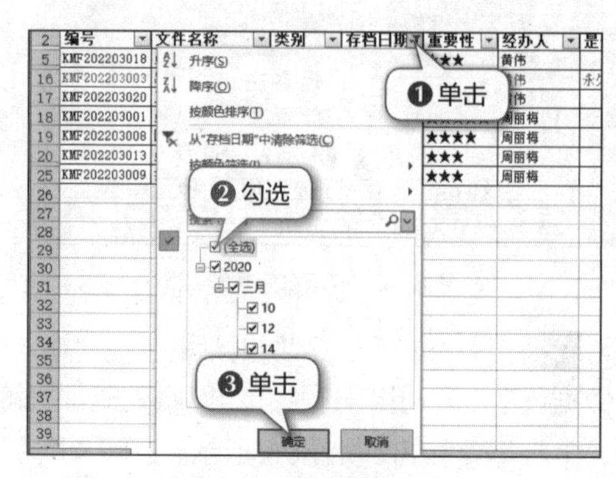

图6.41 取消筛选状态

9 在【数据】/【分级显示】组中单击“分类汇总”按钮，如图6.42所示。

10 打开“分类汇总”对话框，在“分类字段”下拉列表中选择“类别”选项，在“汇总方式”下拉列表中选择“计数”选项，在“选定汇总项”列表框中勾选“经办人”复选框，单击 确定 按钮，如图6.43所示。

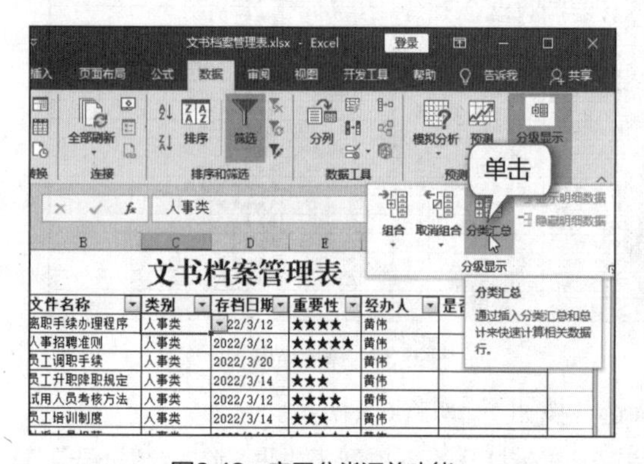

图6.42 启用分类汇总功能

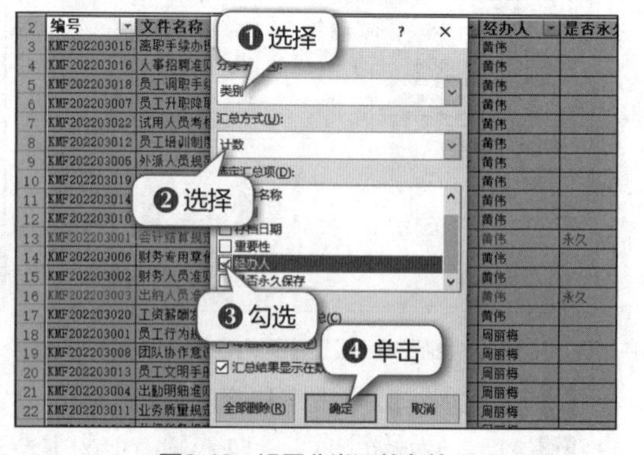

图6.43 设置分类汇总参数

11 工作表将按照类别汇总每种档案存档数量及包含的文书档案总数量，如图6.44所示。

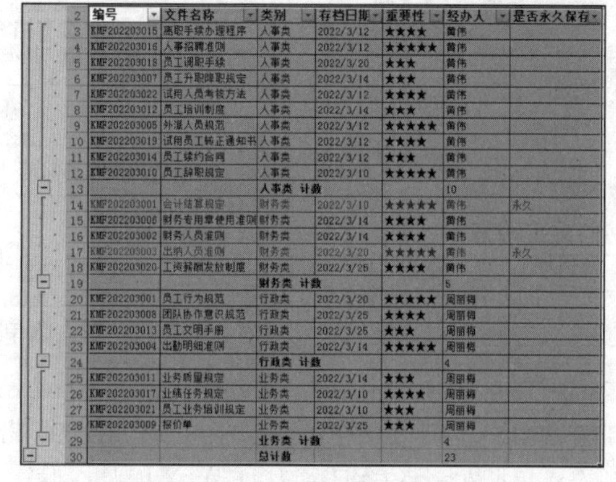

图6.44 查看汇总数据

任务二 制作产品库存明细表

一、任务目标

库存管理是指在物流过程中对商品数量的管理。库存量过多，不仅占用资金多，还会增加企业销货负担；反之，如果库存量太低，则会出现断档或脱销等情况。库存管理的对象是库存项目，即企业中的所有物料，包括原材料、零部件、在制品、半成品及产品等。图6.45所示为产品库存明细表的参考效果。

××企业月度产品入\出库明细表

行号	产品名称	日期	1	2	3	4	5	6	7	8	9	10	11	12	13	14	15
1	PP-R150mm冷水管	入	48	37	39	28	44	26	38	39	29	25	38	50	41	44	40
2		出	41	37	43	28	38	40	35	38	44	50	38	46	49	30	44
3	PP-R151mm冷水管	入	42	36	50	29	32	45	30	48	29	37	36	41	34	26	38
4		出	29	31	25	28	39	28	26	26	45	32	48	30	33	26	50
5	PP-R152mm冷水管	入	47	48	33	39	48	44	33	26	32	27	49	49	36	41	26
6		出	35	27	35	27	35	47	48	31	42	37	45	38	37	28	30
7	PP-R153mm冷水管	入	30	39	34	48	41	26	50	26	39	44	37	49	33	26	39
8		出	37	40	25	27	43	27	27	37	44	34	30	28	42	36	36
9	PP-R154mm冷水管	入	38	40	47	31	36	46	30	30	27	44	27	30	41	25	30
10		出	25	45	47	48	39	49	41	48	31	26	27	38	38	34	45
11	PP-R155mm冷水管	入	31	31	25	44	35	45	41	25	35	27	49	40	50	33	32
12		出	34	44	36	48	40	43	32	43	40	42	27	39	29	26	48
13	PP-R156mm冷水管	入	35	38	48	44	30	31	25	45	32	28	43	42	34	37	39
14		出	38	50	42	43	34	27	46	37	39	36	40	28	36	27	46
15	PP-R157mm冷水管	入	30	29	29	39	27	27	47	34	45	48	40	45	33	34	36
16		出	39	42	41	41	36	47	43	26	29	49	49	43	39	37	45
17	PP-R158mm冷水管	入	37	33	48	49	27	26	25	41	41	33	34	33	28	27	40
18		出	37	47	50	38	30	46	41	31	31	31	49	37	37	31	27
19	PP-R159mm冷水管	入	37	50	34	48	28	50	31	33	34	43	36	39	35	43	35
20		出	37	27	36	40	36	43	26	25	32	30	43	39	25	29	26
21	PP-R160mm冷水管	入	49	41	30	45	35	37	28	43	25	28	44	31	29	35	42
22		出	42	25	34	46	47	50	45	30	32	48	25	33	39	36	43
23	PP-R161mm冷水管	入	43	45	37	49	48	38	49	50	41	32	47	35	33	35	28
24		出	28	34	44	32	42	31	46	28	39	36	25	41	39	46	43
25	PP-R162mm冷水管	入	48	41	38	46	42	27	32	50	39	31	40	46	47	41	39
26		出	43	28	49	43	41	46	30	25	25	32	42	36	39	45	35
27	PP-R163mm冷水管	入	43	30	35	31	29	29	48	38	25	26	38	43	26	41	27
28		出	45	42	32	36	41	46	38	33	35	46	32	27	47	28	41

行号	16	17	18	19	20	21	22	23	24	25	26	27	28	29	30	31	总数
1	31	35	45	41	35	44	37	30	44	33	27	50	47	50	36	39	1190
2	36	44	25	35	26	39	39	44	34	32	44	36	42	25	28	60	1190
3	46	39	36	43	37	27	31	39	35	38	34	41	35	27	29	46	1136
4	31	27	32	42	30	31	25	34	47	41	31	41	45	44	49	36	1082
5	33	33	30	37	34	34	34	42	49	38	35	35	45	27	38	48	1170
6	48	45	26	37	32	28	43	44	25	46	39	40	49	42	43	44	1173
7	34	38	26	49	44	42	45	27	33	44	39	29	46	42	39	30	1168
8	29	34	31	50	43	34	29	34	43	40	49	33	41	36	49	45	1133
9	37	34	32	41	38	40	37	39	43	41	29	48	25	47	28	32	1113
10	44	26	49	49	43	39	42	26	42	28	31	29	28	44	47	29	1177
11	46	26	42	30	26	40	26	48	47	36	46	47	46	43	31	46	1169
12	42	36	28	49	28	43	45	33	49	45	29	29	38	42	42	39	1188
13	35	35	49	29	41	41	38	33	44	26	29	32	32	33	43	33	1124
14	31	32	40	27	43	47	38	36	26	30	32	41	42	33	28	32	1127
15	27	34	50	48	27	31	27	25	43	31	47	43	27	32	39	45	1119
16	50	31	46	49	30	49	39	27	44	38	46	47	26	25	40	27	1220
17	33	44	25	40	46	33	31	40	35	37	30	25	49	40	29	41	1100
18	36	45	40	31	31	41	30	42	30	31	46	31	44	34	45	28	1148
19	37	35	31	49	29	36	32	48	30	26	45	49	34	27	25	41	1150
20	25	40	27	26	41	26	44	36	42	47	41	31	42	39	27	39	1067
21	36	55	34	35	48	48	50	27	46	29	46	40	27	60	47	38	1208
22	33	42	50	40	30	48	32	34	43	47	41	37	42	46	36	32	1208
23	33	42	35	28	46	39	47	46	27	42	44	29	47	30	28	33	1206
24	46	42	43	42	36	47	48	42	42	46	45	43	26	26	40	39	1207
25	37	38	32	45	44	25	34	30	45	43	48	43	46	30	29	25	1201
26	50	49	41	45	31	30	27	37	41	37	36	26	38	26	38	27	1138
27	30	38	38	26	25	42	38	48	44	31	34	34	32	49	26	32	1076
28	26	32	41	31	34	44	40	45	38	44	44	39	30	50	38	41	1186

图6.45 产品库存明细表的参考效果

下载资源

效果文件：项目六\库存明细汇总表.xlsx

二、任务实施

（一）计算表格数据

创建“库存明细汇总表.xlsx”工作簿，然后新建产品的入库和出库明细工作表，以汇总各产品的入库量和出库量，具体操作如下。

1 新建并保存“库存明细汇总表.xlsx”工作簿，将“Sheet1”工作表重命名为“明细”，如图6.46所示。

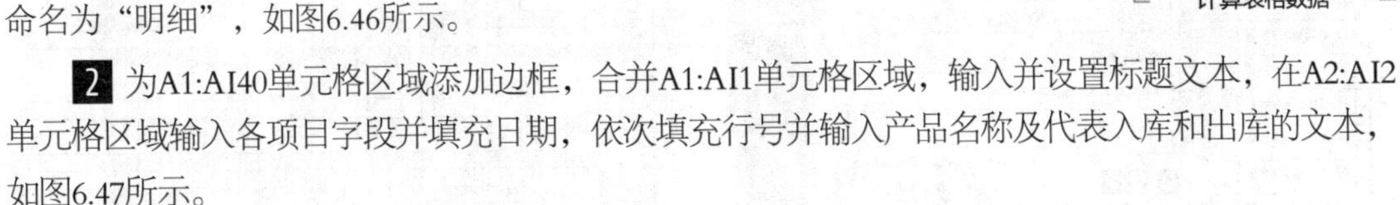

2 为A1:AI40单元格区域添加边框，合并A1:AI1单元格区域，输入并设置标题文本，在A2:AI2单元格区域输入各项目字段并填充日期，依次填充行号并输入产品名称及代表入库和出库的文本，如图6.47所示。

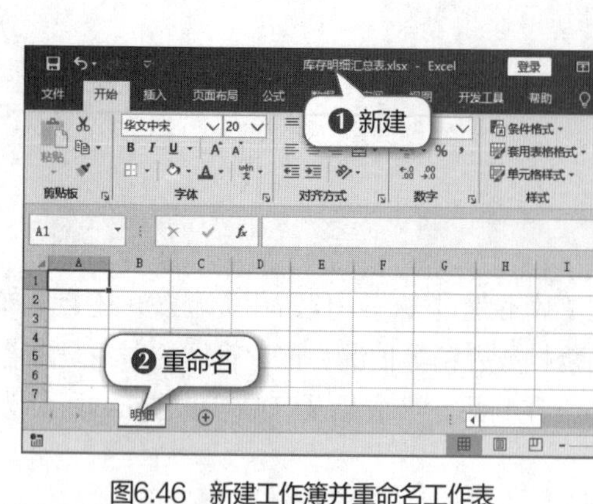

图6.46　新建工作簿并重命名工作表

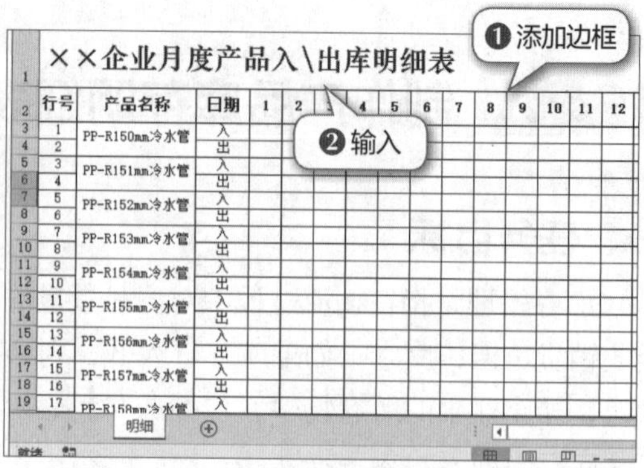

图6.47　添加边框和输入数据

3 为A2:AI2单元格区域填充“白色，背景1，深色25%”，效果如图6.48所示。

4 在D3:AH40单元格区域输入各产品每日的入库和出库数据，如图6.49所示。

图6.48　填充颜色

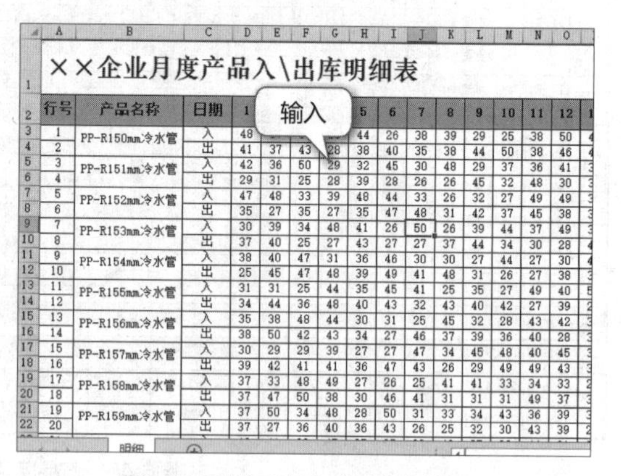

图6.49　输入产品入库和出库数据

5 选择C3:AH40单元格区域，在【开始】/【样式】组中单击“条件格式”按钮，在打开的下拉列表中选择“新建规则”选项，打开“新建格式规则”对话框，选择“使用公式确定要设置格式的单元格”选项，设置公式规则为“=$C3="入"”，单击格式(F)...按钮，为表格填充“白色，背景1，深色15%”，单击确定按钮，如图6.50所示。

6 选择AI3单元格，在编辑栏中输入“=SUM(D3:AH3)”，计算对应产品当月的入库总量，如图6.51所示。

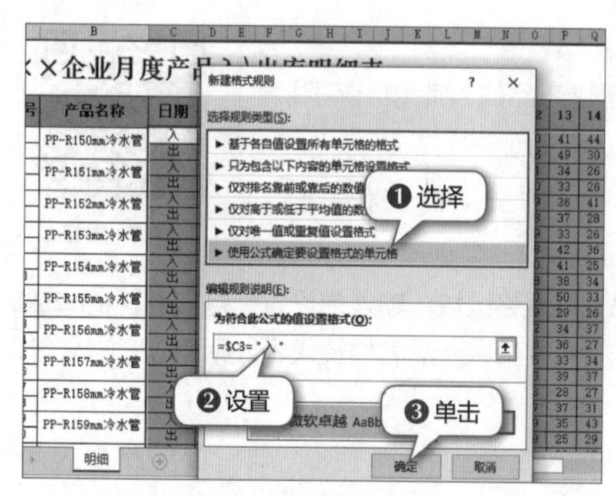

图6.50　建立条件格式规则

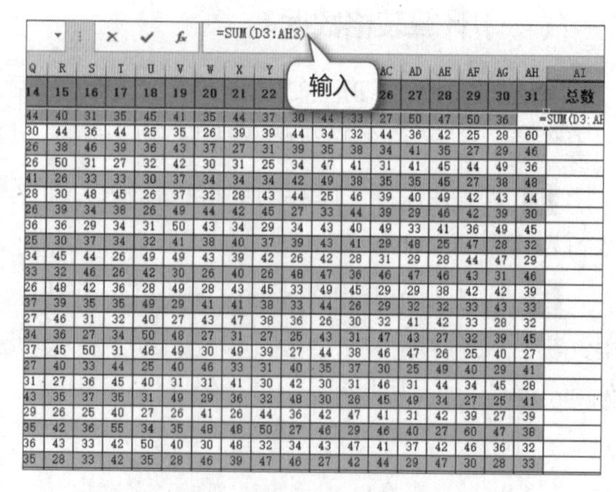

图6.51　输入求和函数

7 按【Ctrl+Enter】组合键计算结果，并将AI3单元格中的函数向下填充至AI40单元格，汇总其他产品当月的入库量或出库量，如图6.52所示。

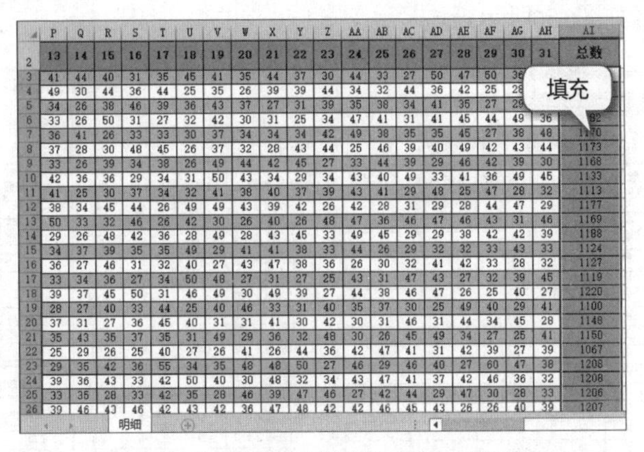

	P	Q	R	S	T	U	V	W	X	Y	Z	AA	AB	AC	AD	AE	AF	AG	AH	AI
2	13	14	15	16	17	18	19	20	21	22	23	24	25	26	27	28	29	30	31	总数
3	41	44	40	31	35	45	41	35	44	37	30	44	33	27	50	47	50	36	[illegible]	[illegible]
4	49	30	44	36	44	25	35	26	39	39	44	34	32	44	36	42	25	28	[illegible]	[illegible]
5	34	26	38	46	39	36	43	37	27	31	39	35	38	34	41	35	27	29	[illegible]	[illegible]
6	33	26	50	31	27	32	42	30	31	25	34	47	41	31	41	45	44	49	36	[illegible]
7	36	41	26	33	33	30	37	34	34	34	42	49	38	35	35	45	27	38	48	1170
8	37	28	30	48	45	26	37	32	28	43	44	25	46	39	40	49	42	43	44	1173
9	33	26	39	34	38	26	49	44	42	45	27	33	44	39	29	46	42	39	30	1168
10	42	36	36	29	34	31	50	43	34	29	34	43	40	49	33	41	36	49	45	1133
11	41	25	30	37	34	32	41	38	40	37	39	43	41	29	48	25	47	28	32	1113
12	38	34	45	44	26	49	49	43	39	42	26	42	28	31	29	28	44	47	29	1177
13	50	33	32	46	26	42	30	26	40	26	48	47	36	46	47	46	43	31	46	1169
14	29	26	48	42	36	28	49	28	43	45	33	49	45	29	29	38	42	42	39	1188
15	34	37	39	35	35	49	29	41	41	38	33	44	26	29	32	32	33	43	33	1124
16	36	27	46	31	32	40	27	43	47	38	36	26	30	32	41	42	33	28	32	1127
17	33	34	36	27	34	50	48	27	31	27	25	43	31	47	43	27	32	39	45	1119
18	39	37	45	50	31	46	49	30	49	39	27	44	38	46	47	26	25	40	27	1220
19	28	27	40	33	44	25	40	46	33	31	40	35	37	30	25	49	40	29	41	1100
20	37	31	27	36	45	40	31	31	41	30	42	30	31	46	31	44	34	45	28	1148
21	35	43	35	37	35	31	49	29	36	32	48	30	26	45	49	34	27	25	41	1150
22	25	29	26	25	40	27	26	41	26	44	36	42	47	41	31	42	39	27	39	1067
23	29	35	42	36	55	34	35	48	48	50	27	46	29	46	40	27	60	47	38	1208
24	39	36	43	33	42	50	40	30	48	32	34	43	47	41	37	42	46	36	32	1208
25	33	35	28	33	42	35	28	46	39	47	46	27	42	44	29	47	30	28	33	1206
26	39	46	43	46	42	43	42	36	47	48	42	42	46	45	43	26	26	40	39	1207

图6.52　汇总其他产品当月的入库量或出库量

（二）汇总表格数据

汇总表格数据

新建“汇总”工作表，在其中利用公式和函数汇总各产品的相关库存数据，具体操作如下。

1 新建“汇总”工作表，在A1:K21单元格区域输入表格标题、项目字段并设置字符格式，并为该单元格区域添加边框，如图6.53所示。

2 通过填充数据的方式快速输入行号和产品名称的数据，并依次输入规格型号、单位、单价及上月库存数，如图6.54所示。

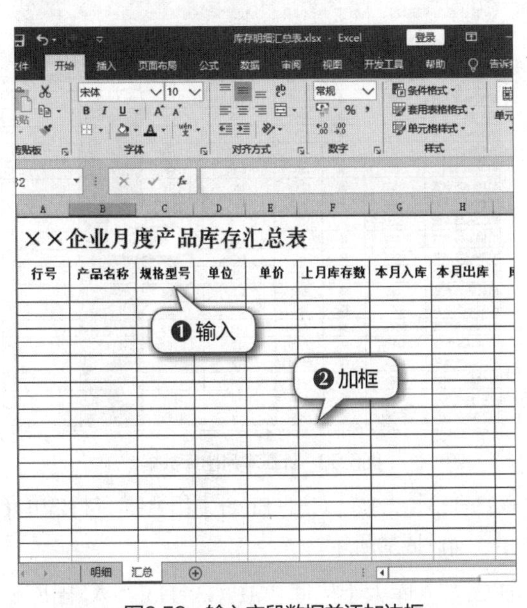

图6.53　输入字段数据并添加边框

××企业月度产品库存汇总表

行号	产品名称	规格型号	单位	单价	上月库存数	本月入库	本月出库
1	PP-R150mm冷水管	5L	桶	165	476		
2	PP-R151mm冷水管	5L	桶	150	392		
3	PP-R152mm冷水管	5L	桶	200	350		
4	PP-R153mm冷水管	5L	桶	120	686		
5	PP-R154mm冷水管	5L	[illegible]	[illegible]	630		
6	PP-R155mm冷水管	18L	[illegible]	[illegible]	700		
7	PP-R156mm冷水管	18KG	[illegible]	[illegible]	441		
8	PP-R157mm冷水管	150KG	支	20	469		
9	PP-R158mm冷水管	20KG	桶	50	518		
10	PP-R159mm冷水管	20KG	桶	60	448		
11	PP-R160mm冷水管	20KG	桶	320	525		
12	PP-R161mm冷水管	20KG	桶	580	518		
13	PP-R162mm冷水管	20KG	桶	850	497		
14	PP-R163mm冷水管	20KG	桶	350	630		
15	PP-R164mm冷水管	40KG	桶	3000	518		
16	PP-R165mm冷水管	40KG	桶	2000	672		

输入

图6.54　输入表格框架数据

3 计算本月入库数据需要引用“明细”工作表中“总数”列下奇数行的数据，因此需要使用函数引用，选择G3单元格，在编辑栏中输入“=INDEX(明细!$AI$3:$AI$40,ROW(A1)*2-1)”，如

图6.55所示。

4 按【Ctrl+Enter】组合键计算出结果，将G3单元格中的函数向下填充至G21单元格，计算其他产品本月入库数据，如图6.56所示。

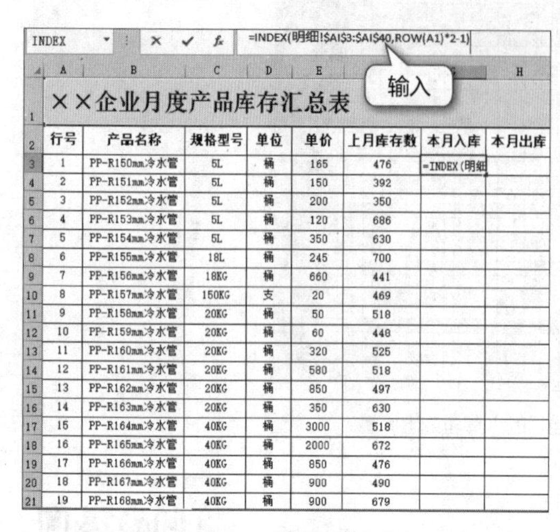

图6.55　输入函数

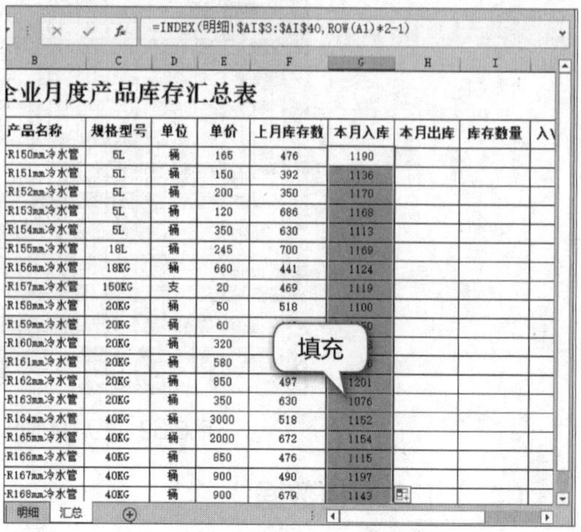

图6.56　计算本月入库数据

5 按照相同的方法引用各产品在“明细”工作表中“总数”列下偶数行中的数据，选择H3单元格，在编辑栏中输入“=INDEX(明细!$AI$3:$AI$40,ROW(A1)*2)”，如图6.57所示。

6 按【Ctrl+Enter】组合键计算出结果，将H3单元格中的函数向下填充至H21单元格，计算其他产品本月的出库数据，如图6.58所示。

图6.57　输入函数

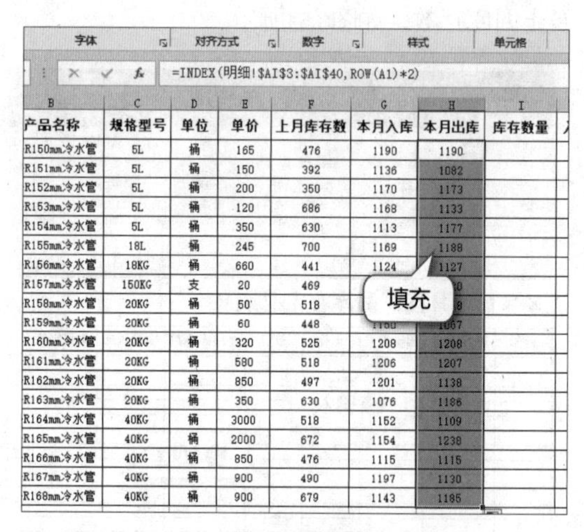

图6.58　计算本月出库数据

7 选择I3单元格，在编辑栏中输入公式“=F3+G3−H3”，按【Ctrl+Enter】组合键，将I3单元格中的公式向下填充至I21单元格，汇总产品库存数量，如图6.59所示。

8 选择J3单元格，在编辑栏中输入“=IF(G3>H3,"入库大于出库",IF(G3=H3,"入\出库相等","出库大于入库"))”，即根据产品本月入库数据和出库数据判断两者的关系，如图6.60所示。

品名称	规格型号	单位	单价	上月库存数	本月入库	本月出库	库存数量
0mm冷水管	5L	桶	165	476	1190	1190	476
1mm冷水管	5L	桶	150	392	1136	1082	446
2mm冷水管	5L	桶	200	350	1170	1173	347
3mm冷水管	5L	桶	120	686	1168	1133	721
4mm冷水管	5L	桶	350	630	1113	1177	566
5mm冷水管	18L	桶	245	700	1169	1188	681
6mm冷水管	18KG	桶	660	441	1124	1127	438
7mm冷水管	150KG	支	20	469	1119	1220	[illegible]
8mm冷水管	20KG	桶	50	518	1100	[illegible]	[illegible]
9mm冷水管	20KG	桶	60	448	1150	[illegible]	[illegible]
0mm冷水管	20KG	桶	320	525	1208	1208	525
1mm冷水管	20KG	桶	580	518	1206	1207	517

图6.59　汇总产品库存数量

格型号	单位	单价	上月库存数	本月入库	本月出库	库存数量	入\出库情况
5L	桶	[illegible]	[illegible]	1190	1190	476	大于入库"））
5L	桶	150	392	1136	1082	446	
5L	桶	200	350	1170	1173	347	
5L	桶	120	686	1168	1133	721	
5L	桶	350	630	1113	1177	566	
18L	桶	245	700	1169	1188	681	
18KG	桶	660	441	1124	1127	438	
50KG	支	20	469	1119	1220	368	
20KG	桶	50	518	1100	1148	470	
20KG	桶	60	448	1150	1067	531	
20KG	桶	320	525	1208	1208	525	
20KG	桶	580	518	1206	1207	517	

图6.60　输入函数

9 按【Ctrl+Enter】组合键，将J3单元格中的函数向下填充至J21单元格，得出其他产品的入库与出库情况，如图6.61所示。

10 选择K3单元格，在编辑栏中输入“=IF(F3>I3,"减少："&ABS(F3−I3),IF(F3=I3,"不增不减","增加："&ABS(F3−I3)))”，表示根据产品入库和出库数据判断库存增减变动方向，并计算出变动的具体数据，如图6.62所示。

规格型号	单位	单价	上月库存数	本月入库	本月出库	库存数量	入\出库情况
5L	桶	165	476	1190	1190	476	入\出库相等
5L	桶	150	392	1136	1082	446	入库大于出库
5L	桶	200	350	1170	1173	347	出库大于入库
5L	桶	120	686	1168	1133	721	入库大于出库
5L	桶	350	630	1113	1177	566	出库大于入库
18L	桶	245	700	1169	1188	681	出库大于入库
18KG	桶	660	441	1124	1127	438	出库大于入库
150KG	支	20	469	1119	1220	368	出库大于入库
20KG	桶	50	518	1100	1148	470	出库大于入库
20KG	桶	60	448	1150	1067	531	[illegible]
20KG	桶	320	525	1208	1208	[illegible]	[illegible]
20KG	桶	580	518	1206	1207	[illegible]	[illegible]
20KG	桶	850	497	1201	1138	560	入库大于出库

图6.61　得出其他产品的入库与出库情况

上月库存数	本月入库	本月出库	库存数量	入\出库情况	库存增减情况
476	[illegible]	1190	476	入\出库相等	BS(F3-I3)))
392	1136	1082	446	入库大于出库	
350	1170	1173	347	出库大于入库	
686	1168	1133	721	入库大于出库	
630	1113	1177	566	出库大于入库	
700	1169	1188	681	出库大于入库	
441	1124	1127	438	出库大于入库	
469	1119	1220	368	出库大于入库	
518	1100	1148	470	出库大于入库	
448	1150	1067	531	入库大于出库	
525	1208	1208	525	入\出库相等	
518	1206	1207	517	出库大于入库	
497	1201	1138	560	入库大于出库	

图6.62　输入函数

11 按【Ctrl+Enter】组合键，将K3单元格中的函数向下填充至K21单元格，得出其他产品的增减情况，如图6.63所示。

12 选择A3:K21单元格区域，为其设置条件格式，在“选择规则类型”列表框中选择“使用公式确定要设置格式的单元格”选项，并在下面参数框中输入公式“=LEFT($K3,1)="增"”，单击 格式(F)... 按钮，为条件格式填充“红色，个性色2，淡色60%”，单击 确定 按钮，如图6.64所示。

上月库存数	本月入库	本月出库	库存数量	入\出库情况	库存增减情况
476	1190	1190	476	入\出库相等	不增不减
392	1136	1082	446	入库大于出库	增加：54
350	1170	1173	347	出库大于入库	减少：3
686	1168	1133	721	入库大于出库	增加：35
630	1113	1177	566	出库大于入库	减少：64
700	1169	1188	681	出库大于入库	减少：19
441	1124	1127	438	出库大于入库	减少：3
469	1119	1220	368	出库大于入库	[illegible]
518	1100	1148	470	[illegible]	[illegible]
448	1150	1067	531	[illegible]	[illegible]
525	1208	1208	525	[illegible]	[illegible]
518	1206	1207	517	出库大于入库	减少：1
497	1201	1138	560	入库大于出库	增加：63
630	1076	1186	520	出库大于入库	减少：110
518	1152	1109	561	入库大于出库	增加：43
672	1154	1238	588	出库大于入库	减少：84

图6.63　得出其他产品的增减情况

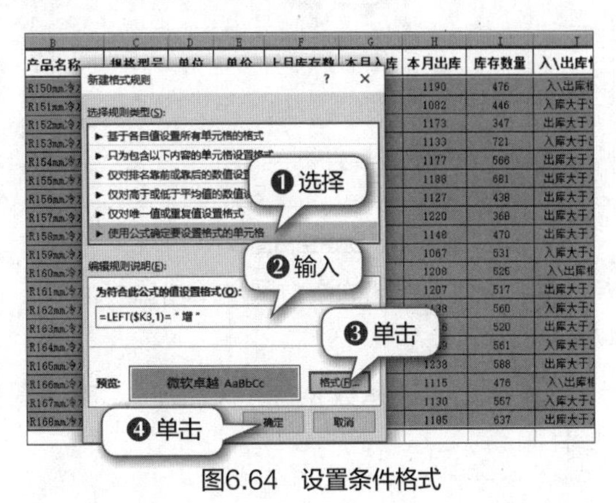

图6.64　设置条件格式

13 此时所有库存量增加的产品对应的数据记录被填充设置的颜色，如图6.65所示。

行号	产品名称	规格型号	单位	单价	上月库存数	本月入库	本月出库	库存数量	入\出库情况	库存增减情况
1	PP-R150mm冷水管	5L	桶	165	476	1190	1190	476	入\出库相等	不增不减
2	PP-R151mm冷水管	5L	桶	150	392	1136	1082	446	入库大于出库	增加：54
3	PP-R152mm冷水管	5L	桶	200	350	1170	1173	347	出库大于入库	减少：3
4	PP-R153mm冷水管	5L	桶	120	686	1168	1133	721	入库大于出库	增加：35
5	PP-R154mm冷水管	5L	桶	350	630	1113	1177	566	出库大于入库	减少：64
6	PP-R155mm冷水管	18L	桶	245	700	1169	1188	681	出库大于入库	减少：19
7	PP-R156mm冷水管	18KG	桶	660	441	1124	1127	438	出库大于入库	减少：3
8	PP-R157mm冷水管	150KG	支	20	469	1119	1220	368	出库大于入库	减少：101
9	PP-R158mm冷水管	20KG	桶	50	518	1100	1148	470	出库大于入库	减少：48
10	PP-R159mm冷水管	20KG	桶	60	448	1150	1067	531	入库大于出库	增加：83
11	PP-R160mm冷水管	20KG	桶	320	525	1208	1208	525	入\出库相等	不增不减
12	PP-R161mm冷水管	20KG	桶	580	518	1206	1207	517	出库大于入库	减少：1
13	PP-R162mm冷水管	20KG	桶	850	497	1201	1138	560	入库大于出库	增加：63
14	PP-R163mm冷水管	20KG	桶	350	630	1076	1186	520	出库大于入库	减少：110
15	PP-R164mm冷水管	40KG	桶	3000	518	1152	1109	561	入库大于出库	增加：43
16	PP-R165mm冷水管	40KG	桶	2000	672	1154	1238	588	出库大于入库	减少：84
17	PP-R166mm冷水管	40KG	桶	850	476	1115	1115	476	入\出库相等	不增不减
18	PP-R167mm冷水管	40KG	桶	900	490	1197	1130	557	入库大于出库	增加：67
19	PP-R168mm冷水管	40KG	桶	900	679	1143	1185	637	出库大于入库	减少：42

图6.65 显示为条件格式

（三）创建条形图

创建条形图

为了强调库存量增加的产品，将建立条形图对比这些产品上月及本月的库存数量，具体操作如下。

1 在“汇总”工作表中选择空白单元格，在【插入】/【图表】组中单击“插入柱形图或条形图”按钮，在打开的下拉列表中选择“簇状条形图”选项，创建一个空白图表，如图6.66所示。

2 在【图表工具-设计】/【位置】组中单击“移动图表”按钮，打开“移动图表”对话框，选中“新工作表”单选项，在右侧的文本框中输入“库存增长”文本，单击确定按钮，如图6.67所示。将图表移动到新建的工作表中。

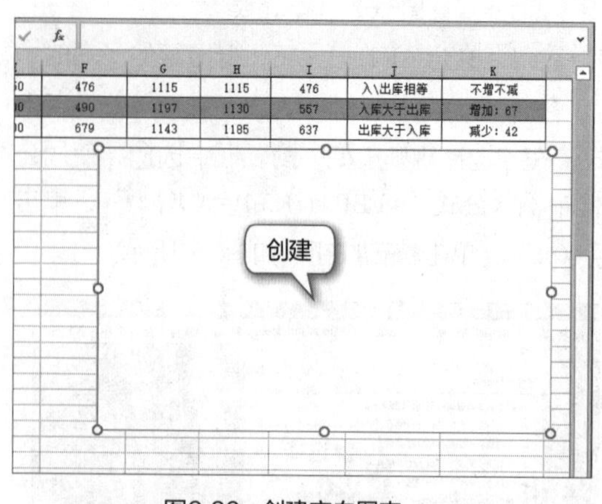

图6.66 创建空白图表

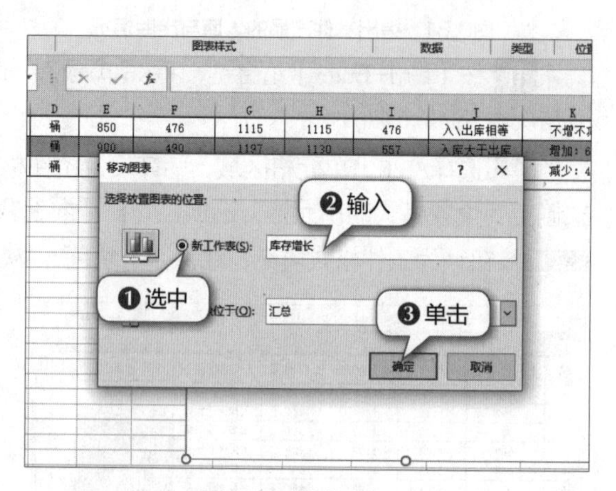

图6.67 移动图表

3 在图表内部的空白区域单击鼠标右键，在弹出的快捷菜单中选择“选择数据”命令，如图6.68所示。

4 打开“选择数据源”对话框，在“图例项(系列)”栏中单击添加(A)按钮，如图6.69所示。

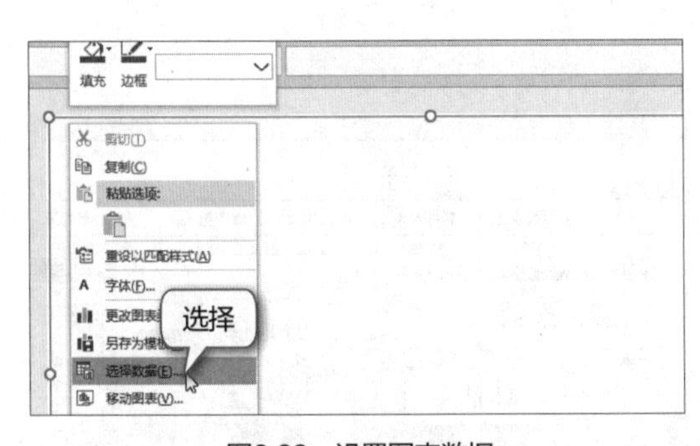

图6.68　设置图表数据

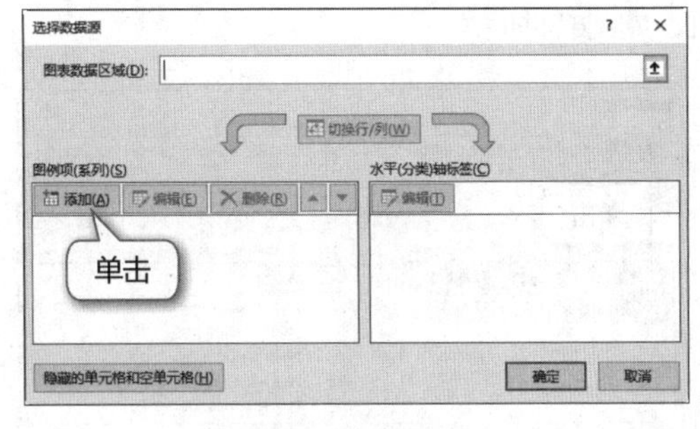

图6.69　添加图例项

5 在打开的“编辑数据系列”对话框中单击“系列名称”参数框右侧的按钮，切换到“汇总”工作表，选择I2单元格作为数据系列名称，单击按钮返回“编辑数据系列”对话框，如图6.70所示。

6 单击“系列值”参数框右侧的按钮，在“汇总”工作表中按住【Ctrl】键依次选择库存数量字段下具有填充颜色的单元格，单击按钮返回“编辑数据系列”对话框，单击 确定 按钮，如图6.71所示。

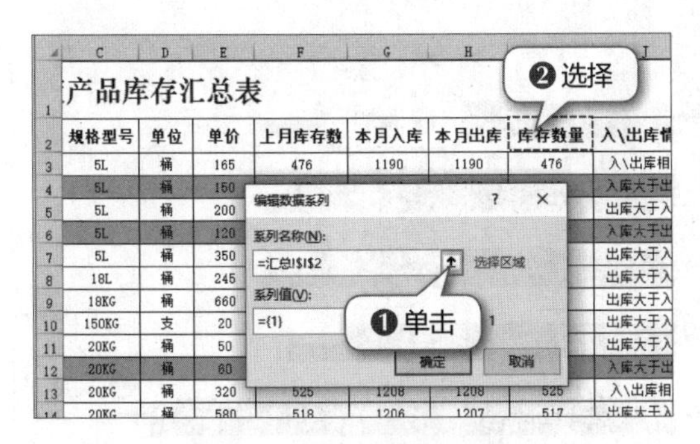

图6.70　选择数据系列名称

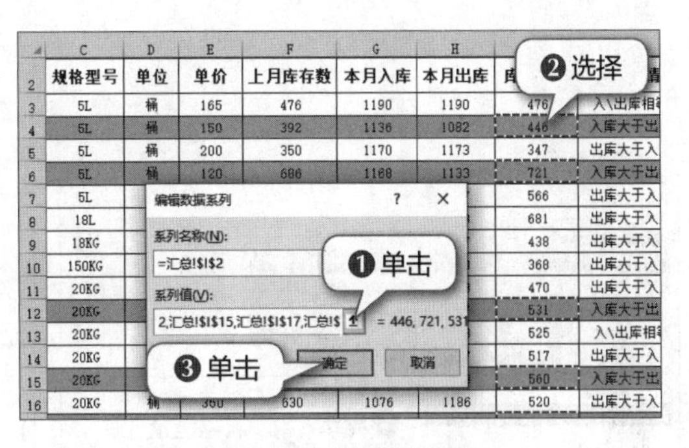

图6.71　设置条件规则

7 返回“选择数据源”对话框，单击右侧“水平（分类）轴标签”栏中的 编辑 按钮，如图6.72所示。

8 打开“轴标签”对话框，单击参数框右侧的按钮，切换到“汇总”工作表，选择产品名称字段下具有填充颜色的单元格，单击按钮，再单击 确定 按钮，如图6.73所示。

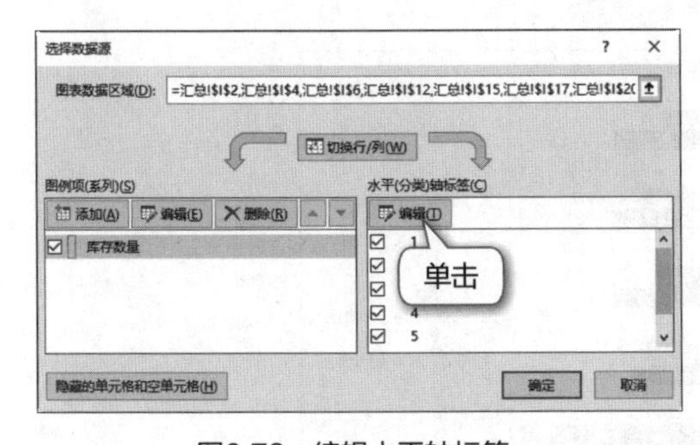

图6.72　编辑水平轴标签

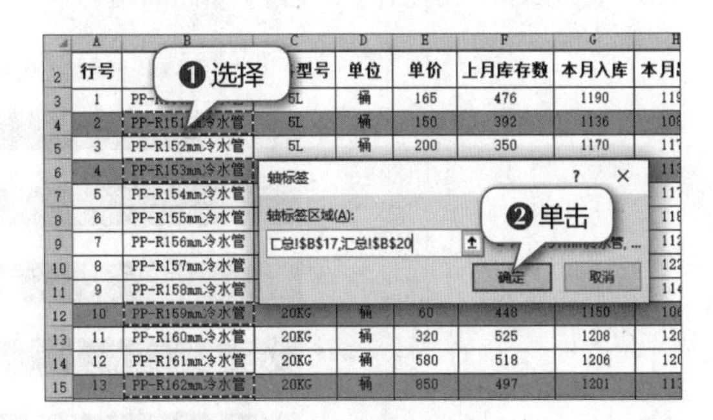

图6.73　选择数据系列名称

9 返回“选择数据源”对话框，单击 添加(A) 按钮，如图6.74所示。

10 在打开的对话框中设置系列名称与系列值，选择“汇总”工作表中的F2单元格作为系列名称，选择“汇总”工作表中上月库存数字段下具有填充颜色的单元格作为系列值，单击 确定 按钮，如图6.75所示。

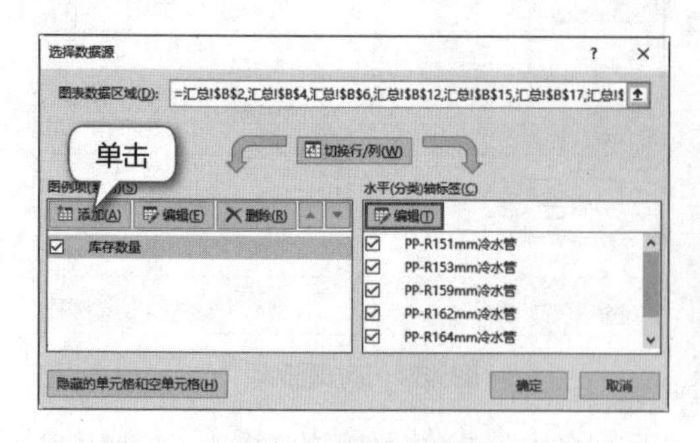

图6.74 添加图例项

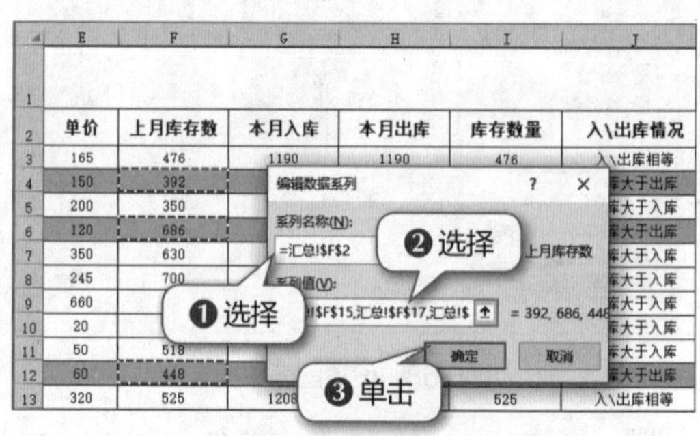

图6.75 选择图表数据

11 返回“选择数据源”对话框，按照相同的方法为新添加的图例项设置对应的水平轴标签，单击确定按钮，如图6.76所示。

12 在【图表工具-设计】/【图表布局】组中单击“添加图表元素”按钮，在打开的下拉列表中选择“图表标题”栏中的“图表上方”选项，添加图表标题，并输入图表名称。使用同样的方法在右侧添加一个图例，如图6.77所示。

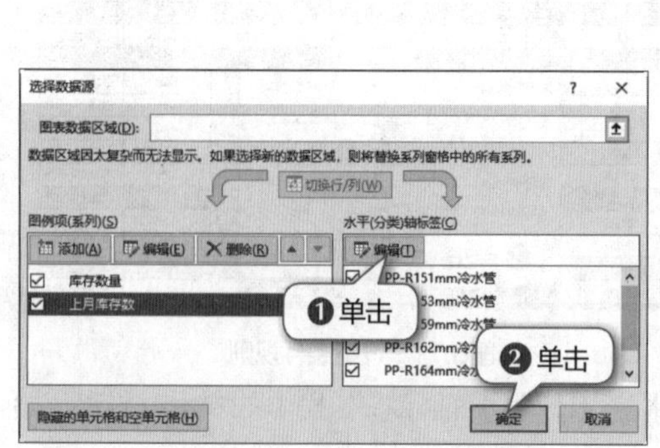

图6.76 设置轴标签

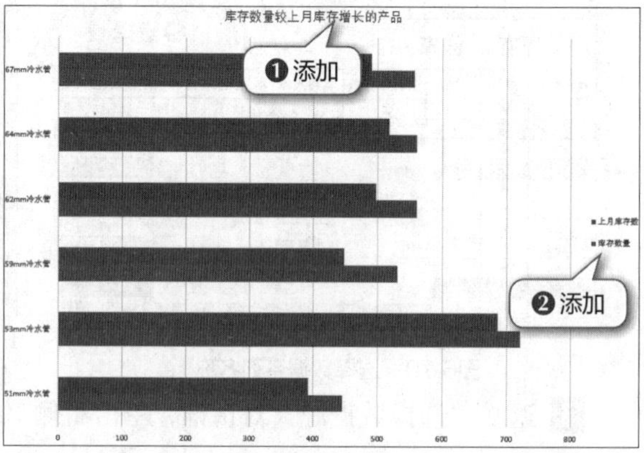

图6.77 添加图表标题和图例

13 将图表标题文本的字符格式设置为“方正黑体简体、20”，将其他文本的字号设置为“12”，完成图表的创建和设置，如图6.78所示。

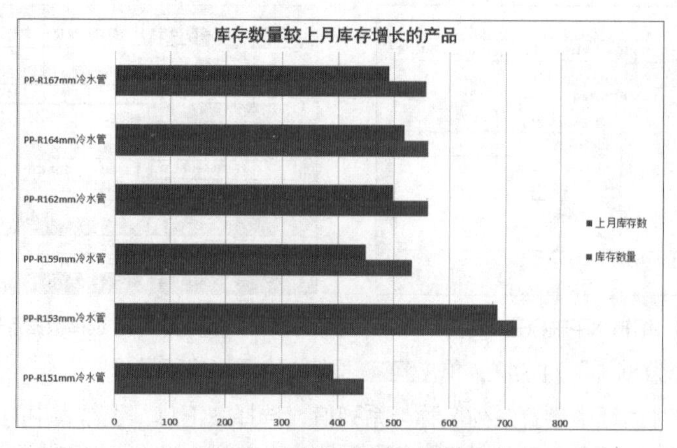

图6.78 完成图表的创建和设置

任务三 制作商品配送信息表

一、任务目标

商品配送信息表用于在配送商品的过程中，对商品的集货地点、金额、客户所在地、负责人、货站名称、发货日期和发货时间等进行统计和查询。图6.79所示为商品配送信息表的参考效果。

配送记录汇总查询			
输入查询的商品名称：	B商品	输入查询的商品名称：	C商品
所在集货地点：	B14仓库	金额：	¥34,770.00
输入查询的商品名称：	D商品	输入查询的商品名称：	E商品
所需人工费：	¥1,657.50	客户及所在地：	龙科，广州
输入查询的商品名称：	F商品	输入查询的商品名称：	G商品
负责人：	张正伟	配送货站：	长城专线
输入查询的商品名称：	H商品	输入查询的商品名称：	I商品
发货日期：	2022-1-10	发货时间：	14:00:00

图6.79 商品配送信息表的参考效果

下载资源

素材文件：项目六\商品配送信息表.xlsx

效果文件：项目六\商品配送信息表.xlsx

二、任务实施

（一）输入数据和公式

扫一扫

输入数据和公式

在“集货”工作表中通过输入、填充和使用公式等方法，汇总多个商品的集货信息数据，具体操作如下。

1 打开“商品配送信息表.xlsx”工作簿，切换到“集货”工作表，在A3单元格中输入“LQ−001”，并将其向下填充至A23单元格，快速输入各商品的编号数据，如图6.80所示。

2 在“商品名称”“集货地点”“类别”“数量”项目下输入各商品对应的数据，如图6.81所示。

××企业商品集货信息表

编号	商品名称	集货地点	类别	数量	单价	金额
LQ-001						
LQ-002						
LQ-003						
LQ-004						
LQ-005						
LQ-006						
LQ-007						
LQ-008						
LQ-009						
LQ-010						
LQ-011						
LQ-012						
LQ-017						
LQ-018						

图6.80 填充商品编号

××企业商品集货信息表

编号	商品名称	集货地点	类别	数量	单价	金额
LQ-001	A商品	101仓库	木工板	1309		
LQ-002	B商品	B14仓库	漆	918		
LQ-003	C商品	B14仓库	地砖	1037		
LQ-004	D商品	101仓库	漆	867		
LQ-005	E商品	302仓库	地砖	1190		
LQ-006	F商品	B14仓库	吊顶	1496		
LQ-007	G商品	D16仓库	木工板	1326		
LQ-008	H商品	302仓库	吊顶	986		
LQ-009	I商品	101仓库	地砖	1241		
LQ-010	J商品	D16仓库	漆	1343		
LQ-011	K商品	302仓库	地砖	1071		
LQ-012	L商品		木工板	1445		
LQ-013	M商品		吊顶	1462		
LQ-014	N商品		漆	1581		
LQ-015	O商品		地砖	1530		
LQ-016	P商品	B14仓库	木工板	1428		
LQ-017	Q商品	D16仓库	吊顶	1394		
LQ-018	R商品	101仓库	吊顶	1411		
LQ-019	S商品	D16仓库	漆	986		

输入

图6.81 输入商品名称、集货地点等数据

3 在F3:F23单元格区域输入各商品的单价，将单价数据的类型设置为货币型，仅显示1位小数，如图6.82所示。

4 选择G3单元格，在编辑栏中输入公式“=E3*F3”，表示“金额=数量×单价”，如图6.83所示。

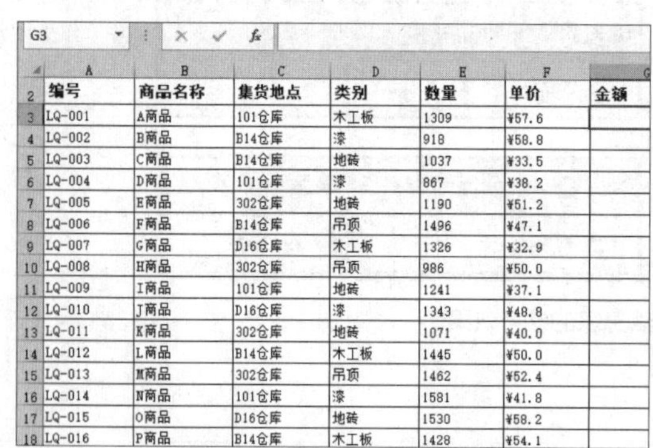

G3

编号	商品名称	集货地点	类别	数量	单价	金额
LQ-001	A商品	101仓库	木工板	1309	¥57.6	
LQ-002	B商品	B14仓库	漆	918	¥58.8	
LQ-003	C商品	B14仓库	地砖	1037	¥33.5	
LQ-004	D商品	101仓库	漆	867	¥38.2	
LQ-005	E商品	302仓库	地砖	1190	¥51.2	
LQ-006	F商品	B14仓库	吊顶	1496	¥47.1	
LQ-007	G商品	D16仓库	木工板	1326	¥32.9	
LQ-008	H商品	302仓库	吊顶	986	¥50.0	
LQ-009	I商品	101仓库	地砖	1241	¥37.1	
LQ-010	J商品	D16仓库	漆	1343	¥48.8	
LQ-011	K商品	302仓库	地砖	1071	¥40.0	
LQ-012	L商品	B14仓库	木工板	1445	¥50.0	
LQ-013	M商品	302仓库	吊顶	1462	¥52.4	
LQ-014	N商品	101仓库	漆	1581	¥41.8	
LQ-015	O商品	D16仓库	地砖	1530	¥58.2	
LQ-016	P商品	B14仓库	木工板	1428	¥54.1	

图6.82 输入并设置单价数据格式

INDEX =E3*F3

编号	商品名称	集货地点	类别	数量	单价	金额
LQ-001	A商品		木工板	1309	¥57.6	=E3*F3
LQ-002	B商品	B14仓库	漆	918	¥58.8	
LQ-003	C商品	B14仓库	地砖	1037		
LQ-004	D商品	101仓库	漆	867		
LQ-005	E商品	302仓库	地砖	1190		
LQ-006	F商品	B14仓库	吊顶	1496	¥47.1	
LQ-007	G商品	D16仓库	木工板	1326	¥32.9	
LQ-008	H商品	302仓库	吊顶	986	¥50.0	
LQ-009	I商品	101仓库	地砖	1241	¥37.1	
LQ-010	J商品	D16仓库	漆	1343	¥48.8	
LQ-011	K商品	302仓库	地砖	1071	¥40.0	
LQ-012	L商品	B14仓库	木工板	1445	¥50.0	
LQ-013	M商品	302仓库	吊顶	1462	¥52.4	
LQ-014	N商品	101仓库	漆	1581	¥41.8	
LQ-015	O商品	D16仓库	地砖	1530	¥58.2	

❷输入 ❶选择

图6.83 输入公式

5 按【Ctrl+Enter】组合键返回A商品的金额，将G3单元格中的公式向下填充至G23单元格，得到其他商品的金额数据，并将数据类型设置为货币型，仅显示1位小数，如图6.84所示。

6 在H3:H23单元格区域输入各商品负责人的姓名，如图6.85所示。

=E3*F3

商品名称	集货地点	类别	数量	单价	金额
A商品	101仓库	木工板	1309	¥57.6	¥75,460.0
B商品	B14仓库	漆	918	¥58.8	¥54,000.0
C商品	B14仓库	地砖	1037	¥33.5	¥34,770.0
D商品	101仓库	漆	867	¥38.2	¥33,150.0
E商品	302仓库	地砖	1190	¥51.2	
F商品	B14仓库	吊顶	1496		
G商品	D16仓库	木工板	1326		
H商品	302仓库	吊顶	986	¥50.0	¥49,300.0
I商品	101仓库	地砖	1241	¥37.1	¥45,990.0
J商品	D16仓库	漆	1343	¥48.8	¥65,570.0
K商品	302仓库	地砖	1071	¥40.0	¥42,840.0
L商品	B14仓库	木工板	1445	¥50.0	¥72,250.0
M商品	302仓库	吊顶	1462	¥52.4	¥76,540.0
N商品	101仓库	漆	1581	¥41.8	¥66,030.0
O商品	D16仓库	地砖	1530	¥58.2	¥89,100.0
P商品	B14仓库	木工板	1428	¥54.1	¥77,280.0
Q商品	D16仓库	吊顶	1394	¥51.8	¥72,160.0

填充

图6.84 填充公式并设置数据类型

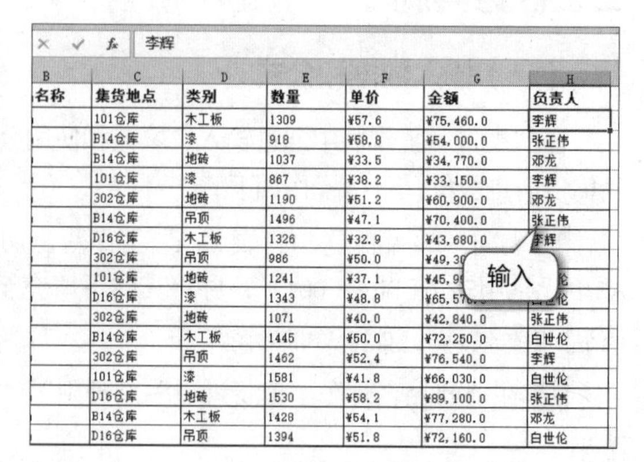

李辉

集货地点	类别	数量	单价	金额	负责人
101仓库	木工板	1309	¥57.6	¥75,460.0	李辉
B14仓库	漆	918	¥58.8	¥54,000.0	张正伟
B14仓库	地砖	1037	¥33.5	¥34,770.0	邓龙
101仓库	漆	867	¥38.2	¥33,150.0	李辉
302仓库	地砖	1190	¥51.2	¥60,900.0	邓龙
B14仓库	吊顶	1496	¥47.1	¥70,400.0	张正伟
D16仓库	木工板	1326	¥32.9	¥43,680.0	李辉
302仓库	吊顶	986	¥50.0		
101仓库	地砖	1241	¥37.1		
D16仓库	漆	1343	¥48.8		
302仓库	地砖	1071	¥40.0	¥42,840.0	张正伟
B14仓库	木工板	1445	¥50.0	¥72,250.0	白世伦
302仓库	吊顶	1462	¥52.4	¥76,540.0	李辉
101仓库	漆	1581	¥41.8	¥66,030.0	白世伦
D16仓库	地砖	1530	¥58.2	¥89,100.0	张正伟
B14仓库	木工板	1428	¥54.1	¥77,280.0	邓龙
D16仓库	吊顶	1394	¥51.8	¥72,160.0	白世伦

图6.85 输入文本

（二）引用单元格数据

利用“集货”工作表中的数据，完善并汇总“配货”工作表中各商品对应的配货信息，具体操作如下。

1 在“集货”工作表中选择A3:D23单元格区域，按【Ctrl+C】组合键将其复制到剪贴板中，如图6.86所示。

2 单击切换到“配货”工作表，选择A3单元格，按【Ctrl+V】组合键将剪贴板中的数据粘贴进来，如图6.87所示。

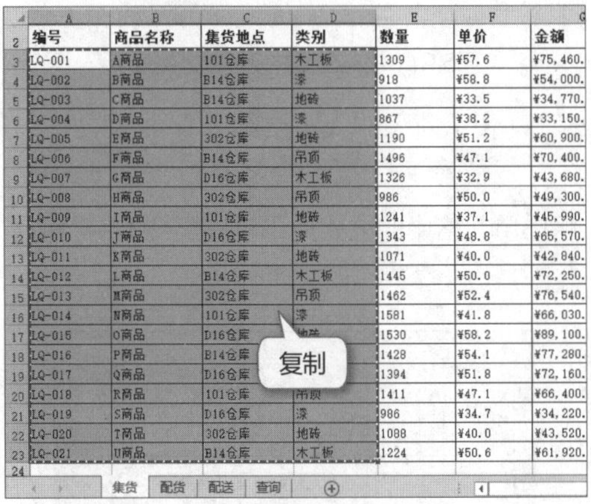

图6.86 复制单元格区域

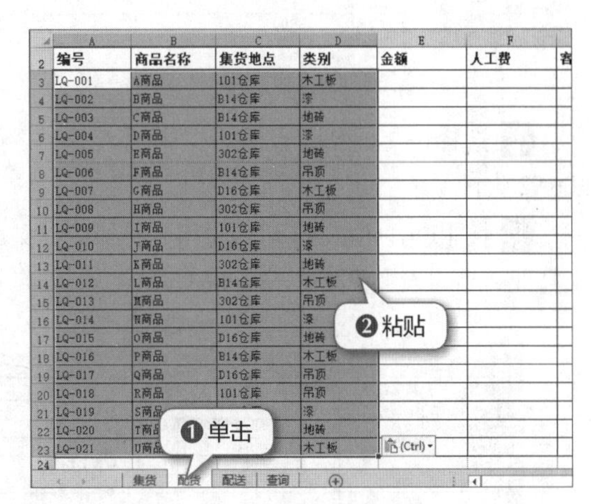

编号	商品名称	集货地点	类别	金额	人工费
LQ-001	A商品	101仓库	木工板		
LQ-002	B商品	B14仓库	漆		
LQ-003	C商品	B14仓库	地砖		
LQ-004	D商品	101仓库	漆		
LQ-005	E商品	302仓库	地砖		
LQ-006	F商品	B14仓库	吊顶		
LQ-007	G商品	D16仓库	木工板		
LQ-008	H商品	302仓库	吊顶		
LQ-009	I商品	101仓库	地砖		
LQ-010	J商品	D16仓库	漆		
LQ-011	K商品	302仓库	地砖		
LQ-012	L商品	B14仓库	木工板		
LQ-013	M商品	302仓库	吊顶		
LQ-014	N商品	101仓库	漆		
LQ-015	O商品	D16仓库	地砖		
LQ-016	P商品	B14仓库	木工板		
LQ-017	Q商品	D16仓库	吊顶		
LQ-018	R商品	101仓库	吊顶		
LQ-019	S商品		漆		
LQ-020	T商品		地砖		
LQ-021	U商品		木工板		

图6.87 粘贴单元格区域

3 选择E3单元格，在编辑栏中输入“=”，准备引用“集货”工作表中的数据，如图6.88所示。

4 单击切换到“集货”工作表，选择G3单元格，将其地址引用到输入的等号后面，如图6.89所示。

图6.88 输入等号

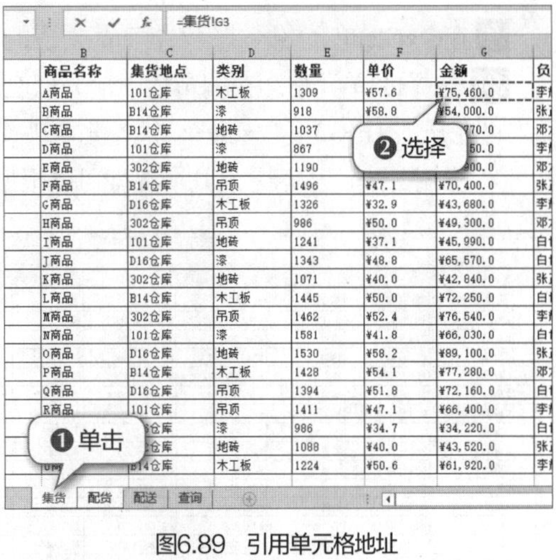

图6.89 引用单元格地址

5 按【Ctrl+Enter】组合键完成对“集货”工作表中金额数据的引用，如图6.90所示。

6 将E3单元格中的公式向下填充至E23单元格，得出其他商品的金额数据，数据类型设置为货币型，仅显示1位小数，如图6.91所示。

E3 | =集货!G3

	A	B	C	D	E	F	G
2	编号	商品名称	集货地点	类别	金额	人工费	客
3	LQ-001	A商品	101仓库	木工板	¥75,460.0		
4	LQ-002	B商品	B14仓库	漆			
5	LQ-003	C商品	B14仓库	地砖			
6	LQ-004	D商品	101仓库	漆			
7	LQ-005	E商品	302仓库	地砖			
8	LQ-006	F商品	B14仓库	吊顶			
9	LQ-007	G商品	D16仓库	木工板			
10	LQ-008	H商品	302仓库	吊顶			
11	LQ-009	I商品	101仓库	地砖			
12	LQ-010	J商品	D16仓库	漆			
13	LQ-011	K商品	302仓库	地砖			
14	LQ-012	L商品	B14仓库	木工板			
15	LQ-013	M商品	302仓库	吊顶			
16	LQ-014	N商品	101仓库	漆			
17	LQ-015	O商品	D16仓库	地砖			
18	LQ-016	P商品	B14仓库	木工板			
19	LQ-017	Q商品	D16仓库	吊顶			
20	LQ-018	R商品	101仓库	吊顶			

图6.90　确认引用

E3 | =集货!G3

	A	B	C	D	E	F	G
2	编号	商品名称	集货地点	类别	金额	人工费	客
3	LQ-001	A商品	101仓库	木工板	¥75,460.0		
4	LQ-002	B商品	B14仓库	漆	¥54,000.0		
5	LQ-003	C商品	B14仓库	地砖	¥34,770.0		
6	LQ-004	D商品	101仓库	漆	¥33,150.0		
7	LQ-005	E商品	302仓库	地砖	¥60,900.0		
8	LQ-006	F商品	B14仓库	吊顶	¥70,400.0		
9	LQ-007	G商品	D16仓库	木工板	¥43,680.0		
10	LQ-008	H商品	302仓库	吊顶	¥49,300.0		
11	LQ-009	I商品	101仓库	地砖	¥45,990.0		
12	LQ-010	J商品	D16仓库	漆	¥65,570.0		
13	LQ-011	K商品	302仓库	地砖	[illegible]840.0		
14	LQ-012	L商品	B14仓库	木工板	[illegible]		
15	LQ-013	M商品	302仓库	吊顶	[illegible]		
16	LQ-014	N商品	101仓库	漆	[illegible]		
17	LQ-015	O商品	D16仓库	地砖	¥89,100.0		
18	LQ-016	P商品	B14仓库	木工板	¥77,280.0		
19	LQ-017	Q商品	D16仓库	吊顶	¥72,160.0		
20	LQ-018	R商品	101仓库	吊顶	¥66,400.0		

图6.91　填充公式并设置数据格式

7 选择F3单元格，在编辑栏中输入“=E3*5%”，表示商品的人工费等于其金额的5%，如图6.92所示。

8 按【Ctrl+Enter】组合键得到计算的结果，将F3单元格中的公式向下填充至F23单元格，得出其他商品的人工费数据，如图6.93所示。

INDEX | =E3*5%

	A	B	C	D	E	F
2	编号	商品名称	集货地点	[illegible]	金额	人工费
3	LQ-001	A商品	101仓库	[illegible]	¥75,460.0	=E3*5%
4	LQ-002	B商品	B14仓库	漆	¥54,000.0	
5	LQ-003	C商品	B14仓库	地砖	¥34,77[illegible]	
6	LQ-004	D商品	101仓库	漆	¥33,15[illegible]	
7	LQ-005	E商品	302仓库	地砖	¥60,900[illegible]	
8	LQ-006	F商品	B14仓库	吊顶	¥70,400.0	
9	LQ-007	G商品	D16仓库	木工板	¥43,680.0	
10	LQ-008	H商品	302仓库	吊顶	¥49,300.0	
11	LQ-009	I商品	101仓库	地砖	¥45,990.0	
12	LQ-010	J商品	D16仓库	漆	¥65,570.0	
13	LQ-011	K商品	302仓库	地砖	¥42,840.0	
14	LQ-012	L商品	B14仓库	木工板	¥72,250.0	
15	LQ-013	M商品	302仓库	吊顶	¥76,540.0	
16	LQ-014	N商品	101仓库	漆	¥66,030.0	

图6.92　计算人工费参数

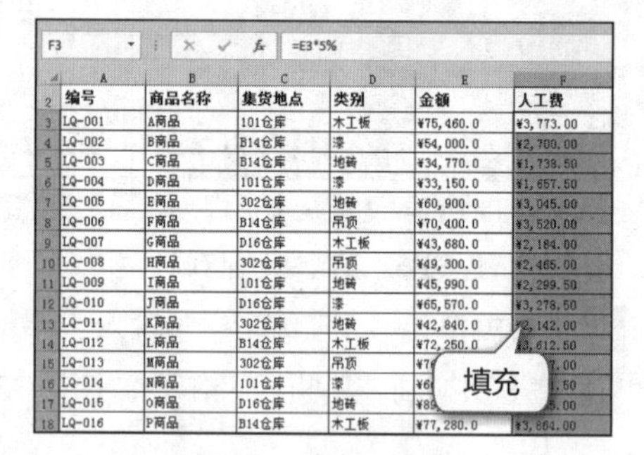

F3 | =E3*5%

	A	B	C	D	E	F
2	编号	商品名称	集货地点	类别	金额	人工费
3	LQ-001	A商品	101仓库	木工板	¥75,460.0	¥3,773.00
4	LQ-002	B商品	B14仓库	漆	¥54,000.0	¥2,700.00
5	LQ-003	C商品	B14仓库	地砖	¥34,770.0	¥1,738.50
6	LQ-004	D商品	101仓库	漆	¥33,150.0	¥1,657.50
7	LQ-005	E商品	302仓库	地砖	¥60,900.0	¥3,045.00
8	LQ-006	F商品	B14仓库	吊顶	¥70,400.0	¥3,520.00
9	LQ-007	G商品	D16仓库	木工板	¥43,680.0	¥2,184.00
10	LQ-008	H商品	302仓库	吊顶	¥49,300.0	¥2,465.00
11	LQ-009	I商品	101仓库	地砖	¥45,990.0	¥2,299.50
12	LQ-010	J商品	D16仓库	漆	¥65,570.0	¥3,278.50
13	LQ-011	K商品	302仓库	地砖	¥42,840.0	¥2,142.00
14	LQ-012	L商品	B14仓库	木工板	¥72,250.0	¥3,612.50
15	LQ-013	M商品	302仓库	吊顶	¥7[illegible]	[illegible]7.00
16	LQ-014	N商品	101仓库	漆	¥6[illegible]	[illegible]1.50
17	LQ-015	O商品	D16仓库	地砖	¥89[illegible]	[illegible]5.00
18	LQ-016	P商品	B14仓库	木工板	¥77,280.0	¥3,864.00

图6.93　填充公式

9 在G3:G23单元格区域输入各商品对应的客户姓名，如图6.94所示。

10 选择H3单元格，在编辑栏中输入嵌套IF()函数“=IF(G3="刘宇","成都",IF(G3="孙茂","重庆",IF(G3="朱海军","北京",IF(G3="陈琴","上海",IF(G3="龙科","广州","杭州")))))”，表示客户所在地可以根据客户姓名判断，如图6.95所示。

刘宇

B	C	D	E	F	G	H
商品名称	集货地点	类别	金额	人工费	客户	客户
A商品	101仓库	木工板	¥75,460.0	¥3,773.00	刘宇	
B商品	B14仓库	漆	¥54,000.0	¥2,700.00	孙茂	
C商品	B14仓库	地砖	¥34,770.0	¥1,738.50	朱海军	
D商品	101仓库	漆	¥33,150.0	¥1,657.50	陈琴	
E商品	302仓库	地砖	¥60,900.0	¥3,045.00	龙科	
F商品	B14仓库	吊顶	¥70,400.0	¥3,520.00	孙茂	
G商品	D16仓库	木工板	¥43,680.0	¥2,184.00	冯婷婷	
H商品	302仓库	吊顶	¥49,300.0	¥2,465.00	朱海军	
I商品	101仓库	地砖	¥45,990.0	¥2,299.50	冯婷婷	
J商品	D16仓库	漆	¥65,570.0	¥3,278.50	龙科	
K商品	302仓库	地砖	¥42,840.0	¥2,142.00	冯婷婷	
L商品	B14仓库	木工板	¥72,250.0	¥3,612.50	刘宇	
M商品	302仓库	吊顶	¥76,540.0	¥3,827.00	孙茂	
N商品	101仓库	漆	¥66,030.0	¥3,301.50	[illegible]	
O商品	D16仓库	地砖	¥89,100.0	¥4,455.00	[illegible]	
P商品	B14仓库	木工板	¥77,280.0	¥3,864.00	[illegible]	
Q商品	D16仓库	吊顶	¥72,160.0	¥3,608.00	[illegible]	
R商品	101仓库	吊顶	¥66,400.0	¥3,320.00	陈琴	
S商品	D16仓库	漆	¥34,220.0	¥1,711.00	朱海军	

图6.94　输入客户姓名

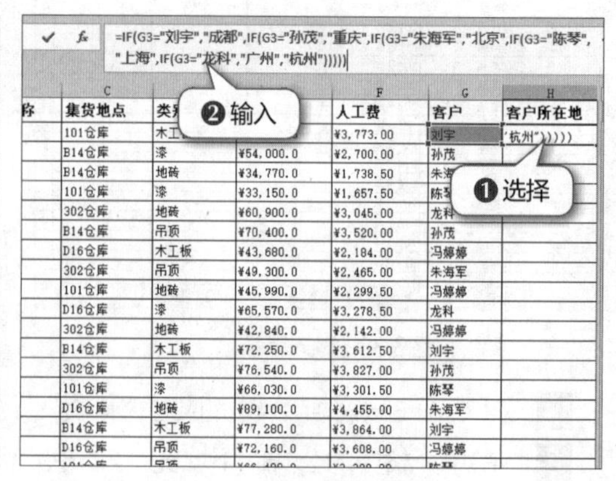

=IF(G3="刘宇","成都",IF(G3="孙茂","重庆",IF(G3="朱海军","北京",IF(G3="陈琴","上海",IF(G3="龙科","广州","杭州")))))

C	D	E	F	G	H
集货地点	类别	[illegible]	人工费	客户	客户所在地
101仓库	[illegible]	[illegible]	¥3,773.00	刘宇	"杭州")))))
B14仓库	漆	¥54,000.0	¥2,700.00	孙茂	
B14仓库	地砖	¥34,770.0	¥1,738.50	[illegible]	
101仓库	漆	¥33,150.0	¥1,657.50	[illegible]	
302仓库	地砖	¥60,900.0	¥3,045.00	[illegible]	
B14仓库	吊顶	¥70,400.0	¥3,520.00	孙茂	
D16仓库	木工板	¥43,680.0	¥2,184.00	冯婷婷	
302仓库	吊顶	¥49,300.0	¥2,465.00	朱海军	
101仓库	地砖	¥45,990.0	¥2,299.50	冯婷婷	
D16仓库	漆	¥65,570.0	¥3,278.50	龙科	
302仓库	地砖	¥42,840.0	¥2,142.00	冯婷婷	
B14仓库	木工板	¥72,250.0	¥3,612.50	刘宇	
302仓库	吊顶	¥76,540.0	¥3,827.00	孙茂	
101仓库	漆	¥66,030.0	¥3,301.50	陈琴	
D16仓库	地砖	¥89,100.0	¥4,455.00	朱海军	
B14仓库	木工板	¥77,280.0	¥3,864.00	刘宇	
D16仓库	吊顶	¥72,160.0	¥3,608.00	冯婷婷	

图6.95　输入函数

11 按【Ctrl+Enter】组合键得到计算结果，并将H3单元格中的函数向下填充至H23单元格，得出所有商品的客户所在地的数据，如图6.96所示。

12 选择I3单元格，在编辑栏中输入嵌套IF()函数“=IF(G3="刘宇","028-8756****",IF(G3="孙茂","023-6879****",IF(G3="朱海军","010-6879****",IF(G3="陈琴","021-9787****",IF(G3="龙科","020-9874****","0571-8764****")))))”，表示客户联系电话可以根据客户姓名判断，如图6.97所示。

=IF(G3="刘宇","成都",IF(G3="孙茂","重庆",IF(G3="朱海军","北京",IF(G3="陈琴","上海",IF(G3="龙科","广州","杭州")))))

点	类别	金额	人工费	客户	客户所在地	联系电话
	木工板	¥75,460.0	¥3,773.00	刘宇	成都	
	漆	¥54,000.0	¥2,700.00	孙茂	重庆	
	地砖	¥34,770.0	¥1,738.50	朱海军	北京	
	漆	¥33,150.0	¥1,657.50	陈琴	上海	
	地砖	¥60,900.0	¥3,045.00	龙科	广州	
	吊顶	¥70,400.0	¥3,520.00	孙茂	重庆	
	木工板	¥43,680.0	¥2,184.00	冯婷婷	杭州	
	吊顶	¥49,300.0	¥2,465.00	朱海军	北京	
	地砖	¥45,990.0	¥2,299.50	冯婷婷	杭州	
	漆	¥65,570.0	¥3,278.50	龙科	广州	
	地砖	¥42,840.0	¥2,142.00	冯婷婷	杭州	
	木工板	¥72,250.0	¥3,612.50	刘宇	[illegible]	
	吊顶	¥76,540.0	¥3,827.00	[illegible]	[illegible]	
	漆	¥66,030.0	¥3,301.50	[illegible]	[illegible]	
	地砖	¥89,100.0	¥4,455.00	[illegible]	[illegible]	
	木工板	¥77,280.0	¥3,864.00	刘宇	成都	
	吊顶	¥72,160.0	¥3,608.00	冯婷婷	杭州	
	吊顶	¥66,400.0	¥3,320.00	陈琴	上海	

图6.96　得出客户所在地数据

=IF(G3="刘宇","028-8756****",IF(G3="孙茂","023-6879****",
IF(G3="朱海军","010-6879****",IF(G3="陈琴","021-9787****",

类别	金额		客户	客户所在地	联系电话
木工板	¥75,460.0	[illegible]	刘宇	成都	3764****")))))
漆	¥54,000.0	¥2,700.00	孙茂	重庆	
地砖	¥34,770.0	¥1,738.50	朱海军	北京	
漆	¥33,150.0	¥1,657.50	陈琴	上海	
地砖	¥60,900.0	¥3,045.00	龙科	广州	
吊顶	¥70,400.0	¥3,520.00	孙茂	重庆	
木工板	¥43,680.0	¥2,184.00	冯婷婷	杭州	
吊顶	¥49,300.0	¥2,465.00	朱海军	北京	
地砖	¥45,990.0	¥2,299.50	冯婷婷	杭州	
漆	¥65,570.0	¥3,278.50	龙科	广州	
地砖	¥42,840.0	¥2,142.00	冯婷婷	杭州	
木工板	¥72,250.0	¥3,612.50	刘宇	成都	
吊顶	¥76,540.0	¥3,827.00	孙茂	重庆	
漆	¥66,030.0	¥3,301.50	陈琴	上海	
地砖	¥89,100.0	¥4,455.00	朱海军	北京	
木工板	¥77,280.0	¥3,864.00	刘宇	成都	
吊顶	¥72,160.0	¥3,608.00	冯婷婷	杭州	
吊顶	¥66,400.0	¥3,320.00	陈琴	上海	

图6.97　输入函数

13 按【Ctrl+Enter】组合键得出计算结果，并将I3单元格中的函数向下填充至I23单元格，得出所有商品的客户联系电话，如图6.98所示。

I3

=IF(G3="刘宇","028-8756****",IF(G3="孙茂","023-6879****",
IF(G3="朱海军","010-6879****",IF(G3="陈琴","021-9787****",

编号	商品名称	集货地点	类别	金额	人工费	客户	客户所在地	联系电话
LQ-001	A商品	101仓库	木工板	¥75,460.0	¥3,773.00	刘宇	成都	028-8756****
LQ-002	B商品	B14仓库	漆	¥54,000.0	¥2,700.00	孙茂	重庆	023-6879****
LQ-003	C商品	B14仓库	地砖	¥34,770.0	¥1,738.50	朱海军	北京	010-6879****
LQ-004	D商品	101仓库	漆	¥33,150.0	¥1,657.50	陈琴	上海	021-9787****
LQ-005	E商品	302仓库	地砖	¥60,900.0	¥3,045.00	龙科	广州	020-9874****
LQ-006	F商品	B14仓库	吊顶	¥70,400.0	¥3,520.00	孙茂	重庆	[illegible]
LQ-007	G商品	D16仓库	木工板	¥43,680.0	¥2,184.00	冯婷婷	杭州	[illegible]
LQ-008	H商品	302仓库	吊顶	¥49,300.0	¥2,465.00	朱海军	北京	[illegible]
LQ-009	I商品	101仓库	地砖	¥45,990.0	¥2,299.50	冯婷婷	杭州	0571-8764****
LQ-010	J商品	D16仓库	漆	¥65,570.0	¥3,278.50	龙科	广州	020-9874****
LQ-011	K商品	302仓库	地砖	¥42,840.0	¥2,142.00	冯婷婷	杭州	0571-8764****
LQ-012	L商品	B14仓库	木工板	¥72,250.0	¥3,612.50	刘宇	成都	028-8756****
LQ-013	M商品	302仓库	吊顶	¥76,540.0	¥3,827.00	孙茂	重庆	023-6879****
LQ-014	N商品	101仓库	漆	¥66,030.0	¥3,301.50	陈琴	上海	021-9787****
LQ-015	O商品	D16仓库	地砖	¥89,100.0	¥4,455.00	朱海军	北京	010-6879****
LQ-016	P商品	B14仓库	木工板	¥77,280.0	¥3,864.00	刘宇	成都	028-8756****

图6.98　得出客户联系电话数据

（三）函数的嵌套

下面在“配送”工作表中使用相似的方法完善其中的数据，具体操作如下。

1 将“集货”工作表中A3:D23单元格区域中的数据复制到“配送”工作表中的相应单元格区域，如图6.99所示。

2 选择E3单元格，在编辑栏中输入嵌套IF()函数“=IF(配货!H3="成都","天美意快运",IF(配货!H3="重庆","捷豹专线",IF(配货!H3="北京","中发速递",

IF(配货!H3="上海","神州配送中心",IF(配货!H3="广州","中华运输","长城专线")))))”，如图6.100所示，表示货站名称根据客户所在地判断，注意IF()函数中的判断条件是引用“配货”工作表中客户所在地的数据。

××企业商品配送信息表

编号	商品名称	集货地点	类别	货站名称	途经地点
LQ-001	A商品	101仓库	木工板		
LQ-002	B商品	B14仓库	漆		
LQ-003	C商品	B14仓库	地砖		
LQ-004	D商品	101仓库	漆		
LQ-005	E商品	302仓库	地砖		
LQ-006	F商品	B14仓库	吊顶		
LQ-007	G商品	D16仓库	木工板		
LQ-008	H商品	302仓库	吊顶		
LQ-009	I商品	101仓库	地砖		
LQ-010	J商品	D16仓库	漆		
LQ-011	K商品	302仓库	地砖		
LQ-012	L商品	B14仓库	木工板		
LQ-013	M商品	302仓库	吊顶		
LQ-014	N商品	101仓库	漆		
LQ-015	O商品	D16仓库			
LQ-016	P商品	B14仓库			
LQ-017	Q商品	D16仓库			
LQ-018	R商品	101仓库	吊顶		
LQ-019	S商品	D16仓库	漆		

图6.99 复制数据

IF(配货!H3="北京","中发速递",IF(配货!H3="上海","神州配送中心",
IF(配货!H3="广州","中华运输","长城专线")))))

××企业商品配送信

编号	商品名称	集货地点	类别	货站名称	途经地点
LQ-001	A商品	101仓库	木工板	城专线")))))	
LQ-002	B商品	B14仓库	漆		
LQ-003	C商品	B14仓库	地砖		
LQ-004	D商品	101仓库	漆		
LQ-005	E商品	302仓库	地砖		
LQ-006	F商品	B14仓库	吊顶		
LQ-007	G商品	D16仓库	木工板		
LQ-008	H商品	302仓库	吊顶		
LQ-009	I商品	101仓库	地砖		
LQ-010	J商品	D16仓库	漆		
LQ-011	K商品	302仓库	地砖		
LQ-012	L商品	B14仓库	木工板		
LQ-013	M商品	302仓库	吊顶		
LQ-014	N商品	101仓库	漆		
LQ-015	O商品	D16仓库	地砖		
LQ-016	P商品	B14仓库	木工板		
LQ-017	Q商品	D16仓库	吊顶		

图6.100 输入函数

3 按【Ctrl+Enter】组合键得到计算结果，并将E3单元格中的函数向下填充至E23单元格，得出所有商品的货站名称数据，如图6.101所示。

4 选择F3单元格，在编辑栏中输入嵌套IF()函数“=IF(E3="天美意快运","郑州→西安→成都",IF(E3="捷豹专线","郑州→武汉→长沙→重庆",IF(E3="中发速递","郑州→石家庄→北京",IF(E3="神州配送中心","郑州→合肥→南京→上海",IF(E3="中华运输","郑州→武汉→南昌→广州","郑州→周口→巢湖→杭州")))))”，表示途经地点根据不同货站名称判断，如图6.102所示。

=IF(配货!H3="成都","天美意快运",IF(配货!H3="重庆","捷豹专线",
IF(配货!H3="北京","中发速递",IF(配货!H3="上海","神州配送中心",

商品名称	集货地点	类别	货站名称	途经地点	发货日
A商品	101仓库	木工板	天美意快运		
B商品	B14仓库	漆	捷豹专线		
C商品	B14仓库	地砖	中发速递		
D商品	101仓库	漆	神州配送中心		
E商品	302仓库	地砖	中华运输		
F商品	B14仓库	吊顶	捷豹专线		
G商品	D16仓库	木工板	长城专线		
H商品	302仓库	吊顶	中发速递		
I商品	101仓库	地砖	长城专线		
J商品	D16仓库	漆	中华		
K商品	302仓库	地砖	长城		
L商品	B14仓库	木工板	天美意快运		
M商品	302仓库	吊顶	捷豹专线		
N商品	101仓库	漆	神州配送中心		
O商品	D16仓库	地砖	中发速递		
P商品	B14仓库	木工板	天美意快运		
Q商品	D16仓库	吊顶	长城专线		
R商品	101仓库	吊顶	神州配送中心		
S商品	D16仓库	漆	中发速递		

图6.101 得出货站名称数据

=IF(E3="天美意快运","郑州→西安→成都",IF(E3="捷豹专线","郑州→武汉→长沙→重庆",
IF(E3="中发速递","郑州→石家庄→北京",IF("神州配送中心","郑州→合肥→南京→上海",
IF(E3="中华运输","郑州→武汉→ →周口→巢湖→杭州")))))

集货地点	类别	货站名称	途经地点	发货日期
101仓库	木工板	天美意快运	→巢湖→杭州")))))	
B14仓库	漆	捷豹专线		
B14仓库	地砖	中发速递		
101仓库	漆	神州配送中心		
302仓库	地砖	中华运输		
B14仓库	吊顶	捷豹专线		
D16仓库	木工板	长城专线		
302仓库	吊顶	中发速递		
101仓库	地砖	长城专线		
D16仓库	漆	中华运输		
302仓库	地砖	长城专线		
B14仓库	木工板	天美意快运		
302仓库	吊顶	捷豹专线		
101仓库	漆	神州配送中心		
D16仓库	地砖	中发速递		
B14仓库	木工板	天美意快运		
D16仓库	吊顶	长城专线		
101仓库	吊顶	神州配送中心		
D16仓库	漆	中发速递		

图6.102 输入函数

5 按【Ctrl+Enter】组合键得到计算结果，并将F3单元格中的函数向下填充至F23单元格，得出所有商品的途经地点数据，如图6.103所示。

6 在G3:G23单元格区域输入各商品的发货日期数据，将输入的数据设置为日期类型，如图6.104所示。

=IF(E3="天美意快运","郑州→西安→成都",IF(E3="捷豹专线","郑州→武汉→长沙→重庆",

称	集货地点	类别	货站名称	途经地点	发货日期
	101仓库	木工板	天美意快运	郑州→西安→成都	
	B14仓库	漆	捷豹专线	郑州→武汉→长沙→重庆	
	B14仓库	地砖	中发速递	郑州→石家庄→北京	
	101仓库	漆	神州配送中心	郑州→合肥→南京→上海	
	302仓库	地砖	中华运输	郑州→武汉→南昌→广州	
	B14仓库	吊顶	捷豹专线	郑州→武汉→长沙→重庆	
	D16仓库	木工板	长城专线	郑州→周口→巢湖→杭州	
	302仓库	吊顶	中发速递	郑州→石家庄→北京	
	101仓库	地砖	长城专线	郑州→[illegible]口→巢湖→杭州	
	D16仓库	漆	中华运输	[illegible]南昌→广州	
	302仓库	地砖	长城专线	[illegible]巢湖→杭州	
	B14仓库	木工板	天美意快运	[illegible]成都	
	302仓库	吊顶	捷豹专线	郑州→武汉→长沙→重庆	
	101仓库	漆	神州配送中心	郑州→合肥→南京→上海	
	D16仓库	地砖	中发速递	郑州→石家庄→北京	
	B14仓库	木工板	天美意快运	郑州→西安→成都	
	D16仓库	吊顶	长城专线	郑州→周口→巢湖→杭州	
	101仓库	吊顶	神州配送中心	郑州→合肥→南京→上海	
	D16仓库	漆	中发速递	郑州→石家庄→北京	

图6.103 得出途经地点数据

称	集货地点	类别	货站名称	途经地点	发货日期
	101仓库	木工板	天美意快运	郑州→西安→成都	2022-1-10
	B14仓库	漆	捷豹专线	郑州→武汉→长沙→重庆	2022-1-12
	B14仓库	地砖	中发速递	郑州→石家庄→北京	2022-1-13
	101仓库	漆	神州配送中心	郑州→合肥→南京→上海	2022-1-12
	302仓库	地砖	中华运输	郑州→武汉→南昌→广州	2022-1-13
	B14仓库	吊顶	捷豹专线	郑州→武汉→长沙→重庆	2022-1-13
	D16仓库	木工板	长城专线	郑州→周口→巢湖→杭州	2022-1-13
	302仓库	吊顶	中发速递	郑州→石家庄→北京	2022-1-10
	101仓库	地砖	长城专线	郑州→周口→巢湖→杭州	2022-1-13
	D16仓库	漆	中华运输	郑州→武汉→南昌→广州	[illegible]-1-13
	302仓库	地砖	长城专线	郑州[illegible]	[illegible]
	B14仓库	木工板	天美意快运	郑[illegible]	[illegible]
	302仓库	吊顶	捷豹专线	郑[illegible]	[illegible]
	101仓库	漆	神州配送中心	郑州→合肥→南京→上海	2022-1-13
	D16仓库	地砖	中发速递	郑州→石家庄→北京	2022-1-13
	B14仓库	木工板	天美意快运	郑州→西安→成都	2022-1-12
	D16仓库	吊顶	长城专线	郑州→周口→巢湖→杭州	2022-1-13
	101仓库	吊顶	神州配送中心	郑州→合肥→南京→上海	2022-1-10
	D16仓库	漆	中发速递	郑州→石家庄→北京	2022-1-12
	302仓库	地砖	神州配送中心	郑州→合肥→南京→上海	2022-1-13
	B14仓库	木工板	捷豹专线	郑州→武汉→长沙→重庆	2022-1-10

图6.104 输入发货日期并设置数据类型

7 在H3:H23单元格区域输入各商品的发货时间数据，将输入的数据设置为时间类型，如图6.105所示。

8 选择I3单元格，在编辑栏中输入嵌套IF()函数“=IF(E3= " 天美意快运 " , " 0371−9785**** " , IF(E3= " 捷豹专线 " , " 0371−4755**** " ,IF(E3= " 中发速递 " , " 0371−8876**** " ,IF(E3= " 神州配送中心 " , " 0371−6473**** " ,IF(E3= " 中华运输 " , " 0371−1380**** " , " 0371−9103**** ")))))”，表示联系电话根据货站名称判断，如图6.106所示。

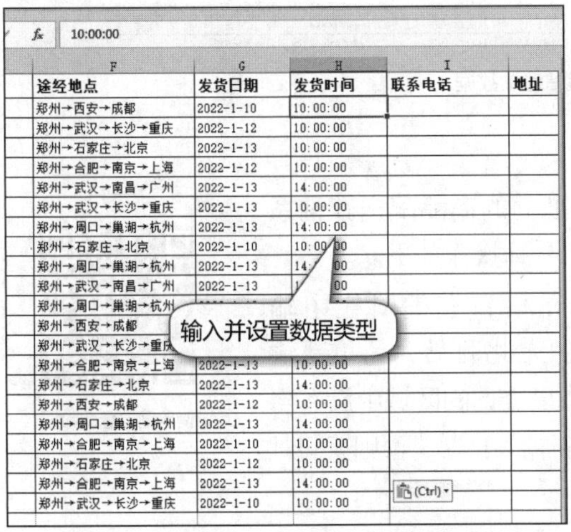

10:00:00

途经地点	发货日期	发货时间	联系电话	地址
郑州→西安→成都	2022-1-10	10:00:00		
郑州→武汉→长沙→重庆	2022-1-12	10:00:00		
郑州→石家庄→北京	2022-1-13	10:00:00		
郑州→合肥→南京→上海	2022-1-12	10:00:00		
郑州→武汉→南昌→广州	2022-1-13	14:00:00		
郑州→武汉→长沙→重庆	2022-1-13	10:00:00		
郑州→周口→巢湖→杭州	2022-1-13	14:00:00		
郑州→石家庄→北京	2022-1-10	10:00:00		
郑州→周口→巢湖→杭州	2022-1-13	14:[illegible]00		
郑州→武汉→南昌→广州	2022-1-13	1[illegible]00		
郑州→周口→巢湖→杭州	[illegible]	[illegible]		
郑州→西安→成都	[illegible]	[illegible]		
郑州→武汉→长沙→重[illegible]	[illegible]	[illegible]		
郑州→合肥→南京→上海	2022-1-13	10:00:00		
郑州→石家庄→北京	2022-1-13	14:00:00		
郑州→西安→成都	2022-1-12	10:00:00		
郑州→周口→巢湖→杭州	2022-1-13	14:00:00		
郑州→合肥→南京→上海	2022-1-10	10:00:00		
郑州→石家庄→北京	2022-1-12	10:00:00		
郑州→合肥→南京→上海	2022-1-13	14:00:00		
郑州→武汉→长沙→重庆	2022-1-10	10:00:00		

图6.105 输入发货时间并设置数据类型

=IF(E3="天美意快运","0371-9785****",IF(E3="捷豹专线","0371-4755****",
IF(E3="中发速递","0371-8876****",IF(E3="神州配送中心","0371-6473****",
IF(E3="[illegible]1-1380****","0371-9103****")))))

途经地点	发货日期	发货时间	联系电话	地址
郑州→西安→成都	2022-1-10	10:00:00	103****")))))	
郑州→武汉→长沙→重庆	2022-1-12	10:00:00		
郑州→石家庄→北京	2022-1-13	10:00:00		
郑州→合肥→南京→上海	2022-1-12	10:00:00		
郑州→武汉→南昌→广州	2022-1-13	14:00:00		
郑州→武汉→长沙→重庆	2022-1-13	10:00:00		
郑州→周口→巢湖→杭州	2022-1-13	14:00:00		
郑州→石家庄→北京	2022-1-10	10:00:00		
郑州→周口→巢湖→杭州	2022-1-13	14:00:00		
郑州→武汉→南昌→广州	2022-1-13	10:00:00		
郑州→周口→巢湖→杭州	2022-1-13	10:00:00		
郑州→西安→成都	2022-1-12	10:00:00		
郑州→武汉→长沙→重庆	2022-1-10	10:00:00		
郑州→合肥→南京→上海	2022-1-13	10:00:00		
郑州→石家庄→北京	2022-1-13	14:00:00		
郑州→西安→成都	2022-1-12	10:00:00		
郑州→周口→巢湖→杭州	2022-1-13	14:00:00		
郑州→合肥→南京→上海	2022-1-10	10:00:00		
郑州→石家庄→北京	2022-1-12	10:00:00		
郑州→合肥→南京→上海	2022-1-13	14:00:00		

图6.106 输入函数

9 按【Ctrl+Enter】组合键得到计算结果，并将I3单元格中的函数向下填充至I23单元格，得出各商品配送的联系电话数据，如图6.107所示。

10 选择J3单元格，在编辑栏中输入嵌套IF()函数“=IF(E3= " 天美意快运 " , " 东大街5号 " , IF(E3= " 捷豹专线 " , " 凌惠路田丰大厦B栋18号 " ,IF(E3= " 中发速递 " , " 解放西街88号 " ,IF(E3= " 神州配送中心 " , " 曹门口1号 " ,IF(E3= " 中华运输 " , " 五星南路8号 " , " 兴宏小区20栋一单元2号 ")))))”，表示地址根据货站名称判断，如图6.108所示。

途经地点	发货日期	发货时间	联系电话	地址
郑州→西安→成都	2022-1-10	10:00:00	0371-9785****	
郑州→武汉→长沙→重庆	2022-1-12	10:00:00	0371-4755****	
郑州→石家庄→北京	2022-1-13	10:00:00	0371-8876****	
郑州→合肥→南京→上海	2022-1-12	10:00:00	0371-6473****	
郑州→武汉→南昌→广州	2022-1-13	14:00:00	0371-1380****	
郑州→武汉→长沙→重庆	2022-1-13	10:00:00	0371-4755****	
郑州→周口→巢湖→杭州	2022-1-13	14:00:00	0371-9103****	
郑州→石家庄→北京	2022-1-10	10:00:00	0371-8876****	
郑州→周口→巢湖→杭州	2022-1-13	14:00:00	0371	
郑州→武汉→南昌→广州	2022-1-13	10:00:00	037	
郑州→周口→巢湖→杭州	2022-1-13	10:00:00	037	
郑州→西安→成都	2022-1-12	10:00:00	0371-9785****	

=IF(E3="天美意快运","0371-9785****",IF(E3="捷豹专线","0371-4755****",IF(E3="中发速递","0371-8876****",IF(E3="神州配送中心","0371-6473****",

填充

图6.107　得出联系电话数据

=IF(E3="天美意快运","东大街5号",IF(E3="捷豹专线","凌惠路田丰大厦B栋18号",IF(E3="中发速递","解放西街88号",IF(E3="神州配送中心","曹门口1号",IF(E3="中华运输","五星南路8号","兴宏小区20栋一单元2号")))))

F	发货日期	发货时间	联系电话	地址
→成都	2022-1-10	10:00:00	0371-9785****	区20栋一单元2
→长沙→重庆	2022-1-12	10:00:00	0371-4755****	
庄→北京	2022-1-13	10:00:00	0371-8876****	
→南京→上海	2022-1-12	10:00:00	0371-6473****	
→南昌→广州	2022-1-13	14:00:00	0371-1380****	
→长沙→重庆	2022-1-13	10:00:00	0371-4755****	
→巢湖→杭州	2022-1-13	14:00:00	0371-9103****	
庄→北京	2022-1-10	10:00:00	0371-8876****	
→巢湖→杭州	2022-1-13	14:00:00	0371-9103****	
→南昌→广州	2022-1-13	10:00:00	0371-1380****	
→巢湖→杭州	2022-1-13	10:00:00	0371-9103****	
→成都	2022-1-12	10:00:00	0371-9785****	

输入

图6.108　输入函数

11 按【Ctrl+Enter】组合键得到计算结果，并将J3单元格中的函数向下填充至J23单元格，得出各商品对应的货站地址数据，如图6.109所示。

业商品配送信息表

商品名称	集货地点	类别	货站名称	途经地点	发货日期	发货时间	联系电话	地址
A商品	101仓库	木工板	天美意快运	郑州→西安→成都	2022-1-10	10:00:00	0371-9785****	东大街5号
B商品	B14仓库	漆	捷豹专线	郑州→武汉→长沙→重庆	2022-1-12	10:00:00	0371-4755****	凌惠路田丰大厦B栋18号
C商品	B14仓库	地砖	中发速递	郑州→石家庄→北京	2022-1-13	10:00:00	0371-8876****	解放西街88号
D商品	101仓库	漆	神州配送中心	郑州→合肥→南京→上海	2022-1-12	10:00:00	0371-6473****	曹门口1号
E商品	302仓库	地砖	中华运输	郑州→武汉→南昌→广州	2022-1-13	14:00:00	0371-1380****	五星南路8号
F商品	B14仓库	吊顶	捷豹专线	郑州→武汉→长沙→重庆	2022-1-13	10:00:00	0371-4755****	凌惠路田丰大厦B栋18号
G商品	D16仓库	木工板	长城专线	郑州→周口→巢湖→杭州	2022-1-13	14:00:00	0371-9103****	兴宏小区20栋一单元2号
H商品	302仓库	吊顶	中发速递	郑州→石家庄→北京	2022-1-10	10:00:00	0371-8876****	解放西街88号
I商品	101仓库	地砖	长城专线	郑州→周口→巢湖→杭州	2022-1-13	14:00:00	0371-9103****	兴宏小区20栋一单元2号
J商品	D16仓库	漆	中华运输	郑州→武汉→南昌→广州	2022-1-13	10:00:00	0371-1380****	五星南路8号
K商品	302仓库	地砖	长城专线	郑州→周口→巢湖→杭州	2022-1-13	10:00:00	0371-9103****	兴宏小区20栋一单元2号
L商品	B14仓库	木工板	天美意快运	郑州→西安→成都	2022-1-12	10:00:00	0371-9785****	东大街5号
M商品	302仓库	吊顶	捷豹专线	郑州→武汉→长沙→重庆	2022-1-10	10:00:00	0371-4755****	凌惠路田丰大厦B栋18号
N商品	101仓库	漆	神州配送中心	郑州→合肥→南京→上海	2022-1-13	10:00:00	0371-6473****	曹门口1号
O商品	D16仓库	地砖	中发速递	郑州→石家庄→北京	2022-1-13	14:00:00	0371-8876****	解放西街88号

图6.109　得出货站地址数据

（四）使用函数查询数据

利用前面编制的3张工作表中的数据，建立独立的商品配送查询系统，实现快速查询各种商品相关配送数据的功能，具体操作如下。

1 切换到“查询”工作表，选择B4单元格，在编辑栏中输入“=IF(ISNA(MATCH(B3,集货!B3:B23,0)),"无此商品，请重新输入！",VLOOKUP(B3,集货!B3:C23,2,0))”，表示如果查询的区域中没有与输入的商品相同的数据，则返回“无此商品，请重新输入！”，否则返回对应的集货地点数据，如图6.110所示。

2 在B3单元格中输入“B商品”后按【Ctrl+Enter】组合键，返回B商品的所在集货地点，如图6.111所示。

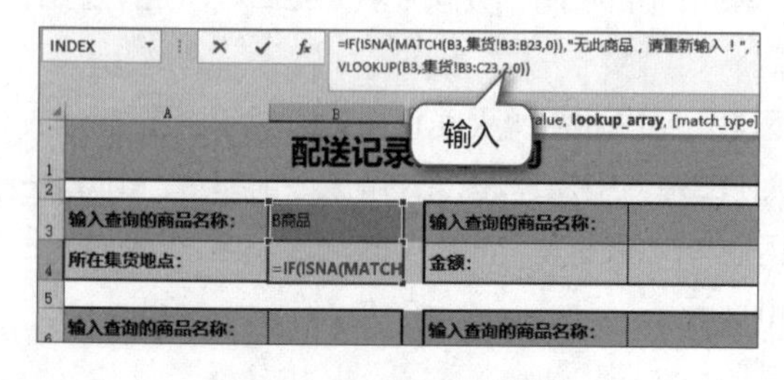

图6.110　输入B4单元格函数

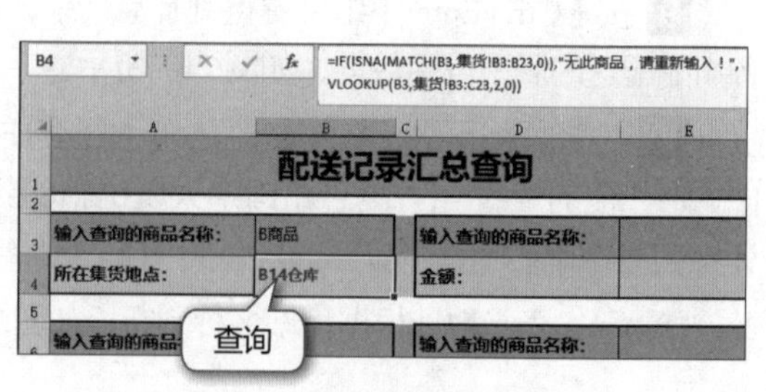

图6.111　检验B商品查询效果

3 选择E4单元格，在编辑栏中输入“=IF(ISNA(MATCH(E3,集货!B3:B23,0)), " 无此商品，请重新输入!",VLOOKUP(E3,集货!B3:G23,6,0))”，如图6.112所示。

4 在E3单元格中输入“C商品”，按【Ctrl+Enter】组合键，返回C商品的金额数据，如图6.113所示。

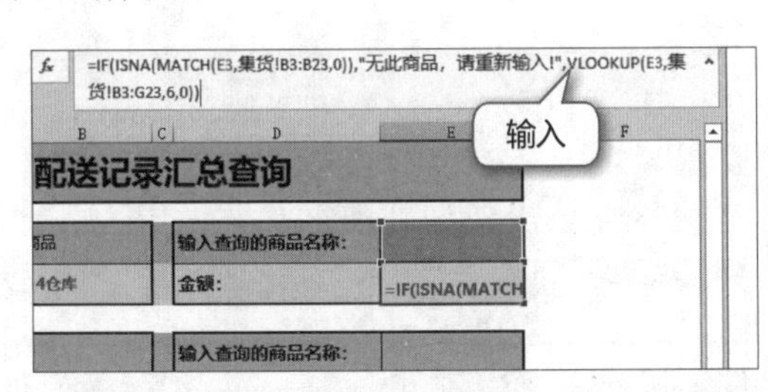

图6.112 输入E4单元格函数

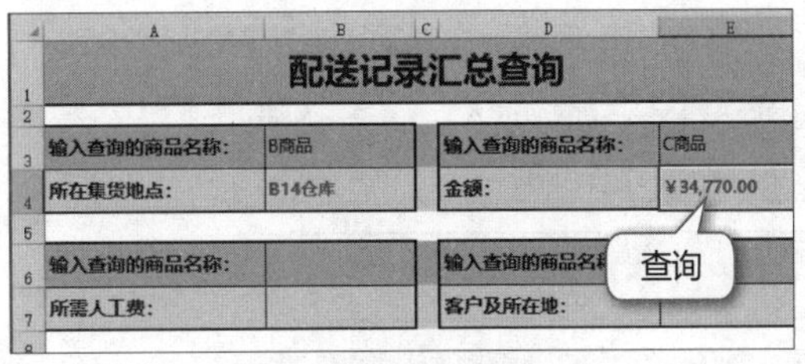

图6.113 检验C商品查询效果

5 选择B7单元格，在编辑栏中输入“=IF(ISNA(MATCH(B6,配货!B3:B23,0)), " 无此商品，请重新输入!",VLOOKUP(B6,配货!B3:F23,5,0))”，如图6.114所示。

6 在B6单元格中输入“D商品”，按【Ctrl+Enter】组合键，返回D商品所需的人工费数据，如图6.115所示。

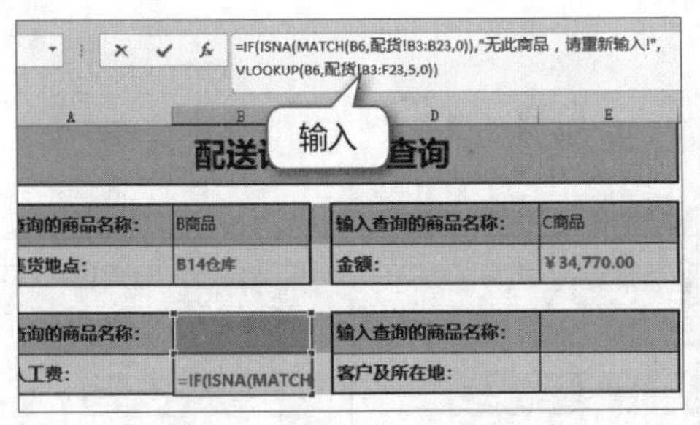

图6.114 输入B7单元格函数

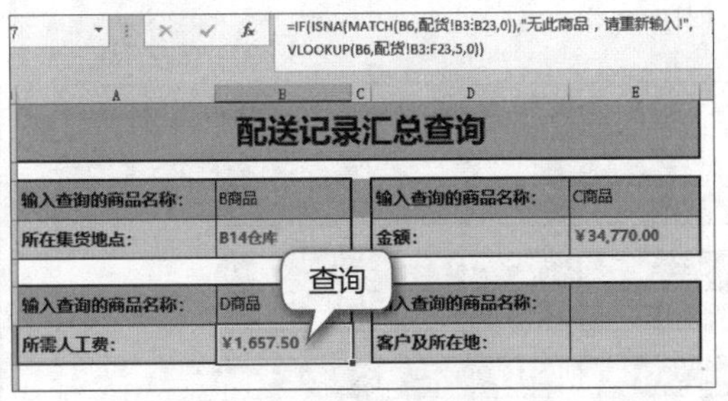

图6.115 检验D商品查询效果

7 选择E7单元格，在编辑栏中输入“=IF(ISNA(MATCH(E6,配货!B3:B23,0)), " 无此商品，请重新输入!",VLOOKUP(E6,配货!B3:G23,6,0))& " ， " &IF(ISNA(MATCH(E6,配货!B3:B23,0)), " 无此商品，请重新输入！ ",VLOOKUP(E6,配货!B3:H23,7,0))”，按【Ctrl+Enter】组合键确认输入，如图6.116所示。

8 在E6单元格中输入“E商品”，按【Ctrl+Enter】组合键，返回E商品对应的客户及所在地数据，如图6.117所示。

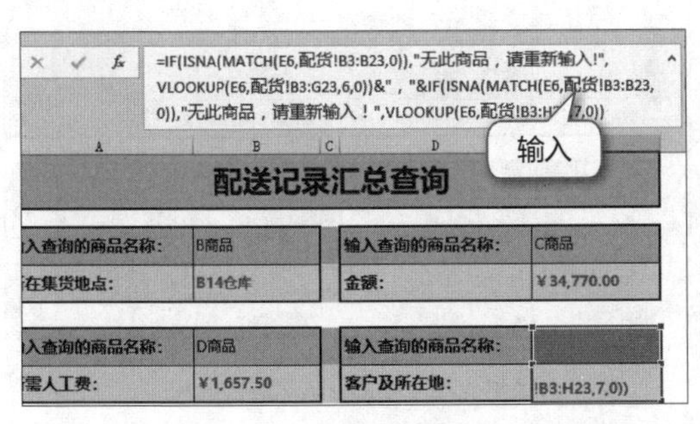

图6.116 输入E7单元格函数

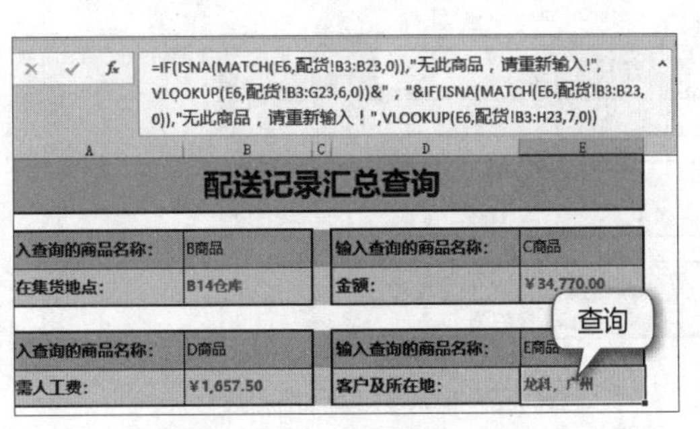

图6.117 检验E商品查询效果

9 选择B10单元格，在编辑栏中输入“=IF(ISNA(MATCH(B9,集货!B3:B23,0)),"无此商品，请重新输入！",VLOOKUP(B9,集货!B3:H23,7,0))”，如图6.118所示。

10 在B9单元格中输入“F商品”，按【Ctrl+Enter】组合键，返回F商品的负责人数据，如图6.119所示。

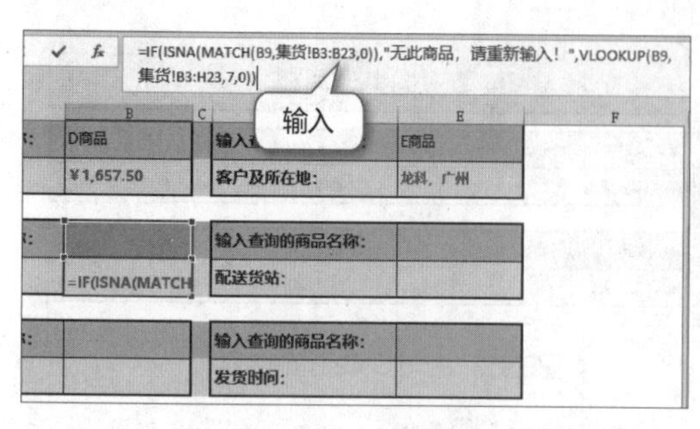

图6.118 输入B10单元格函数

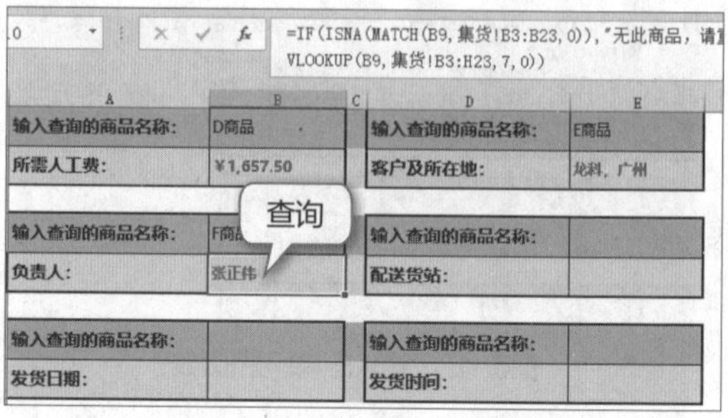

图6.119 检验F商品查询效果

11 选择E10单元格，在编辑栏中输入“=IF(ISNA(MATCH(E9,配送!B3:B23,0)),"无此商品，请重新输入！",VLOOKUP(E9,配送!B3:E23,4,0))”，如图6.120所示。

12 在E9单元格中输入“G商品”，按【Ctrl+Enter】组合键，返回G商品的配送货站数据，如图6.121所示。

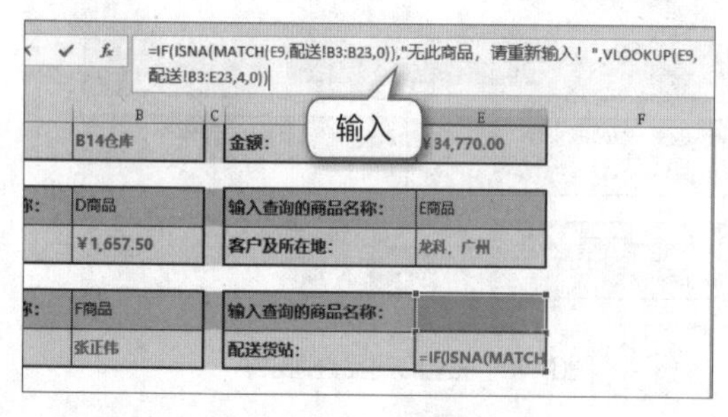

图6.120 输入E10单元格函数

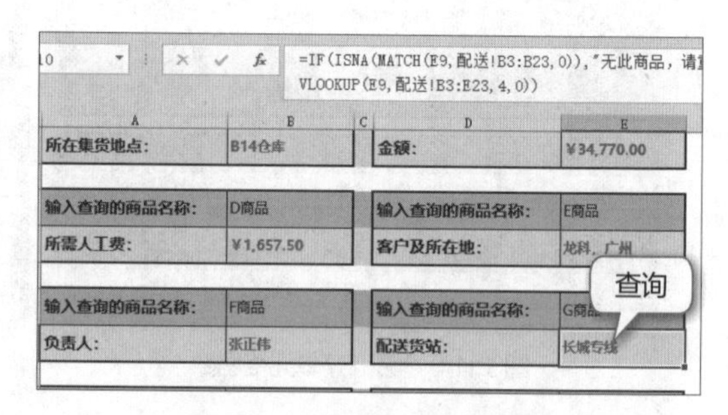

图6.121 检验G商品查询效果

13 选择B13单元格，在编辑栏中输入“=IF(ISNA(MATCH(B12,配送!B3:B23,0)),"无此商品，请重新输入！",VLOOKUP(B12,配送!B3:G23,6,0))”，如图6.122所示。

14 在B12单元格中输入“H商品”，按【Ctrl+Enter】组合键，返回H商品的发货日期数据，如图6.123所示。

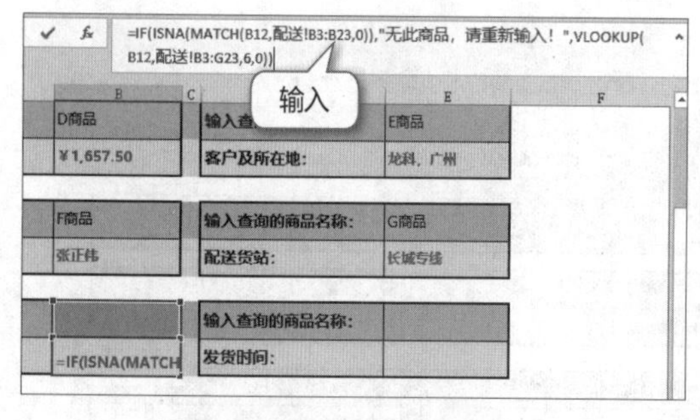

图6.122 输入B13单元格函数

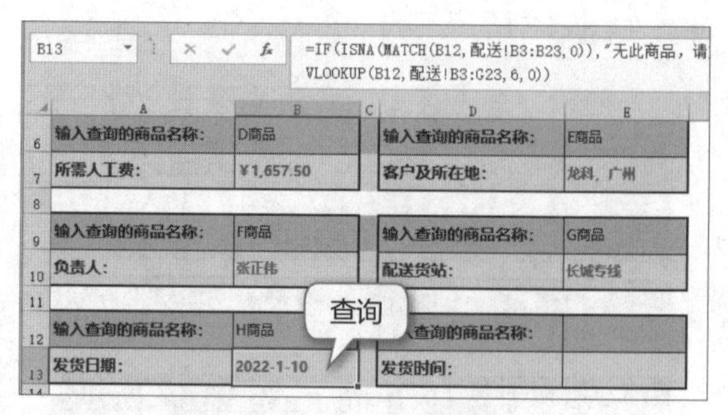

图6.123 检验H商品查询效果

15 选择E13单元格，在编辑栏中输入“=IF(ISNA(MATCH(E12,配送!B3:B23,0)), " 无此商品，请重新输入！ " ,VLOOKUP(E12,配送!B3:H23,7,0))”，如图6.124所示。

16 在E12单元格中输入“I商品”，按【Ctrl+Enter】组合键，返回I商品的发货时间数据，如图6.125所示。

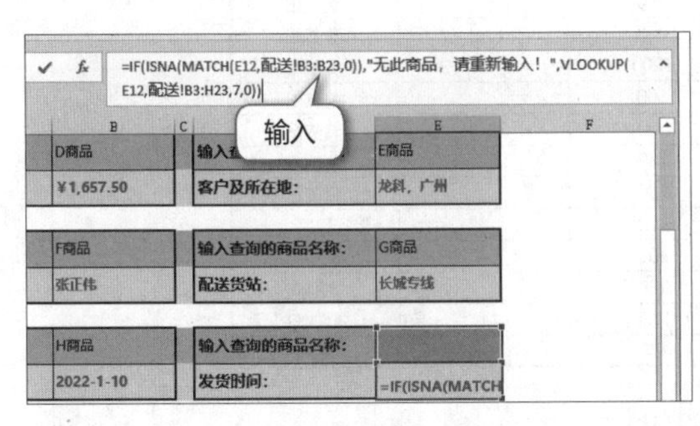

图6.124 输入E13单元格函数

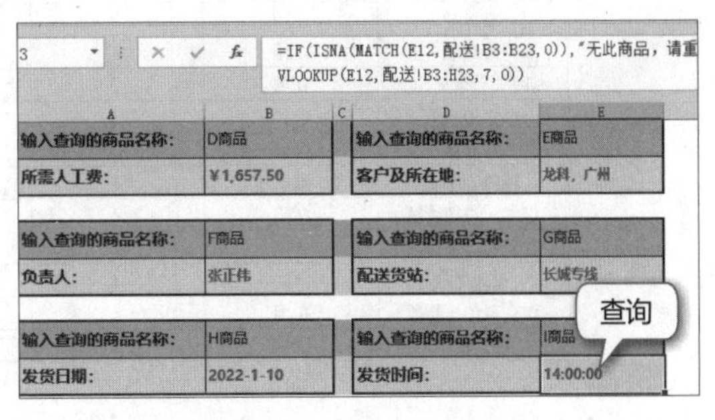

图6.125 检验I商品查询效果

项目实训——制作公共健身设施统计表

一、实训要求

某社区对其管辖的公共健身设施进行统计，要求统计出各种设施的使用状态、数量、单价，然后计算出总价，利用条件格式显示不同设施的总价情况，并通过分类汇总得到不同使用状态的设施的总价数据。

制作公共健身设施统计表

二、实训思路

（1）启动Excel 2016，新建一个名为“公共健身设施统计表.xlsx”的空白工作簿，在单元格中输入相关数据，如图6.126所示。

	A	B	C	D	E	F
1	××社区公共健身设施统计表					
2	名称	状态	数量	单价	总价	负责人
3	篮球架	在用	2	1500		黄贺阳
4	弹跳训练器	在用	2	290		黄贺阳
5	旋风轮	在用	2	400		黄贺阳
6	排球架	在用	1	1200		黄贺阳
7	肩关节康复器	在用	2	500		黄贺阳
8	单人漫步机	维护	3	200		黄贺阳
9	转腰器	损坏	3	340		黄贺阳
10	转体训练器	维护	4	180		黄贺阳
11	把式三位扭腰器	在用	4	420		邵军
12	立式腰背按摩器	在用	2	680		黄贺阳
13	双人坐蹬	维护	4	280		邵军
14	六柱五位压腿器	在用	4	260		黄贺阳
15	天梯	在用	2	400		邵军
16						

图6.126 输入数据

（2）美化表格，包括设置字符格式、段落格式、行高列宽、边框底纹等，如图6.127所示。

××社区公共健身设施统计表					
名称	状态	数量	单价	总价	负责人
篮球架	在用	2	1500		黄贺阳
弹跳训练器	在用	2	290		黄贺阳
旋风轮	在用	2	400		黄贺阳
排球架	在用	1	1200		黄贺阳
肩关节康复器	在用	2	500		黄贺阳
单人漫步机	维护	3	200		黄贺阳
转腰器	损坏	3	340		黄贺阳
转体训练器	维护	4	180		黄贺阳
把式三位扭腰器	在用	4	420		邵军
立式腰背按摩器	在用	2	680		黄贺阳
双人坐蹬	维护	4	280		邵军
六柱五位压腿器	在用	4	260		黄贺阳
天梯	在用	2	400		邵军

图6.127 设置格式

（3）利用Excel的函数功能快速计算各公共健身设施的总价，如图6.128所示。

A	B	C	D	E	F	G
××社区公共健身设施统计表						
名称	状态	数量	单价	总价	负责人	
篮球架	在用	2	1500	3000	黄贺阳	
弹跳训练器	在用	2	290	580	黄贺阳	
旋风轮	在用	2	400	800	黄贺阳	
排球架	在用	1	1200	1200	黄贺阳	
肩关节康复器	在用	2	500	1000	黄贺阳	
单人漫步机	维护	3	200	600	黄贺阳	
转腰器	损坏	3	340	1020	黄贺阳	
转体训练器	维护	4	180	720	黄贺阳	
把式三位扭腰器	在用	4	420	1680	邵军	
立式腰背按摩器	在用	2	680	1360	黄贺阳	
双人坐蹬	维护	4	280	1120	邵军	
六柱五位压腿器	在用	4	260	1040	黄贺阳	
天梯	在用	2	400	800	邵军	

图6.128 计算数据

（4）对工作表中的单元格设置条件格式，让数据呈现图形化的变化，如图6.129所示。

A	B	C	D	E	F	G
××社区公共健身设施统计表						
名称	状态	数量	单价	总价	负责人	
篮球架	在用	2	1500	3000	黄贺阳	
弹跳训练器	在用	2	290	580	黄贺阳	
旋风轮	在用	2	400	800	黄贺阳	
排球架	在用	1	1200	1200	黄贺阳	
肩关节康复器	在用	2	500	1000	黄贺阳	
单人漫步机	维护	3	200	600	黄贺阳	
转腰器	损坏	3	340	1020	黄贺阳	
转体训练器	维护	4	180	720	黄贺阳	
把式三位扭腰器	在用	4	420	1680	邵军	
立式腰背按摩器	在用	2	680	1360	黄贺阳	
双人坐蹬	维护	4	280	1120	邵军	
六柱五位压腿器	在用	4	260	1040	黄贺阳	
天梯	在用	2	400	800	邵军	

图6.129 设置条件格式

（5）利用分类汇总功能对公共健身设施进行分类汇总，如图6.130所示。

	A	B	C	D	E	F	G
1	××社区公共健身设施统计表						
2	名称	状态	数量	单价	总价	负责人	
3	天梯	在用	2	400	800	邵军	
4	六柱五位压腿器	在用	4	260	1040	黄贺阳	
5	立式腰背按摩器	在用	2	680	1360	黄贺阳	
6	把式三位扭腰器	在用	4	420	1680	邵军	
7	肩关节康复器	在用	2	500	1000	黄贺阳	
8	排球架	在用	1	1200	1200	黄贺阳	
9	旋风轮	在用	2	400	800	黄贺阳	
10	弹跳训练器	在用	2	290	580	黄贺阳	
11	篮球架	在用	2	1500	3000	黄贺阳	
12		在用 汇总			11460		
13	转腰器	损坏	3	340	1020	黄贺阳	
14		损坏 汇总			1020		
15	双人坐蹬	维护	4	280	1120	邵军	
16	转体训练器	维护	4	180	720	黄贺阳	
17	单人漫步机	维护	3	200	600	黄贺阳	
18		维护 汇总			2440		
19		总计			14920		
20							

图6.130 分类汇总数据

下载资源

效果文件：项目六\公共健身设施统计表.xlsx

拓展练习

1. 制作年度库存表

企业需要统计全年的产品库存情况，要求编制年度库存表，清晰地显示该年度各产品的单价、入库量、入库金额、出库量、出库金额、库存量及库存金额等数据。年度库存表的参考效果如图6.131所示。

××企业产品年度库存表

编号	品名	单价	入库量/箱	入库金额	出库量/箱	出库金额	库存量/箱	库存金额
1	不锈钢合页	¥59.81	9951	¥595,200.00	6563	¥392,533.33	3388	¥202,666.67
2	铜合页	¥66.36	8239	¥546,700.00	5992	¥397,600.00	2247	¥149,100.00
3	柜吸	¥57.94	10700	¥620,000.00	4137	¥239,733.33	6563	¥380,266.67
4	层板钉	¥69.16	6741	¥466,200.00	5136	¥355,200.00	1605	¥111,000.00
5	门吸	¥67.29	7918	¥532,800.00	6349	¥427,200.00	1569	¥105,600.00
6	抽屉锁	¥48.60	7564	¥367,596.26	6277	¥305,066.67	1287	¥62,529.60
7	吊轨	¥91.59	6420	¥588,000.00	6277	¥574,933.33	143	¥13,066.67
8	吊轮	¥92.52	10165	¥940,500.00	5065	¥468,600.00	5100	¥471,900.00
9	门轨	¥76.64	7885	¥604,271.03	6491	¥497,466.67	1394	¥106,804.36
10	门轮	¥74.77	8350	¥624,299.07	7133	¥533,333.33	1217	¥90,965.73
11	墙纸刀	¥64.49	8774	¥565,800.00	7062	¥455,400.00	1712	¥110,400.00
12	刀片	¥86.92	7597	¥660,300.00	3995	¥347,200.00	3602	¥313,100.00
13	钻头	¥62.62	6350	¥397,616.82	6277	¥393,066.67	73	¥4,550.16
14	修边刀	¥84.11	6671	¥561,112.15	6063	¥510,000.00	608	¥51,112.15
15	直刀	¥57.01	10272	¥585,600.00	6919	¥394,466.67	3353	¥191,133.33
16	水胶布	¥83.18	10379	¥863,300.00	3567	¥296,666.67	6812	¥566,633.33
17	电胶布	¥72.90	7169	¥522,600.00	4565	¥332,800.00	2604	¥189,800.00
18	胶塞	¥62.62	10272	¥643,200.00	3995	¥250,133.33	6277	¥393,066.67
19	白乳胶	¥67.29	9737	¥655,200.00	5279	¥355,200.00	4458	¥300,000.00
20	线管	¥73.83	6420	¥474,000.00	4922	¥363,400.00	1498	¥110,600.00
21	弯头	¥80.37	7811	¥627,800.00	4922	¥395,600.00	2889	¥232,200.00
22	三通	¥75.70	5564	¥421,200.00	5207	¥394,200.00	357	¥27,000.00
23	直通	¥90.65	6457	¥585,354.21	6206	¥562,600.00	251	¥22,754.21
24	暗底盒	¥56.07	5992	¥336,000.00	3638	¥204,000.00	2354	¥132,000.00
25	双底盒	¥79.44	10700	¥850,000.00	6420	¥510,000.00	4280	¥340,000.00

图6.131 年度库存表的参考效果

提示：入库金额=单价×入库量；
出库金额=单价×出库量；
库存量=入库量−出库量；
库存金额=单价×库存量。

下载资源

效果文件：项目六\年度库存表.xlsx

2. 制作文书修订记录表

公司进行了一次较大的体制改革，许多文书档案也重新进行了修订，现在需要将涉及修订的文书记录到表格中，以便日后查阅。要求表格体现的项目包括文书名称、修订人、修订对象和修订时间等。文书修订记录表的参考效果如图6.132所示。

文书修订记录表

行号	文书名称	修订人	修订对象	修订时间	影响	备注
01	财务类-会计结算规定	张永强	标题	2020-3-25	不重要	
02	财务类-财务人员准则	宋科	细节	2020-3-26	重要	草拟
03	财务类-出纳人员准则	宋科	标题	2020-3-27	不重要	
04	行政类-出勤明细准则	李学良	细节	2020-3-28	重要	
05	人事类-外派人员规范	张永强	标题	2020-3-29	不重要	
06	财务类-财务专用章使用准则	李学良	框架	2020-3-30	重要	
07	人事类-员工升职降职规定	陈雪莲	框架	2020-3-31	重要	草拟
08	行政类-团队协作意识规范	宋科	标题	2020-4-1	不重要	
09	业务类-报价单	李学良	细节	2020-4-2	重要	
10	人事类-员工辞职规定	陈雪莲	框架	2020-4-3	重要	
11	业务类-业务质量规定	张永强	标题	2020-4-4	不重要	
12	人事类-员工培训制度	陈雪莲	框架	2020-4-5	重要	
13	行政类-员工文明手册	李学良	细节	2020-4-6	重要	
14	人事类-员工续约合同	宋科	标题	2020-4-7	不重要	草拟
15	人事类-离职手续办理程序	陈雪莲	框架	2020-4-8	重要	
16	人事类-人事招聘准则	宋科	细节	2020-4-9	重要	

档案科

图6.132 文书修订记录表的参考效果

提示：本练习主要是输入数据和应用函数。

下载资源

效果文件：项目六\文书修订记录表.xlsx

3. 制作分拣记录表

工厂需要记录分拣出的半成品，要求编制分拣记录表来实现对各半成品分拣情况的汇总及产品堆放位置的查询。分拣记录表的参考效果如图6.133所示。

××工厂半成品分拣记录表

编号	物品名称	类别	堆放位置			数量	负责人
			仓库	货架	栏/层		
MG101\V15\203	A商品	木工板	101	\V15	\203	1309	李辉
MG516\G60\1343	B商品	漆	516	\G60	\1343	918	张正伟
MG130\S47\986	C商品	地砖	130	\S47	\986	1037	邓龙
MG105\U42\1190	D商品	漆	105	\U42	\1190	867	李辉
MG277\F13\1462	E商品	地砖	277	\F13	\1462	1190	邓龙
MG321\V48\935	F商品	吊顶	321	\V48	\935	1496	张正伟
MG111\A11\1411	G商品	木工板	111	\A11	\1411	1326	李辉
MG305\J30\1156	H商品	吊顶	305	\J30	\1156	986	邓龙
MG186\I15\1360	I商品	地砖	186	\I15	\1360	1241	白世伦
MG178\U19\1105	J商品	漆	178	\U19	\1105	1343	白世伦
MG163\E50\1054	K商品	地砖	163	\E50	\1054	1071	张正伟
MG154\A18\1360	L商品	木工板	154	\A18	\1360	1445	白世伦
MG171\G12\1343	M商品	吊顶	171	\G12	\1343	1462	李辉
MG192\E32\1394	N商品	漆	192	\E32	\1394	1581	白世伦
MG182\V44\1190	O商品	地砖	182	\V44	\1190	1530	张正伟
MG164\K27\1615	P商品	木工板	164	\K27	\1615	1428	邓龙
MG158\S50\1292	Q商品	吊顶	158	\S50	\1292	1394	白世伦
MG190\S31\1666	R商品	吊顶	190	\S31	\1666	1411	李辉
MG191\E53\1530	S商品	漆	191	\E53	\1530	986	白世伦
MG160\M50\1479	T商品	地砖	160	\M50	\1479	1088	张正伟
MG390\J43\884	U商品	木工板	390	\J43	\884	1224	李辉

物品位置精确查找	仓库编号	货架编号	栏/层
G商品	111	\A11	\1411

图6.133 分拣记录表的参考效果

提示：编号由“&”连接符和CONCATENATE()函数将字母“MG”及仓库、货架和栏/层对应的数据连接在一起组成；利用VLOOKUP()函数实现半成品存储位置的精确查询功能。

下载资源

效果文件：项目六\分拣记录表.xlsx

项目七
分析Excel表格数据

情景导入

除了常见的数据计算和管理以外，米拉还听说Excel能解决更多复杂的问题，于是向老洪请教。老洪肯定了米拉的这种说法，他表示Excel内置了大量的函数，其中许多函数都能处理非常复杂的计算问题，例如，财务函数可以轻松完成各种与利率相关的计算，工程函数可以完成工程方面的相关计算等。

除此以外，老洪还告诉米拉，利用Excel的数据透视表能够实现对数据的交互分析；利用规划求解可以实现在多种条件下找到最优解；利用条件格式可以自动突出显示符合条件的数据；利用方案管理器可以在多个方案中找到最佳方案；利用模拟运算表可以分析出假设条件下的预测数据……

米拉听着老洪如数家珍般地说着Excel的各种功能，心里也暗暗给自己定下了目标：一定要更多地了解和熟悉Excel，提高自己解决各种数据问题的能力。

学习目标

- 掌握数据透视表的创建与使用
- 了解规划求解的操作
- 熟悉条件格式的应用方法
- 了解PMT()函数、方案管理器、模拟运算表等工具的使用

素质目标

- 提高对数据的敏感性
- 培养重视数据的习惯
- 能够主动思考并了解数据对国家科技、经济等各方面所起的作用，了解国家在这些方面取得的成绩

任务一　制作客服管理表

一、任务目标

广义而言，客户服务的目的就是提高客户满意度。客服管理表可以反映客户对售前服务、售后服务的满意度。图7.1所示为客服管理表的参考效果。

××公司客户服务管理表							
客户名称	客户代码	客户性质	意向购买量	实际购买量	转化率	售前服务满意度	售后服务满意度
张伟杰	YC2012001	新客户	399	273	68%		
罗玉林	YC2012002	VIP客户	546	234	43%		
宋科	YC2012003	老客户	700	282	40%		
张婷	YC2012004	新客户	357	288	81%		
王晓涵	YC2012005	老客户	385	183	48%		
赵子俊	YC2012006	新客户	644	213	33%		
宋丹	YC2012007	VIP客户	455	285	63%		
张嘉轩	YC2012008	老客户	385	183	48%		
李琼	YC2012009	老客户	504	201	40%		
陈锐	YC2012010	新客户	588	237	40%		
杜海强	YC2012011	VIP客户	497	150	30%		
周晓梅	YC2012012	老客户	406	165	41%		
郭呈瑞	YC2012013	老客户	637	195	31%		
周羽	YC2012014	新客户	693	216	31%		
刘梅	YC2012015	老客户	518	162	31%		
周敏	YC2012016	VIP客户	532	249	47%		
林晓华	YC2012017	新客户	637	171	27%		
邓超	YC2012018	老客户	665	198	30%		
李全友	YC2012019	老客户	700	282	40%		
宋万	YC2012020	新客户	469	282	60%		
刘红芳	YC2012021	VIP客户	378	210	56%		
王翔	YC2012022	老客户	665	204	31%		
张丽丽	YC2012023	VIP客户	511	195	38%		
孙洪伟	YC2012024	老客户	588	204	35%		
张晓伟	YC2012025	新客户	371	267	72%		

图7.1　客服管理表的参考效果

下载资源

效果文件：项目七\客服管理表.xlsx

二、任务实施

（一）输入文本并设置字符格式

新建工作簿并输入数据，然后利用公式、条件格式等功能计算与处理相关数据，具体操作如下。

输入文本并设置字符格式

1 新建并保存“客服管理表.xlsx”工作簿。将“Sheet1”工作表重命名为“明细”，如图7.2所示。

2 输入表格标题及各项目字段。设置单元格及其内部数据的格式，并为A1:H27单元格区域添加边框，如图7.3所示。

图7.2 新建工作簿并重命名工作表

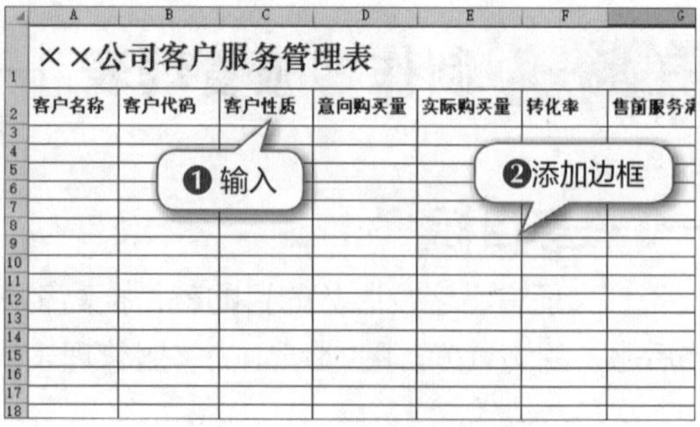

图7.3 输入数据并添加边框

3 输入“客户名称”“客户代码”“客户性质”“意向购买量”“实际购买量”等字段下的具体数据，并设置对齐方式为“左对齐”，如图7.4所示。

4 选择F3单元格，在编辑栏中输入公式“=E3/D3”，表示转化率等于实际购买量除以意向购买量，如图7.5所示。

图7.4 输入数据并设置对齐方式

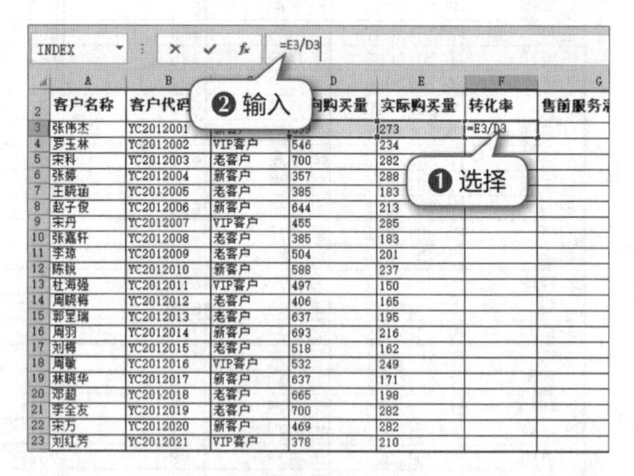

	A	B	C	D	E	F
2	客户名称	客户代码		向购买量	实际购买量	转化率
3	张伟杰	YC2012001			273	=E3/D3
4	罗玉林	YC2012002	VIP客户	546	234	
5	宋科	YC2012003	老客户	700	282	
6	张婷	YC2012004	新客户	357	288	
7	王晓涵	YC2012005	老客户	385	183	
8	赵子俊	YC2012006	新客户	644	213	
9	宋丹	YC2012007	VIP客户	455	285	
10	张嘉轩	YC2012008	老客户	385	183	
11	李琼	YC2012009	老客户	504	201	
12	陈锐	YC2012010	新客户	588	237	
13	杜海强	YC2012011	VIP客户	497	150	
14	周晓梅	YC2012012	老客户	406	165	
15	郭呈瑞	YC2012013	老客户	637	195	
16	周羽	YC2012014	新客户	693	216	
17	刘梅	YC2012015	老客户	518	162	
18	周敏	YC2012016	VIP客户	532	249	
19	林晓华	YC2012017	新客户	637	171	
20	邓超	YC2012018	老客户	665	198	
21	李全友	YC2012019	老客户	700	282	
22	宋万	YC2012020	新客户	469	282	
23	刘红芳	YC2012021	VIP客户	378	210	

图7.5 输入公式

5 按【Ctrl+Enter】组合键计算结果。将F3单元格中的公式向下填充至F27单元格，将F3:F27单元格区域的数据类型设置为百分比，如图7.6所示。

6 选择G3单元格，在编辑栏中输入“=D3”，表示客户对售前服务的满意度与其意向购买量相关，如图7.7所示。

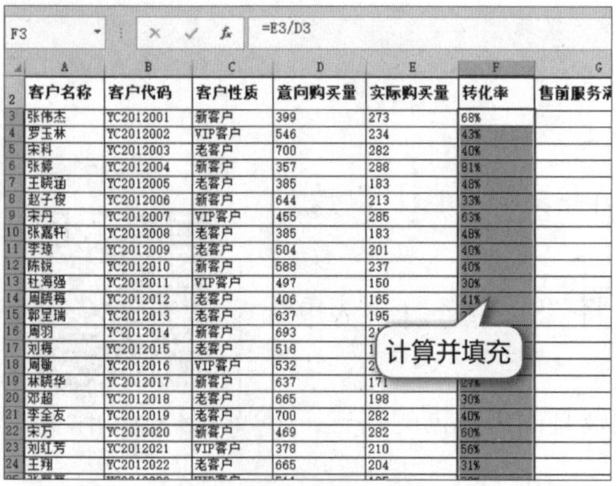

图7.6 计算并填充公式

图7.7 引用单元格地址

7 按【Ctrl+Enter】组合键引用数据，将G3单元格中的公式向下填充至G27单元格，如图7.8所示。

8 使用相同的方法将H列中的数据引用为F列中的数据，表示客户对售后服务的满意度与转化率相关，如图7.9所示。

=D3

客户代码	客户性质	意向购买量	实际购买量	转化率	售前服务满意度
YC2012001	新客户	399	273	68%	399
YC2012002	VIP客户	546	234	43%	546
YC2012003	老客户	700	282	40%	700
YC2012004	新客户	357	288	81%	357
YC2012005	老客户	385	183	48%	385
YC2012006	新客户	644	213	33%	644
YC2012007	VIP客户	455	285	63%	455
YC2012008	老客户	385	183	48%	385
YC2012009	老客户	504	201	40%	504
YC2012010	新客户	588	237	40%	588
YC2012011	VIP客户	497	150	30%	497
YC2012012	老客户	406	165	41%	406
YC2012013	老客户	637	195	31%	63
YC2012014	新客户	693	216	31%	
YC2012015	老客户	518	162	31%	
YC2012016	VIP客户	532	249	47%	
YC2012017	新客户	637	171	27%	637
YC2012018	老客户	665	198	30%	665
YC2012019	老客户	700	282	40%	700
YC2012020	新客户	469	282	60%	469
YC2012021	VIP客户	378	210	56%	378
YC2012022	老客户	665	204	31%	665
YC2012023	VIP客户	511	195	38%	511
YC2012024	老客户	588	204	35%	588
YC2012025	新客户	371	267	72%	371

填充

明细

图7.8 填充公式

=F3

客户性质	意向购买量	实际购买量	转化率	售前服务满意度	售后服务满意度
新客户	399	273	68%	399	68%
VIP客户	546	234	43%	546	43%
老客户	700	282	40%	700	40%
新客户	357	288	81%	357	81%
老客户	385	183	48%	385	48%
新客户	644	213	33%	644	33%
VIP客户	455	285	63%	455	63%
老客户	385	183	48%	385	48%
老客户	504	201	40%	504	40%
新客户	588	237	40%	588	40%
VIP客户	497	150	30%	497	30%
老客户	406	165	41%	406	41%
老客户	637	195	31%	637	
新客户	693	216	31%	693	
老客户	518	162	31%	518	
VIP客户	532	249	47%	532	
新客户	637	171	27%	637	27%
老客户	665	198	30%	665	30%
老客户	700	282	40%	700	40%
新客户	469	282	60%	469	60%
VIP客户	378	210	56%	378	56%
老客户	665	204	31%	665	31%
VIP客户	511	195	38%	511	38%
老客户	588	204	35%	588	35%
新客户	371	267	72%	371	72%

引用

明细

图7.9 引用转换率数据

9 选择G3:G27单元格区域，单击【开始】/【样式】组中的“条件格式”按钮，在打开的下拉列表中选择“数据条”选项，在打开的子列表中选择“渐变填充”栏中的“浅蓝色数据条”选项，如图7.10所示。

10 单击“条件格式”按钮，在打开的下拉列表中选择“管理规则”选项，如图7.11所示，在打开的“条件格式规则管理器”对话框中选择设置的数据条规则，单击“编辑规则”按钮。

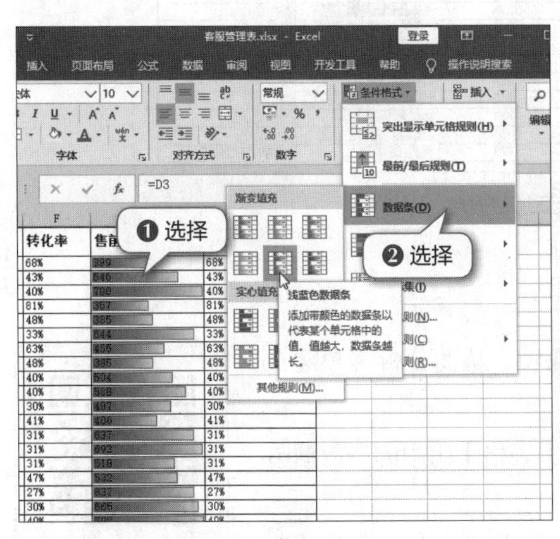

图7.10 添加数据条

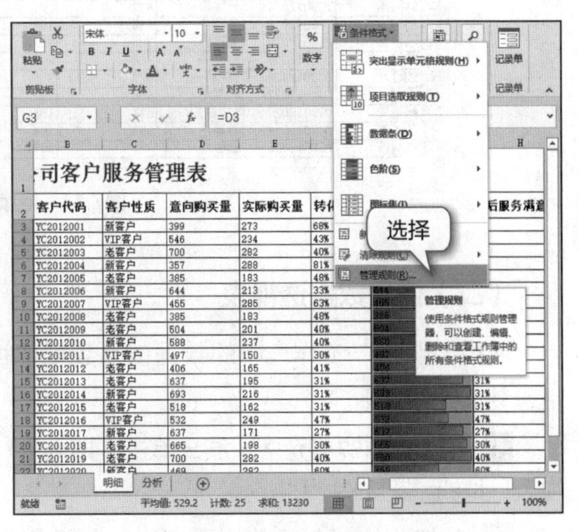

图7.11 设置规则

11 在打开的对话框中勾选“仅显示数据条”复选框，单击 确定 按钮，如图7.12所示。

12 为G3:G27单元格区域重新应用渐变的浅蓝色数据条，效果如图7.13所示。

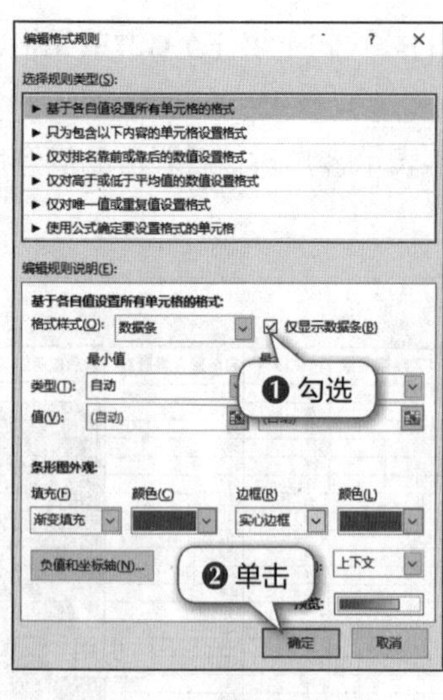

图7.12　取消显示数据

B	C	D	E	F	G	
客户代码	客户性质	意向购买量	实际购买量	转化率	售前服务满意度	售后服
YC2012001	新客户	399	273	68%		68%
YC2012002	VIP客户	546	234	43%		43%
YC2012003	老客户	700	282	40%		40%
YC2012004	新客户	357	288	81%		81%
YC2012005	老客户	385	183	48%		48%
YC2012006	新客户	644	213	33%		33%
YC2012007	VIP客户	455	285	63%		63%
YC2012008	老客户	385	183	48%		48%
YC2012009	老客户	504	201	40%		40%
YC2012010	新客户	588	237	40%		40%
YC2012011	VIP客户	497	150	30%		30%
YC2012012	老客户	406	165	41%		41%
YC2012013	老客户	637	195	31%		31%
YC2012014	新客户	693	216	31%		31%
YC2012015	老客户	518	162	31%		31%
YC2012016	VIP客户	532	249	47%		47%
YC2012017	新客户	637	171	27%		27%
YC2012018	老客户	665	198	30%		30%
YC2012019	老客户	700	282	40%		40%
YC2012020	新客户	469	282	60%		60%
YC2012021	VIP客户	378	210	56%		56%
YC2012022	老客户	665	204	31%		31%
YC2012023	VIP客户	511	195	38%		38%
YC2012024	老客户	588	204	35%		35%
YC2012025	新客户	371	267	72%		72%

明细

图7.13　重新设置填充颜色

13 使用相同的方法为H3:H27单元格区域添加绿色的渐变数据条，并取消其中显示的数据，如图7.14所示。

	A	B	C	D	E	F	G	H
2	客户名称	客户代码	客户性质	意向购买量	实际购买量	转化率	售前服务满意度	售后服务满意度
3	张伟杰	YC2012001	新客户	399	273	68%		
4	罗玉林	YC2012002	VIP客户	546	234	43%		
5	宋科	YC2012003	老客户	700	282	40%		
6	张婷	YC2012004	新客户	357	288	81%		
7	王晓涵	YC2012005	老客户	385	183	48%		
8	赵子俊	YC2012006	新客户	644	213	33%		
9	宋丹	YC2012007	VIP客户	455	285	63%		
10	张嘉轩	YC2012008	老客户	385	183	48%		
11	李琼	YC2012009	老客户	504	201	40%		
12	陈锐	YC2012010	新客户	588	237	40%		
13	杜海强	YC2012011	VIP客户	497	150	30%		
14	周晓梅	YC2012012	老客户	406	165	41%		
15	郭呈瑞	YC2012013	老客户	637	195	31%		
16	周羽	YC2012014	新客户	693	216	31%		
17	刘梅	YC2012015	老客户	518	162	31%		
18	周敏	YC2012016	VIP客户	532	249	47%		
19	林晓华	YC2012017	新客户	637	171	27%		
20	邓超	YC2012018	老客户	665	198	30%		
21	李全友	YC2012019	老客户	700	282	40%		
22	宋万	YC2012020	新客户	469	282	60%		
23	刘红芳	YC2012021	VIP客户	378	210	56%		
24	王翔	YC2012022	老客户	665	204	31%		
25	张丽丽	YC2012023	VIP客户	511	195	38%		
26	孙洪伟	YC2012024	老客户	588	204	35%		
27	张晓伟	YC2012025	新客户	371	267	72%		
28								

设置

图7.14　继续添加数据条

（二）使用数据透视表

利用“明细”工作表中的数据创建数据透视表，从而分析客户购买量，具体操作如下。

扫一扫

使用数据透视表

1 选择A2:H27单元格区域，单击【插入】/【表格】组中的“数据透视表”按钮，如图7.15所示。

2 在打开的“创建数据透视表”对话框中选中“新工作表”单选项，单击 确定 按钮，如图7.16所示。

3 将新建的工作表重命名为“分析”，再将其移动到“明细”工作表右侧，如图7.17所示。

4 在“数据透视表字段”窗格中的列表框中分别将“客户名称”“客户性质”“实际购买量”字段拖到“行”“列”“值”列表框中，完成字段的添加，如图7.18所示。

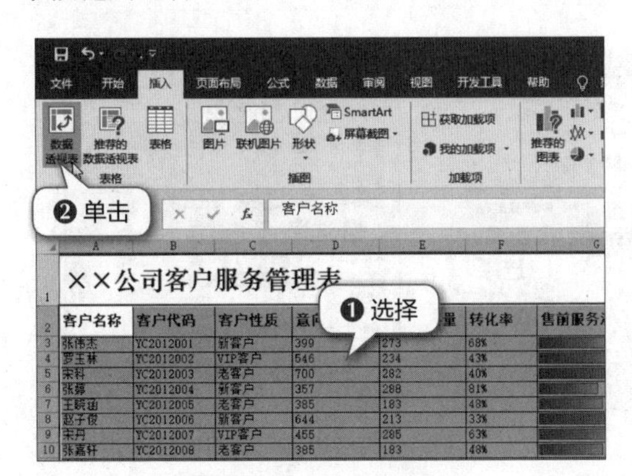

图7.15 插入数据透视表

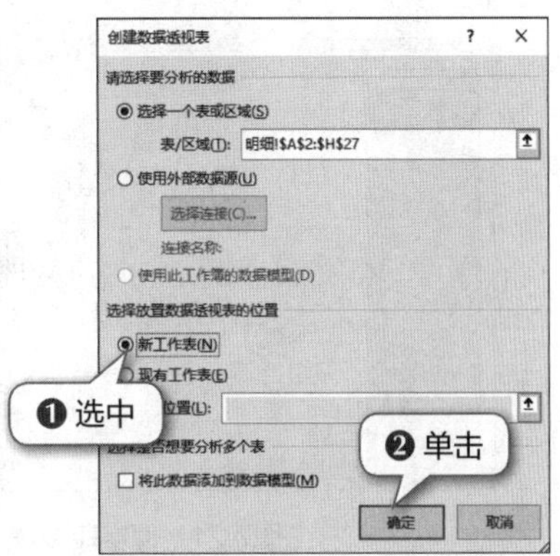

图7.16 设置数据透视表的创建位置

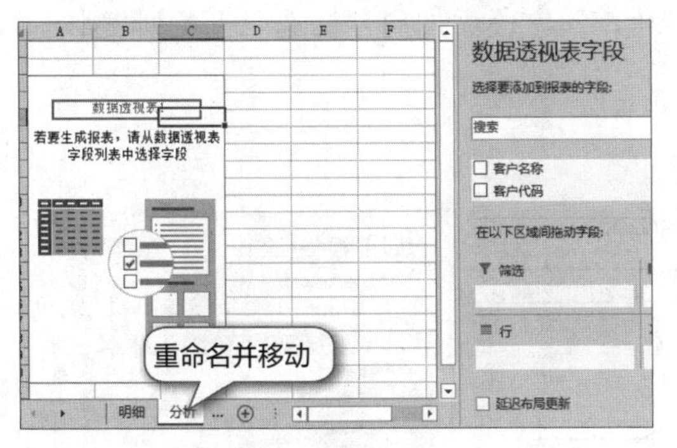

图7.17 调整工作表

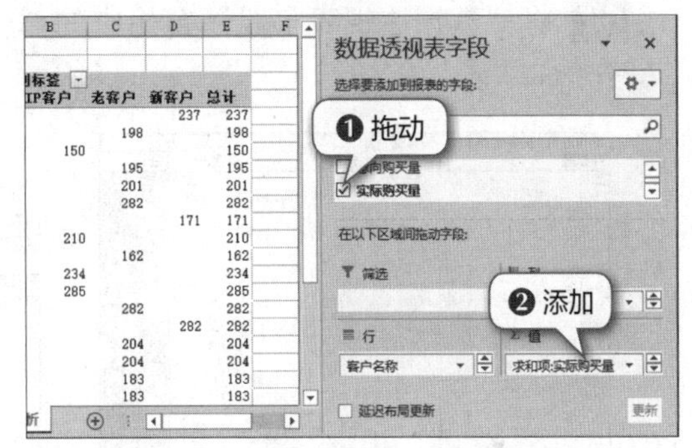

图7.18 添加字段

5 此时利用数据透视表可以查看每位客户的性质及实际购买量的数据等内容。适当调整B列至E列的列宽，使数据可以清晰地显示出来，如图7.19所示。

6 选择数据透视表中的任意单元格，在【数据透视表工具-设计】/【数据透视表样式】组的列表框中选择“浅色”栏中的“冰蓝，数据透视表样式浅色 9”选项，如图7.20所示。

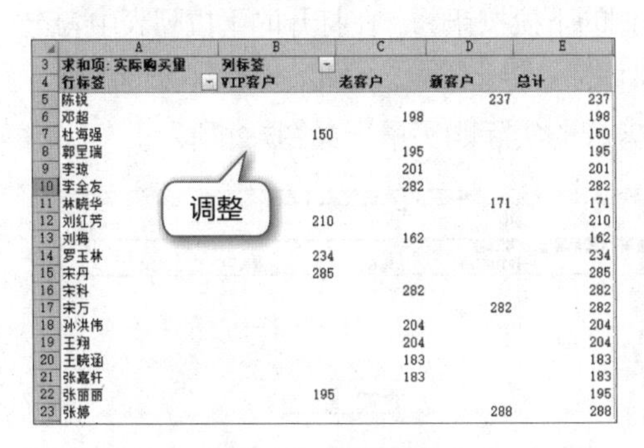

图7.19 调整列宽

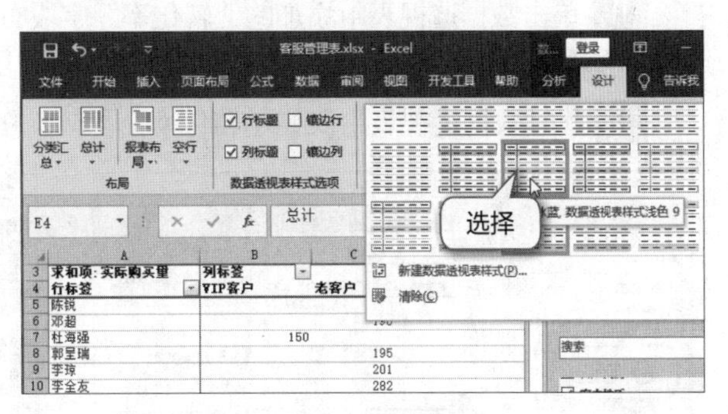

图7.20 应用样式

7 在“数据透视表字段”窗格的“值”列表框中单击添加的字段按钮，在打开的下拉列表中选择“值字段设置”选项，如图7.21所示。

8 打开“值字段设置”对话框，在“计算类型”列表框中选择“平均值”选项，单击 确定 按钮，如图7.22所示。

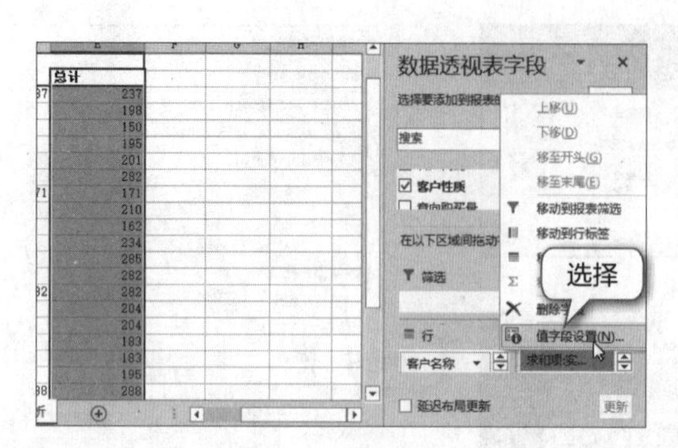

图7.21　值字段设置

图7.22　设置计算类型

9 利用数据透视表可以查看不同性质客户实际购买量的平均值，如图7.23所示。

10 将“数据透视表字段”窗格中的“转化率”字段添加到“筛选”下拉列表中，如图7.24所示。

平均值项:实际购买量	列标签			
行标签	VIP客户	老客户	新客户	总计
陈锐			237	237
邓超		198		198
杜海强	150			150
郭呈瑞		195		195
李琼		201		201
李全友		282		282
林晓华			171	171
刘红芳	210			210
刘梅		162		162
罗玉林	234			234
宋丹	285			285
宋科		282		282
宋万			282	282
孙洪伟		204		204
王翔		204		204
王晓涵		183		183
张嘉轩		183		183
张丽丽	195			195
张婷			288	288
张伟杰			273	273
张晓伟			267	267
赵子俊			213	213
周敏	249			249
周晓梅		165		165
周羽			216	216
总计	220.5	205.3636364	243.375	221.16

图7.23　查看平均值数据

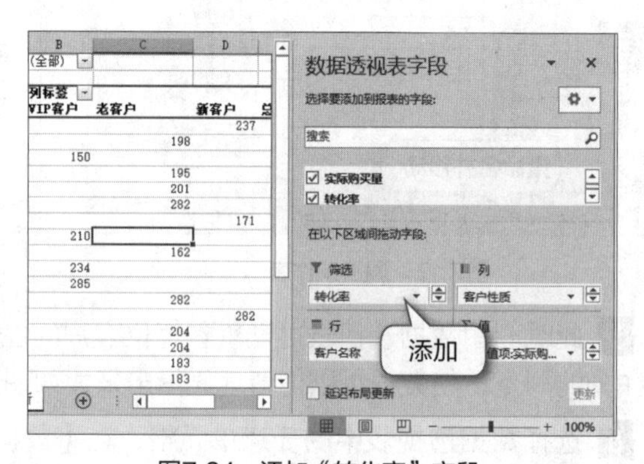

图7.24　添加“转化率”字段

11 单击数据透视表中添加的“转化率”字段右侧的下拉按钮，在打开的下拉列表中勾选“选择多项”复选框，在列表框中仅勾选小于50%的复选框，单击 确定 按钮，如图7.25所示。

12 此时数据透视表中仅显示转化率小于50%的客户的实际购买量，如图7.26所示。

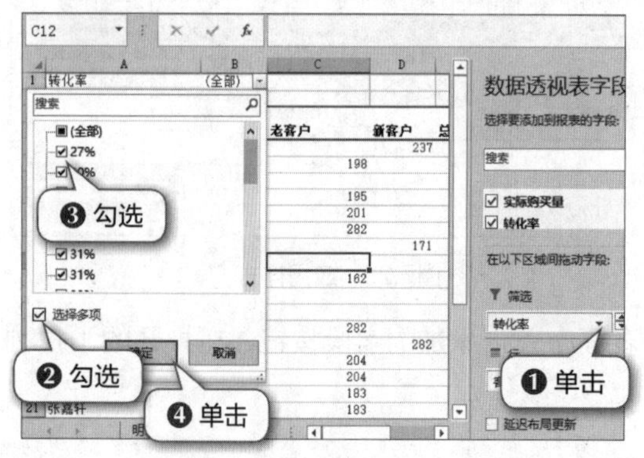

图7.25　设置筛选条件

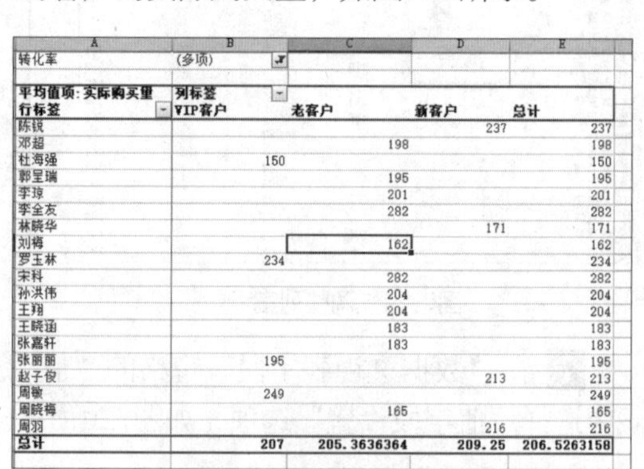

转化率	(多项)			
平均值项:实际购买量	列标签			
行标签	VIP客户	老客户	新客户	总计
陈锐			237	237
邓超		198		198
杜海强	150			150
郭呈瑞		195		195
李琼		201		201
李全友		282		282
林晓华			171	171
刘梅		162		162
罗玉林	234			234
宋科		282		282
孙洪伟		204		204
王翔		204		204
王晓涵		183		183
张嘉轩		183		183
张丽丽	195			195
赵子俊			213	213
周敏	249			249
周晓梅		165		165
周羽			216	216
总计	207	205.3636364	209.25	206.5263158

图7.26　查看数据透视表

任务二 制作材料采购表

一、任务目标

材料采购表不仅需要包含所采购材料的品名、产地、品牌、单价、采购量、金额等基本信息，还需要对材料购入后的入库编号进行整理，同时设置当库存量小于保有量时，强调显示单元格的效果，以便提醒库管。图7.27所示为材料采购表的参考效果。

××企业原材料采购明细表

序号	品名	产地	品牌	规格	型号	单位	库存量	保有量	单价	折扣价	采购量	金额	入库编号	备注
1*	18厘板	深州	伟泰	122×244	3S5DG	块	1867	1577	¥112.00	¥89.60	315	¥28,224.00	2020RK-0003S5DG	
2	18厘板	广南	恒业	122×244	D364GD	块	853	1767	¥103.00	¥103.00	1413	¥145,539.00	2020RK-00D364GD	
3*	15厘板	进口	德森	122×244	SE5d20	块	1343	2064	¥92.00	¥73.60	1032	¥75,955.20	2020RK-00SE5d20	缺货
4	15厘板	深州	元盛	122×244	3644s	块	1037	1969	¥85.00	¥85.00	984	¥83,640.00	2020RK-0003644s	
5*	波音板	广南	恒业	122×244	D65E36	块	952	2653	¥38.00	¥30.40	2122	¥64,508.80	2020RK-00D65E36	
6	波音板	深州	伟泰	122×244	UY542	块	1071	2140	¥36.00	¥36.00	1070	¥38,520.00	2020RK-000UY542	
7	波音板	进口	德森	122×244	FH3420	块	1207	2615	¥38.00	¥38.00	2092	¥79,496.00	2020RK-00FH3420	缺货
8	防火板	溪北	长城0.8	122×244	354DF	块	1630	2121	¥28.00	¥28.00	1060	¥29,680.00	2020RK-000354DF	
9*	防火板	溪北	长城0.5	122×244	F46F20	块	1394	1634	¥26.00	¥20.80	817	¥16,993.60	2020RK-00F46F20	
10*	石膏板	元庆	灌海	122×244	3F65G	块	2428	2026	¥30.00	¥24.00	405	¥9,720.00	2020RK-0003F65G	
11*	石膏板	深州	元盛	122×244	DGF45	块	1065	2311	¥35.00	¥28.00	1155	¥32,340.00	2020RK-000DGF45	缺货
12	石膏板	进口	德森	122×244	D5GGF	块	884	2025	¥32.00	¥32.00	1620	¥51,840.00	2020RK-000D5GGF	
13	环氧树脂	进口	德森	五合一白色	64HG	罐	1123	2015	¥350.00	¥350.00	1007	¥352,450.00	2020RK-000064HG	
14*	环氧树脂	进口	德森	五合一有色	FG653	罐	1581	2025	¥345.00	¥276.00	1012	¥279,312.00	2020RK-000FG653	
15	熟胶粉	广南	恒业	正一108	T326TN	包	1105	2273	¥15.00	¥15.00	1818	¥27,270.00	2020RK-00T326TN	缺货
16*	熟胶粉	溪北	建华	正一33	TUI215	包	1190	2311	¥18.00	¥14.40	1155	¥16,632.00	2020RK-00TUI215	
17	美纹纸	深州	伟泰	3cm厚	JI232	卷	2692	2539	¥5.00	¥5.00	507	¥2,535.00	2020RK-000JI232	
18*	美纹纸	进口	德森	2.5cm厚	WER236	卷	1105	2200	¥3.00	¥2.40	1100	¥2,640.00	2020RK-00WER236	
										合计：	20684	¥1,337,295.60		

图7.27 材料采购表的参考效果

下载资源

素材文件：项目七\材料采购表.xlsx

效果文件：项目七\材料采购表.xlsx

二、任务实施

（一）输入并计算数据

输入并计算数据

在提供的素材文件中输入序号、品名、产地、品牌、规格、型号、单位、库存量、保有量和单价等数据，然后利用公式和函数计算数据，具体操作如下。

1 打开“材料采购表.xlsx”工作簿，输入序号、品名、产地、品牌、规格、型号、单位、库存量等数据，如图7.28所示。

2 在工作表中输入材料的保有量和单价数据，将单价数据的数据类型设置为货币型，保留两位小数，如图7.29所示。

提示：在输入材料规格中的乘号“×”时，可以通过中文输入法的“软键盘”中的数学符号输入。

	A	B	C	D	E	F	G	H
1	××企业原材料采购明细表							
2	序号	品名	产地	品牌	规格	型号	单位	库存量
3	1*	18厘板	深州	伟泰	122×244	3S5DG	块	1867
4	2	18厘板	广南	恒业	122×244	D364GD	块	853
5	3*	15厘板	进口	德森	122×244	SE5d20	块	1343
6	4	15厘板	深州	元盛	122×244	3644s	块	1037
7	5*	波音板	广南	恒业	122×244	D65E36	块	952
8	6	波音板	深州	伟泰	122×244	UY542	块	1071
9	7	波音板	进口	德森	122×244	FH3420	块	1207
10	8	防火板	溪北	长城0.8	122×244	354DF	块	1530
11	9*	防火板	溪北	长城0.5	122×244	F46F20	块	1394
12	10*	石膏板	元庆	灌海	122×244	3F65G	块	2428
13	11*	石膏板	深州	元盛	122×244	DGF45	块	1666
14	12	石膏板	进口	德森	122×244	[illegible]	块	884
15	13	环氧树脂	进口	德森	[illegible]	[illegible]	罐	1122
16	14*	环氧树脂	进口	德森	[illegible]	[illegible]	罐	1581

图7.28　输入数据

	G	H	I	J	K	L	M
2	单位	库存量	保有量	单价	折扣价	采购量	金额
3	块	1867	1577	¥112.00			
4	块	853	1767	¥103.00			
5	块	1343	2064	¥92.00			
6	块	1037	1969	¥85.00			
7	块	952	2653	¥38.00			
8	块	[illegible]	[illegible]	¥36.00			
9	块	[illegible]	[illegible]	¥38.00			
10	块	[illegible]	[illegible]	¥28.00			
11	块	1394	1634	¥26.00			
12	块	2428	[illegible]	[illegible]			
13	块	1666	[illegible]	[illegible]			
14	块	884	2025	¥32.00			
15	罐	1122	2015	¥350.00			
16	罐	1581	2025	¥345.00			
17	包	1105	2273	¥15.00			
18	包	1190	2311	¥18.00			
19	卷	2692	2539	¥5.00			

图7.29　输入其他基本数据

3 选择K3单元格，在编辑栏中输入函数“=IF(RIGHT(A3,1)="*",J3*0.8,J3)”，表示若序号中含有“*”符号，则单价可按8折处理，如图7.30所示。

4 按【Ctrl+Enter】组合键返回当前材料的折扣价，将K3单元格中的函数向下填充至K20单元格，计算其他材料的折扣价，将折扣价数据的数据类型设置为货币型，如图7.31所示。

INDEX　=IF(RIGHT(A3,1)="*",J3*0.8,J3)

	G	H	I	J	K	L	M
2	单位	库存量	保有量	单价	[illegible]	采购量	金额
3	块	1867	1577	¥112.00	[illegible]J3*0.8,J3)		
4	块	853	1767	¥103.00			
5	块	1343	2064	¥92.00			
6	块	1037	1969	¥85.00			
7	块	952	2653	¥38.00			
8	块	1071	2140	¥36.00			
9	块	1207	2615	¥38.00			
10	块	1530	2121	¥28.00			
11	块	1394	1634	¥26.00			
12	块	2428	2026	¥30.00			
13	块	1666	2311	¥35.00			
14	块	884	2025	¥32.00			
15	罐	1122	2015	¥350.00			
16	罐	1581	2025	¥345.00			
17	包	1105	2273	¥15.00			

图7.30　计算材料折扣价

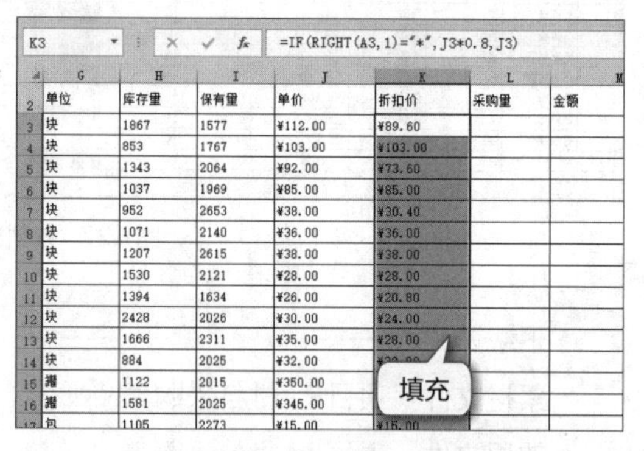
K3　=IF(RIGHT(A3,1)="*",J3*0.8,J3)

	G	H	I	J	K	L	M
2	单位	库存量	保有量	单价	折扣价	采购量	金额
3	块	1867	1577	¥112.00	¥89.60		
4	块	853	1767	¥103.00	¥103.00		
5	块	1343	2064	¥92.00	¥73.60		
6	块	1037	1969	¥85.00	¥85.00		
7	块	952	2653	¥38.00	¥30.40		
8	块	1071	2140	¥36.00	¥36.00		
9	块	1207	2615	¥38.00	¥38.00		
10	块	1530	2121	¥28.00	¥28.00		
11	块	1394	1634	¥26.00	¥20.80		
12	块	2428	2026	¥30.00	¥24.00		
13	块	1666	2311	¥35.00	¥28.00		
14	块	884	2025	¥32.00	[illegible]		
15	罐	1122	2015	¥350.00	[illegible]		
16	罐	1581	2025	¥345.00	[illegible]		
17	包	1105	2273	¥15.00	¥15.00		

图7.31　填充函数

5 选择L3单元格，在编辑栏中输入函数“=IF(H3>I3,I3*0.2,IF(H3*2<I3,I3*0.8,I3*0.5))”，如图7.32所示，表示当库存量大于保有量时，仅采购保有量为20%的数量；当库存量小于保有量的一半时，将采购保有量为80%的数量；除以上两种情况外，将采购保有量为50%的数量。

6 按【Ctrl+Enter】组合键计算L3单元格的数据，将L3单元格中的函数向下填充至L20单元格，计算其他材料的采购量，如图7.33所示。

INDEX　=IF(H3>I3,I3*0.2,IF(H3*2<I3,I3*0.8,I3*0.5))

	G	H	I	J	K	L	M
2	单位	库存量	保有量	单价	[illegible]	采购量	金额
3	块	1867	1577	¥112.00	[illegible]	I3*0.5))	
4	块	853	1767	¥103.00	¥103.00		
5	块	1343	2064	¥92.00	¥73.60		
6	块	1037	1969	¥85.00	¥85.00		
7	块	952	2653	¥38.00	¥30.40		
8	块	1071	2140	¥36.00	¥36.00		
9	块	1207	2615	¥38.00	¥38.00		
10	块	1530	2121	¥28.00	¥28.00		
11	块	1394	1634	¥26.00	¥20.80		
12	块	2428	2026	¥30.00	¥24.00		
13	块	1666	2311	¥35.00	¥28.00		
14	块	884	2025	¥32.00	¥32.00		
15	罐	1122	2015	¥350.00	¥350.00		
16	罐	1581	2025	¥345.00	¥276.00		

图7.32　输入函数计算材料采购量

L3　=IF(H3>I3,I3*0.2,IF(H3*2<I3,I3*0.8,I3*0.5))

	G	H	I	J	K	L	M
2	单位	库存量	保有量	单价	折扣价	采购量	金额
3	块	1867	1577	¥112.00	¥89.60	315.4	
4	块	853	1767	¥103.00	¥103.00	1413.6	
5	块	1343	2064	¥92.00	¥73.60	1032	
6	块	1037	1969	¥85.00	¥85.00	984.5	
7	块	952	2653	¥38.00	¥30.40	2122.4	
8	块	1071	2140	¥36.00	¥36.00	1070	
9	块	1207	2615	¥38.00	¥38.00	2092	
10	块	1530	2121	¥28.00	¥28.00	1060.5	
11	块	1394	1634	¥26.00	¥20.80	817	
12	块	2428	2026	¥30.00	¥24.00	405.2	
13	块	1666	2311	¥35.00	¥28.00	[illegible]	
14	块	884	2025	¥32.00	[illegible]	[illegible]	
15	罐	1122	2015	¥350.00	[illegible]	[illegible]	
16	罐	1581	2025	¥345.00	¥276.00	1012.5	
17	包	1105	2273	¥15.00	¥15.00	1818.4	

图7.33　计算并填充函数

7 保持L3:L20单元格区域的选择状态，在已有函数的外侧添加取整函数“INT()”，如图7.34所示。

8 按【Ctrl+Enter】组合键完成带小数数字的取整计算，如图7.35所示。

INDEX　=INT(IF(H3>I3,I3*0.2,IF(H3*2<I3,I3*0.8,I3*0.5)))

	G	H	I	J	K	L	M
2	单位	库存量	保有量		折扣价	采购量	金额
3	块	1867	1577		¥89.60	I3*0.5)))	
4	块	853	1767	¥103.00	¥103.00	1413.6	
5	块	1343	2064	¥92.00	¥73.60	1032	
6	块	1037	1969	¥85.00	¥85.00	984.5	
7	块	952	2653	¥38.00	¥30.40	2122.4	
8	块	1071	2140	¥36.00	¥36.00	1070	
9	块	1207	2615	¥38.00	¥38.00	2092	
10	块	1530	2121	¥28.00	¥28.00	1060.5	
11	块	1394	1634	¥26.00	¥20.80	817	
12	块	2428	2026	¥30.00	¥24.00	405.2	
13	块	1666	2311	¥35.00	¥28.00	1155.5	
14	块	884	2025	¥32.00	¥32.00	1620	
15	罐	1122	2015	¥350.00	¥350.00	1007.5	
16	罐	1581	2025	¥345.00	¥276.00	1012.5	
17	包	1105	2273	¥15.00	¥15.00	1818.4	
18	包	1190	2311	¥18.00	¥14.40	1155.5	
19	卷	2692	2539	¥5.00	¥5.00	507.8	
20	卷	1105	2200	¥3.00	¥2.40	1100	

图7.34　添加取整函数

L3　=INT(IF(H3>I3,I3*0.2,IF(H3*2<I3,I3*0.8,I3*0.5)

	G	H	I	J	K	L	M
2	单位	库存量	保有量	单价	折扣价	采购量	金额
3	块	1867	1577	¥112.00	¥89.60	315	
4	块	853	1767	¥103.00	¥103.00	1413	
5	块	1343	2064	¥92.00	¥73.60	1032	
6	块	1037	1969	¥85.00	¥85.00	984	
7	块	952	2653	¥38.00	¥30.40	2122	
8	块	1071	2140	¥36.00	¥36.00	1070	
9	块	1207	2615	¥38.00	¥38.00	2092	
10	块	1530	2121	¥28.00	¥28.00	1060	
11	块	1394	1634	¥26.00	¥20.80	817	
12	块	2428	2026	¥30.00	¥24.00	405	
13	块	1666	2311	¥35.00	¥28.00	1155	
14	块	884	2025	¥32.00	¥32.00	[illegible]	
15	罐	1122	2015	¥350.00	[illegible]	[illegible]	
16	罐	1581	2025	¥345.00	[illegible]	[illegible]	
17	包	1105	2273	¥15.00	¥15.00	[illegible]	
18	包	1190	2311	¥18.00	¥14.40	1155	
19	卷	2692	2539	¥5.00	¥5.00	507	
20	卷	1105	2200	¥3.00	¥2.40	1100	

图7.35　完成取整计算

9 选择M3:M20单元格区域，在编辑栏中输入公式“=K3*L3”。按【Ctrl+Enter】组合键计算各材料的金额，如图7.36所示。

10 将金额数据的数据类型设置为货币型，保留两位小数，如图7.37所示。

M3　=K3*L3

	G	H	I	J	K	L	M
2	单位	库存量	保有量		折扣价	采购量	金额
3	块	1867	1577		¥89.60	315	28224
4	块	853	1767	¥103.00	¥103.00	1413	145539
5	块	1343	2064	¥92.00	¥73.60	1032	75955.2
6	块	1037	1969	¥85.00	¥85.00	984	83640
7	块	952	2653	¥38.00	¥30.40	2122	64508.8
8	块	1071	2140	¥36.00	¥36.00	1070	38520
9	块	1207	2615	¥38.00	¥38.00	2092	79496
10	块	1530	2121	¥28.00	¥28.00	1060	29680
11	块	1394	1634	¥26.00	¥20.80	817	16993.6
12	块	2428	2026	¥30.00	¥24.00	405	9720
13	块	1666	2311	¥35.00	¥28.00	1155	32340
14	块	884	2025	¥32.00	¥32.00	1620	51840
15	罐	1122	2015	¥350.00	¥350.00	1007	352450
16	罐	1581	2025	¥345.00	¥276.00	1012	279312
17	包	1105	2273	¥15.00	¥15.00	1818	27270
18	包	1190	2311	¥18.00	¥14.40	1155	16632
19	卷	2692	2539	¥5.00	¥5.00	507	2535
20	卷	1105	2200	¥3.00	¥2.40	1100	2640

图7.36　计算采购金额

M3　=K3*L3

	G	H	I	J	K	L	M
2	单位	库存量	保有量	单价	折扣价	采购量	金额
3	块	1867	1577	¥112.00	¥89.60	315	¥28,224.00
4	块	853	1767	¥103.00	¥103.00	1413	¥145,539.00
5	块	1343	2064	¥92.00	¥73.60	1032	¥75,955.20
6	块	1037	1969	¥85.00	¥85.00	984	¥83,640.00
7	块	952	2653	¥38.00	¥30.40	2122	¥64,508.80
8	块	1071	2140	¥36.00	¥36.00	1070	¥38,520.00
9	块	1207	2615	¥38.00	¥38.00	2092	¥79,496.00
10	块	1530	2121	¥28.00	¥28.00	1060	¥29,680.00
11	块	1394	1634	¥26.00	¥20.80	817	¥16,993.60
12	块	2428	2026	¥30.00	¥24.00	405	¥9,720.00
13	块	1666	2311	¥35.00	¥28.00	1155	¥32,340.00
14	块	884	2025	¥32.00	¥32.00	1620	¥51,840.00
15	罐	1122	2015	¥350.00	¥350.00	1007	¥352,450.00
16	罐	1581	2025	¥345.00	¥276.00	1012	¥279,312.00
17	包	1105	2273	¥15.00	¥15.00	1818	¥27,270.00
18	包	1190	2311	¥18.00	¥14.40	[illegible]	[illegible]
19	卷	2692	2539	¥5.00	¥5.00	[illegible]	[illegible]
20	卷	1105	2200	¥3.00	¥2.40	1100	¥2,640.00

图7.37　设置数据类型

11 选择N3单元格，在编辑栏中输入“="2020RK-"&REPT(0,8-LEN(F3))&F3”，如图7.38所示，表示入库编号是以材料的型号为基础，在前面添“0”补足8位，并加上前缀“2020RK-”形成的。

12 按【Ctrl+Enter】组合键返回当前材料的入库编号数据，将N3单元格中的函数向下填充至N20单元格，填充其他材料的入库编号数据，如图7.39所示。

INDEX | =" 2020RK- " &REPT(0,8-LEN(F3))&F3

	I	J	K	L	M	N
2	保有量	单价	折扣价	采购量	[illegible]	入库编号
3	1577	¥112.00	¥89.60	315	[illegible]	=" 2020RK
4	1767	¥103.00	¥103.00	1413	¥145,539.00	
5	2064	¥92.00	¥73.60	1032	¥75,955.20	
6	1969	¥85.00	¥85.00	984	¥83,640.00	
7	2653	¥38.00	¥30.40	2122	¥64,508.80	
8	2140	¥36.00	¥36.00	1070	¥38,520.00	
9	2615	¥38.00	¥38.00	2092	¥79,496.00	
10	2121	¥28.00	¥28.00	1060	¥29,680.00	
11	1634	¥26.00	¥20.80	817	¥16,993.60	
12	2026	¥30.00	¥24.00	405	¥9,720.00	
13	2311	¥35.00	¥28.00	1155	¥32,340.00	
14	2025	¥32.00	¥32.00	1620	¥51,840.00	
15	2015	¥350.00	¥350.00	1007	¥352,450.00	
16	2025	¥345.00	¥276.00	1012	¥279,312.00	
17	2273	¥15.00	¥15.00	1818	¥27,270.00	
18	2311	¥18.00	¥14.40	1155	¥16,632.00	
19	2539	¥5.00	¥5.00	507	¥2,535.00	
20	2200	¥3.00	¥2.40	1100	¥2,640.00	

输入

图7.38 输入公式

="2020RK-"&REPT(0,8-LEN(F3))&F3

J	K	L	M	N
单价	折扣价	采购量	金额	入库编号
¥112.00	¥89.60	315	¥28,224.00	2020RK-0003S5DG
¥103.00	¥103.00	1413	¥145,539.00	2020RK-00D364GD
¥92.00	¥73.60	1032	¥75,955.20	2020RK-00SE5d20
¥85.00	¥85.00	984	¥83,640.00	2020RK-0003644s
¥38.00	¥30.40	2122	¥64,508.80	2020RK-00D65E36
¥36.00	¥36.00	1070	¥38,520.00	2020RK-000UY542
¥38.00	¥38.00	2092	¥79,496.00	2020RK-00FH3420
¥28.00	¥28.00	1060	¥29,680.00	2020RK-000354DF
¥26.00	¥20.80	817	¥16,993.60	2020RK-00F46F20
¥30.00	¥24.00	405	¥9,720.00	2020RK-0003F65G
¥35.00	¥28.00	1155	¥32,340.00	2020RK-000DGF45
¥32.00	¥32.00	1620	¥51,840.00	2020RK-000D5GGF
¥350.00	¥350.00	1007	¥352,450.00	[illegible]
¥345.00	¥276.00	1012	¥279,312.00	[illegible]
¥15.00	¥15.00	1818	¥27,270.00	[illegible]
¥18.00	¥14.40	1155	¥16,632.00	[illegible]
¥5.00	¥5.00	507	¥2,535.00	2020RK-000JI232
¥3.00	¥2.40	1100	¥2,640.00	2020RK-00WER236

填充

图7.39 填充公式

13 根据实际情况在“备注”字段下输入供应商缺货的材料情况，如图7.40所示。

14 选择A21单元格，输入“合计：”，选择L21单元格，在编辑栏中输入公式“=SUM(L3:L 20)”，按【Ctrl+Enter】组合键计算材料采购量的总和，如图7.41所示。

K	L	M	N	O
折扣价	采购量	金额	入库编号	备注
¥89.60	315	¥28,224.00	2020RK-0003S5DG	
¥103.00	1413	¥145,539.00	2020RK-00D364GD	
¥73.60	1032	¥75,955.20	2020RK-00SE5d20	缺货
¥85.00	984	¥83,640.00	2020RK-0003644s	
¥30.40	2122	¥64,508.80	2020RK-00D65E36	
¥36.00	1070	¥38,520.00	2020RK-000UY542	
¥38.00	2092	¥79,496.00	2020RK-00FH3420	缺货
¥28.00	1060	¥29,680.00	2020RK-000354DF	
¥20.80	817	¥16,993.60	2020RK-00F46F20	
¥24.00	405	¥9,720.00	2020RK-0003F65G	
¥28.00	1155	¥32,340.00	2020RK-000DGF45	缺货
¥32.00	1620	¥51,840.00	2020RK-000D5GGF	
¥350.00	1007	¥352,450.00	[illegible]	
¥276.00	1012	¥279,312.00	[illegible]	
¥15.00	1818	¥27,270.00	[illegible]	
¥14.40	1155	¥16,632.00	2020RK-00TUI215	
¥5.00	507	¥2,535.00	2020RK-000JI232	
¥2.40	1100	¥2,640.00	2020RK-00WER236	

输入

图7.40 输入备注信息

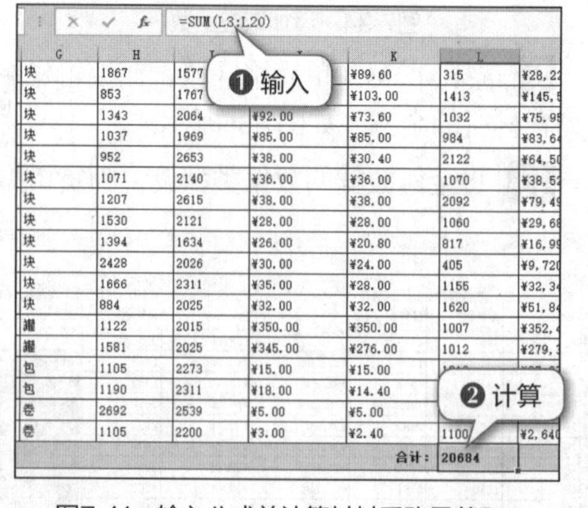

=SUM(L3:L20)

G	H	I	J	K	L
块	1867	1577	[illegible]	¥89.60	315
块	853	1767	[illegible]	¥103.00	1413
块	1343	2064	¥92.00	¥73.60	1032
块	1037	1969	¥85.00	¥85.00	984
块	952	2653	¥38.00	¥30.40	2122
块	1071	2140	¥36.00	¥36.00	1070
块	1207	2615	¥38.00	¥38.00	2092
块	1530	2121	¥28.00	¥28.00	1060
块	1394	1634	¥26.00	¥20.80	817
块	2428	2026	¥30.00	¥24.00	405
块	1666	2311	¥35.00	¥28.00	1155
块	884	2025	¥32.00	¥32.00	1620
罐	1122	2015	¥350.00	¥350.00	1007
罐	1581	2025	¥345.00	¥276.00	1012
包	1105	2273	¥15.00	¥15.00	[illegible]
包	1190	2311	¥18.00	¥14.40	[illegible]
卷	2692	2539	¥5.00	¥5.00	[illegible]
卷	1105	2200	¥3.00	¥2.40	1100
				合计：	20684

图7.41 输入公式并计算材料采购量总和

15 选择M21单元格，在编辑栏中输入函数“=SUM(M3:M20)”，按【Ctrl+Enter】组合键计算所有材料的金额总和，如图7.42所示。

M21 | =SUM(M3:M20)

	G	H	I	J	K	L	M	N
3	块	1867	1577	¥112.00	¥89.60	315	¥28,224.00	2020RK-0003S5
4	块	853	1767	¥103.00	¥103.00	1413	¥145,539.00	2020RK-00D364
5	块	1343	2064	¥92.00	¥73.60	1032	¥75,955.20	2020RK-00SE5d
6	块	1037	1969	¥85.00	¥85.00	984	¥83,640.00	2020RK-000364
7	块	952	2653	¥38.00	¥30.40	2122	¥64,508.80	2020RK-00D65E
8	块	1071	2140	¥36.00	¥36.00	1070	¥38,520.00	2020RK-000UY5
9	块	1207	2615	¥38.00	¥38.00	2092	¥79,496.00	2020RK-00FH34
10	块	1530	2121	¥28.00	¥28.00	1060	¥29,680.00	2020RK-000354
11	块	1394	1634	¥26.00	¥20.80	817	¥16,993.60	2020RK-00F46F
12	块	2428	2026	¥30.00	¥24.00	405	¥9,720.00	2020RK-0003F6
13	块	1666	2311	¥35.00	¥28.00	1155	¥32,340.00	2020RK-000DGF
14	块	884	2025	¥32.00	¥32.00	1620	¥51,840.00	2020RK-000D5G
15	罐	1122	2015	¥350.00	¥350.00	1007	¥352,450.00	2020RK-000064
16	罐	1581	2025	¥345.00	¥276.00	1012	¥279,312.00	2020RK-000FG6
17	包	1105	2273	¥15.00	¥15.00	1818	[illegible]	2020RK-00T326
18	包	1190	2311	¥18.00	¥14.40	1155	[illegible]	2020RK-00TUI2
19	卷	2692	2539	¥5.00	¥5.00	507	[illegible]	2020RK-000JI2
20	卷	1105	2200	¥3.00	¥2.40	1100	[illegible]	2020RK-00WER2
21					合计：	20684	¥1,337,295.60	

计算

图7.42 计算金额总和

（二）添加新数据

在实际工作中，难免会遇到某些材料缺货的情况，因此需要统计供应商的材料供货情况，以便选择最佳的采购方案。下面建立“缺货处理”工作表，并在其中输入其他供应商提供的4种缺货材料的相关数据，具体操作如下。

1 新建工作表，将其重命名为“缺货处理”，如图7.43所示。

2 依次输入表格中的标题和项目字段，标题文本格式设置为“华文中宋、20”，项目字段文本格式设置为“宋体、11、加粗”。分别选择A2:E2、A11:E11和A16:E16单元格区域，为其填充“蓝色，个性色1，淡色80%”颜色，如图7.44所示。

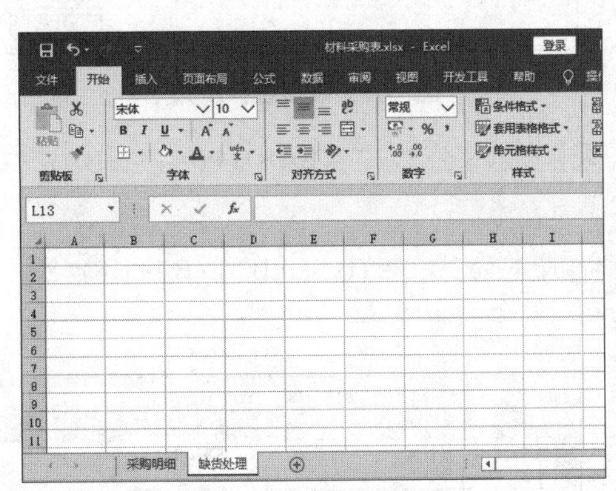

图7.43 新建工作表

其他供应商年度供货分析

缺货材料	进口15厘板（块）	进口波音板（块）	元盛石膏板（块）	恒业熟胶粉
供应商条件：各材料每次订货量不得小于				
年需求量				
订货成本/次				
存储成本/单位				
送货量/日				
耗用量/日				
数量折扣				
单价				
最佳单次订货量				
采购成本				
存储成本				
订货成本				
成本总计				
所有缺货材料成本				
最佳订货次数				
最佳订货周期（月）				

输入并美化

图7.44 输入并美化框架数据

3 在B3:E10单元格区域输入供应商及企业自身的相关材料采购数据，如图7.45所示。

其他供应商年度供货分析

缺货材料	进口15厘板（块）	进口波音板（块）	元盛石膏板（块）	恒业熟胶粉（包）
供应商条件：各材料每次订货量不得小于	3000	2000	3500	5500
年需求量	50000	35000	85000	125000
订货成本/次	38	55	25	12
存储成本/单位	5	8	4	1
送货量/日	200	300	300	800
耗用量/日	30	20	40	80
数量折扣	2.5%	2.0%	3.0%	5.0%
单价	¥95.00	¥35.00	¥35.00	¥13.00
最佳单次订货量				
采购成本				
存储成本				
订货成本				
成本总计				
所有缺货材料成本				
最佳订货次数				
最佳订货周期（月）				

输入

图7.45 输入材料采购数据

（三）建立规划求解模型

在利用规划求解计算最佳采购方案之前，需要设计公式来建立规划求解模型，具体操作如下。

1 选择【文件】/【选项】命令，如图7.46所示。

2 打开“Excel 选项”对话框，单击左侧的“高级”选项卡，在“此工作表的显示选项”栏中勾选“在单元格中显示公式而非其计算结果”复选框，单击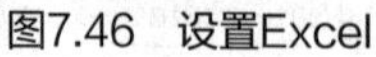按钮，如图7.47所示。

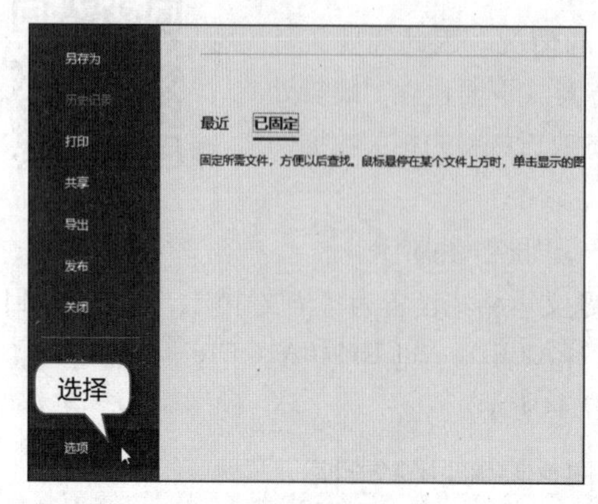

图7.46 设置Excel

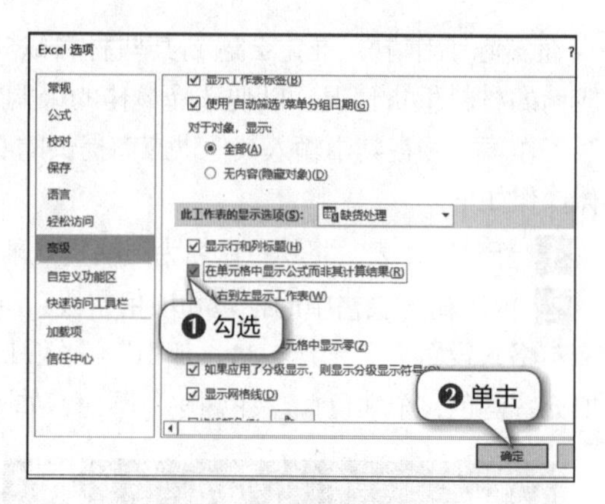

图7.47 设置显示公式

3 选择B12单元格，在编辑栏中输入采购成本公式“=B4*B10*(1−B9)”，按【Ctrl+Enter】组合键确认输入，如图7.48所示。

4 选择B13单元格，在编辑栏中输入存储成本公式“=(B11−B11/B7*B8)/2”，按【Ctrl+Enter】组合键确认输入，如图7.49所示。

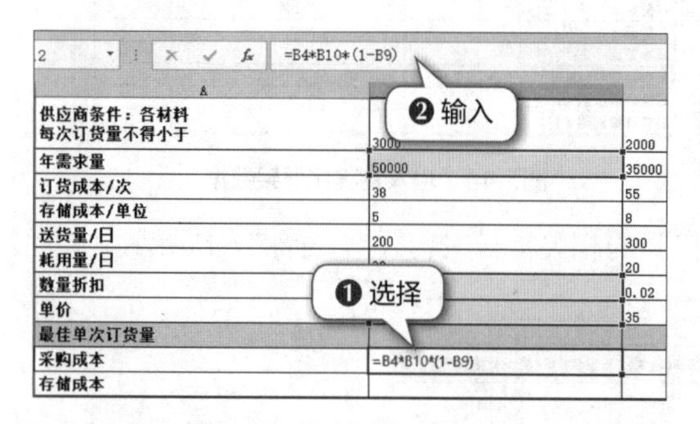

图7.48 输入采购成本公式

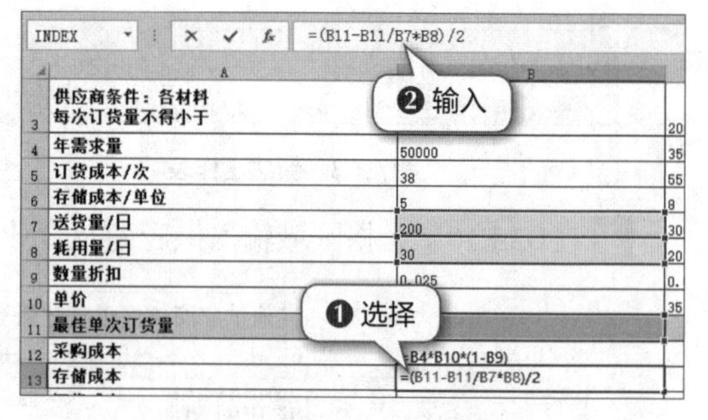

图7.49 输入存储成本公式

5 选择B14单元格，在编辑栏中输入订货成本公式“=B4/B11*B5”，按【Ctrl+Enter】组合键确认输入，如图7.50所示。

6 选择B15单元格，在编辑栏中输入成本总计函数“=SUM (B12:B14)”，按【Ctrl+Enter】组合键确认输入，如图7.51所示。

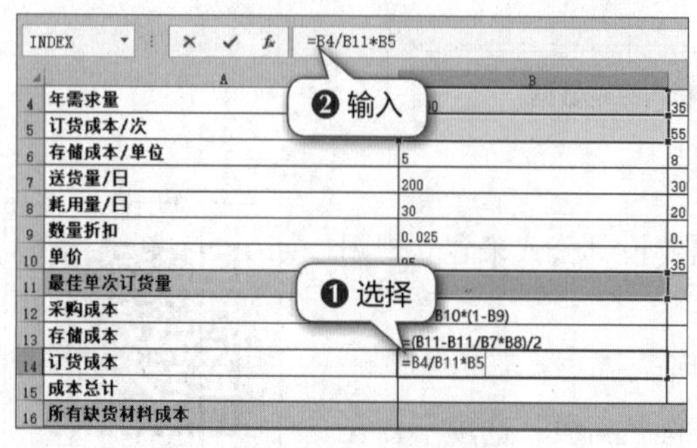

图7.50 输入订货成本公式

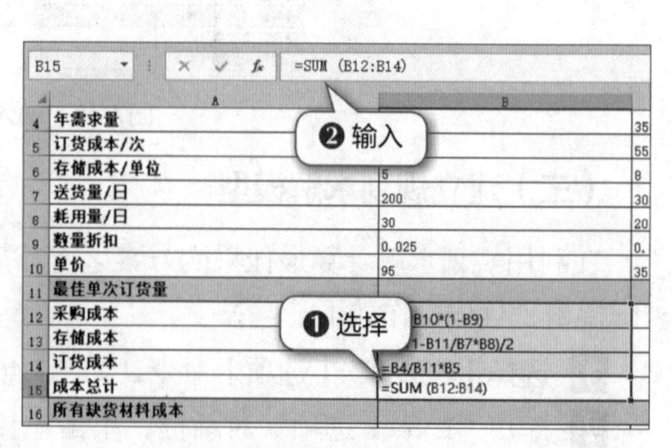

图7.51 输入成本总计函数

7 选择B16单元格，在编辑栏中输入所有缺货材料成本函数“=SUM (B15:E15)”，按【Ctrl+Enter】组合键确认输入，如图7.52所示。

8 选择B17单元格，在编辑栏中输入最佳订货次数公式“=B4/B11”，按【Ctrl+Enter】组合键确认输入，如图7.53所示。

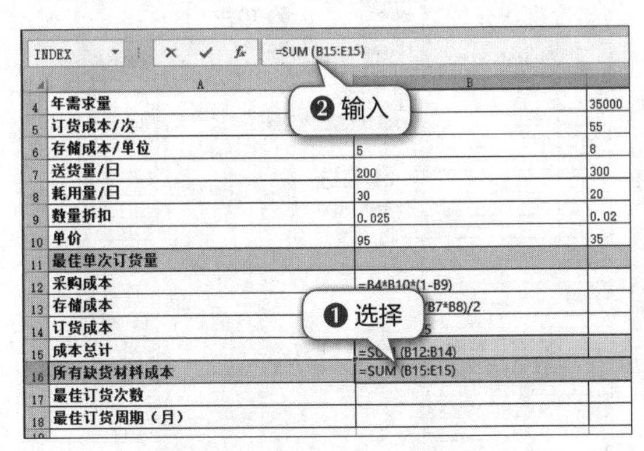

图7.52　输入所有缺货材料成本函数

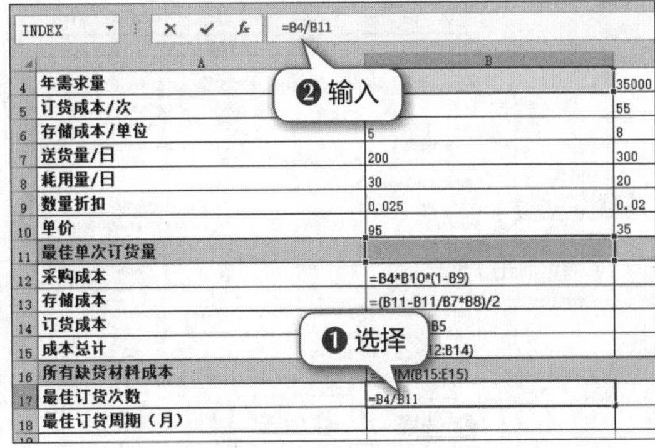

图7.53　输入最佳订货次数公式

9 适当调整单元格各列的列宽，选择B18单元格，在编辑栏中输入最佳订货周期公式“=12/B17”，按【Ctrl+Enter】组合键确认输入，如图7.54所示 。

10 通过填充公式的方法依次在C12:E12、C13:E13、C14:E14、C15:E15、C17:E17、C18:E18单元格区域填充公式，如图7.55所示。

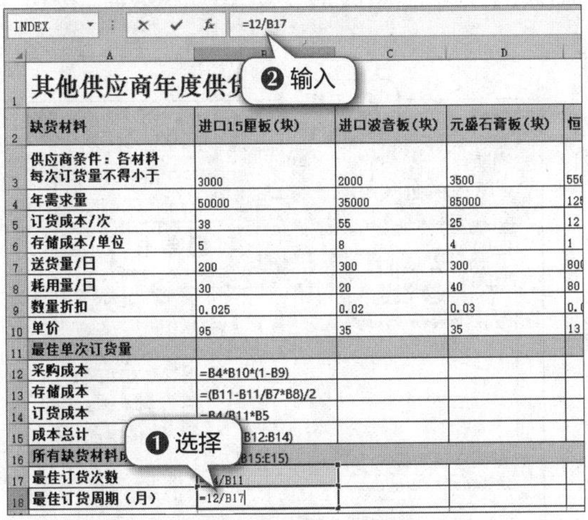

图7.54　输入最佳订货周期公式

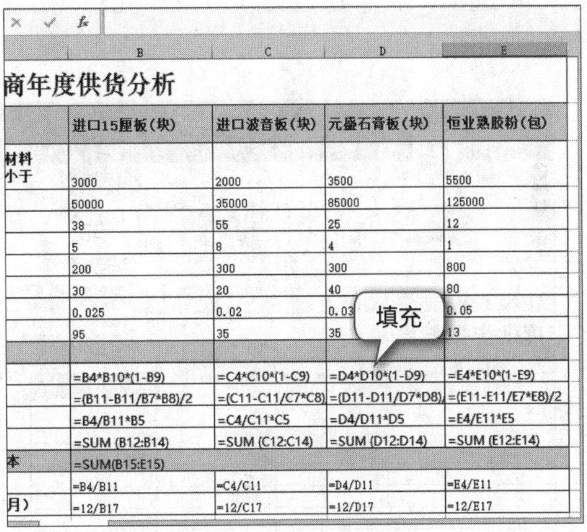

图7.55　填充公式

（四）使用规划求解分析数据

完成模型的创建后，将“规划求解”按钮加载到功能区中，然后利用该按钮求解最佳采购方案，具体操作如下。

1 选择【文件】/【选项】命令，打开“Excel 选项”对话框，单击左侧的“加载项”选项卡，在对话框下方的“管理”下拉列表中选择“Excel加载项”选项，单击转到(G)...按钮，如图7.56所示。

扫一扫

使用规划求解分析数据

2 在打开的“加载项”对话框中的“可用加载宏”列表框中勾选“规划求解加载项”复选框，单击 确定 按钮，如图7.57所示。

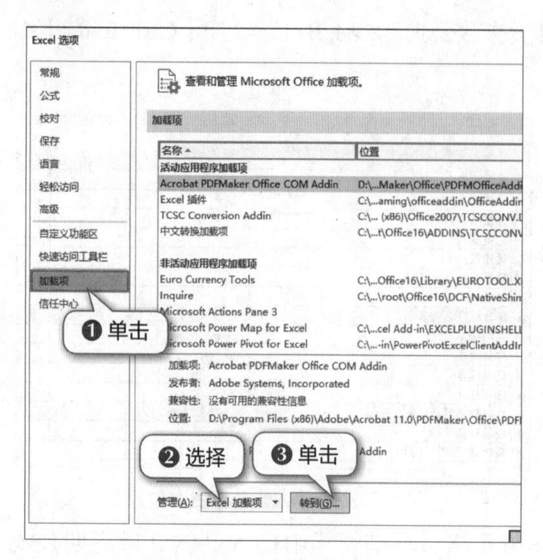

图7.56　转到Excel加载项

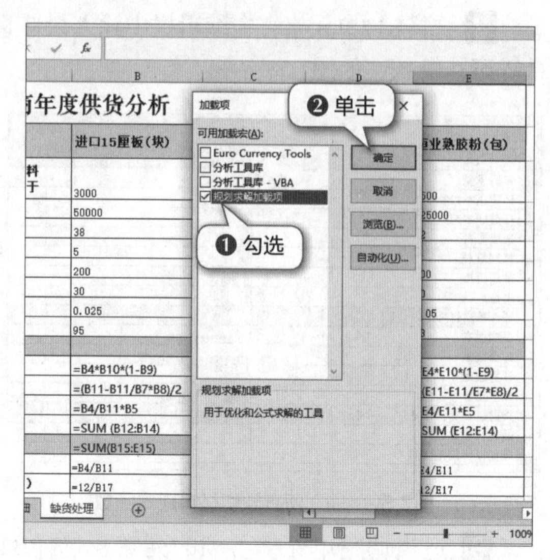

图7.57　加载规划求解功能

3 在【数据】/【分析】组中单击“规划求解”按钮，如图7.58所示。

4 在打开的“规划求解参数”对话框中将“设置目标”设置为B16单元格，选中“最小值”单选项，将“通过更改可变单元格”设置为B11:E11单元格区域，单击 添加(A) 按钮，如图7.59所示。

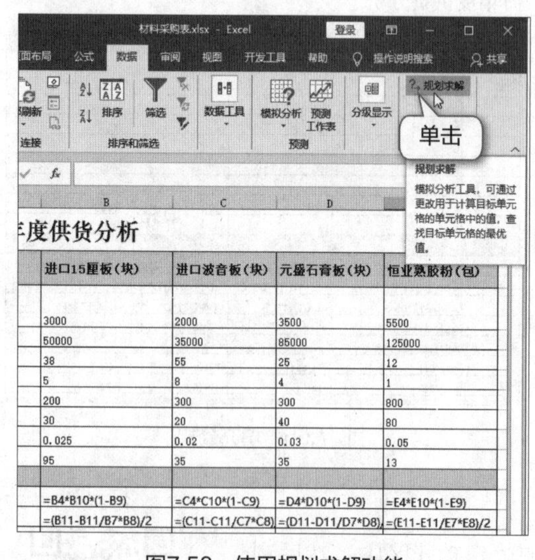

图7.58　使用规划求解功能

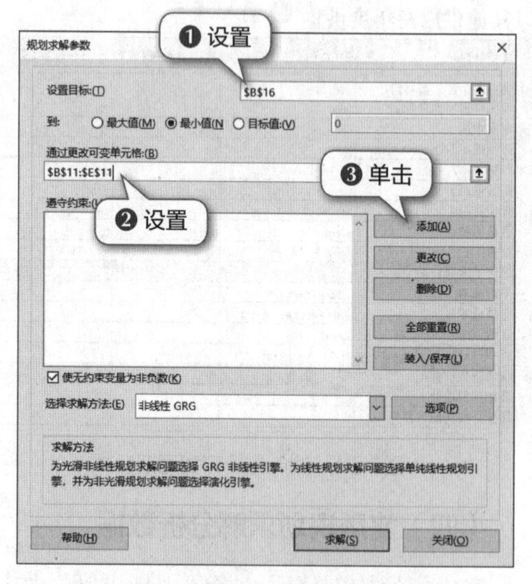

图7.59　设置目标单元格和可变单元格

5 在打开的“添加约束”对话框中将“单元格引用”设置为B11单元格，在“条件”下拉列表中选择“>=”选项，将“约束”设置为B3单元格，单击 添加(A) 按钮，如图7.60所示。

6 按相同方法将约束条件设置为“C11>=C3”，单击 添加(A) 按钮，如图7.61所示。

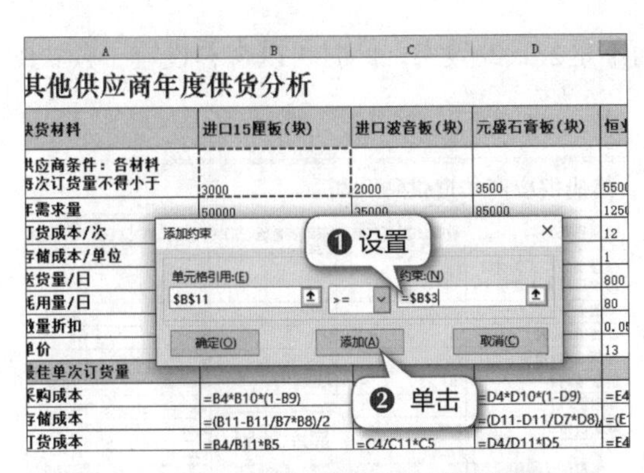

图7.60　添加约束条件1

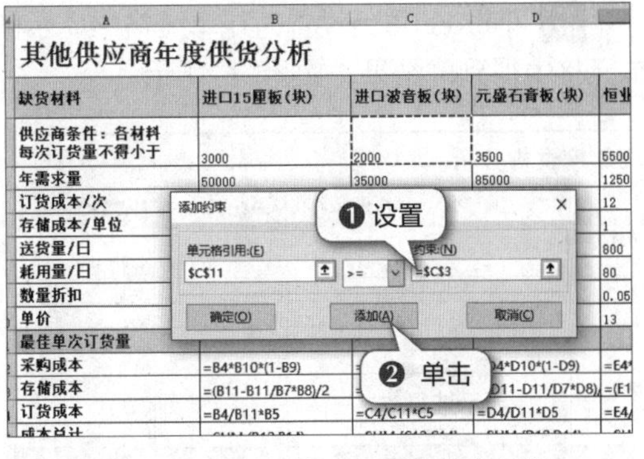

图7.61　添加约束条件2

7 设置约束条件为“D11>=D3”，单击 添加(A) 按钮，如图7.62所示。

8 设置约束条件为“E11>=E3”，单击 确定(O) 按钮，如图7.63所示。

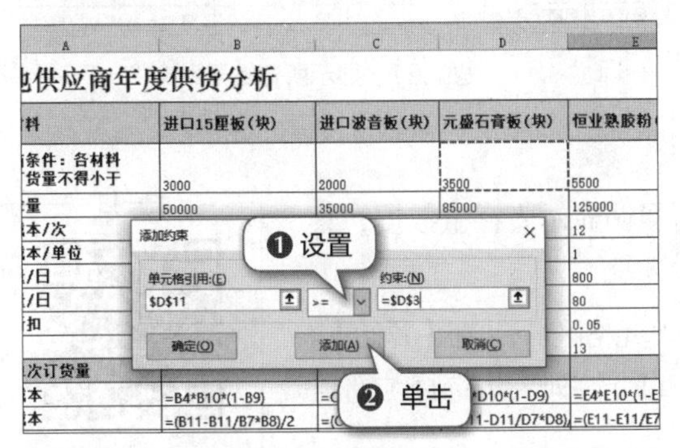

图7.62　添加约束条件3

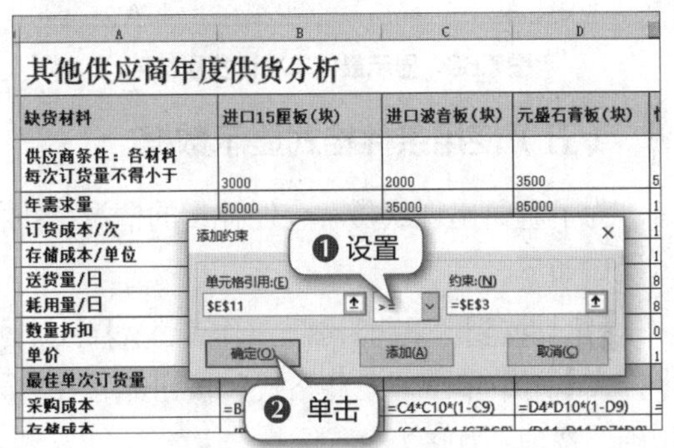

图7.63　添加约束条件4

9 此时设置的约束条件显示在“遵守约束”列表框中，单击 求解(S) 按钮，如图7.64所示。

10 在打开的“规划求解结果”对话框中单击 确定 按钮保存设置，如图7.65所示。

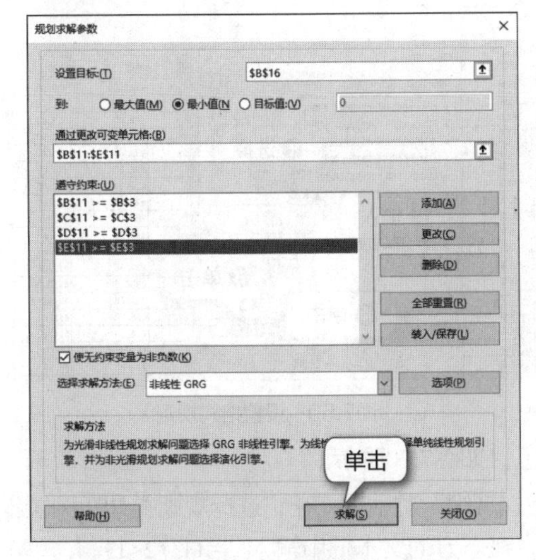

图7.64　查看“遵守约束”列表框

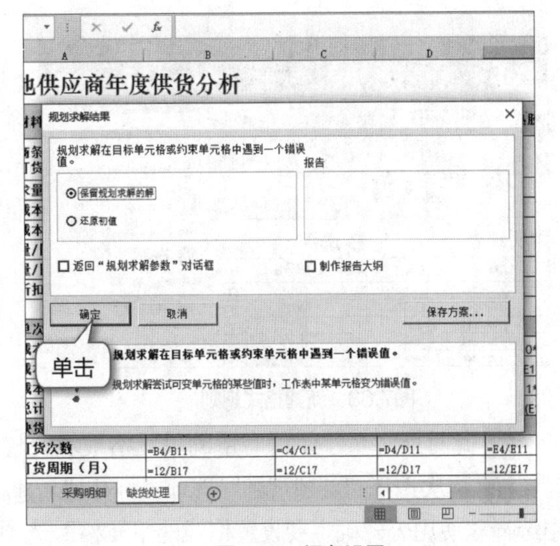

图7.65　保存设置

11 此时显示各材料的最佳单次订货量，如图7.66所示。

12 将Excel重新设置为在单元格中显示值而不是公式的效果，此时可以查看设置了公式的单元格中得到的结果，如图7.67所示。

商年度供货分析

	进口15厘板（块）	进口波音板（块）	元盛石膏板（块）	恒业熟胶粉（包）
料 小于	3000	2000	3500	5500
	50000	35000	85000	125000
	38	55	25	12
	5	8	4	1
	200	300	300	800
	30	[illegible]	40	80
	0.025	02	0.03	0.05
	95	35	35	13
	3000	2000	3500	5500
	=B4*B10*(1-B9)	=C4*C10*(1-C9)	=D4*D10*(1-D9)	=E4*E10*(1-E9)
	=(B11-B11/B7*B8)/2	=(C11-C11/C7*C8)	=(D11-D11/D7*D8)	=(E11-E11/E7*E8)/2
	=B4/B11*B5	=C4/C11*C5	=D4/D11*D5	=E4/E11*E5
	=SUM (B12:B14)	=SUM (C12:C14)	=SUM (D12:D14)	=SUM (E12:E14)
	=SUM(B15:E15)			
	=B4/B11	=C4/C11	=D4/D11	=E4/E11
)	=12/B17	=12/C17	=12/D17	=12/E17

显示结果

图7.66　显示最佳单次订货量结果

其他供应商年度供货分析

缺货材料	进口15厘板（块）	进口波音板（块）	元盛石膏板（块）	恒业熟
供应商条件：各材料每次订货量不得小于	3000	2000	3500	5500
年需求量	50000	35000	85000	125000
订货成本/次	38	55	25	12
存储成本/单位	5	8	4	1
送货量/日	200	300	300	800
耗用量/日	30	20	40	80
数量折扣	2.5%	[illegible]	3.0%	5.0%
单价	¥95.00	[illegible]	¥35.00	¥13.00
最佳单次订货量	3000	200	3500	5500
采购成本	¥4,631,250.00	¥1,200,500.00	¥2,885,750.00	¥1,543,7
存储成本	¥1,275.00	¥933.33	¥1,516.67	¥2,475.0
订货成本	¥633.33	¥962.50	¥607.14	¥272.73
成本总计	¥4,633,158.33	¥1,202,395.83	¥2,887,873.81	¥1,546,4
所有缺货材料成本	¥10,269,925.70			
最佳订货次数	16.7	17.5	24.3	22.7
最佳订货周期（月）	0.72	0.69	0.49	0.53

显示结果

图7.67　显示所有结果

（五）使用条件格式显示数据

为了避免出现缺货时仓促补货的情况，下面强调显示库存量数据，具体操作如下。

扫一扫

使用条件格式显示数据

1 切换到“采购明细”工作表，选择H3:H20单元格区域，在【开始】/【样式】组中单击“条件格式”按钮，在打开的下拉列表中选择“新建规则”选项，如图7.68所示。

2 在打开的“新建格式规则”对话框的“选择规则类型”列表框中选择“使用公式确定要设置格式的单元格”选项，在下方的文本框中输入“=H3<I3”，单击 格式(F)... 按钮，将填充色设置为“橙色，个性6”颜色，单击 确定 按钮，如图7.69所示。

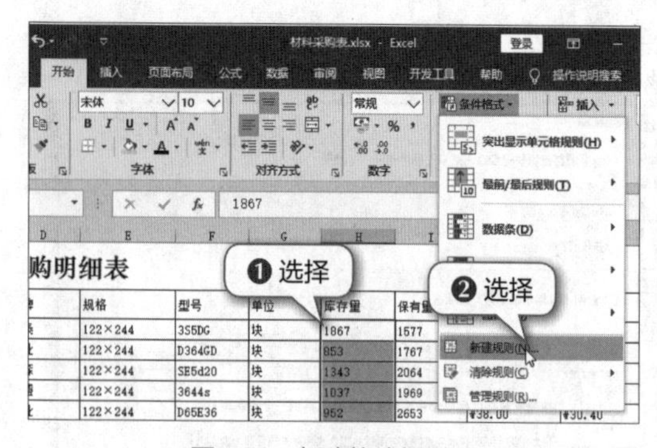

图7.68　新建格式规则

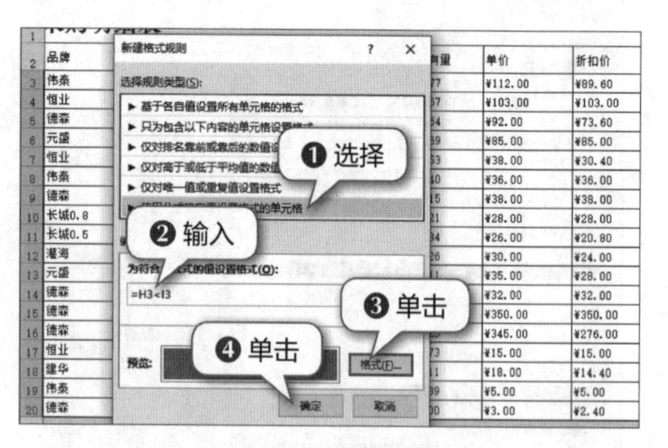

图7.69　设置格式规则

3 此时库存量小于保有量的单元格被填充橙色，如图7.70所示。

4 再次选择“新建规则”选项，打开“新建格式规则”对话框，在“选择规则类型”列表框中选择“使用公式确定要设置格式的单元格”选项，在下方的文本框中输入“=H3*2<I3”，单击 格式(F)... 按钮，将填充色设置为“蓝色，个性色1，淡色80%”颜色，单击 确定 按钮，如图7.71所示。

	D	E	F	G	H	I	J	K
1	采购明细表							
2	品牌	规格	型号	单位	库存量	保有量	单价	折扣价
3	伟泰	122×244	3S5DG	块	1867	1577	¥112.00	¥89.60
4	恒业	122×244	D364GD	块	853	1767	¥103.00	¥103.00
5	德森	122×244	SE5d20	块	1343	2064	¥92.00	¥73.60
6	元盛	122×244	3644s	块	1037	1969	¥85.00	¥85.00
7	恒业	122×244	D65E36	块	952	2653	¥38.00	¥30.40
8	伟泰	122×244	UY542	块	1071	2140	¥36.00	¥36.00
9	德森	122×244	FH3420	块	1207	2615	¥38.00	¥38.00
10	长城0.8	122×244	354DF	块	1530	2121	¥28.00	¥28.00
11	长城0.5	122×244	F46F20	块	1394	1634	¥26.00	¥20.80
12	灌海	122×244	3F65G	块	2428	2026	¥30.00	¥24.00
13	元盛	122×244	DGF45	块	1666	2311	¥35.00	¥28.00
14	德森	122×244	D5GGF	块	884	2025	¥32.00	¥32.00
15	德森	五合一白色	64HG	瓣	1122	2015	¥350.00	¥350.00
16	德森	五合一有色	FG653	瓣	1581	2025	¥345.00	¥276.00
17	恒业	正一108	T326TN	包	1105	2273	¥15.00	¥15.00
18	建华	正一33	TUI215	包	1190	2311	¥18.00	¥14.40
19	伟泰	3cm厚	JI232	卷	2692	2539	¥5.00	¥5.00
20	德森	2.5cm厚	WER236	卷	1105	2200	¥3.00	¥2.40
21								合计

图7.70 显示条件格式

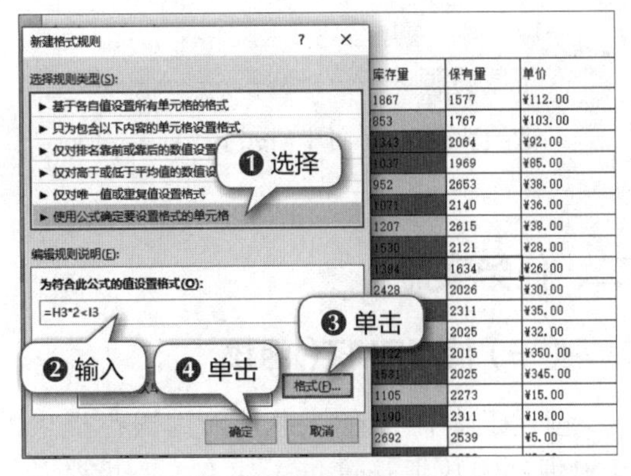

图7.71 继续设置格式规则

5 此时库存量小于保有量一半的单元格将被填充蓝色，效果如图7.72所示。

2	品牌	规格	型号	单位	库存量	保有量	单价	折扣价	采购量	金额
3	伟泰	122×244	3S5DG	块	1867	1577	¥112.00	¥89.60	315	¥28,224.00
4	恒业	122×244	D364GD	块	853	1767	¥103.00	¥103.00	1413	¥145,539.00
5	德森	122×244	SE5d20	块	1343	2064	¥92.00	¥73.60	1032	¥75,955.20
6	元盛	122×244	3644s	块	1037	1969	¥85.00	¥85.00	984	¥83,640.00
7	恒业	122×244	D65E36	块	952	2653	¥38.00	¥30.40	2122	¥64,508.80
8	伟泰	122×244	UY542	块	1071	2140	¥36.00	¥36.00	1070	¥38,520.00
9	德森	122×244	FH3420	块	1207	2615	¥38.00	¥38.00	2092	¥79,496.00
10	长城0.8	122×244	354DF	块	1530	2121	¥28.00	¥28.00	1060	¥29,680.00
11	长城0.5	122×244	F46F20	块	1394	1634	¥26.00	¥20.80	817	¥16,993.60
12	灌海	122×244	3F65G	块	2428	2026	¥30.00	¥24.00	405	¥9,720.00
13	元盛	122×244	DGF45	块	1666	2311	¥35.00	¥28.00	1155	¥32,340.00
14	德森	122×244	D5GGF	块	884	2025	¥32.00	¥32.00	1620	¥51,840.00

图7.72 完成设置后的效果

任务三 制作投资计划表

一、任务目标

在投资计划表中可以得到在年利率及还款期限变动的情况下，选择的信贷方案每期的还款额，并根据公司的具体情况对每期还款额进行误差分析，从而最大限度地获取每期还款额的最大值和最小值，避免公司资金短缺。图7.73所示为投资计划表的参考效果。

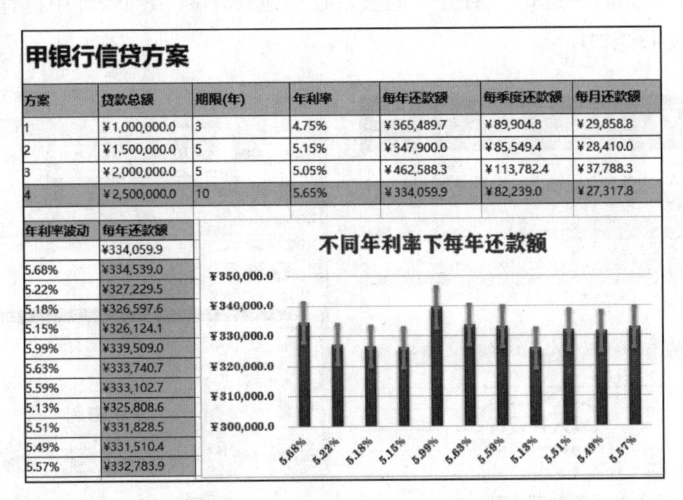

甲银行信贷方案

方案	贷款总额	期限(年)	年利率	每年还款额	每季度还款额	每月还款额
1	¥1,000,000.0	3	4.75%	¥365,489.7	¥89,904.8	¥29,858.8
2	¥1,500,000.0	5	5.15%	¥347,900.0	¥85,549.4	¥28,410.0
3	¥2,000,000.0	5	5.05%	¥462,588.3	¥113,782.4	¥37,788.3
4	¥2,500,000.0	10	5.65%	¥334,059.9	¥82,239.0	¥27,317.8

年利率波动	每年还款额
	¥334,059.9
5.68%	¥334,539.0
5.22%	¥327,229.5
5.18%	¥326,597.6
5.15%	¥326,124.1
5.99%	¥339,509.0
5.63%	¥333,740.7
5.59%	¥333,102.7
5.13%	¥325,808.6
5.51%	¥331,828.5
5.49%	¥331,510.4
5.57%	¥332,783.9

图7.73 投资计划表的参考效果

下载资源

效果文件：项目七\投资计划表.xlsx

二、任务实施

（一）使用PMT()函数

创建工作簿，在其中录入甲银行提供的各种信贷方案数据，然后根据这些数据计算年还款额、季度还款额和月还款额，具体操作如下。

1 新建并保存“投资计划表.xlsx”工作簿，将“Sheet1”工作表重命名为“方案选择”，如图7.74所示。

2 输入表格的标题和项目字段，并适当美化表格，如图7.75所示。

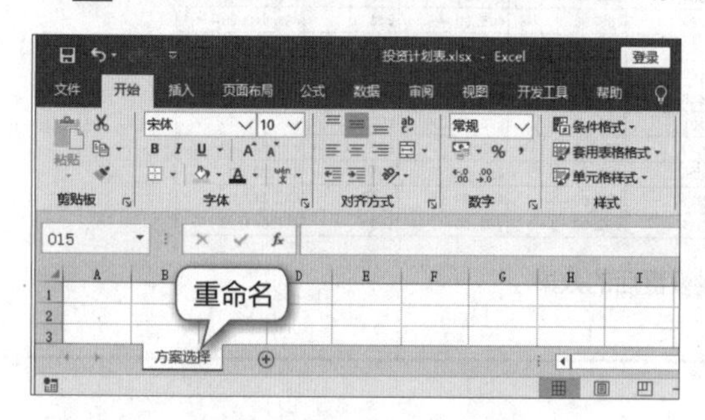

图7.74　重命名工作表

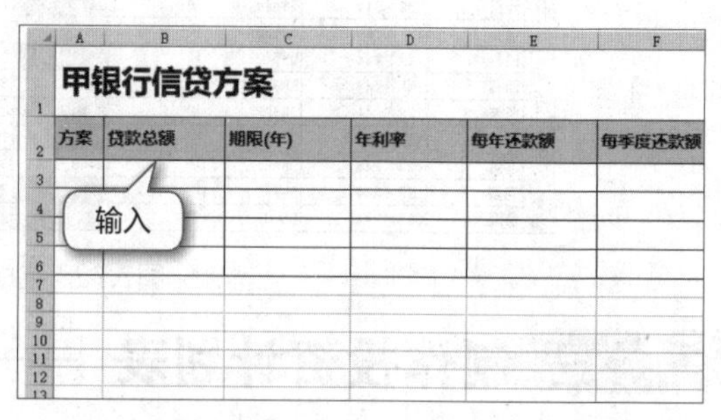

图7.75　输入并美化表格

3 填充方案序号，输入各方案贷款总额，并将其设置为货币型数据，输入各方案的还款期限、年利率，并将年利率设置为百分比型数据，如图7.76所示。

4 选择E3单元格，单击编辑栏上的“插入函数”按钮 *fx*，打开“插入函数”对话框，在“或选择类别”下拉列表中选择“财务”选项，在“选择函数”列表框中选择“PMT”选项，单击 确定 按钮，如图7.77所示。

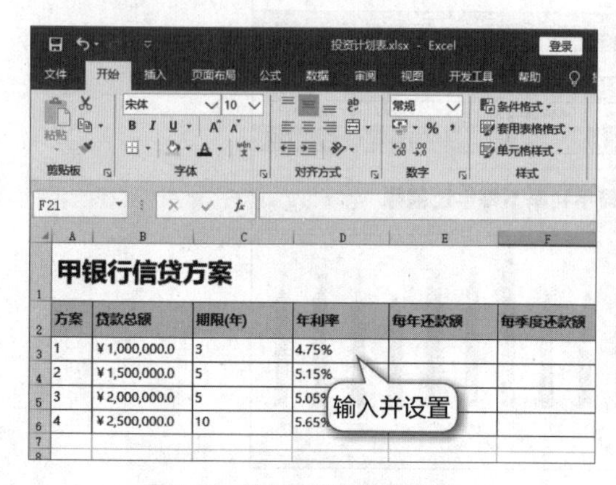

图7.76　输入并设置数据类型

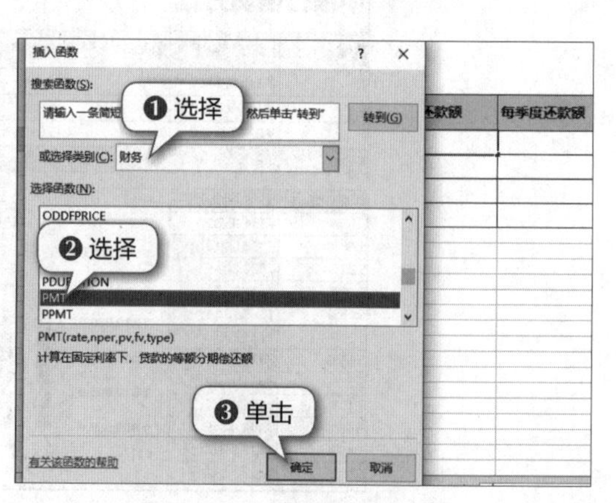

图7.77　选择PMT()函数

5 打开“函数参数”对话框，依次引用D3、C3和B3单元格地址作为前3个参数的计算对象，在引用的B3单元格地址前面输入负号“-”，使结果呈正数显示，单击 确定 按钮，如图7.78所示。

6 此时显示使用方案1时的每年还款额，将其设置为货币型数据，如图7.79所示。

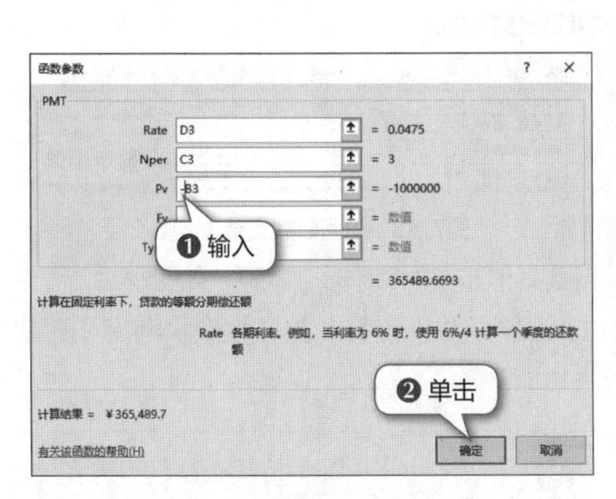

图7.78 设置函数参数

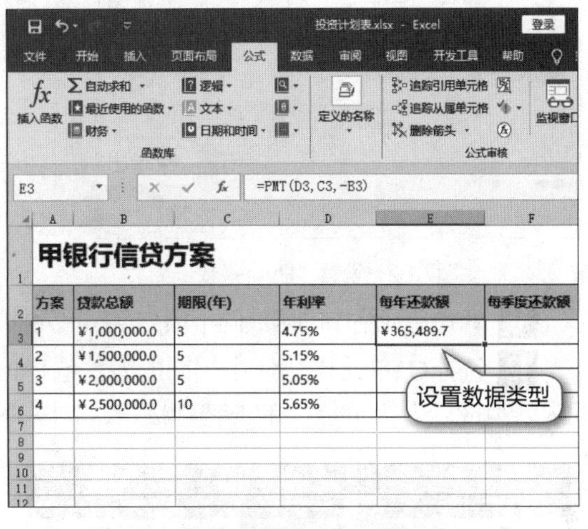

图7.79 返回数据并设置数据类型

7 将E3单元格中的函数向下填充至E6单元格，得到其他方案下的每年还款额，如图7.80所示。

8 选择F3单元格，单击编辑栏上的“插入函数”按钮fx，在打开的对话框中选择PMT()函数，打开“函数参数”对话框，将“Rate”参数设置为“D3/4”，即将年利率转换为季度利率，如图7.81所示。

图7.80 填充函数

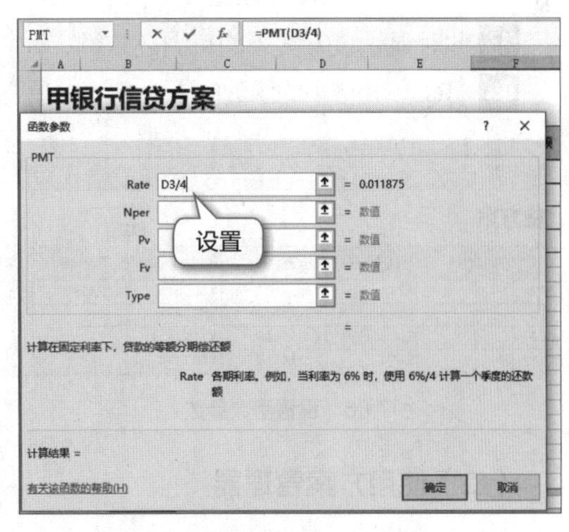

图7.81 设置“Rate”参数

9 将“Nper”参数设置为“C3*4”，即将年还款期限转换为季度还款期限，与利率保持一致，将“Pv”参数设置为“-B3”，单击 确定 按钮，如图7.82所示。

10 在F3单元格中显示方案1的每季度还款额，并将其设置为货币型数据，如图7.83所示。

图7.82 设置“Pv”参数

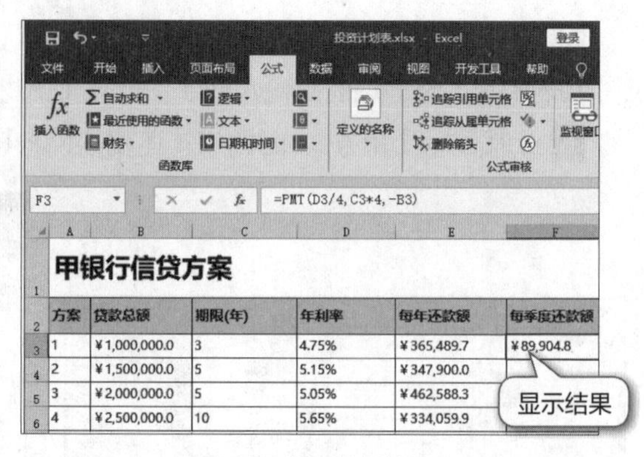

图7.83 返回数据结果

11 将F3单元格中的函数向下填充至F6单元格，得到其他方案的每季度还款额，如图7.84所示。

12 选择G3单元格，使用相同的方法选择PMT()函数，并设置其参数，注意将利率和还款期限转换成以月为单位，单击确定按钮，如图7.85所示。

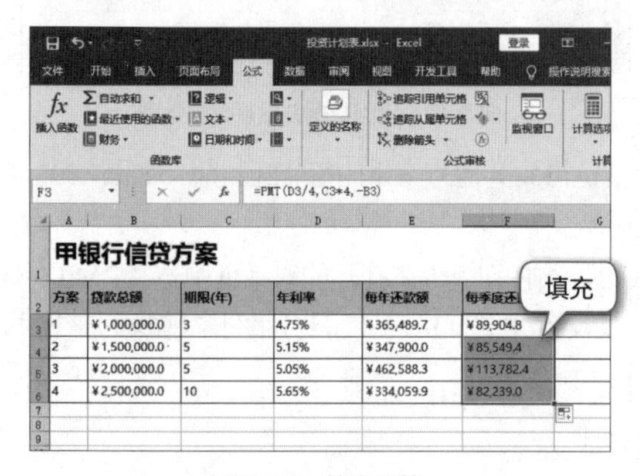

图7.84 填充函数

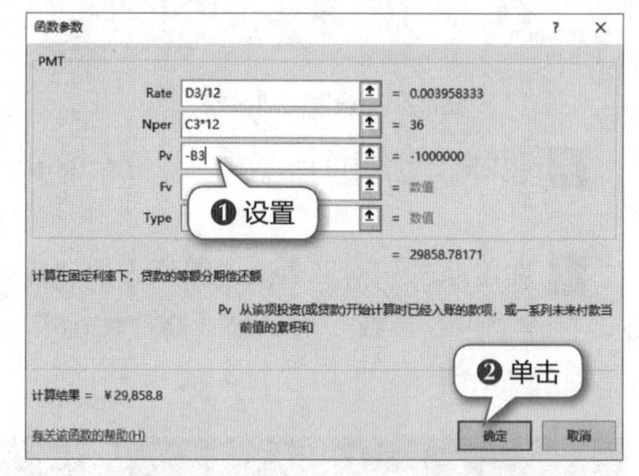

图7.85 设置PMT()函数参数

13 此时显示该方案下的每月还款额，并将其设置为货币型数据，如图7.86所示。

14 将G3单元格中的函数向下填充至G6单元格，计算其他方案的每月还款额，如图7.87所示。

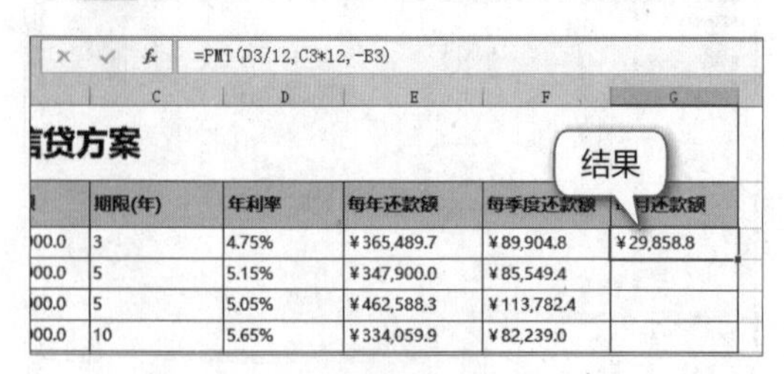

图7.86 设置函数参数

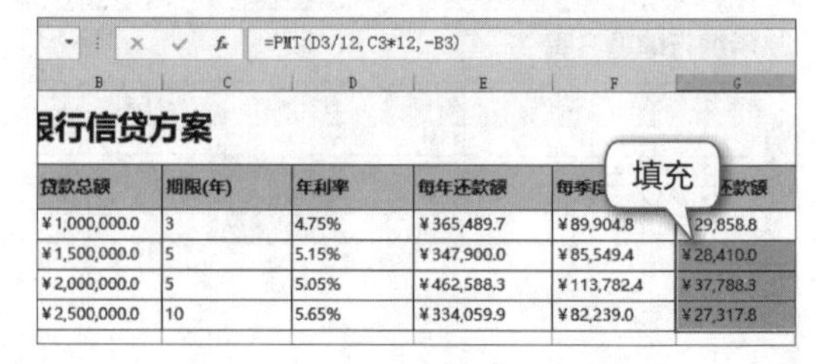

图7.87 填充函数

（二）使用方案管理器

下面建立其他银行提供的信贷方案，使用方案管理器添加方案，对比各方案下的月还款额与年还款额的情况，具体操作如下。

1 在【数据】/【预测】组中单击“模拟分析”按钮，在打开的下拉列表中选择“方案管理器”选项，如图7.88所示。

扫一扫

使用方案管理器

2 打开“方案管理器”对话框，单击添加(A)...按钮，如图7.89所示。

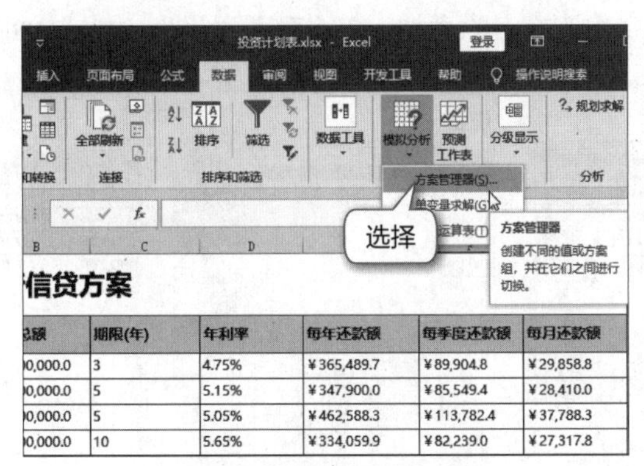

总额	期限(年)	年利率	每年还款额	每季度还款额	每月还款额
),000.0	3	4.75%	¥365,489.7	¥89,904.8	¥29,858.8
),000.0	5	5.15%	¥347,900.0	¥85,549.4	¥28,410.0
),000.0	5	5.05%	¥462,588.3	¥113,782.4	¥37,788.3
),000.0	10	5.65%	¥334,059.9	¥82,239.0	¥27,317.8

图7.88 启用方案管理器工具

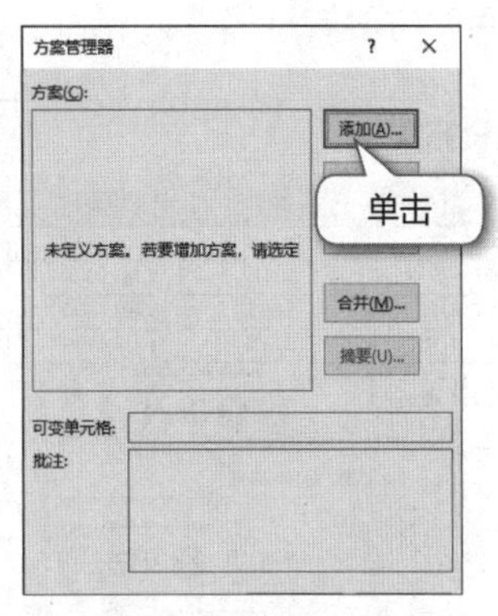

图7.89 添加方案1

3 打开“添加方案”对话框，在“方案名”文本框中输入“乙银行方案1”，在“可变单元格”参数框中选择B3:D3单元格区域，单击确定按钮，如图7.90所示。

4 打开“方案变量值”对话框，输入该方案的具体数值，单击确定按钮，如图7.91所示。

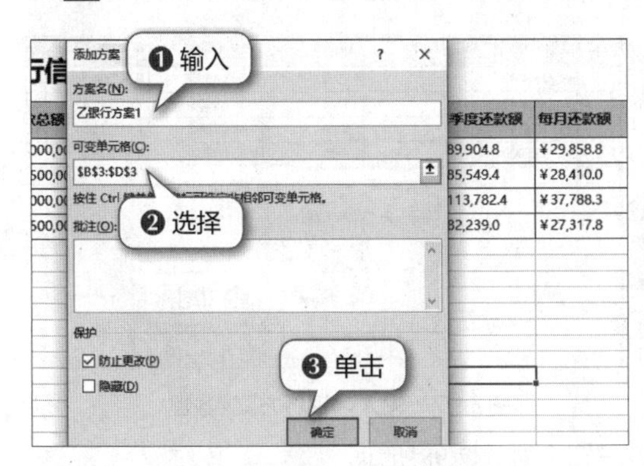

图7.90 设置乙银行方案参数

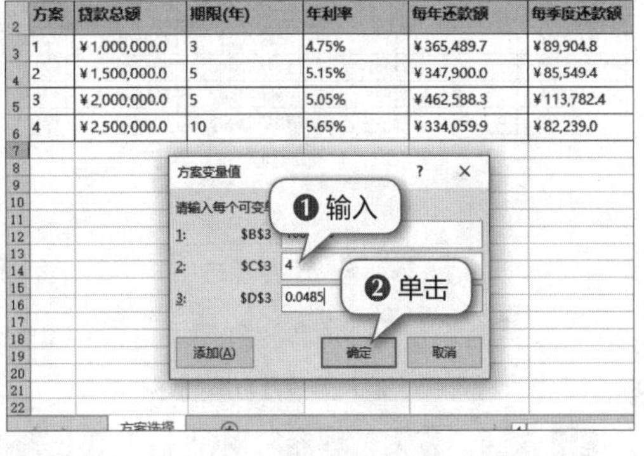

图7.91 输入乙银行方案1数据

5 返回“方案管理器”对话框，此时显示添加的选项，单击添加(A)...按钮，如图7.92所示。

6 打开“添加方案”对话框，在“方案名”文本框中输入“乙银行方案2”，单击确定按钮，如图7.93所示。

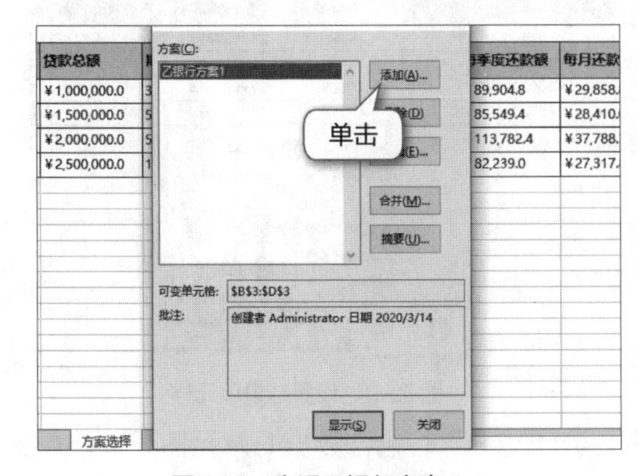

图7.92 查看乙银行方案1

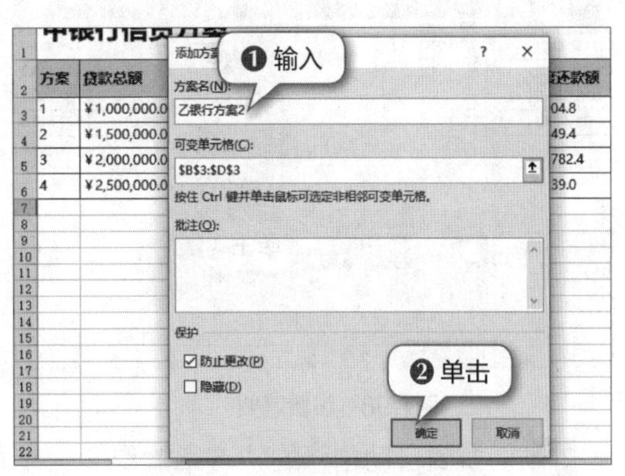

图7.93 添加乙银行方案2

7 打开“方案变量值”对话框，输入该方案的具体数值，单击 确定 按钮，如图7.94所示。

8 返回“方案管理器”对话框，完成该方案的添加，单击 添加(A)... 按钮，如图7.95所示。

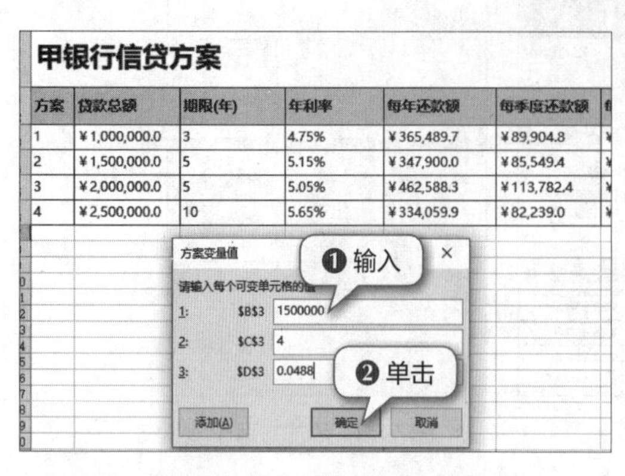

图7.94　输入乙银行方案2数据

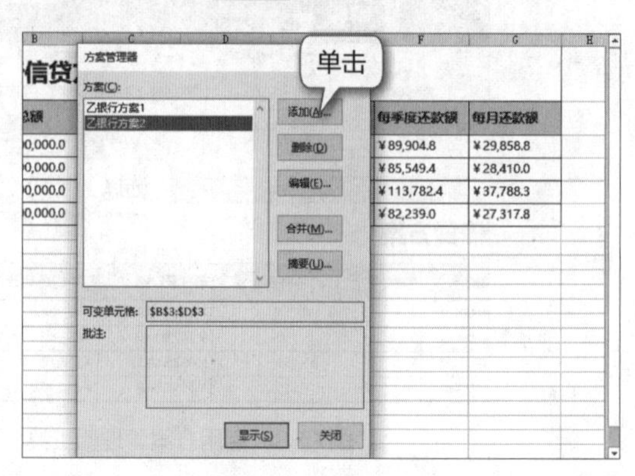

图7.95　继续添加方案

9 添加方案“丙银行方案1”，并输入具体的方案数据，单击 确定 按钮，如图7.96所示。

10 添加方案“丙银行方案2”，并输入具体的方案数据，单击 确定 按钮，如图7.97所示。

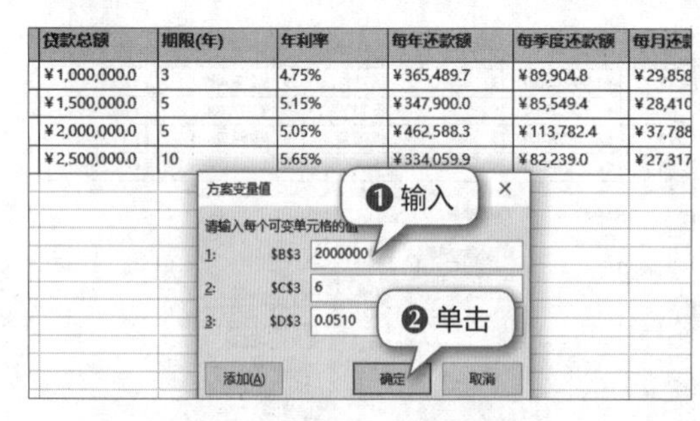

图7.96　输入丙银行方案1数据

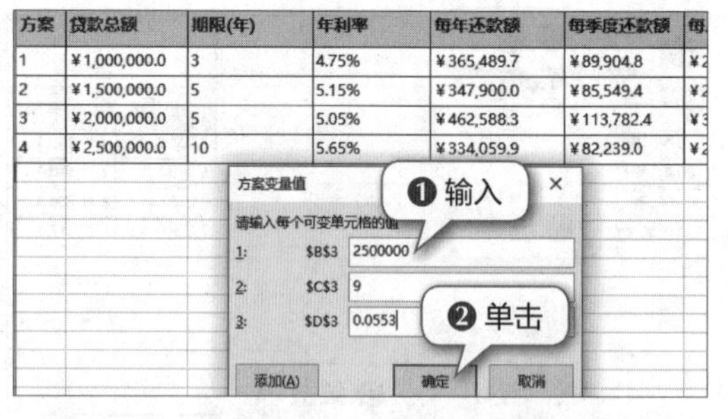

图7.97　输入丙银行方案2数据

11 返回“方案管理器”对话框，单击 摘要(U)... 按钮，如图7.98所示。

12 打开“方案摘要”对话框，选中“方案摘要”单选项，在“结果单元格”参数框中引用G3单元格，单击 确定 按钮，如图7.99所示。

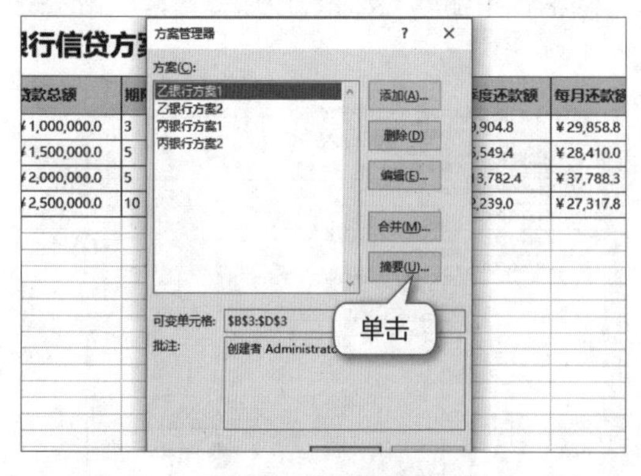

图7.98　设置摘要

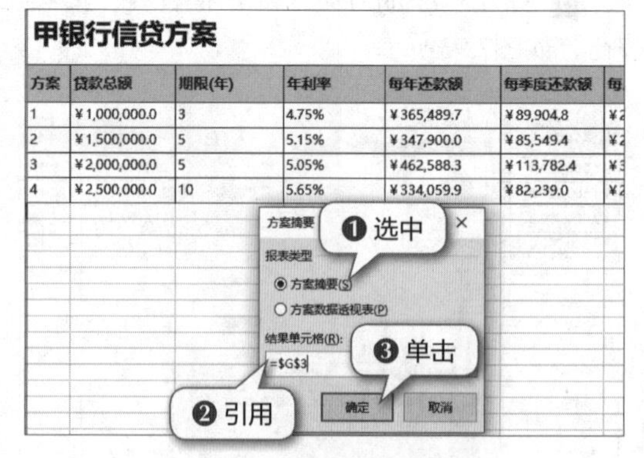

图7.99　设置结果单元格

13 切换到自动创建的“方案摘要”工作表，选择其中所有包含数据的单元格区域，并按【Ctrl+C】组合键复制，如图7.100所示。

14 切换到“方案选择”工作表，粘贴复制的摘要数据，并删除创建者信息所在的一行单元格，如图7.101所示。此时可查看各银行方案对应的下月还款额数据。

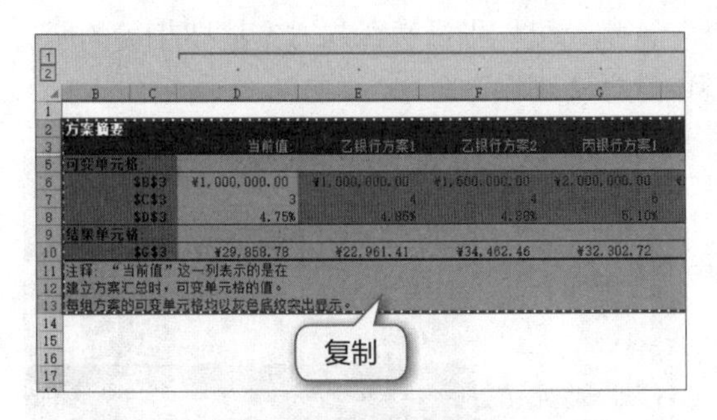

图7.100　复制摘要数据

方案	贷款总额	期限(年)	年利率	每年还款额	每季度还款额
1	¥1,000,000.0	3	4.75%	¥365,489.7	¥89,904.8
2	¥1,500,000.0	5	5.15%	¥347,900.0	¥85,549.4
3	¥		5.05%	¥462,588.3	¥113,782.4
4	¥	10	5.65%	¥334,059.9	¥82,239.0

方案摘要		当前值:	乙银行方案1	乙银行方案2	丙银行方案1
可变单元格:					
	$B$3	¥1,000,000.00	¥1,000,000.00	¥1,500,000.00	¥2,000,000.00
	$C$3	3	4	4	6
	$D$3	4.75%	4.85%	4.88%	5.10%
结果单元格:					
	$G$3	¥29,858.78	¥22,961.41	¥34,462.46	¥32,302.72
注释：“当前值”这一列表示的是在					
建立方案汇总时，可变单元格的值。					
每组方案的可变单元格均以灰色底纹突出显示。					

粘贴

图7.101　粘贴摘要数据

15 打开“方案管理器”对话框，单击 摘要(U)... 按钮，如图7.102所示。

16 打开“方案摘要”对话框，选中“方案摘要”单选项，在“结果单元格”参数框中引用E3单元格，单击 确定 按钮，如图7.103所示。

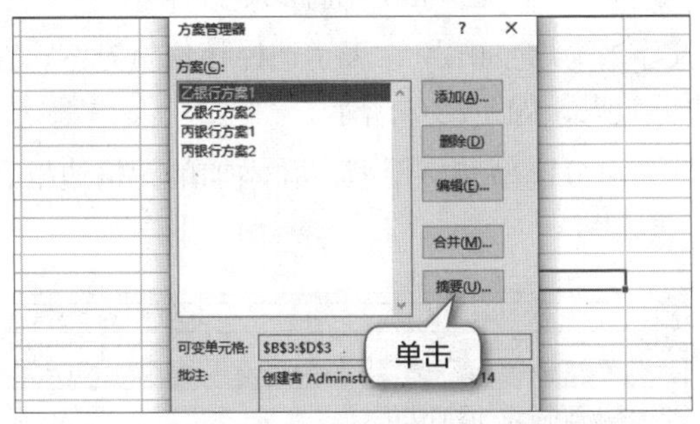

图7.102　继续设置摘要

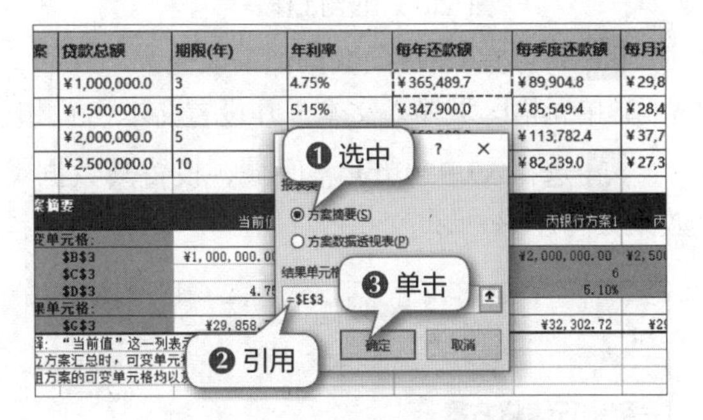

图7.103　继续设置结果单元格

17 使用相同的方法复制输出的摘要数据，并粘贴到“方案选择”工作表中，此时可查看各银行方案对应的年还款额数据，删除新建的两个工作表即可，如图7.104所示。

方案摘要		当前值:	乙银行方案1	乙银行方案2	丙银行方案1	丙银
可变单元格:						
	$B$3	¥1,000,000.00	¥1,000,000.00	¥1,500,000.00	¥2,000,000.00	¥2,500,0
	$C$3	3	4	4	6	
	$D$3	4.75%	4.85%	4.88%	5.10%	
结果单元格:						
	$G$3	¥29,858.78	¥22,961.41	¥34,462.46	¥32,302.72	¥29,4
注释：“当前值”这一列表示的是在						
建立方案汇总时，可变单元格的值。						
每组方案的可变单元格均以灰色底纹突出显示。						
方案摘要		当前值:	乙银行方案1	乙银行方案2	丙银行方案1	丙银
可变单元格:						
	$B$3	¥1,000,000.00	¥1,000,000.00	¥1,500,000.00	¥2,000,000.00	¥2,500,0
	$C$3	3	4	4	6	
	$D$3	4.75%	4.85%	4.88%	5.10%	
结果单元格:						
	$E$3	¥365,489.67	¥281,029.85	¥421,839.22	¥395,295.96	¥360,0
注释：“当前值”这一列表示的是在						
建立方案汇总时，可变单元格的值。						
每组方案的可变单元格均以灰色底纹突出显示。						

图7.104　复制并粘贴摘要数据

（三）使用模拟运算表

利用模拟运算表计算在年利率波动的情况下，每年的还款额，并建立柱形图和添加趋势线来查看具体的还款趋势，具体操作如下。

扫一扫

使用模拟运算表

1 在按住【Ctrl】键的同时选择“方案选择”工作表标签指针，向右拖动鼠标指针，复制工作表，如图7.105所示。

2 将复制的工作表重命名为“年利率波动”，拖动鼠标指针选择与方案摘要相关的所有行，在行号上单击鼠标右键，在弹出的快捷菜单中选择“删除”命令，如图7.106所示。

3	1	¥1,000,000.0	3	4.75%	¥365,489.7	¥89,904.8
4	2	¥1,500,000.0	5	5.15%	¥347,900.0	¥85,549.4
5	3	¥2,000,000.0	5	5.05%	¥462,588.3	¥113,782.4
6	4	¥2,500,000.0	10	5.65%	¥334,059.9	¥82,239.0

行			当前值:	乙银行方案1	乙银行方案2	丙银行方案
8	方案摘要					
10	可变单元格:					
11		$B$3	¥1,000,000.00	¥1,000,000.00	¥1,500,000.00	¥2,000,000.00
12		$C$3	3	4	4	
13		$D$3	4.75%	4.85%	4.88%	5.10
14	结果单元格:					
15		$G$3	¥29,858.78	¥22,961.41	¥34,462.46	¥32,302.72
16	注释：“当前值”这一列表示的是在					
17	建立方案汇总时，可变单元格的值。					
18	每组方案的可变单元格					
20	方案摘要		当前值:	乙银行方案1	乙银行方案2	丙银行方案
22	可变单元格:					

方案选择　平均值: 321604.3389　计数: 36　求和: 9004921.489

拖动

图7.105　复制工作表

剪切(T)　复制(C)　粘贴选项:　选择性粘贴(S)...　插入(I)　删除(D)　隐藏(H)　取消隐藏(U)

行	当前值:	乙银行方案1	乙银行方案2	丙银行方案
11	¥1,000,000.00	¥1,000,000.00	¥1,500,000.00	¥2,000,000.00
12	3	4	4	
13	4.75%	4.85%	4.88%	5.10%
15	¥29,858.78	¥22,961.41	¥34,462.46	¥32,302.72
23	¥1,000,000.00	¥1,000,000.00	¥1,500,000.00	¥2,000,000.00
24	3	4	4	
25	4.75%	4.85%	4.88%	5.10%
27	¥365,489.67	¥281,029.85	¥421,839.22	¥395,295.96

选择

宋体　10

图7.106　删除多余行

3 将方案4所在的数据记录填充为“深蓝，文字2，淡色80%”，表示选择该信贷方案；在A8:B8单元格区域输入文本，并设置文本格式和边框效果，如图7.107所示。

4 选择A9:B20单元格区域，设置其数据类型为百分比型和货币型，并添加单元格边框，效果如图7.108所示。

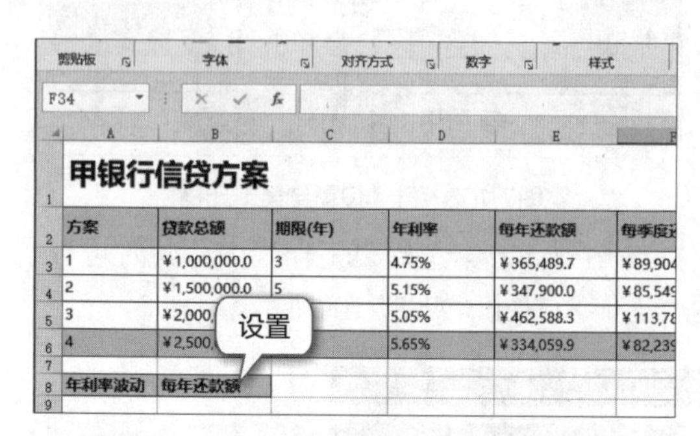

剪贴板　字体　对齐方式　数字　样式

F34

甲银行信贷方案

方案	贷款总额	期限(年)	年利率	每年还款额	每季度还
1	¥1,000,000.0	3	4.75%	¥365,489.7	¥89,904
2	¥1,500,000.0	5	5.15%	¥347,900.0	¥85,549
3	¥2,000,		5.05%	¥462,588.3	¥113,78
4	¥2,500,		5.65%	¥334,059.9	¥82,239
年利率波动	每年还款额				

图7.107　填充颜色并设置文本格式和边框效果

2	¥1,500,000.0	5	5.15%	¥347,900.0	¥85,549
3	¥2,000,000.0	5	5.05%	¥462,588.3	¥113,78
4	¥2,500,000.0	10	5.65%	¥334,059.9	¥82,239
年利率波动	每年还				

图7.108　添加边框

5 将E6单元格中的函数复制到B9单元格，如图7.109所示。

6 在A10:A20单元格区域输入年利率波动的各项具体数据，并设置数据类型为百分比型，如图7.110所示。

B9　=PMT(D6,C6,-B6)

方案	贷款总额	期限(年)	年利率	每年还款额	每季度还款额	每月还款额
1	¥1,000,000.0	3	4.75%	¥365,489.7	¥89,904.8	¥29,858.8
2	¥1,500,000.0	5	5.15%	¥347,900.0	¥85,549.4	¥28,410.0
3	¥2,000,000.0	5	5.05%	¥462,588.3	¥113,782.4	¥37,788.3
4	¥2,500,000.0	10	5.65%	¥334,059.9	¥82,239.0	¥27,317.8
年利率波动	每年还款额					
	¥334,059.9					

复制

图7.109　复制函数

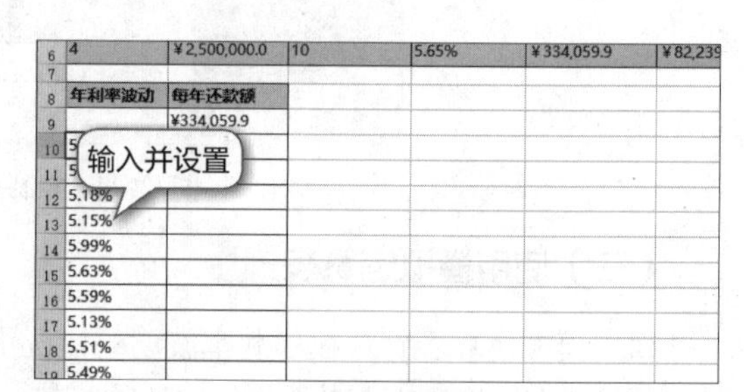

年利率波动	每年还款额
	¥334,059.9
5	
5	
5.18%	
5.15%	
5.99%	
5.63%	
5.59%	
5.13%	
5.51%	
5.49%	

图7.110　输入数据并设置数据类型

7 将B10:B20单元格区域填充为“深蓝，文字2，淡色80%”，以突出显示计算得到的年利率波动的每年还款额数据，如图7.111所示。

8 选择A9:B20单元格区域，在【数据】/【预测】组中单击“模拟分析”按钮，在打开的下拉列表中选择“模拟运算表”选项，如图7.112所示。

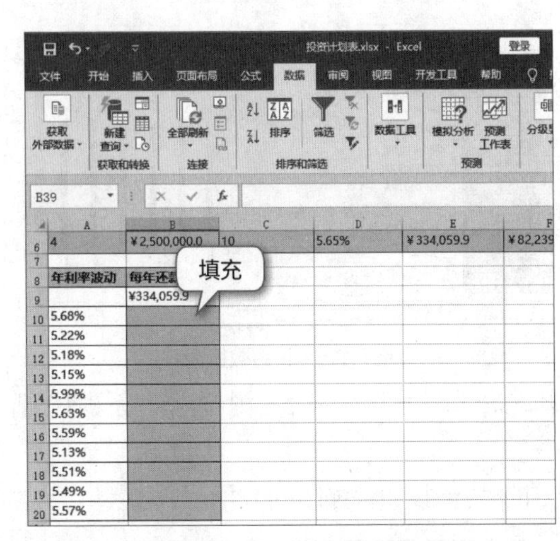

图7.111 填充单元格区域

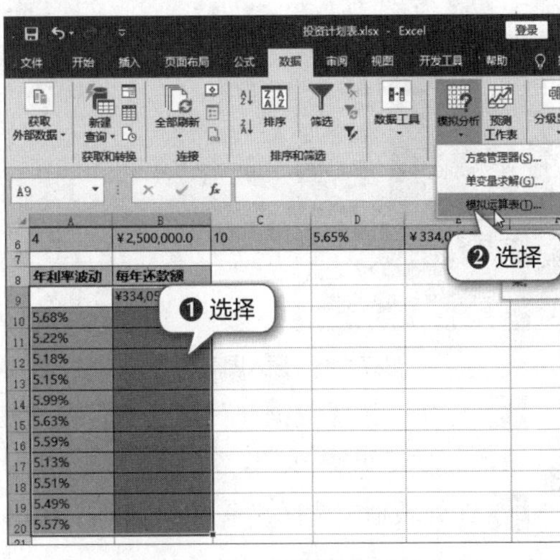

图7.112 选择“模拟运算表”选项

9 打开“模拟运算表”对话框，在“输入引用列的单元格”参数框中引用D6单元格地址，单击 确定 按钮，如图7.113所示。

10 此时得出年利率波动下的每年还款额数据，将其设置为货币型数据，如图7.114所示。

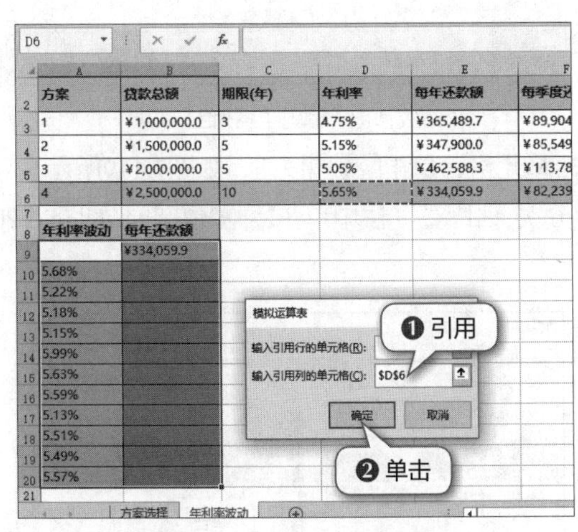

图7.113 设置引用的单元格地址

方案	贷款总额	期限(年)	年利率	每年还款额	每季度还
1	¥1,000,000.0	3	4.75%	¥365,489.7	¥89,904
2	¥1,500,000.0	5	5.15%	¥347,900.0	¥85,549
3	¥2,000,000.0	5	5.05%	¥462,588.3	¥113,78
4	¥2,500,000.0	10	5.65%	¥334,059.9	¥82,239

年利率波动	每年还款额
	¥334,059.9
5.68%	¥334,539.0
5.22%	¥327,229.5
5.18%	¥326,597.6
5.15%	¥326,124.1
5.99%	¥339,509.0
5.63%	¥333,740.7
5.59%	¥333,102.7
5.13%	¥325,808.6
5.51%	¥331,828.5
5.49%	¥331,510.4
5.57%	¥332,783.9

结果

图7.114 查看结果

11 选择A10:B20单元格区域，单击【插入】/【图表】组中的“插入柱形图或条形图”按钮，在打开的下拉列表中选择“簇状柱形图”选项，如图7.115所示。

12 在插入的图表的数据系列上单击鼠标右键，在弹出的快捷菜单中选择“选择数据”命令，如图7.116所示。

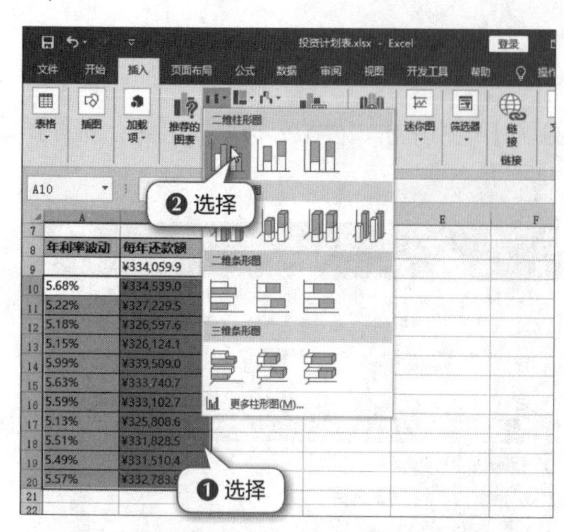

图7.115　插入图表

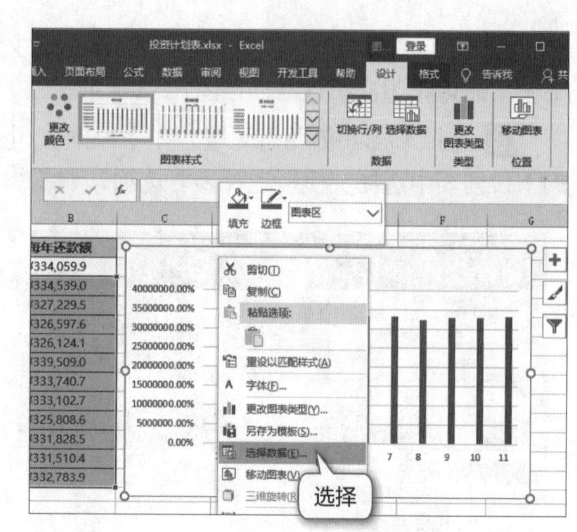

图7.116　设置数据源

13 打开“选择数据源”对话框，在“图例项(系列)”栏中的列表框中选择“系列1”选项，单击上方的 ×删除(R) 按钮，如图7.117所示。

14 在列表框中选择“系列2”选项，单击上方的 编辑(E) 按钮，如图7.118所示。

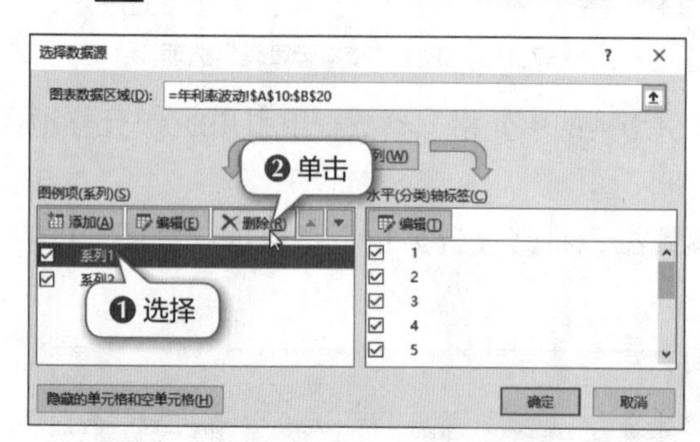

图7.117　删除“系列1”

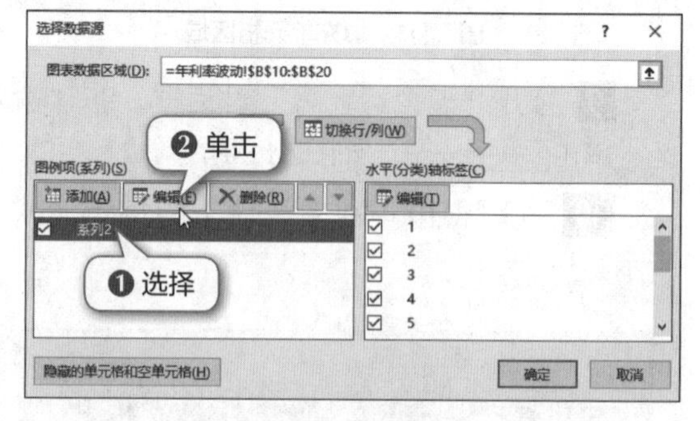

图7.118　编辑“系列2”

15 在打开的对话框中设置“系列名称”为B8单元格，单击 确定 按钮，如图7.119所示。

16 返回“选择数据源”对话框，在“水平(分类)轴标签”栏中单击 编辑(E) 按钮，如图7.120所示。

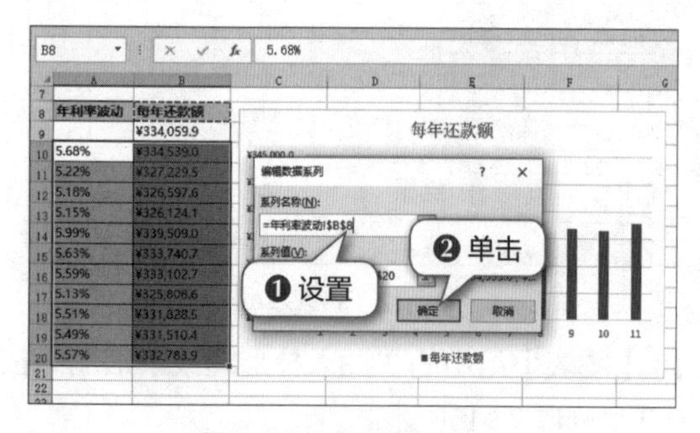

图7.119　设置系列名称

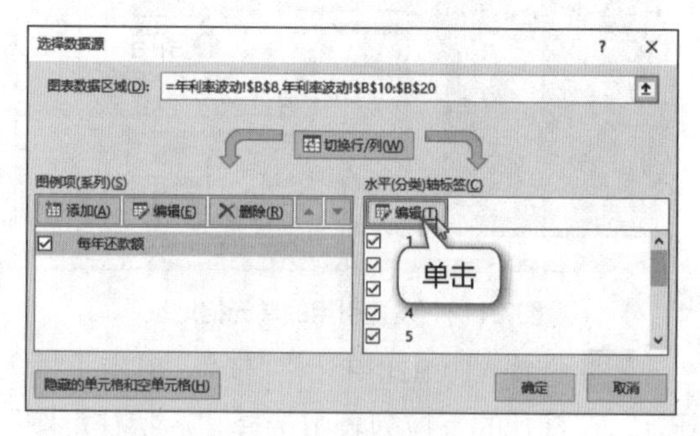

图7.120　设置水平轴标签

17 将A10:A20单元格区域的地址引用到打开的对话框中的“轴标签区域”参数框中，单击确定按钮，如图7.121所示。

18 返回“选择数据源”对话框，单击确定按钮确认设置，如图7.122所示。

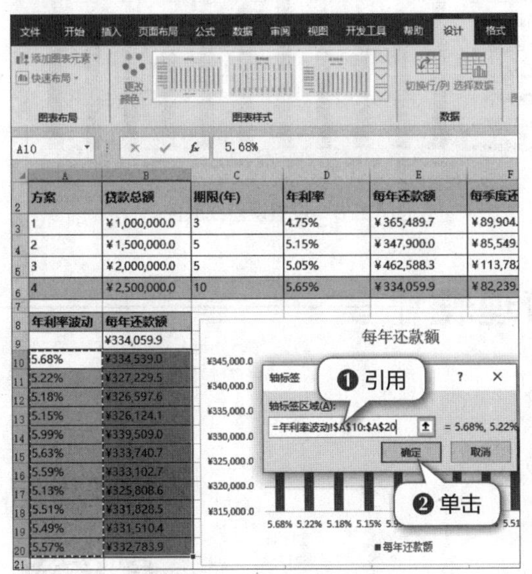

图7.121 引用单元格区域地址

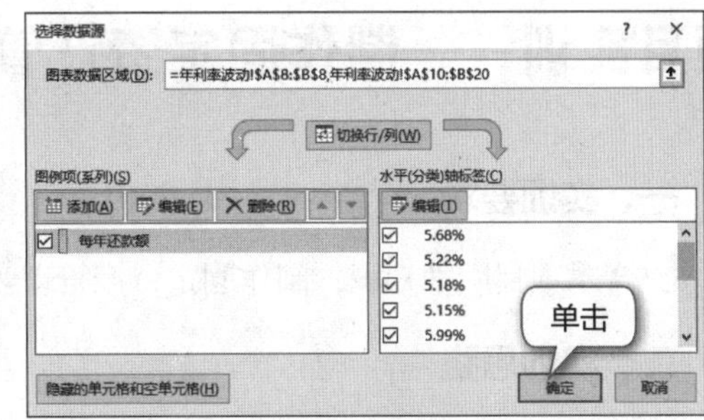

图7.122 确认设置

19 返回工作表，删除图表中的图例，将图表标题修改为“不同年利率下每年还款额”，将其字符格式设置为“方正粗黑宋简体、18”，其他文本的字号设置为“10”，如图7.123所示。

20 选择图表中的数据系列，在【图表工具-格式】/【形状样式】组中的列表框中单击“其他”按钮，在打开的下拉列表中选择“强烈效果-蓝色，强调颜色1”选项，效果如图7.124所示。

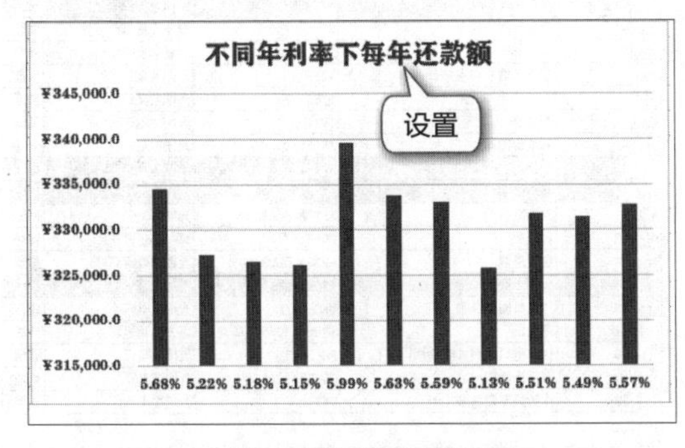

图7.123 设置图表布局

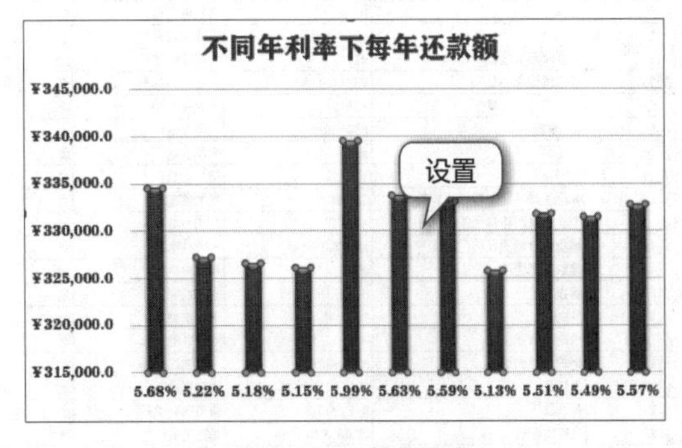

图7.124 美化图表

21 选择图表，在【图表工具-设计】/【图表布局】组中单击“添加图表元素”按钮，在打开的下拉列表中选择“误差线”选项，在子列表中选择“其他误差线选项”选项，打开“设置误差线格式”窗格，在“误差量”栏中选中“百分比”单选项，在右侧的文本框中输入“2.0”，单击右上角的×按钮关闭窗格，如图7.125所示。

22 选择插入数据系列上的误差线，将其设置为橙色，完成图表的创建，如图7.126所示。

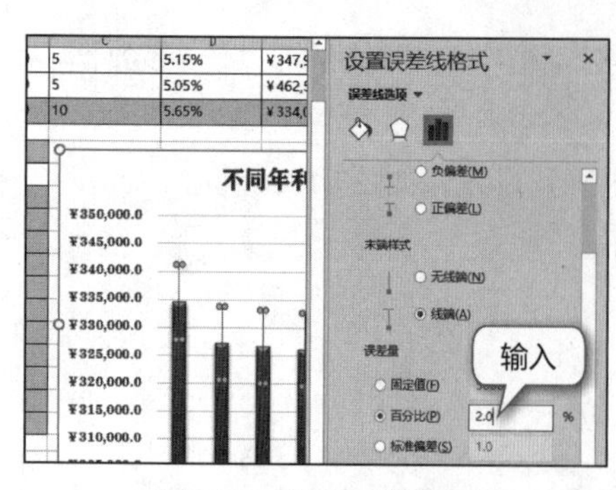

图7.125　设置误差线格式

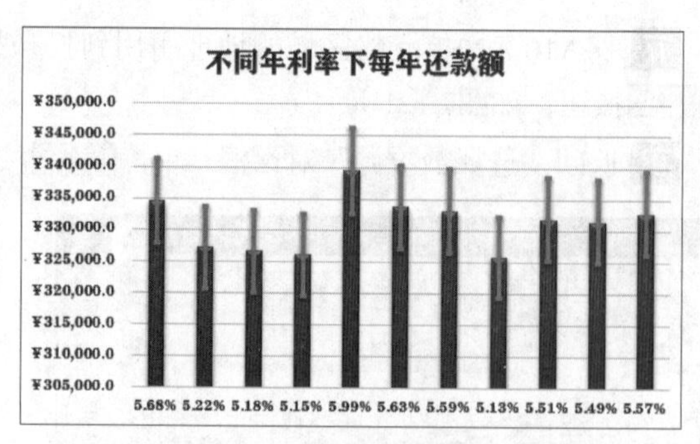

图7.126　设置误差线颜色

项目实训——制作固定资产管理表

一、实训要求

结合本项目所学知识，制作固定资产管理表。

二、实训思路

（1）制作固定资产汇总表，统计固定资产具体情况，并进行排序、筛选等操作，如图7.127所示。

（2）制作固定资产变动表，并突出显示报废的固定资产数据记录，如图7.128所示。

××企业固定资产汇总表

行号	固定资产名称	规格型号	生产厂家	计量
1	高压厂用变压器	SFF7-31500/15	章华变压器厂	台
2	零序电流互感器	LX-LHZ	市机电公司	只
3	低压配电变压器	S7-500/10	章华变压器厂	块
4	继电器	DZ-RL	市机电公司	台
5	母线桥	80*(45M)	章华高压开关厂	套
6	中频隔离变压器	MXY	九维蓄电池厂	台
7	镍母线间隔棒垫	MRJ(JG)	长征线路器材厂	套
8	变送器芯等设备	115/GP	远大采购站	块
9	UPS改造	D80*30*5	光明发电厂	台
10	稳压源	40A	光明发电厂	套
11	地网仪	AI－6301	空军电机厂	套
12	叶轮给煤机输电导线改为滑线	CD-3M	光明发电厂	台
13	工业水泵改造频调速	AV-KU9	光明发电厂	台
14	螺旋板冷却器及阀门更换	AF-FR/D	光明发电厂	台
15	盘车装置更换	QW-5	光明发电厂	台
16	翻板水位计	B69H-16-23-Y	光明发电厂	套
17	单轨吊	10T*8M	神州机械厂	台
18	气轮机测振装置	WAC-2J/X	光明发电厂	套
19	锅炉炉墙砌筑	AI－6301	市电建二公司	M3
20	汽轮机	N200-130/535/535	南方汽轮机厂	台
21	凝汽器	N-11220型	南方汽轮机厂	台
22	汽轮发电机	QFSN-200-2	南方电机厂	台

图7.127　制作固定资产汇总表

××企业固定资产变动表

行号	固定资产名称	规格型号	生产厂家	变动
1	变送器芯等设备	115/GP	远大采购站	报废
2	测振仪	SD-CV-3	光明发电厂	新增
3	单轨吊	10T*8M	神州机械厂	报废
4	低压配电变压器	S7-500/10	章华变压器厂	转移
5	电动葫芦	2T	西疆起重机厂	新增
6	二等标准水银温度计	12/F	光明发电厂	新增
7	高压热水冲洗机	HJB2-HP	光明发电厂	新增
8	割管器	CV/9-K	光明发电厂	新增
9	光电传感器	AF-FR/D	光明发电厂	新增
10	锅炉炉墙砌筑	AI－6301	市电建二公司	报废
11	继电器	DZ-RL	市机电公司	报废
12	交流阻抗仪	EPSON DLQ3000	光明发电厂	新增
13	母线桥	80*(45M)	章华高压开关厂	转移
14	逆变焊机	EPSON DLQ3000	大西洋电焊机厂	新增
15	镍母线间隔棒垫	MRJ(JG)	长征线路器材厂	报废
16	气轮机测振装置	WAC-2J/X	光明发电厂	转移
17	汽轮机	N200-130/535/535	南方汽轮机厂	转移
18	循泵进口门更换电动阀门3只	FC-B-45	光明发电厂	新增
19	液压手推车	CD-FX-12/AS	光明发电厂	新增
20	中频隔离变压器	MXY	九维蓄电池厂	转移

图7.128　制作固定资产变动表

下载资源

效果文件：项目七\固定资产管理表.xlsx

（3）计算固定资产折旧，如图7.129所示。

（4）创建数据透视表分析各项固定资产的折旧情况，如图7.130所示。

用年限	已使用年份	残值率	月折旧额	累计折旧	固定资产净值
	3	5%	¥465.71	¥16,765.46	¥83,239.04
	3	5%	¥384.67	¥13,848.27	¥88,191.63
	2	5%	¥398.18	¥9,556.34	¥50,799.47
	1	5%	¥331.82	¥3,981.81	¥96,611.19
	1	5%	¥572.27	¥6,867.29	¥94,334.91
	0	5%	¥458.57	¥0.00	¥75,302.80
	2	5%	¥257.91	¥6,189.94	¥78,514.46
	2	5%	¥475.02	¥11,400.51	¥48,602.19
	10	5%	¥121.66	¥14,599.52	¥60,703.28
	10	5%	¥515.31	¥61,836.64	¥3,254.56
	3	5%	¥298.67	¥10,751.98	¥98,654.12
	3	5%	¥228.63	¥8,230.77	¥87,072.93
	3	5%	¥265.24	¥9,548.77	¥57,460.13
	10	5%	¥531.64	¥63,796.57	¥30,219.43
	4	5%	¥287.76	¥13,812.51	¥95,233.59
	3	5%	¥307.20	¥11,059.17	¥66,549.03
	10	5%	¥108.32	¥12,998.49	(¥2,052.39)
	10	5%	¥67.77	¥8,132.00	¥1,284.00
	6	5%	¥618.67	¥44,543.91	¥64,862.19
	10	5%	¥23.69	¥2,843.30	¥7,632.00
	10	5%	¥42.18	¥5,061.10	¥5,061.10
	5	5%	¥45.97	¥2,758.10	¥5,951.70
	3	5%	¥63.23	¥2,276.23	¥8,905.27
	6	5%	¥38.51	¥2,773.01	¥4,524.39
	3	5%	¥33.54	¥1,207.60	¥7,266.80
	6	5%	¥254.27	¥18,307.24	¥65,199.46
	5	5%	¥25.01	¥1,500.68	¥4,502.03

图7.129　计算固定资产折旧

类别	(全部)		
行标签	平均值项:月折旧额	求和项:累计折旧	求和项:固定资产净值
UPS改造	¥398.18	¥9,556.34	¥50,799.47
变送器芯等设备	¥265.24	¥9,548.77	¥57,460.13
测振仪	¥531.64	¥63,796.57	¥30,219.43
单轨吊	¥287.76	¥13,812.51	¥95,233.59
低压配电变压器	¥307.20	¥11,059.17	¥66,549.03
地网仪	¥572.27	¥6,867.29	¥94,334.91
电动葫芦	¥108.32	¥12,998.49	(¥2,052.39)
二等标准水银温度计	¥67.77	¥8,132.00	¥1,284.00
翻板水位计	¥515.31	¥61,836.64	¥3,254.56
高压厂用变压器	¥465.71	¥16,765.46	¥83,239.04
高压热水冲洗机	¥618.67	¥44,543.91	¥64,862.19
割管器	¥23.69	¥2,843.30	¥7,632.00
工业水泵改造频调速	¥257.91	¥6,189.94	¥78,514.46
光电传感器	¥42.18	¥5,061.10	¥5,061.10
锅炉炉墙砌筑	¥45.97	¥2,758.10	¥5,951.70
继电器	¥63.23	¥2,276.23	¥8,905.27
交流阻抗仪	¥38.51	¥2,773.01	¥4,524.39
零序电流互感器	¥384.67	¥13,848.27	¥88,191.63
螺旋板冷却器及阀门更换	¥475.02	¥11,400.51	¥48,602.19
母线桥	¥33.54	¥1,207.60	¥7,266.80
逆变焊机	¥254.27	¥18,307.24	¥65,199.46
镍母线间隔棒垫	¥25.01	¥1,500.68	¥4,502.03
凝汽器	¥298.67	¥10,751.98	¥98,654.12
盘车装置更换	¥121.66	¥14,599.52	¥60,703.28
气轮机测振装置	¥561.37	¥47,155.21	¥37,936.89
汽轮发电机	¥228.63	¥8,230.77	¥87,072.93
汽轮机	¥1,662.51	¥79,800.68	¥508,204.32
稳压源	¥331.82	¥3,981.81	¥96,611.19
循泵进口门更换电动阀门3只	¥41.93	¥5,031.68	¥2,383.43
叶轮给煤机输电导线改为滑线	¥458.57	¥0.00	¥75,302.80
液压手推车	¥237.71	¥17,115.15	¥87,977.85
中频隔离变压器	¥484.50	¥23,256.15	¥68,544.45
总计	¥319.05	¥537,006.07	¥1,992,926.23

图7.130　创建数据透视表分析折旧情况

拓展练习

1. 制作农产品加工表

某企业生产某农产品，要求该产品至少含有3.5%的甲成分和1.5%的乙成分。生产该产品需要使用A原料和B原料，其中A原料每吨2400元，含有的甲成分和乙成分分别为10%和5.5%；B原料每吨3500元，含有的甲成分和乙成分分别为18%和1%。现需要制作农产品加工表分析农产品加工最优方案，计算怎样调配原料才能使生产成本最低。农产品加工表的参考效果如图7.131所示。

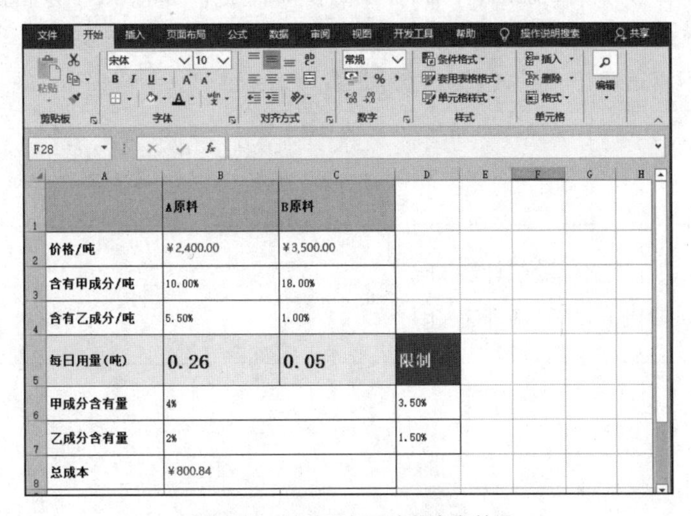

	A原料	B原料	
价格/吨	¥2,400.00	¥3,500.00	
含有甲成分/吨	10.00%	18.00%	
含有乙成分/吨	5.50%	1.00%	
每日用量(吨)	0.26	0.05	限制
甲成分含有量	4%		3.50%
乙成分含有量	2%		1.50%
总成本	¥800.84		

图7.131　农产品加工表的参考效果

提示：利用公式建立甲成分含有量、乙成分含有量和总成本模型；利用规划求解计算A原料和B原料的用量。

下载资源

素材文件：项目七\农产品加工表.xlsx

效果文件：项目七\农产品加工表.xlsx

2. 制作产量预计表

公司新购置了10台相同的机器，现需要制作产量预计表计算该机器在不同速率和纠错率下的预计产量情况。产量预计表的参考效果如图7.132所示。

某产品产量预计表

固定速率	固定纠错率	机器效率	机器数量	产量
1.2	0.05	200	10	2280

2280	0.03	0.04	0.06	0.07	0.08	0.09	0.1	变动纠错率
1.05	2037	2016	1974	1953	1932	1911	1890	
1.1	2134	2112	2068	2046	2024	2002	1980	
1.15	2231	2208	2162	2139	2116	2093	2070	
1.25	2425	2400	2350	2325	2300	2275	2250	
1.3	2522	2496	2444	2418	2392	2366	2340	
1.35	2619	2592	2538	2511	2484	2457	2430	
1.4	2716	2688	2632	2604	2576	2548	2520	
1.45	2813	2784	2726	2697	2668	2639	2610	
1.5	2910	2880	2820	2790	2760	2730	2700	
1.55	3007	2976	2914	2883	2852	2821	2790	
1.6	3104	3072	3008	2976	2944	2912	2880	
变动速率								

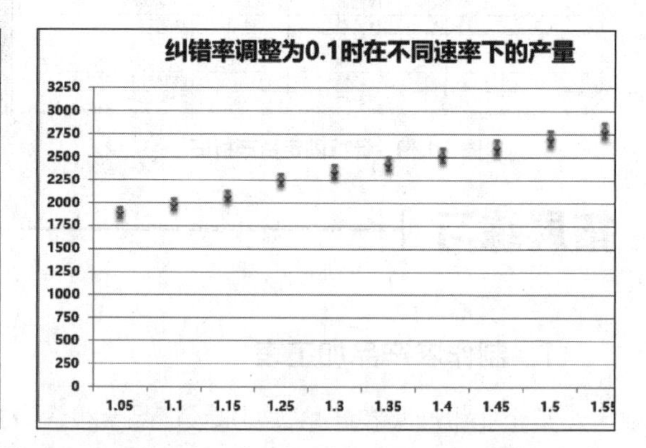

图7.132　产量预计表的参考效果

提示：产品产量=机器效率×机器数量×机器速率−机器效率×机器数量×机器速率×纠错率；利用模拟运算表计算速率与纠错率波动时的产品产量数据；创建纠错率为0.1时不同速率下产量的折线图，并添加误差线。

下载资源

素材文件：项目七\产量预计表.xlsx

效果文件：项目七\产量预计表.xlsx

项目八 创建和编辑演示文稿

情景导入

领导询问米拉最近学习Office的进展，得知米拉已经基本掌握了Word和Excel的操作后，非常满意，同时鼓励米拉要再接再厉，并快速把演示文稿的制作方法学到手，后面会对她委以重任。

米拉向领导保证自己一定不负所望，接着就去找老洪了。老洪告诉米拉，演示文稿也是日常办公中非常重要的一类文件，它的特点就是能够将文本、数字等信息，通过生动形象的多媒体方式呈现出来，让观者可以更有效地接收其中的重要内容。许多产品发布会都会使用各种精美的演示文稿向观者展示产品的各项数据，公司内部的各种会议也会使用演示文稿，除此以外，教学课件、商业计划书、贺卡、影集、公司简介、统计分析报告等各种文件，都可以用演示文稿的方式呈现。

米拉知道了演示文稿的用途如此之多后，更坚定了学好演示文稿制作的决心。

学习目标

- 掌握演示文稿的创建
- 掌握幻灯片的新建、删除、复制、移动等基本操作
- 掌握在幻灯片中输入并编辑文本的方法
- 熟悉在幻灯片中插入图片、表格、艺术字的基本操作
- 熟悉设置幻灯片切换效果和动画效果的方法

素质目标

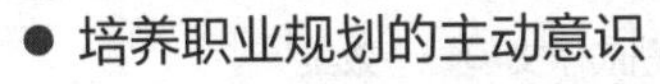

- 培养职业规划的主动意识
- 具备正确的职业规划思想和能力

任务一 制作大学生职业规划演示文稿

一、任务目标

制作大学生职业规划有利于大学生自我定位，能帮助大学生更好地认识自我、了解自我，明确自己的职业方向和人生目标。因此大学生及早制订自己的职业规划是十分必要的。为了更好地展现职业规划的内容，可以使用演示文稿展示，图8.1所示为大学生职业规划演示文稿的参考效果。

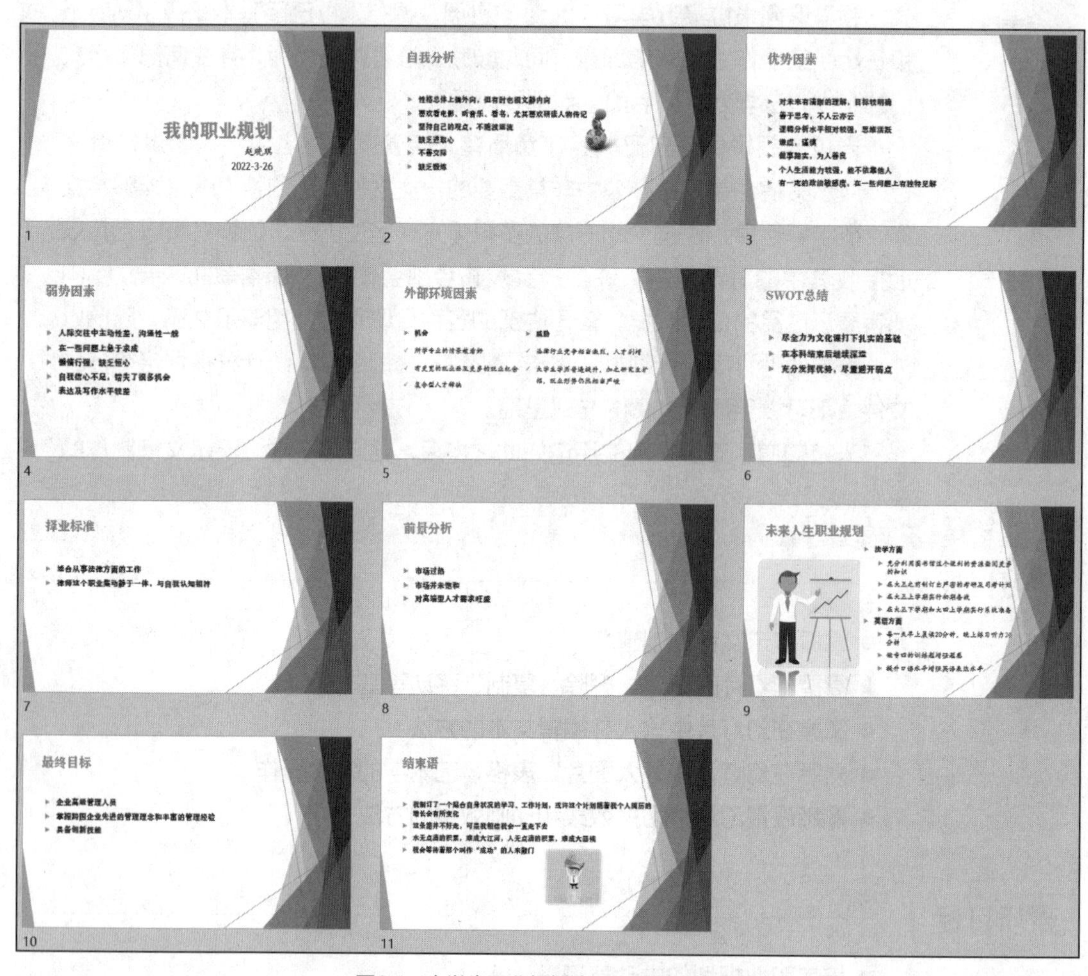

图8.1　大学生职业规划演示文稿参考效果

下载资源

素材文件：项目八\自我分析.jpg、职业规划.jpg、结束语.jpg

效果文件：项目八\大学生职业规划.pptx

二、任务实施

（一）通过模板创建演示文稿

通过模板创建的演示文稿既专业又美观，下面利用“平面”模板创建演示文稿，具体操作如下。

1 启动PowerPoint 2016，选择左侧的“新建”选项，在右侧的搜索框中输入“平面”，按【Enter】键开始搜索，如图8.2所示。

2 在显示的界面中单击搜索到的“平面”演示文稿模板缩略图，如图8.3所示。

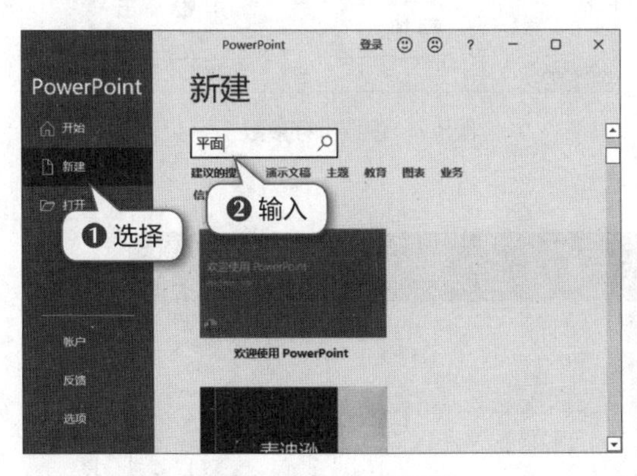

图8.2　输入模板名称

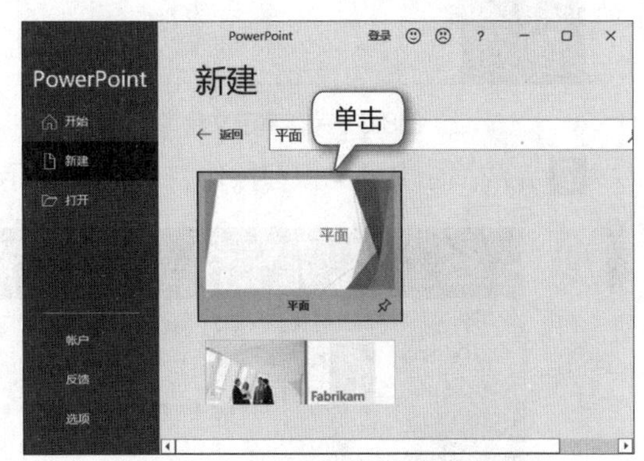

图8.3　选择演示文稿模板

3 进入创建演示文稿的界面，在“平面”栏中选择蓝色的主题，单击下方的“创建”按钮，如图8.4所示。

4 完成演示文稿的创建，如图8.5所示。

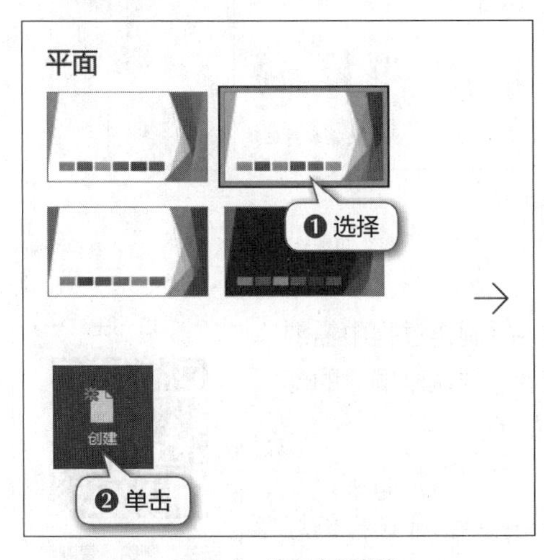

图8.4　选择主题颜色

图8.5　完成创建

5 选择【文件】/【另存为】命令，选择“浏览”选项，如图8.6所示。

6 打开“另存为”对话框，在其中选择演示文稿的保存位置和输入文件名，完成后单击 保存(S) 按钮，如图8.7所示。

图8.6　保存演示文稿

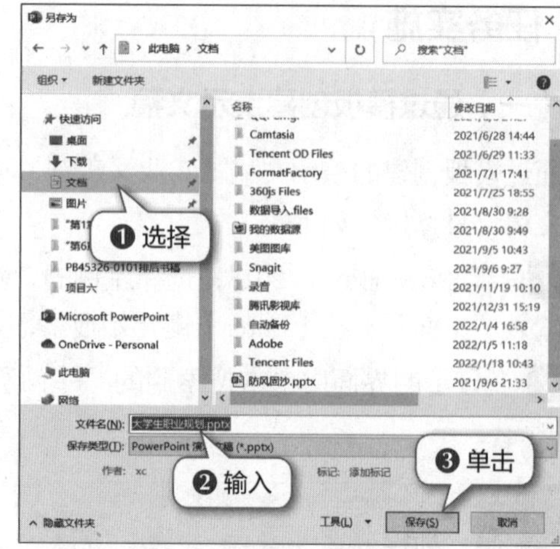

图8.7　设置保存参数

7 完成演示文稿的保存操作，如图8.8所示。

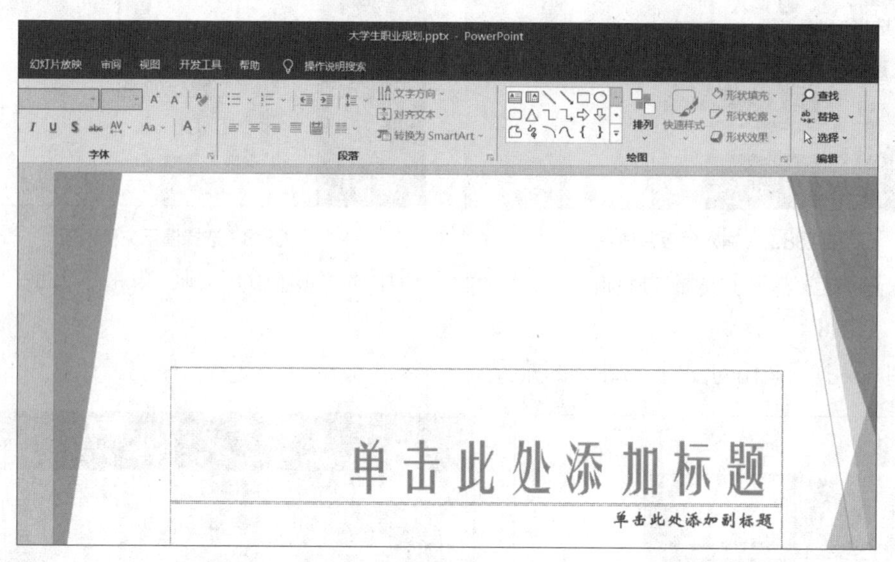

图8.8　完成保存

（二）新建、删除、复制和移动幻灯片

新建的模板演示文稿一般只包含1张幻灯片，在实际制作过程中需要多张幻灯片，因此需要新建幻灯片，而对于不需要或者需要调整顺序的幻灯片，还可以进行删除、复制和移动操作，具体操作如下。

新建、删除、复制和移动幻灯片

1 在界面左侧“幻灯片/大纲”窗格中的幻灯片上单击鼠标右键，在弹出的快捷菜单中选择“新建幻灯片”命令，如图8.9所示，或选择幻灯片后按【Enter】键。

2 在“幻灯片/大纲”窗格中新建的幻灯片如图8.10所示。如果需要删除幻灯片，则可以选择幻灯片后单击鼠标右键，在弹出的快捷菜单中选择“删除幻灯片”命令。

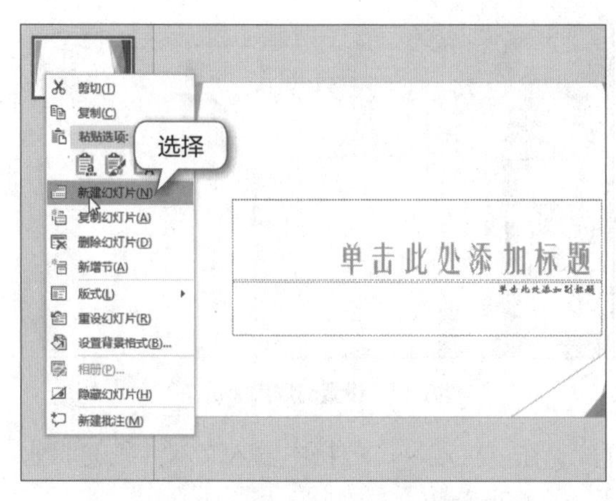

图8.9　选择“新建幻灯片”命令

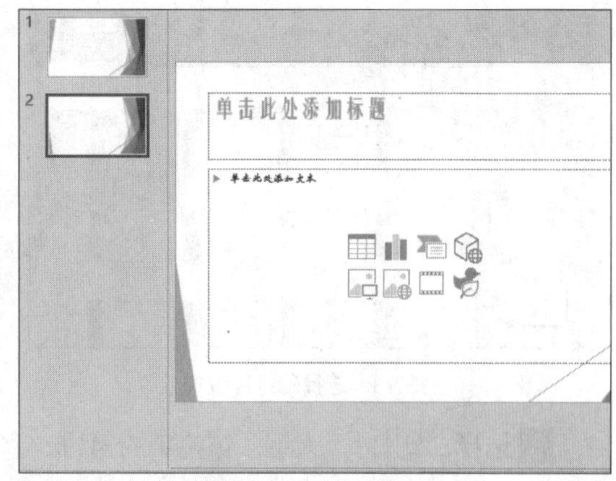

图8.10　新建的幻灯片

3 使用同样的方法新建多张幻灯片。选择需要复制的幻灯片，如第2张幻灯片，按住【Ctrl】键的同时按住鼠标左键将其拖曳到目标幻灯片下方，释放鼠标左键可复制一张幻灯片，如图8.11所示。

4 选择需要移动的幻灯片，如第3张幻灯片，按住鼠标左键将其向下拖曳到目标幻灯片的下方，释放鼠标左键可将选择的幻灯片移到相应的位置，如图8.12所示。

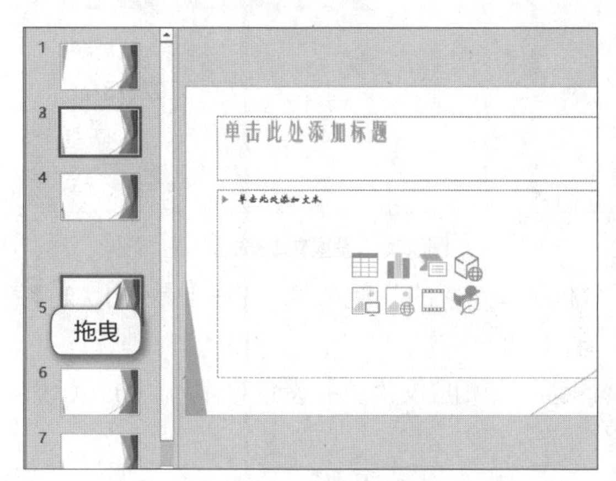

图8.11　复制幻灯片

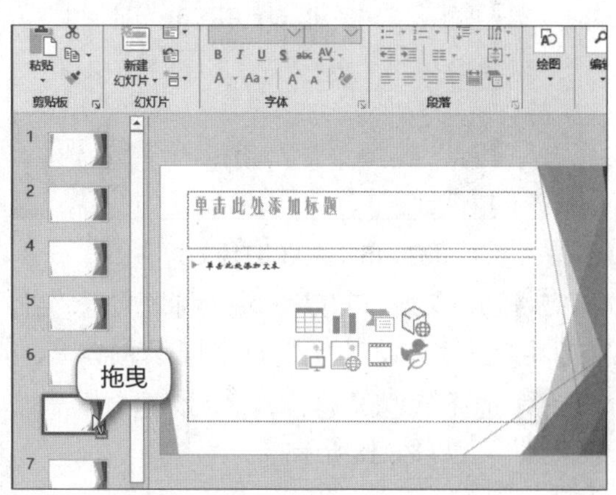

图8.12　移动幻灯片

（三）输入文本并设置字符格式

根据大学生职业规划的内容创建幻灯片中的相关文本，并根据排版需求选择合适的幻灯片版式。下面在演示文稿中输入具体内容并设置字符格式，具体操作如下。

输入文本并设置字符格式

1 选择“幻灯片/大纲”窗格中的第5张幻灯片，单击【开始】/【幻灯片】组中的“版式”按钮，在打开的下拉列表中选择“两栏内容”选项，如图8.13所示。

2 选择第7张幻灯片，将其版式设置为“标题和内容”，如图8.14所示。

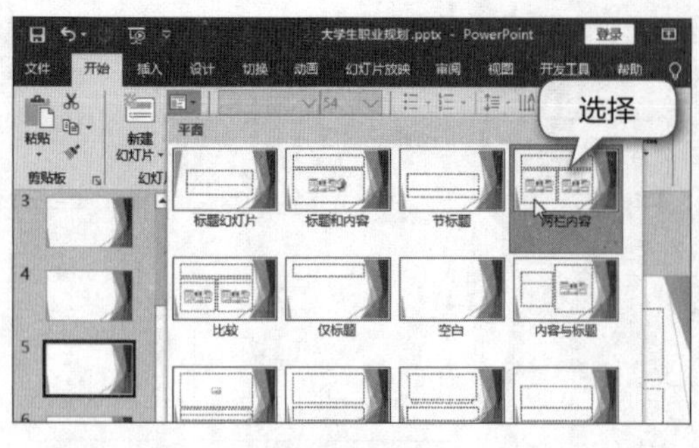

图8.13 选择幻灯片版式

图8.14 设置幻灯片版式

3 选择“幻灯片/大纲”窗格中的第1张幻灯片，在“标题”占位符中输入文本“我的职业规划”，在“副标题”占位符中输入文本“赵晓琪、2022−3−26”，如图8.15所示。

4 在【开始】/【字体】组中将标题文本的字体设置为“方正粗黑宋简体”，将副标题文本的字号设置为“28”，如图8.16所示。

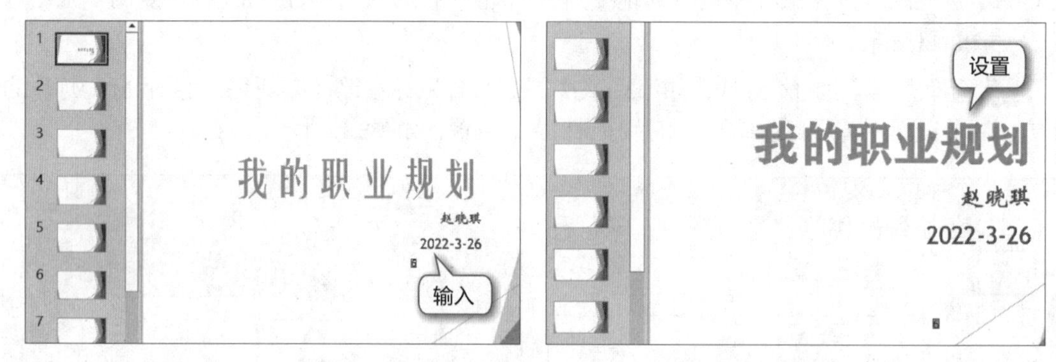

图8.15 输入幻灯片文本　　图8.16 设置文本格式

5 选择第2张幻灯片，输入标题文本“自我分析”和对应的分析内容，并在【开始】/【字体】组将其字体设置为“方正粗黑宋简体”，如图8.17所示。

6 选择第3张幻灯片，输入标题文本“优势因素”和相应文本，并设置字体为“方正粗黑宋简体”，如图8.18所示。

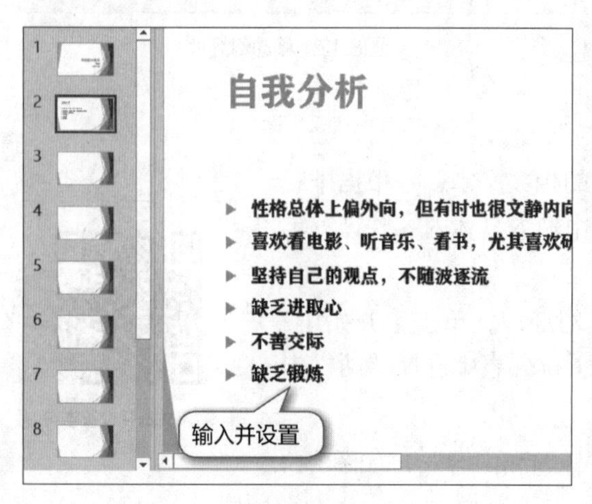

图8.17 输入文本并设置字体

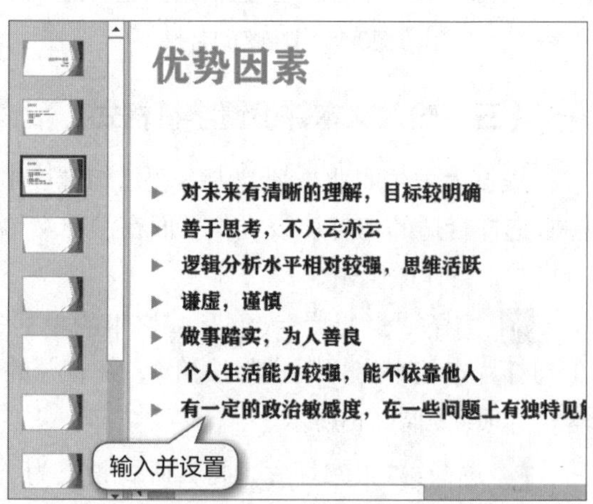

图8.18 输入文本并设置格式

7 选择第4张幻灯片，在标题中输入“弱势因素”，并设置字体为“方正粗黑宋简体”，如图8.19所示。

8 选择第5张幻灯片，在幻灯片上方的文本占位符中输入一级标题，在幻灯片左侧文本占位符中输入二级标题文本和正文文本，设置标题文本字体为“方正粗黑宋简体”，正文文本字体为“楷体”，如图8.20所示。

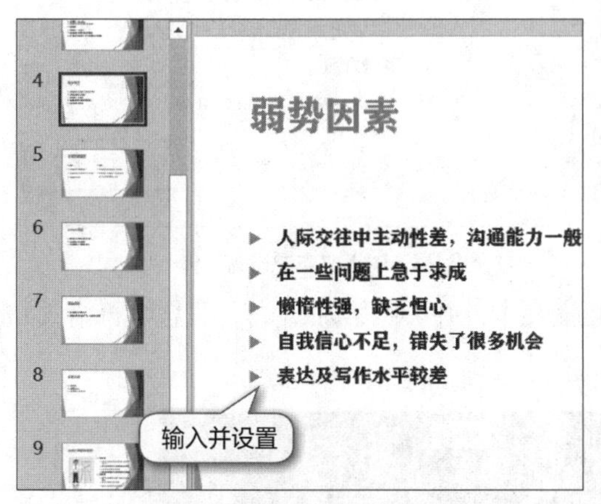

图8.19 输入标题文本并设置字体

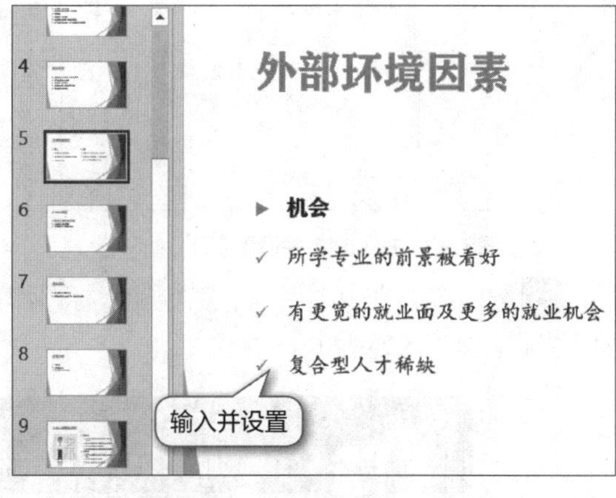

图8.20 输入文本并设置字体

9 选择正文文本，在【开始】/【段落】组中单击“项目符号”按钮右侧的下拉按钮，在打开的下拉列表中选择“选中标记项目符号”选项，如图8.21所示。

10 保持文本的选择状态，单击【段落】组中的“对话框启动器”按钮，打开“段落”对话框，单击“缩进和间距”选项卡，在“间距”栏中将“段前”设置为“12磅”，将“行距”设置为“1.5倍行距”，单击确定按钮，如图8.22所示。

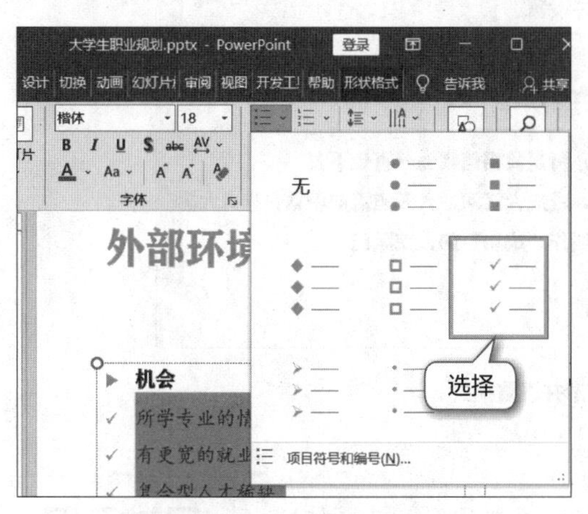

图8.21 设置项目符号

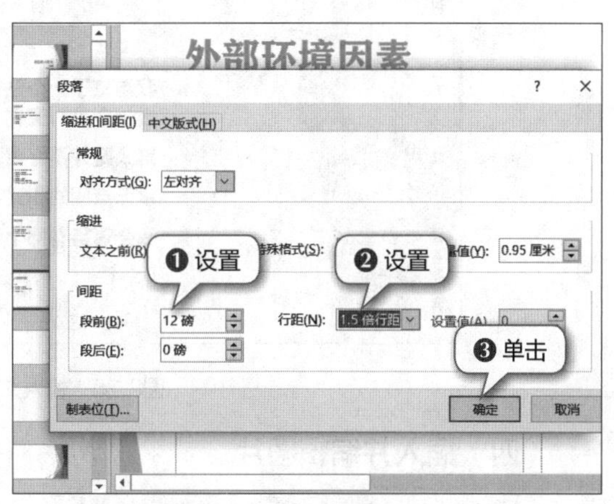

图8.22 设置段落格式

11 使用相同的操作方法，在第5张幻灯片右侧的文本占位符中输入二级标题和正文文本，并参照左侧段落文本设置字符格式和段落格式，如图8.23所示。

12 切换至第9张幻灯片，将版式设置为“两栏内容”，分别在标题和正文占位符中输入相应文本，选择需要降级的正文文本，按【Tab】键做降级处理，并将降级后的正文文本字体设置为“楷体”，如图8.24所示。

图8.23　输入文本并设置字体

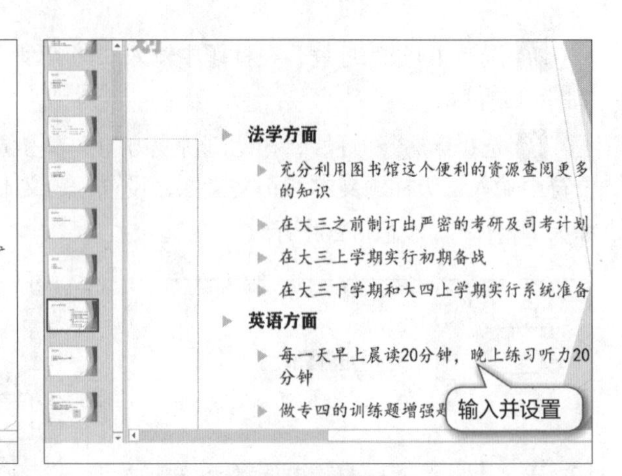

图8.24　输入文本并设置字体

13 选择第11张幻灯片，在其中输入标题和正文文本，并参照第9张幻灯片设置字符格式和段落格式，如图8.25所示。

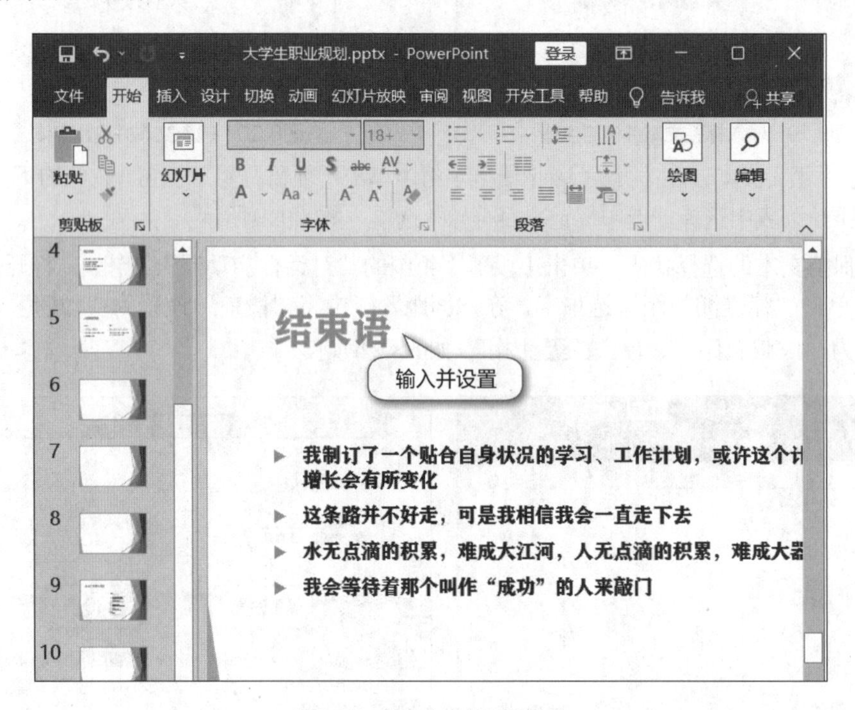

图8.25　输入文本并设置格式

（四）插入并编辑图片

幻灯片的文本部分制作完成后，需在其中插入相应的图片。为了使插入的图片美观大方，还需对图片进行适当的编辑。下面在第2、第9、第11张幻灯片中插入并编辑图片，具体操作如下。

1 选择第2张幻灯片，单击【插入】/【图像】组中的“图片”按钮，在打开的下拉列表中选择“图片”选项，如图8.26所示。

2 在打开的“插入图片”对话框中选择“自我分析.jpg”图片，单击 插入(S) 按钮，如图8.27所示。

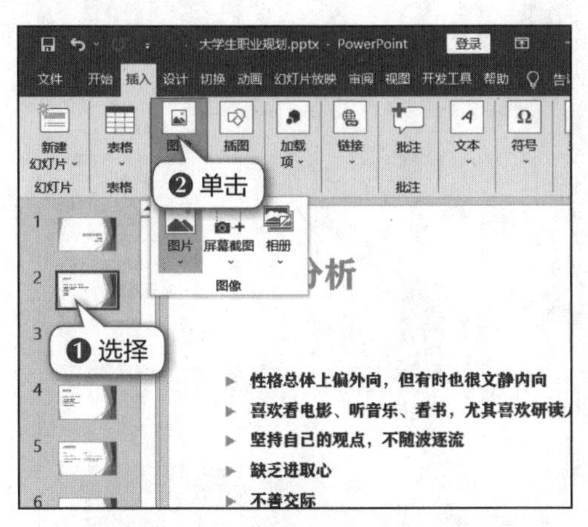

图8.26 单击“图片”按钮

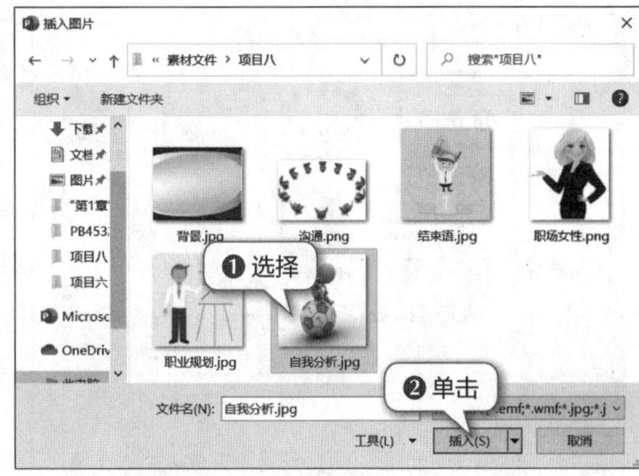

图8.27 选择插入的图片

3 选择插入的图片，在【图片工具-格式】/【大小】组的“高度”和“宽度”数值框中均输入“5厘米”，并将图片移动到相应的位置，如图8.28所示。

4 在【图片工具-格式】/【快速样式】组的“图片样式”下拉列表中选择“柔化边缘椭圆”选项，为图片设置外观效果，如图8.29所示。

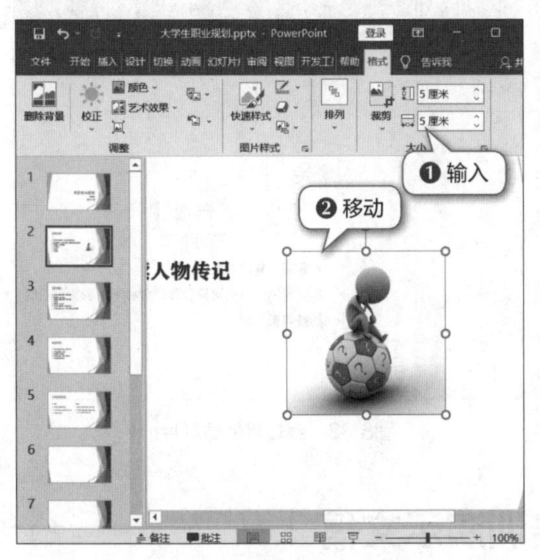

图8.28 设置图片大小和位置

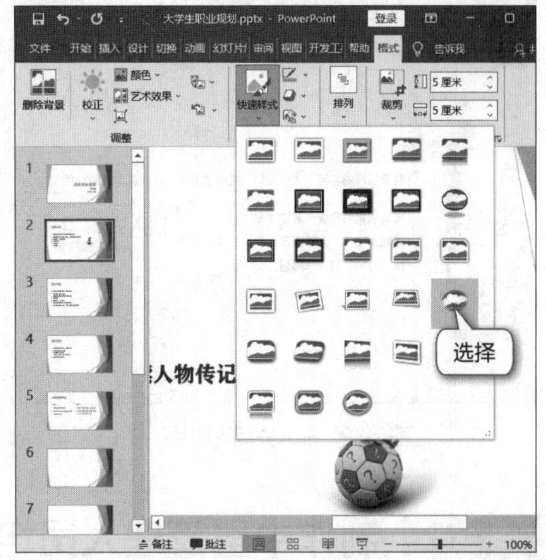

图8.29 设置图片样式

5 选择第9张幻灯片，单击【插入】/【图像】组中的“图片”按钮，在打开的“插入图片”对话框中选择“职业规划.jpg”图片，单击 插入(S) 按钮，如图8.30所示。

6 在【图片工具-格式】/【快速样式】组的“图片样式”下拉列表中选择“映像圆角矩形”选项，效果如图8.31所示。

图8.30 选择插入的图片

图8.31 设置图片样式

7 选择最后一张幻灯片，插入“结束语.jpg”图片，并对插入的图片应用“柔化边缘矩形”样式，将其宽度和高度均设置为“6厘米”，如图8.32所示。

8 使用同样的方法编辑其他幻灯片的文字和图片，完成演示文稿的制作，如图8.33所示。

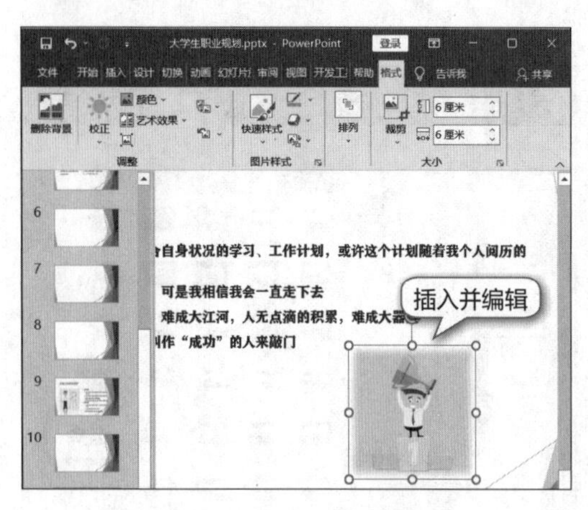

图8.32 插入并编辑图片

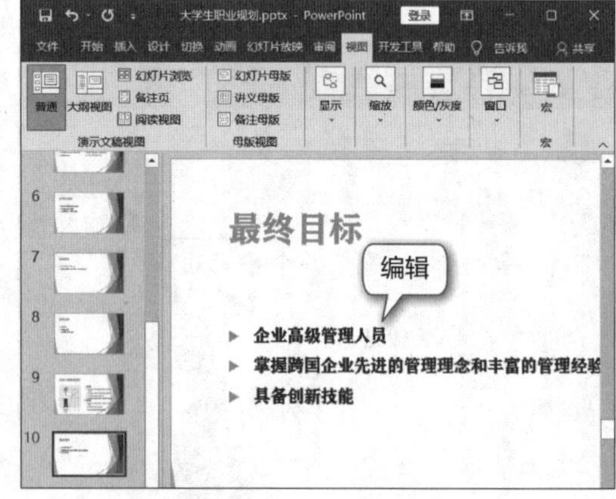

图8.33 编辑其他幻灯片

任务二 制作中层管理人员培训演示文稿

一、任务目标

中层管理人员在企业中不仅起到承上启下的作用，还肩负着保障企业正常运转的责任，因此，中层管理人员的培训工作不容忽视。培训形式多种多样，常用的培训形式有职务轮换、在职辅导、多层次参与管理及职业模拟4种。在中层管理人员的培训中，演示文稿是经常用到的，图8.34所示为中层管理人员培训演示文稿的参考效果。

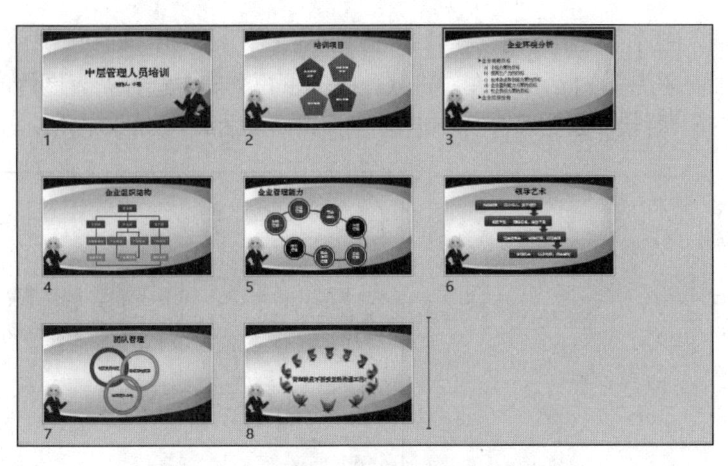

图8.34　中层管理人员培训演示文稿的参考效果

下载资源

素材文件：项目八\背景.jpg、职场女性.png、沟通.png

效果文件：项目八\中层管理人员培训演示文稿.pptx

二、任务实施

（一）设置背景并输入文本

先创建一篇空白演示文稿，然后设置幻灯片背景，最后输入并设置文本格式，具体操作如下。

1 新建演示文稿，并将其保存为“中层管理人员培训演示文稿.pptx”，在【设计】/【自定义】组中单击“设置背景格式”按钮，如图8.35所示。

2 打开“设置背景格式”窗格，在“填充”栏中选中“图片或纹理填充”单选项，单击“图片源”栏中的 插入(R)... 按钮，如图8.36所示。

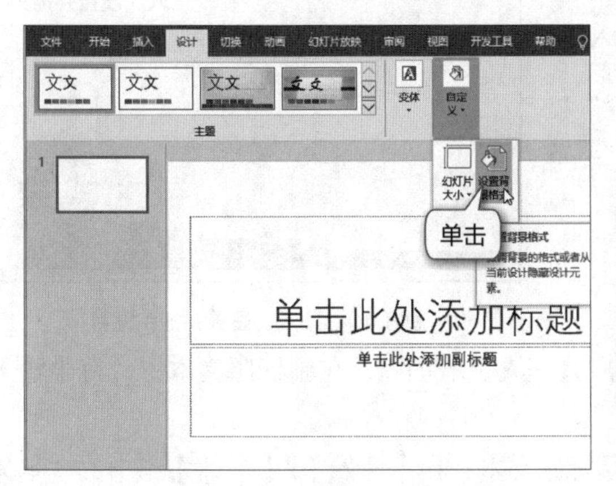

图8.35　单击“设置背景格式”按钮

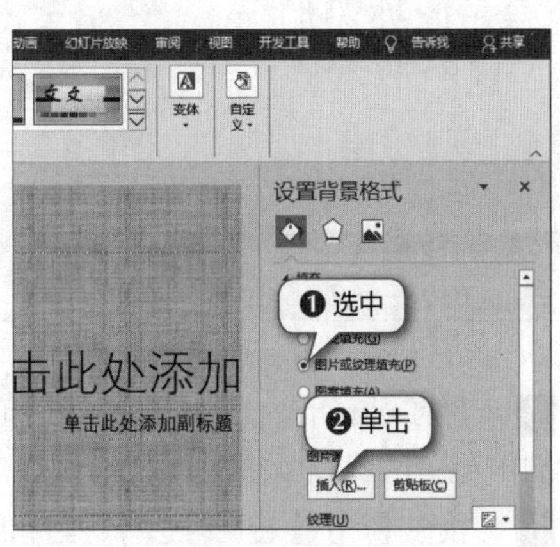

图8.36　选择填充方式

3 打开“插入图片”提示界面，在其中选择“从文件”选项，如图8.37所示。

4 打开“插入图片”对话框，在“查找范围”下拉列表中选择背景图片的存放位置，在中间列表框中选择“背景.jpg”图片，单击插入(S)按钮插入图片，如图8.38所示。

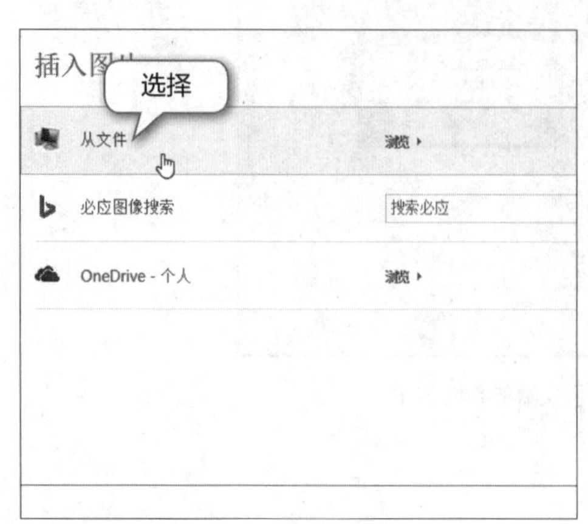

图8.37 选择图片来源

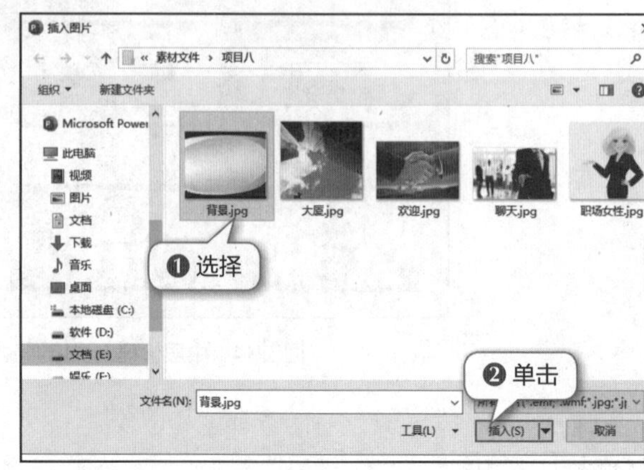

图8.38 选择图片

5 在“设置背景格式”窗格的“向左偏移”“向上偏移”“向下偏移”数值框中均输入“0%”，在“向右偏移”数值框中输入“-1%”，单击应用到全部(L)按钮，单击右上角的×按钮关闭窗格，如图8.39所示。

6 在第1张幻灯片中插入“职场女性.png”图片。在【图片工具-格式】/【大小】组中将其高度设置为“10厘米”，并将插入的图片拖曳至幻灯片右下角后释放鼠标左键，如图8.40所示。

图8.39 设置背景图片格式

图8.40 插入、设置并拖曳图片

7 在标题文本占位符中输入文本“中层管理人员培训”，在副标题文本占位符中输入文本“制作人：小薇”，如图8.41所示。

8 在按住【Ctrl】键同时选择标题和副标题文本，在【开始】/【字体】组中的“字体”

下拉列表中选择“方正小标宋简”选项，完成设置，如图8.42所示。

图8.41 输入标题、副标题文本

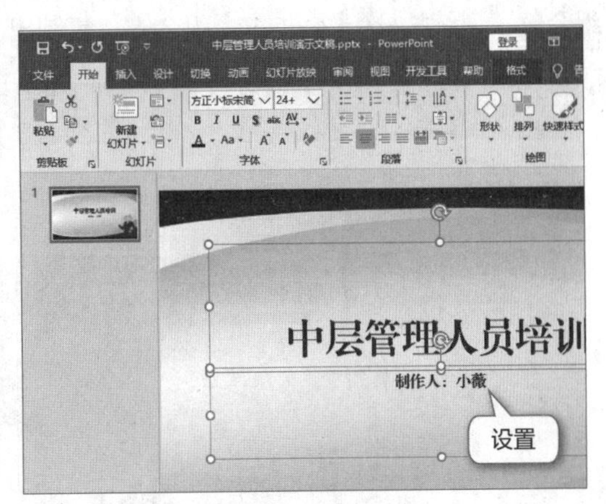

图8.42 设置字体

（二）新建和复制幻灯片

完整的演示文稿通常由多张幻灯片组成，因此，制作第1张幻灯片后，还要根据实际需求新建或复制其他幻灯片，具体操作如下。

1 选择“幻灯片大纲”窗格中新建的第1张幻灯片，按【Enter】键新建第2张幻灯片，如图8.43所示。

2 选择第1张幻灯片中的“职场女性”图片，按【Ctrl+C】组合键复制该图片。切换到“幻灯片”窗格中的第2张幻灯片，按【Ctrl+V】组合键，将图片粘贴到幻灯片中，如图8.44所示。

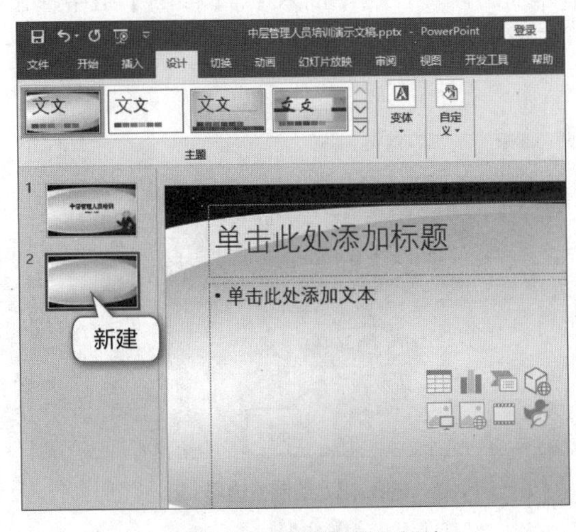

图8.43 新建第2张幻灯片

图8.44 复制后粘贴图片

3 保持图片的选择状态，在【图片工具-格式】/【大小】组中的“高度”数值框中输入“7厘米”，单击【图片工具-格式】/【排列】组中的“旋转”按钮，在打开的下拉列表中选择“水平翻转”选项，如图8.45所示。

4 将第2张幻灯片中的“职场女性”图片移至左下角，并选择第2张幻灯片，按【Ctrl+C】组合键，连续按6次【Ctrl+V】组合键，复制出6张相同的幻灯片，如图8.46所示。

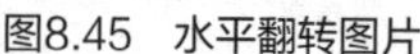
图8.45 水平翻转图片

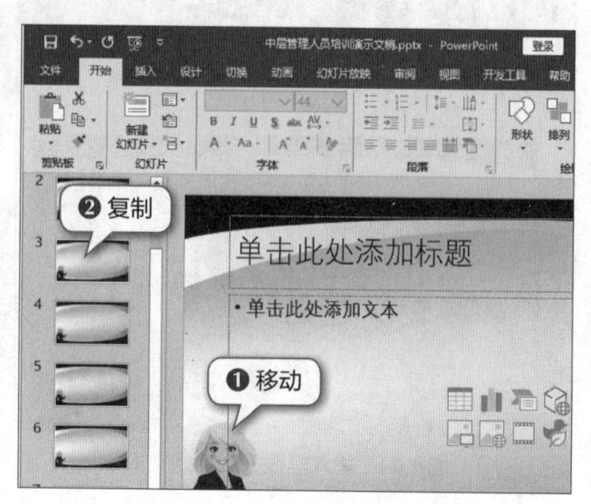

图8.46 移动图片并复制幻灯片

（三）绘制并编辑形状

扫一扫
绘制并编辑形状

为了增强演示文稿的可读性和实用性，在演示文稿中添加适当的形状也是非常必要的。下面在演示文稿中添加各种形状，包括五边形、矩形、圆角矩形、同心圆和椭圆，具体操作如下。

1 选择第2张幻灯片，在【开始】/【幻灯片】组中单击“版式”按钮，在打开的下拉列表中选择“仅标题”选项，如图8.47所示。

2 输入标题，并将其字体设置为“方正小标宋简体”，在【插入】/【插图】组中单击“形状”按钮，在打开的下拉列表中选择“五边形”选项，拖曳鼠标指针在幻灯片中绘制一个五边形，如图8.48所示。

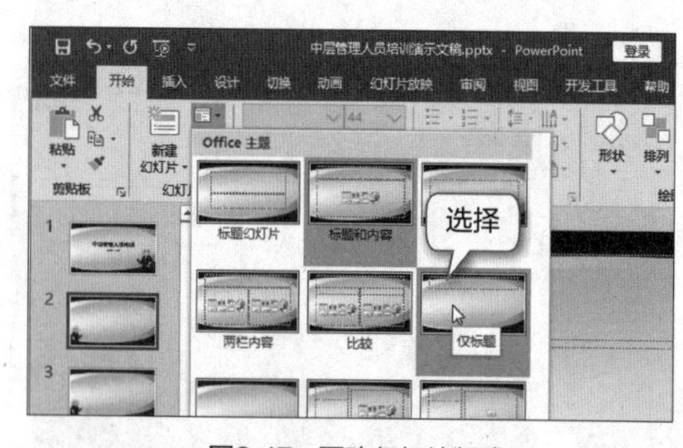

图8.47 更改幻灯片版式

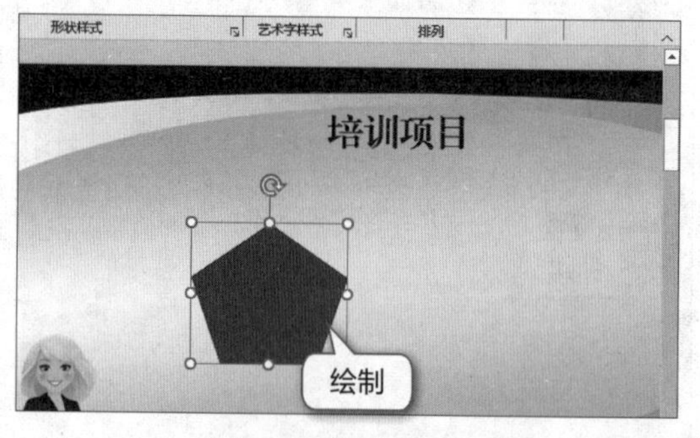

图8.48 绘制五边形

3 选择绘制的五边形，复制3个并适当调整其位置，在【绘图工具-格式】/【形状样式】组中的下拉列表中将这4个五边形以两个为一组，设置样式分别为“强烈效果-蓝色，强调颜色5”和“强烈效果-蓝色，强调颜色1”样式，效果如图8.49所示。

4 在绘制的形状上单击鼠标右键，在弹出的快捷菜单中选择“编辑文字”命令，在各个形状中添加所需文本，如图8.50所示。

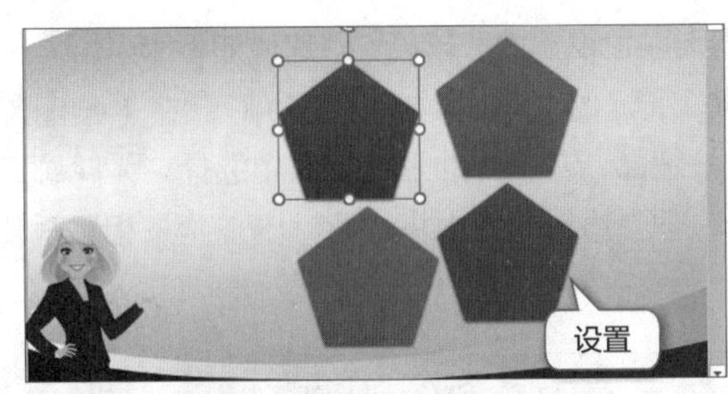

图8.49　复制形状并设置形状样式

图8.50　在形状中添加文本

5 按住【Shift】键选择第4～第7张幻灯片，在【开始】/【幻灯片】组中单击“版式”按钮，在打开的下拉列表中为这4张幻灯片应用“仅标题”样式，将这4张幻灯片的标题文本字体设置为“方正小标宋简体”，如图8.51所示。

6 切换到第4张幻灯片，输入标题文本，绘制一个矩形，在【绘图工具-格式】/【大小】组中将高度设置为“1.45厘米”，宽度设置为“3.66厘米”，如图8.52所示。

图8.51　设置幻灯片

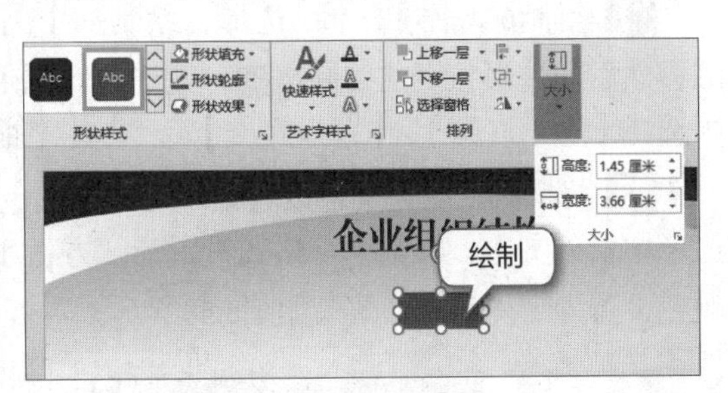

图8.52　绘制并调整矩形大小

7 复制10个矩形，并调整其位置。在【插入】/【插图】组中单击“形状”按钮，在打开的下拉列表中选择“直线”选项，将所有矩形用直线连接，在【绘图工具-格式】/【形状样式】组中单击“形状轮廓”按钮，在打开的下拉列表中的“粗细”列表中选择“1.5磅”选项，效果如图8.53所示。

8 在矩形中输入文本，对于较长文本，可以适当调整矩形宽度。按住【Shift】键分别选择各行中的矩形，分别为其设置“强烈效果-蓝色，强调颜色1”“强烈效果-蓝色，强调颜色5”“半透明-蓝色，强烈效果5，无轮廓”样式，如图8.54所示。

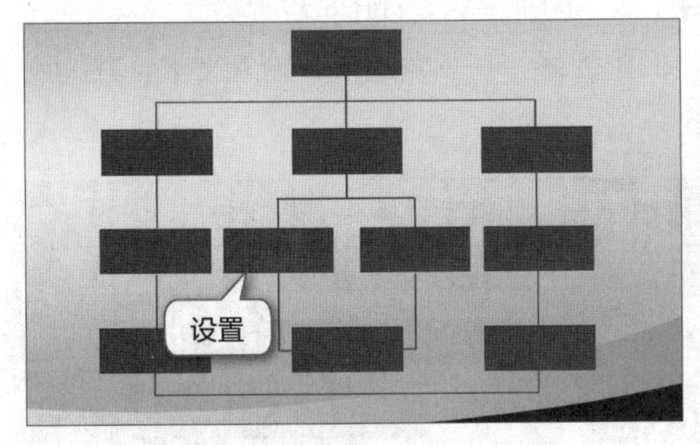

图8.53　复制矩形并绘制直线

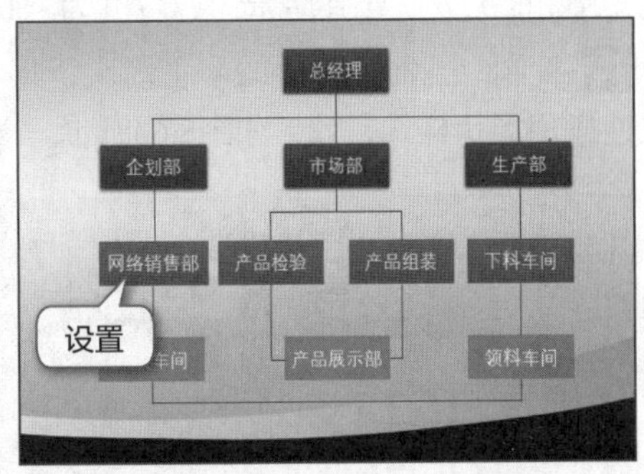

图8.54　输入文本并设置矩形样式

9 切换到第5张幻灯片，输入标题文本，绘制一个高度、宽度均为“4.2厘米”的十二边形，并在【绘图工具-格式】/【形状样式】组中将其填充颜色设置为“白色”，效果如图8.55所示。

10 按照相同的操作，绘制一个高度、宽度均为“3.5厘米”的十二边形，在【绘图工具-格式】/【形状样式】组中单击“形状轮廓”按钮，在打开的下拉列表中选择“无轮廓”选项。将无轮廓的“蓝色”十二边形移至“白色”十二边形的正中央，此时出现两条相互垂直的线，即参考线，如图8.56所示。

图8.55 绘制并设置十二边形

图8.56 组合绘制的十二边形

11 复制6个相同的十二边形，绘制一个高度为“8.84厘米”，宽度为“18.98厘米”的椭圆，然后通过形状上的控制点，适当旋转图形，在椭圆上单击鼠标右键，在弹出的快捷菜单中选择【置于底层】/【置于底层】命令，将椭圆置于最底层，如图8.57所示。

12 将椭圆的填充颜色设置为“无填充颜色”，将其形状轮廓粗细设置为“6磅”，在十二边形中输入文本，将其字符格式设置为“方正小标宋简体、20”，将其中两个十二边形的填充颜色设置为“黑色”，效果如图8.58所示。

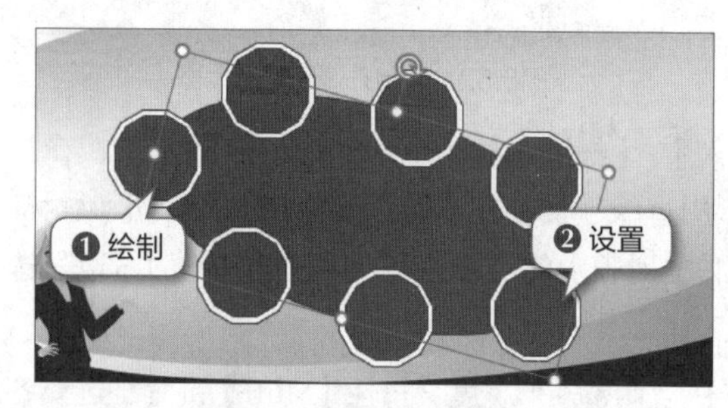

图8.57 绘制并设置椭圆

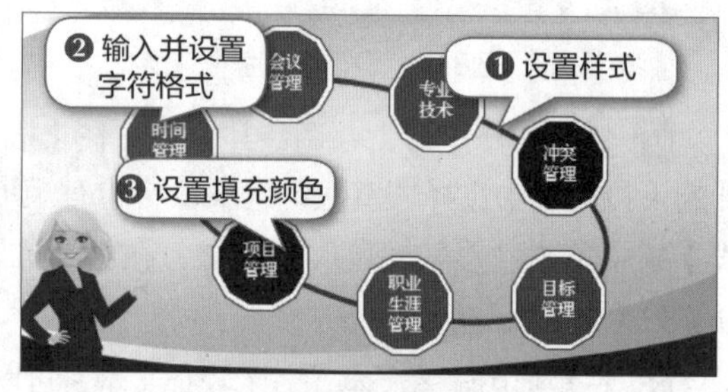

图8.58 设置椭圆样式并输入文本

13 切换至第6张幻灯片，输入标题文本，绘制高度为“2厘米”、宽度为“13.6厘米”的圆角矩形和高度为“1.18厘米”、宽度为“1.4厘米”的下箭头，如图8.59所示。

14 复制3个圆角矩形和2个下箭头，将它们排列好，在圆角矩形中输入文本，并为圆角矩形快速应用形状样式，效果如图8.60所示。

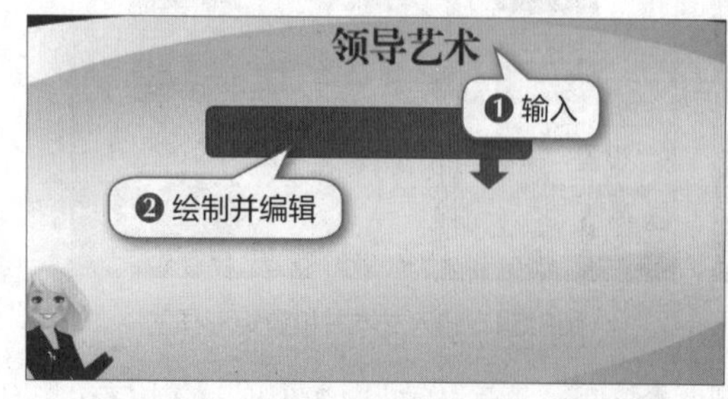

图8.59 输入文本并绘制圆角矩形和下箭头

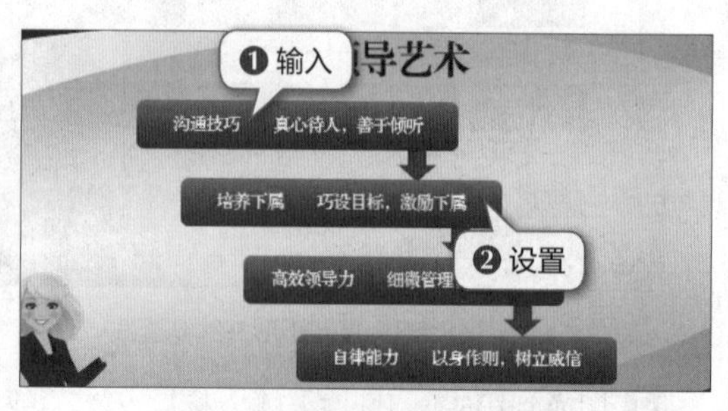

图8.60 输入文本并应用形状样式

15 切换至第7张幻灯片，输入标题文本，在【插入】/【插图】组中单击“形状”按钮，在打开的下拉列表中选择“同心圆”选项，绘制一个高度、宽度均为“7.6厘米”的同心圆，并利用图形上的橙色控制点缩小圆环，效果如图8.61所示。

16 复制两个同心圆，调整其位置，在同心圆中输入文本，设置文本的字符格式为“方正小标宋简体、20”，并为复制的两个同心圆应用“细微效果-灰色，强调颜色3”和“细微效果-蓝色，强调颜色5”样式，如图8.62所示。

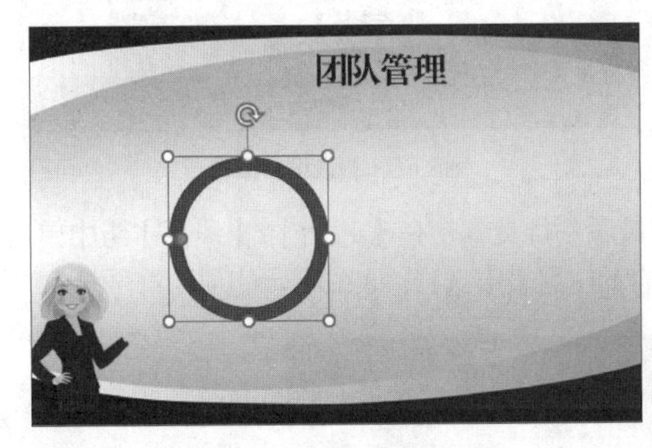

图8.61 绘制并编辑同心圆

图8.62 复制并设置同心圆

17 选择最后一张幻灯片，输入标题文本，在【插入】/【图像】组中单击“图片”按钮，插入“沟通.png”图片，并适当调整图片的大小和位置，如图8.63所示。

18 将标题文本的字号设置为“32”，并将其拖曳到图片的中央，如图8.64所示。

图8.63 插入并调整图片

图8.64 移动标题

（四）更改项目符号和编号

在多文本的幻灯片中添加醒目的项目符号和编号，不仅可以让文本内容以列表形式显示，而且能使幻灯片的结构清晰。下面更改第3张幻灯片中的项目符号与编号，具体操作如下。

扫一扫

更改项目符号和编号

1 切换至第3张幻灯片，输入标题和正文，选择正文中的第2～第6行文本，在【开始】/【段落】组中单击“提高列表级别”按钮，提高所选文本的列表级别，如图8.65所示。

2 保持文本的选择状态，在【开始】/【段落】组中单击“编号”按钮右侧的下拉按钮，在打开的下拉列表中选择图8.66所示的选项。

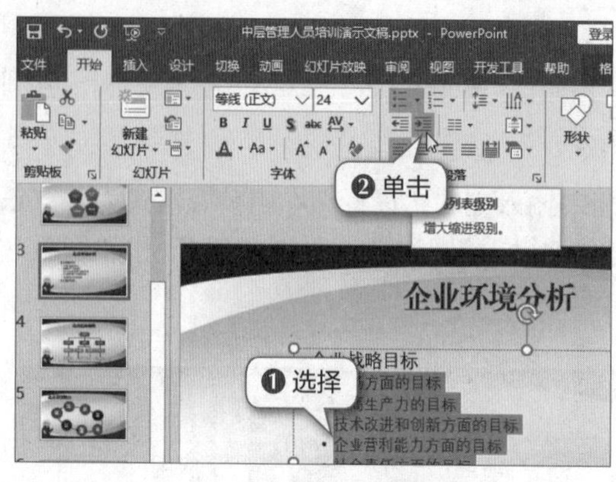

图8.65　提高文本的列表级别

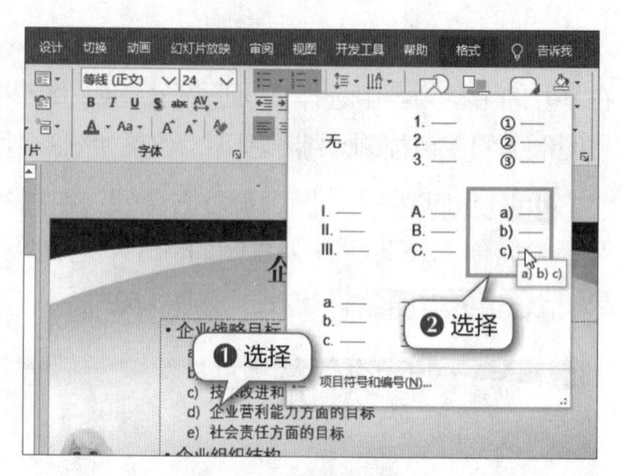

图8.66　更改编号格式

3 按住【Ctrl】键分别选择正文的第1行与最后一行文本，在【开始】/【段落】组中单击“项目符号”按钮☰右侧的下拉按钮▾，在打开的下拉列表中选择图8.67所示的项目符号。

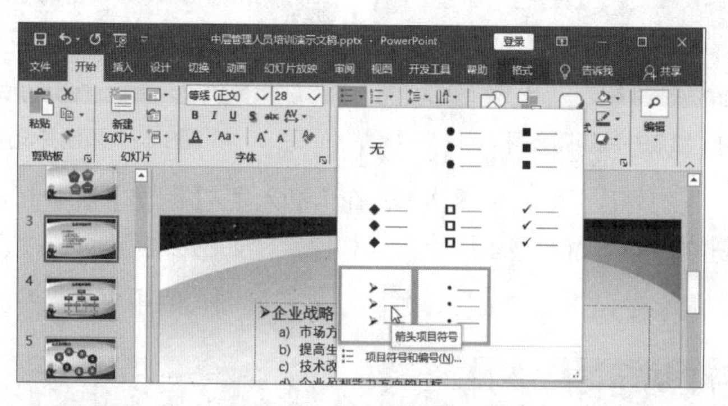

图8.67　更改项目符号

任务三　制作薪酬管理制度演示文稿

一、任务目标

薪酬管理制度是人力资源管理制度的重要组成部分。有效的激励机制能够让员工发挥出最佳的潜能，为企业创造更大的价值。薪酬不是单一的工资或纯粹的经济性报酬。从对员工激励的角度来讲，薪酬分为两类：一类是外在激励性因素，如工资、津贴、社会福利、公司内部的福利等；另一类是内在激励性因素，如员工的个人成长、挑战性工作、工作环境、培训等。在介绍薪酬管理制度时常用到演示文稿，图8.68所示为薪酬管理制度演示文稿参考效果。

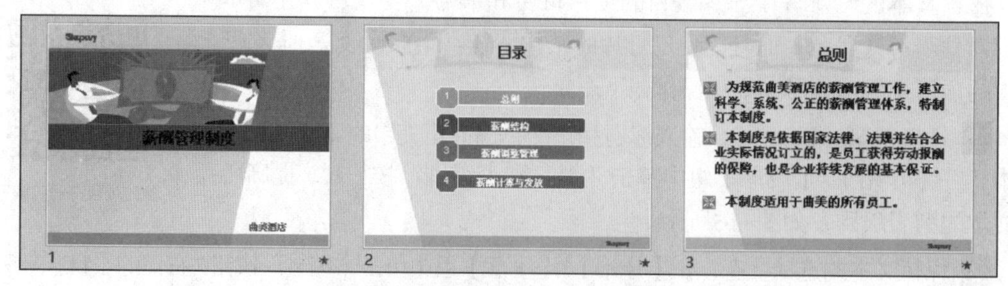

图8.68　薪酬管理制度演示文稿参考效果

下载资源
素材文件：项目八\薪酬管理制度.pptx
效果文件：项目八\薪酬管理制度.pptx

二、任务实施

（一）添加形状

打开“薪酬管理制度.pptx”演示文稿，切换至第4张幻灯片，输入标题文本，插入艺术字，最后为幻灯片中的艺术字和形状添加动画，具体操作如下。

1 打开“薪酬管理制度.pptx”演示文稿，在“幻灯片”窗格中选择第4张幻灯片，在标题占位符中输入文本“薪酬结构”，如图8.69所示。

2 在【插入】/【文本】组中单击“艺术字”按钮，在打开的下拉列表中选择“填充：橙色，主题色2；边框：橙色，主题色2”选项，如图8.70所示。

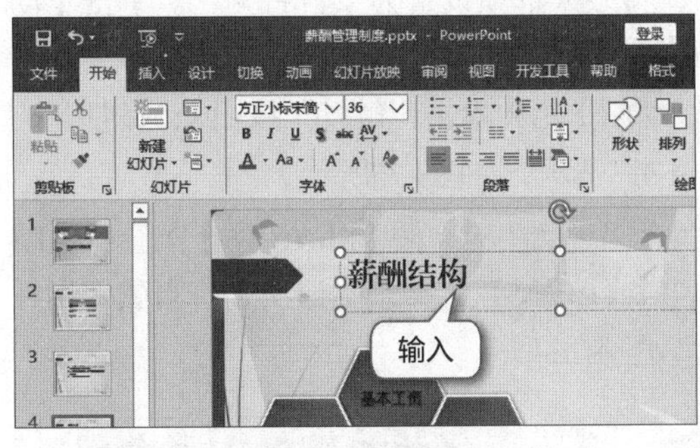

图8.69 输入标题文本

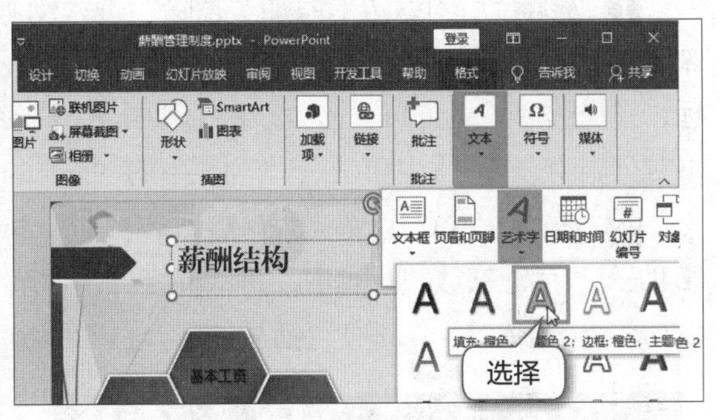

图8.70 选择艺术字样式

3 在“请在此放置您的文字”文本框中输入文本“曲美酒店支付给员工的薪酬主要由6部分组成”，输入完成后，选择文本框并将其字号设置为“28”，如图8.71所示。

4 将鼠标指针移动至艺术字文本框的边框上，当其变为形状时，按住鼠标左键将艺术字拖至目标位置后释放鼠标左键，如图8.72所示。

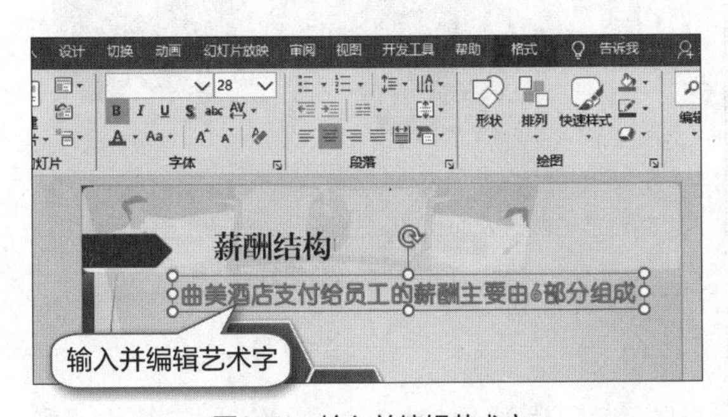

图8.71 输入并编辑艺术字

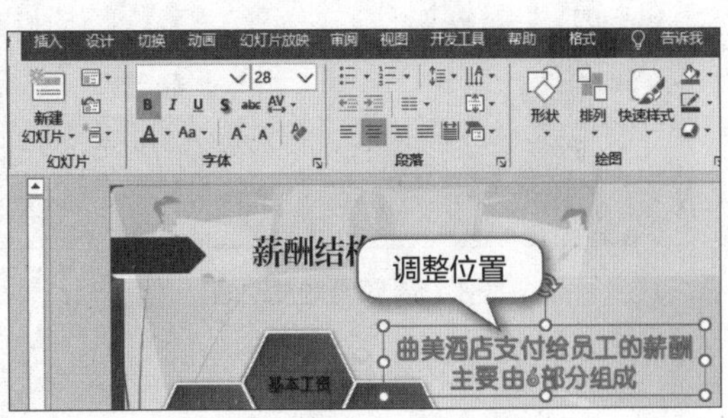

图8.72 调整艺术字的位置

5 选择艺术字，在【动画】/【高级动画】组中单击“添加动画”按钮，在打开的下拉列表中选择“进入”栏的“缩放”选项，如图8.73所示。

6 在【动画】/【计时】组中将开始时间设置为“与上一动画同时”；选择箭头对象，使用相同的方法为其添加“形状”进入动画，在【动画】/【动画】组中单击“效果选项”按钮，在打开的下拉列表中选择“缩小”选项，将开始时间设置为“与上一动画同时”，如图8.74所示。

图8.73 为幻灯片对象添加动画

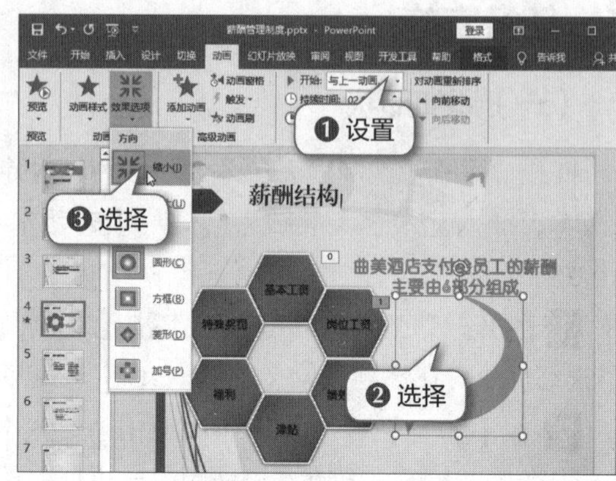

图8.74 设置动画效果

7 为组合后的六边形添加“擦除”进入动画，将效果选项设置为“自右侧”。单击【动画】/【高级动画】组中的“动画窗格”按钮，在打开的“动画窗格”窗格中选择要触发的目标，这里选择“组合14”选项，在【动画】/【高级动画】组中单击“触发”按钮，在打开的下拉列表中选择“通过单击”子列表中的“Freeform 3”选项，如图8.75所示。

8 为“组合14”对象添加触发器后，其左上角会出现图标，按【Shift+F5】组合键放映第4张幻灯片。在放映过程中，将鼠标指针定位至“Freeform3”，即箭头形状上，当鼠标指针自动变为形状时，单击便可播放“组合14”形状，如图8.76所示。

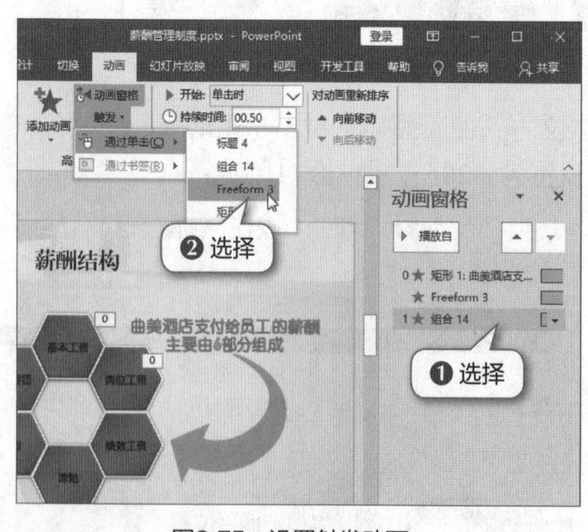

图8.75 设置触发动画

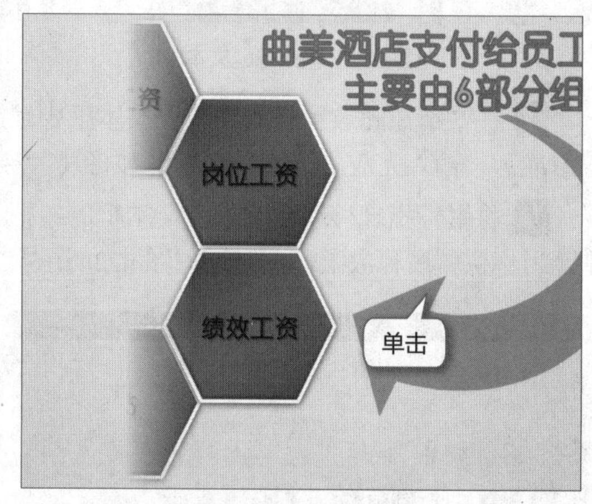

图8.76 放映当前幻灯片

（二）设置文本格式

由于整篇演示文稿以文本为主，所以为了便于阅读和体现重点内容，需要设置字符格式和段落间距等，具体操作如下。

1 选择第5张幻灯片，在按住【Shift】键的同时选择左、右两栏文本框，在【开始】/【段落】组中单击"项目符号"按钮右侧的下拉按钮，在打开的下拉列表中选择"项目符号和编号"选项，如图8.77所示。

2 打开"项目符号和编号"对话框，在"项目符号"选项卡中单击 自定义(U)... 按钮，如图8.78所示。

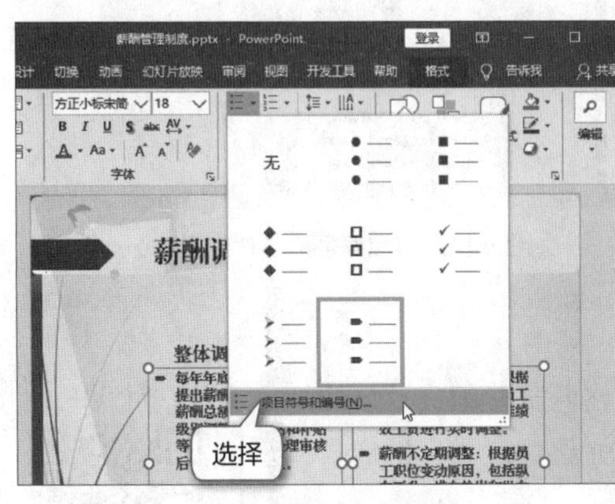

图8.77 选择"项目符号和编号"选项

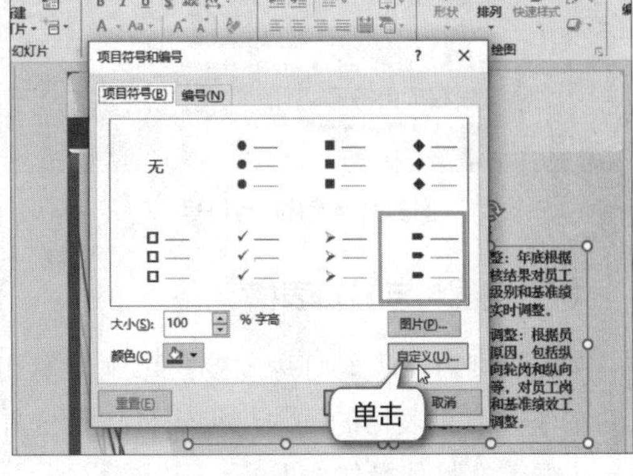

图8.78 单击"自定义"按钮

3 打开"符号"对话框，在"字体"下拉列表中选择"Wingdings"选项，在中间列表框中选择●符号，单击 确定 按钮完成设置，如图8.79所示。

4 选择左侧文本框中的所有文本，在【开始】/【段落】组中单击"行距"按钮，在打开的下拉列表中选择"1.5"选项，将此段文本的行距设置为1.5，如图8.80所示。

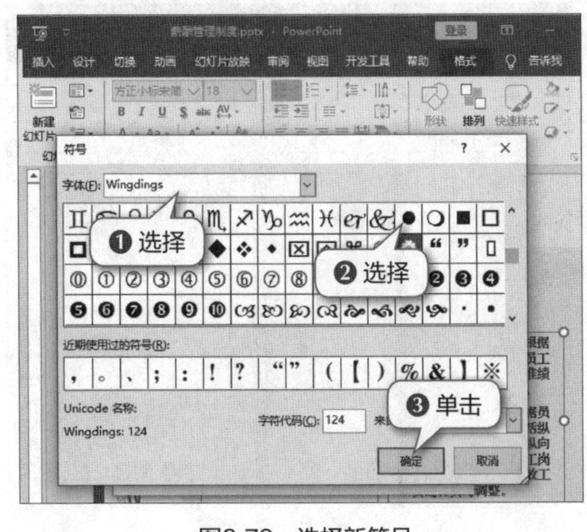

图8.79 选择新符号

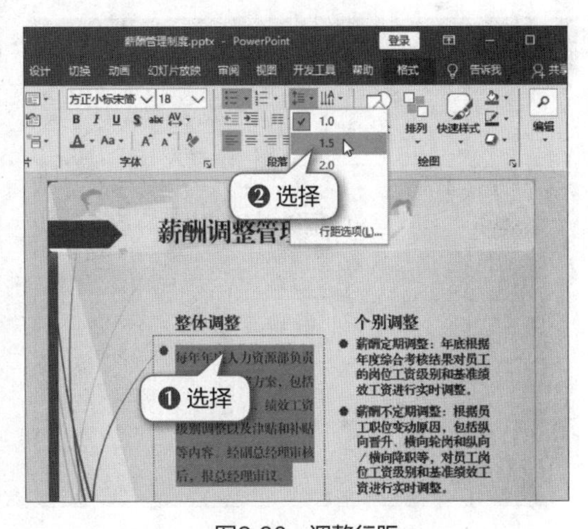

图8.80 调整行距

5 切换至第6张幻灯片，使用相同的操作方法，为正文文本设置相同的项目符号，如图8.81所示。

6 选择正文文本的最后3段文本，在【开始】/【段落】组中单击"编号"按钮右侧的下拉按钮，在打开的下拉列表中选择相应的编号选项。选择"每月3日"文本，在【开始】/【字体】组中将所选文本的字符格式设置为"40、红色、下划线"，如图8.82所示。

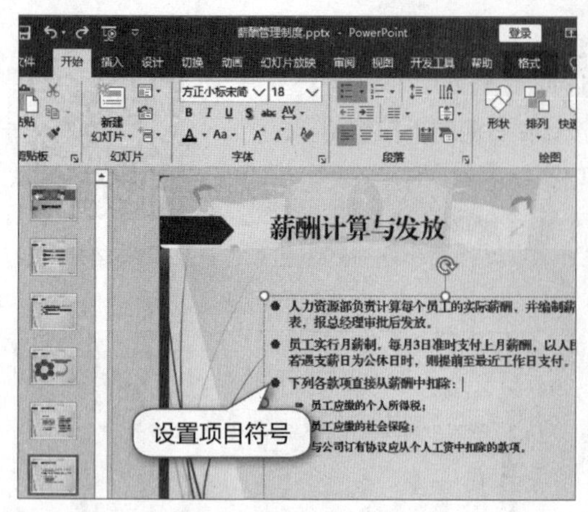

图8.81　设置项目符号

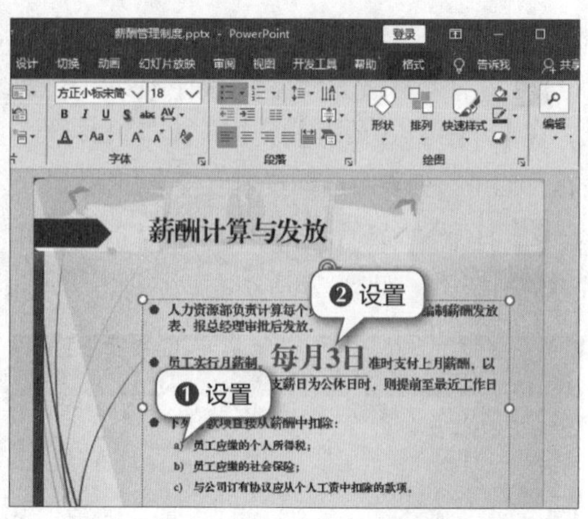

图8.82　设置编号和文本字符格式

（三）插入与编辑表格

岗位级别对照表幻灯片主要由标题文本和表格两部分组成，该幻灯片的制作重点是表格的插入与编辑，包括合并单元格、应用表格样式和添加边框等，具体操作如下。

扫一扫

插入与编辑表格

1 在“幻灯片”窗格中选择第7张幻灯片，在标题占位符中输入相应文本，单击“插入表格”按钮，如图8.83所示。

2 打开“插入表格”对话框，在“列数”数值框中输入“6”，在“行数”数值框中输入“12”，单击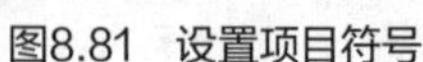按钮，如图8.84所示。

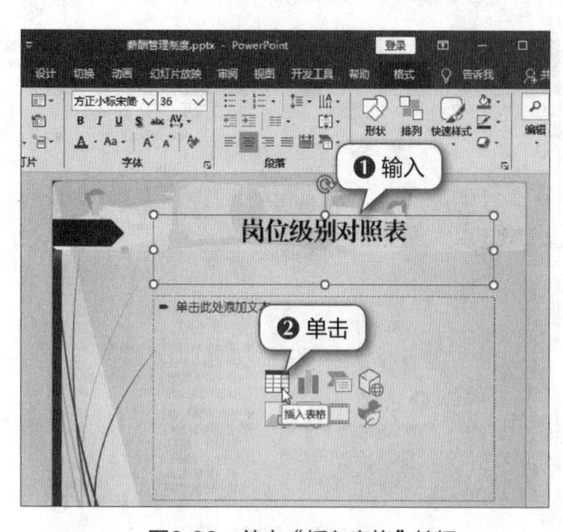

图8.83　单击“插入表格”按钮

图8.84　输入表格的列数和行数

3 将光标定位至插入表格中的任意位置，在【表格工具-设计】/【表格样式】组中单击“其他”按钮，在打开的下拉列表中选择“中度样式2-强调6”选项，如图8.85所示。

4 选择整个表格，在【表格工具-设计】/【表格样式】组中单击“无框线”按钮右侧的下拉按钮，在打开的下拉列表中选择“所有框线”选项，如图8.86所示。

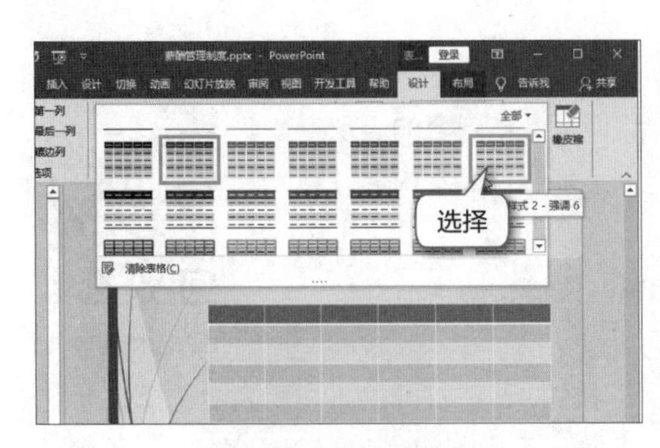

图8.85 应用表格样式

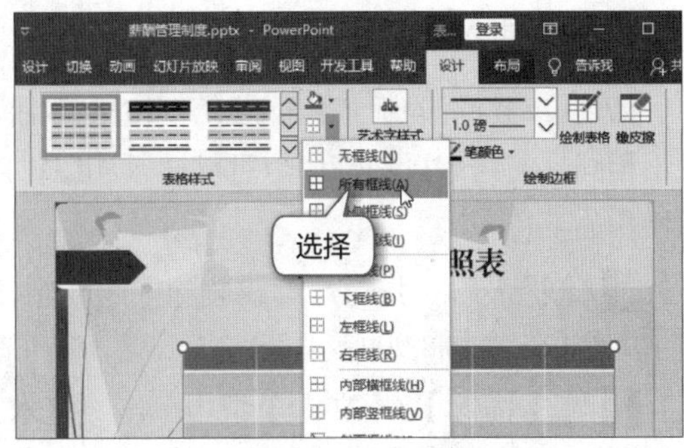

图8.86 为表格添加边框

5 选择表格第1列中的第3～第5行单元格，在其上单击鼠标右键，在弹出的快捷菜单中选择“合并单元格”命令，如图8.87所示，将单元格合并。使用同样的方法将第6～第8行单元格合并为一行，第9～第12行单元格合并为一行。

6 在表格中输入相应文本，对于文本内容较多的单元格，可在【表格工具-布局】/【表格尺寸】组中适当调整其宽度，让文本内容只显示为一行，如图8.88所示。

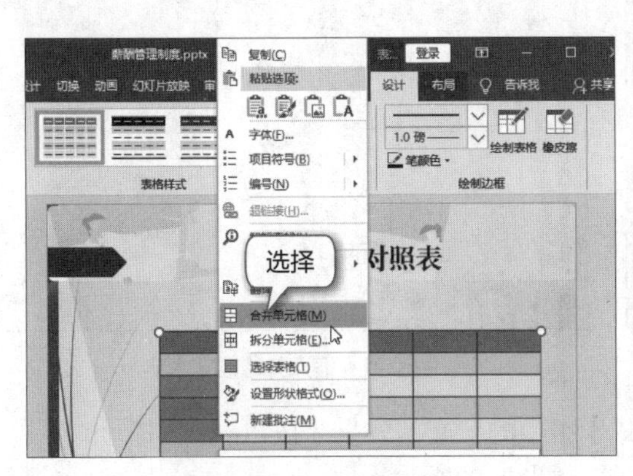

图8.87 合并单元格

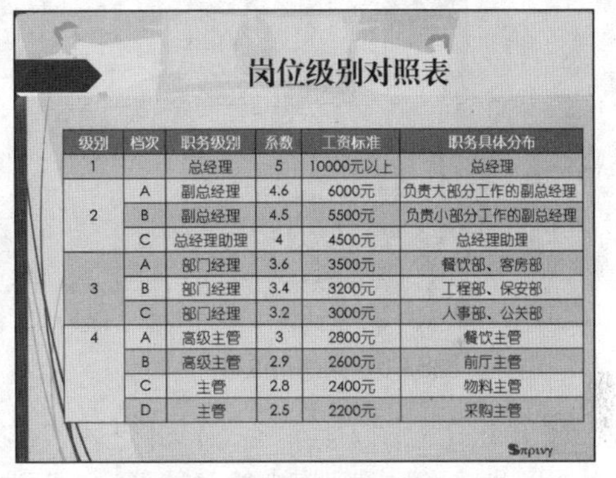

岗位级别对照表

级别	档次	职务级别	系数	工资标准	职务具体分布
1		总经理	5	10000元以上	总经理
2	A	副总经理	4.6	6000元	负责大部分工作的副总经理
	B	副总经理	4.5	5500元	负责小部分工作的副总经理
	C	总经理助理	4	4500元	总经理助理
3	A	部门经理	3.6	3500元	餐饮部、客房部
	B	部门经理	3.4	3200元	工程部、保安部
	C	部门经理	3.2	3000元	人事部、公关部
4	A	高级主管	3	2800元	餐饮主管
	B	高级主管	2.9	2600元	前厅主管
	C	主管	2.8	2400元	物料主管
	D	主管	2.5	2200元	采购主管

图8.88 输入文本后调整表格宽度

7 按住鼠标左键拖动鼠标指针选择单元格中的数据，在【表格工具-布局】/【对齐方式】组中分别单击“居中”按钮和“垂直居中”按钮，使表格中的文本垂直居中对齐，如图8.89所示。

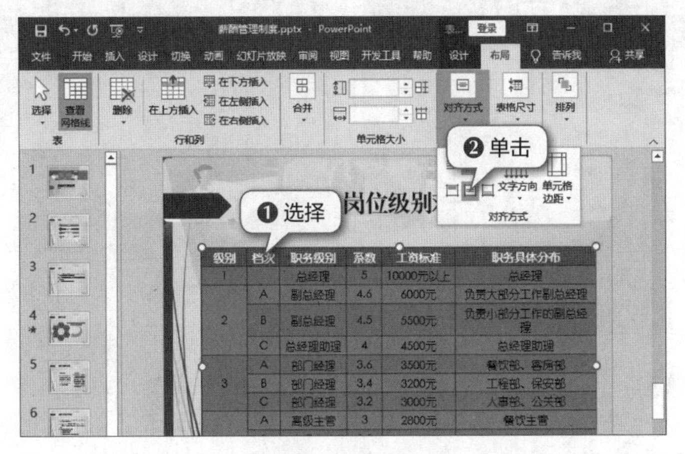

图8.89 设置对齐方式

（四）插入艺术字和动画

结束页幻灯片的版式与标题幻灯片版式相同，但是文本内容的表现方式不相同。在结束页幻灯片中可以插入和编辑艺术字来展现文本内容，具体操作如下。

1 选择最后一张幻灯片，删除标题和副标题占位符，使当前幻灯片显示为空白，如图8.90所示。

2 在【插入】/【文本】组中单击"艺术字"按钮，在打开的下拉列表中选择"渐变填充-橄榄色，主题5；映像"选项，插入艺术字，并将文本修改为"THANK YOU"文本，如图8.91所示。

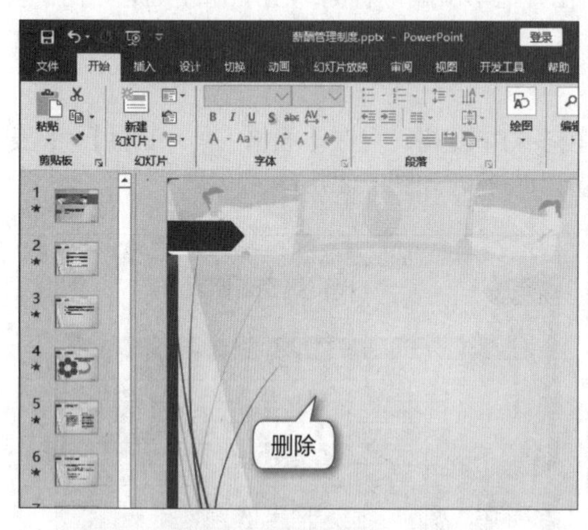

图8.90 删除占位符

图8.91 插入并修改艺术字

3 单击【绘图工具-格式】/【艺术字样式】组中的"文本效果"按钮，在打开的下拉列表中选择"转换"子列表中的"波形：上"选项，如图8.92所示。

4 保持艺术字的选择状态，选择【动画】/【动画】组，单击"其他"按钮，在打开的下拉列表中选择"更多进入效果"选项，如图8.93所示。

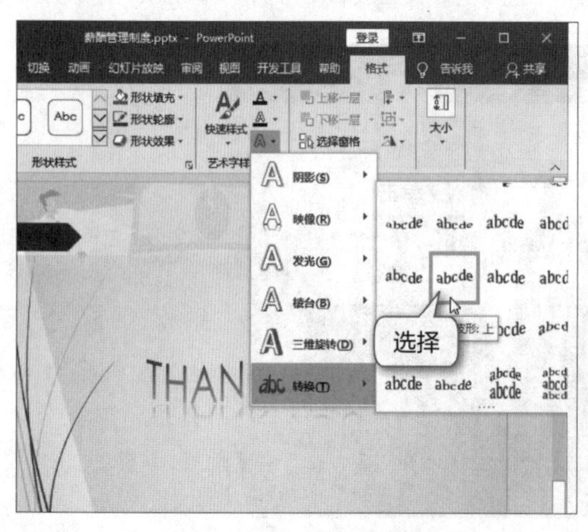

图8.92 插入并编辑艺术字

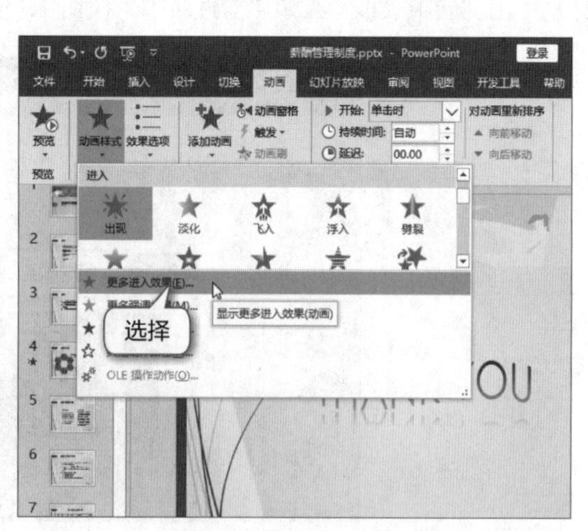

图8.93 选择"更多进入效果"选项

5 打开“更改进入效果”对话框，在“温和”栏中选择“翻转式由远及近”选项，单击 确定 按钮，如图8.94所示。

6 在【动画】/【计时】组中将动画的开始时间设置为“与上一动画同时”，将动画持续时间设置为“02.00”，如图8.95所示。

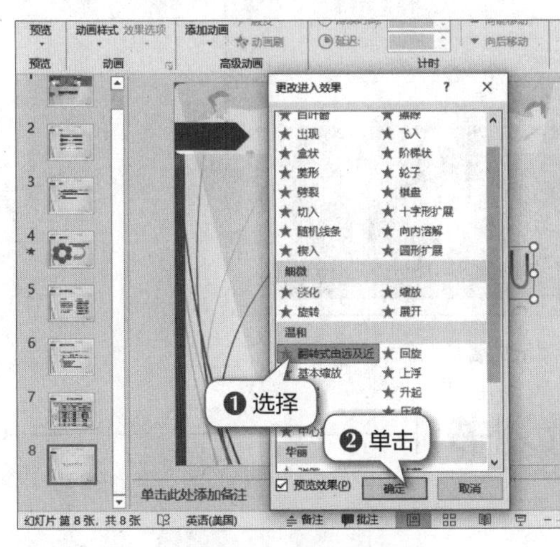

图8.94 选择进入动画

图8.95 设置动画计时选项

（五）设置幻灯片切换效果

编辑完演示文稿的所有内容后，为了增强其视觉冲击力，下面为每一张幻灯片添加“摩天轮”切换效果，然后添加切换声音，具体操作如下。

1 在【切换】/【切换到此幻灯片】组中单击“其他”按钮，在打开的下拉列表中选择“动态内容”栏中的“摩天轮”选项，如图8.96所示。

2 在【切换】/【计时】组中的“声音”下拉列表中将幻灯片的切换声音设置为“硬币”，设置幻灯片切换的持续时间为“02.00”，单击“应用到全部”按钮，为所有幻灯片添加“摩天轮”切换效果，如图8.97所示。

图8.96 选择切换效果

图8.97 设置切换效果

3 制作完演示文稿后，单击“保存”按钮，将对演示文稿做的全部修改保存到“薪酬管理制度.pptx”演示文稿中，如图8.98所示。

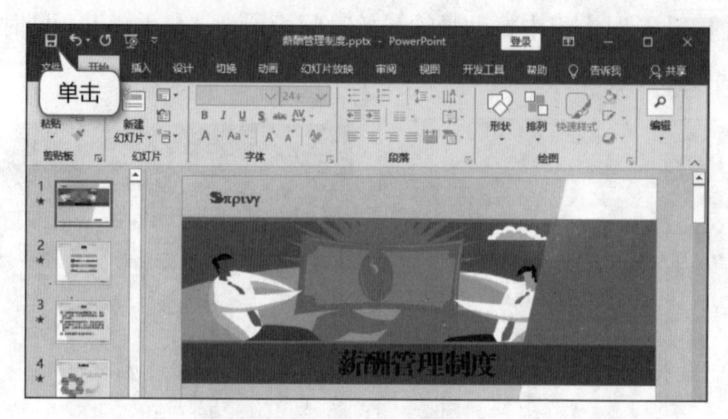

图8.98　保存演示文稿

项目实训——制作大学生创业计划书

一、实训要求

大学生创业初期，可以通过制作创业计划书来吸引其他人投资。本次实训将制作“大学生创业计划书.pptx”演示文稿，将创业想法、计划等展示在投资人面前，提高他们投资的概率。

二、实训思路

（1）打开“大学生创业计划书.pptx”演示文稿，在第2张幻灯片中将幻灯片版式更改为“两栏内容”，输入相应的目录文本，然后使用文本框和形状完善内容，如图8.99所示。

（2）将第7张幻灯片的版式更改为“两栏内容”样式，输入所需文本，并设置列表级别，如图8.100所示。

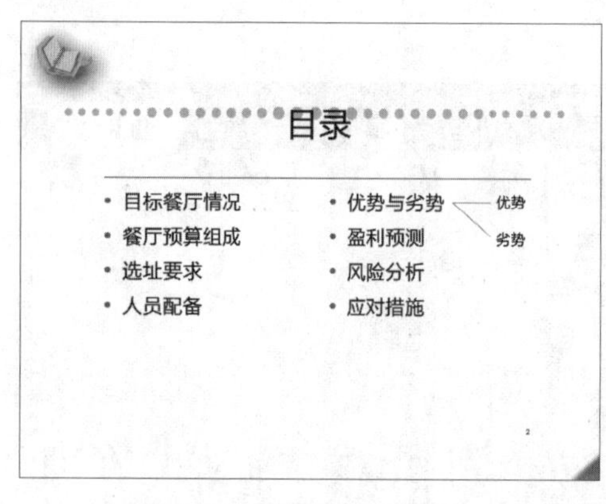

图8.99　设置目录幻灯片

优势与劣势
优势
餐厅装修风格独特
食材新鲜
口味好
优质服务
劣势
先期投入较高，风险较大
管理经验不足
市场竞争激烈

图8.100　更改幻灯片版式并输入文本

（3）在第6张幻灯片中插入一个5行2列的表格，输入文本，如图8.101所示。

（4）为第6和第10张幻灯片中的表格添加动画效果，如图8.102所示。最后保存演示文稿。

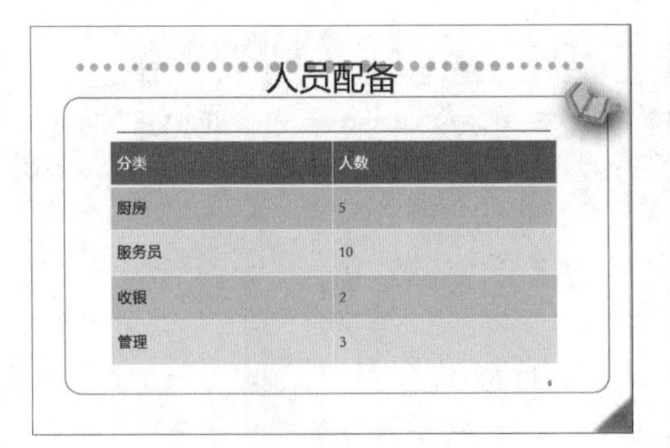

分类	人数
厨房	5
服务员	10
收银	2
管理	3

图8.101 插入表格并输入文本

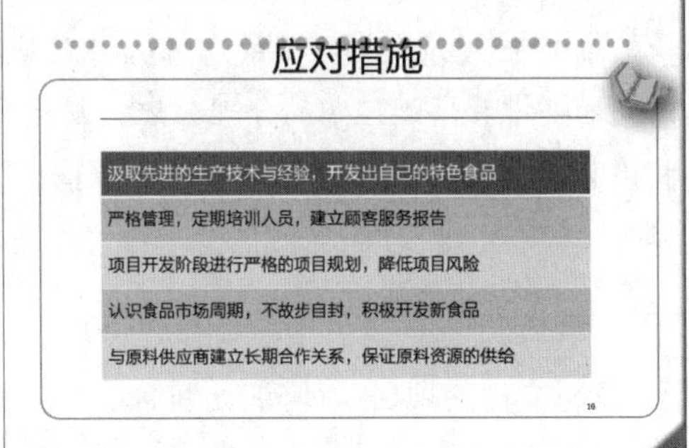

图8.102 添加动画并保存演示文稿

下载资源

素材文件：项目八\大学生创业计划书.pptx

效果文件：项目八\大学生创业计划书.pptx

拓展练习

1. 制作培训计划演示文稿

公司的培训课程较多，为了取到更好的培训效果，经理要求各部门制订详细的培训计划，明确培训项目、时间、场地及对象等事项。培训计划演示文稿参考效果如图8.103所示。

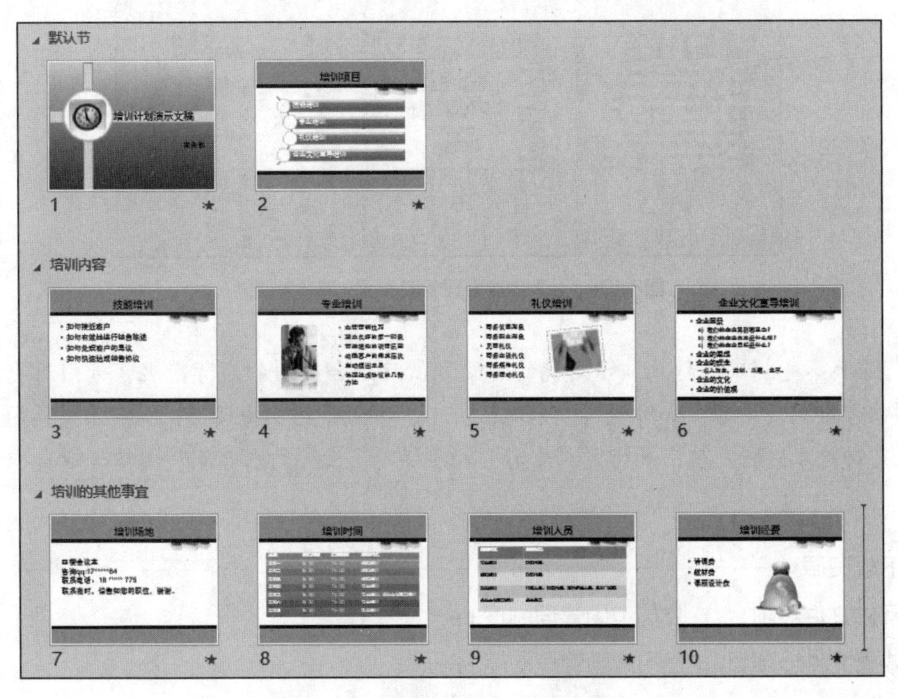

图8.103 培训计划演示文稿参考效果

提示：厘清培训项目的内容，特别是技能和专业培训这两方面；另外，需注意培训时间的安排和培训经费的合理分配；制作时，先在第4张幻灯片中插入并美化图片，然后将第6张幻灯片中的二级编号更改为“a)、b)、c)”，再在最后一张幻灯片中输入文本。

下载资源

素材文件：项目八\培训计划演示文稿.pptx、打电话.jpg

效果文件：项目八\培训计划演示文稿.pptx

2. 制作公司考勤管理制度演示文稿

为了加强公司的劳动纪律，维护正常的生产和工作秩序，提高劳动生产效率，需制作公司考勤管理制度演示文稿，其参考效果如图8.104所示。

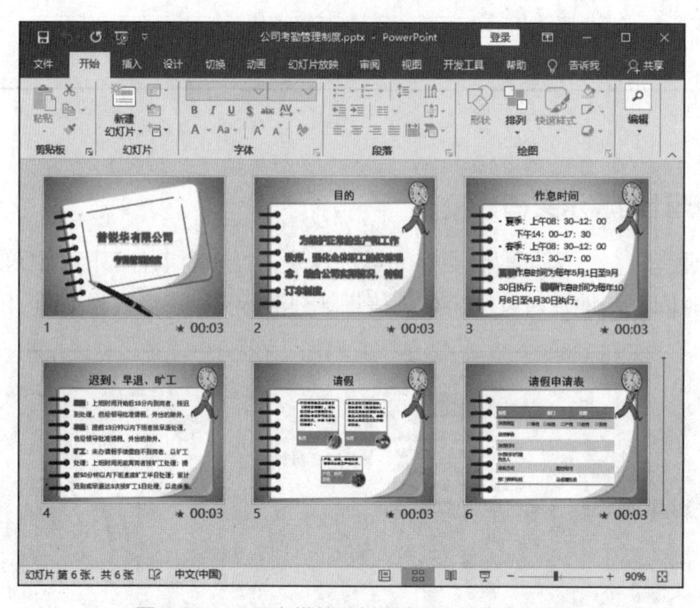

图8.104　公司考勤管理制度演示文稿参考效果

提示：先明确制作此演示文稿的目的，然后结合公司的实际情况，专门对重点问题制作考勤制度内容，如对迟到、早退、旷工、事假等的相关规定；本演示文稿的制作重点是对文本进行处理，如为文本应用艺术字样式、设置文本颜色、调整行距等。

下载资源

素材文件：项目八\公司考勤管理制度.pptx

效果文件：项目八\公司考勤管理制度.pptx

项目九

设计和美化演示文稿

情景导入

米拉发现公司最近使用的演示文稿越来越多，无论是会议讨论，还是工作总结等，领导们都热衷于使用演示文稿来开展工作。更令米拉惊奇不已的是，这些演示文稿与她自己制作的演示文稿看上去有天壤之别，自己制作的演示文稿就像是简化了文字的Word文档，而公司使用的演示文稿则更像是丰富多彩的动画短片。

老洪听了米拉的感受以后非常高兴，他认为米拉找到了决定演示文稿质量优劣的关键。同时他告诉米拉，演示文稿应该体现出生动、形象等特征，这样才能充分发挥出演示文稿的特点，因此在制作演示文稿时，我们更应当重视设计与美化的工作，包括主题、版面、动画等，这些都是提升演示文稿质量的关键因素。

米拉积极听取老洪的建议，她需要认真学习相关的知识了。

学习目标

- 了解应用颜色和字体方案的操作
- 掌握插入并编辑SmartArt图形、图片音乐、页眉页脚等对象的方法
- 掌握设置幻灯片切换效果和动画效果的操作
- 掌握放映并打包演示文稿的方法
- 掌握幻灯片母版的制作方法

素质目标

- 通过对演示文稿的设计与美化，提升自己的美学素养
- 通过母版的编辑，培养在工作中主动寻找方法以提高工作效率的意识

任务一　制作饮料广告策划案演示文稿

一、任务目标

广告策划是实施广告战略的重要环节。在进行广告策划时，演示文稿可以清楚地呈现具体内容，生动直观。图9.1所示为饮料广告策划案演示文稿的参考效果。

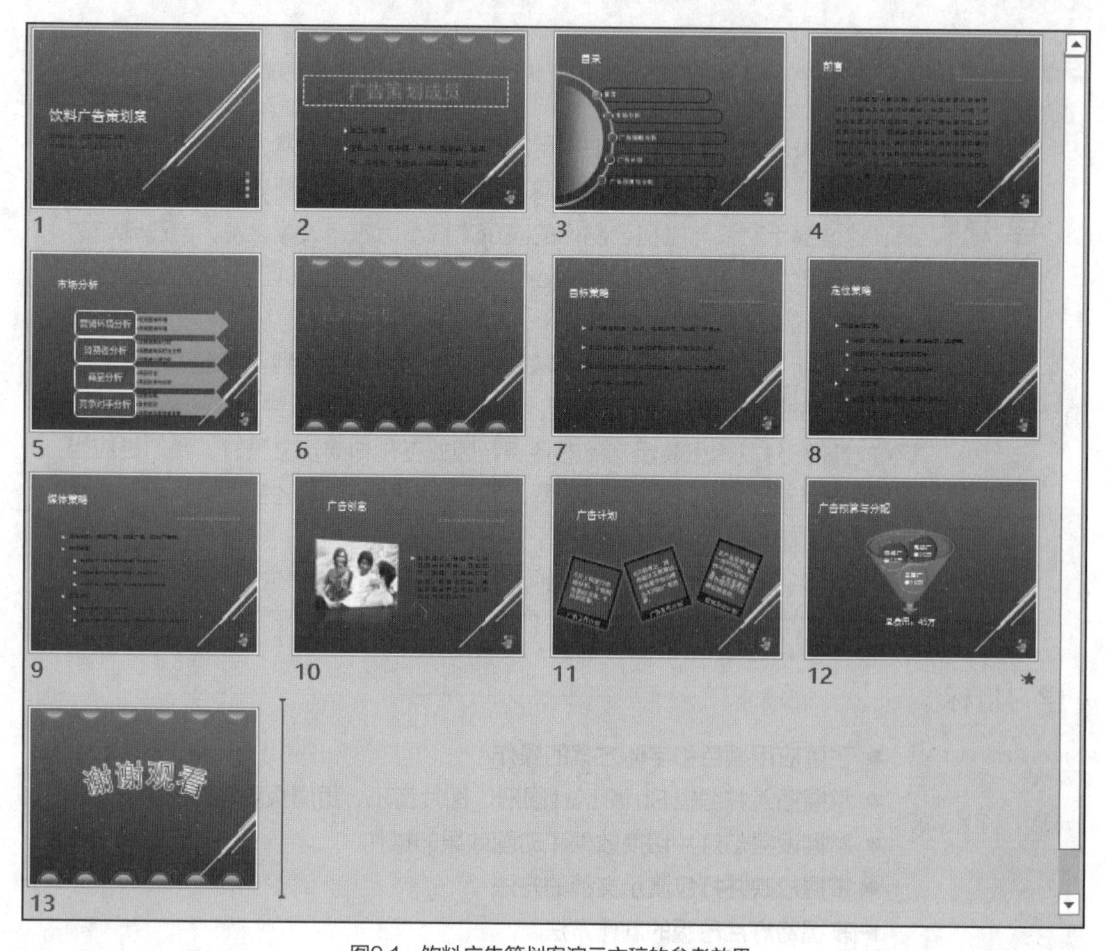

图9.1　饮料广告策划案演示文稿的参考效果

下载资源

素材文件：项目九\图片.png、饮料广告策划案.pptx

效果文件：项目九\饮料广告策划案.pptx

二、任务实施

（一）为幻灯片应用颜色和字体方案

打开“饮料广告策划案.pptx”演示文稿，可以看到整篇演示文稿的主色调比较鲜艳，其中的灰色和黑色线条看起来比较沉闷，因此需要设置幻灯片的颜色和字体，具体操作如下。

1 打开“饮料广告策划案.pptx”演示文稿，切换至第2张幻灯片，在【设计】/【变体】组中单击下拉按钮，在打开的下拉列表中选择“颜色”选项，在其子列表中选择“蓝色”选项，如图9.2所示。

2 在【设计】/【变体】组中单击下拉按钮，在打开的下拉列表中选择“字体”选项，在打开的子列表中选择“黑体”选项，同时更改当前演示文稿中的标题和正文文本的字体，如图9.3所示。

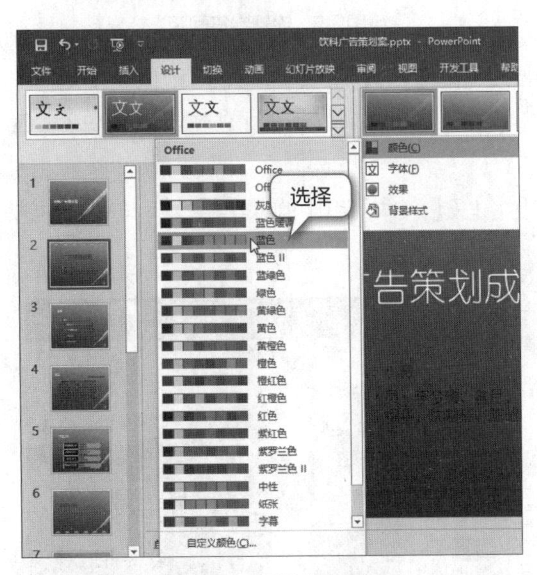

图9.2 设置主题颜色

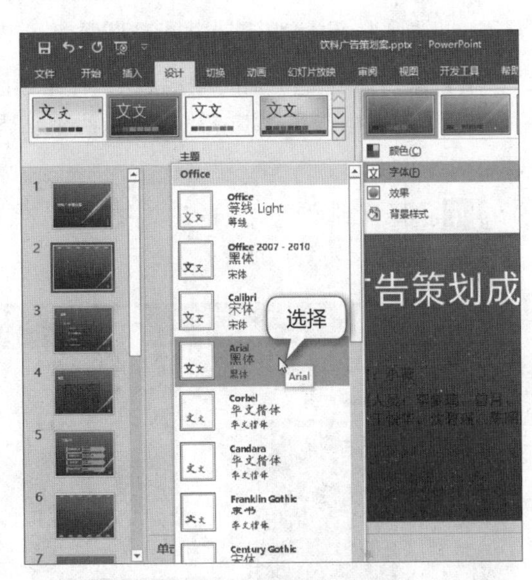

图9.3 设置字体

提示：在PowerPoint 2016中，除了可应用系统自带的“字体”方案外，还可根据实际需求新建主题字体，下次使用时，直接将其应用至幻灯片中；在【设计】/【变体】组中的“字体”下拉列表中选择“自定义字体”选项，即可在打开的对话框中新建主题字体。

（二）设置占位符格式

为了使幻灯片中的文本内容更加丰富，可设置幻灯片中的文本占位符格式，包括添加轮廓、增大字符间距、更改字号、应用阴影效果和应用艺术字样式等，具体操作如下。

1 选择第2张幻灯片中的标题占位符，在【绘图工具–格式】/【形状样式】组中单击“形状轮廓”按钮右侧的下拉按钮，在打开的下拉列表中选择“主题颜色”栏中的“青绿，个性色3，淡色80%”选项，使用相同的操作方法，将形状轮廓粗细设置为“3磅”，如图9.4所示，并将虚线设置为“方点”。

2 保持标题占位符的选择状态，在【开始】/【字体】组中单击“字符间距”按钮，在打开的下拉列表中选择“很松”选项，如图9.5所示。

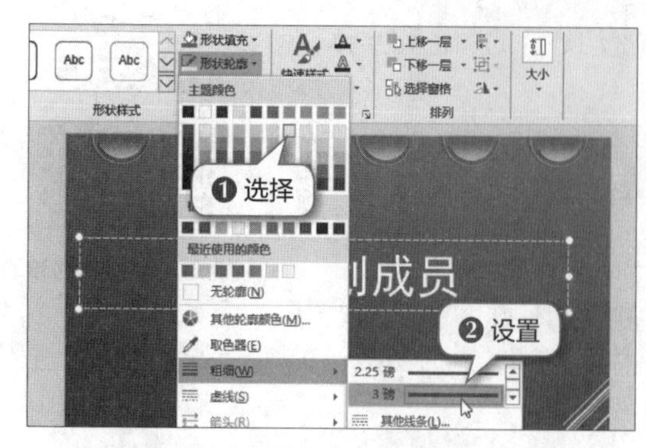

图9.4　设置占位符的形状填充和轮廓

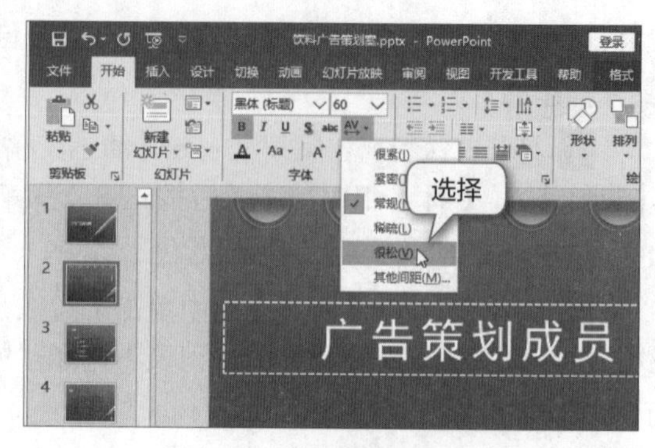

图9.5　设置字符间距

3 保持标题占位符的选择状态，在【绘图工具−格式】/【艺术字样式】组中的“快速样式”下拉列表中选择“填充：白色；边框：青绿，主题色2；清晰阴影：青绿，主题色2”选项，如图9.6所示。

4 选择第2张幻灯片中的正文占位符，在【开始】/【字体】组中的“字号”下拉列表中选择“24”选项，如图9.7所示。

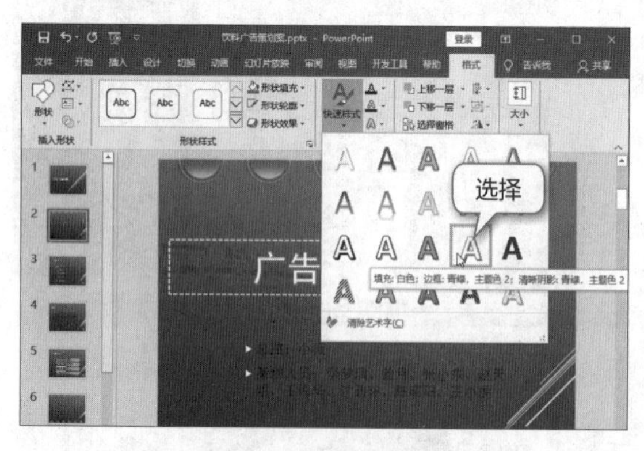

图9.6　应用艺术字样式

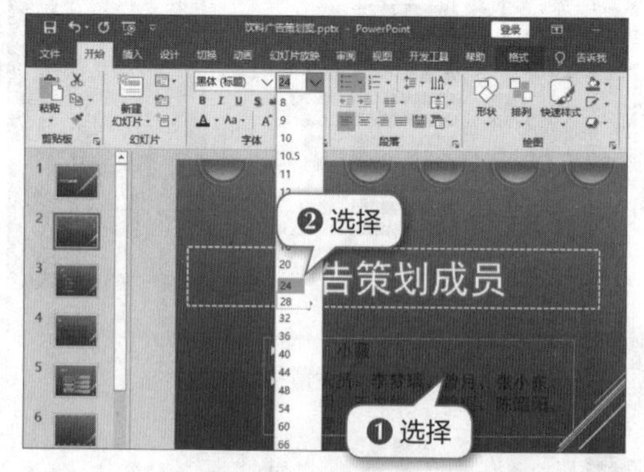

图9.7　设置字号

5 保持正文占位符的选择状态，单击【绘图工具−格式】/【形状样式】组中的“形状效果”按钮，在打开的下拉列表中选择“阴影”子列表中的“偏移：右上”选项，如图9.8所示。

6 保持正文占位符的选择状态，在【开始】/【段落】组中单击“行距”按钮，在打开的下拉列表中选择“1.5”选项，如图9.9所示。

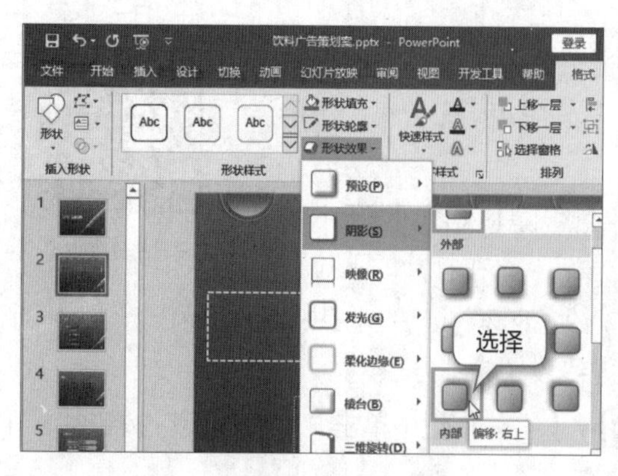

图9.8　设置阴影效果

图9.9　设置行距

（三）制作目录幻灯片

成功制作第2张幻灯片后，就可开始制作目录幻灯片了。下面在目录幻灯片中插入一张图片并对其进行编辑，主要包括调整排列顺序和添加透视效果等操作，具体操作如下。

1 切换至第3张幻灯片，在【插入】/【图像】组中单击“图片”按钮，在打开的“插入图片”对话框中选择“图片.png”图片，单击插入(S)按钮，将图片插入第3张幻灯片中，如图9.10所示。

2 调整图片的大小，并将图片移动到幻灯片左侧的位置，如图9.11所示。

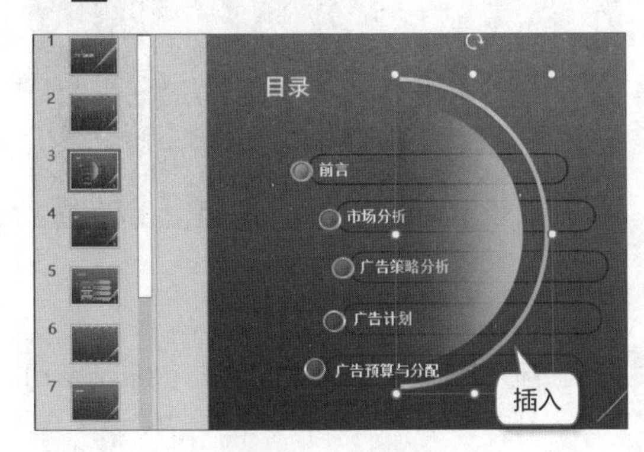

图9.10　插入图片

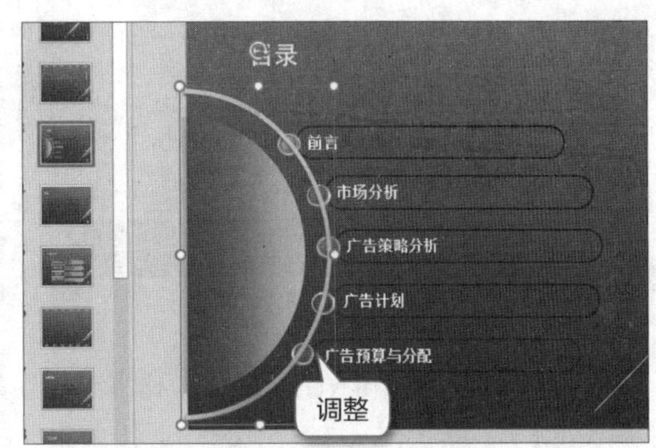

图9.11　调整图片大小和位置

3 保持图片的选择状态，在【图片工具-格式】/【排列】组中单击“下移一层”按钮右侧的下拉按钮，在打开的下拉列表中选择“置于底层”选项，如图9.12所示。

4 保持图片的选择状态，在【图片工具-格式】/【图片样式】组中单击“图片效果”按钮，在打开的下拉列表中选择“阴影”子列表中的“透视：右上”选项，如图9.13所示。

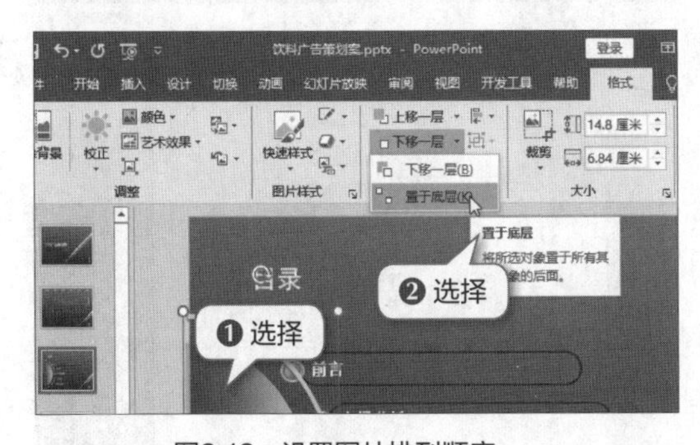

图9.12　设置图片排列顺序

图9.13　应用阴影效果

（四）插入并编辑SmartArt图形

图片编辑完成后，可以在幻灯片中插入需要的SmartArt图形，并对其进行编辑。下面在第12张幻灯片中插入SmartArt图形，具体操作如下。

1 切换至第12张幻灯片，单击【插入】/【插图】组中的“SmartArt”按钮，打开“选择SmartArt图形”对话框，在左侧列表框中选择“关系”

选项，在右侧的列表框中选择“漏斗”选项，单击确定按钮，如图9.14所示。

2 单击插入的SmartArt图形左侧的“文本窗格”按钮，在打开的“在此处键入文字”窗格中输入所需文本，如图9.15所示，完成文本输入后，单击“在此处键入文字”窗格右上角的“关闭”按钮将其关闭。

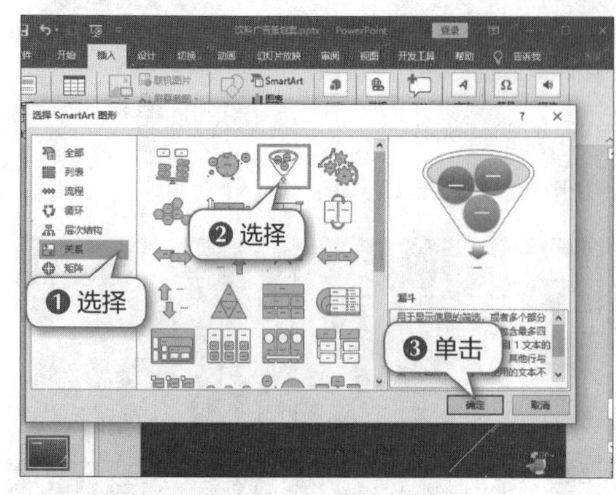

图9.14 选择SmartArt图形

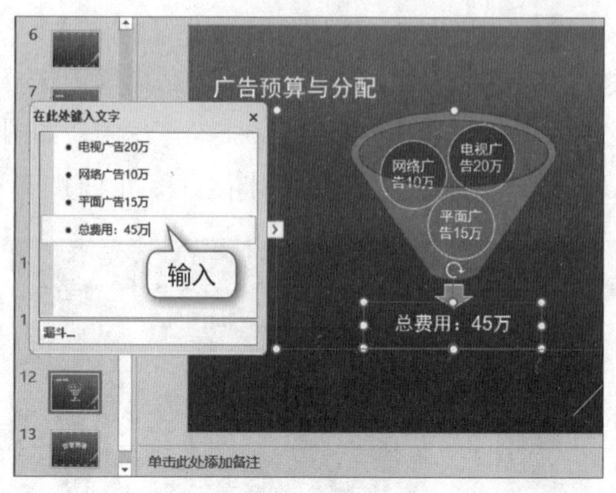

图9.15 输入文本

3 选择插入的SmartArt图形，利用键盘中的方向键适当调整图形位置，单击【SmartArt工具-格式】/【形状样式】组中的“形状效果”按钮，在打开的下拉列表中选择“棱台”子列表中的“凸圆形”选项，如图9.16所示。

4 选择SmartArt图形，在【动画】/【动画】组中单击“动画样式”按钮，在打开的下拉列表中选择“进入”栏中的“浮入”选项，如图9.17所示。

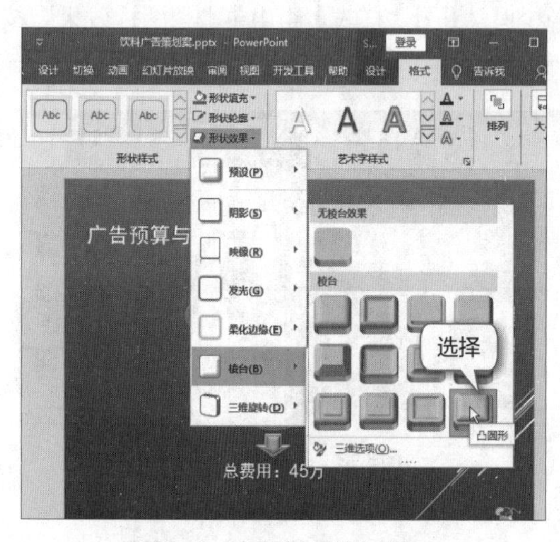

图9.16 对图形应用棱台效果

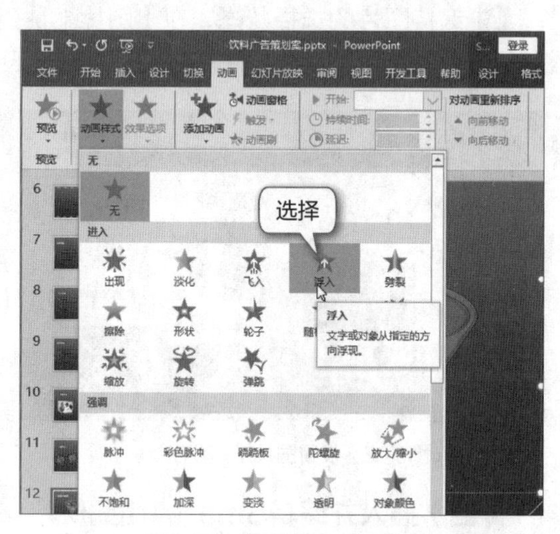

图9.17 对图形添加动画效果

5 在【动画】/【动画】组中单击“效果选项”按钮，在打开的下拉列表中选择“序列”栏中的“逐个”选项，如图9.18所示。

6 在【动画】/【计时】组中的“开始”下拉列表中选择“与上一动画同时”选项，如图9.19所示。

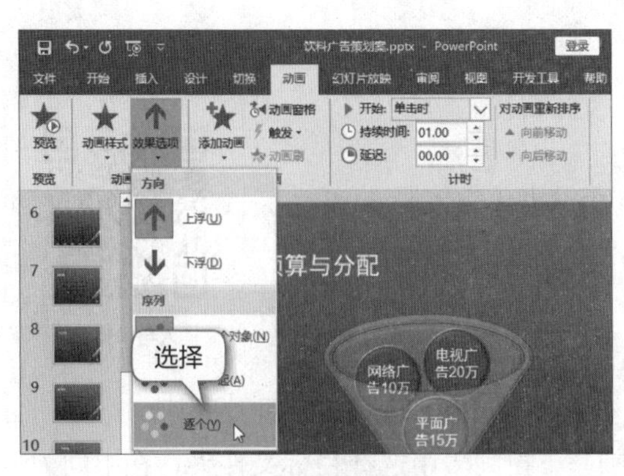

图9.18　设置效果选项

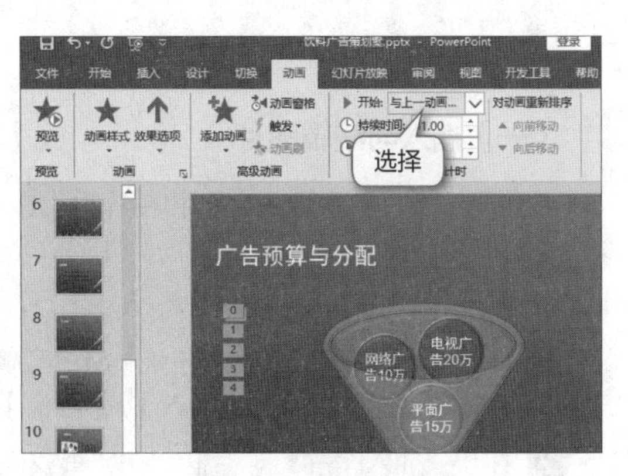

图9.19　设置计时选项

任务二　制作企业电子宣传册演示文稿

一、任务目标

宣传册是一种视觉表达形式，可以通过其独特的版面来吸引观者的注意力。按宣传内容和宣传形式的差异，宣传册分为政府宣传册、企业宣传册和工艺宣传册等。其中，企业宣传册是最常见的形式。而企业宣传册又分为电子版和纸质版，企业电子宣传册可以利用演示文稿来制作。图9.20所示为企业电子宣传册演示文稿参考效果。

图9.20　企业电子宣传册演示文稿参考效果

下载资源

素材文件：项目九\企业电子宣传册.pptx、封面.jpg、音乐.wav

效果文件：项目九\企业电子宣传册.pptx

二、任务实施

（一）插入与编辑图片

宣传册演示文稿主要由文本和图片构成，“企业电子宣传册.pptx”演示文稿中的文本内容已事先设计好，因此只需要在第1张幻灯片中插入所需图片并编辑，具体操作如下。

1 打开“企业电子宣传册.pptx”演示文稿，选择“幻灯片/大纲”窗格中的第1张幻灯片，单击【插入】/【图像】组中的“图片”按钮，如图9.21所示。

2 打开“插入图片”对话框，在“查找范围”下拉列表中选择目标文件夹，在中间列表框中选择素材中的“封面.jpg”图片，单击插入(S)按钮，在第1张幻灯片中插入所选图片，如图9.22所示。

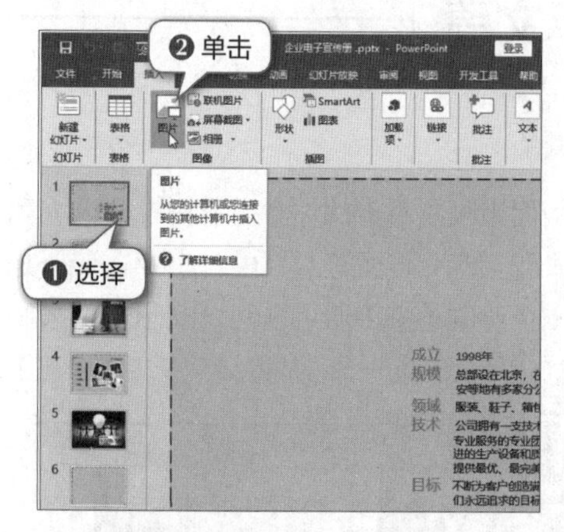

图9.21　单击“图片”按钮

图9.22　插入所选图片

3 选择插入的图片，在【图片工具-格式】/【大小】组中将高度和宽度均设置为“19.26厘米”，如图9.23所示。

4 保持图片的选择状态，将图片调整到适当位置，在【图片工具-格式】/【调整】组中单击“删除背景”按钮，如图9.24所示。

图9.23　设置图片大小

图9.24　单击“删除背景”按钮

5 图片中被删除的部分呈紫红色显示，并且在图片四周出现多个控制点，利用控制点可以调整需要删除的内容，确认删除内容后，在【图片工具–背景消除】/【关闭】组中单击“保留更改”按钮，如图9.25所示。

6 保持图片的选择状态，在【图片工具–格式】/【排列】组中单击“下移一层”按钮右侧的下拉按钮，在打开的下拉列表中选择“置于底层”选项，如图9.26所示。

图9.25　调整要删除的内容并保存

图9.26　调整图片排列顺序

7 在【图片工具–格式】/【调整】组中单击“颜色”按钮，在打开的下拉列表中选择“色调”栏中的“色温：11200K”选项，如图9.27所示。

8 在【图片工具–格式】/【调整】组中单击“艺术效果”按钮，在打开的下拉列表中选择“纹理化”选项，如图9.28所示。

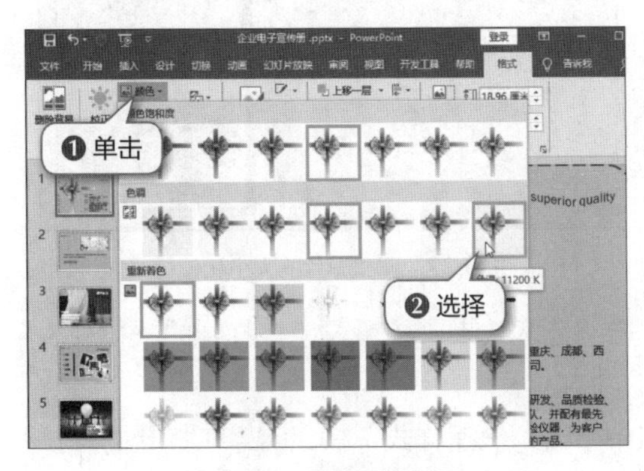

图9.27　更改图片色调

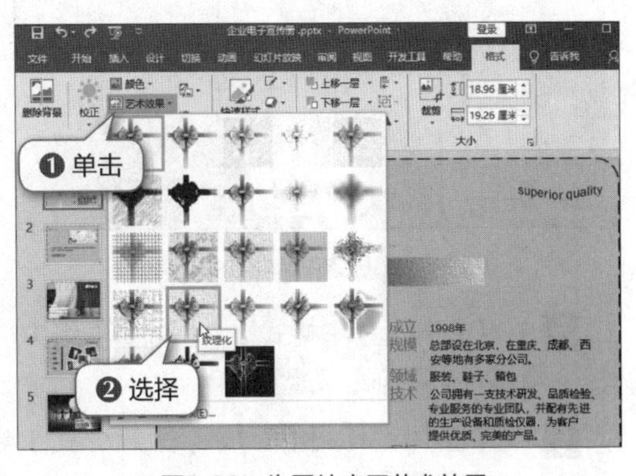

图9.28　为图片应用艺术效果

（二）插入与编辑联机图片

宣传册演示文稿封底不需要包含过多内容，只要能重点突出企业的联系方式即可。下面在最后一张幻灯片中插入一个横排文本框和一张联机图片，具体操作如下。

1 选择“幻灯片/大纲”窗格中的最后一张幻灯片，在【插入】/【图像】组中单击“联机图片”图标，在打开的“插入图片”界面中的文本框中输入关键字“礼物”，按【Enter】键开始搜索，如图9.29所示。

2 在搜索结果列表中选择需要的图片，单击 插入 如图9.30所示。

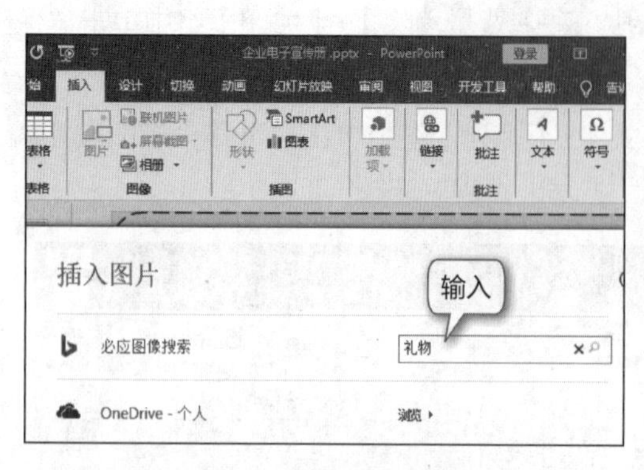

图9.29 输入搜索关键字

图9.30 选择插入的图片

3 选择插入的图片，在【图片工具-格式】/【调整】组中单击“删除背景”按钮，在图片中出现一个编辑框，调整编辑框的大小，单击【图片工具-背景消除】/【关闭】组中的“保留更改”按钮，如图9.31所示。

4 在【图片工具-格式】/【大小】组中的数值框中设置图片的高度为“7.94厘米”，宽度为“8.39厘米”，将鼠标指针移动到图片上，按住鼠标左键向右下角拖动鼠标指针，调整图片的位置，如图9.32所示。

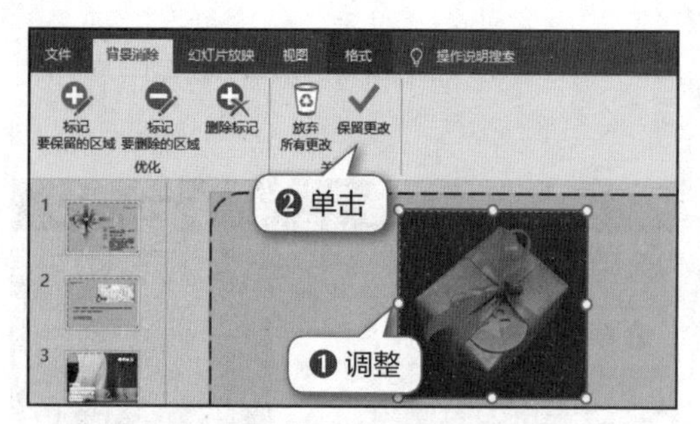

图9.31 删除图片背景并保存

图9.32 调整图片的大小和位置

5 在【图片工具-格式】/【调整】组中单击“艺术效果”按钮，在打开的下拉列表中选择“纹理化”选项，如图9.33所示。

6 在【图片工具-格式】/【图片样式】组中单击“快速样式”按钮，在打开的下拉列表中选择“柔化边缘矩形”选项，如图9.34所示。

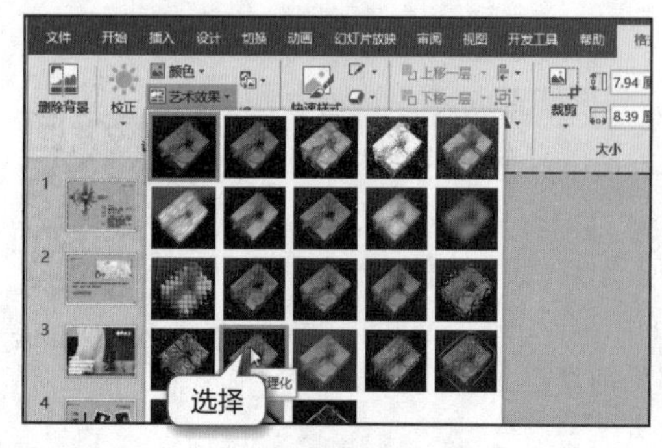

图9.33 设置艺术效果

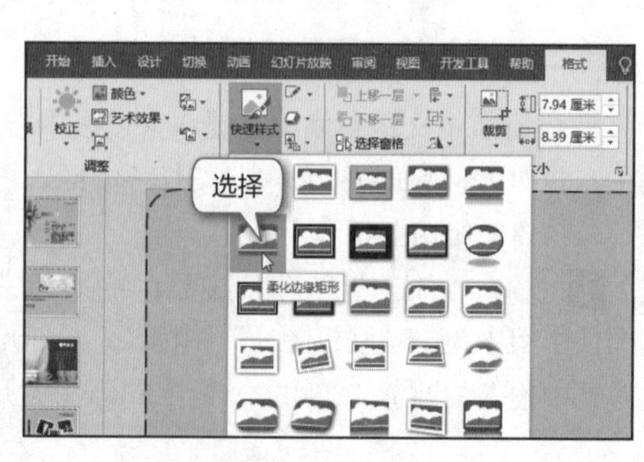

图9.34 设置边缘效果

7 在【图片工具–格式】/【图片样式】组中单击“图片效果”按钮，在打开的下拉列表中选择“阴影”选项，在其子列表选择“透视：左上”选项，如图9.35所示。

8 在【插入】/【文本】组中单击“文本框”按钮，在幻灯片中插入一个横排文本框，在文本框中输入图9.36所示的文本。

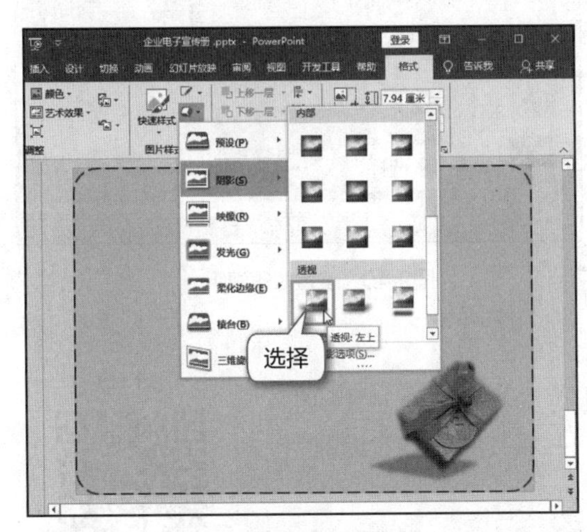

图9.35 设置阴影效果

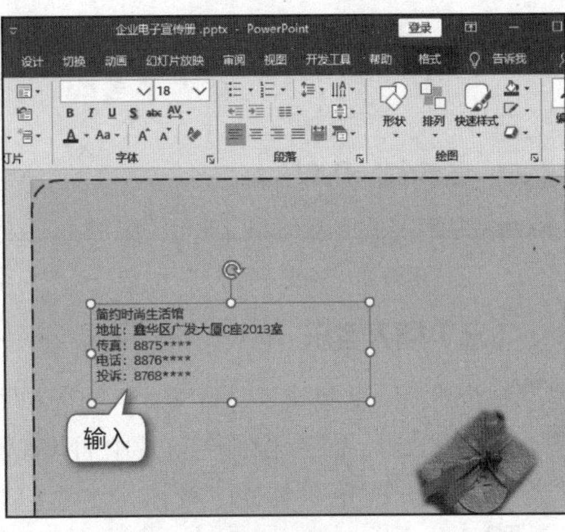

图9.36 插入横排文本框并输入文本

9 将光标定位在文本“简”之后，在【插入】/【符号】组中单击“符号”按钮Ω，如图9.37所示。

10 打开“符号”对话框，在“字体”下拉列表中选择“(亚洲语言文本)”选项，在“子集”下拉列表中选择“其他符号”选项，在中间列表框中选择符号♁，单击插入(I)按钮，如图9.38所示。

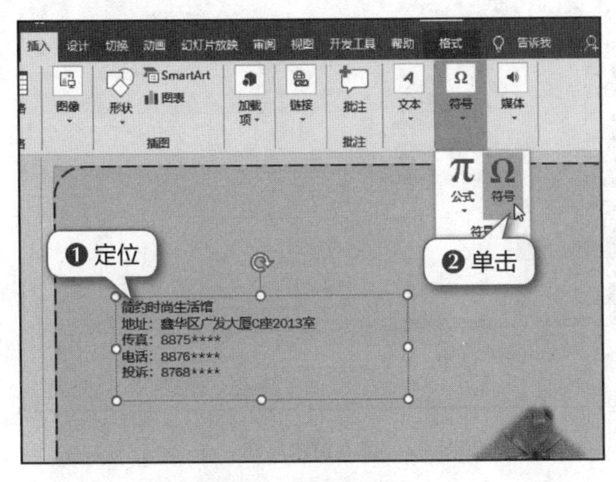

图9.37 插入符号

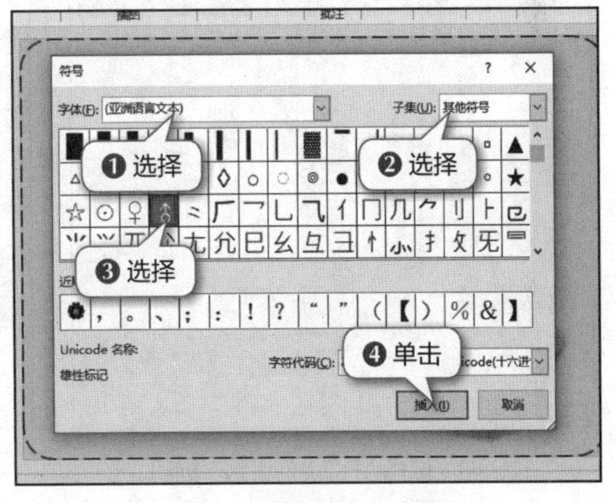

图9.38 选择要插入的符号

11 关闭“符号”对话框，选择文本框中的第1段文本，在【开始】/【字体】组中将其字符格式设置为“黑体、28、加粗、文字阴影、蓝色”，如图9.39所示。

12 选择文本框中的后4段文本，在【开始】/【段落】组中单击“行距”按钮，在打开的下拉列表中选择“2.0”选项，如图9.40所示。

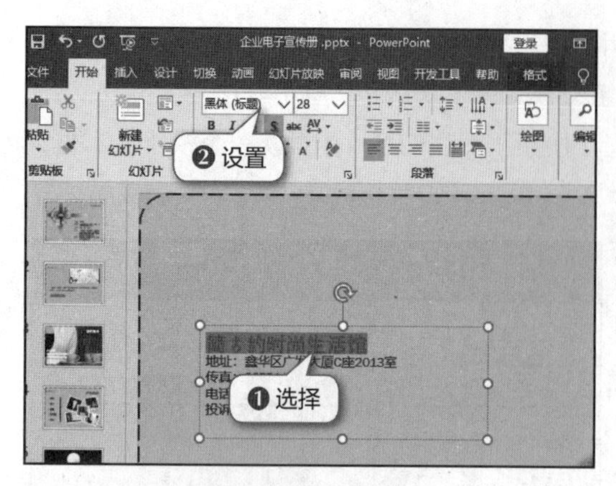

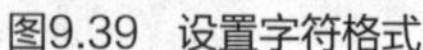
图9.39　设置字符格式

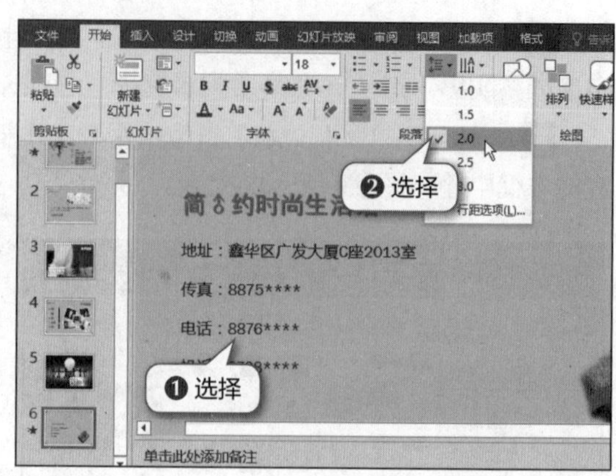

图9.40　设置段落间距

（三）插入音乐

宣传册演示文稿除了含有文本、图片和图形等基本要素外，音频也是不可缺少的。下面在第1张幻灯片中插入音频，并将其播放方式设置为“跨幻灯片播放”，具体操作如下。

1 单击“幻灯片/大纲”窗格中的第1张幻灯片，单击【插入】/【媒体】组中的“音频”按钮，在打开的下拉列表中选择“PC上的音频”选项，如图9.41所示。

2 打开“插入音频”对话框，在其中选择素材中的“音乐.wav”文件，单击插入(S)按钮，如图9.42所示。

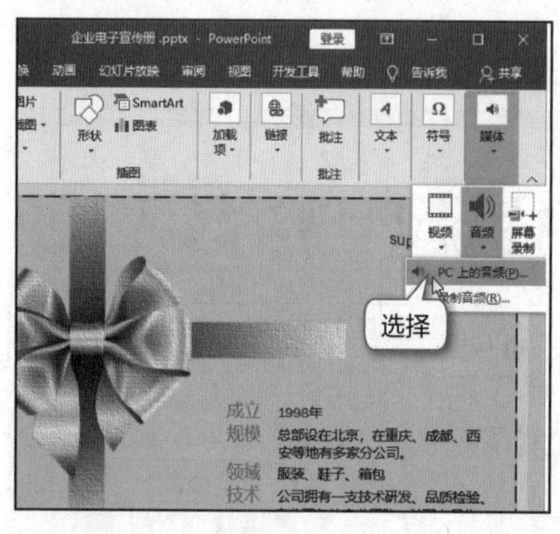

图9.41　选择“PC上的音频”选项

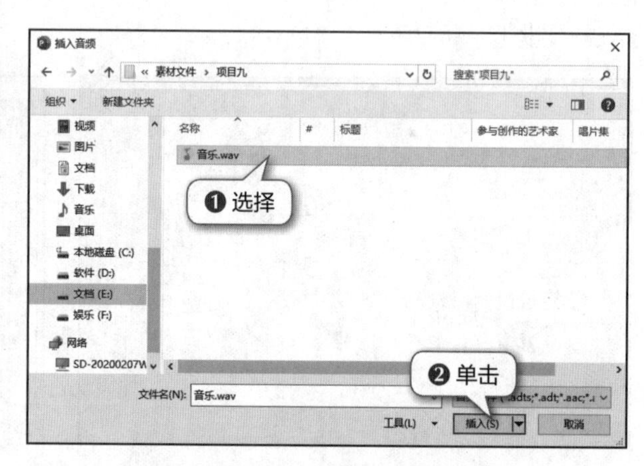

图9.42　插入音频文件

3 当前幻灯片中自动显示“喇叭”图标和“播放”工具栏，保持“喇叭”图标的选择状态，在【音频工具-播放】/【音频选项】组中勾选“放映时隐藏”和“跨幻灯片播放”复选框，如图9.43所示。

4 在【音频工具-播放】/【预览】组中单击“播放”按钮，试听音频效果，如图9.44所示，如果觉得不满意，可重新选择音频文件。

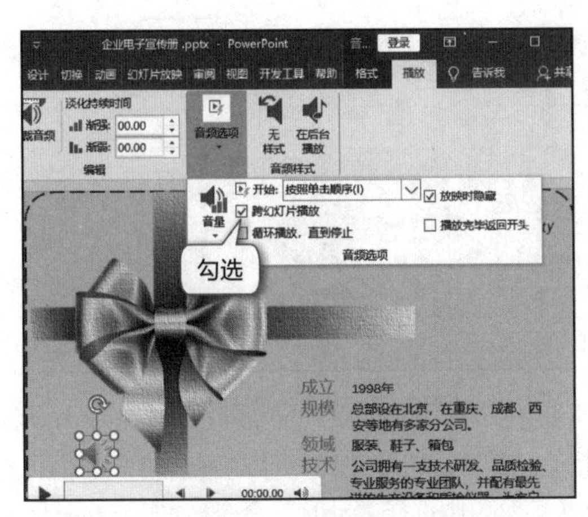

图9.43 设置播放方式

图9.44 播放音频文件

（四）为文字和图片添加动画效果

扫一扫
为文字和图片添加动画效果

完成宣传册演示文稿的封面和封底设计后，为了增强动感效果，还可为幻灯片中的各种对象添加动画。下面为第1张和最后一张幻灯片中的文本、图片和图形添加进入和强调动画，具体操作如下。

1 选择第1张幻灯片中的图片对象，在【动画】/【动画】组中单击“动画样式”按钮，在打开的下拉列表中选择“劈裂”选项，在【动画】/【计时】组中，将动画的开始时间设置为“与上一动画同时”，如图9.45所示。

2 选择第1张幻灯片中的横排文本框，为选择的文本框添加“浮入”进入动画，在【动画】/【计时】组中将动画的开始时间设置为“上一动画之后”，如图9.46所示。

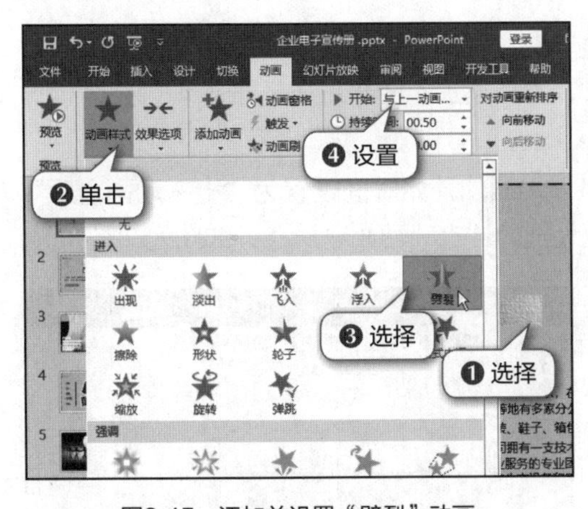

图9.45 添加并设置“劈裂”动画

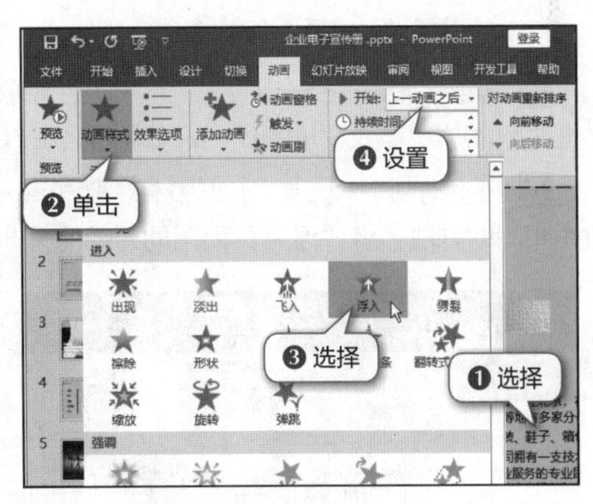

图9.46 添加并设置“浮入”动画

3 在【动画】/【高级动画】组中单击“添加动画”按钮，在打开的下拉列表中选择“强调”栏的“加粗展示”选项，为文本添加强调动画，如图9.47所示。

4 在【动画】/【计时】组中将强调动画的开始时间设置为“上一动画之后”，持续时间设置为“01.00”，如图9.48所示。

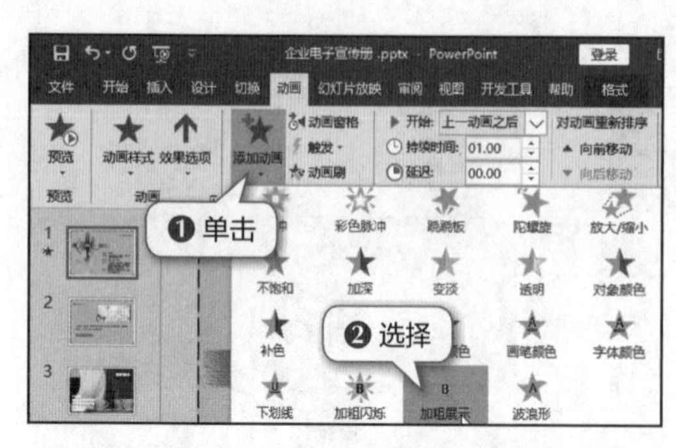

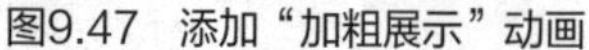
图9.47　添加“加粗展示”动画

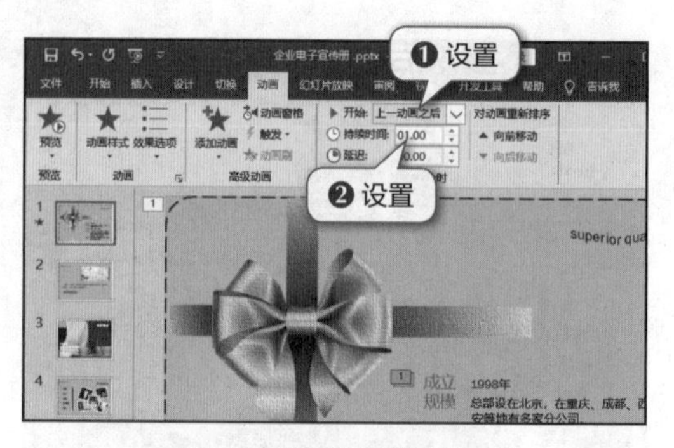

图9.48　设置动画计时选项

5 在【动画】/【高级动画】组中单击“动画窗格”按钮，打开“动画窗格”窗格，在“加粗展示”强调动画上单击鼠标右键，在弹出的快捷菜单中选择“计时”命令，如图9.49所示。

6 在打开的“加粗显示”对话框中单击“计时”选项卡，在“开始”下拉列表中选择“上一动画之后”选项，在“期间”下拉列表中选择“慢速(3秒)”选项，单击 确定 按钮，如图9.50所示。

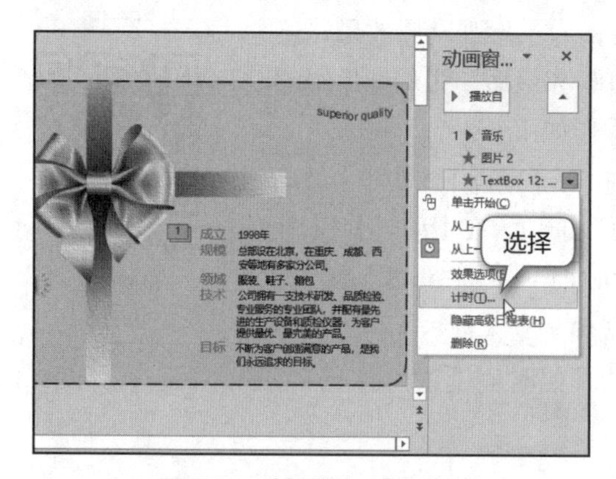

图9.49　选择“计时”命令

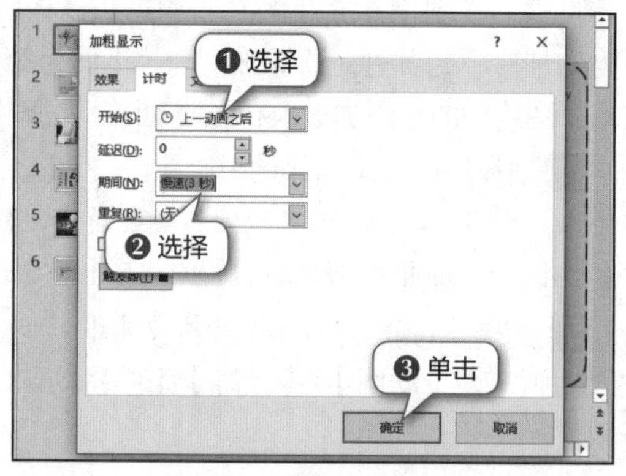

图9.50　设置动画计时选项

7 切换至最后一张幻灯片，选择图片对象，为其添加“随机线条”进入动画，为横排文本框对象添加“浮入”进入动画，如图9.51所示。

8 在【动画】/【计时】组中将“随机线条”动画的开始时间设置为“上一动画之后”，使用相同的方法，将“浮入”动画的开始时间也设置为“上一动画之后”，如图9.52所示。

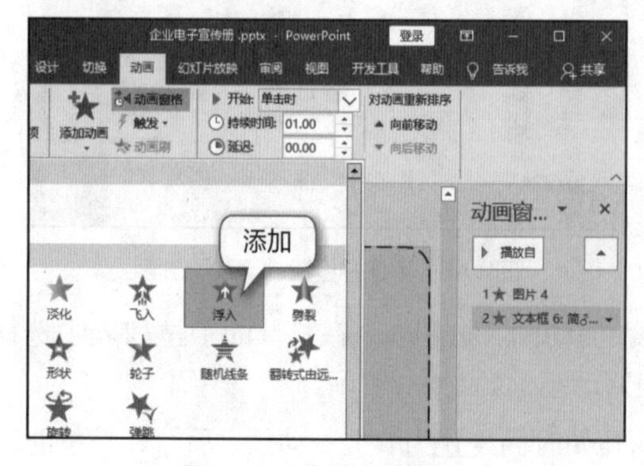

图9.51　添加进入动画

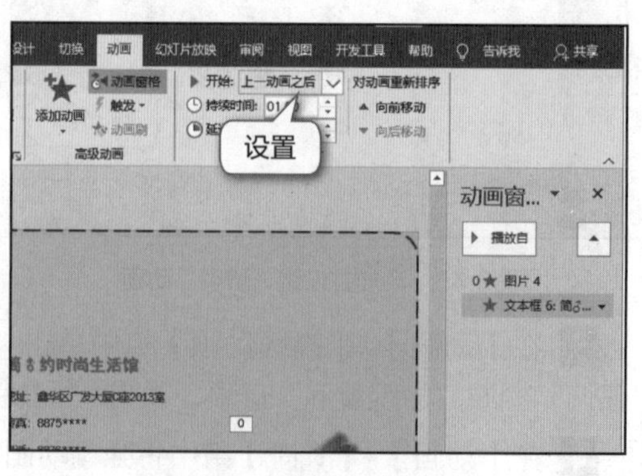

图9.52　设置动画计时选项

（五）放映后打包演示文稿

由于宣传册演示文稿最终会在行业交流会上放映，为了避免未安装PowerPoint而无法放映幻灯片，需要将制作好的演示文稿打包。在打包之前，还可先执行放映幻灯片操作，以便一旦发现错误就能及时修改。下面放映并打包演示文稿，具体操作如下。

1 设置所有动画效果后，在【幻灯片放映】/【开始放映幻灯片】组中单击“从头开始”按钮，从第1张幻灯片开始放映，如图9.53所示。

2 系统进入幻灯片放映状态，在其中可详细查看动画设置效果，检查有无错别字等，如图9.54所示。

图9.53　从头开始放映幻灯片

图9.54　查看放映效果

3 完成放映后按【Esc】键退出放映状态，单击快速访问工具栏中的“保存”按钮，保存当前演示文稿，如图9.55所示。

4 选择【文件】/【导出】命令，在“导出”栏中选择“将演示文稿打包成CD”选项，在右侧单击“打包成 CD”按钮，如图9.56所示。

图9.55　保存演示文稿

图9.56　打包成CD

5 在打开的“打包成 CD”对话框中单击复制到文件夹(F)...按钮，如图9.57所示。

6 打开“复制到文件夹”对话框，在“文件夹名称”文本框中输入“企业电子宣传册”，其他设置保持不变，单击确定按钮开始执行打包操作，打包成功后，单击“打包成CD”对话框中的关闭(C)按钮完成所有操作，如图9.58所示。

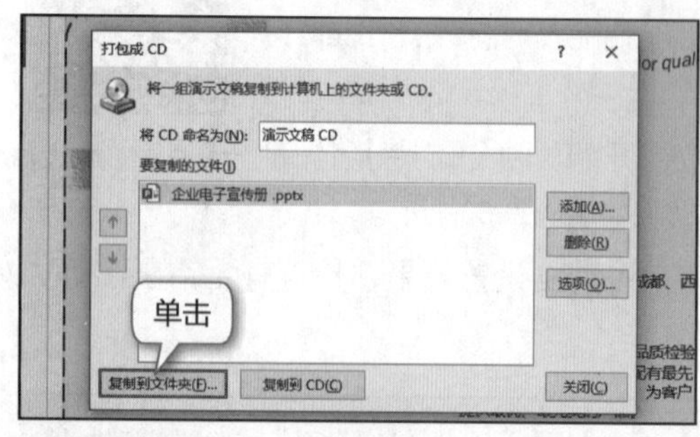

图9.57　设置打包文件夹

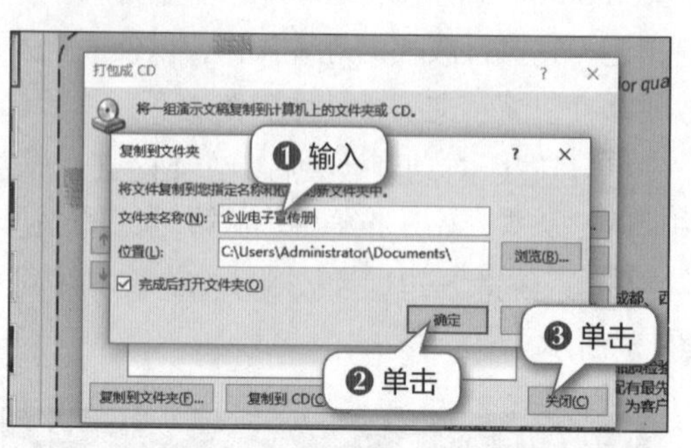

图9.58　设置文件名

任务三　制作市场营销策划案演示文稿

一、任务目标

市场营销策划是指企业对未来将要发生的市场营销活动进行全面、系统筹划的一种超前决策。演示文稿可以帮助企业更好地展示营销策划案。图9.59所示为市场营销策划案演示文稿参考效果。

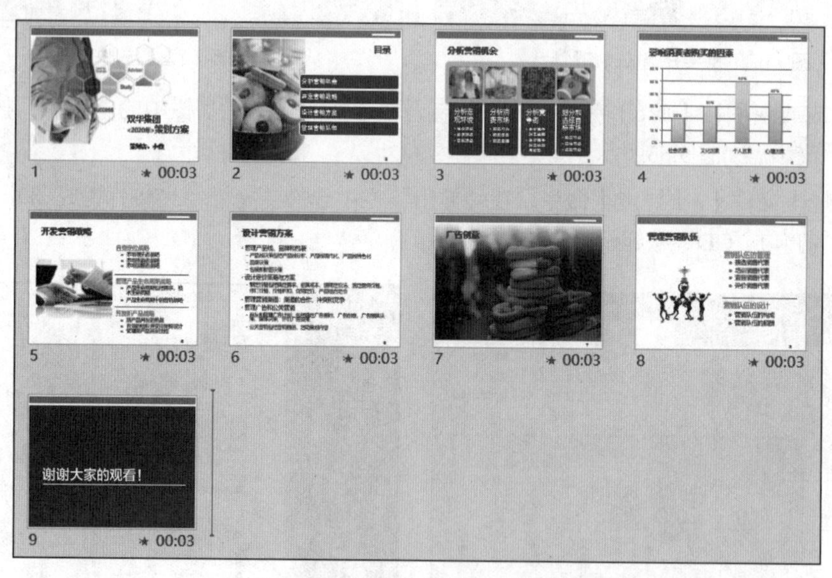

图9.59　市场营销策划案演示文稿参考效果

下载资源

素材文件：项目九\市场营销策划案.pptx

效果文件：项目九\市场营销策划案.pptx

二、任务实施

（一）制作幻灯片母版

幻灯片母版包含了多张幻灯片，但在实际制作过程中只会用到个别版式的幻灯片，此外，还可根据实际需求，新建幻灯片或设计幻灯片版式。下面设计幻灯片母版中个别幻灯片的版式，具体操作如下。

1 打开“市场营销策划案.pptx”演示文稿，在【视图】/【母版视图】中单击“幻灯片母版”按钮，进入幻灯片母版编辑状态。选择第5张幻灯片，将鼠标指针移至右栏占位符底部的控制点上，向上拖曳鼠标指针，调整占位符大小，如图9.60所示。

2 选择“单击此处编辑母版文本样式”文本框，将该文本框中文本的颜色设置为“青绿，个性色1”，在文本占位符下方绘制一条直线，将其粗细设置为“3磅”，如图9.61所示。

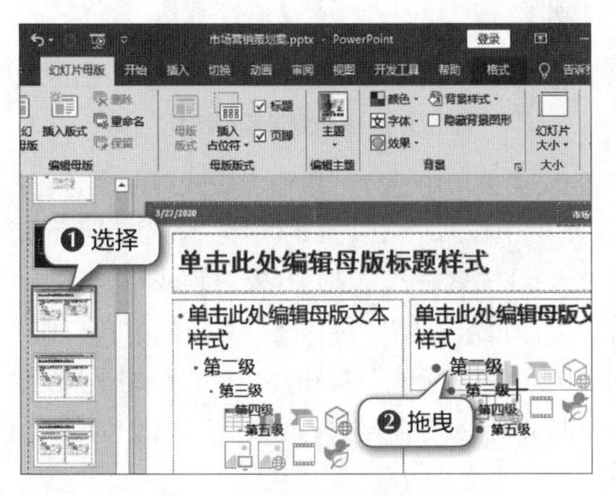

图9.60　调整占位符的大小

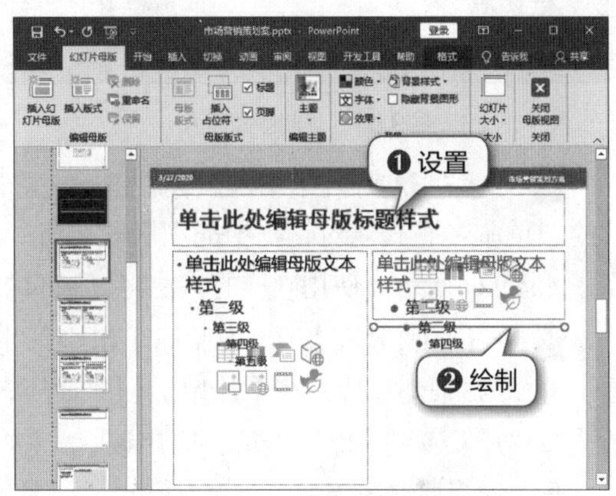

图9.61　设置文档标题文本

3 选择设置后的文本占位符和直线，将鼠标指针移至占位符边框上，按住【Ctrl】键的同时按住鼠标左键向下拖曳鼠标指针，直至目标位置后释放鼠标左键，即可复制所选的文本占位符和直线，如图9.62所示。

4 使用相同的操作方法，再复制一个文本占位符和一条直线，并适当调整复制后的文本占位符高度，如图9.63所示。

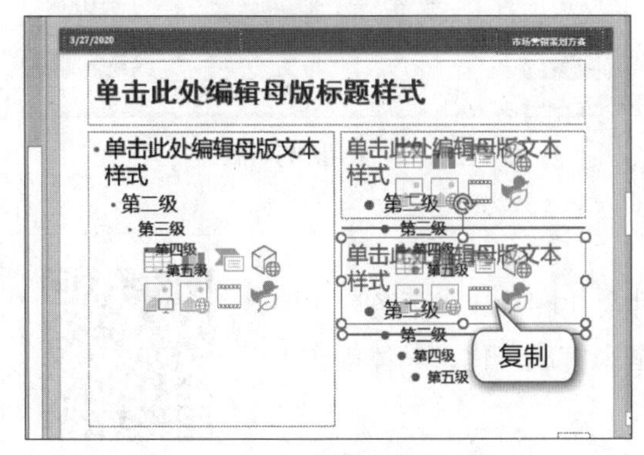

图9.62　复制文本占位符和直线

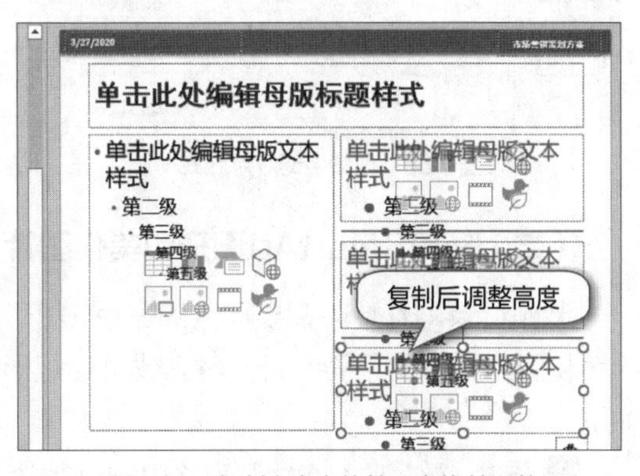

图9.63　复制文本占位符和直线并调整

5 在第5张幻灯片上单击鼠标右键，在弹出的快捷菜单中选择“复制版式”命令，如图9.64所示。

6 选择复制后的幻灯片，将幻灯片右侧中的第2条直线和第3个文本占位符删除，拖曳鼠标调整第2个文本占位符的高度，如图9.65所示。

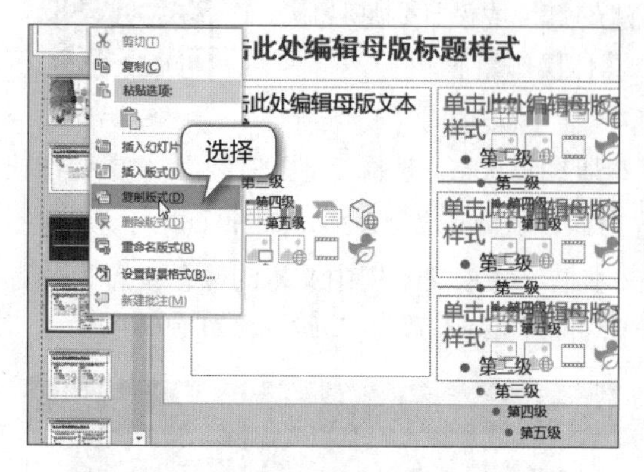

图9.64 复制版式

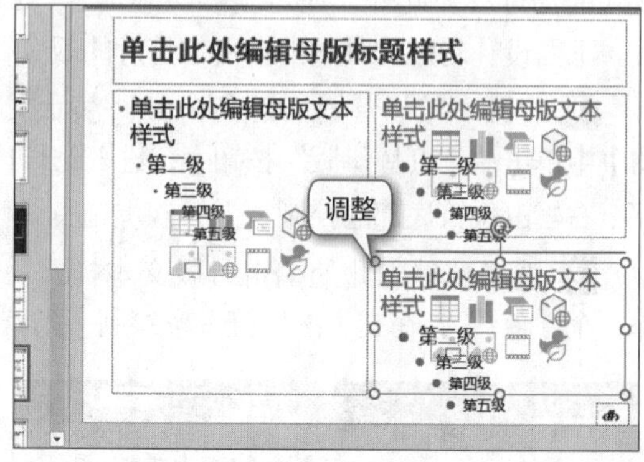

图9.65 编辑复制后的版式

7 在第5张幻灯片上单击鼠标右键，在弹出的快捷菜单中选择“重命名版式”命令，在打开的“重命名版式”对话框中的“版式名称”文本框中输入“开发营销战略”，单击重命名(R)按钮，如图9.66所示。使用同样的方法将复制的第6张幻灯片重命名为“1_开发营销战略”。

8 在【幻灯片母版】/【关闭】组中单击“关闭母版视图”按钮，关闭幻灯片母版视图。选择第5张幻灯片，在【开始】/【幻灯片】组中单击“版式”按钮，在打开的下拉列表中选择“开发营销战略”选项，应用该版式，如图9.67所示。同样选择第8张幻灯片，为其应用“1_开发营销战略”版式。

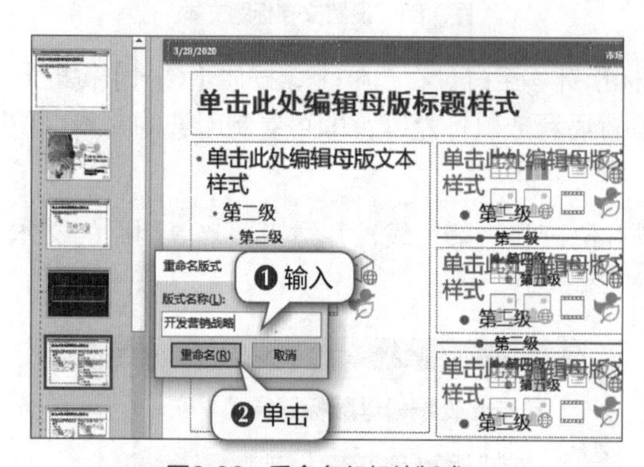

图9.66 重命名幻灯片版式

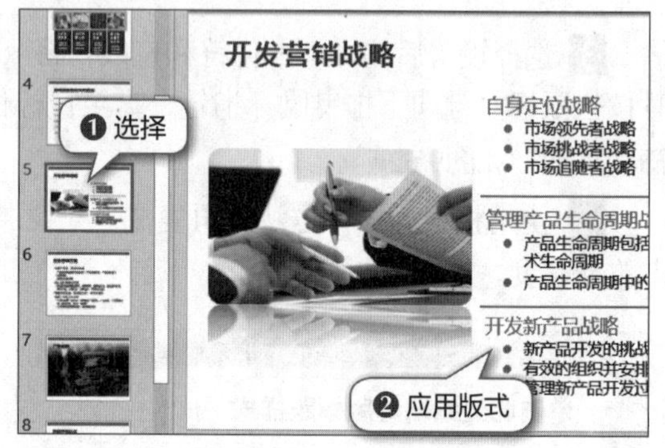

图9.67 应用幻灯片版式

（二）使用SmartArt图形和美化图片

制作目录幻灯片时需要插入SmartArt图形和美化图片，本任务所说的美化图片是指使用具有渐变填充效果的矩形框来完成美化，具体操作如下。

1 选择“幻灯片/大纲”窗格中的第2张幻灯片，单击文本占位符中的“插入 SmartArt 图形”按钮，如图9.68所示。

2 打开“选择 SmartArt 图形”对话框，在左侧列表框中选择“列表”选项，在右侧的列表框中选择“垂直项目符号列表”选项，单击确定按钮，如图9.69所示。

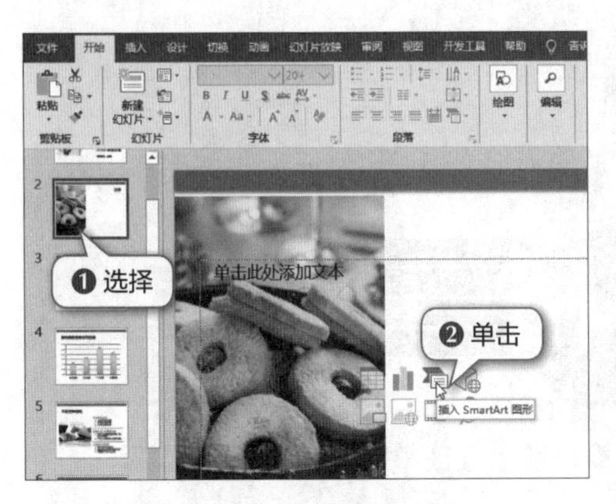

图9.68 插入图形

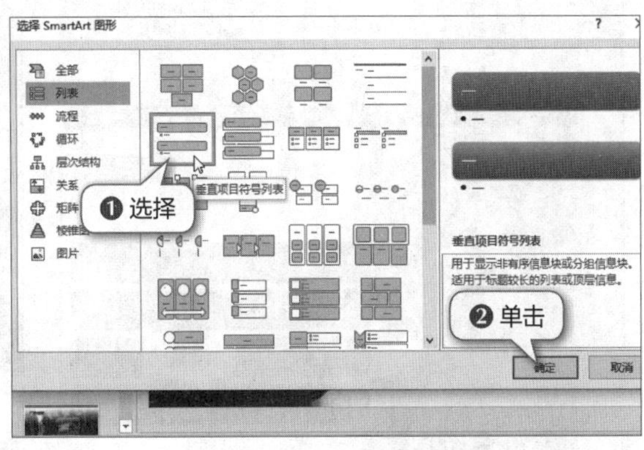

图9.69 选择SmartArt图形

3 选择插入的SmartArt图形，在其左侧单击“文本窗格”按钮，打开“在此处键入文字”窗格，选择其中的二级项目符号，在【SmartArt工具-设计】/【创建图形】组中单击“升级”按钮，将所选项目级别提升一级，如图9.70所示。

4 使用相同的操作方法，将图形中的最后一个项目符号也提升一级，并在各个项目符号中输入相应的文本，单击窗格右上角的×按钮关闭窗格，如图9.71所示。

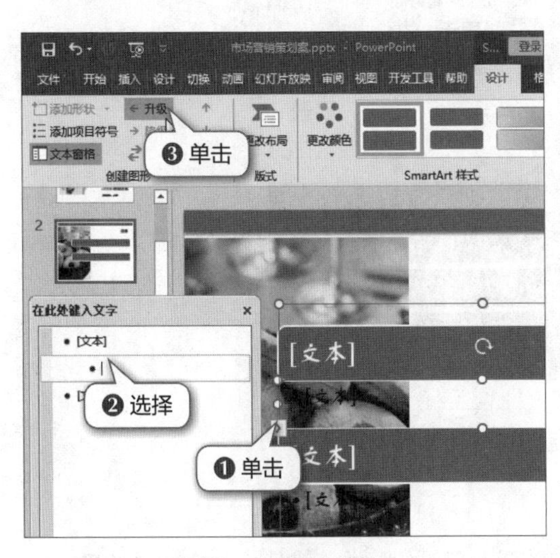

图9.70 升级项目符号

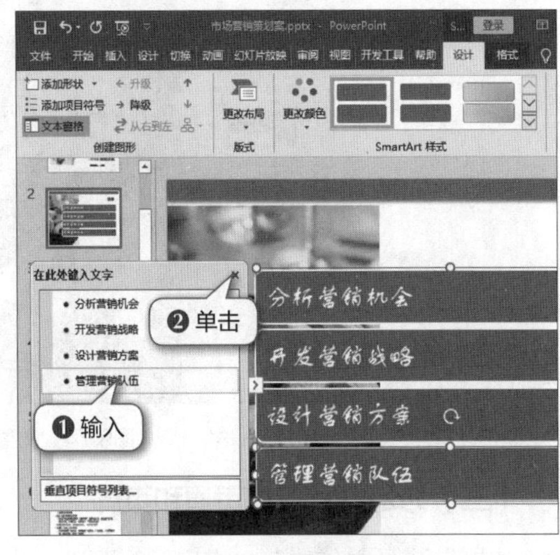

图9.71 在SmartArt图形中输入文本

5 选择SmartArt图形，将其中的文本字体格式设置为“方正黑体简体”。在【SmartArt工具-设计】/【SmartArt样式】组中单击“更改颜色”按钮，在打开的下拉列表中选择“彩色范围-个性色5至6”选项，在【SmartArt工具-格式】/【大小】组中将高度、宽度分别设置为“9厘米”和“15厘米”，并适当调整其位置，如图9.72所示。

6 绘制一个宽度为“5.08厘米”，高度为“17.78厘米”的矩形，去除矩形轮廓，选择该矩形，单击鼠标右键，在弹出的快捷菜单中选择“设置形状格式”命令，打开“设置形状格式”窗格，在“形状选项”选项卡中设置渐变光圈颜色为“白色”，透明度为“100%”，类型为

"线性"，角度为"0"，完成后关闭窗格，如图9.73所示。

图9.72　编辑SmartArt图形

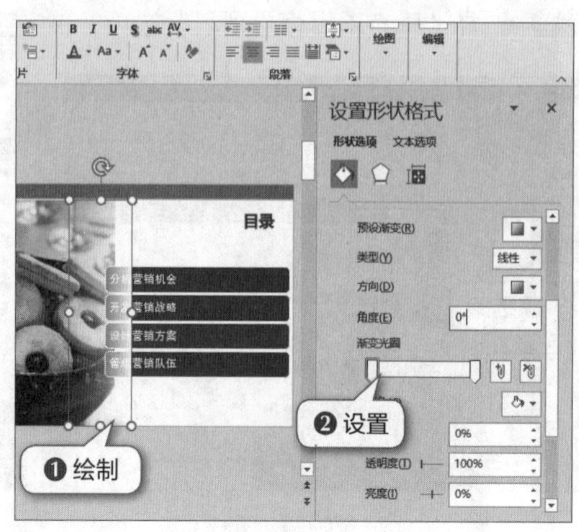

图9.73　绘制并编辑矩形

7 将编辑后的矩形移至目标位置，在【绘图工具–格式】/【排列】组中单击"下移一层"按钮，将矩形放置于SmartArt图形之后，如图9.74所示。

图9.74　调整图形排列顺序

（三）为幻灯片添加页眉和页脚

编辑完演示文稿的基本内容后，可进一步美化幻灯片的版面，使其更加引人注目。在幻灯片中添加页眉和页脚是常用的美化手法之一，在页眉和页脚中可插入页码、日期、方案名称、公司标志等信息，具体操作如下。

为幻灯片添加页眉和页脚

1 编辑好演示文稿的基本内容后，在【插入】/【文本】组中单击"页眉和页脚"按钮，打开"页眉和页脚"对话框，如图9.75所示。

2 在"幻灯片"选项卡中勾选"幻灯片编号"复选框和"页脚"复选框，在下方的文本框中输入文本"市场营销策划方案"，如图9.76所示。

图9.75 单击“页眉和页脚”按钮

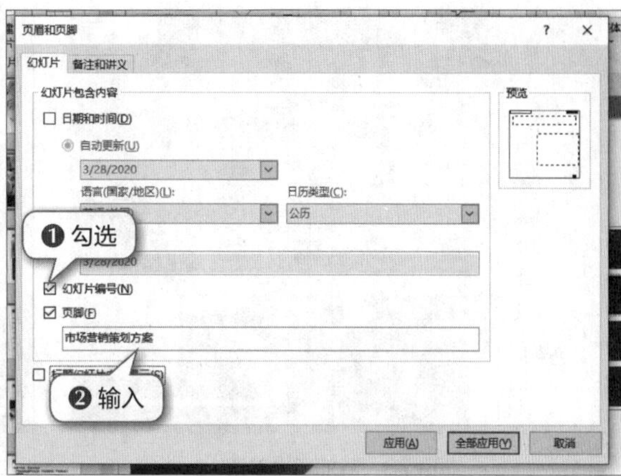

图9.76 插入编号和页脚

3 勾选“标题幻灯片中不显示”复选框，单击[全部应用(Y)]按钮，为当前演示文稿中的所有幻灯片添加设定的页眉和页脚，如图9.77所示。

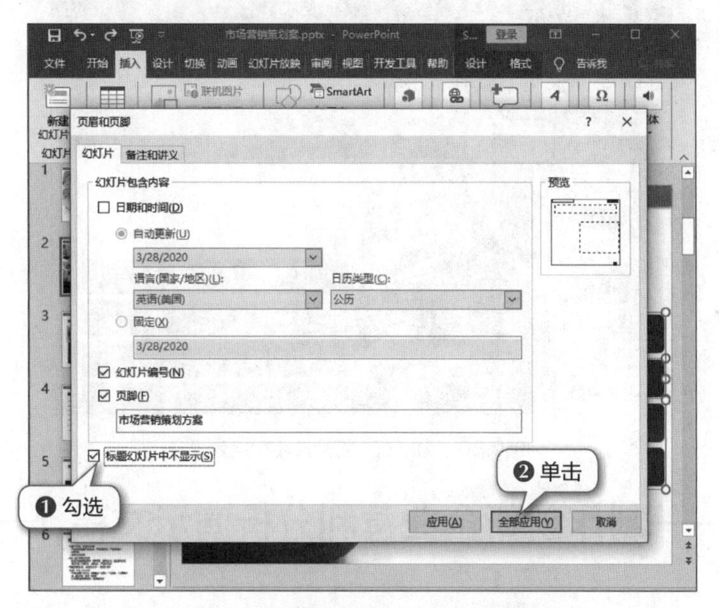

图9.77 隐藏标题幻灯片中的页眉和页脚

（四）设置幻灯片的切换效果

扫一扫

设置幻灯片的切换效果

为了使幻灯片更具趣味性，可设置幻灯片之间的切换效果和换片方式。下面为幻灯片添加“轨道”切换效果，并将其换片方式设置为“3”秒后自动播放，具体操作如下。

1 在【切换】/【切换到此幻灯片】组中单击“切换效果”按钮，在打开的下拉列表中选择“轨道”选项，如图9.78所示。

2 在【切换】/【计时】组中取消勾选“单击鼠标时”复选框，勾选“设置自动换片时间”复选框，将数值框中的数值参数设置为“00:03.00”，如图9.79所示。

图9.78　添加切换效果　　　　图9.79　设置自动换片时间

3 在【切换】/【计时】组中单击“应用到全部”按钮，为所有幻灯片应用“轨道”切换效果，如图9.80所示。

图9.80　为所有幻灯片应用切换效果

项目实训——制作创新企业营利分析演示文稿

一、实训要求

使用动作按钮、形状、图表、动画、主题等功能丰富创新企业营利分析演示文稿，使其能够形象直观地展现相关信息。

制作创新企业营利分析演示文稿

二、实训思路

（1）打开“企业营利能力分析.pptx”演示文稿，切换至幻灯片母版视图后，对前两张幻灯片进行编辑，主要操作包括添加动作按钮、添加公司标志、更改项目符号及更改主题字体等，如图9.81所示。

（2）绘制直线，将直线轮廓设置为圆点虚线、箭头样式11，在其中插入文本框，制作目录页，如图9.82所示。

下载资源

素材文件：项目九\创新企业营利能力分析.pptx

效果文件：项目九\创新企业营利能力分析.pptx

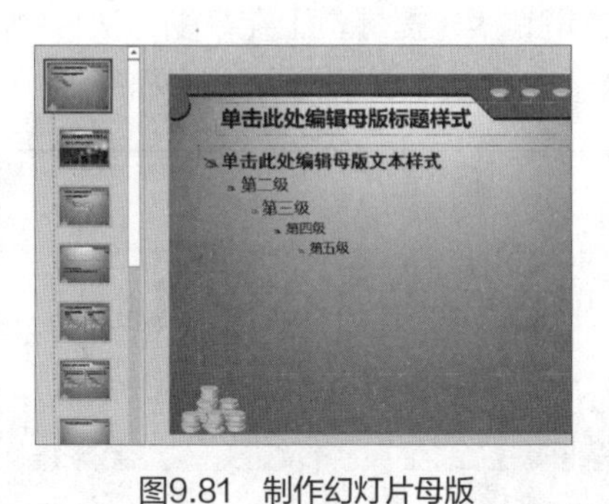

图9.81　制作幻灯片母版

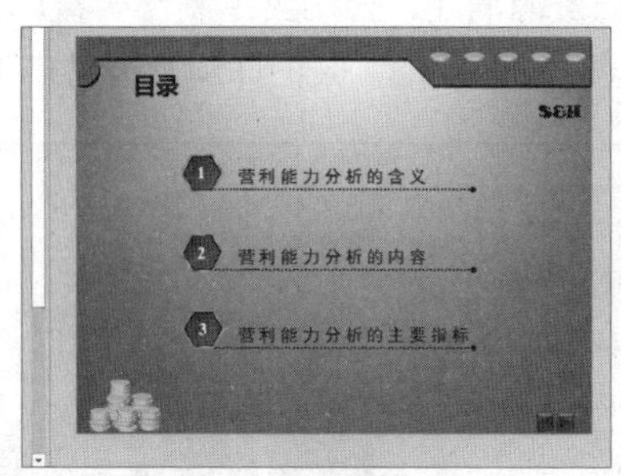

图9.82　制作目录幻灯片

（3）分别在第7张和第8张幻灯片中插入“簇状柱形图”和“折线图”图表，并根据实际需要编辑数据和美化图表，如图9.83所示。

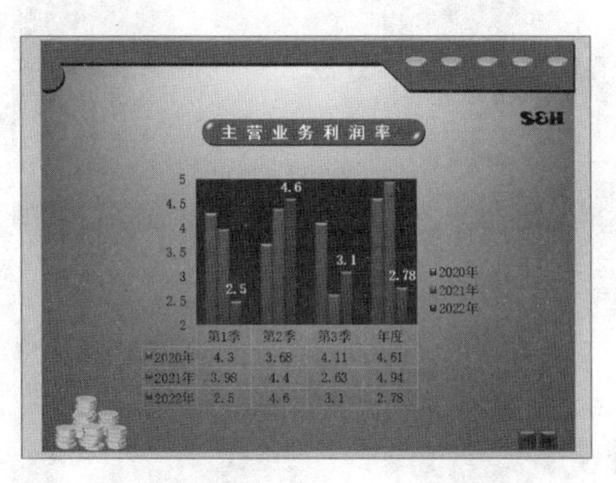

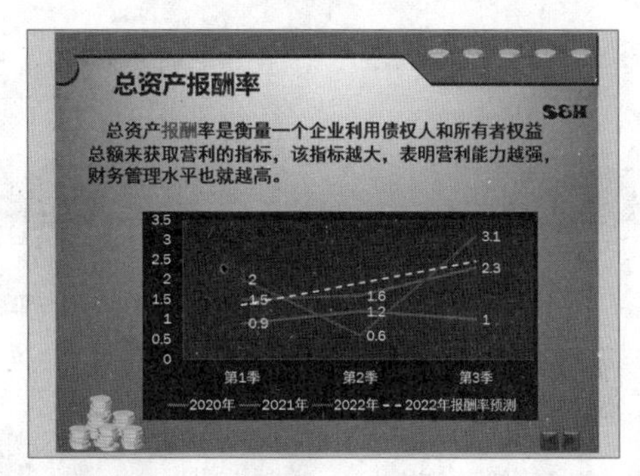

图9.83　插入并编辑图表

（4）调整最后3张幻灯片中添加的动画效果，主要操作包括设置效果选项、计时和添加退出动画等，如图9.84所示。

（5）从头开始放映幻灯片，并打印第6张幻灯片，如图9.85所示。

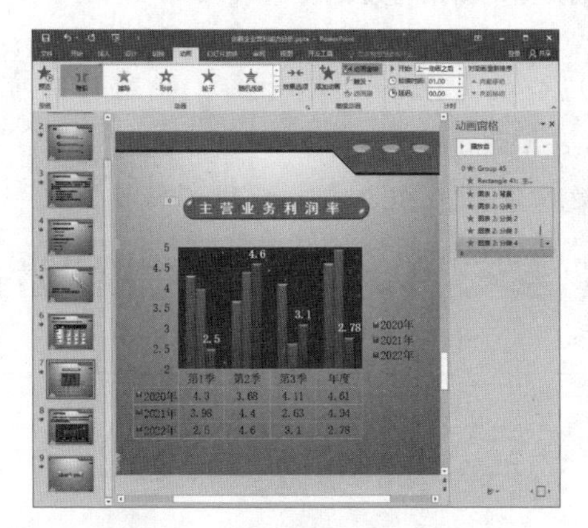

图9.84　设置幻灯片中的动画效果

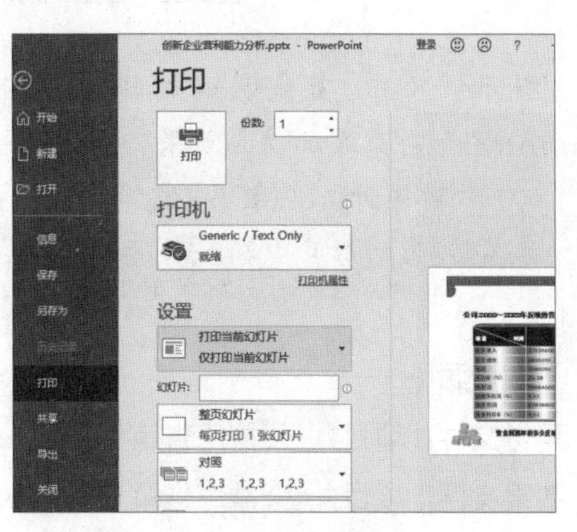

图9.85　放映后打印指定幻灯片

拓展练习

1. 制作公益广告策划案演示文稿

为了降低资源消耗，公司决定制作公益广告策划案，提醒员工在享受一次性物品带来的方便、快捷的同时，不要忘了保护环境。公益广告策划案演示文稿参考效果如图9.86所示。

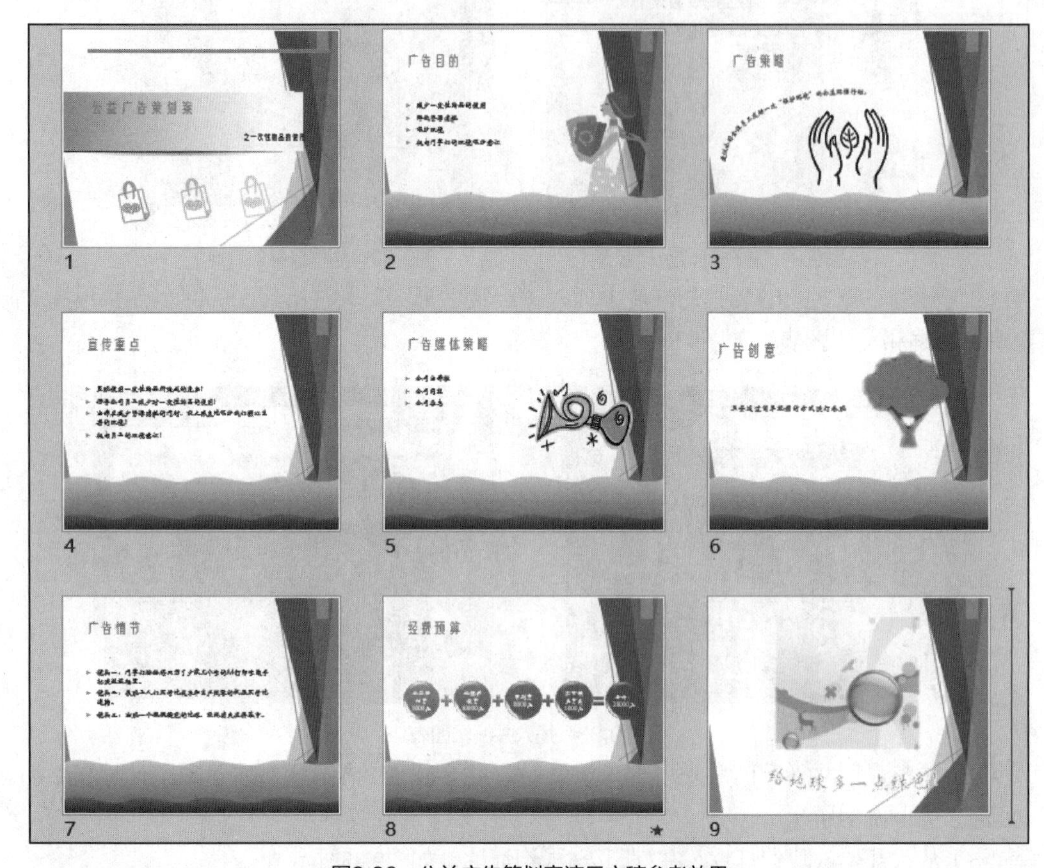

图9.86 公益广告策划案演示文稿参考效果

提示：（1）首先明确制作此公益广告的目的和目标对象，在制作时可为SmartArt图形对象添加动画效果，同时语言要活泼、生动；

（2）制作时，先在第3张幻灯片中输入正文，并为文本应用“转换”文字效果，再在第8张幻灯片中插入并编辑“公式”SmartArt图形。

下载资源

素材文件：项目九\公益广告策划案.pptx

效果文件：项目九\公益广告策划案.pptx

2. 制作企业形象宣传演示文稿

企业形象是企业文化建设的核心，要在社会公众中树立良好的企业形象，首先要靠企业自身的产品和服务；其次还要通过各种宣传策略来向公众介绍和宣传企业形象。某公司为了提升企业形象，制作了企业形象宣传演示文稿，参考效果如图9.87所示。

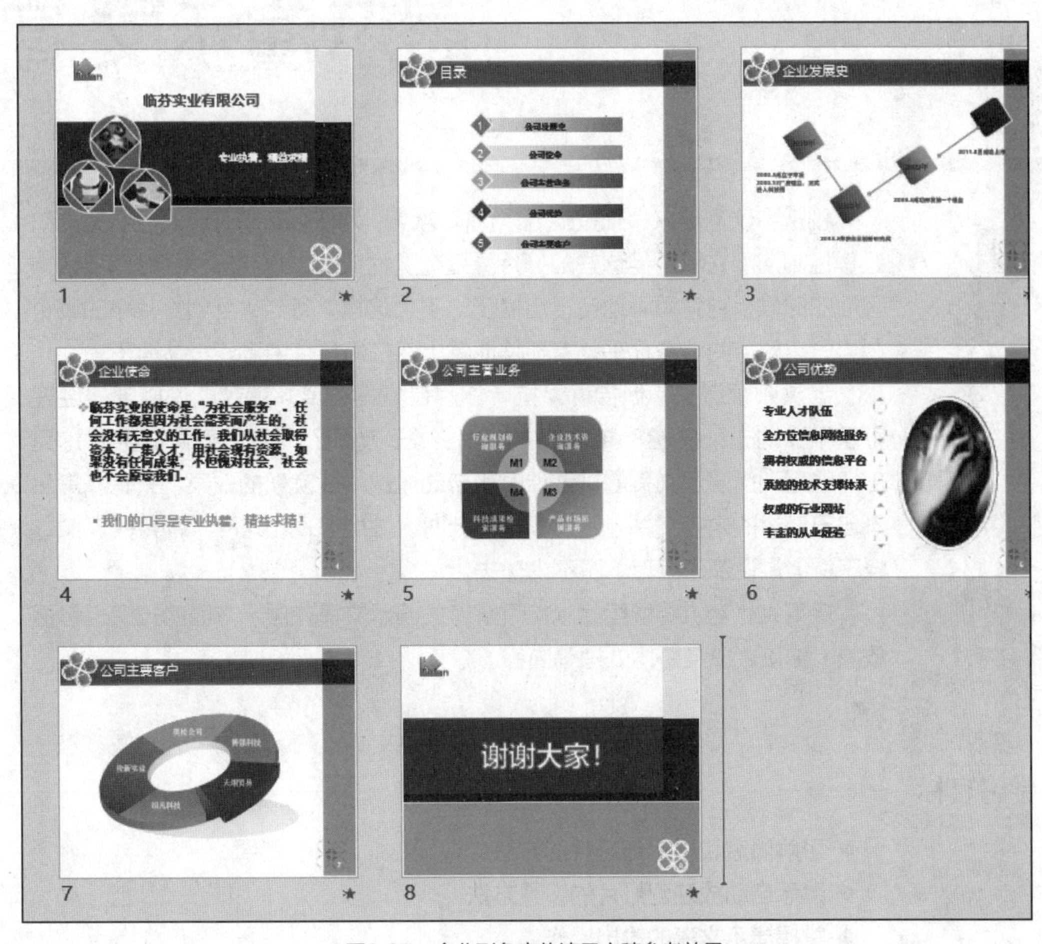

图9.87 企业形象宣传演示文稿参考效果

提示：（1）企业形象宣传演示文稿可通过企业使命、口号、优势和产品等进行设计，制作时，要尽量使用各种形状来丰富演示文稿的内容；

（2）第5张幻灯片中的形状是由1个圆和8个对角圆角矩形组成的，每两个圆角矩形交错放在一起，并填充不同的颜色，最后用文本框插入文本，并放映幻灯片。

下载资源

素材文件：项目九\企业形象宣传.pptx

效果文件：项目九\企业形象宣传.pptx

项目十
展示演示文稿

情景导入

刚从会议室出来，米拉就赶紧询问老洪，为什么刚刚开会时没看见部门经理控制演示文稿，但这些幻灯片像是有灵性似的，每当部门经理需要切换页面的时候，它就乖乖地自己切换了。不止这样，每当讲到幻灯片中的某个内容时，对应的对象几乎丝毫不差地就出现在幻灯片中了，真是神了！

老洪频频点头，他告诉米拉，你越是觉得神奇，就越能说明部门经理下了不少功夫！经过老洪的点拨，米拉终于破解了这个“魔术”，原来这是部门经理利用演示文稿的排练计时和自动放映功能实现的效果，只有非常熟悉自己演讲的内容，并经过反复排练计时，才能呈现出这种“神奇的现象”，怪不得老洪说部门经理下了不少功夫。

接下来，老洪将继续给米拉讲解有关演示文稿在展示方面的知识，包括放映、输出，以及协同处理等内容。

学习目标

- 了解隐藏和显示幻灯片的方法
- 熟悉自动放映幻灯片的设置方法
- 掌握演示文稿的输出操作
- 了解演示文稿的协同处理

素质目标

- 在学习控制幻灯片放映时间的过程中，意识到准时、守时的重要性，并培养自己在这方面的良好习惯
- 通过多组件协同处理演示文稿，建立在学习和工作中跨部门、跨组织合作的意识

任务一 制作竞聘报告演示文稿

一、任务目标

竞聘报告演示文稿主要用于竞聘上岗，向招聘者介绍和阐述自身的竞聘信息，一般包括自身条件、自身优势、职务认识、工作设想等，图10.1所示为竞聘报告演示文稿的参考效果。

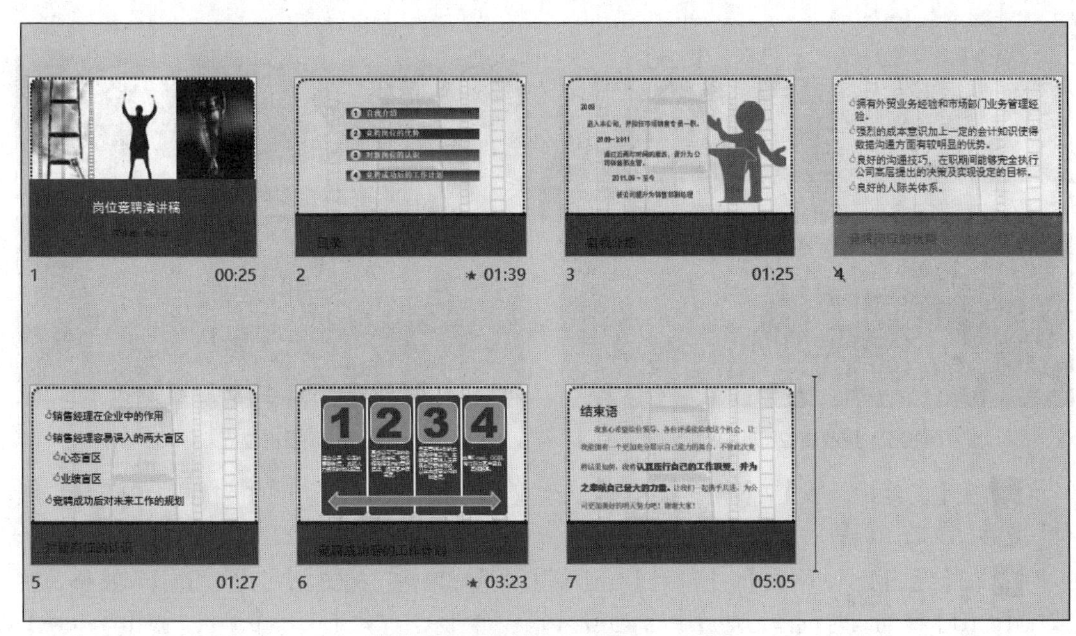

图10.1 竞聘报告演示文稿的参考效果

下载资源

素材文件：项目十\竞聘报告.pptx、图片1.jpg、图片2.jpg、图片3.jpg

效果文件：项目十\竞聘报告

二、任务实施

（一）在主题基础上修改母版

由于整篇演示文稿应用的“平衡”主题不太符合实际的制作需求，因此需要先修改幻灯片的版式，包括插入和编辑图片、设置形状轮廓、更改项目符号和字体等，具体操作如下。

扫一扫

在主题基础上修改母版

1 打开“竞聘报告.pptx”演示文稿，切换至幻灯片母版视图，选择其中的第2张幻灯片。在按住【Shift】键的同时选择幻灯片中的标题和副标题占位符。将鼠标指针移至占位符边框上，按住鼠标左键向下拖动占位符至目标位置后再释放鼠标左键，如图10.2所示。

2 保持占位符的选择状态，在【绘图工具-格式】/【排列】组中单击“上移一层”按钮右侧的下拉按钮，在打开的下拉列表中选择“置于顶层”选项，如图10.3所示。

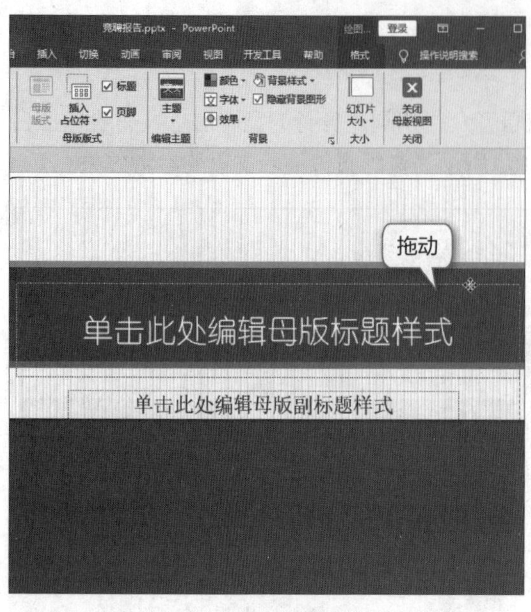

图10.2 更改占位符的位置

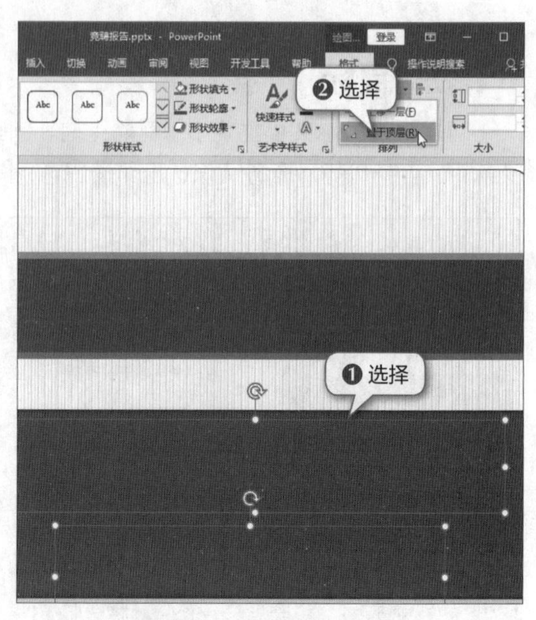

图10.3 设置占位符排列顺序

3 在【幻灯片母版】/【背景】组中单击“字体”按钮，在打开的下拉列表中选择“黑体”选项，如图10.4所示。

4 在【绘图工具-格式】/【排列】组中单击“选择窗格”按钮，打开“选择”窗格，在按住【Ctrl】键的同时选择幻灯片中的“矩形10”“矩形9”“矩形6”3个形状，按【Delete】键将其删除，如图10.5所示。

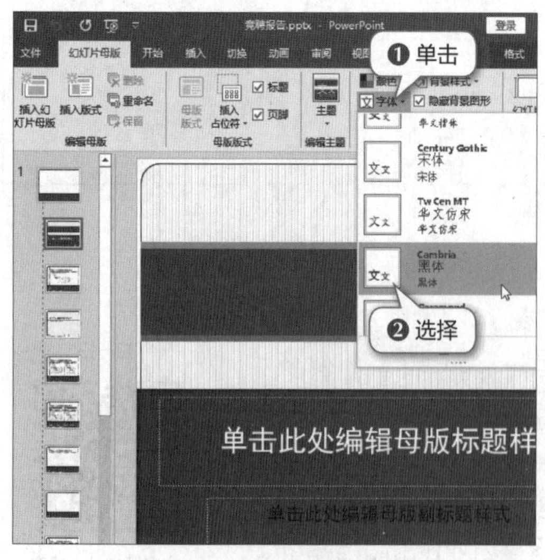

图10.4 更改字体

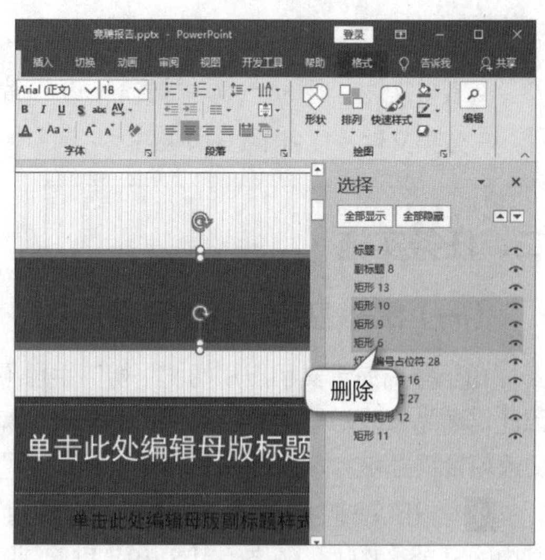

图10.5 删除幻灯片中的形状

5 在【插入】/【图像】组中单击“图片”按钮，打开“插入图片”对话框，在按住【Ctrl】键的同时选择素材文件中的“图片1.jpg”“图片2.jpg”“图片3.jpg”图片，单击插入(S)按钮，如图10.6所示。

6 选择插入的“图片1”文件，在【图片工具-格式】/【大小】组中单击“裁剪”按钮，此时，所选图片四周出现8个控制点，将鼠标指针移至需要裁剪的控制点上，向目标方向拖曳鼠标指针即可完成图片裁剪操作，效果如图10.7所示。

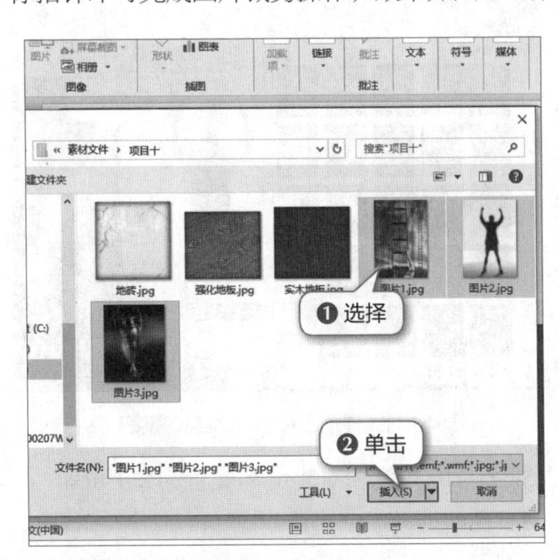

图10.6 选择图片

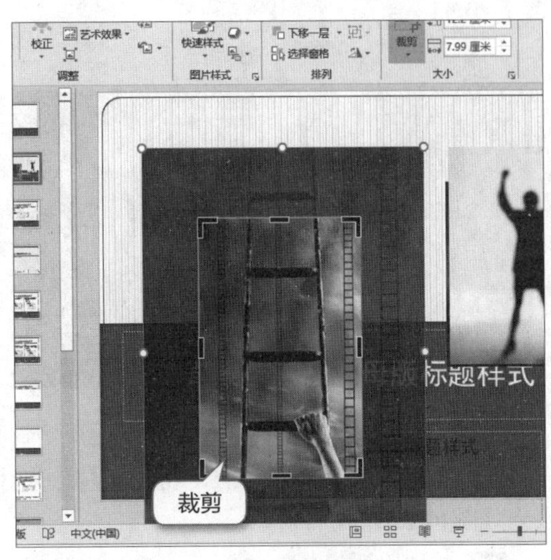

图10.7 裁剪图片

7 按【Esc】键退出裁剪状态，在【图片工具-格式】/【排列】组中单击“下移一层”按钮，将“图片1”置于矩形框的下方。选择插入的“图片2”，将鼠标指针移至该图片右下角的控制点上，在按住【Ctrl+Shift】组合键的同时向外拖动鼠标指针，等比例放大图片，如图10.8所示。

8 按照相同的操作方法，将“图片3”等比例放大后，在【图片工具-格式】/【排列】组中单击“下移一层”按钮，将“图片2”和“图片3”均置于矩形框的下方，如图10.9所示。

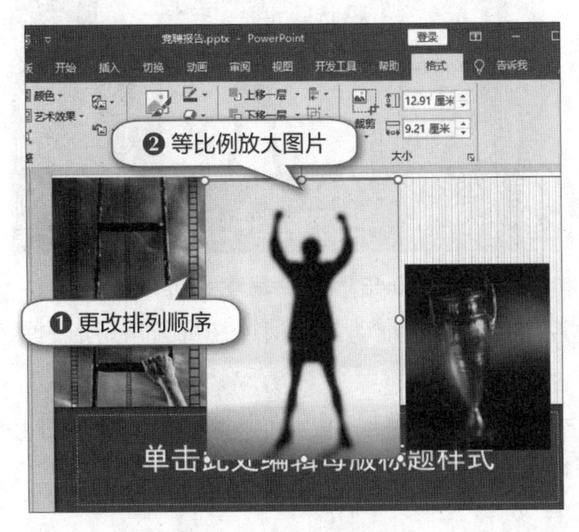

图10.8 等比例放大图片

图10.9 调整图片排列顺序

9 在按住【Shift】键的同时选择插入的3张图片。在【图片工具-格式】/【排列】组中单击“对齐”按钮，在打开的下拉列表中选择“顶端对齐”选项，如图10.10所示。

10 选择插入的“图片3”，在【图片工具-格式】/【调整】组中单击“校正”按钮，在打开的下拉列表中选择“亮度:+40% 对比度:+40%”选项，如图10.11所示。

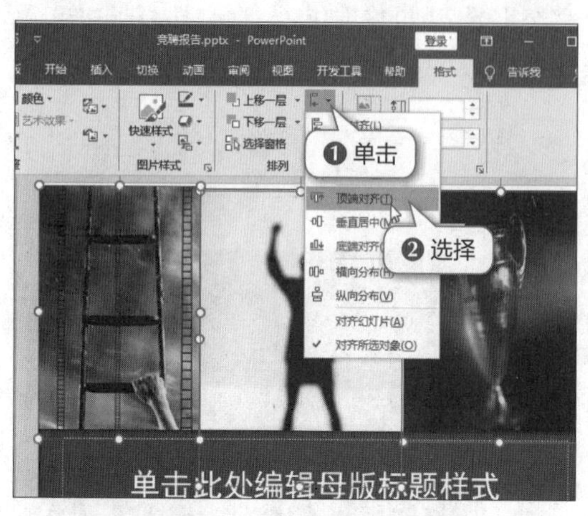

图10.10 调整图片对齐方式

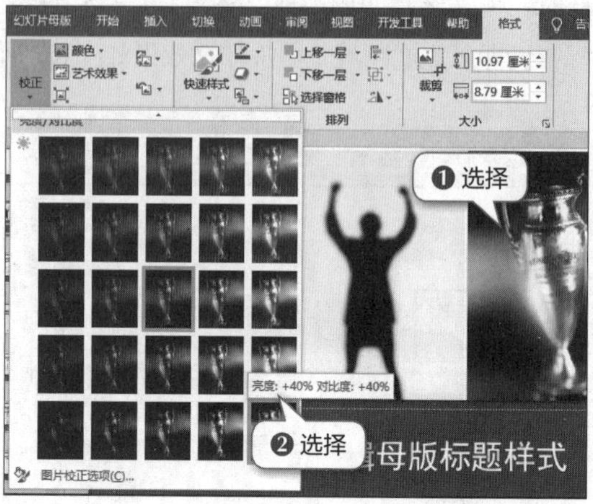

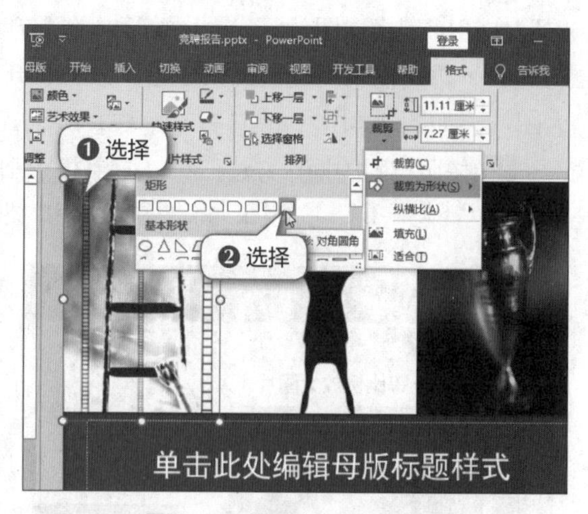

图10.11 调整图片的对比度和亮度

11 按照相同的操作方法，将幻灯片中剩余两张图片的亮度和对比度均设置为“+40%”，效果如图10.12所示。

12 选择“图片1”，单击“裁剪”按钮下方的下拉按钮，在打开的下拉列表中选择“裁剪为形状”子列表中的“矩形：对角圆角”选项，如图10.13所示。

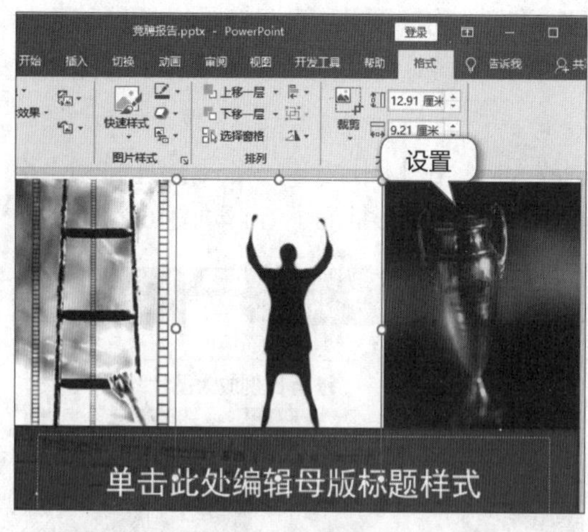

图10.12 调整剩余两张图片的亮度和对比度

图10.13 将图片裁剪为指定形状

13 将鼠标指针移到圆角矩形左上角的橙色控制点，向左拖动鼠标指针，将圆角矩形的弧度减小，如图10.14所示。

14 按照相同的操作方法，将幻灯片中的图片3裁剪为“矩形：单圆角”，并拖动图片右上角的黄色控制点调整圆角矩形的弧度，效果如图10.15所示。

图10.14　改变圆角矩形的形状

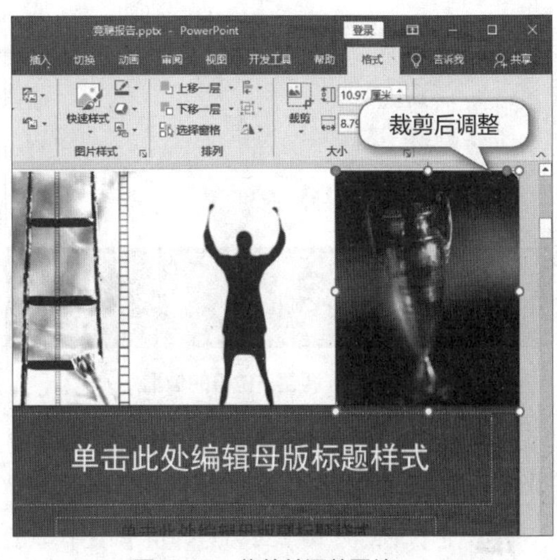

图10.15　裁剪并调整图片

15 保持图片3的选择状态，在【图片工具–格式】/【图片样式】组中单击“图片效果”按钮，在打开的下拉列表中选择“阴影”子列表的“内部：右上”选项，如图10.16所示。按照相同的操作方法，分别为幻灯片中从左至右的第1张和第2张图片添加“内部：左上”和“内部：中”阴影效果。

16 在【图片工具–格式】/【排列】组中单击“选择窗格”按钮，打开“选择”窗格，选择“圆角矩形12”选项，在【图片工具–格式】/【形状样式】组中单击“形状轮廓”按钮，将所选形状的粗细设置为“6磅”，虚线设置为“圆点”，效果如图10.17所示。

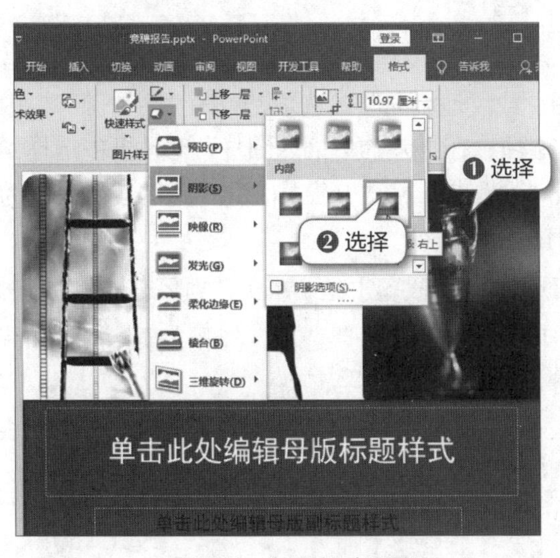

图10.16　为图片添加阴影

图10.17　设置形状轮廓

17 选择幻灯片母版视图中的第1张幻灯片，将鼠标指针移至标题占位符边框上，在按住【Shift】键的同时按住鼠标左键向下拖动，将标题占位符沿垂直方向拖动至蓝色矩形框中，如图10.18所示。

18 保持标题占位符的选择状态，在【图片工具–格式】/【排列】组中单击“上移一层”按钮右侧的下拉按钮，在打开的下拉列表中选择“置于顶层”选项，如图10.19所示。

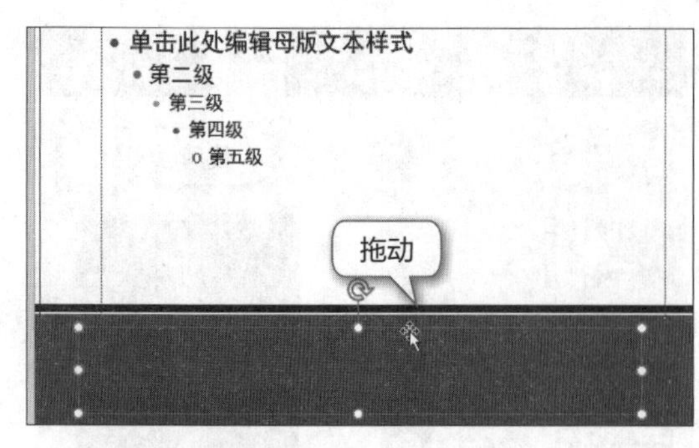

图10.18 调整占位符的位置

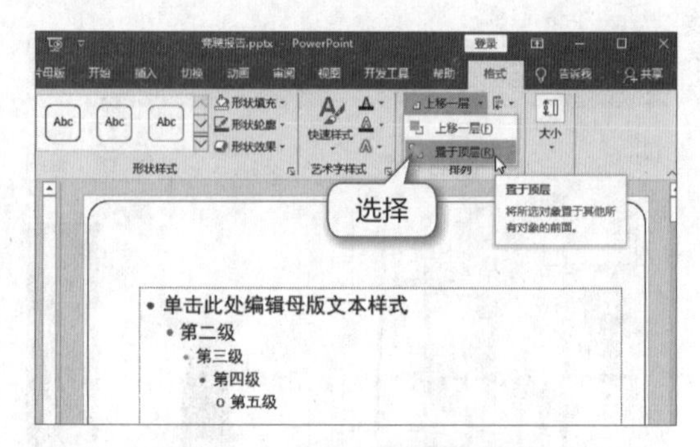

图10.19 更改形状的排列顺序

19 选择“选择”窗格中的“圆角矩形7”选项，在【绘图工具-格式】/【形状样式】组中单击“形状轮廓”按钮，将所选形状的粗细设置为“6磅”，虚线设置为“圆点”，效果如图10.20所示。

20 在【幻灯片母版】/【背景】组中单击“背景样式”按钮，在打开的下拉列表中选择“设置背景格式”选项，如图10.21所示。

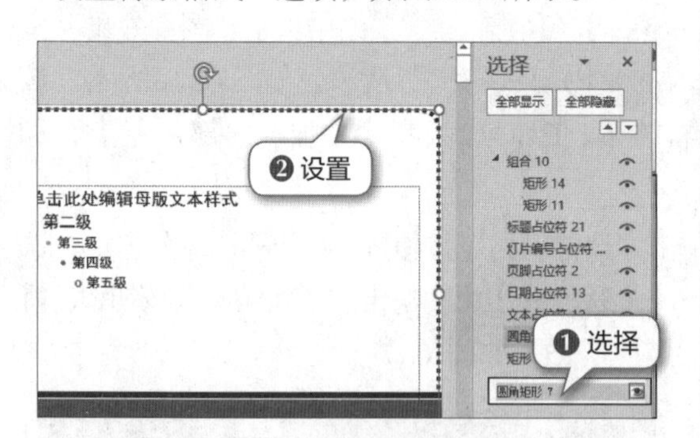

图10.20 设置形状轮廓

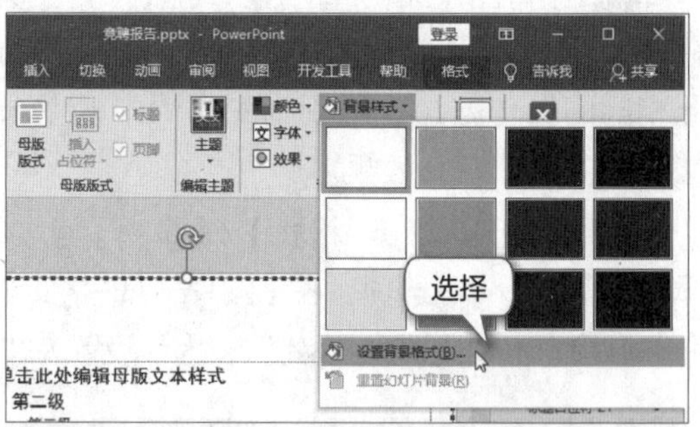

图10.21 选择“设置背景格式”选项

21 打开“设置背景格式”窗格，选中“图片或纹理填充”单选项，单击“图片源”栏中的插入(R)...按钮，在打开的界面中选择“从文件”选项，在打开的“插入图片”对话框中选择素材中的“图片1”选项，单击插入(S)按钮，返回“设置背景格式”窗格，将“透明度”设置为“95%”，单击应用到全部(L)按钮，并关闭窗格，如图10.22所示。

22 选择当前幻灯片中的文本占位符，在【开始】/【段落】组中单击“项目符号”按钮右侧的下拉按钮，在打开的下拉列表中选择“项目符号和编号”选项，打开“项目符号和编号”对话框，在“项目符号”选项卡中单击自定义(U)...按钮，如图10.23所示。

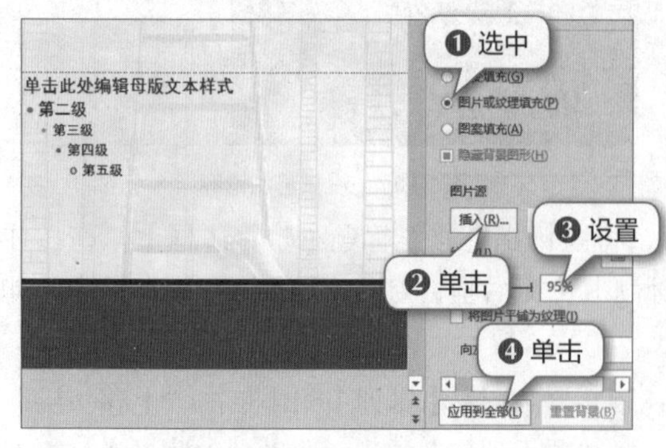

图10.22 设置背景图片

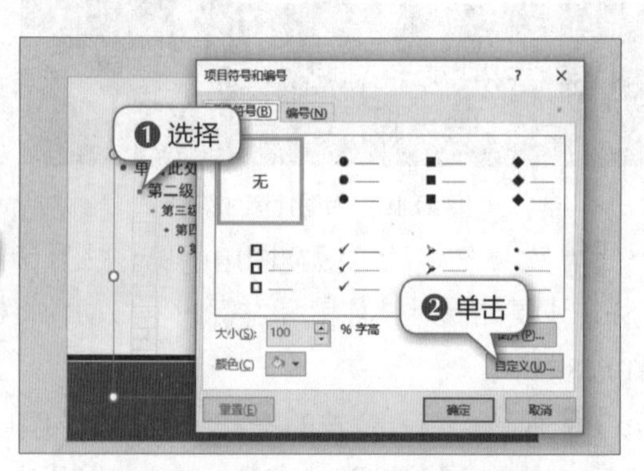

图10.23 自定义项目符号和编号

23 打开“符号”对话框，在“字体”下拉列表中选择“Wingdings 2”选项，在中间列表框中选择♁图标，单击 确定 按钮，如图10.24所示。

24 在“大小”数值框中输入“120”，单击对话框中的“颜色”按钮，将项目符号的颜色设置为“浅蓝，背景2，深色25%”，单击 确定 按钮，如图10.25所示。

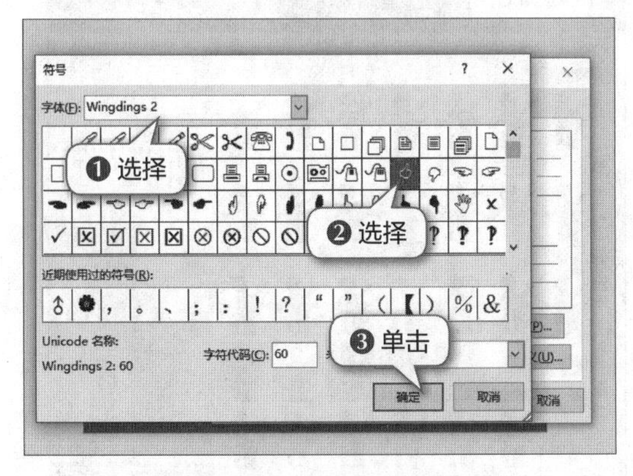

图10.24　选择新的项目符号

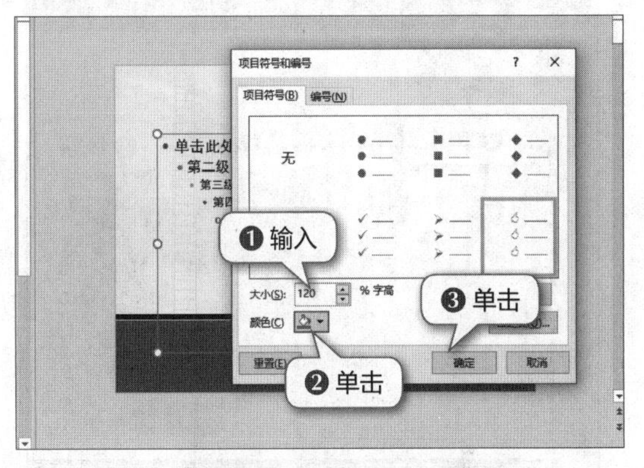

图10.25　设置项目符号

（二）设置占位符格式

下面主要对“自我介绍”和“竞聘成功后的工作计划”这两张幻灯片进行编辑，包括插入并编辑联机图片、插入横排文本框和SmartArt图形等，具体操作如下。

扫一扫

设置占位符格式

1 关闭幻灯片母版视图，在“幻灯片”窗格中选择第3张幻灯片，单击文本占位符中的“联机图片”按钮，打开“插入图片”对话框，在文本框中输入文本“自我介绍”，按【Enter】键，如图10.26所示。

2 在显示的搜索结果列表框中选择所需图片，单击 插入(1) 按钮，如图10.27所示。

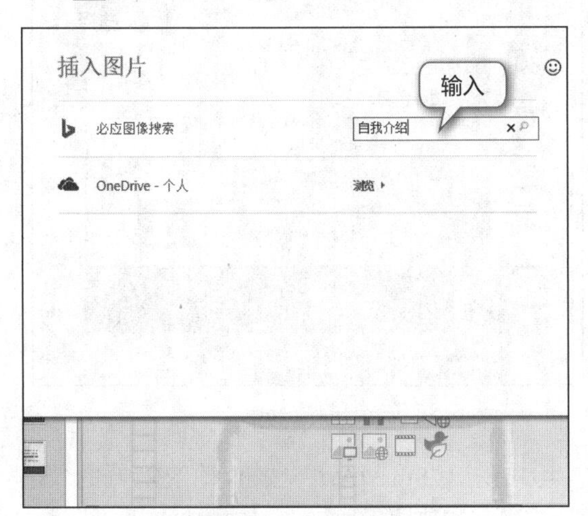

图10.26　搜索联机图片

图10.27　选择联机图片

3 选择图片，在【图片工具-格式】/【调整】组中单击“删除背景”按钮，通过控制点调整删除的大小，完成后在【图片工具-背景消除】/【关闭】组中单击“保留更改”按钮✔，如图10.28所示。

4 在【图片工具-格式】/【调整】组中单击“颜色”按钮，在打开的列表中选择“浅蓝，背景色2，浅色”选项，如图10.29所示。

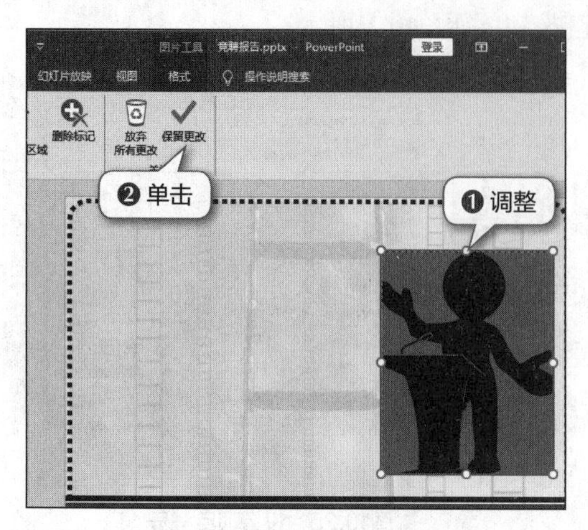

图10.28 美化联机图片

图10.29 继续美化联机图片

5 在【插入】/【文本】组中单击“文本框”按钮，在当前幻灯片中分别绘制6个文本框，并依次输入文本，如图10.30所示。

6 在按住【Shift】键的同时选择6个文本框，在【开始】/【字体】组中的“字号”下拉列表中选择“20”选项，在【绘图工具-格式】/【艺术字样式】组中单击“快速样式”按钮，在打开的下拉列表中选择“填充-蓝色，着色3，锋利棱台”，为所选文本应用艺术字效果，如图10.31所示。

图10.30 绘制文本框并输入文本

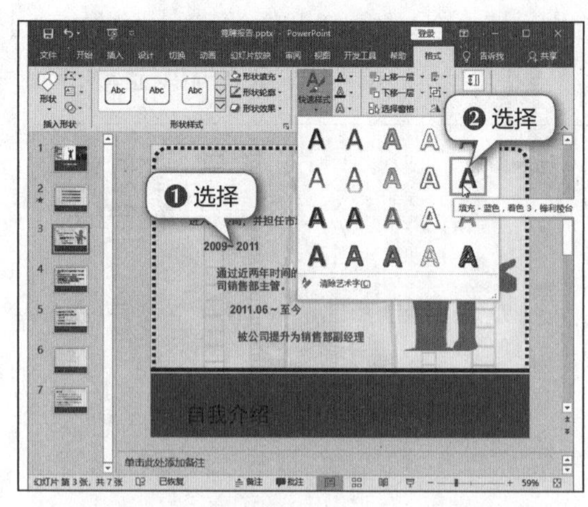

图10.31 应用艺术字效果

7 选择第6张幻灯片，在【插入】/【插图】组中单击“SmartArt”按钮，在打开的“选择 SmartArt 图形”对话框中选择“连续图片列表”选项，单击确定按钮，如图10.32所示。

8 选择SmartArt图形，在【SmartArt工具-设计】/【创建图形】组中单击“添加形状”按钮右侧的下拉按钮，在打开的下拉列表中选择“在后面添加形状”选项，如图10.33所示。

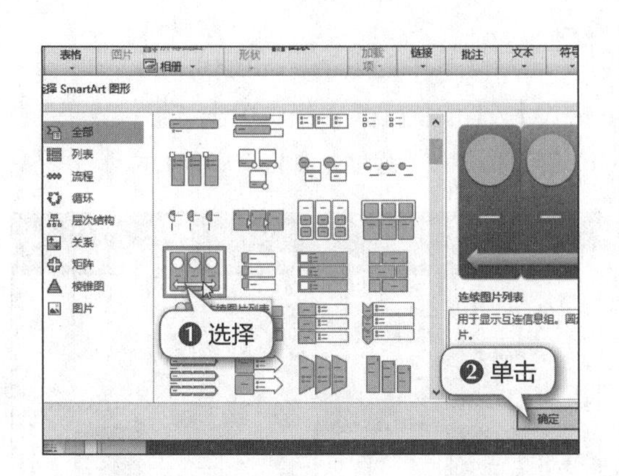

图10.32 选择SmartArt图形

图10.33 添加SmartArt图形

9 单击SmartArt图形中的“文本”字样，输入相应的文本内容。对于新添加的形状，需在其中单击鼠标右键，在弹出的快捷菜单中选择“编辑文字”命令后再输入文本，如图10.34所示。

10 选择SmartArt图形，在【SmartArt工具-设计】/【重置】组中单击“转换”按钮，在打开的下拉列表中选择“转换为形状”选项，如图10.35所示，将插入的“连续图片列表”图形转换为形状。

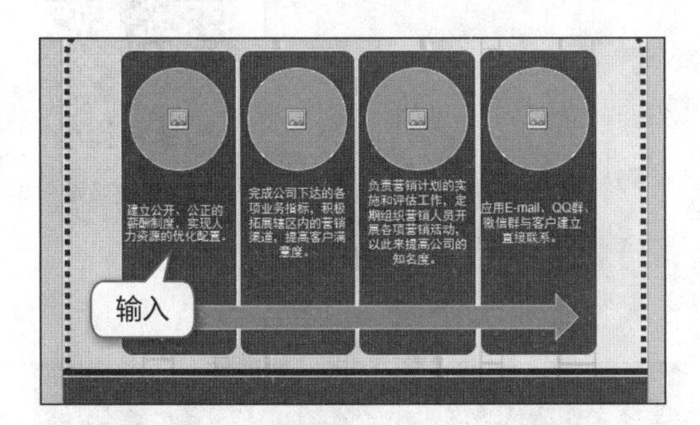

图10.34 在SmartArt图形中输入文本

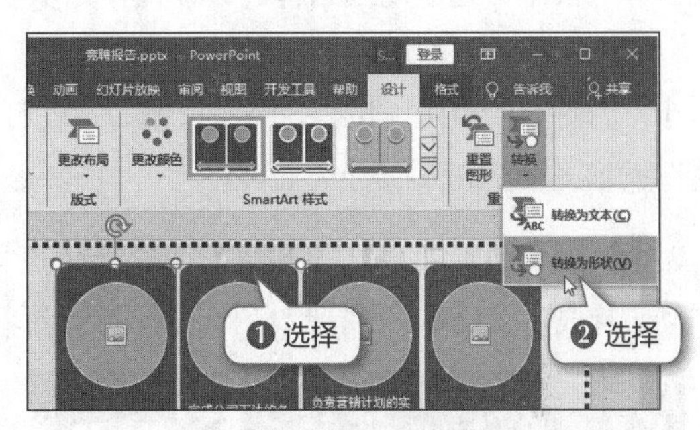

图10.35 将SmartArt图形转换为形状

11 在按住【Shift】键的同时选择4个圆形形状，在【绘图工具-格式】/【插入形状】组中单击“编辑形状”按钮，在打开的下拉列表中选择“更改形状”子列表中的“矩形：圆角”选项，如图10.36所示。

12 在左侧圆角矩形中绘制一个文本框，在其中输入文本“1”，将其字符格式设置为“Arial Black、130；浅蓝，背景2，深色50%”，并将文本框中的数字调整到圆角矩形的中间位置，如图10.37所示。

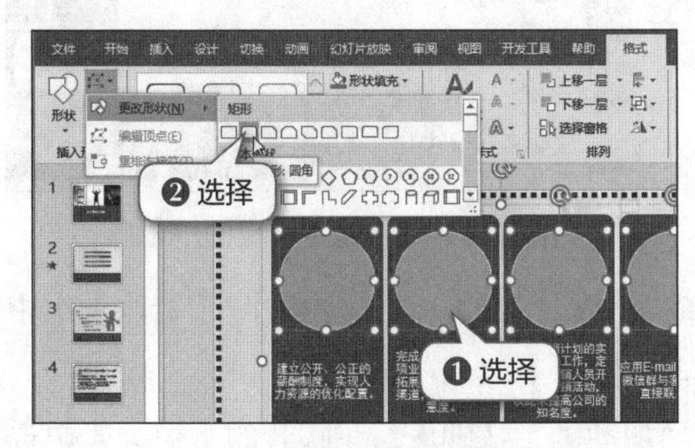

图10.36 更改形状样式

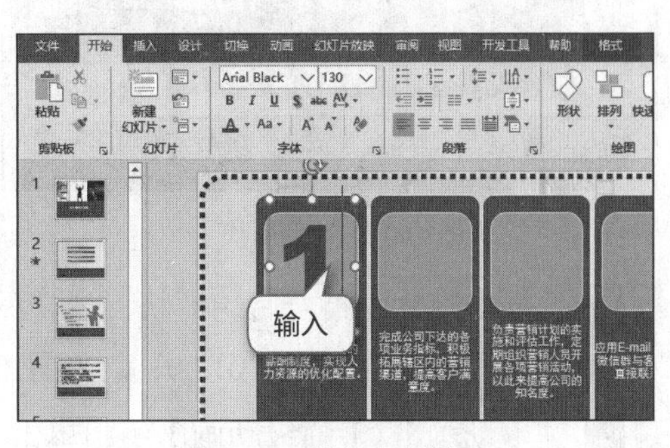

图10.37 输入文本并设置

13 选择文本框并分别复制到其他圆角矩形上，再修改其中的数字，如图10.38所示。

14 选择4个圆角矩形形状，在【绘图工具-格式】/【形状样式】组中单击“形状效果”按钮，在打开的下拉列表中选择“阴影”选项中的“内部：下”选项，如图10.39所示。

图10.38　复制文本框并修改数字

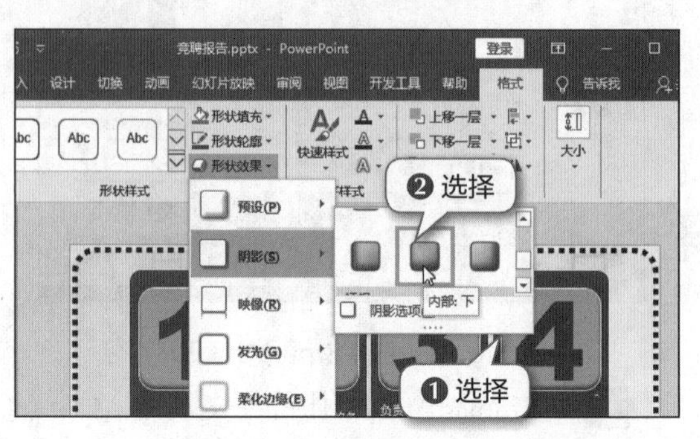

图10.39　设置形状样式

（三）添加动画效果

为第6张幻灯片中的剪贴画和形状添加动画效果，包括“缩放”进入动画和“淡出”退出动画两种，具体操作如下。

1 选择第6张幻灯片中除标题占位符外的所有对象，在【绘图工具-格式】/【排列】组中单击“组合”按钮，在打开的下拉列表中选择“组合”选项，如图10.40所示。

2 选择当前幻灯片中的标题占位符，在【动画】/【动画】组中单击“动画样式”按钮，在打开的下拉列表中选择“浮入”选项，如图10.41所示。

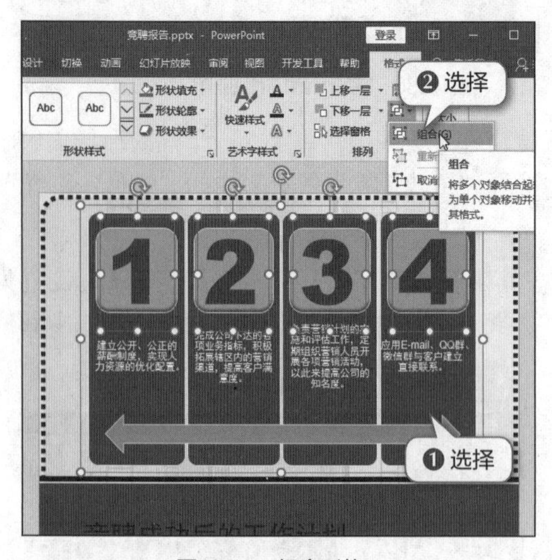

图10.40　组合形状

图10.41　为标题文本添加进入动画

3 选择幻灯片中组合后的形状，为其添加“缩放”动画，在【动画】/【计时】组中的“持续时间”数值框中输入“01.00”，如图10.42所示。

4 在【动画】/【高级动画】组中单击“添加动画”按钮，在打开的下拉列表中选择

“退出”栏中的“淡化”选项，如图10.43所示。在【动画】/【预览】组中单击“预览”按钮，预览幻灯片中添加的所有动画效果。

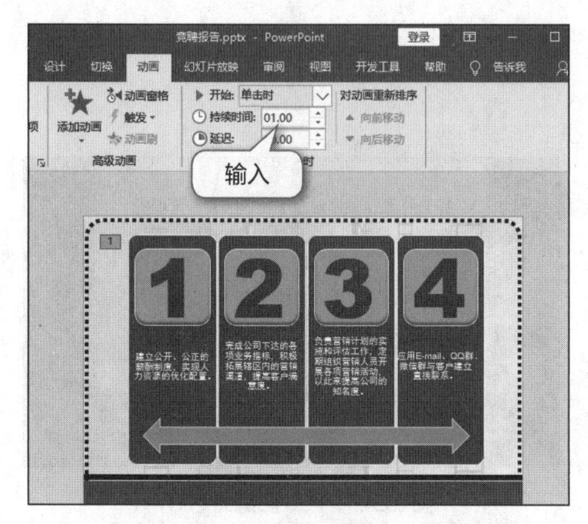

图10.42 为组合形状添加进入动画

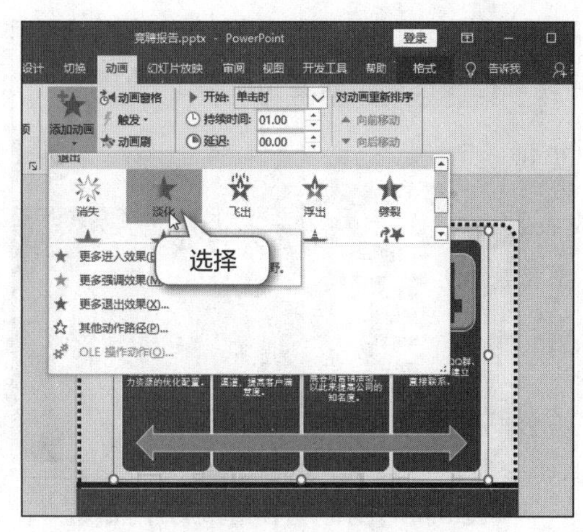

图10.43 添加退出动画

（四）隐藏与显示幻灯片

制作好的演示文稿可能会在不同的场合放映，如果不想将演示文稿中的某张或某几张幻灯片在不恰当的场合放映，则可将其隐藏起来，待需要放映时再将它们显示出来。下面隐藏第4张幻灯片，在放映幻灯片的过程中根据需要才将其显示出来，具体操作如下。

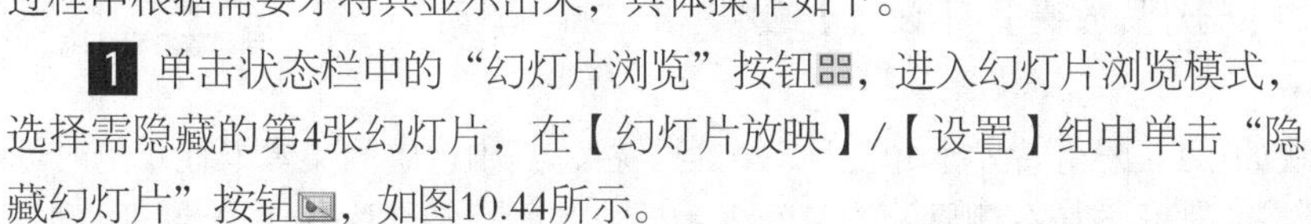

1 单击状态栏中的“幻灯片浏览”按钮，进入幻灯片浏览模式，选择需隐藏的第4张幻灯片，在【幻灯片放映】/【设置】组中单击“隐藏幻灯片”按钮，如图10.44所示。

2 此时被隐藏的幻灯片编号上出现图标，表示该幻灯片为隐藏状态，如图10.45所示。

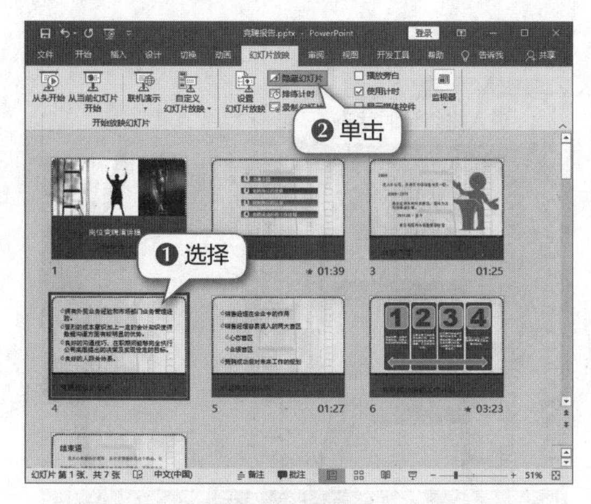

图10.44 隐藏幻灯片

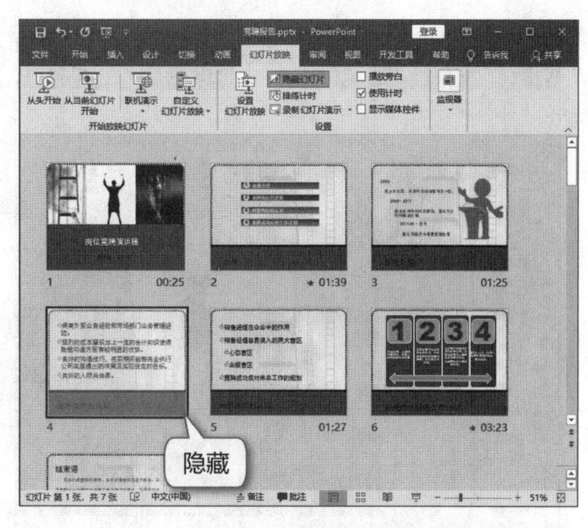

图10.45 幻灯片为隐藏状态

3 在【幻灯片放映】/【开始放映幻灯片】组中单击“从头开始”按钮，从第1张幻灯片开始放映，当放映到第3张幻灯片时，在其中单击鼠标右键，在弹出的快捷菜单中选择“查看所有幻灯片”命令，如图10.46所示，在打开的界面中选择隐藏的第4张幻灯片。

4 此时自动切换至隐藏的第4张幻灯片并放映，如图10.47所示。

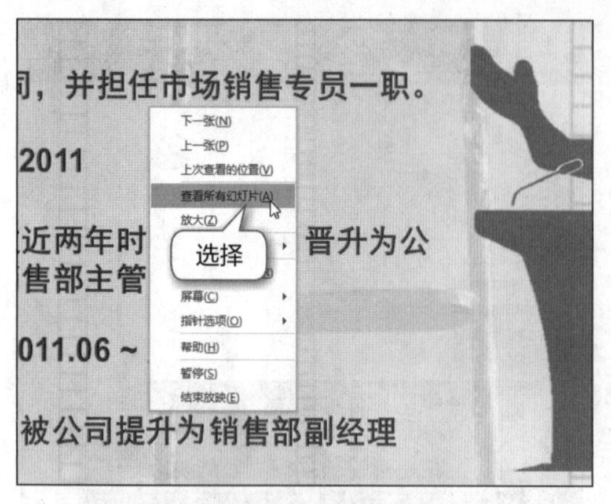

图10.46 选择“查看所有幻灯片”命令

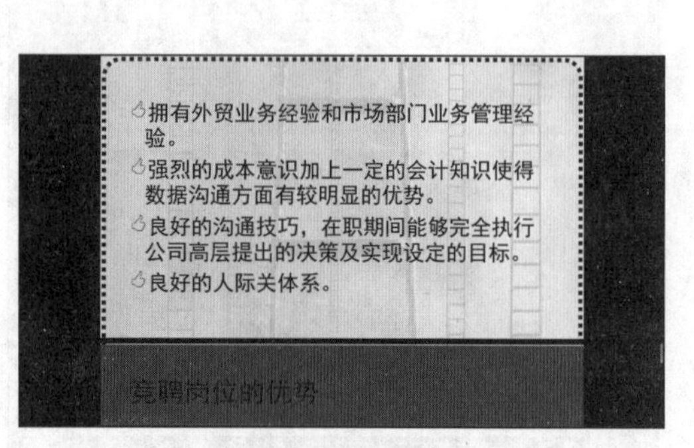
图10.47 放映隐藏的幻灯片

（五）自动放映幻灯片

在使用演示文稿进行演讲时，可以通过自动放映幻灯片来提高演讲效率，让演讲者合理分配有限的时间。因此在演讲之前，可以通过“排练计时”功能来估算每一张幻灯片的放映时间，让幻灯片根据排练的时间自动放映。设置“排练计时”的具体操作如下。

扫一扫

自动放映幻灯片

1 在普通视图中的【幻灯片放映】/【设置】组中单击“排练计时”按钮，如图10.48所示。

2 此时，正在放映的第1张幻灯片左上角出现一个工具栏，其中，中间文本框显示的时间表示放映当前幻灯片所需的时间，最右侧显示的时间表示放映完所有幻灯片累计需要的时间。图10.49所示即为当工具栏中间的文本框显示0:00:06时，切换至下一张幻灯片。

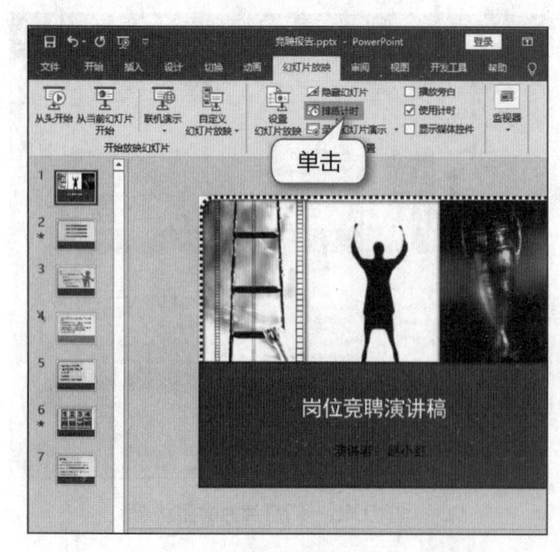

图10.48 单击“排练计时”按钮

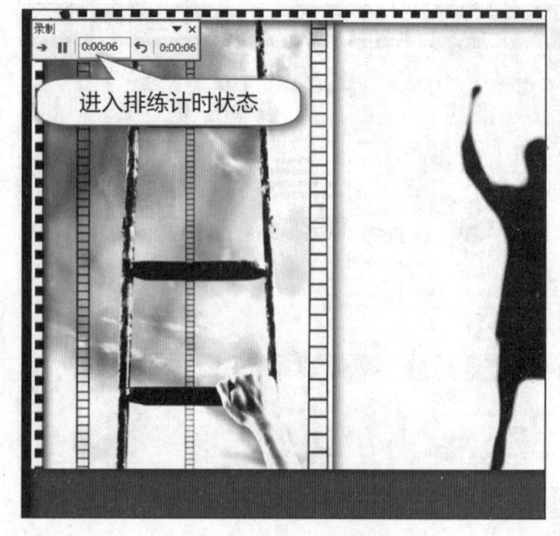

图10.49 进入排练计时状态

3 演讲完第2张幻灯片中的所有内容后，可单击进入下一张幻灯片的计时模式。所有幻灯片均完成计时后，打开提示对话框，单击[是(Y)]按钮保存此次幻灯片计时，如图10.50所示。

4 幻灯片自动进入浏览模式并在其中显示放映每一张幻灯片所需的时间，在【幻灯片放映】/【设置】组中勾选“使用计时”复选框，如图10.51所示，按【F5】键可自动放映幻灯片。

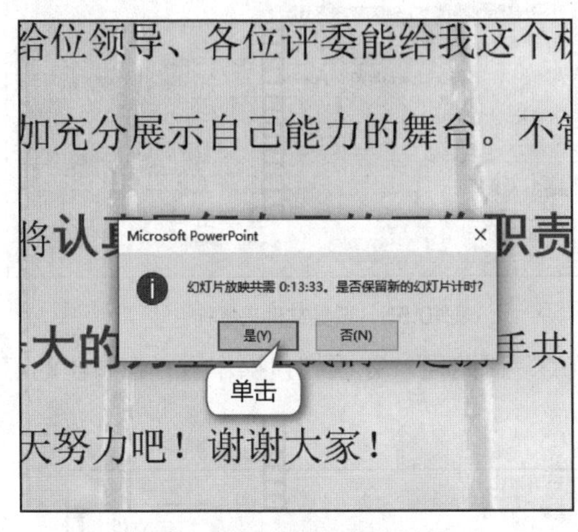

图10.50　保存排练时间

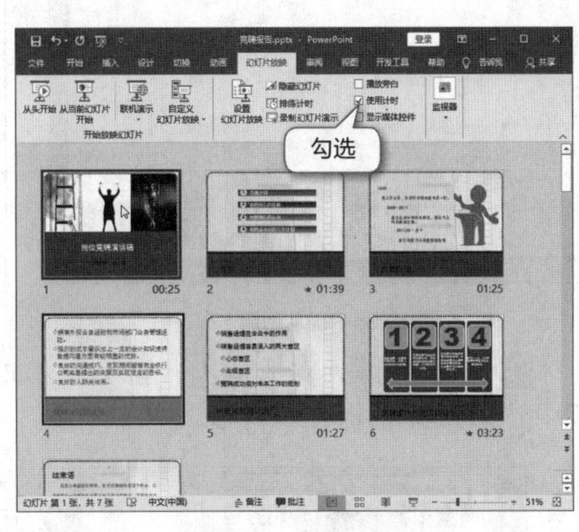

图10.51　查看排练计时

5 选择【文件】/【导出】命令，选择“导出”栏中的“将演示文稿打包成CD”选项，单击右侧的“打包成CD”按钮，如图10.52所示。

6 在打开的“打包成CD”对话框中单击[选项(O)...]按钮，打开“选项”对话框，在“增强安全性和隐私保护”栏中的“打开每个演示文稿时所用密码”和“修改每个演示文稿时所用密码”文本框中输入保护密码“123”，单击[确定]按钮，如图10.53所示。

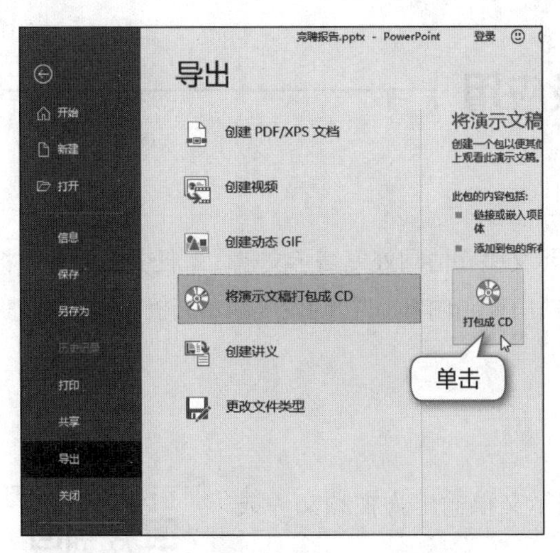

图10.52　单击“打包成CD”按钮

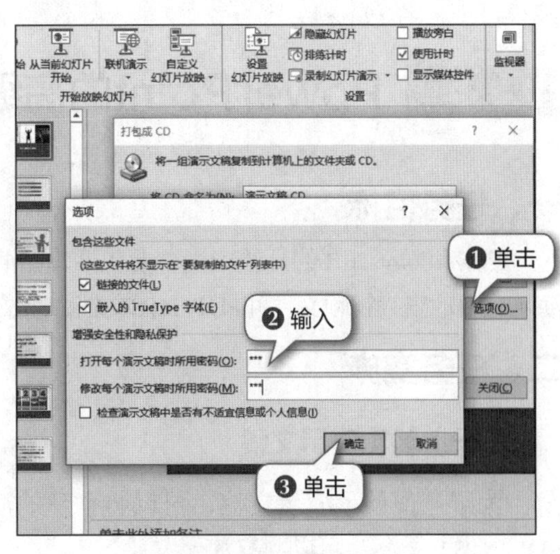

图10.53　输入密码

7 在打开的“确认密码”对话框中输入相同密码，单击[确定]按钮，如图10.54所示。在打开的对话框中输入确认修改权限的密码，单击[确定]按钮。

8 返回“打包成CD”对话框，单击[复制到文件夹(F)...]按钮，在打开的“复制到文件夹”对话框中输入新的文件夹名称，单击[确定]按钮，如图10.55所示。

图10.54　确认密码

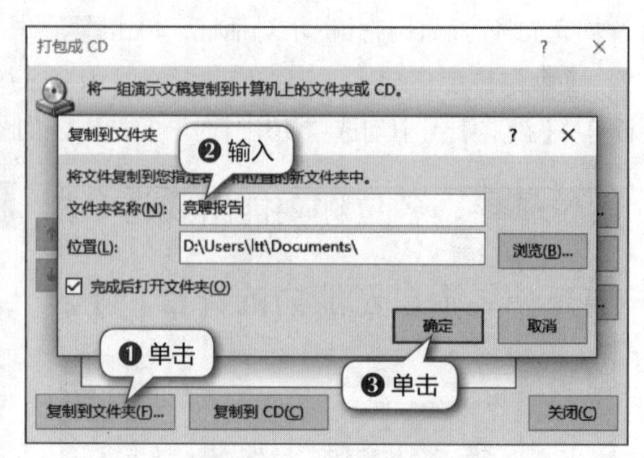

图10.55　设置文件夹名称

9 在打开的提示对话框中自动显示演示文稿的复制路径。完成打包操作后，在弹出的窗口中显示打包后的相关文件，如图10.56所示。

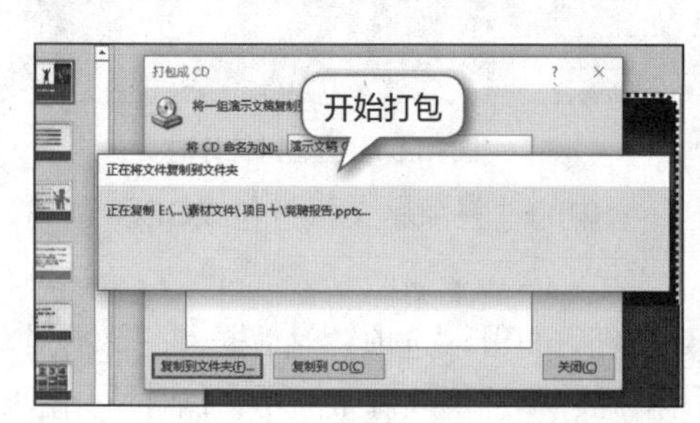

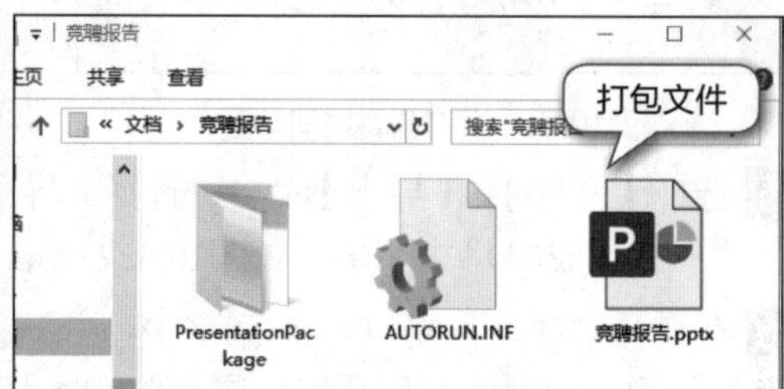

图10.56　打包演示文稿

任务二　PowerPoint的高级应用

一、任务目标

PowerPoint 2016的高级应用主要包括输出演示文稿和协同处理演示文稿。本任务需要完成将演示文稿输出为视频文件和PDF/XPS文档，以及使用Word和Excel协同处理演示文稿等操作。

二、任务实施

（一）输出演示文稿

为了方便展示演示文稿，可以将创建的演示文稿输出为视频文件或PDF/XPS文档，也可以共享演示文稿。

将演示文稿输出为视频文件

1. 将演示文稿输出为视频文件

如果要向同事或客户提供高质量的演示文稿，那么可将其另存为视频文件。在 PowerPoint 2016 中，可将演示文稿另存为MP4文件，这样可确保演示文稿中的动画和多媒体等内容的顺畅播放。下面介绍将演示文稿输出为视频文件的方法，具体操作如下。

下载资源

素材文件：项目十\公司年会策划方案.pptx

效果文件：项目十\公司年会策划方案.mp4

1 打开“公司年会策划方案.pptx”演示文稿，选择【文件】/【导出】命令，选择“导出”栏中的“创建视频”选项，如图10.57所示。

2 在打开的页面中，可以设置视频质量和是否使用录制的计时和旁白，本任务选择“全高清(1080p)”和“不要使用录制的计时和旁白”选项，在“放映每张幻灯片的秒数”数值框中输入“10.00”，单击“创建视频”按钮，如图10.58所示。

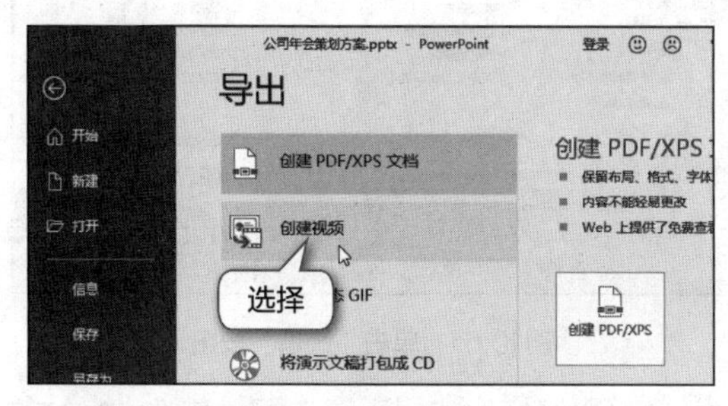

图10.57 选择导出文件类型

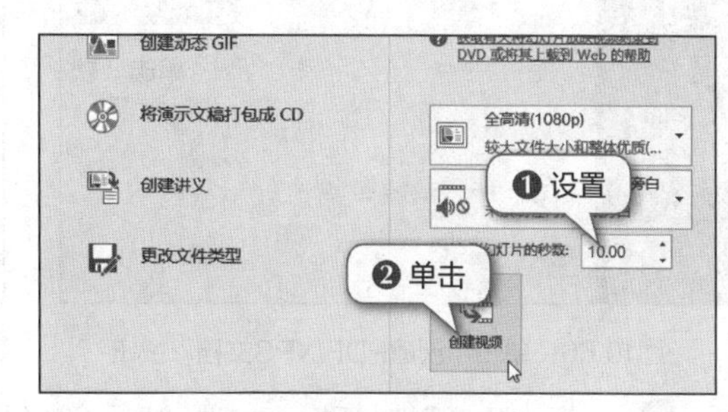

图10.58 设置视频参数

3 打开“另存为”对话框，选择视频文件的保存位置，文件名保持不变，单击 保存(S) 按钮，完成视频文件的创建后，在保存位置可查看到该视频文件，如图10.59所示。

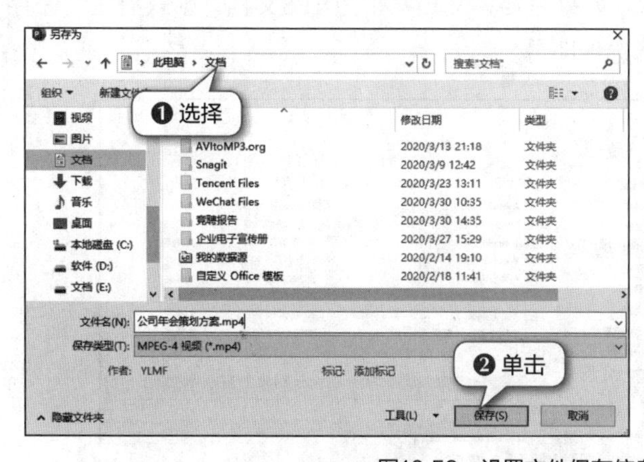

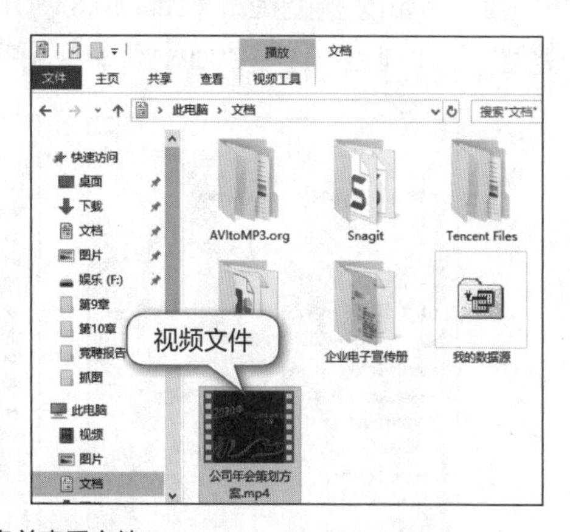

图10.59 设置文件保存信息并查看文件

2. 将演示文稿输出为PDF/XPS文档

PDF/XPS文档具有文件较小和专业性强等特点，因此，当需要保留源文件格式或使用专业印刷方法来打印演示文稿时，可先将演示文稿输出为PDF/XPS文档，再执行其他操作。下面介绍输出PDF/XPS文档的方法，具体操作如下。

扫一扫

将演示文稿输出为PDF/XPS文档

1 打开“商务培训演示文稿.pptx”演示文稿，选择【文件】/【导出】命令，选择“导出”栏中的“创建PDF/XPS文档”选项，单击右侧显示的“创建PDF/XPS”按钮，如图10.60所示。

2 打开“发布为 PDF或 XPS ”对话框，单击 选项(O)... 按钮，如图10.61所示。

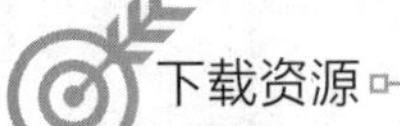

下载资源

素材文件：项目十\商务培训演示文稿.pptx

效果文件：项目十\商务培训演示文稿.pdf

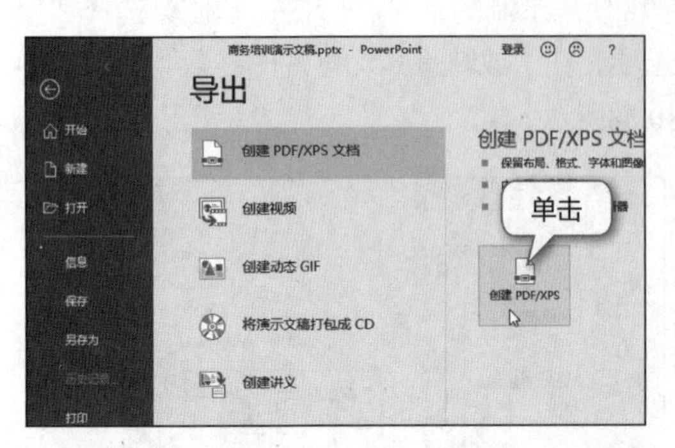

图10.60 单击“创建PDF/XPS文档”按钮

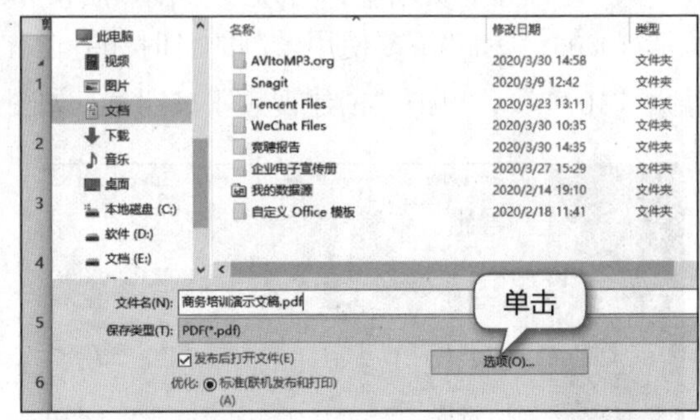

图10.61 单击“选项”按钮

3 打开“选项”对话框，勾选“发布选项”栏中的“幻灯片加框”复选框，勾选“PDF选项”栏中的“符合 PDF/A”复选框，单击 确定 按钮，如图10.62所示。

4 返回“发布为 PDF或 XPS”对话框，选中“优化”栏中的“最小文件大小(联机发布)”单选项，单击 发布(S) 按钮，如图10.63所示。如果需要将文档发布为XPS文档，则只需在“保存类型”下拉列表中选择“XPS文档(*.xps)”选项即可。

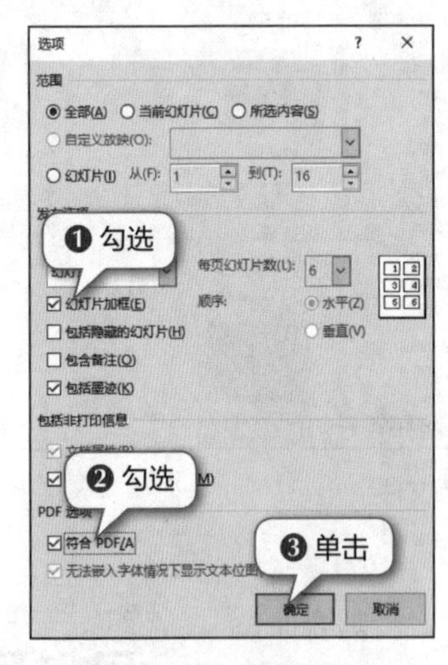

图10.62 设置PDF选项

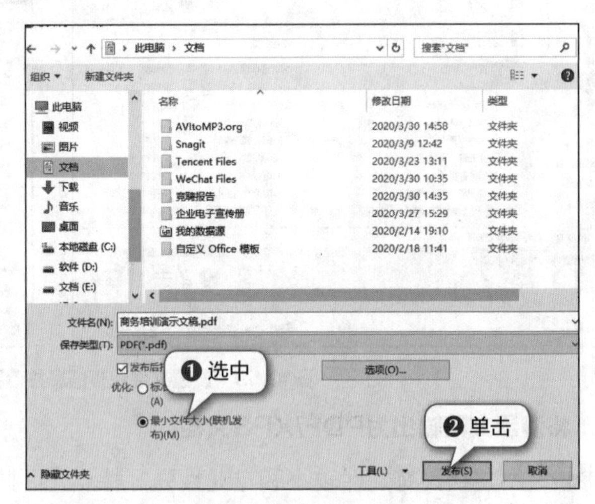

图10.63 发布演示文稿

3. 共享演示文稿

将演示文稿中的一张或多张幻灯片保存到网络的“云”中，使其他用户也可以查看发布后的幻灯片内容。下面把“年终总结报告.pptx”演示文稿保存到云，具体操作如下。

1 打开素材文件“年终总结报告.pptx”演示文稿，选择【文件】/【共享】命令，选择“共享”栏中的“与人共享”选项，单击右侧列表中的“保存到云”按钮，如图10.64所示。

2 在打开的界面中选择“OneDrive”选项，单击右侧的登录按钮登录，如图10.65所示。

下载资源

素材文件：项目十\年终总结报告.pptx

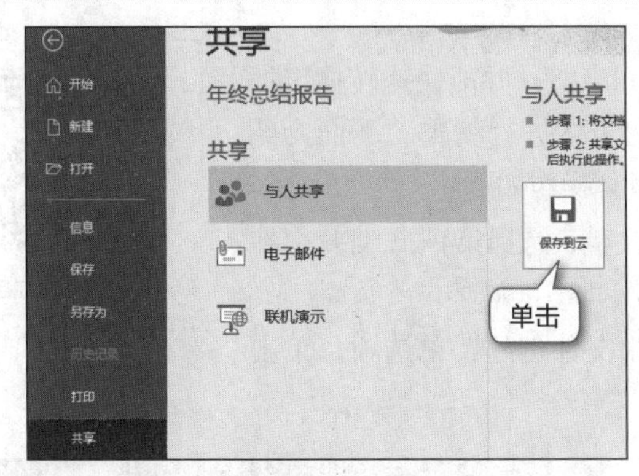

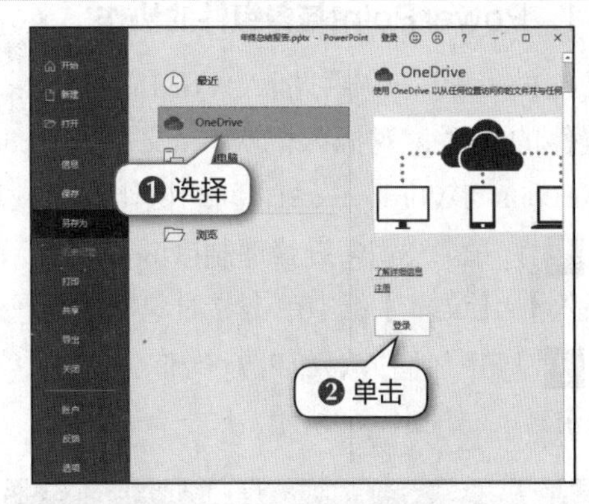

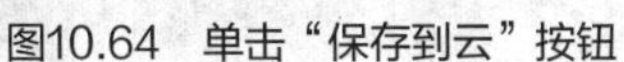

图10.64 单击“保存到云”按钮　　图10.65 登录并选择保存文件夹

3 登录后选择右侧的“OneDrive−个人”选项，单击右侧的文件夹，在打开的“另存为”对话框中设置文件名为“年终总结报告”，单击保存(S)按钮，如图10.66所示，将演示文稿保存到网络云中。

4 需要在网络云中打开演示文稿时，可选择【文件】/【打开】命令，在左边列表中选择“OneDrive−个人”选项，在右侧选择需要打开的演示文稿，如图10.67所示。

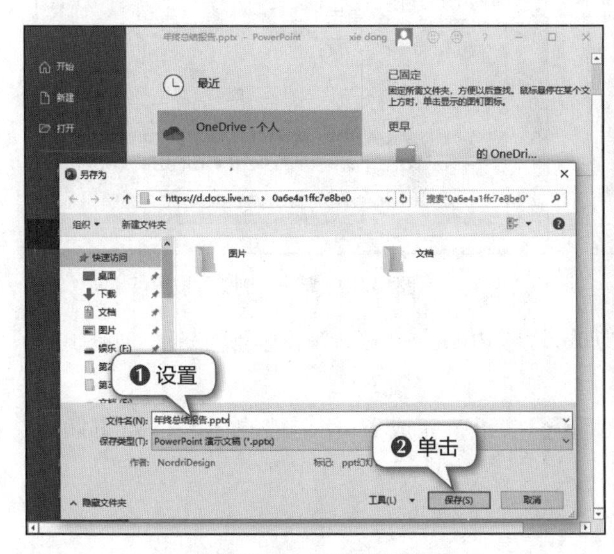

图10.66 保存演示文稿

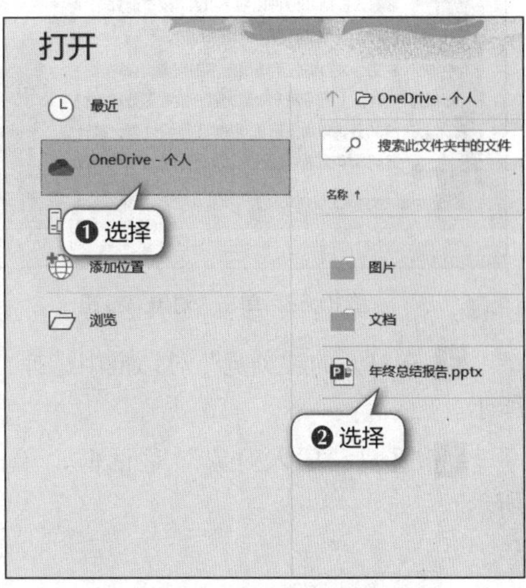

图10.67 选择需要打开的演示文稿

（二）协同处理演示文稿

为了提高Office 2016各组件的使用效率，PowerPoint、Excel、Word这3款办公软件之间可以相互协作使用。下面介绍协同处理演示文稿的各种方法。

下载资源

素材文件：项目十\公司考勤管理制度.pptx、加班管理.docx、员工考勤表.xlsx

效果文件：项目十\公司考勤管理制度.pptx

1. PowerPoint与各组件的协作

在PowerPoint中可插入Word文档和Excel表格，并能快速转换至插入软件的界面，对插入的Word文档和Excel表格进行编辑。下面介绍PowerPoint与Word、Excel之间的协作方法，具体操作如下。

扫一扫

PowerPoint与各组件的协作

1 打开“公司考勤管理制度.pptx”演示文稿，选择第4张幻灯片，在【插入】/【文本】组中单击“对象”按钮，如图10.68所示。

2 打开“插入对象”对话框，选中“由文件创建”单选项，单击浏览(B)...按钮，如图10.69所示。

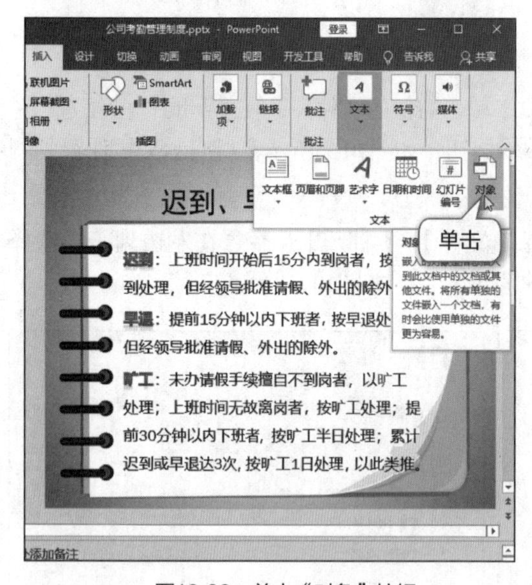

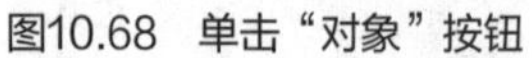

图10.68 单击“对象”按钮

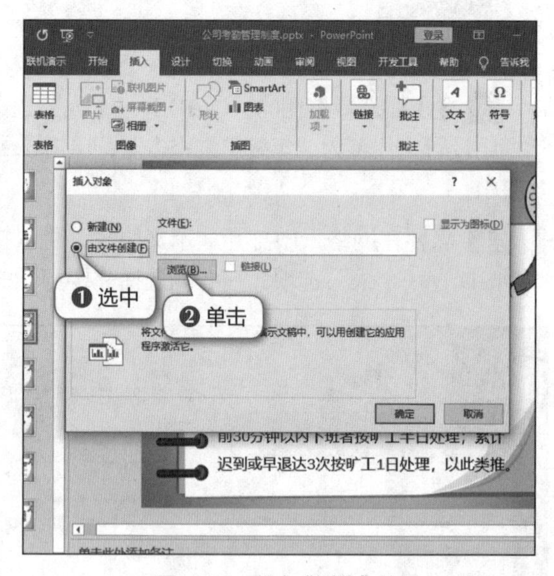

图10.69 单击“浏览”按钮

3 在打开的“浏览”对话框中选择“加班管理.docx”文档，单击确定按钮，如图10.70所示。

4 返回“插入对象”对话框，单击确定按钮，完成Word文档的插入，如图10.71所示。

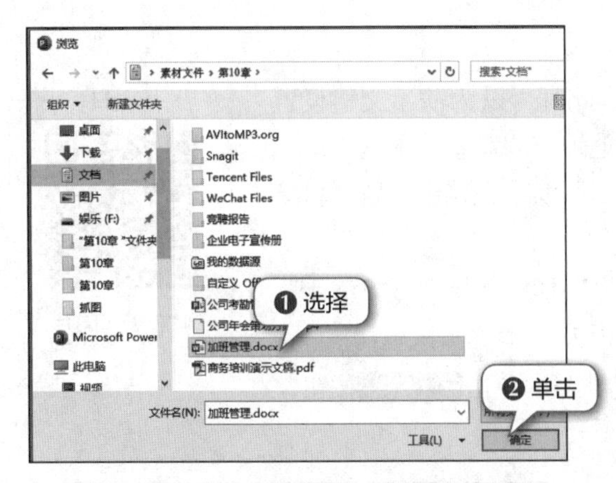

图10.70　选择插入的Word文档

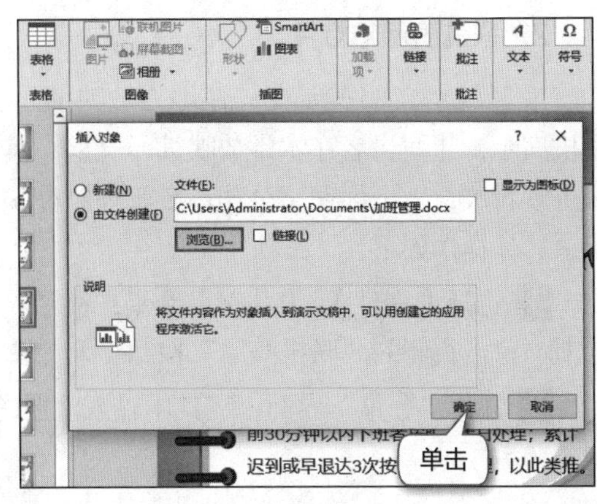

图10.71　插入Word文档

5 在第4张幻灯片中插入所选的Word文档后，双击插入的文档，进入Word文档编辑状态，自动转换至Word操作界面中的功能区，在其中可编辑插入的文档，如图10.72所示。

6 按照相同的操作方法，插入"员工考勤表.xlsx"工作簿，如图10.73所示。

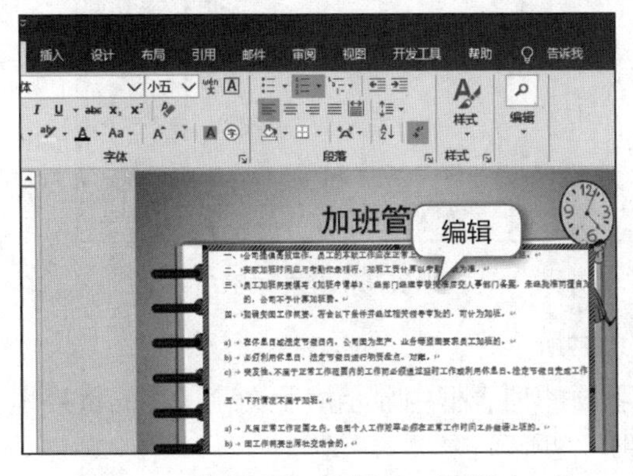

图10.72　编辑Word文档

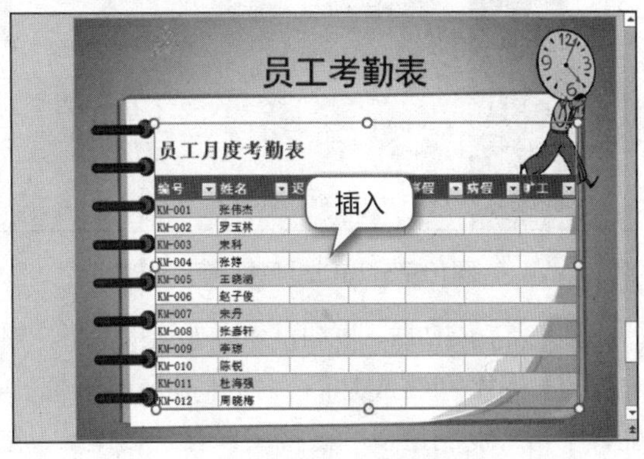

图10.73　插入Excel表格

7 双击插入的Excel表格，进入Excel数据编辑状态，如图10.74所示，编辑表格后，单击工作表外的任意位置切换至PowerPoint操作界面。

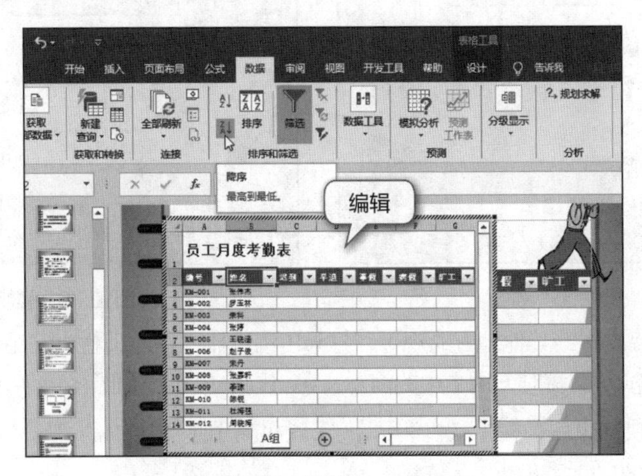

图10.74　编辑Excel表格

2. 联机演示幻灯片

有时演示文稿需要在其他地方放映演示，此时可以为演示文稿设置联机演示，让演讲者在本地放映演示文稿，其他地方的观者输入网络地址即可观看放映。下面在“公司考勤管理制度.pptx”演示文稿中设置联机演示，具体操作如下。

1 选择【文件】/【共享】命令，在“共享”栏中选择“联机演示”选项，单击右侧的“联机演示”按钮，如图10.75所示。

2 打开“登录”界面，在其中输入注册的账号，单击 下一步 按钮，如图10.76所示。

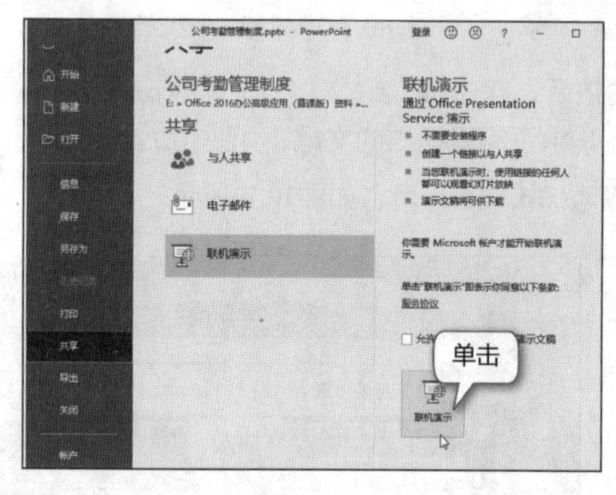

图10.75 单击“联机演示”按钮

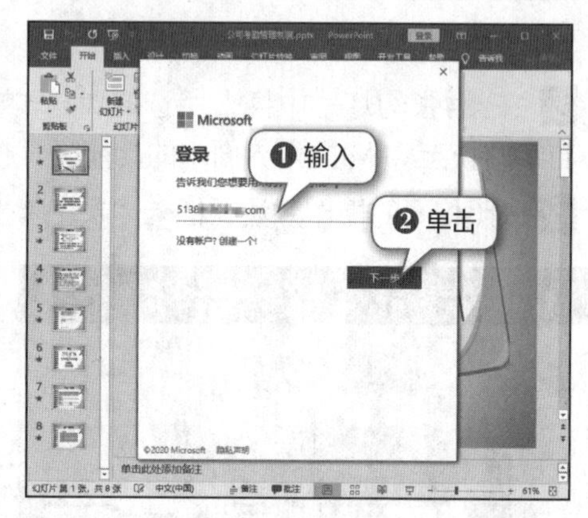

图10.76 登录网络

3 登录成功后，联机演示开始连接网络，如图10.77所示。

4 连接网络成功后，打开提示对话框，在下面的列表框中显示演示文稿保存的链接地址，单击“复制链接”链接，保存链接地址，如图10.78所示。

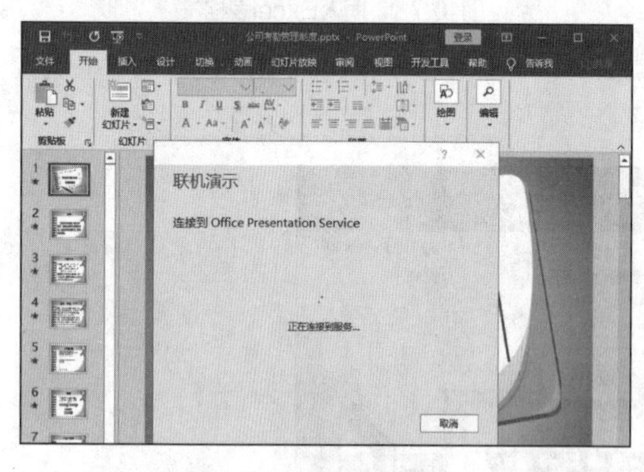

图10.77 开始连接网络

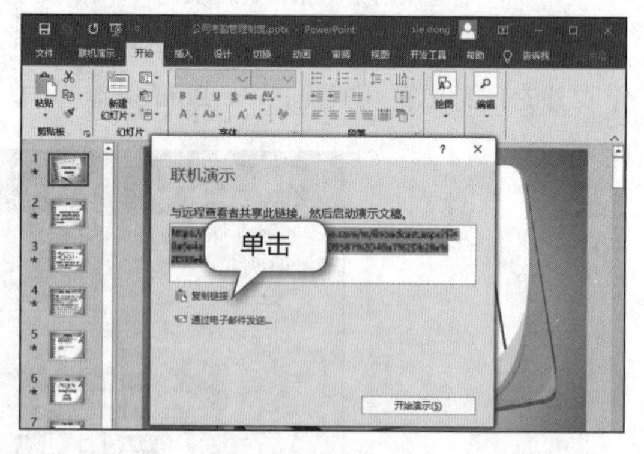

图10.78 复制链接

5 将复制的链接发送给其他地方的观者，打开IE浏览器，在地址栏中粘贴链接打开网址放映演示文稿，在本地放映演示文稿时，网页中的演示文稿将同步放映，如图10.79所示。

6 演示文稿放映结束后，在【联机演示】/【联机演示】组中单击“结束联机演示”按钮结束联机演示，如图10.80所示。

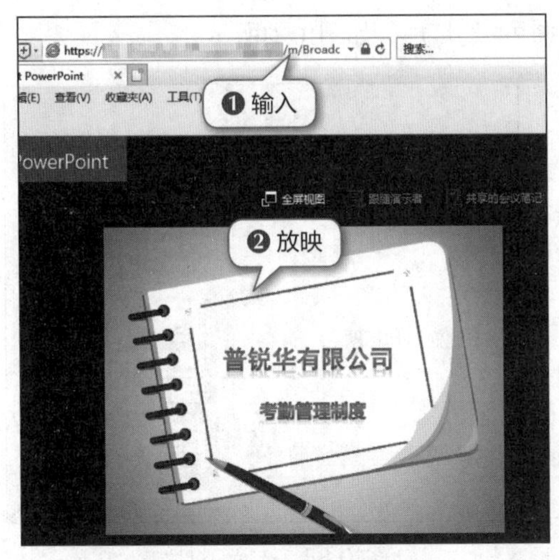

图10.79　网络放映演示文稿

图10.80　结束联机演示

3. 调用幻灯片库中的幻灯片

幻灯片发布到幻灯片库后，在需要时可以将其从幻灯片库中调出来使用。下面调用“公司考勤管理制度”演示文稿，具体操作如下。

1 新建演示文稿，在【开始】/【幻灯片】组中单击“新建幻灯片”按钮下方的下拉按钮，在打开的下拉列表中选择“重用幻灯片”选项，如图10.81所示。

2 打开“重用幻灯片”窗格，单击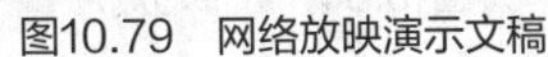按钮，如图10.82所示。

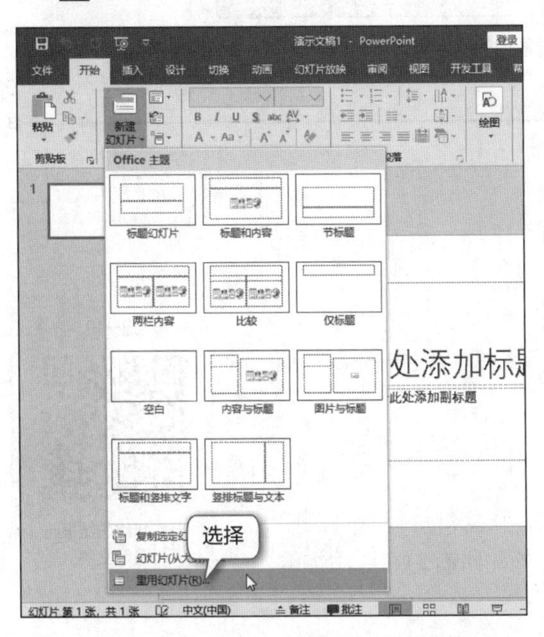

图10.81　选择“重用幻灯片”选项

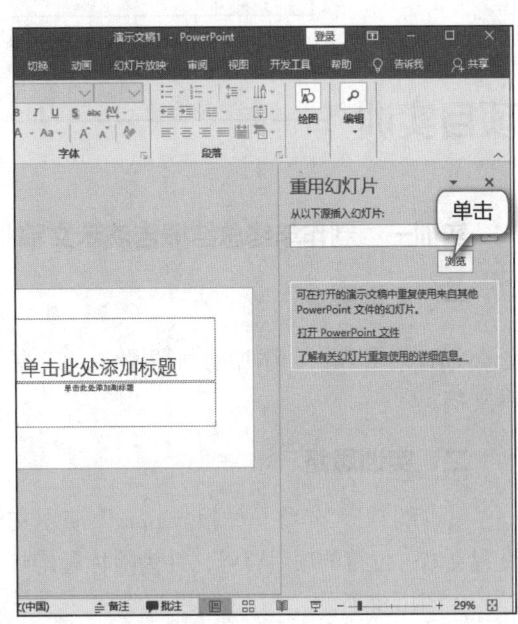

图10.82　单击“浏览”按钮

3 打开“浏览”对话框，在中间的列表框中选择“公司考勤管理制度.pptx”选项，单击打开(O)按钮，如图10.83所示。

4 在“重用幻灯片”窗格中的列表框中选择重用的幻灯片，如图10.84所示。

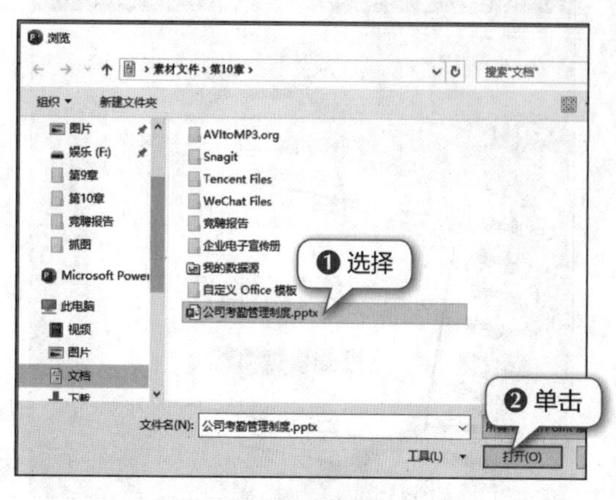

图10.83　选择幻灯片

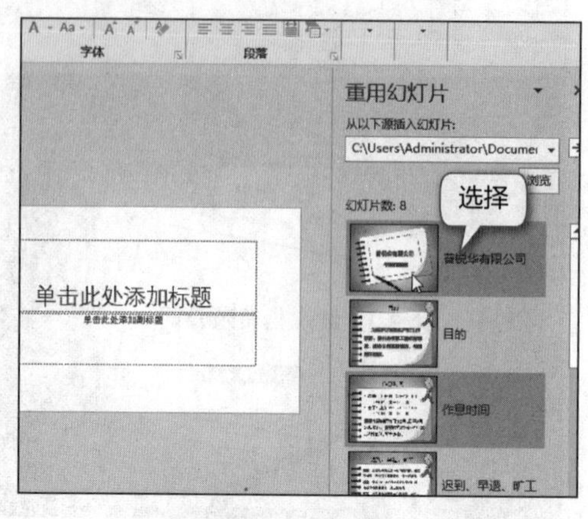

图10.84　选择幻灯片

5 在“幻灯片编辑”窗口中新建一张文本内容相同的幻灯片，如图10.85所示。

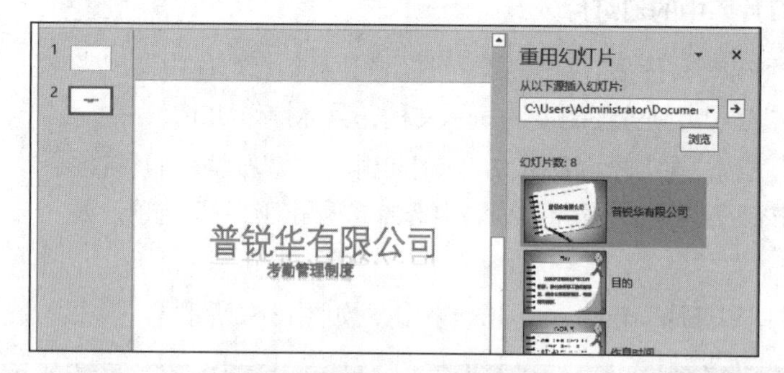

图10.85　查看重用的幻灯片

项目实训

实训一　制作年终总结报告演示文稿

一、实训要求

通过编辑表格、添加动画等操作，完善“年终总结报告.pptx”演示文稿。

扫一扫

制作年终总结报告演示文稿

二、实训思路

（1）打开“年终总结报告.pptx”演示文稿，在幻灯片母版视图中设置文本占位符的项目符号，并为除标题幻灯片外的所有幻灯片添加编号，如图10.86所示。

（2）编辑全年产量汇总幻灯片中的表格，主要操作包括插入行、设置边框、插入图片等。对全年销量统计幻灯片进行编辑操作，主要包括更改布局，设置图表标题、图例、网格线等，如图10.87所示。

（3）为演示文稿中的形状、图表、表格和艺术字添加进入动画效果，如图10.88所示。

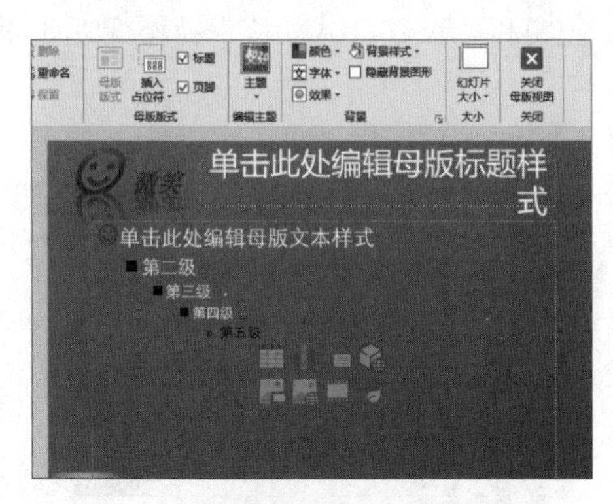

图10.86　设置项目符号和幻灯片编号

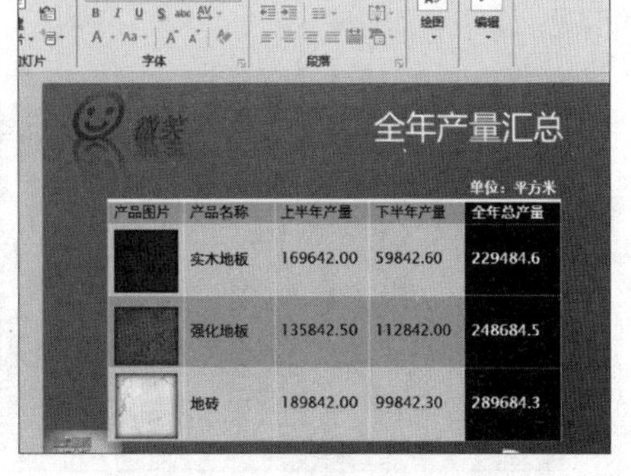

图10.87　编辑表格和图表

（4）在幻灯片母版视图中制作弹出式菜单效果，主要操作包括绘制并填充圆角矩形、输入文字、添加并设置进入动画及使用触发器等，如图10.89所示。

（5）完成所有操作后，按【Ctrl+S】组合键保存演示文稿，并利用电子邮件将其发送给销售经理。

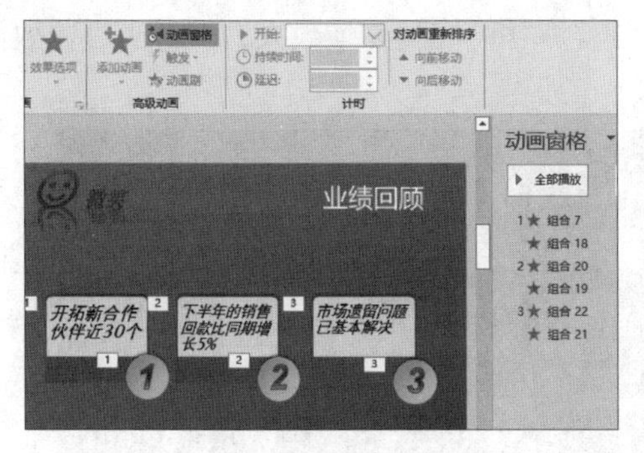

图10.88　添加动画效果

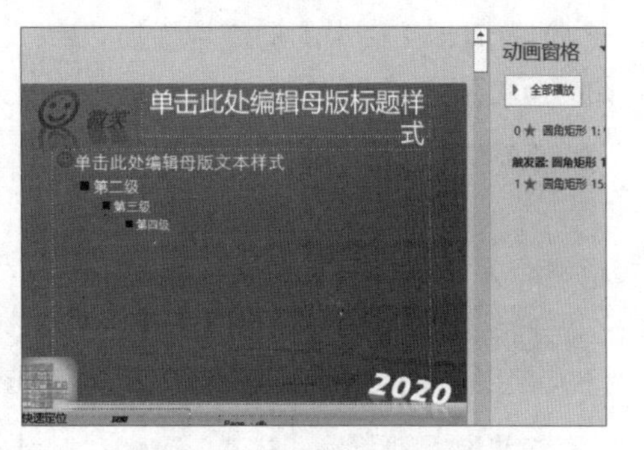

图10.89　制作弹出式菜单效果

下载资源

素材文件：项目十\年终总结报告.pptx、强化地板.jpg、实木地板.jpg、地砖.jpg

效果文件：项目十\年终总结报告.pptx

实训二　制作市场调查报告演示文稿

扫一扫

制作市场调查报告演示文稿

一、实训要求

使用图表、动作按钮等对象完善“市场调查报告.pptx”演示文稿内容。

二、实训思路

（1）打开“市场调查报告.pptx”演示文稿，切换至第9张幻灯片，在其中输入标题和正文文本、插入三维饼图，并设置饼图，包括更改布局、添加数据标签、应用图表样式和设置图例等，如图10.90所示。

（2）在【插入】/【链接】组中单击“动作”按钮，为目录幻灯片中的4个横排文本框添加动作超链接，这样可以保证幻灯片中已添加超链接的文字样式始终保持不变，如图10.91所示。

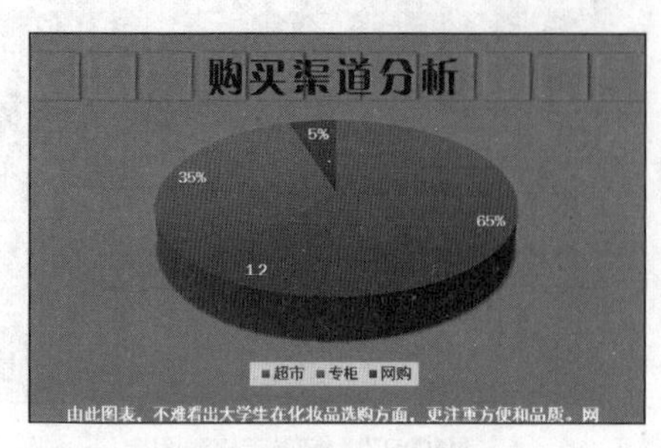

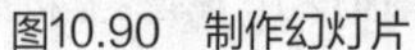
图10.90 制作幻灯片

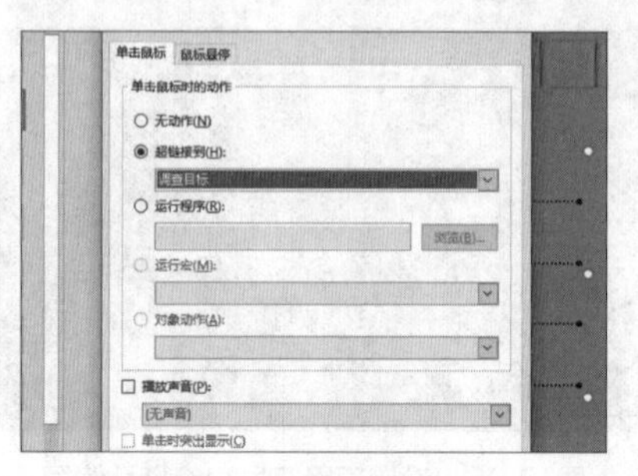

图10.91 设置幻灯片超链接

（3）一般情况下，调查问卷内容都比较多，要想在不缩小字号的前提下把幻灯片中的问卷内容全部显示出来，就需要使用PowerPoint 2016的文本框控件功能。添加文本框控件的主要操作包括插入控件、添加垂直滚动条、设置字符格式和设置背景颜色等。图10.92所示右侧“属性”窗格中为设置文本框控件的参数效果。

（4）为演示文稿中的幻灯片添加“库”“门”“框”3种切换效果，并适当设置效果选项，如图10.93所示。

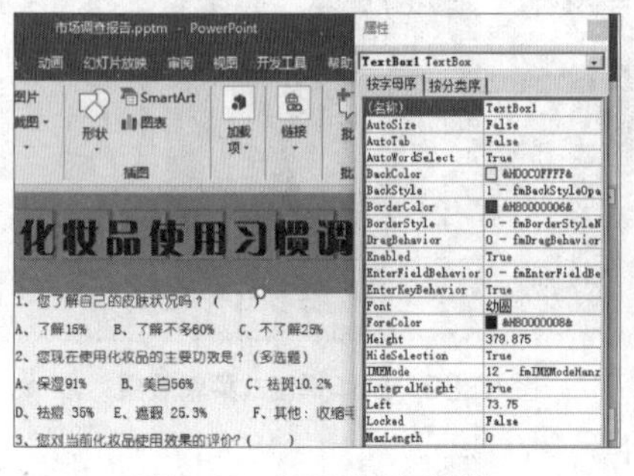

图10.92 使用文本框控件

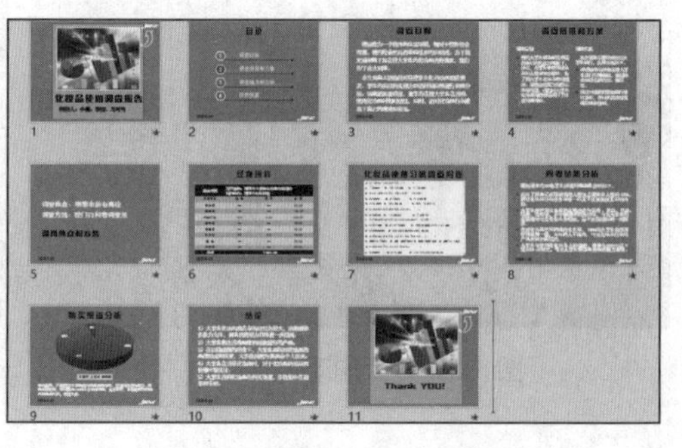

图10.93 设置幻灯片切换效果

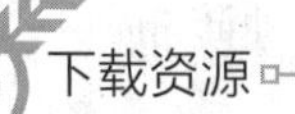

下载资源

素材文件：项目十\市场调查报告.pptx

效果文件：项目十\市场调查报告.pptx

拓展练习

1. 制作员工转正申请报告演示文稿

员工试用期已满，并通过了人事部门的考核，这时需要制作员工转正申请报告演示文稿交人事部存档。员工转正申请报告演示文稿的参考效果如图10.94所示。

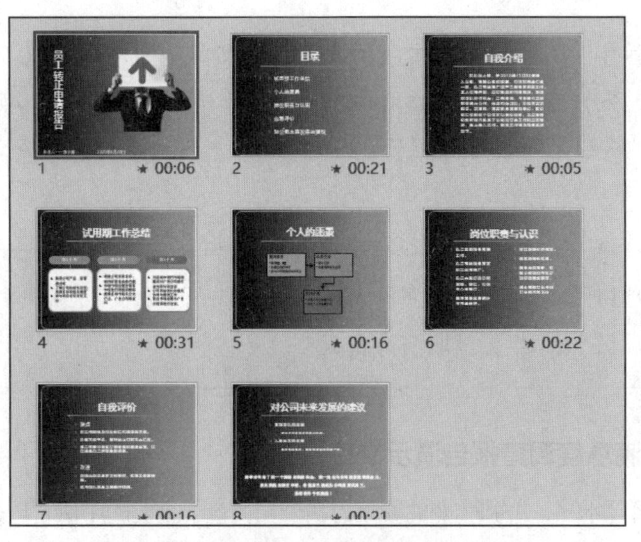

图10.94　员工转正申请报告演示文稿的参考效果

提示：在标题幻灯片中注明申请人的姓名和时间，在第2张幻灯片中表达自己要求转正的愿望、在企业工作的感受及工作方面的心得体会等；本演示文稿的制作重点是为幻灯片添加统一的切换效果、排练计时和将演示文稿打包。

下载资源

素材文件：项目十\员工转正申请报告.pptx

效果文件：项目十\员工转正申请报告.pptx

2. 制作学生会就职演讲演示文稿

某大学生成功竞选了学生会的某个职务，他需要制作一个就职演讲演示文稿，以备在正式任职时更好地进行自我展示。学生会就职演讲演示文稿参考效果如图10.95所示。

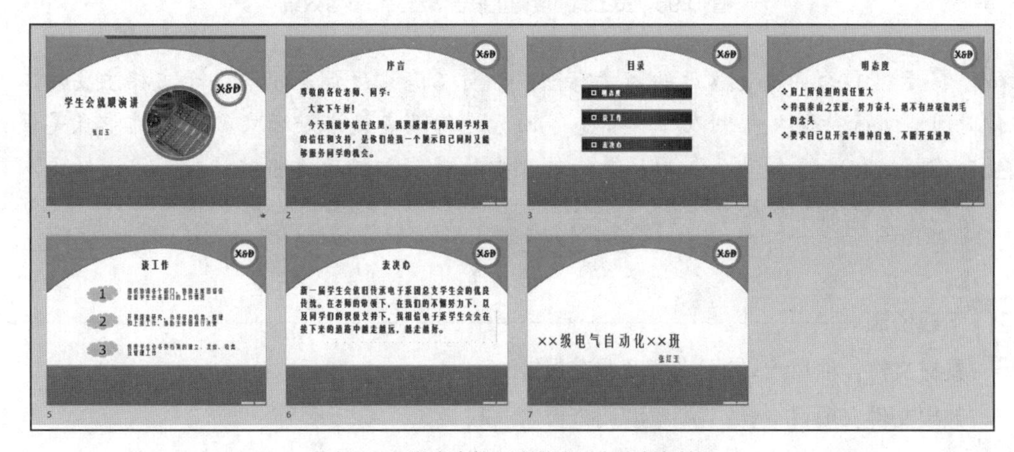

图10.95　学生会就职演讲演示文稿参考效果

提示：在制作学生会就职演讲演示文稿时，可以从明态度、谈工作、表决心这3个方面来描述；本演示文稿的制作重点是在幻灯片母版视图中为第2张幻灯片添加动画效果，在普通视图中制作第6张幻灯片，包括输入文本、插入形状等。

下载资源

素材文件：项目十\学生会就职演讲.pptx

效果文件：项目十\学生会就职演讲.pptx

3. 制作员工满意度调查报告演示文稿

为了提高企业管理水平，增强企业的凝聚力，公司调查了企业的中层管理人员、基层管理人员和一般员工对公司的满意度，并制作了员工满意度调查报告演示文稿，其参考效果如图10.96所示。

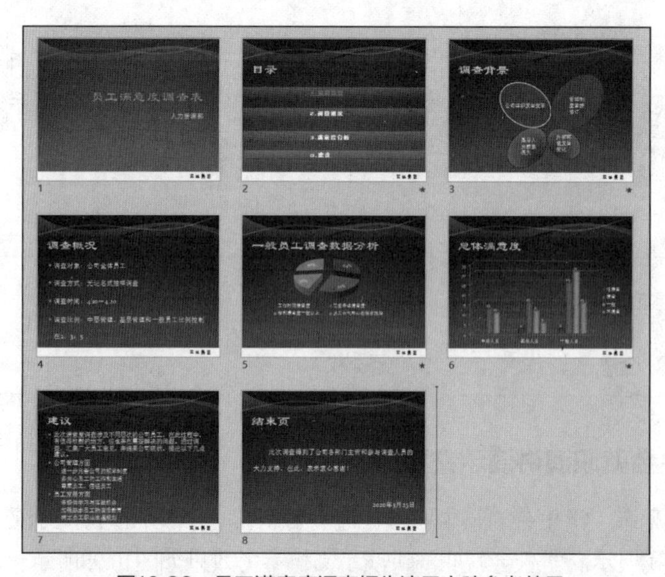

图10.96 员工满意度调查报告演示文稿参考效果

提示：影响员工满意度的因素有很多，员工满意度调查报告演示文稿主要对工作时间、工资待遇、福利及工作心态等因素进行调查；本演示文稿的制作重点是设置动作超链接和添加动画；为目录幻灯片中的对象添加动作超链接时可以选择文本框，也可以选择文字本身。

下载资源

素材文件：项目十\员工满意度调查报告.pptx

效果文件：项目十\员工满意度调查报告.pptx